国家重点研发计划课题（2016YFC0502005）资助

西藏重大科技专项（牧草种质改良与利用重大专项2018）资助

编委名单

草地质量监控

CAODI ZHILIANG JIANKONG

陈 功　余成群　沈振西　李锦华　编著

云南大学出版社

YUNNAN UNIVERSITY PRESS

图书在版编目（CIP）数据

草地质量监控 / 陈功等编著. —— 昆明：云南大学
出版社, 2018
ISBN 978-7-5482-3336-7

Ⅰ. ①草… Ⅱ. ①陈… Ⅲ. ①草地－质量管理－研究
Ⅳ. ①S812

中国版本图书馆CIP数据核字(2018)第098487号

策划编辑：李俊峰
责任编辑：李俊峰
封面设计：王姵一

草地质量监控

CAODI ZHILIANG JIANKONG

陈 功 余成群 沈振西 李锦华 编著

出版发行：云南大学出版社
印　　装：云南大学印刷厂
开　　本：787mm×1092mm　1/16
印　　张：25.75
字　　数：595千
版　　次：2018年8月第1版
印　　次：2018年8月第1次印刷
书　　号：ISBN 978-7-5482-3336-7
定　　价：65.00元

社　　址：昆明市一二一大街182号（云南大学东陆校区英华园内）
邮　　编：650091
发行电话：0871-65033244 65031071
网　　址：http://www.ynup.com
E－mail：market@ynup.com

前　言

　　草地质量是判断和评价草地健康状况、生产力及其稳定性的前提。通过监测草地的土壤理化指标、植被数量特征指标、动物承载力指标，不仅能够为草地质量评价和生产经营提供参考数据，也能够为草地质量调控提供科学依据。草地监测可采用传统方法和选用常规参数，也可采用先进的光谱分析技术和多种光谱特征参数。基于科学、准确、实时的监测数据，从而对草地生态系统的结构、功能及其生产力进行有针对性的调控。

　　本书共分十三章。第一章阐释了草地质量的内涵和多种监测指标；第二章说明了光谱分析技术及其在草地质量监测中的应用现状和前景；第三章、第四章和第五章分别介绍了天然草地、人工饲用草地和人工坪用草地监测；第六章阐述了草地质量监控所依据的科学原理；第七章到第十一章介绍了应用于草地质量调控的多种技术；第十二章和第十三章分别介绍了云南和西藏在草地质量监测调控方面所开展的科学研究工作及生产实践经验。

　　本书可作为草学、畜牧学、环境科学、水土保持等专业相关课程的教学参考使用，也可作为相关科研单位和生产企业的参考用书。本书在编写过程中引用了国内外许多学者的研究成果，在此对他们表示诚挚的感谢。因篇幅所限，部分文献在参考文献表中没有列出，对此深表歉意。由于作者受水平所限，书中难免有纰漏和差错存在，敬请读者给予批评、指正。

编著者

2018 年 3 月

目　录

第一章　草地质量及其监测指标

第一节　草地质量

一、草地质量

草地质量指草地的潜在价值和现实生产力。草地质量反映了草地潜在价值的优劣和生产力水平的高低，可以使用土壤理化指标、植物群落构成指标、初级生产力指标，也可使用次级生产力指标对其进行评价。

苏大学（2013）从资源的角度对草地质量进行了论述：草地资源数量指草地面积的大小、草地产草量、载畜量和第一性生产力的高低；草地资源质量指草地牧草品质的优劣，即牧草的营养成分、利用率、冷季保存率的高低，毒害草的多寡，草地利用方式、适用季节、适养家畜的范围，草地水源、水质和供水条件，草地土壤、交通条件和草地自然灾害状况等。

草地的"质"应包括草地健康程度、群落稳定性、植物学组成、牧草品质以及土壤肥力等方面。通过监测草地植被的群落稳定性指标、结构特征指标、数量特征指标，以及草地土壤的理化指标、根系指标和生态潜力指标（表1-1），可以分析、判断和评价草地的"质"。

草地的"量"包括草地面积、初级生产力、载畜量和次级生产力。通过监测草地植被的生产性能指标、草地承载力指标（表1-1），可以分析、判断和评价草地的"量"。

表 1-1　草地质量的植被指标、土壤指标和动物生产性能指标

草 地 植 被				
群落稳定性指标	结构特征指标	数量特征指标	生产性能指标	光谱特征指标
多样性指数	优势种/优势度	现存量	代谢能	CCCI
均匀性指数	物候/季相	立枯物	消化能	REP
优势度指数	叶面积指数	凋落物	适口性	HTBVI
抵抗力	层片结构	覆盖度	再生性	HDGVI
恢复力	垂直结构	优势度	营养组成	NDVI
草地基况	水平结构	功能群组成	光能转化率	TCSI
草地健康	演替阶段	植物学组成	牧草经济产量	HHVI

续　表

草　地　土　壤		
理化指标	根系指标	生态潜力
pH 值	根冠比	种子库
有机质	根系类型	微生物
容重	活根、死根	酶活性
水分	根系垂直分布	呼吸速率
速效养分	地下净初级产量	有机碳含量

草　地　承　载　力				
草地载畜量	活增重	畜产品单位	草畜供求平衡	草地适宜利用率

注：CCCI 指冠层叶绿素含量指数；REP 指红边位置；HTBVI 指高光谱双波段植被指数；HDGVI 指高光谱导数绿度植被指数；HHVI 指高光谱混合植被指数；TCSI 指草坪色泽绿度指数。

表 1－1 中所列的高光谱特征指标，是能够用于监测草地质量的指标。随着科学技术的不断发展，高光谱分析技术以其多通道、窄波段、大数据等优势，除了能准确解决地物分类面积及其空间位置问题之外，还可以对植被生物、物理、化学特征及其胁迫参数进行直接测量，为地物质量评定和精准监测提供直接方法。在科学研究和生产实践中，还有许多光谱特征数据，如绿峰、红谷、红边参数、导数光谱、植被指数等，都可以作为监测和评价草地质量的指标。

草地的"质"是形成其"量"的基础和前提，可能是现实的，也可能是潜在的，多以生态学指标体现；草地的"量"是其"质"的结果，以产品形式或经济形式的数量指标体现。

二、草地等级

1979 年，在全国草地资源调查技术会议中提出了"草地等级评价法"，并制定了《中国草地资源评价原则及标准》，规定："等"表示草地草群的品质优劣，可以划分为 5 等；"级"表示草群地上部分的产量，可以划分为 8 级。草地质与量的等级评价法，就是把传统的农业测产评价法与现代家畜营养学原理及评价方法，用数理统计法进行有机结合，形成一套质与量兼备的草地第一性生产力的评价方案。具体的评价指标有适口性指标、利用率指标、牧草营养成分指标和产量指标，采用打分法使各指标的多项因素数量化。

《中国草地资源》（1990 年）根据各类牧草在草群中所占比例，将草地划分为 5 等。

Ⅰ等（优等）：优类牧草占 60%以上；

Ⅱ等（良等）：良类以上牧草占 60%以上；

Ⅲ等（中等）：中类以上牧草占 60%以上；

Ⅳ等（低等）：低类以上牧草占 60%以上；

Ⅴ等（劣等）：劣等牧草占 40%以上。

以单位面积的干草产量为依据进行"级"的划分，共分为 8 级。

1 级草地：>4000 kg/hm²；

2 级草地：3000 ~ 4000 kg/hm²；

3 级草地：2000 ~ 3000 kg/hm²；

4 级草地：1500 ~ 2000 kg/hm²；

5 级草地：1000 ~ 1500 kg/hm²；

6 级草地：500 ~ 1000 kg/hm²；

7 级草地：250 ~ 500 kg/hm²；

8 级草地： < 250 kg/hm²。

对某一地区的草地进行登记评价时，首先依据各类型草群的适口性、利用率和营养成分资料，按主导标准进行质的评定，确定它们的"等"别；其次，根据各类型单位面积的产草量，按 8 级标准确定它们的"级"别；最后，在等级组分结构（表 1 - 2）中找到相应的位置，填写类型名称或编号、生产力和面积，最后把属于同一等级的面积和生产力进行相加和统计，这样得到某地区各等级草地面积和生产力数据。

表 1 - 2　草地等级组合结构

级 等	1	2	3	4	5	6	7	8
Ⅰ	Ⅰ1	Ⅰ2	Ⅰ3	Ⅰ4	Ⅰ5	Ⅰ6	Ⅰ7	Ⅰ8
Ⅱ	Ⅱ1	Ⅱ2	Ⅱ3	Ⅱ4	Ⅱ5	Ⅱ6	Ⅱ7	Ⅱ8
Ⅲ	Ⅲ1	Ⅲ2	Ⅲ3	Ⅲ4	Ⅲ5	Ⅲ6	Ⅲ7	Ⅲ8
Ⅳ	Ⅳ1	Ⅳ2	Ⅳ3	Ⅳ4	Ⅳ5	Ⅳ6	Ⅳ7	Ⅳ8
Ⅴ	Ⅴ1	Ⅴ2	Ⅴ3	Ⅴ4	Ⅴ5	Ⅴ6	Ⅴ7	Ⅴ8

三、草地基况和草地健康

（一）草地基况

草地基况指草地目前的生产状况与原有或前一时期草地生产状况的比较，是草地当前发育和发展的健康状况。Sullivan 等（2010）认为，基况可以表示为生态系统的大气、土地与位点等因子的综合，主要指水热因素与土壤营养库状况的综合。地境是生态系统存在的自然环境依据，提供植被生长的气候条件和营养需求。监测和评价草地基况，就是对草地进行生态学鉴定，以说明和比较草地实际与潜在生态—生产能力的差异。因此，监测和保存草地原生或某一阶段所有的植物种类、分布格局、覆盖度、多度、高度、生产力等指标数据，以便进行草地利用后不同演变过程的比较。在草地基况监测和评价过程中，涉及的植被指标如植物学组成、植被覆盖度和地上生物量等；土壤指标如酸碱度、有机质、营养物质、水分、容重、土壤微生物等；生产特性指标如植物生产、动物生产、野生栖息地价值和草地的文化生活价值等。可以选用上述其中的某一项指标或某几个指标来反映草地基况。

1948 年，美国学者 Dyksterhuis 等提出草地基况（Range Condition）的概念，1949 年他们进一步提出草地地境（Range Site）学说，认为可通过植物组成成分（减少者、增加者、入侵者）的草地基况分类法来对草地基况进行评价。对草地基况的定义是草地现有植物相占该草地原有植物相的比例，即依据草地植物群落中原有或顶级植被成分的多少对草地基况进行评价。该方法被美国农业部广泛应用于生产实践，要求各州每年 4~12 月每月都要评定草地基况，汇总整理后由《美国农业年鉴》公布。草地基况评价要求将草地分为不同的"草地地境"，即能够形成不同种类和数量的顶级植被的区域。这一方法是根据某一地境当前的植被组成和生产力与该地境顶级群落的相似程度，将该草地的基况评价为"极好""好""中等"和"差" 4 个等级。草地基况的下降刺激草地管理的改变，于是草地基况分类法成为 20 世纪后半叶草地属性评价的主要方法与标准。20 世纪 60 年代，联合国国际生物学计划推动了草地生产力动态研究。传统的以草地组成为主要标准判别草地基况的做法得到不断的补充和发展，认为草地基况还应包括放牧利用、草地管理、野生动物等。

（二）草地健康

草地生态系统健康简称草地健康，指草地生态系统中土地、植被、水和空气及其生态过程的可维持程度。草地健康通常用来表示草地的某些特定功能和作用，这些功能包括初级生产力、维持土壤稳定性、捕获和有效地分配水分、维持营养循环和能量流动以及植物物种多样性。健康的草地能够保持生态平衡，维护物种多样性，同时给草地畜牧业生产者提供持续的放牧时机，支持其他一系列的生产实践活动。如果草地健康状况下降，就提示草地生产经营者需要转变经营方式。因此，草地健康应包括三方面：一是土壤稳定性，指控制由风蚀或水蚀等引起的水土流失；二是水文学功能，即草地捕获、储存和有效释放水分的能力；三是生物群落的完整性，即在正常变异范围内草地支持生物群落功能和结构完整性的能力，在干扰条件下的抵抗力和恢复能力。应从生态系统水平、群落水平、种群与个体三个层次来全面反映生态系统性状，结合植被及土壤理化指标，最大限度地对草地健康程度进行全面、真实和客观的评价。

草地健康评价工作最早开展于美国。20 世纪 70 年代结束的"人与生物圈计划"（MAB），将干扰活动对草地生态系统的效应研究作为主要内容。美国农业部（1977）为草地生态系统健康评价体系指定的指标有 17 项，分别是小溪、水流模式、台阶、裸地、小沟、风蚀或沉积面积、凋落物运动、土壤表面对侵蚀的抵抗力、土表的流失或退化、植物群落组成和相对于土壤入渗及径流的分布、土壤紧实层、植物功能组、植物的死亡率、凋落物数量、年植物生产量、侵入的物种、多年生植物的繁殖能力。20 世纪 80 年代，联合国环境委员会在《保护地球》和《我们的共同未来》等文献中提出了可持续发展的概念，并将其逐渐渗入草地生态系统研究当中，草原健康的概念始见端倪。20 世纪 90 年代，美国全国咨询中心（NRC，1994）及草地管理工作组（SRM，1995）推荐利用阈值与早期预警指标对草地属性进行评价，但认为在科学提供有关阈值更准确地度量值之前，管理者只能继续利用专业知识为草地属性的改变提供早期警示。1994 年，美国草地管理学会提出以草地健康为尺度评价草地基况，出版了 *Rangeland Health* 一书，认为草地土壤、系统内营养和能流等是评价草地健康的重要标志。同年，澳大利亚学者提出了以土壤为主要标准的草地基况评价体系。1995 年，*Ecosystem Health* 杂志正式创刊，标志着生态系统健康成为生态学研究的重要分支领域。1996 年，澳大利亚学者进一步提出包括环境、植被以及经济收益等在内的流域健康评价指标。在第一届国际恢复生态学与可持续发展学术大会上，明确提出了受损生态系统的恢复与社会、政治、经济等因素的密切相关性，呼吁对这种联系给予更多的关注。1997 年，多名英国和美国学者在 *Science* 上联合撰文，认为全面理解人口增长、农业实践变化、受损生态系统自然恢复过程等方面的相互作用，是修复受损生态系统的核心要素之一。同年，Costanza 等在 *Nature* 上撰文，提出生态系统功能的货币化评价方法，开拓了系统评价的思路，但未给出不同健康水平的系统评价值。

国内许多学者在草地退化与草地健康评价方面也做了大量的研究。李博（1997）在研究草地类型演替的基础上，将草地退化程度划分为轻度退化、中度退化、重度退化和极度退化 4 个等级，并根据植物种类组成、地上生物量、盖度、植被覆盖情况及土壤等指标拟定了中国北方草地退化分级指标体系。郝敦元（1997）、刘钟龄（1998）对草地植被退化演替的进程与诊断进行了 10 余年连续不断地研究，取得了一系列创造性成果。许鹏（2000）指出，草地退化就是草地生态系统的退行性演替，是由健康阈向警戒阈、不健康阈直至系统崩溃的发展过程。关于草地退化等级的划分有许多种方法，有的单纯以植物群落为对象进行划分，有的以植物和土壤理化为指标进行划分。任继周（1998）在草地健康评价的基础上，以土壤、植被、动物为指标提出了判断草地放牧程度和草地退化等级的标准（表1-3）。

表 1-3 草地退化的植被、动物和土壤表现

退化程度	植被	土壤	动物
轻度退化	草层生物量减少，结构基本正常，盖度下降，可见畜蹄践踏痕迹	局部土壤有机质有减少趋势，有水土流失现象，固定、半固定沙丘局部遭破坏，沙斑、盐斑、片状侵蚀出现	采食均匀，放牧时间延长，生长和繁殖正常
明显退化	草层中优良牧草减少，植物成分发生变化，畜蹄践踏痕迹明显	土壤有机质普遍减少，水土流失严重，固定、半固定沙丘普遍遭破坏，沙斑、盐斑、细沟侵蚀普遍发生	对草地上优良牧草采食过度，放牧时间延长，体重波动在 15% 左右，繁殖正常
严重退化	草层中优良牧草显著减少，植物成分变化明显，有网状畜蹄践踏痕迹	土壤有机质明显减少，水土流失严重，沙化、盐渍化、片状剥蚀、沟状侵蚀普遍发生	草地常见牧草不够家畜采食，导致扩大采食范围，体重波动在 20% 左右，繁殖率下降，低劣动物种群出现
极度退化	草层结构发生根本改变，优良牧草稀见，有毒、有害植物大增	土壤有机质极度减少，沙化、盐渍化严重，片状剥蚀、沟状侵蚀普遍而严重，有的地方侵蚀深达母质	采食范围扩大很大，营养严重不足，体重波动达 25%~30%，繁殖生理失常，繁殖率严重下降或失去繁殖能力，发生种群更替

　　草地退化不仅是"草"的退化，也是"地"的退化，同时通过动物的生长发育而表现出来。随着草地退化程度的增加，植被的组成和结构发生明显改变，水土流失逐渐加剧。在草地发生退化的过程中，植物生长的高度、草层覆盖度、草地生产力表现最为敏感，其次为动物和土壤。当草地达到明显退化程度时，草地地上部分和地下部分正常的生长发育都受到了严重制约，土壤理化性状恶化，防风固沙和涵养水分的能力明显降低。此时，如果不能得到及时有效的治理，草地将不可避免地出现生产力下降→利用强度加大→水土流失加剧→草地植被进一步破坏的恶性循环，草地生态系统最终向着荒漠化和沙漠化的方向演替。王堃（2004）等对羊草草地开垦后土壤理化性状进行了长达10余年的观测，结果表明：随着耕作年限增加，土壤理化性状发生明显变化，有机质、全氮、全磷、全钾均呈下降趋势，有机质和全氮变化显著。在初垦的3~4年变化不明显，垦后5~8年迅速下降，之后又趋于缓慢下降状态。由于风蚀作用而导致表层土壤沙粒增多，有机质降低，土壤理化性状变差，即随着垦后年限增加，土壤表层的容重在不断增加，而≤0.01 mm物理性黏粒含量逐年下降（表1-4）。

表1-4　1986~1998年交错带农田理化性状变化

项目	1986年	1988年	1990年	1992年	1994年	1996年	1998年
有机质	2.82	2.48	1.94	1.42	1.40	1.27	1.11
全氮	0.203	0.197	0.197	0.18	0.140	0.096	0.085
全磷	0.263	0.241	0.224	0.203	0.162	0.146	0.097
全钾	2.13	2.07	2.04	1.77	1.07	0.86	0.93
容重（g/cm³）	1.36	1.36	1.39	1.39	1.42	1.43	1.46
≤0.01 mm物理性黏粒	33.1	20.7	27.3	25.8	24.3	23.2	21.9

　　长期超载过牧和不合理的利用方式，如重牧、过早放牧等，引起草地发生退化演替，即长期过度放牧或其他不合理的利用而导致草地生态系统出现结构与功能衰退的现象。具体表现为：①草层高度降低，植被盖度减小，即草地植被的"低矮化"和"稀疏化"；②优良牧草的种类和产量下降，毒杂草种类以及在草群中的比例逐年增加，即植被组成的"劣质化"；③土壤肥力下降、容重增大、干旱程度加剧，即草地土壤的"贫瘠化和干旱化"；④风蚀和水蚀现象日趋明显，水土流失逐渐增强。

　　草地退化是草地生态系统的退化，其后果表现在各个方面，最直接、最易为人们看到的是草地植被的变化。严重退化的草地，其植物群落的高度、盖度明显下降。据调查，在严重退化的羊草草地上，羊草的高度从45 cm降到7 cm，其盖度则从30%降到10%；而大针茅由27 cm降到3 cm，盖度由5%降到0%。所以说，退化的草地最显著的后果是植被的矮化。此后，生产力也大大下降，生物量只有原生植被的40%左右。植被变化的另一个表现是植物群落组成的变化，在家畜的过度啃食下，不耐牧的植物显著减少，而耐牧的植物则被保存下来，其结果导致退化草地由低适口性的植物组成，这也就是为什么退化草场的最终类型都可能是由耐旱、耐牧的植物所组成的原因。在内蒙古典型草原区，草原退化后，植物主要由冷蒿（*Artemisia frigida* Willd.）、星毛委陵菜（*Potentilla acaulis* L.）等构成（表 1-5）。

表 1-5　羊草草原退化阶段及其表现

退化阶段	半径距离（km）	群落建群种、优势种	草群高度（cm）	盖度（%）	地上生物量（鲜重 t/hm²）
正常	>10	羊草、大针茅	30	85	7.21
轻度退化	5~10	羊草、糙隐子草	22	65	2.1
中度退化	<5	糙隐子草、冷蒿	13	45	2.11
重度退化	<5	冷蒿、旱生杂类草	6	40	0.65

（引自　章祖同，1990）

　　草地土壤的理化性状随草地退化程度的加剧也会发生明显的变化，只是土壤的变化不像植被变化那么直观和易为人们所察觉，速度也较慢，表现出相对滞后的效应。在草地退化过程中，土壤理化性状指标的变化呈现三种状况：一是土壤表层硬度、容重、孔隙度和有效性养分等指标比较敏感很快表现出来；二是土壤有机质、腐殖质含量、全氮、全磷等指标不会很快表现出来；三是黏粒矿物类型、腐殖质组成、pH 值等相对稳定，很少表现出来。为了评价草地退化的状况，我们一般常采用那些比较敏感的指标，如含水量、容重、有机质等。根据试验研究，严重退化的羊草草地，土壤含水量仅为正常草地的 30% 左右，有机质含量为正常草地的 21%，全磷、全氮和全钾均明显降低，土壤黏粒含量也大大降低（表 1-6）。

表 1-6　羊草草原不同退化阶段土壤理化性状

群落类型	含水量（%）	有机质（%）	全氮（%）	全磷（%）	全钾（%）	容重（g/cm³）	≤0.01 mm 物理性黏粒（%）
羊草 + 拂子茅 + 杂类草	15.7	3.11	0.537	0.510	2.92	1.29	31.2
羊草 + 无芒雀麦 + 委陵菜	14.8	2.73	0.462	0.423	2.64	1.38	28.4
羊草 + 克氏针茅 + 早熟禾	12.4	2.32	0.437	0.397	2.17	1.36	27.1
羊草 + 冰草 + 变蒿	10.8	2.08	0.397	0.334	2.83	1.33	26.7
寸草苔 + 亚头黄芩 + 星星草	9.4	2.37	0.294	0.314	2.62	1.37	24.4
克氏针茅 + 羊草 + 冷蒿	6.3	1.43	0.147	0.213	2.46	1.40	19.1
克氏针茅 + 百里香 + 冷蒿	7.4	1.74	0.103	0.179	1.97	1.45	17.3
克氏针茅 + 隐子草 + 冷蒿	5.2	1.33	0.104	0.194	2.32	1.42	15.5
变蒿 + 隐子草 + 冷蒿	4.3	1.03	0.083	0.067	0.97	1.42	15.5
百里香 + 星星草 + 冷蒿	3.5	0.82	0.029	0.086	0.74	1.52	13.6
冷蒿 + 星星草 + 百里香	4.7	0.97	0.031	0.094	0.81	1.49	12.3
星星草 + 冷蒿 + 百里香	3.1	0.66	0.023	0.081	0.62	1.57	11.4

（引自　王堃，2004）

　　对于草地退化（草地质量）程度的诊断，已有研究提出了不同的诊断方法，有从草地生态演替方面来进行研究的，也有从草地土壤结构、土壤有机质含量、草地地上生物量方向进行研究的。任继周（2000）以界面理论为指导，提出草地健康评价的四种状态和三项阈值，认为在草丛—地境界面中采用草地活力、组织力和恢复力三项指标，结合草地—动物界面和草畜—经营管理界面的相关内容，研究草地生态系统不同界面容量与有序结构的定量关系，确定系统不同的健康阈值。李绍良（1997）、许鹏（2000）、陈佐忠（2000）从草地生态演替的角度阐述了草地退化相应的定义与观点，指出草原地区土壤沙化、有机质含量下降、养分减少、土壤结构性变差、土壤结实度增加、通透性变坏、向盐碱化方向发展，都是草原地区草地退化的标志。侯扶江等（2002）采用牧草生理低限（PLL）、生理上限（PUL）和再生长期（R 期）长度/放牧期（G 期）长度的比（R/G）等指标，构建了放牧草地健康评价的生理阈限双因子法，并于 2004 年以阿拉善草地生态系统中的地理环境—牧草界面的关键生态过程为基础，以任继周（2001）提出的 COVR 指数评价思路为指导，将基况（Condition）评价纳入草地健康的评价体系，建立了 COVR 综合指数的计算模型和方法。结果表明，该评价方法包含了 VOR 指数不仅能完全反映草地健康信息，且具有简单、准确、实用、综合的特点。高安社（2005）对不同放牧强度下草原生态系统健康诸因子进行分析研究，确立了包括植物土壤在内的 7 个健康指标，即草群产量、草群盖度、建群种羊草地上净生产量、5 月凋落物量、土壤全磷、土壤有机质、0～20 cm 土壤中 >0.05 mm 沙砾含量倒数指标，运用这些指标建立了模糊综合评价指标体系，根据评价地段与不放牧的对照区的综合健康系数的分值大小，建立了草地生态系统体系，即健康、亚健康、不健康和崩溃 4 个等级。李辉霞（2007）在对西藏那曲地区退化天然草地的研究中提出，选用 LANDSAT ETM + 数据，在构建系列草地退化评价、遥感评价指标基础上，通过相关分析选出最适宜于线性拟合的地面评价指标和遥感评价指标，应用线性回归技术建立一种基于 ETM + 影像的草地退化评价模型，为退化草地的快速评价提供了一种新的方法。关于草地的退化，由于划分的标准不尽相同，已有报道的划分方法也不尽相同。有根据草地物种组成与未放牧草地地下的顶级群落偏离程度将草地划分为"优""良""中"和"差" 4 个等级（Dyksterhuis，1981）的；也有根据草地退化分级标准和体系，将草地分为轻度退化、中度退化、强度退化和严重退化 4 个等级的；还有根据地表特征、土壤理化性质、土壤养分组成，将草地分为 4 个退化等级，即未退化、轻度退化、中度退化、重度退化的。任继周（1998）依据放牧过程中植物的负荷对策，将草地退化分为轻度退化、明显退化、严重退化和极度退化等多个等级。

　　草地生态系统健康作为环境管理和可持续发展的新思路和新方法，备受人们重视。许多观测人员提出了评价草地属性的可能指标，且所有的指标都能提供对评价参数的暂时评价，但还没有一套评价指标可作为管理的标准。由于生态系统的复杂性，寻找适当的生态学指示器测量生态系统健康不是一件容易的工作。草地生态系统健康的评估涉及众多的因素，包括环境的、生物的及社会经济的因素，由于很多因素很难准确定量，目前草地生态系统健康的评估还没有统一的标准。

　　草地生态系统是一个综合的生态系统，对其健康进行评价研究，时空尺度的转化与扩展十分必要。因为对草地生态系统健康状况的短期研究不能揭示数年或几十年的变化趋势，也不能解释这些变化的因果关系，这就要求草地生态系统健康评价必须基于长期的生态研究，进行时间尺度的扩展，对草地生态系统的现状及其未来变化趋势做出正确的评估。此外，应根据不同的评价目的与内容，利用草地生态系统的网络监测，结合地理信息系统、遥感、全球定位系统等的发展及评价模型的应用，进行评价范围空间尺度的扩展，根据需要在斑块尺度、景观尺度、区域尺度、大陆尺度及全球尺度上对草地生态系统健康进行评价（单贵莲，2008）。

（三）草地的等级、质量、基况和健康

草地等级以草群中各类牧草所占比例、单位面积干草产量为指标，评定草地直观的初级生产力，对指导生产实践具有现实意义。草地等级评价法，操作简单易行、结果直观可靠，但等级仅仅表示了草地"量"的部分内涵，没有很好地反映草地资源的"质"。

在草地基况和草地健康评价体系中，都体现了草地等级的含义，包含草地等级评价的指标，如图1-1所示。基况和健康既可表达进行草地监测时的实时状态，也可反映植被在时间序列上的演替动态，监测结果能够为进一步开展草地质量调控提供科学参考依据。

草地质量与草地的基况和健康，具有部分相同或相似的监测指标，但关注点各有侧重。草地质量监测指标，除了传统的植被、土壤指标外，更加强调地承载力指标，如草地适宜利用率、初级生产力等指标。同时，建议引入光谱分析技术，筛选切实可行的高光谱特征指标，以期构建草地植被的光谱特征数据库，为高效、实时、客观、准确地监测草地质量提供新型技术手段。

监测是前提和依据，调控是措施和手段。在提高草地生态系统稳定性的基础上，持续高效利用草地资源是目的。调控的途径可以建立在物质、能量、技术的基础上，也可以建立在多种观念创新的基础上（图1-1）。草地质量监测应包含植被数量特征指标、草地承载力指标、土壤理化和微生物指标、动物生产性能指标。

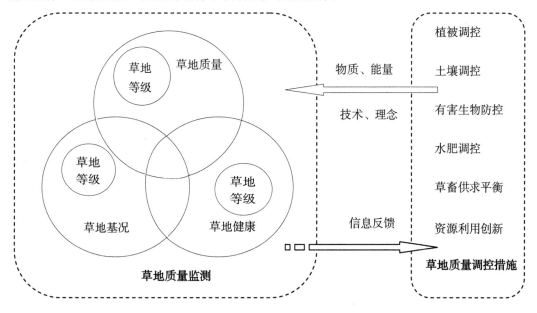

图 1-1　草地质量的监测和调控

第二节　草地植被指标

一、生物多样性

生物多样性指一定时间和一定地区所有生物（动物、植物、微生物）物种及其遗传变异和生态系统的复杂性总称。生物多样性包括遗传多样性、物种多样性和生态系统多样性。

（一）遗传多样性

遗传多样性是生物多样性的重要组成部分，是物种多样性和生态系统多样性的基础，或者说是生物多样性的内在形式。广义的遗传多样性是指地球上生物所携带的各种遗传信息的总和，这些遗传信息储存在生物个体的基因之中。因此，遗传多样性也就是生物的遗传基因的多样性。任何一个物种或一个生物个体都保存着大量的遗传基因，可被看作是一个基因库（gene pool）。一个物种所包含的基因越丰富，它对环境的适应能力就越强。基因的多样性是生命进化和物种分化的基础。

（二）物种多样性

物种多样性是生物多样性的关键，它既体现了生物之间及环境之间的复杂关系，又体现了生物资源的丰富性。目前已经知道的生物大约有 200 万种，这些形形色色的物种就构成了生物物种的多样性。物种多样性是指物种间的多样化（或差异）程度，如一个种群在年龄结构、发育状态和个体遗传构成上可能是多种多样的。在生态学上，多样性通常指物种多样性，以一个群落中物种的数目及它们的相对多度为衡量指标。物种多样性的含义既包括现存物种的数目（丰富度），又包含物种的相对多度（均匀度）。各种多样性指数对物种丰富度和均匀度的敏感程度差别很大。对草地生态系统进行观测研究时，选用什么样的物种多样性指数，是一个值得深入探讨和研究的重要课题。

物种多样性与群落的发育程度（年龄）、环境复杂性（异质性）、环境稳定性、植被健康程度（基况）密切相关。各物种间相似的生态习性、生态幅度、生活型以及地理分布，对于种间的结合具有决定性作用。生态幅度、地理分布或生态习性类似的种群，常共同结合在一起出现。草地植物群落由多种植物组成，在自然选择、种间竞争以及人类扰动等因素的共同作用过程中，不断发生演替，在一定时间内发展成为具有一定植物种类和数量的组合体。

物种多样性包括两个方面：其一是指一定区域内的物种丰富程度，可称为区域物种多样性；其二是指生态学方面的物种分布的均匀程度，可称为生态多样性或群落物种多样性。物种多样性是衡量一个地区生物资源丰富程度的一个客观指标。在阐述一个国家或地区生物多样性丰富程度时，最常用的指标是区域物种多样性。区域物种多样性的测量有以下三个指标：①物种总数，即特定区域内所拥有的特定类群的物种数目；②物种密度，指单位面积内的特定类群的物种数目；③特有种比例，指在一定区域内某个特定类群特有种占该地区物种总数的比例。

（三）群落物种多样性

群落物种多样性指群落中包含的物种数目和个体在种间的分布特征。群落多样性研究的是物种水平上的多样性。如果一个群落中有许多物种，且其多度非常均匀，则该群落具有较高的物种多样性；相反，如果物种少，分布也不均匀则具有较低的多样性。群落物种多样性的高低取决于两个独立的变量（物种数和多度分布）的性质。例如一个物种少而均匀度高的群落，其多样性可能与一个物种多而均匀度低的群落十分相近。

在生态学中，种的均匀度（Species Evenness）是指一个群落或生境中全部物种个体数目的分配状况，它反映的是各物种个体数目分配的均匀程度。均匀度是多样性指数其中的一个含义，另一个是种的数目或丰富度（Species Richness）。例如甲群落中有 A、B 两个物种，A、B 两个种的个体数分别为 99 和 1，而乙群落中也只有 A、B 两个物种，A、B 两个种的个体数均为 50。那么可以说，两个群落的丰富度是一样的，但均匀度不同。

E. C. Pielon（1969）认为，无论怎样定义多样性，它都是把物种数和均匀度结合起来的一个统计量。群落物种多样性主要有 3 种类型，即 α 多样性、β 多样性和 γ 多样性。

1. α 多样性

α 多样性是反映群落内部物种数和物种相对多度的一个指标，只具有数量特征而无方向性，主要表明群落本身的物种组成和个体数量的分布特征。α 多样性主要关注区域均匀生境下的物种数目，因此也被称为生境内的多样性（Within – Habitat Diversity），它反映了群落内物种之间通过竞争资源或利用同种生境而产生的共存结果。α 多样性可分为物种丰富度指数（Species Richness Index）、物种均匀度指数（Species Evenness Index）等。群落物种多样性通常指 α 多样性。

α 多样性指数包含两方面的含义：一是群落所含物种的多寡，即物种丰富度；二是群落中各个种的相对密度，即物种均匀度。α 多样性的测度方法如下：

（1）物种丰富度指数：是对一个群落中所有实际物种数目的测量。

Gleason 指数：

$$D = S/\ln A$$

式中：A 指单位面积，S 指群落中的物种数目。

Margalef 指数：

$$D = (S - 1)/\ln N$$

式中：S 指群落中的物种总数目，N 指群落中观测到的个体总数。

物种丰富度指数的缺点是没有考虑物种在群落中分布的均匀性，因此，该方法统计出的物种数目不能完全反映群落中的生物多样性。

（2）Shannon – Wiener 指数：

$$H = -\Sigma P_i \ln P_i$$

式中：P_i 指第 i 个种的相对多度。

Shannon – Wiener 指数来源于信息理论。群落中生物种类增多代表了群落的复杂程度增高，即 H 值越大，群落中所含的信息量越大。

（3）Simpson 指数：

$$D = 1 - \sum P_i^2$$

式中：P_i 指第 i 个种的相对多度。

上述两个指数的共同特点是：既考虑了群落内物种数目，也考虑了每个种的相对多度。

（4）Pielou 均匀度指数：

$$E_{Pi} = H/\ln S$$

式中：S 指群落中的物种总数目。

E_{Pi} 值越高，群落中物种个体数量分布越均匀，优势种越不明显。当群落中出现明显的优势种时，E_{Pi} 值会相应地降低。

2. β 多样性

β 多样性用来表示生物种类对环境异质性的反应，主要表明群落内或群落间环境异质性的大小对物种数或相对多度的影响，指物种与种的多度沿群落内部或群落间的环境梯度，从一个生境到另一个生境的变化速率和范围。β 多样性指沿环境梯度不同生境群落之间物种组成的相异性或物种沿环境梯度的更替速率，也被称为生境间的多样性（between – habitat diversity），控制 β 多样性的主要生态因子有土壤、地貌及干扰等。不同生境间或某一生境梯度上不同地段间生物种类组成的相似性越差，β 多样性越高。β 多样性的测度方法如下：

（1）Whittaker 指数（βw）：

$$\beta w = S/(m_\alpha - 1)$$

式中：S 指所研究系统中的物种总数；m_α 指各样方或样本的平均物种数。

（2）Cody 指数（βc）：

$$\beta c = [g(H) + I(H)]/2$$

式中：$g(H)$ 指沿生境梯度 H 增加的物种数目；$I(H)$ 指沿生境梯度 H 失去的物种数目，即在上一个梯度中存在而在下一个梯度中没有的物种数目。

（3）Wilson Shmida 指数（βT）：

$$\beta T = [g(H) + I(H)]/m_\alpha$$

该式是将 Cody 指数与 Whittaker 指数结合形成的。式中变量含义与上述两式相同。

β 多样性可以理解为沿着环境梯度的变化物种替代的程度。不同群落或某环境梯度上不同点之间的共有种越少，β 多样性越大。精确地测定 β 多样性具有重要的意义。这是因为：①它可以指示生境被物种隔离的程度；②β 多样性的测定值可以用来比较不同地段的生境多样性；③β 多样性与 α 多样性一起构成了总体多样性或一定地段的生物异质性。

3. γ 多样性

γ 多样性指不同地理地带的群落间物种的更新替代速率，主要表明群落间环境异质性对物种数的影响。γ 多样性描述区域或大陆尺度的多样性，是指区域或大陆尺度的物种数量，也被称为区域多样性（regional diversity）。控制 γ 多样性的生态过程主要为水热动态、气候和物种形成及演化的历史。

γ 多样性高的地区一般出现在地理上相互隔离但彼此相邻的生境中。在这类生境中常常可以发现一些生态特征相近但分类特征极不相近的物种生活在一起。γ多样性主要用于描述生物进化过程中的生物多样性。

　　表1-7给出了4种假定的群落，并用几种不同的生物多样性指数对各个群落的多样性进行了计算。4种群落分别是：①物种的多度和均度都很低；②物种的多度低但均度高；③物种的多度和均度都很高；④物种的多度高但均度低。从表1-7中可以看出，各种多样性指数对物种多度和均度的敏感程度很大。

表1-7　几种常用的多样性指数计算实例

物种	群落			
	1	2	3	4
A	50	20	39	35
B	4	20	39	33
C	5	20	39	30
D	21	20	39	234
E			39	23
F			39	28
G			39	21
H			39	26
I			39	16
J			39	19
K			39	2
L			39	1
Σ	80	80	468	468
多样性指数				
S（物种丰度）	4	4	12	12
$H = -\Sigma P_i \ln P_i$（信息指数）	0.97	1.39	2.48	1.80
$E_{P_i} = H/\ln S$（均匀度指数）	0.70	1.00	1.00	0.73
e^H	2.63	4.00	12.00	6.06
$1 - \Sigma (P_i)^2$（Simpson指数）	0.53	0.75	0.92	0.72

　　注：P_i表示第i个物种的个体数量与群落总个体数量之比，也可采用生物量和生产力为比较单位。
（引自　尚玉昌，2002，有改动）

（四）群落物种多样性的梯度变化及影响因素

1. 纬度梯度

　　从热带到两极随着纬度的增加，生物群落的物种多样性有逐渐减少的趋势。如北半球从南到北，随着纬度的增加，植物群落依次出现热带雨林、亚热带常绿阔叶林、温带落叶阔叶林、寒温带针叶阔叶林、寒带苔原，伴随着植物群落有规律的变化，物种丰富度和多样性逐渐降低。

2. 海拔梯度

随着海拔的升高，在温度、水分、光照和土壤等因子的共同作用下，生物群落表现出明显的垂直地带性分布规律。在大多数情况下，物种多样性与海拔高度呈负相关，即随着海拔高度的升高，群落物种多样性逐渐降低。如喜马拉雅山维管植物物种多样性的变化，就表现出这样的规律性。

3. 环境梯度

群落物种多样性与环境梯度之间的关系，有时表现明显，有时表现不明显。

4. 时间梯度

许多研究结果表明，在群落演替的早期，随着演替进展，物种多样性增加，而在群落演替的后期，当群落中出现非常强的优势种时，多样性会降低。例如，云南省香格里拉市小中甸镇的亚高山草甸是当地主要的草地类型之一，该类草地长期过度放牧利用后，草地质量明显变差，草层低矮，有毒有害植物大量出现甚至成为单优势种，如西南委陵菜（*Potentilla fulgens*）、西南鸢尾（*Iris bulleyana*）、狼毒大戟（*Euphorbia fischeriana*）等。封育 2 个生长季，植物学组成即表现出明显变化，物种数量从 36 种上升到 51 种，从封育第 3 年开始，草地早熟禾（*Poa pratensis*）上升为草群中最强的优势种，优势度达到 70.07%，草群中物种数量出现减少趋势，波动在 43~48 种范围内。

（五）群落物种多样性与群落稳定性的关系

许多生态学家认为，群落物种多样性是群落稳定性的一个重要指标，多样性高的群落，物种之间往往形成比较复杂的相互关系，食物链和食物网更加趋于复杂。当外界环境发生变化或群落内部种群发生波动时，群落由于具有较为强大的反馈系统，从而可以得到较大的缓冲。从群落能量学的角度分析，多样性高的群落，能流途径更多一些，当某一条途径受到干扰而流通不畅或堵塞时，会有其他途径给予补充。

也有生态学家认为，生物群落的波动是呈非线性的，复杂的生物群落常常是脆弱的，如热带雨林这一复杂的生物群落比温带森林更易遭受人类的干扰而变得不稳定。他们指出，多样性的产生是由于自然的扰动和演化两者联系的结果，环境多变的不可预测性使物种产生了繁殖与生活型的多样性。总之，对于群落物种多样性与稳定性的关系，目前尚无定论。

（六）物种多样性在生物群落中的功能和作用

物种以什么样的机制维持生物群落的稳定？这是一个非常重要但目前仍然没有解决的生态学问题，而且也是生物多样性与生物群落功能关系中的核心问题。目前有关物种在生态系统中作用的假说有下列 4 种：

1. 冗余种假说

冗余种假说（Redundancy Species Hypothesis）认为，生物群落保持正常功能需要有一个物种多样性的域值，低于这个域值群落的功能会受到影响，高于这个域值则会有一部分物种的作用是冗余的（Walker, 1992）。

2. 铆钉假说

铆钉假说（Rivet Hypothesis）的观点与冗余种假说相反，认为生物群落中所用物种对其功能的发挥都有贡献而且是不能相互替代的（Ehrlich，1981），正像铆钉固定的复杂机器一样，任何一个铆钉的丢失都会使机器的作用受到影响。

3. 特异反应假说

特异反应假说（Idiosyncratic Hypothesis）认为，生物群落的功能随着物种多样性的变化而变化，但变化的强度和方向是不可预测的，因为这些物种的作用是复杂而多变的。

4. 零假说

零假说（Null Hypothesis）认为，生物群落功能与物种多样性无关，即物种的增减不影响生物群落功能的正常发挥。

（七）关键种的作用

在生物群落中，不同物种的作用是有差别的。其中有的物种的作用可能至关重要，它们的存在与否会影响到整个群落的结构和功能，这样的物种称为关键种（Key Species）或关键种组（Key Species Group）。关键种的作用可能是直接的，也可能是间接的。

（八）生物多样性与群落生产力及稳定性的关系

群落稳定性（Community Stability）有两层含义：一是群落系统的抗干扰能力，即抵抗力（Resistance）稳定性，表示群落抵抗外界干扰、维持系统的结构和功能、保持系统原状的能力；二是群落系统受到干扰后恢复到原平衡态的能力，即恢复力（Resilience）稳定性，表示系统受到干扰后恢复到原状的能力。抵抗力和恢复力是两个相互排斥的特征，一般具有高抵抗力的群落，其恢复力较差。

关于生物多样性和群落稳定性之间的关系，存在不同的观点。有人认为物种多样性增加有利于维持群落的稳定性；也有人持相反观点，认为物种多样性程度与群落稳定性没有直接或必然的联系。冗余种理论在一定程度上可以解释两者之间的关联性。

（九）生态系统多样性

生态系统是各种生物与其周围环境所构成的自然综合体。所有的物种都是生态系统的组成部分，在生态系统之中，不仅各个物种之间相互依赖，彼此制约，而且生物与其周围的各种环境因子也是相互作用的。从结构上看，生态系统主要由生产者、消费者、分解者构成。生态系统的功能是对地球上的各种化学元素进行循环和维持能量在各组分之间的正常流动。生态系统的多样性主要是指地球上生态系统组成、功能的多样性以及各种生态过程的多样性，包括生境的多样性、生物群落和生态过程的多样化等多个方面。其中，生境的多样性是生态系统多样性形成的基础，生物群落的多样化可以反映生态系统类型的多样性。

近年来，有些学者还提出了景观多样性（Landscape Diversity），作为生物多样性的第四个层次。景观是一种大尺度的空间，由一些相互作用的景观要素组成的具有高度空间异质性的区域。景观要素是组成景观的基本单元，相当于一个生态系统。景观多样性是指由不同类型的景观要素或生态系统构成的景观在空间结构、功能机制和时间动态方面的多样化程度。

二、植物学组成和经济类群

（一）植物学组成

植物是草地的具体组成者，集中反映非生物环境的作用，能影响和改变环境。植物群落组成和物种分布，影响草地捕获和储存降水的能力。植物根系类型、凋落物的生产和分解过程，影响土壤水分分配和径流。植物学组成不仅影响草地的产量，也关系到草地的质量。监测草地植物学组成的方法有多种，通常采用干重排序法（Dry-weight-rank Method）。

建植饲用混播人工草地时，通常要考虑各种牧草种子输入的比例；在放牧或刈割利用混播人工草地过程中，需要定期监测草群植物学组成，为实时判断草地质量和采用适宜调控措施提供可靠依据。草地在人为和自然因素的扰动下，其植物学组成因利用强度、利用方式而发生不断的变化，不仅影响牧草生物量，也影响牧草营养组成和饲用价值。因此，为实现草地的高产优质，维持群落稳定性，实时监测混播草地植物学组成十分必要。

（二）经济类群

草地植物经济类群通常划分为禾本科、豆科、莎草科、菊科、杂类草等。封育对草地植物经济类群的影响因草地类型、退化程度的不同而存在一定的差异。李希来（1994）在高寒草甸草地全封育下的植物量变化研究中得出，封育后草地植物成分发生变化，封育的第 1 年和第 2 年，草地内优良牧草和杂毒草的成分发生了明显改变，优良牧草成分由原来的 46.69% 上升到 75.94%，但封育后的第 3 年，优良牧草开始减少。李青云（2002）对高寒草甸退化植被的研究表明，封育两年后，禾草、莎草、阔叶草的地上生物量分别提高 46.90 g/m^2、9.58 g/m^2 和 14.72 g/m^2。郑伟（2011）、李媛媛等（2012）、周国英（2004）的试验结果均表明，围栏封育有利于优良牧草（禾草＋莎草）的生长，提高优良牧草的百分比组成，抑制阔叶草（豆科＋杂草）的生长，降低其百分比。张晶晶（2011）在对荒漠草原自然恢复中植物群落组成及物种多样性进行调查的结果表明，对草地进行 6~7 年的封育，多年生草本植物占绝对优势，短花针茅、牛枝子等地带性物种比例增加，牧草适口性改善。

三、植物功能群

植物功能群（Plant Functional Groups）是指在组织水平上拥有相似的功能、对环境因子有相似的响应和在生态系统中起相似的作用的所有植物种的组合。

植物功能群的概念是由时间尺度、空间及所要关注的问题三个方面决定，随观测尺度、分析方法和关注焦点的不同，产生了不同的植物功能群划分标准。国内外的学者对植物功能群划分标准进行了很多尝试，目前全球尚无公认的植物功能群分类方案，但无论采用何种分类方法，最重要的是对植物特征和生态过程的选择（杨晓慧等，2009）。

植物功能群最初大多是依据植物的形态和结构进行划分的。在长期的进化过程中，植物通过最大可能改变自身的形态和生理特征，以适应环境变化，因此在某种程度上，植物对环境变化的响应可通过形态和结构的差异反映出来。植物对于环境的响应首先表现在生理和生态学功能上，如光合作用类型、水分利用类型和生长发育的差异等，然后才表现出形态、外貌、结构以及功能上的差异。

植物功能群的类型、多样性以及丰富度，已成为近年来生态学和保护生物学新的热点问题。研究较多的有功能群多样性、功能群组成、功能群间的相互作用、功能群对群落生产力及其稳定性的影响。国内外研究表明：生态系统的生产力和稳定性并不依赖于物种的数量，而是取决于群落中的关键种及其功能型；功能群组成比功能群多样性更能说明对生态系统过程的影响；功能群多样性和功能群成分均对系统功能有显著影响，当物种数一定时，功能群多样性较高的群落其生产力水平也较高，而功能群多样性一致时，含 C3、C4 功能成分的群落比其他群落具有更高的生产力水平。

在功能群对生态系统稳定性的作用方面，许凯扬等（2004）在研究植物群落的生物多样性与其可入侵性的关系时发现，物种多样性和群落的可入侵性并没有很显著的负相关，而是与物种特性基础上的物种功能群多样性呈负相关。白永飞等（2000）认为，不同响应类型（功能群）间的补偿作用可以增加群落稳定性。

植物功能群通常作为一个相对统一的整体对生态因子的波动或外界干扰做出反应，这对于研究植物随环境或干扰的变化是一个有用的工具。目前，在将功能群的方法用于草地生态系统方面进行了大量的研究工作。家畜放牧、火烧、围栏和刈割是人类在草地生态系统管理实践中施加于草地的主要干扰类型，也是导致草原植被生产力和组成变化的主要因素。许多研究表明，通过植物功能群可以获得不同植被类型对一系列干扰和环境变化的响应特征。焦树英等（2006）探讨了放牧干扰对荒漠草原群落结构和功能群生产力的影响：不同载畜率水平下群落的功能群组成一致，只在数量上存在差别；灌木类和多年生丛生禾草的优势度百分比随载畜率的增加而增加，多年生根茎禾草、多年生杂类草和一二年生植物的优势度百分比随载畜率的增加而降低。董全民等（2005）的研究结果表明，禾草和莎草类功能群的盖度、生物量、组成及高度与放牧率呈显著的负相关，可食杂草类和毒杂草类功能群的盖度、生物量、组成及高度与放牧率呈显著的正相关。王国杰等（2005）采用三种植物功能群（水分生态类型、生活型、光合途径）研究水分梯度上放牧对内蒙古主要草原群落功能群多样性与生产力关系的影响：内蒙古草原在放牧干扰下采用水分生态类型功能群多样性来研究功能群多样性与群落地上地下总生物量的关系更适宜。宝音陶格涛等（2003）分析了退化羊草草原在潜耕翻处理后群落生产力与生活功能群及生态功能群的关系。鲍雅静等（2004）分析了内蒙古羊草草原群落刈割演替过程中的功能群组成动态。综上所述，不同物种在草地生态系统的能量流动和物质循环的作用各异，可根据植物光合途径、固氮能力、生命周期、根结构或茎结构等进行划分植物功能群，植物功能群组成对草地生态系统过程具有一定程度的影响。

功能群被定义为对特定环境因素有相似反应的一类物种，它是基于生理、形态、生活史或其他对某一生态系统过程相关以及与物种行为相联系的一些生物学特性来划分的。目前，有关植物功能群的研究，大多集中在预测植物类型的分布、物种如何在不同生态系统中长久存在等方面，关于植物功能多样性对生态系统特定功能方面的研究较少。大多数功能群分类方法均以预测物种分布模式为目标，但忽略了功能群多样性对生态系统功能的影响（孙国钧等，2003）。功能群虽然并未得到清晰的划分，但有助于帮助解释物种对生态系统过程影响的机理，并可以简化对具有众多物种生态系统的研究（Vitousek 等，1993）。因此，监测草地植物功能群的组成，探索不同调控措施条件下草地植物功能群的变化及其趋势，对于提高草地生产力、恢复退化草地植被、优化草地管理方案等具有重要的科学研究价值和生产实践意义。

四、群落垂直结构

在一个植物群落内部，不同生活型的植物各自占据一定的空间部位，形成若干个空间上的层次，植物群落就是由这些不同的层次重叠和镶嵌而成，表现出群落的结构。各种草地植物群落都有其特定的结构，是植物群落各种特性的外在表现形式。草地群落结构包括种类组成及其数量组合，以及它们的空间排列特征（层片）。每一层片在群落中占据一定的空间，不同层片小环境相互作用的结果构成了群落环境。植物群落结构与环境因子密切相关，也是反映群落生产力以及群落稳定性的主要指标。

垂直结构是群落在空间中的垂直分化或成层现象。群落中的植物各有其生长型，而其生态幅度和适应性又各有不同，它们各自占据着一定的空间，它们的同化器官和吸收器官处于地上的不同高度和地下的不同深度，或水面下的不同深度。它们这种空间上的垂直配置，形成了群落的层次结构或垂直结构。群落的垂直结构具有深刻的生态学意义和实践意义。群落的垂直结构是群落重要的形态特征，在这个意义上又可称为形态结构（Morphological Structure）。

成层现象是植物群落垂直结构的具体表现。由于环境的逐渐变化，导致对环境有不同需求的动物和植物生活在一起，这些动物和植物各有其生活型，其生态幅度和适应特点也各有差异，它们各自占据一定的空间，并排列在空间的不同高度和一定土壤深度中。群落这种垂直分化就形成了群落的层次，称为群落垂直成层现象（Vertical Stratification）。每一层片都是由同一生活型的植物所组成，群落的分层现象主要取决于植物的生活型。动物也有分层现象，但不明显。在水生环境中，不同的动物或植物也在不同深度水层中占有各自的位置。

群落的成层现象保证了生物群落在单位空间中更充分地利用自然条件。成层现象发育最好的是森林群落，林中有林冠（Canopy）、下木（Understory Tree）、灌木（Shrub）、草本（Herb）和地被（Ground）等层次。林冠直接接受阳光，是进行初级生产过程的主要地方，其发育状况直接影响到下面各层次。如果林冠是封闭的，林下灌木和草本植物就发育不好；如果林冠是相当开阔的，林下的灌木和草本植物就发育良好。

以陆生植物为例，成层现象包括地上和地下部分。决定地上部分分层的环境因素主要是光照、温度等条件，而决定地下分层的主要因素是土壤的物理、化学性质，特别是水分和养分。由此可以看出，成层现象是植物群落与环境条件相互作用的一种特殊形式。环境条件越丰富，群落的层次就越多，层次结构就越复杂；环境条件差，层次就少，层次结构也就越简单。

在多层次结构的群落中，各层次在群落中的地位和作用不同，各层中植物种类的生态习性也是不同的。如以一个郁闭森林群落来说，最高的那一层既是接触外界大气候变化的"作用面"，又因其遮蔽阳光强烈照射，而保持林内温度和湿度不致有较大幅度的变化。也就是说，这一层在创造群落内特殊的小气候环境中起着主要作用，它是群落的主要层。这一层的树种多数是阳性喜光的种类。上层以下各层次中的植物由上而下，耐阴性递增。在群落底层光照最弱的地方，则生长着阴性植物，它们不能适应强光照射和温度、湿度的大幅度变化，它们在不同程度上依赖主要层所创造的环境而生存。由这些植物所构成的层次在创造群落环境中起着次要作用，是群落的次要层，该层中植物的种类常因主要层的结构变化而有较大的变化。区别主要层和次要层，完全是按群落中的地位和作用而定。在一般情况下，最高的一层通常是主要层。但在特殊情况下，群落中较低的层次也可能是主要层。如热带稀树干草原植被，其分布地气候特别干热，树木星散分布，树冠互不接触，干旱季节全部落叶，在形成植物环境方面作用较小，而密集深厚的草层却强烈影响着土壤的发育，同时也影响着树木的更新。显然，草本层在群落内占据着主要的层次和地位。

在植物群落中，有一些植物，如藤本植物和附生或寄生植物，它们并不独立形成层次，而是分别依附于各层次中直立的植物体上，称为层间植物。随着水、热条件愈加丰富，层间植物发育愈加繁茂。粗大木质的藤本植物是热带雨林特征之一，附生植物更是多种多样。层间植物主要在热带、亚热带森林中生长发育，而不是普遍于所有群落之中，但它们也是群落结构的一部分。

植被地下部分（根系）的成层现象、各层次之间的关系与植被地上部分是相应的。例如，在森林群落中，草本植物的根系分布在土壤的最浅层，灌木及小树根系分布较深，乔木的根系则深入到地下更深处。地下各层次之间的关系，主要围绕着水分和养分的吸收而实现。

五、物种优势度

优势度是群落组织中的一个重要方面，优势种的特征不仅对群落的结构和群落中物种间的相互关系有重要影响，而且还影响着群落的稳定性。在一个群落中，优势种可能是那些数量最多、生物量最大、占有最大空间、对能流和物质循环贡献最大的物种，或者是借助于其他方法对群落中其余物种能够加以控制和施加影响的物种。从能流和物质循环的角度看，优势种也不一定是群落中最重要的物种，而可能是那些能够抢先占有潜在生态位空间的物种。在一定条件下，优势度并不取决于数量，而是取决于生物量或底面积。

在具有相似生态要求的所有物种中，只能有一个物种或小的物种群取得优势地位，它们因为比处于同一营养级的其他物种更能有效地利用环境而成为优势种。从属种之所以能够同时存在，是因为能够占有优势种所不能有效占有的生态位。优势种常常是泛化种，具有很广的生理忍耐性，而从属种对环境的需求往往趋于特化，它们的生理忍耐性较窄。

通过测定相对多度、相对优势度、相对频度，并将三者结合起来，可以确定物种的重要值。通过监测群落中物种优势度及其变化动态，分析植被演替趋势，能够更好地反映草地植被的健康状况、群落稳定性以及对环境因子的响应，为进一步选择适宜的管理措施和实施草地质量调控提供技术参考。

六、叶面积指数

叶面积指数（Leaf Area Index，LAI）也称为叶面积系数，是指单位土地面积上植物叶片总面积占土地面积的倍数，叶面积指数＝叶片总面积/土地面积。在田间试验中，叶面积指数（LAI）是反映植物群体生长状况的一个重要指标，其大小直接与最终产量高低密切相关。叶面积指数是反映植物群体大小的较好的动态指标。在一定的范围内，植物的产量随叶面积指数的增大而提高。当叶面积指数增加到一定的限度后，田间郁闭，光照不足，光合效率减弱，产量反而下降。苹果园的最大叶面积指数一般不超过5，能维持在

3～4较为理想。盛果期的红富士苹果园，生长期亩枝量维持在 10～12 万条之间，叶面积指数基本能达到较为适宜的范围。

据有关研究表明，高产作物田的叶面积指数可以达到 4～6，但关于草地叶面积指数方面的研究较少。周青平等（1992）对高寒地区燕麦单播草地、多种播量组合的燕麦＋箭筈豌豆混播草地进行的试验结果表明：混播草地的干草产量均高于燕麦单播草地，但差异不显著；燕麦的最大叶面积指数出现在孕穗期，而箭筈豌豆最大叶面积指数出现在开花期。混播草群生长早期（燕麦拔节期、箭筈豌豆分枝期），LAI 与单播草群差异很小（3.19～3.84）。生长中期（燕麦孕穗期、箭筈豌豆现蕾期）混播草群的 LAI 为 5.39～5.78，大于单播燕麦（LAI = 4.71）。生长后期（燕麦、箭筈豌豆均为开花期），混播中的燕麦及单播燕麦 LAI 较生长中期大大降低，在 1.36～1.97 范围内，混播群落中箭筈豌豆的叶面积占绝对优势，在 3.19～4.25 范围内。对试验结果的分析说明：混播群落中燕麦生长前期叶量较大，孕穗期达到高峰，开花期明显下降；箭筈豌豆生长前期叶面积指数很低，中期明显增大，开花期达到高峰。二者混播后，混播群落在前、中、后期均能够保持较高的光合作用面积，同时燕麦的支撑作用有利于箭筈豌豆株高的向上延伸，使草丛上层部位集中的叶量大大增加而呈现密集分布状态，为提高单位面积干物质产量创造了有利条件。

施用氮素对提高叶面积指数、光合势、叶绿素含量和生长率均有促进作用，而净同化率随施氮增加而下降。随施氮增加叶面积指数提高的正效应可以抵消净同化率下降的负效应，从而最终获得一个较高的生长率。因此，高产栽培首先应考虑获得适当大的叶面积指数。

叶面积指数是植物生态系统的一个重要结构参数，用来反映植物叶面数量、冠层结构变化、植物群落生命活力及其环境效应，为植物冠层物质和能量交换的描述提供结构化的定量信息，并在生态系统碳积累、植被生产力和土壤、植物、大气间相互作用的能量平衡以及植被遥感等方面起重要作用。

测定叶面积指数，一是直接测定法，如方格法、描形称重法（在一种特定的坐标纸上，用铅笔将待测叶片的轮廓描出并依叶形剪下坐标纸，称取叶形坐标纸重量，按公式计算叶面积）。二是仪器测定法，即使用叶面积测定仪，通过扫描和拍摄图像获取叶面积。扫描型叶面积仪主要由扫描器、数据处理器、处理软件等组成，可以获得叶片的面积、长度、宽度、周长、叶片长度比和形状因子以及累积叶片面积等数据，主要仪器有 CI - 202 便携式叶面积仪、LI - 3000 台式或便携式叶面积仪、AM - 300 手持式叶面积仪等。此外，还有使用台式扫描仪和专业图像分析软件测定的方法。图像处理型叶面积仪由数码相机、数据处理器、处理分析软件和计算机等组成，可以获取叶片面积、形状等数据，主要仪器有 SKYE 叶片面积图像分析仪、Decagon - Ag 图像分析系统等。三是遥感方法，卫星遥感方法为大范围研究 LAI 提供了有效的途径。目前，主要有 2 种遥感方法可用来估算 LAI，一种是统计模型法，主要是将遥感图像数据如归一化植被指数（NDVI）、比植被指数（RVI）和垂直植被指数（PVI）与实测 LAI 建立模型。这种方法输入参数单一，不需要复杂的计算，因此成为遥感估算 LAI 的常用方法，但不同植被类型的 LAI 与植被指数的函数关系会有所差异，在使用时需要进行相应的调整。另一种是光学模型法，它基于植被的双向反射率分布函数，是一种建立在辐射传输模型基础上的模型，它把 LAI 作为输入变量，采用迭代的方法来推算 LAI。这种方法的优点是具有物理模型基础，不受植被类型的影响，然而由于模型过于复杂，反演非常耗时。

七、光能转化率

在太阳辐射能中，植物只能利用波长范围在 380~770 nm 之间的可见光部分，而不能利用紫外光能或红外光能。在理想状态下，植物的叶大约可以吸收入射太阳能的 50%，其中的 90% 用于水分蒸腾和有机键能量的固定上，只有大约 10% 的太阳能被固定为有机分子的潜能。大量研究结果表明，在自然条件下，总初级生产效率很难超过 3.0%，净初级生产量的最大估计值是总入射日光能的 2.4%。

定期收获和测定草地地上生物量（包括动物采食部分、现存量、立枯物、凋落物），烘干至恒重，然后以每年每平方米的干物质重表示。取样测定干物质的热量，并将生物量换算为单位面积植物固定的能量与太阳辐射量之比 $[J/(m^2 \cdot a)]$，即为光能转化率。为了更加准确地表示植物对日光能的转化利用，可以选用植物整个生育期或某一段生长时间的太阳辐射量作为分母进行计算。根据目的不同，有时只测定植物的地上部分，有时还需要测定地下根系部分。

光能转化率 = （植物地上部分固定的能量 + 植物地下根系固定的能量)/太阳辐射量

据胡自治等（1988）研究指出，高山线叶嵩草草地地上、地下和全群落对太阳总辐射的转化率分别为 0.110%、0.303% 和 0.258%；地上部分对可见光生理辐射的转化率为 0.224%，对生长期有效生理辐射的转化率为 0.404%；在生长期的不同时期，地上部分对总辐射的转化率有很大的变化，7 月 20 日~8 月 21 日期间最大，可达 0.464%。陈功等（2003）对青海西宁地区燕麦单播草地、燕麦 + 箭筈豌豆混播草地的牧草组成、地上生物量动态、光能转化效率进行的试验结果表明：混播草地的两组分在生长发育节律和牧草产量积累过程方面均存在着较大的差异，箭筈豌豆与燕麦干物质之比随牧草生长发育的进展而逐渐增大，两种草地的干草产量在牧草生长期间差异不显著，8 月中旬单播、混播草地干物质分别可达 10.19 t/hm² 和 11.74 t/hm²，地上净初级生产力分别为 18874.69 kJ/(m² · a) 和 21204.79 kJ/(m² · a)，光能转化率分别为 0.350% 和 0.392%。

影响草地植被光能转化率的因素，除了光照、水分、温度、CO_2、土壤肥力等环境因子之外，与植被的叶面积指数、植物学组成、群落结构等密切相关，也与草地利用方式密切相关。

八、净初级生产力

植物通过光合作用固定的太阳能或所制造的物质，称为初级生产量。从总初级生产量中减去植物呼吸所消耗的能量，即为净初级生产量，代表着植物净剩下来可供生态系统中其他生物利用的能量。初级生产量通常用每年每平方米所生产的有机物质干重（单位为 $g \cdot m^{-2} \cdot a^{-1}$）或每年每平方米所固定的能量值（单位为 $J \cdot m^{-2} \cdot a^{-1}$）表示，因此，初级生产量也称作初级生产力。克与焦之间可以相互换算，植物组织（干重）平均 1kg 换算为 1.8×10^4 J，动物组织（干重）平均 1kg 换算为 2.0×10^4 J。

植物决定着草地的生物产量和提供的营养物质产量。牧草是草食动物直接采食的对象，是家畜形成第二性生产力的物质基础。草地净初级生产力，可以用干物质产量、营养物质产量、能量值等指标表示。提高草地初级生产力的途径有：

（一）科学利用水分、热量、光照和土地等环境资源

充分认识环境资源所具有的时间生态位、空间生态位以及营养生态位，高效发挥不同地区的水、热、光和土地等资源优势，结合间作、套种、复种等农业技术措施，提高土地利用效率和单位土地的植物性产出。

从20世纪90年代开始，在云南、四川、广西、广东等南方地区，农业专家们对水稻—黑麦草轮作体系进行了深入细致的探讨，其研究成果被大面积推广应用，取得了良好的社会效益和经济效益。例如在云南的许多亚热带地区，从9月份收获大春作物之后到翌年的4月初，耕地资源闲置形成冬闲田，良好的光照、热量和水资源可以支撑冬春季节植物性生产，发展营养体农业。利用冬闲田种植单播一年生黑麦草、小黑麦，或者与光叶紫花苕等混播，对于提高土地复种指数、生产冷季优质饲草、缓解冬春草畜供求矛盾、促进养殖业发展、带动农民增产增收均发挥了十分重要的作用。广东地区和四川地区的实践结果证明，冬闲田种植一年生黑麦草能够提高后作水稻产量5%以上，每公顷土地增收效果明显。

（二）创新和利用牧草及饲用作物种质资源

种质资源（Germplasm Resources）是指一切具有一定种质或基因的生物类型，可用于育种、栽培及其他生物学研究，其表现形式可能是种、品种、植株、种子、枝条、细胞或者DNA片段等。牧草和饲用作物种质资源是草地畜牧业可持续发展的物质基础，是维持人类生存发展、维护生态环境安全的重要战略资源。牧草和饲用作物不仅仅作为饲料资源，而且是生态环境建设、生态修复的工具，也是廉价的食品工业、医药工业和能源工业的原料。积极开展牧草种质资源创新与利用研究，对丰富我国牧草种质资源和遗传多样性、培育牧草新品种、促进草产业可持续发展意义重大。经过近几十年的努力，我国牧草种质资源创新研究已取得了巨大的成绩，但与国外畜牧业发达国家比较，仍有一定的差距。欧美一些畜牧业发达国家牧草种质创新研究表现为研究重点明确突出、研究材料相对集中、技术手段多样先进。欧洲、美洲、大洋洲一些国家在结合本国气候及资源特点的基础上广为开展集约化发展，在运用远缘杂交、杂种优势利用方法等基础上，充分发挥基因连锁群、遗传作图、分子标记和QTL等现代生物技术，并将各种技术相互渗透，形成综合的多元化创新发展模式，并取得了突出的成绩。综合我国牧草种质资源创新研究进展发现，作为常规与新技术的结合纽带，生物技术应用将是现今及未来一段时间种质创新取得突破的主要切入点，在相关基因分子标记、优良基因发掘应用、基因组成、应用分子技术抗性改良及生物器功能研究开发等领域，将是未来种质创新及牧草生物技术研发的热点领域，具有广阔的发展前景（徐春波等，2013）。

据美国的研究成果，种子的费用在紫花苜蓿生产总成本中小于5%，但高质量苜蓿种子获得的生产效益是劣质种子生产效益的几百倍，因此，为不同生产区域筛选相应的高产优质品种非常关键。正确认识"良种"的含义，依据生态适应性、生产性能、种间相容性等指标，为不同地区、不同用途的草地筛选适宜草种以及混播草种组合。

（三）草地合理利用技术措施

草地在合理利用条件下，能够长期保持稳定的生产力、相对稳定的植物学组成和群落

结构，土壤肥力稳定，家畜各项生理指标处于良好状态。合理利用可以提高草地产量、改进饲草品质，而利用过度或不足均会对草地产生不良影响。过度放牧，家畜的选择性采食和践踏作用，使优良牧草难以恢复生长，植物学组成单一化，产草量下降，导致草地逐渐退化。放牧不足，草群中立枯物和地面凋落物过多，抑制牧草生长发育，饲草质量变差。因此，草地利用率和放牧（刈割）强度，对于保持草地生产力、草地结构的稳定性，具有决定性作用。

草地利用率是指在适度放牧条件下的采食量与产草量之比。在适度利用情况下，牧草生长正常，群落结构稳定，家畜能维持正常的生长发育和生产性能。确定草地适宜利用率，需要长期反复试验。天然草地通常在 50% ~ 60% 的范围内，人工草地可以提高到 60% ~ 80%，采用划区轮牧可以适当提高利用率。当家畜对牧草的采食率与草地适宜利用率大致相同时，放牧强度适中，草群中优良可食的牧草在种类和产量比例上基本保持稳定，但适口性较差的牧草有逐渐增加的趋势。

当草地出现退化趋势时，如草层低矮化、植被稀疏化、草群组成劣质化、土壤贫瘠化和干旱化等，应及时采取封育、补播、除杂、施肥、灌溉等措施，并结合降低载畜量等方法，使退化草地得以逐步恢复。

划区轮牧是许多畜牧业发达的国家普遍采用的一种先进的放牧制度。根据草地牧草的生长和家畜对饲草的需求，将草地按计划分为若干面积相等的分区，确定各分区的放牧日期，在一定时间内逐区循序轮回放牧，并在放牧日程上规定轮牧周期和放牧次数。与自由放牧相比，划区放牧可减少牧草浪费、提高载畜量，有利于改善牧草的产量和质量，防止家畜寄生性蠕虫的传播。划区轮牧是在测定草地产草量、确定载畜量、放牧家畜头数、轮牧周期、每分区放牧时间和轮牧频率的基础上进行的。

在划区轮牧中，放牧期间大部分牧草处于幼嫩阶段，营养含量较高。在高原放牧草地进行的轮牧试验结果如表 1 - 8 所示。各轮牧周期再生草所含总能变化不大，但可消化蛋白质随轮牧周期而提高。国内外研究和生产实践也表明，放牧强度适中的轮牧草地，优良禾本科牧草和豆科牧草的分蘖数显著提高，而杂草数量明显减少，改善了草地质量。

表 1 - 8　青草和再生草的营养物质含量

草类	放牧时间（月/日）	干物质量（%）	有机物消化率（%）	每千克青干草干物质含量	
				饲料单位	可消化蛋白质（%）
青草	6/7 ~ 6/19	20.4	75.6	1.1	122
第 1 次再生草	6/25 ~ 7/7	26.9	72.7	1.03	129
第 2 次再生草	7/23 ~ 8/3	23.8	72.6	1.02	147
第 3 次再生草	8/27 ~ 9/8	24.7	78.0	1.05	169

（引自　贾慎修，1995）

据报道，新西兰用乳牛进行了不同放牧方式和不同载畜量试验，低载畜量为 16.8hm^2 草地放牧 40 头乳牛，高载畜量为 13.4hm^2 草地放牧 40 头乳牛。试验结果表明，在低载畜量条件下，两种放牧制度（划区轮牧和连续放牧）的家畜个体产量，都高于高载畜量个体产量；在较高载畜量条件下，划区轮牧能够提高单位草地面积的畜产品；在较低载畜量条件下，划区轮牧与连续放牧相比较，单位面积草地畜产品产量差异不显著。

（四）注重饲草资源的加工存贮和利用

饲草营养组成随生育期发生改变，适时刈割、科学加工和有效存贮，有利于保存其营养成分和家畜采食利用。适时收获对于牧草的产量和营养价值十分重要。为了兼顾牧草营养价值和单位面积产量，应对牧草的刈割时期进行选择，确定最佳刈割时期。豆科牧草的最佳刈割时期一般在孕蕾期到初花期，禾本科牧草一般在抽穗期到开花期。

从牧草营养价值看，收获期越早，营养价值越高，但产量太低。随着生育期推进，牧草中粗蛋白、粗灰分含量减少，茎叶比逐渐增加，叶片逐渐老化，细胞壁成分增加，细胞内容物逐渐减少，牧草地上株丛木质素和其他结构性支持物质含量很高，结构性碳水化合物增加，NDF 和 ADF 含量逐渐增加，CP、CA 含量减少。另外，有研究表明，豆科牧草随着收获时期的推迟，粗饲料中可消化干物质（DDM）含量下降，在植物整个生长过程中，收获时期每推迟一天，DDM 就降低 0.5%（Reid 和 Tyrell，1994）。木质素含量随着生育期推移而逐渐增高，降低了瘤胃中的消化率（Buxton 和 Mertens，1995）。

草地畜牧业发达的国家十分重视饲草的收获、加工和储存，机械化程度高，设施完备，技术先进。饲草加工利用是草产业生产链中关键环节之一，涉及田间收获、干燥处理、加工调制、贮存管理、品质检验以及贸易流通等诸多环节。与发达国家先进水平相比较，我国存在的问题体现在几个方面：①资金投入不足，机械化规模化作业程度低。收获加工不及时，影响饲草品质，降低了产量和效益。②收获加工技术落后，草产品质量低下。主要表现在刈割留茬低、压扁功能差、翻晒打捆不规范、草产品质量低等方面。③恶性杂草严重影响了草产品质量和饲用价值。应加强对高效、无害、低成本、无残留的除草剂的筛选和应用。④缺乏饲草质量安全监测体系。借鉴国内外相关标准，在大量分析检测和系统研究的基础上，建立切实可行的饲草品质质量检测技术体系、草产品质量安全快速监测及评价体系、草产品质量地方标准等。⑤草产品类型单一影响其高效利用。以紫花苜蓿青贮料为例，切碎的适宜长度是多少，在奶牛、肉牛、肉羊日粮中的最佳比例范围是多少，对不同动物（反刍动物、单胃动物）的生产性能及畜产品质量的具体影响等均缺乏精准配套技术，直接制约了其高效利用，亟待开展深入的探索研究。

（五）基于草地质量的实时准确监测，进行针对性科学调控

开展草地质量监测，真实准确地掌握草地基础数据、判断草地基况及健康程度，不仅是指导草地合理利用的前提条件，也是政府科学决策的重要依据。光谱分析技术具有快速、准确、实时和数据量丰富等特点，在草地质量监测领域得到越来越广泛的应用，许多领域已经具有突破性进展，如草种识别、生物量估测、叶面积指数估算、叶绿素含量估算、定量研究草地养分含量和牧草氮含量、判断草地营养状态、草地退化状态评估等。

基于草地质量实时准确的基础数据，结合常规监测方法，构建草地高光谱数据库和反映草地质量的高光谱时间序列数据模型，准确评估草地生物量、生物化学物质组分含量及其时空变化规律，实施草地质量目标调控。

第三节　草地土壤指标

一、土壤酸碱度

土壤酸碱度是指土壤溶液的反映，它反映土壤溶液中 H^+ 和 OH^- 浓度的比例，同时也决定于土壤胶体上致酸离子（H^+ 或 Al^{3+}）或碱性离子（Na^+）的数量及土壤中酸性盐和碱性盐类的存在数量。酸碱度是土壤重要的化学性质，是成土条件、理化性质、肥力特征的综合反映，也是划分土壤类型和评价土壤肥力的重要指标。

土壤酸度与溶液中 H^+ 浓度相关，更多的是与土壤胶体上吸附的致酸离子（H^+ 或 Al^{3+}）关系密切。土壤中酸性的主要来源有：胶体上吸附的 H^+ 或 Al^{3+}、有机质分解产生的有机酸、施肥加入的酸性物质等。通过施用石灰可以人为调节土壤酸度，在酸性土壤改良中常用水解性酸度的数值作为计算石灰使用量的依据。土壤的碱性主要来源于土壤中交换性钠的水解所产生的 OH^- 以及弱酸强碱盐类的水解。

土壤溶液具有抵抗酸碱度变化的能力，即土壤缓冲性，因此土壤的 pH 值变化是极其缓慢的。缓冲性能使土壤的 pH 值在自然条件下不会因外界条件改变而发生急剧变化，从而给植物生长维持一个较为稳定的环境，有益于微生物活动和植物根系生长，但是也给土壤改良带来了困难。

据研究表明，土壤酸化在世界许多地区是一种自然而缓慢的进程，而诸多农业生产方式，如施肥、放牧、草地封育、作物残茬处理等通常会导致和加速土壤酸化，不合理灌溉等方式会引起土壤盐碱化。草地酸化的表现在土壤、植物、动物方面均有大量的研究报道，土壤 pH 值逐年下降，草群植物学组成发生明显变化，优良牧草所占比例下降而有毒有害植物逐渐上升，载畜量下降且动物增重缓慢，草地整体生产力降低。

二、土壤容重

土壤容重（Soil Bulk Density）指单位容积土体（包括空隙在内的原状土）的干重，单位是 g/cm^3。土壤容重除了受土壤内部性状如土粒排列、质地、结构、松紧的影响之外，还经常受到外间因素如降水、人类生产活动、动物活动等因素的影响，尤其是表层土壤容重的变化。通过土壤容重的测定，可估计土壤质地、结构和松紧状况。一般情况下，土壤容重小时说明土壤孔隙数量多，土壤比较疏松，土壤结构性好。因此，土壤容重是土壤综合肥力的重要指标。

土壤容重是草地监测中十分重要的指标之一。在土壤质地相似的前提下，容重的大小可以反映土壤的松紧程度。容重小，表示土壤疏松多孔，结构性良好；容重大，表示土壤紧实板硬而结构不良。土壤紧实程度会影响植物生长、水分渗透以及营养循环。动物践踏、机械作业等诸多因素都会引起土壤紧实层的出现，而休牧、封育、补播、划破草皮等措施，有利于疏松土壤、减小土壤容重，为植物生长发育、草地质量改善等提供有利条件。

环刀法原理：用一定容积的环刀（一般为 $100\ cm^3$）切割未搅动的自然状态土样，使土样充满其中，在 105 ℃条件下烘干至恒重，称量后计算单位容积的烘干土质量。本法适用一般土壤，对坚硬和易碎的土壤不适用。测定步骤如下：①在田间选择挖掘土壤剖面的位置，按使用要求挖掘土壤剖面。若只测定耕层土壤容重，则不必挖土壤剖面。②用修土刀修平土壤剖面，并记录剖面的形态特征，按剖面层次，分层采样，耕层重复4个，下面层次每层重复3个。③将环刀托放在已知质量的环刀上，环刀内壁稍擦上凡士林，将环刀刃口向下垂直压入土中，直至环刀筒中充满土样为止。④用修土刀切开环刀周围的土样，取出已充满土的环刀，细心削平环刀两端多余的土，并擦净环刀外面的土。同时在同层取样处，用铝盒采样，测定土壤含水量。⑤把装有土样的环刀两端立即加盖，以免水分蒸发，随即称重（精确到0.001g），并记录。⑥将装有土样的铝盒在105℃条件下烘干至恒重（精确到0.001g），测定土壤含水量，或者直接从环刀筒中取出土样测定土壤含水量。

三、土壤水分含量

土壤水分含量（Soil Moisture Content）是研究和了解土壤水分在多方面作用的基础，一般以一定质量或容积土壤中的水分含量表示，常用的表示方法有以下几种：

土壤质量含水量：是指土壤中保持的水分质量占土壤质量的分数，单位是g/kg，也可以用百分率表示。为了便于比较，需要测定烘干质量，即105℃烘干下土壤样品达到的恒重，轻质土壤烘干8h可以达到恒重，黏土需烘干16h以上才能达到恒重。

土壤容积含水量：为了了解土壤水分在土壤空隙容积所占的比例，或水、气容积的比例，需要测定土壤容积含水量，即土壤水分容积与土壤容积之比，单位是cm^3/cm^3。

土壤相对含水量：是指土壤含水量占该土壤田间持水量的百分数。该指标可以衡量各种土壤的持水性能，能更好地反映土壤水分的有效性和土壤水气状况，是评价不同土壤供给作物水分的统计尺度。

不同土样的水分含量测定步骤如下：

风干土样：选取有代表性的风干土壤样品，压碎，通过1 mm筛，混合均匀后备用。测定步骤：取小型铝盒在105℃恒温箱中烘烤约2 h，移入干燥器内冷却至室温，称重，精确至0.001 g。用角勺将风干土样拌匀，舀取约5 g，均匀地平铺在铝盒中，盖好，称重，准确至0.001 g。将铝盒盖揭开，放在盒底下，置于已预热至105±2℃的烘箱中烘烤6 h。取出，盖好，移入干燥器内冷却至室温（约需20 min），立即称重。风干土样水分的测定应做两份平行测定。

新鲜土样：在田间用土钻钻取有代表性的新鲜土样，刮去土钻中的上部浮土，将土钻中部所需深度处的土壤约20 g捏碎后迅速装入已知准确质量的大型铝盒内，盖紧，装入木箱或其他容器，带回室内，将铝盒外表擦拭干净，立即称重，尽早测定水分。测定步骤：将盛有新鲜土样的大型铝盒在分析天平上称重，精确至0.001 g。揭开盒盖，放在盒底下，置于已预热至105±2℃的烘箱中烘烤至恒重。取出并盖好，在干燥器中冷却至室温（约需30 min），立即称重。新鲜土样水分的测定应做三份平行测定。

四、土壤微生物和土壤呼吸

土壤微生物包括细菌、放线菌、真菌、藻类和原生动物5个类群，其中细菌数量最多，放线菌、真菌次之，藻类和原生动物数量最少。通过土壤微生物的代谢活动，转化土壤中各种物质的状态，改变土壤的理化性质，形成土壤肥力。土壤微生物的种类和数量是土壤环境条件的综合反映。不同的气候条件、土壤性质、植被类型、农业生产措施等因素，使得土壤微生物区系的组成部分、生物量和活动强度都存在很大的差异。

土壤细菌占土壤微生物总数量的 70% ~ 90%，主要是腐生性种类，少数是自养性的，个体小、数量大，生物量仅占土壤质量的万分之一左右，与土壤接触的表面积特别巨大，是土壤中最活跃的因素，不断地与周围进行着物质交换。腐生性细菌积极参与土壤有机质的分解和腐殖质的合成，而自养性细菌转化矿质养分的存在状态。细菌在土壤中大部分被吸附在土壤团粒表面，形成菌落或菌团，小部分分散在土壤溶液中，绝大多数处于营养体状态，代谢强度和生长速度时刻受水分、养料和温度的限制。细菌在土壤表层分布最多，随土层的加深而逐渐减少，厌氧性细菌的含量比例则在下层土壤中增高。放线菌数量仅次于细菌，1g 土壤中放线菌的孢子量有几千万至几亿个，约占土壤中微生物总数的 5% ~ 30%，在有机质含量高的偏碱性土壤中比例更高。放线菌发育于耕作层土壤中，随着土壤深度而减少。真菌广泛分布于耕作层土壤中，其菌丝体发育在有机物残片或土壤团粒表面，耐酸性强，在 pH 5.0 左右的土壤中细菌和放线菌的发育受限制，但真菌仍能生长而提高其数量比例。

土壤微生物在草地生态系统中同样具有重大的作用，是草地生态系统重要的组成部分之一，对草地生态系统中能量流动、物质转化起着重要的作用。土壤微生物是土壤有机质的活性部分，既能固定养分，成为"库"，也可释放养分，作为"源"。因此，监测和研究土壤微生物对了解土壤肥力和土壤健康状况等具有重要意义。草地土壤微生物数量中最主要的三大类群是细菌、放线菌和真菌。通常土壤微生物量（Soil Microbial Biomass，SMB）就是土壤微生物的生物质量。土壤微生物量只占土壤有机质的 1% ~ 4%（曹淑宝等，2011；郭明英等，2012），但却是控制生态系统中碳、氮和其他养分的关键（Jenkinson 等，1988）。

近年来，我国学者开展了对放牧和封育管理下内蒙古典型草原（李香真等，2002；谷雪景等，2007）、东北羊草草原（郭继勋等，1996、1997）、天祝和东祁连山高寒草地（姚拓等，2006；王慧春等，2006；柴晓虹，2014；卢虎等，2015）以及荒漠草地（谢昀等，2014；张云舒等，2014）土壤微生物的比较研究，大多数研究指出，围栏封育可以显著提高土壤中各种微生物的数量及生物量。如单贵莲等（2012）指出，在内蒙古典型草原与自由放牧草地相比，围封 7、10、13、20 年，土壤土层细菌、放线菌、真菌数量及土壤微生物量碳、氮均显著增加，围栏内草地的 SMBC、SMBN 的含量以及 3 类微生物的数量均显著高于围栏外草地，表明围栏封育可以提高土壤微生物数量及生物量。赵帅等（2011）指出，在放牧条件下，贝加尔针茅草原、大针茅草原土壤微生物生物量碳、氮显著低于围栏草地。表明围栏有利于土壤微生物的生长与维持，而放牧导致土壤总微生物、细菌和真菌生物量的降低。另外，也有一些研究结果表明，封育对土壤微生物存在负面或无显著的影响。如曹叶飞等（2008）指出，亚高山草原、亚高山草甸化草原围栏内微生物数量显著高于围栏外，但亚高山草原化草甸围栏内微生物的数量要低于围栏外的，这可能是由于围栏外的水分条件要优于围栏内。牛得草等（2013）指出，阿拉善高原围封样地内土壤微生物量氮含量显著高于放牧样地，但土壤微生物量碳含量没有显著差异。

土壤呼吸（Soil Respiration）是指土壤释放 CO_2 的过程，严格意义上讲是指未扰动土

壤中产生 CO_2 的所有代谢作用，包括三个生物学过程（即土壤微生物呼吸、根系呼吸、土壤动物呼吸）和一个非生物学过程，即含碳矿物质的化学氧化作用。植物通过光合作用将大气中的 CO_2 吸收到陆地生态中；陆地生态系统中的 CO_2 又通过土壤呼吸作用进入大气。土壤呼吸作用是陆地生态系统中碳素回到大气的主要途径。土壤呼吸是表征土壤质量和肥力的重要生物学指标，它反映了土壤生物活性和土壤物质代谢的强度。在生态演替过程中，植被的变化通过吸收养分和归还有机物等，以影响土壤的物理、化学和生物学性状，土壤呼吸亦随之变化，指示着生态系统演替的过程与方向。此外，从小气候学角度看，土壤释放的 CO_2 改变了近地面的微气象条件，为植物下部冠层提供了更丰富的碳源。

影响土壤呼吸的因素主要是温度和水分等气象因子，其次还有土壤的养分状况、有机质含量、植被类型与地表覆盖、风速及人为活动造成的土地利用方式改变的影响等。温度和湿度主要是通过对土壤微生物代谢和植物根系生长的影响来改变土壤呼吸作用的。许多野外测定和实验室测定均表明，土壤呼吸与温度间存在明显的相关关系，大量的函数曾被用来描述它们之间的关系，包括线性函数、指数函数、幂函数等。Q10 值也通常用来描述温度与土壤呼吸之间的关系，它是指当温度升高 10 ℃ 时，土壤呼吸速率增大的倍数，平均值为 2.4。此外，湿度和温度通常都是共同作用于土壤呼吸，产生协同效应。在一定温度范围内，土壤呼吸随着温度和湿度的增加而增高。在水分饱和或渍水或过干的条件下，土壤呼吸速率将被抑制。不同的植被类型，其地下生物量、根系活性、土壤微生物活性、土壤的理化性质等都有很大差别，使得土壤呼吸速率的时间、空间异质性较大。

近年来，人类活动对土壤呼吸的影响也逐渐引起广泛的关注，其中土地利用方式对土壤呼吸的影响就十分显著，如不同的土地利用方式改变了地表植被、土壤通透性，使得土壤有机质含量等发生改变，相应的土壤呼吸也大不相同。综合分析相关研究结果认为，土壤微生物和土壤呼吸因草地的类型、健康程度等因素而存在一定的差异，但它们与草地质量之间存在必然的关联性，需要开展长期而深入的探索研究。

采用便携式土壤通量测量系统 LCi - SD（英国 ACD）测定土壤呼吸日动态的方法如下：选择晴朗天气，在样地中确定数个植被组成相对均匀、土壤未受破坏的样点，测定前一天，将土壤呼吸环（内径 130 mm，插入土中深度为 75 mm）埋入土壤，然后将环内的植物齐地面剪掉，以避免植物光合作用和地上部分呼吸对土壤呼吸的影响，经过 24 h 平衡后，每隔 2 h 测量记录 1 次，得出土壤呼吸速率的日动态，同步测定其土壤温度。选择不同季节，测定方法同上，可以比较分析草地土壤呼吸的季节动态。

五、土壤有机质

在土壤固相组成中，除了矿物质之外，就是土壤有机质，它是形成土壤肥力的重要物质基础。土壤有机质泛指来源于生命的物质，其含量因土壤类型不同而差异很大，高的可达 20% 以上，低的不足 0.5%。土壤有机质虽然含量少，但对于土壤肥力的作用却很大，它不仅含有各种营养元素，而且还是土壤微生物生命活动的能源。此外，它对土壤水、气、热等肥力因素的调节，对土壤理化性质的改善都具有明显的作用。

自然土壤的有机质有 80% 以上来源于生长在土壤上的高等绿色植物，包括地上部分和地下根系，其次是生活在土壤中的动物和微生物。农业土壤有机质的重要来源是施用的有机肥料、作物残茬、根系以及根系分泌物。土壤有机质通常有三种形态，即新鲜有机质、半分解的有机质和腐殖质。腐殖质是土壤有机质中最主要的一种形态，占有机质的85%以上，对土壤的物理、化学、生物学性质的改善都有良好作用。通常把土壤腐殖质含量作为衡量土壤肥力水平的主要标志之一。

有机质对土壤物理、化学和生物化学等方面都具有十分重要的作用。土壤有机质中含有丰富的氮、磷、硫等元素，它们的有机化合物是植物营养物质在土壤中的主要存在形式，并使营养元素在土壤中得以保存和聚集。经过微生物的矿质化作用，有机质释放植物营养元素，供给植物和微生物生活的需要。微生物在分解有机质的过程中，获得生命活动所需能量，产生的 CO_2 一方面供给植物碳素营养，另一方面 CO_2 溶于水后，可促进矿物的风化。

土壤有机质能够促进土壤团粒结构的形成，调节土壤中养分、水分和空气之间的矛盾，创造植物生长发育所需的良好条件。土壤有机质还可以降低黏土的黏结力，增加砂土的黏结力，改善不良土地的耕作性能。此外，有机质对改善土壤的渗水性、减少水分蒸发、提高水分利用效率方面均具有明显的作用。

腐殖质具有巨大的比表面和表面能，同时带有大量负电荷，可提高土壤吸附分子态和离子态物质的能力并增强保肥性。腐殖质通过离子交换作用，可降低土壤的酸性或碱性，表现出其较强的缓冲作用。极低浓度的腐殖质（胡敏酸）分子溶液，对植物有刺激作用，如能改变植物体内糖类代谢，促进还原糖积累，提高细胞渗透性，进而提高植物抗旱性能；能提高氧化酶活性，加速种子发芽和对养分的吸收，促进植物生长；增强植物呼吸作用，提高细胞膜透性和对养分的吸收，促进根系发育。

六、土壤有机碳

土壤有机碳（SOC）包括植物、动物及微生物遗体、排泄物、分泌物及其部分分解产物和土壤腐殖质，主要分布于土壤上层 1 m 深度以内。

土壤有机碳根据微生物可利用程度分为易分解有机碳、难分解有机碳和惰性有机碳。易分解者有较高的生物利用率与损失率，难分解者则有较高的残留率，一般占土壤有机质的 60% ~ 80%。土壤有机碳动态平衡不仅直接影响土壤肥力和作物产量，而且其固存与排放对温室气体含量、全球气候变化也有重要影响。土壤有机碳是土壤质量评价和土地可持续利用管理中必须考虑的重要指标。

土壤有机碳含量是进入土壤的生物残体等有机物质的输入与以土壤微生物分解作用为主的有机物质的损失之间的平衡。其中，有机物质输入量在很大程度上取决于气候条件、土壤水分状态、养分有效性、植被生长以及人类的耕种管理等因素，而土壤有机物质的分解速率则受制于有机物的化学组成、土壤水热状况及物理化学特性等因素。现有土壤有机碳含量是土壤有机碳分解速率、作物残余物数量与组成、植物根系及其他返还至土壤中有机物的函数。土壤有机碳库存量与进入土壤的植物凋落物和地上生物量呈线性正相关关系。国内许多学者在研究中发现，植物种类组成可通过影响植物残体分解速率，进而影响土壤有机碳的含量及分布，并对草甸草原、典型草原、荒漠草原植物种类组成与土壤有机质含量关系进行了详细分析。

土壤有机碳的测定：采用环刀法（容积 100 cm³），分 0 ~ 10 cm、10 ~ 20 cm、20 ~ 30 cm 土层取样，带回实验室在 105℃ 下烘干至恒重，根据公式［土壤容重 = 干土重（g）/

环刀容积（cm^3）〕计算土壤容重。同样，在各样地采用直径 5 cm 的土钻分 0～10 cm、10～20 cm、20～30 cm 土层采集土壤样品，带回实验室采用重铬酸—浓硫酸外加热法测定土壤样品的有机碳含量。

土壤有机碳储量计算公式：

$$SOC = \sum D_i \times B_i \times OM_i \times S$$

式中：D_i、B_i、OM_i 和 S 分别是土层厚度（cm）、土壤容重（g/cm^3）、土壤有机碳含量（%）和对应面积（cm^2）；i 代表土壤的分层数，并且 $i = 1, 2, 3\cdots$

随着高光谱遥感技术的发展，近年来，利用光谱分析获取土壤信息已获得越来越广泛的关注（李国傲等，2017）。方利民等（2010）测定了 300 个土壤样品在可见—近红外范围光谱数据并进行了分析计算，建立了预测模型，该模型对 SOC 含量测定的决定系数达到 0.98 以上。王淼等（2011，2012）利用可见—近红外光谱分析技术对 SOC 含量进行了快速监测，研究表明，不同土壤须选择其对应的最优波段，土壤含水率对测定结果有较大的影响。汤娜等（2013）利用 BP 神经网络方法研究黑龙江黑土地区的土壤光谱反射特征，结果表明，该方法可用于 SOC 含量的测定。李曦（2013）对全国各类土壤进行了光谱测量和理化分析，并对数据进行相关性分析，采用不同方法建立预测模型，得到了较好的结果，同时发现土壤中 Fe_2O_3 含量对光谱信息具有影响。大量的研究和实践证明，利用光谱分析技术有利于实时动态监测土壤信息、克服化学分析方法的许多缺点、提高分析效率和减少环境污染。

七、土壤酶及其活性

土壤酶（Soil Enzyme）是由生物体产生的具有高度催化作用的一类蛋白质。土壤酶一般吸附在土壤胶体表面或呈复合体存在，部分存在于土壤溶液中，以测定各种酶的活性来表征。土壤酶作为土壤组分中最活跃的有机成分之一，不仅可以表征土壤物质能量代谢旺盛程度，而且可以作为评价土壤肥力高低、生态环境质量优劣的一个重要生物指标，并且在生态系统的物质循环和能量流动方面扮演重要的角色。

土壤酶主要来源于土壤微生物和植物根系的分泌物及动植物残体分解释放的酶，包括氧化还原酶类、水解酶类、裂合酶类和转移酶类。土壤酶是指土壤中的聚积酶，包括游离酶、胞内酶和胞外酶，其活性变化规律及与生态因子的相互作用关系研究引起众多学者的重视，它是评价土壤质量的重要手段之一，同时也是评价土壤自净能力的一个重要指标。对土壤酶的研究，能更好地去了解土壤酶是土壤有机体的代谢动力，在生态系统中起着重要的作用，以及与土壤理化性质、土壤类型、施肥、耕作以及其他农业措施的密切关系。而土壤酶活性在土壤中的表现，在一定程度上反映了土壤所处的状况，且对环境等外界因素引起的变化较敏感，成为土壤生态系统变化的预警和敏感指标。

20 世纪 80 年代中期以后，土壤酶学与林学、生态学、农学和环境科学等学科相互渗透，土壤酶学的研究已经超越了经典土壤学的研究范畴，在几乎所有的陆地生态系统研究中，土壤酶活性的检测似乎成了必不可少的测定指标。由于土壤酶活性与土壤生物、土壤理化性质和环境条件密切相关，因而土壤酶活性对环境扰动的响应、根际土壤酶功能的重要性、土壤酶研究技术以及土壤酶作为土壤质量生物活性指标，受到了广泛的关注。

土壤微生物及其生物活性常常被作为自然和农业生态系统中土壤胁迫过程或生态恢复

过程的早期敏感性指标，尤其是 20 世纪 80 年代末以来，土壤酶作为土壤质量的生物活性指标一直是土壤酶学的研究重点。土壤酶活性作为农业土壤质量的生物活性指标已被大量研究。有研究表明，农田的耕作方式会影响酶活性的高低，如土壤蔗糖酶、脲酶和磷酸酶活性在单作方式下低于轮作方式。另外，不同土地利用类型的酶活性也会有不同的表现，如森林土壤磷酸单脂酶和葡萄糖苷酶活性高于农田。在土壤改良过程中应注意对各类凋落物的保护，凋落物在腐解过程中会向土壤中释放酶，从而增强土壤酶活性，这对于促进营养物质的循环代谢和提高有效养分具有重要意义。

某些土壤酶活性可以作为土壤生化过程强度的较好指标，为了全面综合地评价土壤肥力，我们不仅要研究土壤肥力状况、理化性质、生物性质及其影响因子，同时要注意研究土壤的生化反应。土壤酶直接影响着土壤有机质的分解转化和合成过程，因此，可以用土壤酶活性的总体状况评价土壤肥力水平和供肥能力。有关研究表明，土壤过氧化氢酶、蔗糖酶活性可以用来评价土壤肥力的状况。过氧化氢酶作为土壤中的氧化还原酶类，其活性可以表征土壤腐殖质化强度大小和有机质转化速度。过氧化物酶在有机质氧化和腐殖质形成过程中起着重要作用。

第四节　草地承载力指标

草地承载力的定义有多种，其核心内涵是指特定环境条件下的草地资源，在维持其可持续利用的前提下，所能承养的牲畜数量。草地承载力与草地生产能力关注的重点有所不同。草地生产能力是指一定面积的草地，在维持可持续生产的前提下，在一定时间内能够生产最大动植物数量的能力。评定草地生产能力，就是对草地生产的动植物数量、生产效率和潜力的综合定量评定。而草地承载力评价，除了分析草地生产的效率、效益之外，应该更加关注草地生产的效应，即效益的长期表现。

草地有多种利用途径和多种功能。通过动物采食、消化和转化等环节形成可用畜产品是牧用草地的生产经营目标，也称为第二性生产或次级生产。动物生产力是测定和评价草地质量的主要指标，主要有草地适宜利用率、载畜量、活增重、胴体重和畜产品单位等。

一、草地适宜利用率

放牧时，家畜采食的牧草占某地段牧草总产量的百分比，即草地适宜放牧量所代表的放牧强度。在适度利用率的情况下放牧时，草地既能维持家畜的正常生长发育和生产，又能保持牧草的正常生长发育。草地利用率的大小与草地类型、牧草生长时期、耐牧性、牧草品质、地形以及牲畜种类等因素有关。通常认为，50% 是适宜利用率，低于该值导致利用过轻，而长期高于该值则会引起草地退化。国外有报道称人工草地在特定时间段轮牧时可提高至 80% 以上。

长期以来，草地利用率多依据经验法则确定。美国林业服务机构首次提出维持草地生产的草地安全利用率为 15% ~ 20%。采食一半、保留一半（take half – leave half）也是草地管理多年遵守的标准。在采食的 50% 中，只有 25% 被家畜采食，另外的 25% 被践踏、弃食、昆虫或其他动物采食等，或者由于分解而消失。因此，经验法则认为只有 25% 的草地牧草被家畜采食（Gait 等，2000）。Holechek 等（1988）认为，采食一半、保留一半的经验法则对湿润草地和一年生草地是适用的。Gait 等（2000）认为，干旱、半干旱草地利用率一般为 35%。大多数研究表明，美国西部干旱、半干旱草地，35% 的利用率比较适宜，并不会导致草地灌丛化（Holechek 等，1989）。Gait 等（2000）认为，对大部分美国西部草地而言，要避免长期的牧草匮乏和草地退化，25% 的草地利用率是适宜的，高于 25% 的草地利用率，一旦干旱发生时，由于牧民不愿意缩减饲养规模，必然会导致草地退化和经济损失。Westoby 等（1989）指出，在非均衡放牧管理的草地，草地利用率通常会超过 80%。根据对草地生产力、家畜生产及草地畜牧业经济收益的现有文献研究，当不确定草地植被状况及草地产量时，设置初始放牧率，灌丛草地利用率为 30%、干旱草地为 40%、湿润草地为 50%、一年生草地为 55%（Holechek 等，1988）。研究表明，由于家畜践踏、野生动物采食及牧草风化等，实际利用率通常会超过设定利用率，因此设置利用率时至少把初始利用率降低 5%（Gait 等，2000）。

牧草生长具有明显的季节性，如开始生长期、旺盛生长期、枯黄期等。为科学合理利用草地资源，应观测牧草全年生长动态，制定以月为单位的草地利用率，进而确定全年各月份草地合理载畜量。

月草地载畜量 = 月牧草生长量 × 草地利用率/动物达到一定生产与繁殖性能的月采食量。

云南省草地动物科学研究院（原云南省牧草和肉牛研究中心）建植的亚热带人工草地（东非狼尾草 + 非洲狗尾草 + 白三叶、非洲狗尾草 + 多年生黑麦草 + 鸭茅 + 苇状羊茅 + 白三叶），划区轮牧与刈割调制青干草、青贮料相结合，饲养 BMY 肉牛。草地利用率确定为 60%～65%，结合草地除杂、施肥、枯草季节补饲以及动物免疫和驱虫等配套措施。多年实践结果表明，草群稳定性良好，豆科禾本科比例适中，草地多年平均干物质产量 6 t/hm^2，载畜量 1 头云南黄牛（活重 250 kg）/hm^2·a。

加拿大地处高纬度，放牧天数通常在 180 天左右，从 5 月 1 日起到 10 月 31 日结束。加拿大对草原载畜量控制十分严格，规定天然草地利用率不得超过产草量的 50%～60%，人工草地利用率不得超过产草量的 80%。依据草地状况确定适宜载畜量，规定的载畜量较低，即使达到载畜量的上限也不会对草原造成破坏。通常情况下，草地放牧后与放牧前相比几乎没有变化为适宜，如果载畜量和放牧强度超过了规定标准，国家有权进行干预，收回租给私人的草地。

二、载畜量及其表示方法

载畜量指以一定的草地面积，在放牧季内以放牧为基本利用方式（也可以割草），在放牧适度的原则下，能够使家畜正常生长发育及繁殖的放牧时间和放牧头数。载畜量表示的草地生产能力由家畜头数、放牧时间和草地面积三项要素构成，因此载畜量有三种表示方法，即家畜单位法、时间单位法和草地单位法。

（一）家畜单位法

家畜单位法指一定时间内单位面积的草地可以饲养的家畜数目。在计算过程中，根据家畜对饲料的消耗量，将各种家畜折算成一种标准家畜，以便进行统计处理。国外多采用"牛单位"作为标准家畜，如美国的"牛单位"含义是：一头体重 454 kg 的成年母牛或与此相当的家畜，平均每天消耗牧草干物质 12 kg。

目前，采用羊作为标准家畜的国家主要有澳大利亚、新西兰和中国。澳大利亚的羊单位（Dry Sheep Equivalent，DSE）是体重为 45 kg 的 2 岁美利奴绵羊的维持饲草需求量。新西兰目前的载畜量家畜转换体系也采用羊单位（Ewe Equivalent，EE），以体重为 54.5 kg 的母羊（带有一个羔羊）作为基本家畜单位。新西兰最初是采用家畜单位（Stock Unit，SU），Coop 等（1965）以 SU 为基础，基于家畜消化有机物质（DOM）需求，提出了标准羊单位（Standard Ewe），标准羊单位 DOM 年需求量为 370 kg，根据牧草 62% 的平均消化率，干物质需求量为 595 kg。中国的标准家畜采用羊单位，其含义是体重为 40 kg 的母羊（带有一个羔羊）。绵羊日采食量是指一个标准羊单位在维持正常生长发育和一定生产性能下每天所需的饲草数量，其标准为 2 kg 干草。2011 版载畜量标准定义的标准羊单位为：1 只体重为 45 kg、日消耗 1.8 kg 草地标准干草的成年绵羊，或与此相当的其他家畜，简称羊单位。同时规定，断奶前羔羊与哺乳母羊分别计算家畜单位，未断奶羔羊按 0.2 个羊单位计入现存实际家畜饲养量。

基于活重的家畜单位没有对家畜生长阶段、体型等做合理的区分，也没有考虑家畜的生理阶段，如哺乳和犊牛年龄对采食量的影响。即使是同一种类的家畜，由于其品种、生长阶段也差异很大。根据管理经验，家畜泌乳期的蛋白和能量需求要比非泌乳时期高 33% 和 50%，因此计算家畜的饲草需求量，应依据家畜的代谢体重（Edward 等，1981）。代谢体重（Metabolic Body Size，MBS）纠正了家畜体型对活重的影响，考虑了家畜活重及表面积，可以降低由于体形差异导致计算饲料需求量时的误差（Mansk 等，1998）。反刍家畜的代谢体重等于其活重的 0.75 次方。

（二）时间单位法

时间单位法指在单位面积的草地上可供一头家畜放牧的天数，最常用的是头日法。例如某一牧场每公顷草地可供 10 头羊放牧 60 天，其载畜量为每公顷 600 羊头日，即 1 只羊在 1 公顷草地上可放牧 600 天。

（三）草地单位法

草地单位法也称面积单位法，指单位时间内一头放牧家畜所需要的草地面积。中国草地单位，是指在放牧条件下能供给 1 头体重 40 kg 的绵羊（带有一个羔羊）每天 5.0 ~ 7.5 kg 青草所需草地面积。

测定草地载畜量需要的基本数据有草地面积、可利用的牧草产量和家畜每天正常的牧草采食量。例如，某一牧场有草地面积 18 万亩，一年生产可利用青草 13632970 kg，一个羊单位每日放牧采食量 5 kg 青草。该草地载畜量计算如下：

13632970 kg ÷ 5 kg/羊日 = 2726594 羊日……（时间单位）；

2726594 羊日 ÷ 365 日 = 7470.1 羊/年……（家畜单位）；

如以每亩草地年饲养羊数来表示，则为：

7470.1 羊/年 ÷ 180000 = 0.042 羊年/亩；

如要计算平均多少亩草地可以饲养一只羊，则为：

180000 亩 ÷ 7470.1 羊 = 24.1 亩/羊……（草地单位）。

合理的载畜量是维护草地资源持续利用的首要条件。依据牧草生长发育规律、牧草产量动态、动物营养需求，制定合理载畜量，实现草畜供求平衡。在自然状态下，草地本身的功能反应产生负反馈，限制载畜量增长。如在中国北方牧区，由于气候年际变化，经常出现丰年、平年和灾年。牧草数量的年际变化，使放养的家畜数量发生着草多畜增加、草少畜减少的同步波动现象，这是草地生态功能的自我调节功能。但是随着未来科技水平的不断发展，作用于草地自然生态系统的技术日益强大，在缺乏科学管理的外界干扰下，草地生态系统的自我调节功能被削弱或受抑制，造成系统的正反馈过盛，导致草地生态系统的崩溃（牟新待，1997）。

三、草地合理载畜量计算

苏大学（2013）给出了天然草地合理载畜量的计算公式。

（一）区域放牧草地合理载畜量计算

$$A_w = \sum_{k=1}^{n} A_{wk}$$

式中：A_w 指区域内草地中各类暖季（或冷季，或春秋季，或四季）放牧草地可承载的羊单位总和；k 指区域内草地用作暖季（或冷季，或春秋季，或四季）放牧草地的草地类型序号；n 指区域内草地中用作暖季（或冷季，或春秋季，或四季）放牧草地的草地类型数；A_{wk} 指某类暖季（或冷季，或春秋季，或四季）放牧草地在暖季（或相应在冷季、在春秋季、在全年）放牧期可承养放牧的羊单位。

（二）区域割草地合理载畜量计算

$$A_h = \sum_{k=1}^{n} A_{hk}$$

式中：A_h 指区域内草地中各类割草地可承载的羊单位总和；k 指区域内草地用作割草地的草地类型序号；n 指区域内草地中用作割草地的草地类型数；A_{hk} 指某类割草地在全年（或冷季，或秋季，或暖季）利用期内割草投饲可承养的羊单位。

（三）区域草地合理总载畜量计算

1. 季节利用草地合理总载畜量的计算

$$A_u = A_w + A_h$$

式中：A_u 指在暖季（或冷季，或春秋季）利用期内，区域内草地中所有草地类型合理载畜量总和羊单位；A_w 指区域内草地中各类暖季（或冷季，或春秋季）放牧草地可承养放牧的羊单位总和；A_h 指区域内草地中各类割草地在暖季（或冷季，或春秋季，或全年）可承养的羊单位总和。

2. 区域草地全年合理总载畜量的计算

计算公式：

$$A_{ys} = (A_w \cdot D_w + A_s \cdot D_s + A_c \cdot D_c)/365 + A_{gy} + (A_{hw} \cdot D_{hw} + A_{hs} \cdot D_{hs} + A_{hc} \cdot D_{hc})/365 + A_{hy}$$

式中：A_{ys} 指区域草地全年总合理载畜量、羊单位；A_w 指暖季放牧草地可承养的羊单位；D_w 指暖季放牧草地利用天数；A_s 指春秋季放牧草地可承养的羊单位；D_s 指春秋季放牧草地利用天数；A_c 指冷季放牧草地可承养的羊单位；D_c 指冷季放牧草地利用天数；A_{gy} 指四季放牧草地可承养的羊单位；A_{hw}指割草地暖季可承养的羊单位；D_{hw}指从割草地刈割牧草用于暖季投饲的天数；A_{hs}指割草地春秋季可承养的羊单位；D_{hs}指从割草地刈割牧草用于春秋季投饲的天数；A_{hc}指割草地冷季可承养的羊单位；D_{hc}指从割草地刈割牧草用于冷季投饲的天数；A_{hy}指四季使用的割草地可承养的羊单位。

按全年利用计算合理总载畜量，对季节放牧草地利用期的规定：①缺乏割草地的区域，放牧草地按冷、暖两种季节转场放牧的草地区域，其冷季和暖季放牧期之和为365天；②缺乏割草地的区域，放牧草地按冷季、暖季、春秋季三种季节转场放牧的草地区域，其冷季、暖季、春秋季三种季节放牧期之和必须为365天；③划分为季节放牧草地和割草地的区域，其区域内各季节放牧草地的放牧天数之和，必须等于365天减去区域内割草地刈割牧草可投饲的天数。

割草地利用期的规定：①全年舍饲圈养区域，从割草地刈割牧草投饲的时间应为365天；②划分为割草地和季节放牧草地的区域，从割草地刈割牧草投饲的天数与全部季节放牧草地的放牧天数之和应为365天。

四、家畜日采食量

家畜日采食量是指家畜维持正常生长发育时每天所需的饲草料数量。日采食量随家畜的种类、品种、性别、年龄、生产性能以及草地质量不同而变化。我国目前尚无统一的计算标准，在生产实践中，肉牛放牧每天采食干物质一般按活体重的2%计算，以毛肉兼用的成年绵羊母羊（体重40 kg）每天放牧采食牧草折合干草1.4 kg，约占体重的3.5%，其他家畜的日采食量见表1-9。

表1-9　不同家畜一昼夜的饲料需要量

家畜种类	每天需要量			
	能量需要	蛋白质需要	干物质（DM）	
1. 乳牛的维持需要：	奶牛能量单位	粗蛋白质（CP）	kg	占体重（%）
体重（kg）	（NND）	g		
300	8.17	332	4.47	1.5
400	10.13	413	5.55	1.4
500	11.97	488	5.56	1.1
产奶需要：每生产1公斤含脂率为4%的奶	1.00	85	0.40~0.45	
2. 生长的育肥牛（日增重0.5 kg）	肉牛能量单位			
体重（kg）	（RND）			
200	2.56	514	4.44	2.2
300	3.66	603	5.79	1.9
400	4.66	689	7.06	1.8

续　表

家畜种类	每天需要量			
	能量需要	蛋白质需要	干物质（DM）	
3. 母绵羊	消化能（DE）	可消化蛋白质（DCP）	DM（kg）	占体重（%）
维持需要	（MJ）	g		
体重（kg）				
50	10.13	48	1.0	2
60	11.21	54	1.1	1.8
妊娠乳或最初妊娠15周				
50	12.55	60	1.2	2.4
60	13.26	63	1.3	2.2
妊娠最后4周泌乳最后4~6周，哺单羔				
50	18.15	82	1.6	3.2
60	18.40	88	1.7	2.8
泌乳最初6~8周，哺单羔				
50	25.02	132	2.1	4.2
60	27.61	145	2.3	3.9
4. 绵羊羔，4~6月龄育肥公羔				
30	17.15	98	1.3	4.3
35	17.32	94	1.3	3.8
40	22.59	119	1.6	4.0

　　注：一头奶牛能量单位（NND）=3.138 MJ产奶净能；一头肉牛能量单位（RND）=8.08 MJ维持与增重的综合净能。

（引自　贾慎修，1995）

五、畜产品单位

　　一定的动物区系成分与一定的植物区系成分具有密切的联系。植物与环境共同成为动物生存的必要生态条件，从而形成其生命活动的季节性组合场所，发育了独特的、与之相适应的家畜种类与品种，形成别具特色的第二性产品系列。草地作为一种可再生的农业资源，其目的之一就是生产各种可用畜产品，如肉、奶、蛋、皮、毛以及役用价值。

　　一个畜产品单位（Animal Product Unit，APU）相当于中等营养状况的放牧肥育肉牛1 kg增重，其能量消耗相当于110.8 MJ消化能，或94.1 MJ代谢能，或58.1 MJ的增重净能。各类其他畜产品根据其在放牧或以放牧为主的饲养条件下，生产单位重量的畜产品消耗的能量之比来确定折算比率（表1-10）。

表 1 - 10　各类畜产品的畜产品单位折算表

畜产品	畜产品单位
1 kg 肥育牛增重	1.0
一头活重 50 kg 羊的胴体	22.5（屠宰率 45%）
一头活重 280 kg 牛的胴体	140.0（屠宰率 50%）
1 kg 可食内脏	1.0
1 kg 含脂率 4% 的标准奶	0.1
1 kg 各类净毛	13.0
一匹 3 岁出场役用马	500.0
一头 3 岁出场役用牛	400.0
一峰 4 岁出场役用骆驼	750.0
一头 3 岁出场役用驴	200.0
一匹役用马工作 1 年	200.0
一匹役用牛工作 1 年	160.0
一峰役用驼工作 1 年	300.0
一头役用驴工作 1 年	80.0
一张羔皮（羔皮羊品种）	13.0
一张裘皮（裘皮羊品种）	15.0
一张牛皮	20.0（或以活重的 7% 计）
一张马皮	15.0（或以活重的 5% 计）
一张羊皮	4.5（或以活重的 9% 计）
一头淘汰的中上肥度的菜羊（活重 50 kg）	34.5（或以活重的 69% 计）
一头淘汰的中上肥度的菜牛（活重 280 kg）	196.0（或以活重的 70% 计）

（引自　任继周，1985）

　　畜产品单位法根据草地生态系统的理论反映了生产过程最后一个阶段的真实情况，在草地科学的物质与能量流动过程中，提供了一个新的概念和尺度。可用畜产品是草地生产流程的最后一个阶段，也是各个生产环节的最终全面体现。运用畜产品单位法不仅可以直接测定草地生产能力本身，还可以间接反映草地生产的综合科技水平。畜产品单位法把动物资源与动物畜产品从属性上区别开来，有效排除了以家畜数量为指标的数量畜牧业的假象，能够真实反映草地生产能力。

　　家畜的活体重，通常用空腹重（Fast Weight）表示，即放牧结束后经过空腹 16～24 小时之后测定的体重。日增重（Daily Liveweight Gain）表示经过一段时间的饲养，家畜每天的平均活增重（Liveweight Gain），用 g/d 或 kg/d 表示。胴体重（Carcass Weight）特指牲畜屠宰后，除去头、尾、皮、四肢、内脏等剩下的部分。

第二章　植被监测的光谱分析技术

第一节　高光谱分析技术

高光谱遥感（Hyperspectral Remote Sensing）是当前遥感领域的前沿技术，它是指利用很多很窄（一般波段宽度 <10nm）的电磁波波段从感兴趣的物体获取有关数据，并能产生一条完整而连续的光谱曲线。所谓的高光谱、高灵敏度是指高光谱分辨率的光谱仪，可有几十至上百个连续的波段，波段数越多，越能充分利用地物在不同波段光谱响应特征的差别，波段的取样间隔可达到 3 ~ 10 nm，以便直接针对地物波谱曲线的微小差异来识别物质。

高光谱遥感的基础是测谱学，测谱学早在 20 世纪初就被用于识别分子和原子及其结构，但直到 20 世纪 80 年代才产生了成像光谱技术。成像光谱学在电磁波谱的紫外、可见光、近红外和中红外区域，获取许多非常窄且光谱连续的图像数据，其成像光谱仪可以收集到上百个非常窄的光谱波段信息。高光谱遥感的成像仪可以分离成几十个甚至数百个很窄的波段来接收信息，所有波段排列在一起能形成一条连续而完整的光谱曲线，可以在连续的光谱曲线上研究地物的光谱特性，光谱的覆盖范围从可见光到热红外的全部电磁辐射波谱范围，这是常规多光谱所不能达到的。

国际遥感界将光谱分辨率达纳米（nm）数量级范围内的遥感技术称之为高光谱遥感。一般来说，光谱分辨率在 $10^{-1}\lambda$ 范围内的，称之为多光谱遥感，如 TM 与 SPOT 等。光谱分辨率在 $10^{-2}\lambda$ 内的，称为高光谱遥感，目前此类传感器有小型的高光谱成像光谱仪（如 AIS、AVIRIS、CASI）和一些便携式光谱仪。光谱分辨率在 $10^{-3}\lambda$ 以内的，称为超光谱遥感。

高光谱遥感具有分辨率高、波段连续性强、光谱信息量大等特点，它融合了成像技术和光谱技术，实时获取研究对象的影像和每个像元的光谱分布。成像光谱仪将视域中观测到的各种地物以完整的光谱曲线记录下来，这种数据能应用于多学科的研究和应用中。

遥感（RS）作为一门综合技术是美国学者 E. L. Pruitt 在 1960 年提出来的。为了比较全面地描述这种技术和方法，E. L. Pruitt 把遥感定义为"以摄影方式或非摄影方式获得被探测目标的图像或数据的技术"。从现实意义看，一般我们称遥感是一种远离目标，通过非直接接触而判定、测量并分析目标性质的技术。简单地说，遥感就是以非接触方式对目标电磁波谱特性（辐射、反射和散射）进行探测，通过对所获得的图像、光谱合一信息处理，达到识别目标物体理化特性的目的，并结合基础的应用学科理论，解决生产、生活实际中的清查、监测、预测及决策等问题。遥感技术集成了空间、电子、光学、计算机等现代学科的最新研究成就，成为一种以数学方法、物理手段及地学知识为基础的综合技术，而跻身于信息获取与处理分析的高科技领域。在成像过程中，它利用成像光谱仪以纳米级的光谱分辨率，以几十或几百个波段同时对地表地物成像，能够获得地物的连续光谱信息，实现了地物空间信息、辐射信息、光谱信息的同步获取。1972 年，美国发射的第一颗地球资源卫星 ERS－1（即 Landsat－1）拉开了遥感对地球资源及环境监测的序幕，遥感技术开始被广泛应用。遥感技术是建立在物体电磁波辐射理论基础上的。由于不同物体的形状、性质不同，所以自身发射、反射、散射电磁波的能力也不同。对地物遥感监测主要借助太阳光进行被动遥感，太阳光谱从波长小于 3 μm 的 X 射线到波长大于 1000 μm 的微波，从近紫外到中红外这一波段区间能量最集中而且相对来说最稳定，强度变化小。同时 2.5～0.3 μm 地物自身热辐射几乎等于零，传感器接收的能量基本是地物反射太阳光的能量。因此被动遥感主要利用紫外（UV，0.3～0.38 μm）、可见光（VIS，0.38～0.74 μm）、近红外（NIR，0.74～1.3 μm）、短波红外（SWIR，1.3～3 μm）等稳定辐射。一个完整的遥感系统由三个部分组成：传感器（Sensor）、载体（Carrier）和指挥系统（Command System）。其中，载体也称平台（Platform），是负载传感器的工具。根据遥感器所使用的平台，可将遥感分为航天遥感、航空遥感和近地面遥感。遥感通过信息获取系统、传输系统、接收系统、处理系统四大模块所获取的资料来了解各种资源信息。遥感按其研究方向和侧重点可以分为遥感技术、遥感信息处理及遥感应用几个方面，其中遥感应用已经广泛深入到国民经济建设各个领域。

高光谱分辨率的光谱仪，可有几十至上百个连续的波段，波段数越多，越能充分利用地物在不同波段光谱响应特征的差别，波段的取样间隔可达到 3～10 nm，以便直接针对地物波谱曲线的微小差异来识别物质。高光谱为研究植被提供了丰富的信息，对光谱曲线进行研究可以实现理化参数的回归、长势的监测等。

20 世纪 80 年代，高光谱遥感技术兴起，使遥感领域发生了巨大的变化，它的出现是遥感界的一场革命，遥感技术及其应用大大加快了遥感技术从定性到定量发展的步伐，也是当前及今后几十年内的遥感前沿技术，因而在相关领域具有巨大的应用价值和广阔的发展前景。

遥感技术在当今世界范围内的发展已经进入了一个崭新的阶段，其重要标志就是从多光谱遥感技术向高光谱遥感技术的快速转变。近半个世纪以来，人们在利用多光谱遥感在有效解决地表类型面积量算及其空间位置的同时，试图使用多光谱遥感数据来解决地物特征的质量评定问题。但是由于多光谱遥感技术无法对描述地物质量的相关参数进行直接的测量，这些质量评定问题的解决途径绝大多数只能依靠相关回归分析等经验统计的间接方法。高光谱遥感技术以其多通道、窄波段、大数据等优势，除进一步准确解决地物分类面积及其空间位置问题之外，还能对植被生物、物理、化学特征及其胁迫参数进行直接测量，为地物质量评定和精准监测提供了直接方法（刘海启等，2015）。

一、植物反射光谱特征

植被反射光谱特征主要由叶片中的叶肉细胞、叶绿素、水分含量和其他生物化学成分对光线的吸收和反射形成的，在不同波段，植被的反射光谱曲线具有不同的形态和特征，它是物体表面粒子结构、粒子尺度、粒子的光学性质、入射光波长等参数的函数（李民赞等，2006）。

图 2-1 为典型的绿色植物反射光谱曲线，光谱范围为 350~2500 nm。可以发现，色素吸收决定着可见光波段的光谱反射率，细胞结构决定近红外波段的光谱反射率，而水气吸收决定了短波红外的光谱反射率特性（孙家柄，1997）。

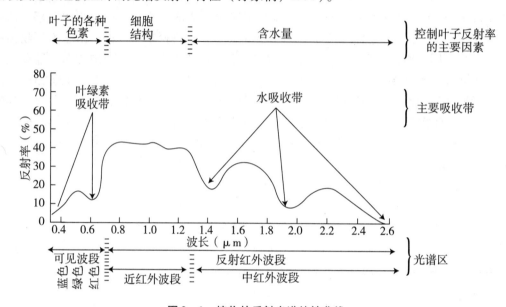

图 2-1　植物的反射光谱特性曲线

健康植被地物的共有特征是叶片丰富的含水量和服务于光合作用的叶绿素等色素，所以植被地物在可见—近红外波段呈现特有的光谱反射率特性。健康绿色植物的光谱特征主要取决于它的叶子。在绿色植物的叶片中，一般叶绿素 a 约占 2/3，故呈蓝色；叶绿素 b 约占 1/3，呈橄榄绿色。此外，还有叶黄素、胡萝卜素、花青素等。在可见光谱段，由于这些色素含量上的差异而形成不同的绿色及其他颜色，显示了绿色植物的主要光谱响应特征。

400~490 nm 波段的主要特征：400~450 nm 波段为叶绿素的强吸收带，425~490 nm 为类胡萝卜素的强吸收带，叶绿素 a 对蓝光的吸收约为对红光吸收率的 1.5 倍；叶绿素 b 对蓝光的吸收率约为对红光吸收的 3 倍，即太阳辐射到达地面的紫外线绝大部分被植物吸收，而反射和透射的极少。所以该波段的反射光谱曲线具有很平缓的形状和很低的数值。

490~600 nm 波段的主要特征：490~600 nm 为类胡萝卜素的次强吸收带，但在 550 nm 波长附近是叶绿素的绿色强反射峰区，同时叶绿素比类胡萝卜素和藻胆素占优势，此波段植物的反射光谱曲线具有波峰的形态和中等的反射率数值，在 550 nm 波长处又是植物吸收率的一个谷值，而透射率在此波长处为一峰值。

600~700 nm 波段的主要特征：610~660 nm 波段是藻胆素中藻蓝蛋白的主要吸收带，而 650~700 nm 波段则是叶绿素的强吸收带。植物的叶绿素有 a、b、c、d 四种形态。从数量和作用上看，通常植物体中叶绿素 a 的含量是叶绿素 b 含量的 3 倍，故叶绿素 a 对植物反射光谱曲线的影响尤为明显，在 600～700 nm 波段植物的反射光谱曲线具有波谷的形态，并具有很低的反射值，从 670～680 nm 开始，随着波长的增加而急剧升高。

700～750 nm 波段的主要特征：此波段的主要特征是植物反射率急剧上升，曲线陡而接近于直线的形状。其斜率与植物单位叶面积所含叶绿素 a + b 的含量有关。在 720～740 nm 有水的弱吸收，但被植物反射率的急剧增高所掩盖，在曲线形成上没有明显反映。

750～1300 nm 波段的主要特征：此波段是植物的高反射区，波长较长易于透射，透射之后的光受细胞腔及冠层多层叶片的影响，造成多次反射，形成了近红外高台区。由高吸收低反射的红谷至高反射低吸收的近红外高台区之间有一近似直线称"红边"。植物的反射光谱曲线在此波段具有波状起伏的形成和高反射率的数值，植物在此波段的透射率也相当高，而吸收率极低。这种现象可以看成是植物预防过度增热的一种适应。此波段的平均反射率室内测定值多在 35%～78% 之间，在 760 nm 波长处为水和氧的一个吸收谷点，850 nm 和 910 nm 波长处为水的弱吸收谷点；960～1120 nm 波长处为水的强吸收谷点，在 890～1080 nm 和 1260 nm 波长处，植物反射率表现为峰值；而在 1190 nm 波长处植物反射率表现为谷值，与植物本身的生物学特性有关。

1300～1600 nm 波段的主要特征：植物反射光谱曲线在此波段具有波谷的形态和较低的反射率数值（大多数在 12%～18%），这种特点与 1360～1470 nm 波段是水和二氧化碳的强吸收带有关。

1600～1830 nm 波段的主要特征：植物反射光谱曲线在此波段表现为波峰的形态，并具有较高的反射率数值（大多数在 20%～39%），这种特点与植物及其所含水分的波谱特性有关。

1830～2080 nm 波段的主要特征：植物反射光谱曲线在此波段具有波谷的形态和很低的反射率数值（大多数在 6%～10%），这与水和二氧化碳在此波段为强吸收带有关。

2080～2350 nm 波段的主要特征：植物反射光谱曲线在此波段具有波峰的形态和中等的反射率数值（大多数在 10%～23%），这种特点与植物及其所含水分的波谱特性有关。此波段的反射率数值低与植物对光的吸收有所增加有关，这可以看成是植物体预防其本身过度变冷的一种适应。

二、高光谱分析技术和方法

（一）光谱信息提取

遥感技术是以物理学和数学为支撑的，处理光谱数据既要掌握电磁波等物理原理，又要善于利用数学的方法提取有用的信息，如光谱微分技术、多元统计分析技术、基于光谱位置变量的分析技术、光学模型方法、参数成图技术、光谱匹配技术、混合光谱分解技术等（浦瑞良等，2000）。高光谱为研究植被提供了丰富的信息，选择合适参数和算法是保证高光谱遥感信息回归精度的关键，它决定着消除遥感器老化、大气影响、地形效应等因素影响的效果（彭胜潮等，2004）。

对于如何提取有用信息已经有人做了深入的研究。除了直接应用植被某一波长处的反射光谱对植被信息进行提取外，应用更广泛的光谱特征参数主要有植被指数、微分光谱、红边参数、反射峰吸收谷形状参数等。

传感器接收的植被信息通常受到土壤背景、冠层结构以及天气状况等因素干扰而影响冠层光谱信息的获取。为了消除这些因素对光谱信息的影响，提高光谱诊断的精度，前人采用不同波段光谱反射率比值或组合来构造植被指数，以还原作物一些生物物理和生物化学参量。在植被指数中，通常选用对绿色植物强吸收的可见光红波段（600 ~ 700 nm）和对绿色植物高反射和高透射的近红外波段（700 ~ 1100 nm）进行组合。如归一化差值植被指数（Normalized Difference Vegetation Index，NDVI）定义为近红外波段与可见光波段反射率之差和这两个波段反射率之和的比值：NDVI =（IR − R）/（IR + R）；比值植被指数（RVI）是近红外反射率与可见光反射率之比：RVI = IR/R；差值植被指数（DVI）为近红外反射率与可见光反射率之差。这两个波段不仅是植物光谱、光合作用中的重要波段，而且它们对同一生物物理现象的光谱响应截然相反，形成明显反差，这种反差随叶冠结构、植被覆盖度而变化，因此可以对它们用比值、差分、线性组合等多种组合来增强或揭示隐含的植物信息。植被指数的定量测量可表明植被活力，而且植被指数比单波段用来探测生物量有更好的灵敏性。

微分光谱是将光谱求导数，它能压缩背景噪音对目标信号的影响或不理想的低频信号，提高植物信息的纯度（田高友等，2005）。微分光谱方法在生化组分的高光谱遥感回归中得到了成功的应用。孔维妹等（2004）分析了棉花导数光谱对消除测量背景影响及寻找特征波长方面的作用，从而证明用棉花导数光谱测定它的某些农学参数的可行性。王秀珍等（2003）采用单变量线性与非线性拟合模型和逐步回归分析对不同氮素营养水平的水稻地上鲜生物量进行了模拟和验证。结果表明，高光谱变量与地上鲜生物量之间的线性与非线性拟合分析中，由蓝边内一阶微分的总和（SDb）结合红边内一阶微分的总和（SDr）构成的植被指数与地上鲜生物量之间密切相关。

由于植物对红光的强吸收和对近红外光的强反射，在 680 ~ 780 nm 之间形成一近似直线反射率急剧上升的斜坡。"红边"是描述植物色素状态和健康状况的重要指示波段，近年来被广泛应用在叶面积指数、叶绿素含量、氮素含量等农学参数的估测上。大量研究表明，利用红边参数可以很好地还原叶片的叶绿素含量、叶面积指数以及氮素状况。也有研究表明，红边斜率主要与作物的覆盖度或 LAI 有关，红边位置与叶片的叶绿素含量有关；伴随着植株旺盛生长和群体的不断扩大，红边的位置呈逐渐偏向长波方向的"红移"；从灌浆期开始，随着个体衰老和群体减弱，红边位置又呈偏向短波的"蓝移"现象。可利用近红外平台振幅推算叶片全氮含量，用红边振幅推算叶绿素 a + b 的含量，并且红边振幅或近红外平台振幅推算叶面积指数分别在部分生育时期有较高的可靠性。

高光谱传感器在空间分辨率、光谱分辨率、辐射分辨率和时间分辨率方面，与老一代传感器相比，均有很大改善。使用高光谱数据比多光谱数据复杂得多。高光谱系统在短时间内获取海量数据，对数据的处理提出了极大的挑战。最优选择是针对特定应用而设计理想的传感器，从而去除冗余波段，最优波段的先验知识对于特定的应用大有益处。用户能够根据特定的应用目的快速选择所需波段，花费较少的时间和资源进行数据处理。最佳的高光谱传感器可以减少数据量，消除高光谱数据集的高纬度问题，以便使用传统的分类方法进行处理，以少量的最佳波段来获取大部分的植被特征信息。因此，正确选取最优波段，能够有效低数据处理和分析的成本。许多研究结果表明，在 400～2500 nm 范围内，有超过 20 个最优波段可为植被参数研究提供基本数据（表 2-1）。

表 2-1　推荐用于植被与农作物研究的最优高光谱窄波段

波段	中心波段（nm）	植被与农作物研究中的作用
蓝光波段	375	叶片含水量
	466	叶绿素
	490	叶绿素衰老监测、成熟及作物产量
绿光波段	515	氮含量
	520	木质素、生物量变化
	525	植被活力、木质素及氮含量
	550	叶绿素与生物量
	575	植被活力、木质素及氮含量
红光波段	675	叶绿素吸收
	682	生物物理参数、产量及叶绿素吸收
红边波段	700	作物胁迫与叶绿素
	720	作物胁迫与叶绿素
	740	氮聚集量
近红外波段	845	生物物理参数、产量
	915	生物物理参数、产量
	975	水分与生物量
远红外波段	1100	生物物理参数
	1215	水分与生物量
	1245	水分敏感性
短波红外波段	1316	氮含量
	1445	植被分类
	1518	水分与生物量
	1725	磷、生物量、水分
	2035	水分与生物量
	2173	蛋白质、氮含量
	2260	水分与生物量
	2295	水分胁迫
	2359	纤维素、蛋白质、氮含量

（引自　刘海启，2015，有改动）

在植被和农作物高光谱数据分析中，可以应用主成分分析（PCA）方法。主成分分析方法能够起到两个重要作用：一是选取生物理化产量建模最优波段；二是去除冗余波段而突出重要波段。主成分分析方法将原始数据转化到一个新的坐标系，把原始波段的相关信息压缩为几个互不相关的独立变量，即主成分，前几个主成分含有大部分的数据信息，原始的高纬度数据被转换成几个含有大部分信息的少数几个波段。λ_1 和 λ_2 关系图方法既可以去除冗余波段，又保留了波段最优信息，其最大优势是保留了与生物理化特征紧密相连的原始波段，同时又明确揭示了这些变量对波段敏感性的物理基础。

基于原始波段或者从高光谱数据变换得到的独立变量的统计模型，已经在估算植被参数中得到应用。逐步多元回归分析被广泛应用于估算相关植物参数的最佳波段方面。此外，偏最小二乘法回归、独立变量分析、小波变换、人工神经网络、光谱分解分析等也用于高光谱数据分析中，用于估算草地生态系统的生物物理和生物化学特征。

（二）高光谱植被指数

选用两个或两个以上波段组成的植被指数被广泛应用于估测植物的生物、物理和生物化学特征。传统的 NDVI 被用于估测植被的绿度信息。高光谱遥感通过引入与目标参数相关的新的窄波段组合，建立新的植被指数来估算草地的某些特征。

筛选最佳窄波段组合的方法时，计算所有可能的两个波段组合的指数，通过决定系数（R^2）的大小，筛选出与目标变量最相关的组合指数。有关研究表明，从高光谱数据中提取的很多两个窄波段组合，与传统的红—近红波段组合比较，和目标参数更加相关。Mutangga 和 Skidmore（2004）通过实验发现，传统的红光波段—近红区域波段组合，如 NDVI 之类的指数，在估测高密度草地生物量时表现较差（$R^2 = 0.25$），因为在高密度植被区 NDVI 之类的指数存在饱和现象。但是基于 746 nm 和 755 nm 的窄波段建立的修正的 NDVI 与目标参数之间的决定系数较高（$R^2 = 0.78$），说明高光谱数据在克服高密度植被区饱和问题方面具有很大潜力。Fava 等（2009）分析了不同生育阶段草地的反射率和植被特征的变化，确定了这些变化对基于植被指数的草地特征评估的影响，评估了基于高光谱窄波段 NDVI 和 SR 指数在估测生物量、LAI 和冠层氮元素含量等方面的应用潜力。

利用宽波段获取的植被指数有两大局限性：一是植被指数在高植被覆盖时容易饱和，当达到一定的 LAI 或生物量时，指数值接近；二是大部分宽波段植被指数由红光和近红外波段计算而成，只能提供有限的几种植被指数，宽波段植被指数与作物参数（如 LAI、地上生物量、叶绿素含量等）密切相关，但通过宽波段植被指数难以解释生物理化参量模型中的大幅度变化。高光谱植被指数（HVI_S）在很大程度上克服了上述局限性。用于各种植被生物理化参数的高光谱植被指数有两波段植被指数（HTBVI）、多波段植被指数（$HMBM_S$）、导数绿度植被指数（$HDGVI_S$）、混合植被指数（如 $SAVI_S$、ARVI）。

高光谱植被指数可以划分为结构类（如 NDVI、SR、EVI、NDWI、WBI、ARVI、SAVI、VARI）、生物化学类（如 SIPI、PSSR、PSND、PSRI、CARI、MCARI、NDII、MSI、NDNI）、光利用效率类（如 RGRI、PRI）和胁迫类（如 MSI、REP、RVSI）等。

（三）红边参数

绿色植物在 670 ~ 760 nm 之间反射率增高最快的点，也是一阶导数光谱在该区间内的拐点。红边与植被的各种理化参数是紧密相关的，是描述植物色素状态和健康状况的重要指示波段，是遥感调查植被状态的理想工具。红边与植被覆盖度及叶面积指数有关，植被覆盖度越高，叶面积指数越大，红边斜率也就越大，相应的植被生长状态越好。当红边位置向长波方向移动时，即出现"红移"；反之，则红边位置会表现出"蓝移"。

草地与其他绿色植被相似，其反射率光谱曲线在 680 ~ 740 nm 也有一个最大斜率。叶绿素浓度与该斜率的位置密切相关，该位置位于（由于叶绿素的吸收造成红波段的）低反射率和（由于细胞内的散射造成的近红外波段的）高反射率之间。当叶绿素浓度增加时，吸收深度增加，吸收范围扩大，红边位置向波长较大处移动。

红边参数可以广泛应用于监测草地生长状态、养分状态和生物量估测等方面。杨红丽等（2011）比较了不同氮肥水平对多花黑麦草冠层叶绿素含量及红边位置的影响，试验结果证明，从分蘖期到拔节期，随着地上生物量增加，反射光谱出现明显的"红移"现象，红边位置与鲜草重之间存在显著的线性关系。Cho 和 Skidmore（2009）比较了基于两个不同年份 HyMap 影像，用两种方法（拉格朗日方法和线性方法）提取的红边位置，发现红边位置与草地生物量相关性很高（$R^2 > 0.5$）。

通过植被反射率的一阶微分可以很好地识别叶绿素红边结构。叶绿素和植被生产率密切相关，红边位置已被用来估测植物的营养状况。LAI 和生物量与一阶微分反射率曲线中的红边参数以及由红边范围内波段组成的植被指数密切相关。Jago 等（1999）通过线性方程获得了红边位置影像，用于估算叶绿素浓度，估算结果与实测草地冠层叶绿素浓度相关性较好（$R = 0.84$）。

红边参数可被用于研究养分缺失、重金属或气体污染对植被造成的胁迫。红边的偏移可以被看作是植被胁迫的指示因子。Mutangga 和 Skidmore（2007）在温室中建立了水牛草（*Cenchurs ciliaris*）的红边位置与氮元素供应的关系，发现氮供应由少量到充足过程中，红边位置由 703 nm 移动到了 725 nm。Kooistra 等（2004）基于在 690 ~ 720 nm 区间的一阶微分推算的红边位置和其他植被指数，研究了重金属浓度对草地植物的影响，发现红边位置与 Pb（$R^2 = 0.61$），Cu（$R^2 = 0.51$）等土壤重金属的浓度密切相关，当土壤重金属浓度降低时，从草地反射率推导的红边位置向长波方向移动。上述结果说明，高光谱分析在植物胁迫方面具有一定的应用潜力。

三、高光谱遥感技术的特点

与常规遥感或宽波段遥感相比，高光谱遥感具有其明显的特点。过去的多光谱遥感如 TM、SPOT 等，都是在几个离散的波段来获取图像，只能提供数个 100 ~ 200 nm 分辨率的间断波段信息，而高光谱遥感则可提供几十乃至数百个 10 nm 左右分辨率的连续波段信息，对目标进行连续的光谱成像，获取高光谱分辨率图像。因此，高光谱数据最显著的特点表现为：

首先，波段多。它的波段数目大大增加，一般在可见光和近红外光谱区间内有几十甚至数百个波段，如 AVIRIS 在 400 ~ 250 nm 光谱范围有 224 个波段。

其次，光谱分辨率高，光谱范围窄。成像光谱仪采样的间隔小，一般为 10 nm 左右，高光谱数据的光谱分辨率非常高。精细的光谱分辨率反映了地物光谱的细微特征，使得在光谱域内进行遥感定量分析和研究地物的化学分析成为可能。

最后，波段连续性强。在以波长为横轴，灰度值为纵轴的坐标系之中，高光谱图像上的每个像元点都获得了几十至几百个连续光谱的覆盖，在各通道的灰度值都可形成一条精细的光谱曲线，即所谓"谱像合一"，这是高光谱数据最显著的特点之一。

第二节　高光谱技术在农业领域的研究与应用

高光谱遥感技术能够对自然植被和农作物水分变化、叶绿素含量、氮素含量等生物参数进行直接测量，也能够对植被类型、病虫害状况、土壤含水量、重金属含量等环境参数进行直接测量，从而可以对物候、长势、产量、墒情等生产参数进行准确评估，为推动精准农业、智慧农业以及农业持续发展提供了有效手段（刘海启等，2015）。

农业高光谱遥感研究的主要内容包括种类识别与分类、长势检测与估产、生化成分的估测及农业生态评价等。建立各种从高光谱遥感数据中提取生物物理参数（如 LAI、生物量等）、生物化学参数（如光合色素、淀粉、脂肪和各种营养元素等）的分析技术，是农业遥感研究中十分重要的内容。

植物叶片在生长过程中，由于色素含量、细胞结构和水分含量特征，使其有选择性地吸收太阳辐射，从而决定了植物独特的反射光谱特征，因此，植物的反射光谱特征决定于植物的种类、生长期、叶片叶绿素含量、细胞结构和水分含量等（郑兰芬等，1995）。同样，植被光谱中的特征波段也能反映水分、木质素、淀粉、蛋白质等信息（Curran 等，1990）。

植物高光谱遥感依赖于对植物叶片和植被冠层光谱特性的认识。叶片内部结构的差异造成其光谱反射率的差异，尤其是在近红外区，受叶片内部复杂叶腔结构和腔内对近红外辐射多次散射控制。健康绿色植物的光谱特征主要取决于植物冠层叶片。大部分植物的明显光谱特征是由于内含的叶绿素等色素和液态水引起的。健康的绿色植物的光谱曲线总是呈明显的"反射峰"和"吸收谷"的特征。由于色素强烈吸收蓝光和红光而相对反射绿光，因此人们对健康植物的视觉效果是呈绿色的（浦瑞良等，2000）；植物受害时，叶绿素大量减少，叶红素和叶黄素相对增加，在 700 nm 附近出现 5～17 nm "红移"现象，而反演植物养分的波段主要在短波红外区。这些现象在低光谱分辨率的遥感信息源上是难以区别的，为了从光谱上辨别绿色植物的许多重要特征，采用高光谱遥感技术的研究方法应运而生。高光谱遥感器既能对目标成像（有时也称成像光谱遥感），又能测量目标物的波谱特性。因此，它不仅可以用来提高对植被类型的识别能力，而且可以用来监测植物长势和反演绿色植物的理化特性（唐延林等，2001）。

高光谱技术在植被中的应用比较广泛，相对于传统的费时、费力并且操作步骤复杂的化学测定方法，遥感技术为估测叶片或植株化学成分提供了一种快速、准确并且非常实用的非破坏性手段。主要有以下几个方面：

一、植被生物量估测

在遥感技术出现的早期，人们就利用多光谱遥感及其变量来进行农作物和牧草的估产研究。20 世纪 80 年代以来，高光谱技术的发展为植被生物量高精度遥感监测提供了可能。Mutang（2004）和 VanderMeer（2004）为了提高（包括植被生物量在内的）地表信息估测的准确性，研究了高光谱遥感信息独有的地物光谱吸收特征的提取方法；杨健等（1990）对四川省若尔盖县的不同草地类型进行了野外多光谱测试，对不同通道进行组合，建立回归方程能有效地计算牧草的单产；刘占宇等（2006）通过对内蒙古锡林郭勒天然草地进行高光谱遥感地面观测，分析生物量与高光谱吸收特征参数变量的关系，建立以840 nm、1132 nm、1579 nm、1769 nm 和2012 nm 5 个原始高光谱波段反射率为变量的逐步回归高光谱遥感估测模型，用于估测草地地上生物量。

随着高分辨率遥感的出现，利用光谱估产的研究得以深入开展。王人潮（2002）、Patel（1985）、Shao 等（2001）国内外专家分析了水稻光谱与产量的关系，开展了水稻估产研究。王秀珍等（2003）研究了高光谱特征值与水稻生物量之间的关系。柏军华等（2007）研究了棉花冠层高光谱反射率与生物量之间的关系。Hansena 等（2003）利用反射率高光谱数据在 438～884 nm（光谱波段间隔 1 nm）范围内所有两波段间的相关关系，并且由此构建多种归一化光谱指数用于估测小麦地上鲜生物量。

作物产量估计除了寻找相关的波段和建立合适的光谱指数外，还需明确估产的最佳时期。唐延林等（2004）通过测定水稻抽穗后不同时期冠层光谱反射率、叶面积指数，最终以差值植被指数 DVI 建立了优化单变量估产模式，指出腊熟期估产优于抽穗期和灌浆期，多时期复合估产模式的效果要优于单一生育期。刘良云等（2004）对冬小麦进行了关键生育期的光谱采集，指出抽穗期以前群体变化快，且土壤背景噪声较大不宜用于估产，而抽穗期至成熟期过程的光谱信息能反映小麦的光合物质积累，估产精度相对要高。利用高光谱遥感数据可以及时估测及预测作物的生物量、叶面积指数、地面覆盖率等参数，从而可以及时预测作物长势，为合理实施相关栽培措施提供依据。

杨红丽等（2008）对多花黑麦草主要生育期的反射光谱进行了测定，并比较了不同氮肥水平对多花黑麦草冠层叶绿素含量及红边位置的影响。试验结果表明：从分蘖期到拔节期，多花黑麦草反射光谱出现明显的"红移"现象，冠层叶绿素含量与红边位置之间存在有显著的相关性（图 2 - 2）；利用高光谱分析法能够快速准确地确定最佳施肥量；利用多种植被指数可以及时监测该种牧草长势，并建立了主要生育期地上干物质产量的估测模型。

王建伟等（2006）通过测定山地灌草丛（处于封育、退化两种条件下）多时相冠层光谱反射率，比较分析了植被覆盖度、季相条件、植物生活型对草地反射光谱的影响，并以植被指数（DVI 和 NDVI）建立了草地在不同时期的地上生物量估测模型（表 2 - 2）；指出植被覆盖度对封育山地灌草丛反射光谱的影响最大，其次为季相条件和地上生物量；退化草地因植株低矮、植被覆盖度小、地上生物量低，其反射光谱曲线与绿色植被存在明显差异，呈现为绿色植被与土壤之间的过渡类型。

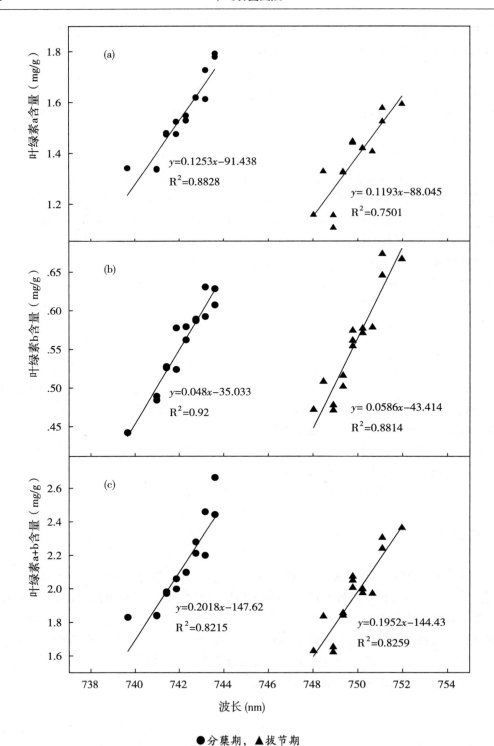

●分蘖期，▲拔节期

图 2 - 2　多花黑麦草红边位置与（a）叶绿素 a、（b）叶绿素 b、（c）叶绿素 a + b 之间的回归方程

表2-2　封育山地灌草丛地上生物量（y）与植被指数（x）之间的回归模型

植被季相	植被指数	产草量估测回归方程	R^2
旺盛生长期	RVI	$y = 77.317x^{0.3520}$	0.7597
旺盛生长期	NDVI	$y = 1120.3x^{3.6703}$	0.7613
枯黄期	RVI	$y = 0.2916x^2 + 49.846x + 287.99$	0.9129
枯黄期	NDVI	$y = 13162x^2 + 15293x + 4687.3$	0.8753
返青期	RVI	$y = 244.77\ln(x) + 299.3$	0.7241
返青期	NDVI	$y = 1070.7x^{0.6317}$	0.8433

二、植被叶面积指数估测

植被叶面积指数与高光谱数据之间存在着密切联系，在对植被冠层生理参数的探测中，高光谱分辨率的信息比传统的植被指数更能精确地定量描述植被的冠层特征。叶面积指数是评价作物群体结构合理性与否的重要指标。随着高光谱遥感技术在植被的生化成分及作物农学参数估测研究领域的逐步深入，高光谱数据与叶面积指数之间相关关系的研究已日渐增多。Dansonen 等（1995）比较了林木植被指数 NDVI 与叶面积指数的相关关系，指出"红边"位置与叶面积指数高度相关。金仲辉等（1992）、刘伟东等（2000）、孙莉等（2004）研究了光谱反射率和作物叶面积指数之间的关系，结果表明，LAI 达到 3.0 时冠层光谱在可见光和中红外的反射率基本稳定。吕雄杰等（2004）对水稻整个生育期反射光谱进行监测，也得到了相似的结论，认为水稻在抽穗期 LAI 达最大值，此时背景影响较小，LAI 与冠层反射光谱有较好的相关性。

三、植物营养成分含量预测

绿色植物的反射光谱波形是相似的，但不同植物在反射率的大小上存在一定区别。植物营养素变化会在叶片或冠层反射光谱中体现出来，因此，研究不同营养条件下作物的光谱特性具有重要意义。Peterson 等（1988）、Zhao 等（2005）分别对森林冠层、高粱冠层的反射光谱进行了研究，认为使用反射光谱反演氮素含量是可行的。此外，很多学者对氮素营养水平与光谱特性之间的关系也做了大量的研究，Shihayama 等（1986）研究了氮素营养对水稻叶片光谱特性的影响，认为缺氮时的水稻叶片和正常营养的水稻叶片的光谱特征显著不同，并且认为叶绿素是导致光谱特征差异的主要内在因素，单位土地面积上叶片氮含量与 R_{620} 和 R_{760} 的线性组合以及与 R_{400}、R_{620} 和 R_{880} 的线性组合均有较好的回归关系，且不受品种类型的影响。周启发等（1993）、王人潮等（1993）对水稻氮素营养水平与光谱特性进行了深入系统的研究，并指出诊断水稻叶片氮素营养的敏感波段为 760～900 nm、630～660 nm 和 530～560 nm；Kokaly（1999，2001）的研究发现 2054 nm 和 2172 nm 这两个波段与氮含量高度相关。

Femandez 等（1994）认为用红、绿两个波段的线性组合可以反演小麦的氮含量，且不受氮肥供应的影响。Lee 等（2000）研究了棉花叶片氮浓度与其比值植被指数之间的关系，认为用红边位置与短波近红外波段的比值预测的精确度和准确度都比较高；牛铮等（2000）的研究也表明，用 2120 nm 和 1120 nm 处反射率一阶导数的线性回归方程可以较好地预测小麦叶片氮素含量。吕雄杰等（2004）研究水稻生长期的冠层光谱时发现，灌浆期以前的几个生育期易于区分氮素水平的波段不相同，但都集中于绿光和近红外波段，确定诊断氮素营养水平的敏感波段范围为 560~610 nm 和 710~760 nm，灌浆期以后不易区分。在建立的 4 个归一化植被指数之中，$(R_{760} - R_{560})/(R_{760} + R_{560})$ 的效果最好。

20 世纪 80 年代以来，为了探索植物叶片氮素遥感诊断的可能性，有关科学家就进行了大量的基础研究，寻找氮素的敏感波段及其反射率在不同氮素水平下的表现。研究发现，许多植物在缺氮时无论是叶片还是冠层水平的可见光波段反射率都有所增加（周启发等，1993；王人潮等，1993；王坷等，1998；Walburg，1982）。通过对氮含量变化最敏感波段的光谱测定和变量运算可以区分不同氮素营养水平。

Thomas 等（1972）通过测定甜椒叶片的反射率来估测氮素含量，研究发现氮素营养水平对甜椒叶片在 550 nm 和 670 nm 波段反射率的影响最大，并利用这两个波段建立了估测氮素含量的相关模型，其精确度达 90%。Al-Ahas 等（1974）研究了不同营养（N、P、K、Ca、Mg、S）胁迫下不同叶位叶片的光谱特性，认为在所有营养胁迫条件下叶片的叶绿素含量都会降低，但降低程度不一，缺氮时叶绿素含量最低；光谱反射率的差异主要在530 nm 波段，不同营养胁迫与正常生长条件下的玉米在该波段光谱反射率方差分析的结果表明，营养胁迫对 530 nm 波段处植物光谱反射率有显著影响。研究结果还表明，叶片叶龄对光谱反射率也有很大影响。

Thomas 等（1977）研究了 7 种植物（甜瓜、玉米、黄瓜、莴苣、高粱、棉花、烟草）在不同氮素营养水平下的叶片光谱特性，发现所有植物在缺氮时其可见光波段的反射率增加，但不同植物其反射率的增加程度不一。Shihayama 等（1986）研究了氮素营养对水稻叶片光谱特性的影响，认为缺氮时的水稻叶片和正常营养水平的水稻叶片的光谱特征显著不同，并且认为叶绿素是导致光谱特征差异的主要内在因素。

王人潮等（1993）、周启发等（1993）对水稻氮素营养水平与光谱特征的关系做了大量深入系统的研究，认为缺氮使得早稻叶片在 680 nm 波段附近的吸收谷变浅，在近红外区域的反射率降低，在可见光区域的反射率增加，NDVI 和 RVI 等植被指数与稻叶含氮量间有良好的相关关系。诊断水稻氮素营养水平的叶片敏感波段为 760~900 nm，630~660 nm 和 530~560 nm。通过光谱测定及其变量的运算，可以区分不同氮素营养水平。

Takebe 等（1990）的研究结果表明，可以用冠层的 R_{NIR}/R_{RED} 光谱反射率比值来估测水稻的氮素状况，这一结果在后来的研究中得到了证实（Wang 等，2002）。Filella 等（1994）研究发现，R_{430}、R_{550}、R_{680}、λ_{red} 和 NPCI 都可以用来判别小麦氮素状况。Fernandez 等（1994）发现小麦氮素含量与绿光波段反射率 R_{545} 和红光波段反射率 R_{640} 的线性组合高度相关。Yoder 等（1996）也发现，在三种不同施肥水平条件下，枫树叶片的反射光谱一阶导数与蛋白质、叶绿素含量相关性最高。周启发等（1993，2001）根据氮在植物体内易于移动这一特点，利用水稻上下叶片的光谱指数（RVI、NDVI）的比值或梯度来诊断水稻的氮素状况，效果好于只用单张叶片。唐延林等（2004）的研究结果表明，高光谱植被指数 R_{990}/R_{553}、R_{1200}/R_{553}、R_{750}/R_{553}、R_{553}/R_{670}、R_{800}/R_{553}、R_{800}/R_{680}、$(R_{800} - R_{680})/(R_{800} + R_{680})$ 和红边位置与水稻叶绿素、类胡萝卜素含量间存在极显著相关，可用来估测水稻冠层、叶片和穗的叶绿素和类胡萝卜素含量。

上述研究结果表明，氮素营养的丰缺可以利用高光谱遥感进行诊断。现有的普遍结论是，植被氮素营养缺乏引起可见光反射率的提高，这一点已成定论，但是否会引起近红外光谱区域反射率下降，仍有争议。例如 Thomas（1972）分析了氮素亏损导致近红外反射率的提高；同时，浦瑞良等（2000）选用美国巨杉营养叶做试验的结果也支持氮素缺乏导致近红外区域反射率提高的观点。

针对单播人工草地（Starks，2009；Starks 等，2008；Sembiring 等，2008；Zhao 等，2007）、混播人工草地（Biewer 等，2009）、天然草地或半天然草地（Mirik 等，2005；Beeri 等，2007；Boschetti 等，2007）开展了大量的研究工作。通过测定和分析冠层反射光谱、红边参数、估测氮素含量等生化指标发现，对氮素胁迫敏感的不是冠层反射率而是红边位置，红边可以广泛应用于估算植被氮含量以及作物和牧草的营养状态。利用光谱特征估算氮含量是基于叶绿素和氮含量之间的相关性，尽管光谱变化和生理过程的关系仍需要进一步研究。基于植被指数的统计回归法已经被广泛应用于从叶片到冠层光谱中估算氮含量（刘海启等，2015）。

四、植被色素含量预测

在绿色植被中，叶片的光合色素含量与叶片的生理功能密切相关。叶片中叶绿素 a、叶绿素 b、类胡萝卜素具有其各自特征吸收光谱，因此我们可以利用遥感数据来精确地预测光合色素含量。但不同色素之间的吸收区域存在重叠现象。已有研究认为，高光谱遥感数据比传统的宽波段数据能更精确的预测光合色素含量（Horler 等，1980）。许多试验已经证明，植被叶片、冠层色素含量与光谱反射率之间存在一定的相关性。

叶片中一部分氮素参与到叶绿素分子的合成中，因此叶绿素含量与氮素含量之间密切相关（Yoder and Pettigrew，1995）。氮素的丰缺可以通过叶绿素含量和组成间接反映出来，并且与氮素含量的测定相比较而言，叶绿素含量的测定方法较为容易，所以很多科技工作者利用叶绿素遥感研究间接评价植物的氮素状况（Daughtr 等，2000；Blackmer 等，1996）。研究表明，叶绿素含量与叶片光谱特性之间存在较强的相关性。目前，作物光谱与色素含量之间的相关关系研究较多。在植被指数、微分参数、红边参数与色素含量等农学参数之间发现了较好的相关关系。

反射光谱提供了一种快速、非破坏性估测植被光合色素含量的方法，许多用来估测叶片光合色素含量的光谱指数应运而生。很长时间以来，人们利用 660～680 nm 附近的反射光谱来估测叶片中叶绿素含量（Benedict and Swidler，1961；Walliham，1973），但这些波段对叶绿素含量变化并不十分敏感，这是因为在 660～680 nm 波段范围内，叶绿素分子具有最大吸收峰，植物叶片中较少量的叶绿素含量就使得光吸收达到饱和状态，因此降低了对高叶绿素含量的敏感性，只有植被中叶绿素含量较低时才适合利用此波段作为监测波段。

许多研究证明，对植被色素敏感的波段大多位于 550 nm 和 700 nm 附近，只有在较高的叶绿素含量条件下才会发生饱和现象。例如 Filella 等（1995）通过研究不同施肥条件下的冬小麦冠层光谱发现，550 nm 波段反射率与叶绿素 a 含量之间存在非线性相关关系；Carter 等（1994）也证实了 700 nm 附近的反射光谱能够用来预测叶绿素含量；Gitelson 和 Mark（1998）证明 550 nm 和 770 nm 两个波段对高等植物叶片中叶绿素含量最敏感。广泛使用的植被指数 NDVI，定义为（$R_{NIR} - R_{RED}$）/（$R_{NIR} + R_{RED}$），是通过比较红光区的强吸收与近红外光区的强反射得到的（Rouse 等，1973），但 NDVI 对偏高的叶绿素浓度不敏感（Lichtenthaler 等，1996）。Chappelle 等（1992）提出了多波段组合植被指数 RARS，发现在大豆叶片中，R_{675}/R_{700} 与叶绿素 a 含量，$R_{675}/(R_{650} \times R_{700})$ 与叶绿素 b 含量，R_{760}/R_{500} 与类胡萝卜素含量之间均具有较好的相关性。Gitelson 等（1996）发现在大于 750 nm 近红外波段的反射率与 700 nm 或 550 nm 附近反射率的比值，即 R_{750}/R_{700}、R_{750}/R_{550} 与多种植物叶片叶绿素含量高度相关。Schepers 等（1996）分析了 R_{550}/R_{850} 与不同施肥条件下的玉米叶片总叶绿素含量具较高的相关性。Aoki 等（1981）也指出 550 nm 和 850 nm 处的反射率比值可以用来非破坏性地预测叶片叶绿素含量。Gitelson 等（1996）提出"Green"ND-VI，定义为（$R_{NIR} - R_{Green}$）/（$R_{NIR} + R_{Green}$），利用绿峰 550 nm 处的反射率来代替传统 NDVI 中的红光区反射率，结果发现"Green"NDVI 与叶绿素 a 含量高度相关。Blackburn 等（1998）也提出两个新的植被指数 PSSR 和 PSND 来估测植物叶片中光合色素的绝对和相对含量，取得了较好的效果。Sims 和 Gamon（2002）发现 mSR_{705} 和 mSD_{705} 与植被色素含量具有较高的相关性。大量的研究结果证明，无论是冠层水平还是叶片水平，光合色素含量与高光谱植被指数之间存在较好的相关性。

在定量遥感中，微分参数也被广泛应用于植被研究。微分光谱能够减少低频背景噪音的影响，提高重叠光谱的分辨率，比植被指数更加有优势（Curran 等，1991；Elvidge 和 Chen 等，1995）。Horler 等（1983）发现在树木及谷物类植物中，红边位置与叶片中总叶绿素含量高度相关。Blackburn 等（1983）证实冠层光谱一阶导数最大值 λr 与单位土地面积上的冠层叶绿素含量间具有强相关性。其他诸多试验也证实了这一观点（Curran 等，1990；Filella 和 Penuelas，1994；Gitelson 等，1996）。

究竟哪一种光谱转换形式能更精确地预测植物中光合色素含量，到目前为止还没有得到一致的结论。现已研究的植被指数，大部分是选用某一地区的绿色植被建立起来的，这些植被指数在世界其他不同的地理、气候区域，不同的植被中是否具有普适性呢？有些植被指数在不同的植物品种中具有适用性，有些却只能应用于特定的植被，而且尚未证实这些植被指数能否应用于同一种植被。

五、水分监测

水分是植物生长发育过程中不可或缺的重要因子，及时准确地监测植物的水分胁迫状况，可以为科学而精细的生产管理提供依据。缺水会引起植物叶片颜色、厚度、水分含量及内部结构的变化，从而导致反射光谱的变化。近年来，国内外学者做了大量的工作，寻找和筛选与植物叶片含水量相关的特征波段。王纪华等（2001）应用地物光谱仪探讨小麦叶片含水量对近红外（NIR）波段光谱吸收特征，结果表明，1450 nm 附近的光谱特征可以敏感地反映小麦叶片水分状态。经过进一步研究，王纪华等（2001）又发现 1650～1850 nm 之间光谱反射率与含水量呈负相关，且该波段范围位于大气窗口内，受大气影响较小，可信度较高，经回归分析建立了叶片含水量与吸收深度和吸收面积的线性方程。田永超等（2004）研究了不同土壤水分、氮肥条件下小麦冠层光谱反射特征与叶片及植株水分状况的相关性，结果表明，在小麦主要生育期，冠层叶片含水率与 460～510 nm、610～680 nm 和 1480～1500 nm 波段范围内的光谱反射率有较高的相关性，植株含水率与 810～

870 nm 波段范围内的光谱反射率密切相关；在整个生长期内，小麦冠层叶片含水率与 460 ~ 1500 nm 波段范围内的光谱反射率均有良好相关性。吉海彦等（2007）测量冬小麦叶片在不同生育期的反射光谱，在 400 ~ 750 nm 的光谱范围，建立了水分含量与反射光谱的模型。

六、植物病虫害预测预报

利用光谱分析技术进行植物病虫害的监测和预报也是近年来的研究热点之一。Zhang 等（2003）在加利福尼亚州通过分析马铃薯晚疫病近地冠层高光谱数据后认为，高光谱遥感在马铃薯晚疫病的监测中，近红外区域（特别是 700 ~ 1300 nm）比可见光区域更有价值。Riedell 等（1999）在室内研究了俄罗斯麦蚜和麦二叉蚜危害后小麦叶片的反射光谱特征，确定了与上述两种蚜虫引起的生理胁迫最敏感的叶片反射光谱波段，并指出 625 ~ 635 nm 和 680 ~ 695 nm 波段范围内的叶片光谱反射率，以及归一化色素指数（NPCI）与受麦二叉蚜和俄罗斯麦蚜危害后小麦总叶绿素含量之间均存在显著相关关系。刘良云等（2004）利用多时相高光谱航空飞行图像数据，对比了 3 个生育期的条锈病与正常生长冬小麦的 PHI（pushbroom hyperspectral imager）图像光谱及光谱特征，结果发现：遭受条锈病危害的冬小麦的冠层反射率，在 560 ~ 670 nm 波段范围高于正常生长的冬小麦，而在近红外波段低于正常生长的冬小麦；冬小麦感染条锈病之后，其冠层光谱的红谷吸收深度和绿峰反射峰高度都会减小。陈兵等（2007）通过不同时期对不同品种棉花黄萎病冠层光谱特征的研究发现，冠层光谱随病情严重度（SL）的增加表现出有规律的变化，在可见光 620 ~ 700 nm 波段范围内，光谱反射率随 SL 增加呈现上升趋势，在近红外 700 ~ 1300 nm 波段范围内则表现出相反的趋势，806 nm 附近 SL（y）与冠层光谱反射率（x）的相关性达到了极显著水平，并建立二者之间的回归模型为：$y = -11.64x + 7.07$（$R^2 = 0.675$）。

第三节　高光谱分析技术在草地领域的研究与应用

草地的生物物理和生物化学特征具有高度的可变性，并受到诸如气候、土壤等环境因素和人类管理因素的影响而变化。监测人类—环境系统交互作用下草地的变化，对于改善管理措施和预测区域生态环境功能至关重要。多光谱遥感技术已经在牧草地动态监测、草地特征估算等方面起到了重要作用。从草地管理的角度考虑，遥感应用的最终目标之一，是利用那些成本很低且不费时费力的遥感数据来定量化研究草地的生物物理和生物化学特征，而且不再需要进行昂贵的地面采样和随后的实验室分析。高光谱遥感能够以非常丰富的窄波段来刻画植被属性，从而改进传统的草地特性评估技术，并发展新的牧草地特征反演方法。目前，高光谱遥感在监测和定量化表达牧草地生物物理（生物量）和生物化学（养分和水分）特征方面取得了重大进展，主要体现在关键波段的选择和新吸收特征的发现等方面（刘海启等，2015）。

利用地物光谱仪测定草地冠层光谱数据，实测草地植被生物物理参数和生物化学参数，分析它们之间的相关性，建立基于光谱特征反演植被属性的模型。基于特定的草种或草地类型或植被属性而测量的光谱数据可以存储于光谱库中，以此作为参考或用来对成像光谱仪定标，进而在更大空间尺度上进行植被类型制图。

一、影响草地反射光谱特征的因素

野外测量的植被光谱，会不可避免地受到多种因素的干扰，在建立草地生物物理特征和生物化学特征参数与光谱数据的关系之前，需要对野外草地和地物光谱仪进行准确可靠的测量和定标。为了降低云层对光谱测量的影响，Kawamura（2009）在新西兰多云地区建立了一套冠层探测系统，该系统包括一个暗室，内置独立人工光源和刈割便携式光谱仪。暗室可以排除太阳光的干扰，进行独立于太阳光的半控制式光谱测量。影响草地反射光谱特征的因素主要有以下几个方面：

（一）植物学组成

植物种类不同，其植株高度、叶片分布、水分含量、色素组成及含量、蛋白质及木质素等存在差异，导致草冠层的反射特征和吸收特征明显不同。叶片中化学物质含量，如叶绿素、蛋白质、木质素、纤维素、水和其他物质对植物反射率产生直接作用。与化学物质有关的光谱特征能够指示草地植物长势和健康状态。

（二）草层垂直结构

草层垂直结构越复杂，叶面积指数越大，太阳光被吸收利用的概率也越大，使得植被光能利用率越高。太阳光在植被内部被多次反射吸收之后，光谱成分发生变化。反射光谱特征与植被垂直结构密切相关，草层垂直结构直接影响着"绿峰""红谷""红边位置"和植被指数等各种反射光谱特征参数。例如在植物旺盛生长期间，随地上生物量增加和叶绿素浓度升高，红边位置出现向长波方向移动的趋势，即"红移现象"；在植被逐渐枯黄期间，红边位置出现向短波方向移动的趋势，即"蓝移现象"。

（三）季相和覆盖度

草地植被的外貌特征在不同季节会发生明显变化，立枯物、凋落物和现存量在草群中所占比例随季节而改变。覆盖度是草地质量评价的重要指标之一，不仅影响单位面积叶绿素含量（叶绿素密度），进而导致草地光谱反射率发生变化，也直接影响着土壤背景对反射光谱的作用。草地覆盖度越小，土壤背景作用越大；反之，则越小。当覆盖度降低到一定程度时，反射光谱特征会发生质的改变。绿色植被具有明显的反射峰和吸收谷（图2-1），但土壤反射光谱比较单调，光谱相对反射率随波长增加而升高。夏秋季节植物生长旺盛，草地植被反射光谱呈现典型的"植被型"特征，而冬春季节植物部分枯黄或死亡，草地植被反射光谱表现为"植被—土壤型"，甚至"土壤型"特征。

Alison等（2005）用几种植物（雀麦草、早熟禾、车轴草、野豌豆等）的冠层光谱反射率对牧草的生产率和组分进行研究，结果表明，NDVI与生物量、组分呈现出很好的相关性，提出用高光谱植被指数进行草地生物量、组分的估测不但提高了估测精度，而且通过反射光谱可以很好地了解到各组分含量的变化。据有关研究表明，在牧草返青及以后的一段生长时段内，NDVI与RVI与草地地上生物量有较好的相关关系，在牧草生长的后期，RVI与草地地上生物量的相关性更好。当植被盖度达到30%甚至40%以上时，NDVI对盖度增减变化反应灵敏，它可以提供直接监测总产草量的方法，估产模式均为简单的直线关系；在盖度较高的草地类型上，如盖度>80%时，NDVI趋向饱和，对植被灵敏度下降，最好采用指数模型，此时，RVI变得对植被十分敏感，采用线性模型就有很好的相关性。

周从斌等（2002）指出，植被指数与盖度和生物量具有很高的相关性，是对二者的综合反映，盖度、生物量同时与 NDVI 等植被指数进行线性回归，相关系数达到 0.94。米兆荣等（2010）对青藏高原高寒草地研究发现，在植被覆盖度较高时，NDVI 出现饱和现象，而 EVI 不容易出现饱和现象，对植被的响应依然较敏感，能较好地反映植被生长状况。

（四）地上生物量

草地地上生物量因草地类型、牧草生育期、草地基况而存在差异。牧草产量光谱监测模型对于不同的草地类型估产使用的最适植被指数各异。典型草原使用含红光和近红外波段反射率的植被指数与地上生物量的相关性最高；草甸草原红光波段反射率由于有饱和效应，对较高水平上的地上生物量变化反应迟钝，其地上生物量更适于利用含蓝光和近红外波段反射率的植被指数估测；荒漠草原、典型草原中某些地上生物量较低的群落，估产模型也更适于使用含蓝光、绿光波段反射率的植被指数。

二、草地生物量监测

在草地遥感领域，植被指数（vegetation index，VI）作为一种遥感手段已被广泛应用于植被覆盖密度评价、产量估测以及自然灾害预测预报等方面。植被指数是根据植被反射波段的特性计算出来的，反映地表植物生长、覆盖状况、地表生物参数的间接指标，获取容易且计算方便。大量研究结果表明，比值植被指数（RVI）和归一化植被指数（NDVI）对绿色植被变化灵敏，对土壤或者枯草不灵敏；RVI 和 NDVI 能较好地反映出草地的覆盖度、生物量和叶面积指数变化，与地上现存净初级生物量有较好的相关性。

将实测高光谱数据转化成各种植被指数，然后进行植被指数与草地地上生物量的相关分析，检验二者之间关系的密切程度，判定是否可根据所测样本资料来推断总体情况，选择相关性最大的植被指数用来生成遥感估算模型，利用该模型就可以进行草地地上生物量的估测。李素英等（2007）建立了典型草原区两种植被指数（NDVI 和 RVI）与草地地上生物量之间的回归模型，结果表明：NDVI 生物量模型优于 RVI 生物量模型。在低地盐化草甸类、温性荒漠草原类和山地草甸草原类等草地类型中，鲜草产量与 RVI 相关性好于 NDVI，而在温性平原荒漠类则是鲜草产量与 NDVI 的相关性好于 RVI。黄敬峰（1999）建立了新疆北部 8 个不同天然草地类型两种植被指数（NDVI 和 RVI）与草地地上生物量之间的回归模型，结果表明：低山草甸 NDVI 生物量线性模型优于非线性模型，高寒草甸、山地草甸 NDVI 和 RVI 生物量非线性模型均优于线性模型。

Gitelson 等（2006）研究表明，冠层叶绿素是作物群落特征中与生产力预测最相关的要素，并提出了一种新的作物总初级生产力（GPP）估算方法，即 GPP 与叶绿素含量（CHL）和入射的光合作用有效辐射（PAR_{in}）的乘积之间存在紧密地与物种无关的相关关系，因此，可以建立基于估算叶绿素含量的技术来估测作物的 GPP。该方法值得在监测草地总初级生产力方面借鉴。

三、草坪水肥状况监测

运动场草坪，尤其是高尔夫球场的管理具有区别于其他绿地管理的特殊性，对草坪质量要求较高，作业管理精细程度更高。草坪—土壤系统中一旦出现问题要求检测更快速有效，只有及时掌握准确的草坪生长信息，才能达到高效、环保、经济、科学的草坪管理目标。要实现这一目标，仅靠人为定性的经验判断已远远不够，而实验室条件下的定量测定又显得过于烦琐、耗时，而化学方法使用条件苛刻，只能在实验室进行分析（李书英等，2008）。高光谱分析技术具有操作简单、实时监测分析、信息量丰富等优点，可快速、准确地获取草坪生长信息，实现便捷的草坪管理。近年来，国外许多学者利用高光谱分析技术在草坪外观质量评价、草坪灌溉与施肥、草坪有害生物防治等方面开展了许多研究工作，而我国在这方面起步较晚，存在许多空白领域。

（一）草坪施肥管理

营养胁迫是草坪管理过程中经常遇到的问题之一。已有的研究结果证明，草坪草在营养胁迫条件下会产生相应的反射光谱响应，可见光和近红外光的某些波段对营养胁迫十分敏感。国内外研究人员已经针对几种常用草坪草筛选出了不同的敏感波段和植被指数（表2-3）。

表2-3　草坪对营养胁迫的敏感波段及植被指数

草坪草中文名称	草坪草拉丁名	敏感波段（nm）、植被指数
匍匐翦股颖	*Agrostis stolonifera*	550、680、770、810、670、695/760
一年生早熟禾	*Poa annua*	670
狗牙根	*Cynodon dactylon*	507、559、661、706、695/450
高羊茅	*Festuca arundinacea*	531、561
草地早熟禾	*Poa pratensis*	531、561

土壤营养水平直接关系到草坪质量，也影响着运动场草坪的很多坪用性状，从而间接地影响到施肥、修剪、灌溉等辅助管理措施，所以及时精确地制定适宜的施肥方案（包括肥料的种类、数量、施肥时间等）就显得尤为重要。目前，草坪施肥方案通常由草坪管理者依据草坪的颜色、长势等主观判断，结合环境条件、季节变化来制定。常规的分析方法从获取土样、草样到分析结果，费时费力且成本高，常常不能为草坪管理提供有效参考数据。

光谱分析技术能够有效解决上述难题，可以迅速、准确地检测出草坪和土壤中的营养水平，进而确定适宜的施肥时间和施肥量。Ian等（2000）采用近红外技术和凯氏定氮两种方法测定百慕大草坪草的氮含量，发现两种方法测得的氮含量存在显著相关性；同时也发现，采用近红外光谱技术确定的施肥时间与基于季节性施肥或感官质量判断确定的施肥时间相比，可在减少施肥量的基础上保持相同的草坪质量。Murphy等（1993）同样采用近红外技术和凯氏定氮两种方法，测定匍匐翦股颖和多年生黑麦草在整个生长季节内草屑的含氮量，结果也呈现明显的线性相关。上述研究结果表明，近红外光谱技术是一种相对可靠的分析方法，可以帮助草坪管理者快速、准确地掌握草坪草的氮含量。

传统的土壤成分含量检测以化学方法为主，其缺点是检测速度慢，时效性差。利用近红外光谱（NIRS）分析技术，可以对土壤水分、养分、质地等进行实时和大批量分析。该技术具有以下优点：首先是所获取的信息量大，覆盖面宽，而且不会对草坪造成人为破坏；其次是分析速度快，时效性强，可实现实时分析；最后是操作简单，成本低，多组分可同时测定。通过一次全光谱扫描，即可获得样品中各种化学成分的光谱信息。因此，近红外光谱分析技术在草坪土壤检测方面潜力是巨大的（何绪生，2004）。

Couillard 等（1994）在没有破坏土壤结构的情况下，用近红外光谱扫描土壤横切面区域来获得土壤的光谱数据。通过扫描小部分完整的土壤就可鉴别不同深度土壤养分浓度的高低，这极大方便了对土壤状况的判断。Couillard 利用近红外光谱对数百份土壤样品进行扫描并获取光谱数据，又在实验室中采用标准的化学方法对这些样品进行测试，结果发现：两种测试结果之间有 90% 以上的相关性，而且采用近红外光谱分析技术分析土壤的准确性随样品数量的增加而增大。此外，很多研究者用近红外光谱对土壤中的碱解氮（于飞健等，2002；李伟等，2007）、磷含量（李学文，2006）进行测定分析时，也取得了很好的效果。上述研究结果表明，近红外光谱分析技术在评价土壤品质方面有很大的潜力，使用该技术测定土壤中全氮和碱解氮技术已经比较成熟，对其他成分测定的效果还有待于进一步的实验证明。

陈宏铭（2006）利用百慕大草 Tifway - 419 为材料，探讨不同氮肥用量及刈割频度对该草坪色素含量及遥测光谱的影响。百慕大草 Tifway - 419 的叶绿素 a + b、总吡啉、脱植醇叶绿素 a + b、脱镁叶绿素 a + b、含植醇及脱植醇色素含量，以及类胡萝卜素含量皆随着氮肥用量增加而增多。百慕大草 Tifway - 419 在 400 ~ 700 nm 间的反射率都很低，最大反射率发生在近红外光约 750 nm 以上的波段。近红外光反射率随着氮肥用量的增加而升高，而可见光区域之反射率则呈相反趋势，随着氮肥用量增加而下降。$NDVI_{680}$、$NDVI_{705}$ 及仿真卫星宽波段之 $NDVI_{broad}$ 与三种色素叶绿素 a、叶绿素 b 及类胡萝卜素（carotenoid）含量间具有高相关性，其 R^2 皆为 0.7 左右（$P < 0.01$）。

现代的草坪管理愈发趋于精细，因此需要经常性地评估和鉴定草坪营养元素的可用性以及变异性。缺乏营养元素通常会影响草坪的颜色，因此，营养状况的变化就可以用光谱反射技术来监控。Kruse 等（2004）使用光谱指数（NSI，R_{695}/R_{760}）准确地监测到匍匐翦股颖草坪的缺氮症状。他们发现，匍匐翦股颖叶片组织中氮浓度和 NSI 指数有很强的相关关系，相关系数在 0.8 ~ 0.9。Rinehart（2000）研究了匍匐翦股颖和一年生早熟禾（*Poa annua* var. reptans Hausskn）叶片 N 含量和冠层光谱反射率的相关性，结果显示：最强的相关关系出现在 670 nm 的光谱值处，这与叶绿素 a 的透射率相对应。Keskin 等（2001）发现，在匍匐翦股颖草坪中，反射率在绿光带（520 ~ 580 nm）和 NIR 区（770 ~ 1050 nm）随 N 浓度的增加而增加。研究者用单波长（550 nm、680 nm、770 nm、810 nm）或者多波长建立的回归模型都能较好预测 N 含量。Sembiring 等（1998）使用反射光谱来检查狗牙根草坪的 N、P 状况，研究发现，狗牙根草坪对 N、P 的吸收，以及叶片组织中的 N 浓度能够用光谱指数 R_{695}/R_{405} 进行预测，而在 435 nm 波长处的反射值和 N、P 处理没有发现相关性。

以上研究结果表明，光谱反射指数可以作为一个有力的工具来预测草坪草中 N、P 元素状况。不过，目前对其他元素的研究还比较缺乏，因此还需要有更进一步的研究来验证其他营养元素和光谱反射之间的关系，以及草坪草在不同环境条件下对不同营养元素的响应。

（二）草坪灌溉管理

及时获取草坪草和土壤水分含量是合理灌溉的基础。在运动场草坪养护过程中，灌溉成为一项必不可少的管理措施，如干旱地区果岭的管理等。目前，国内外研究人员已经针对几种常用草坪草，筛选出了对干旱胁迫反应敏感的波段和植被指数（表2-4）。

表2-4　草坪对干旱和其他胁迫的敏感波段及植被指数

逆境条件	草坪草中文名称	草坪草拉丁名	敏感波段（nm）、植被指数
干旱胁迫	高羊茅	*Festuca arundinacea*	671
	草地早熟禾	*Poa pratensis*	736～874
	狗牙根	*Cynodon dactylon*	667～693
	结缕草	*Zoysia japonica*	687～693
	圣奥古斯丁草	*Stenotaphrum secundatum*	687～693
	海滨雀稗	*Paspalum vaginatum*	750、775、870
	马蹄金	*Dichondra repens*	495、503、655、538、506、763、(675－804)/(675＋804)
潮湿胁迫	匍匐翦股颖	*Agrostis stolonifera*	1165
	草地早熟禾	*Poa pratensis*	1165
病害胁迫	匍匐翦股颖	*Agrostis stolonifera*	760、810、700、1400、1930
	高羊茅	*Festuca arundinacea*	810
虫害胁迫	草地早熟禾	*Poa pratensis*	650～700
盐碱胁迫	海滨雀稗	*Paspalum vaginatum*	706/760、706/813
遮阴胁迫	紫羊茅	*Festuca rubra*	—
养分胁迫	匍匐翦股颖	*Agrostis stolonifera*	695/760、550、670、770、810
	一年生早熟禾	*Poaannua*	670
	狗牙根	*Cynodon dactylon*	695/405

光谱分析是一种快速、简便、非破坏性的测量草坪土壤水分的先进技术。很多研究者利用此方法分析土壤参数，可以实时提供草坪和土壤中的水分信息，为确定适宜灌溉量及灌溉时间提供可靠依据。彭玉魁等（1998）利用多元回归方法建模分析土壤水分与近红外光谱之间的关系，得到的相关系数为0.969。Chang等（2001）、Hummel等（2001）利用近红外光谱预测土壤水分含量，证明预测结果与实际检验值之间的相关系数大于0.8。Thosmas等（2002）采用基于近红外光谱技术的多光谱图像进行系统分析，获得草坪草含水量与草坪反光特性之间的相关性，然后通过测量草坪在可见光和红外区域反光特性，来预测草坪短期内的水分胁迫。

由水分缺乏而导致的干旱胁迫是草坪草最常遇到的胁迫之一，干旱胁迫会导致草坪质量的下降和草坪草生理活动的减弱。叶片枯萎和叶片黄化是干旱胁迫下草坪草的典型症状。评估干旱胁迫的常规方法是观察和评级，但是要发现早期的伤害，并进行量化评估，还必须要借助光谱反射的方法。Jiang 和 Carrow（2005）在对 5 个草坪草种的耐旱性研究中，测试了草坪冠层在 400 ~ 1000 nm 间的反射值及其和草坪质量、叶片黄化之间的关系。研究认为，667 ~ 693 nm 的冠层反射在狗牙根（*Cynodon dactylon* × *C. transvaalensis*）草坪质量和叶片黄化间相关度最高，而在近红外光范围的 750、775 和 870 nm 处，与海滨雀稗的相关度最高。在结缕草（*Zoysia japonica*）和圣奥古斯丁草（*Stenotaphrum secundatum*）中，687 ~ 693 nm 相关度最好，而在高羊茅（*Festuca arundinacea*）中，671 nm 有最大值。结果表明，在狗牙根、高羊茅、结缕草和圣奥古斯丁草中，664 ~ 687 nm 的反射光谱对草坪质量的决定意义更大。Suplick-Ploense 和 Qian（2002）对草坪草叶片失水的试验发现，草地早熟禾（*Poa pratensis*）的近红外反射在 736 ~ 874 nm 范围和叶片含水量的下降有相关关系，而在多年生黑麦草（*Lolium perenne*）中没有发现相关关系。Huang 等（1998）对不同高羊茅品种在干旱胁迫下冠层反射和草坪水分关系做了研究，结果表明，高羊茅品种 Kentucy – 31 比 MIC – 18 的耐旱性更强，NDVI $[（R_{935} － R_{661}）/（R_{935} ＋ R_{661}）]$ 在 Kentucy – 31 中要比 MIC – 18 高。Jiang 等（2004）基于光谱反射建立了线性或者多元线性回归模型，用以预测干旱条件下草坪质量和冠层温度的变化，但是他们认为模型中最关键的波长随草坪草种或品种的不同会有所变化。Stiegler（2005）和 Penuelas 等（1997）的研究表明，940 nm、970 nm 和 1500 nm 的反射率与叶片含水量相关度最高，从而可以用来估计草坪草干旱下的植物水分含量。

　　Fenstermaker – Shaulis 等（1997）分析了在高羊茅中，反射光谱在 600 ~ 650 nm 以及 800 ~ 890 nm 的波段和组织含水量（31% ~ 68%）有较高的相关性。而 Bell 等（2002）的研究发现，建立在对匍匐翦股颖（*Agrostis stolonifera*）表观评级基础上的 NDVI 预测模型，在对高羊茅草坪进行预测时，其结果并不准确。这表明，对特定草种在干旱胁迫下的评价，应该相应地建立不同的模型，而要同步预测不同草种在干旱下的胁迫模型，还需要更进一步的研究以获取更多相应波段的光谱参数。

　　龙光强（2006）在昆明地区对干旱季节马蹄金草坪设计了 5 个灌水量处理，分别测定土壤含水量、叶片相对含水量和草坪反射光谱，并分析它们之间的相关关系。结果证明，在灌水后的 15 天之内，各处理间反射光谱（400 ~ 1000 nm）的差异到达显著水平（$P ＜ 0.05$）：在 400 ~ 700 nm 范围内，各处理表现为灌水量越低，反射率越高，而最大灌水处理（120 mm）的反射率始终最高。灌水处理 15 天之后，各处理间反射率差异不显著。马蹄金草坪土壤含水量、叶片相对含水量与草坪光谱反射率（400 ~ 700 nm）有较好的负相关关系，且分别与 494.67 nm、502.84 nm、654.75 nm、654.75 nm、654.30 nm、538.17 nm、505.57 nm、762.94 nm 处的反射率呈极显著负相关（$P ＜ 0.01$），它们间的回归分析均达到极显著水平（$P ＜ 0.01$）。在波长为 893.72 nm、678.73 nm、438.09 nm、595.79 nm、572.44 nm、453.17 nm、403.66 nm、539.98 nm 的一阶微分光谱分别与草坪土壤含水量、叶片相对含水量、叶绿素（a＋b、a、b）含量、丙二醛含量、可溶性糖含量和 SOD 活性呈极显著相关（$P ＜ 0.01$），回归模型均可达极显著水平（$P ＜ 0.01$）。植被指数 NDVI（675.18 nm、804.46 nm）反演上述 8 个指标均可达到极显著水平（$P ＜ 0.01$）。通过测量马蹄金草坪在可见光和红外线区域内的高光谱反射率，然后推导一阶微分光谱或植被指数，并建立与土壤含水量之间的相关模型，能够快速、准确地确定该类草坪在 2 周内的水分胁迫程度。

上述研究与实践证明，利用光谱分析方法测定土壤水分含量，估测值与实验室化学分析法所得结果之间相关性高，误差小，可以直接用于土壤水分的实时预测，是测量土壤水分的一个可靠的分析方法，可帮助草坪管理者实时有效地把握适宜灌溉时间及灌溉量。

四、草坪外观质量评价

草坪外观质量评价通常采用目测法，普遍使用的评分系统是美国草坪草评价体系（NTEP）的九分制。目测法虽然简单易行，但受主观因素影响较大且评分结果的准确性不可靠，对参与评价人员的要求也较高，需要具备丰富的实践经验。这样的草坪外观质量评价概念模糊而不确定，对以后的草坪管理也缺乏可靠的客观依据。化学分析测量法虽然可将各种性状指标定量化，从而增加评价结果的准确性，但常规的化学分析方法一般从取样到结果分析出来所要耗费的时间很长，而且检测成本高，同时可能要破坏球场结构及景观，因而在草坪质量评价（尤其在高质量的运动场草坪）应用中受到限制。因此，有必要探索和开发一种可行的新型技术，以便能够准确、快速、客观地对草坪质量进行外观质量评价。

近年来，国外已将光谱分析技术应用于高尔夫球场草坪管理研究领域，且已显示出广阔的应用前景。但是将光谱（尤其是高光谱）分析技术应用于草坪外观质量评价在我国起步较晚，开展的研究工作甚少，有许多领域尚属空白。

Thomas 等（2002）采用近红外光谱技术获取草坪光学数据，并测定草坪叶绿素含量，然后在两者之间建立关联关系，从而建立一个自动化草坪质量评价体系。近红外光谱技术可以从多方面对草坪的颜色、密度、均一性以及盖度等外观指标进行测定评价，从而对草坪外观质量进行一个量化指标评价（李书英等，2008）。

Muharrem 等（2003）测定了杂交狗牙根（hybrid bermudagrass）和粗糙早熟禾（rough bluegrass）2 种草坪的反射光谱和外观质量评分值，分析了单波段反射率与外观质量评分值之间、多种植被指数与外观质量评分值之间的相关性，得出以下结论：

（1）波长 680 nm 和 780 nm 附近是对草坪外观质量反应最为敏感的 2 个波段范围。

（2）使用 2 个最主要波段建成的评价模型与使用 71 个波段建成的评价模型相比较，模拟值具有相似的平均标准差（SEP）。使用植被指数 NDVI、RVI、DVI 建成的评价模型相互比较，模拟值也具有相似的平均标准差。

（3）使用多元线性回归（MLR）模型和偏最小二乘回归（PLSR）模型，都可以进行草坪质量外观评价。杂交狗牙根小区的估测值平均标准差为 0.53，粗糙早熟禾小区的估测值平均标准差为 0.70。

（4）利用在某一个时期测定的数据建立的校正模型，能够用来估测另一个时期的相应数据，表明实验测定结果是可以重复的。

（5）利用杂交狗牙根实验数据建立的校正模型，能够应用于粗糙早熟禾。

（6）在晴天和阴天两种条件下得到的反射光谱非常相似。

（7）两种传感器高度（100 cm 和 50 cm）对草坪反射光谱无显著影响。

（8）当草坪质量很高时，修剪高度对草坪在红光区、近红外区的反射光谱具有显著影响，修剪高度较高时，红光区反射率较低，而近红外区反射率较高。当草坪质量属于中等或很差时，修剪高度对草坪的反射光谱无显著影响。

（9）开发和利用带有 2 个波段的光学传感器，并通过测定和分析反射光谱数据评价草坪外观质量是可行的。

张文等（2007）选用多年生黑麦草、高羊茅、匍匐翦股颖和狗牙根 4 种草坪草的 11 个品种为试验材料，同步进行各单播草坪冠层的高光谱反射率、叶绿素水平测定以及色泽目测评分，并分析了不同草种、同一草种不同品种之间的差异性。目测评分、叶绿素测定结果表明：部分草坪草种之间存在显著性差异，但同一个草种的不同品种之间无显著差异；光谱分析结果表明：在可见光的"绿峰"附近以及近红外区域，不同草种之间的光谱反射率存在显著差异，高羊茅的 7 个品种之间也出现了显著性差异；草坪色泽的高光谱模型预测值与目测评分值之间存在极显著相关性。

五、草地（坪）有害生物监测

当植物发生病虫害时，其外部形态和内部生理会发生变化。外部形态变化包括叶面枯黄、凋零、卷叶，叶片幼芽被吞噬，枝条枯萎，导致冠层形状发生变化。内部生理变化则表现为叶绿素组织遭受破坏，光合作用，养分水分吸收、运输、转化等机能衰退。植物的光谱特性是植物在生长过程中与环境因子（包括生物因子和非生物因子）相互作用的综合光谱信息，无论是形态的（生物物理参数）或生理的（生物化学参数）变化，都必然导致植物光谱特征发生不同程度的变化，特别是红光区和近红外区光谱特征的变化。

及时准确地预测和判定草坪病虫害发生是进行有害生物防治的先决条件，因而在高尔夫球场等运动场草坪管理中十分重要。目前，高尔夫球场的总监或草坪主管多在病症出现之后采用主观经验判断，这种被动防治的后果是大量施用杀菌剂或杀虫剂，其效果不确定而且污染环境，造成球场草坪养护资金的巨大浪费。采用近红外光谱技术可以及时有效地判定有害生物发生的情况，有针对性地采取防治措施，减少了日常盲目的喷药所带来的环境负效应（李书英等，2008）。

目前，利用光谱分析技术对草坪病虫害领域的研究主要集中在运动场草坪，尤其是高尔夫球场的果岭，所涉及的草种有匍匐翦股颖、杂交狗牙根、高羊茅等。主要研究方向包括修剪高度、施肥水平条件下草坪反射光谱特征，特定病虫害胁迫条件下草坪反射光谱的敏感波段、病情指数与光谱参数之间的相关性，发病草坪植物细胞色素、生理生化指标的高光谱参数及植被指数之间的相关性等。

多光谱分析法已经在植物病理和植保等研究领域得到研究和应用。在农业领域，已开始运用可见光和近红外光区的反射值来诊断病害导致的农作物减产，如 Berardo 等（2005）通过研究认为，NIR 可以精确预测由真菌和镰刀菌引起的玉米籽粒的发病率，也可以监控玉米采后的霉菌污染；Guan 和 Nutter（2002）分析了 810 nm 处的冠层反射光谱可以用来准确定量的预测苜蓿叶斑病害；Muhammed 和 Larsolle（2003）对小麦的研究证实，近红外光反射值的增加，可见光反射值的降低和某种真菌引起的病害有关；Nutter 等（1990）发现在 800 nm 的反射值可以准确度量和评估、控制花生晚期叶斑病杀菌剂的效率。

在草坪管理中，提前和准确地鉴定病害的发生及其严重程度有非常重要的意义。草坪草在不同病害胁迫下的反射光谱和病害的关系已有很多报道，如币斑病（*Sclerotinia ho-*

moeocarpa）、纹枯病（*Rhizoctonia solani*）、灰斑病（*Pyricularia grisea*）、褐斑病（*Rhizoctonia solani*）、腐霉枯萎病（*Pythium aphanidermatum*）。Green 等（1998）研究发现，在810 nm 波长处的反射值和高羊茅纹枯病及叶斑病的严重程度有很强的相关关系。Raikes 和 Burpee（1998）对匍匐翦股颖草坪病害的研究发现，在 760 nm 和 810 nm 的反射光谱率比值随纹枯病症状的加强而降低。他们进一步研究认为，对病害严重程度的评估来说，反射光谱在某一发病点的鉴定比对整个发病期的鉴定更为有效。Rinehart 等（2001）用光谱反射研究了匍匐翦股颖和一年生早熟禾的币斑病及褐斑病。研究结果显示，90%～92% 的反射光谱数据都能准确判定出病害的严重性。研究者对反射数据进行了一阶导数转换，发现在 700 nm、1400 nm 和 1930 nm 处病害等级与反射值一阶导数的相关性最强。Hamilton 和 Gibb（2000）用光谱反射监控草坪蛴螬的发生和危害。研究证明，在 650～700 nm 波段，NDVI 和胁迫指数能很准确的监测到虫害的发生以及评估蛴螬的危害程度，而在 NIR（800～950 nm）范围无法区分出不同病害程度的差异。不过目前针对草坪虫害的相关研究还比较少，当使用光谱分析来评估虫害的发生和危害时，还需要有大田试验来进一步验证其准确性和可靠性。

六、其他胁迫

（一）践踏胁迫

由于草坪通常是供人们娱乐休憩或运动的主要场所，所以草坪经常受到践踏胁迫。草坪草的践踏胁迫通常包括践踏的直接损伤，同时还有伴随践踏导致的土壤紧实造成的间接损伤。践踏会导致草坪质量的降低，草坪密度和均一度也会降低。已有研究证明，光谱反射分析可以辅助评估草坪践踏造成的损伤，也可以评估其恢复性能。

Trenholm 等（1999）对海滨雀稗和狗牙根的践踏试验发现，在 661 nm 和 813 nm 波长处，NDVI、IR/R 等胁迫指数与草坪质量、草坪密度和叶片组织受损程度高度相关。Jiang 等（2003）认为，当海滨雀稗处于践踏以及践踏导致的土壤紧实两种胁迫下，NDVI、胁迫指数 SI、LAI 都和冠层温度及草坪质量高度相关。Guertal 等（2004）在狗牙根草坪上进行了多年的研究，评估践踏水平对土壤阻力和土壤容重的影响，以及这些土壤因子和反射光谱之间的关系。研究结果显示，在 507～935 nm 波段的反射光谱数据，NDVI、IR/R、土壤阻力、土壤容重等指标间的相关性在不同取样时间并不一致，最佳相关性出现在可见光范围，然而在土壤阻力和光谱反射之间并没有发现显示其最强相关性的特定波长。当然，如前所述，还有很多因素会影响到反射光谱，比如光照、草坪色泽、叶片年龄以及潜在的病害情况等。因此，对不同草坪草种在践踏胁迫下，需要进一步获取更多波段的光谱反射特征，以更好地确定土壤阻力、土壤容重以及草坪质量与反射光谱之间的相关关系。

（二）盐胁迫及其应用

光谱反射在草坪草盐胁迫研究以及草坪管理实践的其他方面，如土壤特性的分析、水分评估等也有广泛应用。Lee 等（2004）用可见光和近红外光反射来评估海滨雀稗在盐胁迫下的表现，在该试验中盐胁迫使草坪草地上和地下部分生长分别下降了 85% 和 51%。研究发现，耐盐性最强的海滨雀稗品种"SI 93-2"和"HI 101"有更高的 NDVI 和 IR/R 值，但这 2 个品种的胁迫指数（R_{706}/R_{760}，R_{706}/R_{813}）低于耐盐性较低品种"Adalayd"。

他们认为，IR/R 和 R_{706}/R_{760} 可以作为评估草坪草耐盐性的有力工具。Peñuelas 等（1997）在大麦上也做过类似研究，结果显示，近红外反射随盐浓度升高而降低，而可见光反射随盐浓度升高而增加。他们认为 NDVI 和水分指数也是评估盐胁迫效应很好的指标。Couillard 等（1997）指出 NIR 范围的反射率在预测土壤湿度、有机物含量、土壤密度、土壤粒径分布、pH、土壤钾等方面有相当高的精度。水分条件是草坪草叶面疾病的一个重要诱因，Madeira 等（2001）的研究发现，在匍匐翦股颖和早熟禾属草坪上，1165 nm 上的反射率和湿度及降雨有最强的相关性。

除叶绿素以外，叶片组织中其他一些生化物质的浓度也可以用光谱反射来评估。Miller 和 Dickens（1996）在"Tifdwarf"和"Tifway"2 个狗牙根品种上发现近红外反射和非结构性碳水化合物总量（TNC）有显著相关性，其决定系数达到了 0.86。Narra 等（2005）指出在匍匐翦股颖中，NIR 和葡萄糖、果糖、果聚糖等含量也高度相关（$R^2 > 0.9$）。Curran 等（2001）用光谱反射来预测叶片中纤维素、木质素、氨基酸、淀粉等化合物的浓度，研究发现，反射率的一阶导数在一定的范围和叶片化合物浓度相关，研究者还发现了对应不同化合物的最佳预测波段，比如对木质素、淀粉、纤维素的最佳波长分别为 1124 nm、1208 nm 和 1800 nm。以上结果表明，反射光谱可以很好地预测叶片中生化物质的浓度。

（三）金属胁迫

金属通常会干扰植物的新陈代谢并且对植物体内酶的活动产生不良影响。植物应对重金属的方式可以分为两类：一种是积聚者，通过某种方式将金属离子进行处理并在内部组织中保存或者在生化反应中减少或处理它们；另一种是排除者，通过阻止金属进入植物体组织来限制金属摄入，这通常需要植物细胞壁对金属离子进行限制。土壤或植物体中多余的金属对植物的健康、生长以及生物量都会带来不利的影响，形成中毒症状，这些症状会引起植被反射光谱特征的变化。

健康的植被在生长过程中，随着叶绿素的增加，红边会向长波方向移动，即出现"红移现象"，并伴随着 680 nm 附近反射率的减少，表明更多的能量用于进行光合作用。当植物受到环境胁迫时（如重金属胁迫），红边位置向短波方向移动，即出现"蓝移现象"，并伴随着 680 nm 附近反射率的增加，表明更少的能量用于进行光合作用。因此，红边位置是监测植物是否受到环境胁迫的重要指标之一。国外的许多研究也表明，植被指数在检测和分析重金属引起的胁迫方面也具有十分重要的作用。例如 Gotze 等（2010）的研究结果显示，土壤中对金属胁迫最敏感的光谱特征参数是 PRI（光合作用反射指数）、REP（红边位置）和 NPCI（归一化色素叶绿素指数）等。

第三章 天然草地质量监测

根据联合国粮农组织的统计，世界草地由永久草地、疏林地和其他类型草地（荒漠、冻原和灌丛地）三大部分构成，总面积为 68.12 亿 hm^2，覆盖地球表面 51.88% 的土地面积，为耕地面积的 4.6 倍。根据世界资源协会基于 IGBP 数据（2000），草原是世界上最大的生态系统，其面积大约为 5250 万 km^2，占除格陵兰岛和南极洲外 40.5% 的陆地面积。其中稀树草原为 13.8%，灌丛草原为 12.7%，无树草原为 8.3%，苔原为 5.7%。狭义的草原被定义为以草本植物为优势种、稀树或无树土地覆被类型。联合国教科文组织将植被中乔木和灌木覆盖度小于 10% 的草地都定义为草原，将覆盖度介于 10%～40% 的草地定义为有树草原（White，1983）。《牛津植物科学辞典》（Allaby，1998）给出的草原定义是："指能满足草本植物生长、但不完全满足树木生长的水热与人文条件，降水介于森林和荒漠之间，包括因放牧或火烧森林发生的偏途演替后形成的草地群落。"

第一节 草地植物多样性

生物多样性可以从宏观或微观角度加以认识，如生态系统多样性、群落多样性、物种多样性、细胞多样性和基因多样性。从实体的或实质的意义上讲，最重要和最基本的是物种多样性（吴征镒，1993）。

一、中国草地特有植物

中国草地面积为 3.93 亿 hm^2，占土地总面积的 41.41%，为耕地面积的 3.12 倍，林地面积的 2.28 倍。在中国类型繁多的草地上，生长着种类多样的植物，仅饲用植物就有6704 种（约占全国植物种类的 26%），分属 246 科，1545 属，其中 227 种为我国特有种。

中国草地分布区域辽阔，自然条件复杂，特有饲用植物种类丰富，包括蕨类植物 7 科10 种，裸子植物 6 科 35 种，被子植物主要有禾本科（表 3-1）、豆科（表 3-2）、菊科（表 3-3）、莎草科、蒺藜科、柽柳科、伞形科、报春花科、蓼科、藜科和蔷薇科等（表 3-4）。

表 3 - 1　中国草地特有饲用植物（禾本科）

中文名	拉丁名	中文名	拉丁名
阿拉善鹅观草	*Roegneria alaschanica*	沙芦草	*Agropyron mongolicum*
内蒙古鹅观草	*R. intramongolica*	吉隆须芒草	*Andropogon girongensis*
糙毛鹅观草	*R. hirsuta*	青海固沙草	*Orinus kokonorica*
青海鹅观草	*R. kokonorica*	展穗三角草	*Trikeraia ramosa*
新疆鹅观草	*R. sinkiangensis*	单蕊冠毛草	*Stephanachne monandra*
西藏鹅观草	*R. tibetica*	扁穗茅	*Littledalea racemosus*
毛盘鹅观草	*R. barbicalla*	大箭竹	*Sinarundinaria chungii*
多杆鹅观草	*R. multiculmis*	光轴简轴茅	*Rottboellia laevispica*
密花早熟禾	*Poa pachyantha*	小牛鞭草	*Hemarthria humilis*
董色早熟禾	*P. ianthina*	滇蔗茅	*Erianthus rockii*
光盘早熟禾	*P. elanata*	异序虎尾草	*Chloris anomala*
恒山早熟禾	*P. hengshanica*	台湾黄花茅	*Anthoxanthum formosanum*
蒙古早熟禾	*P. mongolica*	海南荩草	*Arthraxon hainanensis*
多节早熟禾	*P. plurinodis*	多花草沙蚕	*Tripogon multiflorus*
山西早熟禾	*P. shansiensis*	分枝大油芒	*Spodiopogon ramosus*
山地早熟禾	*P. orinosa*	华山新麦草	*Psathyrostachys huashanica*
中华羊茅	*Festuca sinensis*	草地短柄草	*Brachypodium pratense*
高羊茅	*F. elata*	包鞘隐子草	*Cleistogenes foliosa*
昌都羊茅	*F. changduensis*	大穗落芒草	*Oryzopsis grandispicula*
异针茅	*Stipa aliena*	紫芒披碱草	*Elymus purpuraristatus*
甘青针茅	*S. przewalskyi*	麦滨草	*E. tangutorum*
昆仑针茅	*S. roborouskyi*	海南鸭嘴草	*Ischaemum crassipes* var. *hainanensis*
青海野青茅	*Deyeuxia kokonorica*	小菅草	*Themeda hookeri*
房县野青茅	*D. henryi*	禾子草	*Sorghum hezicao*
湖北野青茅	*D. hupehensis*	中华甜茅	*Glyceria chinensis*
喜马拉雅野青茅	*D. himalaica*	三刺草	*Aristida triseta*
广西柳叶箬	*Isachne guangxiensis*	长序狼尾草	*Pennisetum longissimum*
海南柳叶箬	*I. hainanensis*	枝花隐子草	*Cleistogenes ramiflora*
西藏臭草	*Melica tibetica*	四川双药芒	*Diandranthus szechuanensis*
云南异燕麦	*Helictotrichon delavayi*	小花金茅	*Eulalia micrantha*
华马唐	*Digitaria chinensis*	大叶直芒草	*Orthoraphium grandifolium*
多花碱茅	*Puccinellia multiflora*	热河芦苇	*Phragmites jeholensis*
高画眉草	*Eragrostis alta*	细弱耳稃草	*Garinolia tenuis*

续 表

中文名	拉丁名	中文名	拉丁名
海南画眉草	*E. hainanensis*	二型莠竹	*Microstegium biforme*
疏穗画眉草	*E. perlaxa*	心叶尾稃草	*Urochloa cordata*
华雀麦	*Bromus sinensis*	苦竹	*Pleioblastus amarus*
假枝雀麦	*B. pesudoramosus*	西藏香竹	*Chimonocalamus tortuosus*
大雀麦	*B. magnus*	华箬竹	*Sasamorpha sinica*
短芒翦股颖	*Agrostis breviaristata*	刺头毛黍	*Setiacis diffusa*
玉山翦股颖	*A. morrisonensis*	三蕊草	*Sinochasea trigyna*
通麦香茅	*Cymbopogon tungmaiensis*	拟沿沟草	*Colposium tibeticum*
细叶芨芨草	*Achnatherum chingii*	异颖草	*Anisachne gracilis*
异颖芨芨草	*A. inaequiglume*	沼原草	*Moliniopsis hui*
西藏三毛草	*Trisetum tibeticum*	黄穗茅	*Imperata flavida*
断穗狗尾草	*Setaria arenaria*	毛花茶杆竹	*Pseudosasa pubiflora*
东北拂子茅	*Calamagrostis kengii*	山类芦	*Neyraudia montana*
云南野古草	*Arundinella yunnanensis*		

表 3-2 中国草地特有饲用植物（豆科）

中文名	拉丁名	中文名	拉丁名
藏豆	*Stracheya tibetica*	宜昌木蓝	*Indigofera ichangensis*
紫荆	*Cercis chinensis*	陈氏木蓝	*I. chuniana*
丽豆	*Calophaca sinica*	稻城木蓝	*I. daochengensis*
异叶链荚豆	*Alysicarpus vaginalis* var. *diversifolius*	海南木蓝	*I. hainanensis*
线苞异型豆	*Amphicarpaea linearis*	木里木蓝	*I. muliensis*
蒙自合欢	*Albizia bracteata*	海南山蚂蝗	*Desmodium haina-nensis*
光叶金合欢	*Acacia delavayi*	云南山蚂蝗	*D. yunnanensis*
云南金合欢	*A. yunnanensis*	多序岩黄芪	*Hedysarum polybotrys*
细叶扁蓿豆	*Melilotoides ruthenica* var. *oblongifoila*	西藏岩黄芪	*H. xizangensis*
阴山扁蓿豆	*M. ruthenicavar. inschanica*	太白山黄芪	*Astragalus taipaischanensis*
西藏扁蓿豆	*M. tibetica*	沙打旺	*A. adsurgenscv. shadawang*
云南甘草	*Glycyrrhiza yunnanensis*	扎达黄芪	*A. tsataensis*
鸽仔豆	*Dunbaria henryi*	包头黄芪	*A. baotouensis*
中国宿苞豆	*Shuteria sinensis*	格尔乌苏黄芪	*A. geerwusuensis*
峨眉葛藤	*Pueraria omeinsis*	拉萨黄芪	*A. lasaensis*
云南葛藤	*P. yunnanensis*	色达黄芪	*A. sedaensis*

续　表

中文名	拉丁名	中文名	拉丁名
滇绿豆	*Phaseolusyunnanensis*	玉门黄芪	*A. yumenensis*
云南米口袋	*Gueldenstaedtia*	宜昌杭子梢	*Campylotropis ichangensis*
亚东米口袋	*G. yadongensis*	雅江杭子梢	*C. yajiangensis*
滇千斤拔	*Moghania yunnanensis*	滇子梢	*C. yunanensis*
贵州崖豆藤	*Millettia kueichouensis*	三河野豌豆	*Vicia amurensis f. sanheensis*
异果崖豆藤	*M. heterocapa*	大野豌豆	*V. gigantea*
阿拉善苜蓿	*Medicago alashanica*	西藏野豌豆	*V. tibetica*
长叶铁扫帚	*Lespedeza caraganae*	吉隆锦鸡儿	*Caragana jilungensis*
横断山胡枝子	*L. hengduanshannensis*	甘青锦鸡儿	*C. tangutica*
黄河胡枝子	*L. davurica subsp. huangheensis*	甘蒙锦鸡儿	*C. opulens*
海南猪屎豆	*Crotalaria hainanensis*	五台锦鸡儿	*C. potanini*
鹤庆猪屎豆	*C. heqinqensis*	甘肃锦鸡儿	*C. kansuensis*
云南猪屎豆	*C. yunnanensis*	短叶锦鸡儿	*C. brevifolia*

表3-3　中国草地特有饲用植物（菊科）

中文名	拉丁名	中文名	拉丁名
内蒙古亚菊	*Ajania alabasica*	阿拉善女蒿	*Hippolytia alashanica*
糜蒿	*A. beleharolepis*	新疆乳菀	*Galatella songorica*
驴驴蒿	*A. dalailamae*	砂狗娃花	*Heteropappus meyendorffii*
茭蒿	*A. giraldii*	博洛塔绢蒿	*Seriphidium borotalense*
歧茎蒿	*A. igniaria*	蒙古马兰	*Kalimeris mongolica*
油蒿	*A. ordosica*	东北鸦葱	*Scorzonera manshurica*
牛尾蒿	*A. subditgiata*	丽江凤毛菊	*Saussurea likiangensis*
西藏亚菊	*A. tibetica*	松潘凤毛菊	*S. sungpanensis*
日喀则蒿	*Artemisia xigazeensis*	凤毛菊	*S. tangutica*
莳萝蒿	*A. anethoides*	禾叶凤毛菊	*S. graminea*
		紫苞凤毛菊	*S. iodostegia*

表 3-4　中国草地特有饲用植物（除禾本科、豆科、菊科之外）

科名	中文名	拉丁名
蓼科	中华山蓼	*Oxyria sinensis*
	东北木蓼	*Atraphaxis manshurica*
	阿拉善沙拐枣	*Calligonum alaschanicum*
	喀什酸模	*Rumex kaschgaricus*
	准格尔蓼	*Polygonum songoricum*
藜科	阿拉善单翅蓬	*Cornulaca alaschanica*
	华北驼绒藜	*Ceratoides arborescens*
	黄毛头盐爪爪	*Kalidium cuspidatumvar. sinicum*
	星毛碱蓬	*Suaeda stellatiflora*
	硬枝碱蓬	*S. rigida*
	天山猪毛菜	*Salsola junatovii*
	内蒙古猪毛菜	*S. intramongolica*
石竹科	大板山蚤缀	*Arenaria tapanshanensis*
	云南蚤缀	*A. yunnanensis*
	甘肃蚤缀	*A. kansuensis*
	秦岭蚤缀	*A. girddii*
	西北蚤缀	*A. przewalskii*
	台湾蚤缀	*A. formosa*
	西南蚤缀	*A. forrestii*
	中国繁缕	*Stellaria chinensis*
蔷薇科	中华绣线梅	*Neillia sinensis*
	中华绣线菊	*Spiraea chinensis*
	甘肃山楂	*Crataegus kansuensis*
	山西委陵菜	*Potentilla sishanensis*
蒺藜科	白刺	*Nitraria tangutorum*
报春花科	阿拉善点地梅	*Androsace alashanica*
伞形科	新疆阿魏	*Ferula sinkiangensis*
柽柳科	柽柳	*Tamarix chinensis*
	长叶红砂	*Reaumuria trigyna*

二、中国草地珍稀濒危植物

1984 年，国务院环境保护局公布的第一批《中国珍稀濒危保护植物名录》389 种植物中，草地饲用植物有 29 科 51 种及 3 个变种，占全部珍稀濒危保护植物的 13.88%；列入一级重点保护的植物有 1 种，二级重点保护的植物有 17 种，三级重点保护的植物有 36 种，濒危植物有 4 种，稀有植物有 19 种，渐危植物有 31 种；具有饲用价值的被子植物有 20 科 32 种及 1 个变种，已经处于濒危珍稀的植物有 10 余种（表 3-5）。

表 3 - 5　中国部分珍稀濒危草地植物（1984 年）

类别	科名	中文名	拉丁名
濒危珍稀植物	豆科	沙冬青	*Ammopiptanthus mongolicus*
		矮沙冬青	*Ammopiptanthus nanus*
		膜荚黄芪	*Astragalus membranaceus*
		蒙古黄芪	*Astragalus membranaceus var. mongolicus*
		野大豆	*Glycine soja*
	禾本科	短穗竹	*Brachystachyum densiflorum*
	藜科	梭梭	*Haloxylon ammddendro*
		白梭梭	*Haloxylon persicum*
	蔷薇科	棉刺	*Potaninia mongolica*
		蒙古扁桃	*Prunns mongolic*
	伞形科	明党参	*Changium smyrnioides*
		新疆阿魏	*Ferula sinkiangensis*
	蒺藜科	四合木	*Tetraena mongolic*
	桦木科	盐桦	*Betula halophila*
	石竹科	裸果木	*Gymnocarpos Przawalskii*
	半日花科	半日花	*Helianthemum soongoricum*
	菊科	革苞菊	*Tugarimovia mongolica*
	大戟科	肥牛树	*Cephalomappa sinensis*
	杨柳科	钻天柳	*Chosenia arbutifolia*
		胡杨	*Populous diversifolia*
		灰杨	*Populous pruinosa*
	榆科	青檀	*Pteroceltis tatarinowii*
已处于濒危珍稀的植物	麻黄科	斑子麻黄	*Ephedra rhytidosperma*
	藜科	圆叶木蓼	*Atraphaxis tortusa*
		阿拉善沙拐枣	*Calligonum alaschanicum*
	藜科	阿拉善单刺蓬	*Cornulaca alaschanica*
	豆科	红花海绵豆	*Spongiocarpella grubovii*
		阴山棘豆	*Oxytropis inschanica*
	十字花科	贺兰山南芥	*Arabis alaschanica*
		巨翅沙芥	*Pugionium calcaratum*
	唇形科	微硬毛建草	*Dracocephalum rigidum*
	百合科	单花郁金香	*Tulipa uniflora*
	禾本科	锥茅	*Thyrsia zea*

三、物种多样性

物种多样性（Species Diversity）具有两种含义：其一是种的数目或丰富度；其二是种的均匀度。群落物种多样性（Community Diversity）是指群落中包含的物种数目和个体在种间的分布特征。由此可见，群落物种多样性的高低取决于物种数和多度分布的性质。此外，因物种数和多度两个组分的结合方式或权重的不同，也就形成了多种多样性指数。不论怎样定义多样性，都是把物种数和均匀度结合起来的一个单一的统计量。大量研究也表明，以物种的个体数作为测度指标并不适合所有的植被类型，国内外学者先后提出了以盖度和重要值等作为多样性的测度指标。

多样性指数计算方法：选择表征群落物种多样性、丰富度、优势度和均匀度的多种物种多样性测定指数（表3-6），分别以多度、盖度、重要值为测度指标进行计算。

表3-6　常用的物种多样性指数及其计算公式

类别	名称	计算公式
多样性指数	Simpson 指数	$D = 1 - \sum N_i^2$
	Shannon - Wiener 指数	$H = - \sum P_i \ln P_i$
丰富度指数	Margalef 丰富度指数（Ma）	$Ma = (S-1)/\ln N$
	Monk 丰富度指数（Mo）	$Mo = S/N$
	Partrick 丰富度指数（R）	$R = S$
优势度指数	Berger - Parker 优势度指数（I）	$I = N_{max}/N$;
	Simpson 优势度指数（D）	$D = \sum (N_i/N)^2$
均匀性指数	Pielou 均匀度指数（E_{pi}）	$E_{pi} = H/\ln S$
	Sheldon 均匀性指数（E_s）	$E_s = \exp(-\sum P_i \ln P_i)/S$

式中：S 为物种数目，N 为群落中所有物种个体总数，$P_i = n_i/N$，n_i 为物种 i 的重要值，N_i 为物种 i 的个体数，N_{max} 为群落中个体数量最大物种的多度、盖度或重要值。

在植物群落多样性研究中，常采用两种方法：一种是运用各种多样性指数来描述群落的多样性变化；另一种是采用种—多度模型来拟合分析群落的种—多度分布格局。

（一）多样性指数

物种丰富度指数，即观测一定空间范围内的物种数目以表达生物的丰富程度。研究植物群落，物种丰富度指数是最简单、最古老的物种多样性测度方法。此外，应用比较广泛的还有 Margalef 丰富度指数、Gleason 丰富度指数、Menhinick 丰富度指数等，这些指数分别可用物种数目与样方面积大小或个体总数的不同数学关系来测度。在不同的植物群落中，丰富度指数的适用情况不同，如暖带森林群落多样性研究中发现，Margalef 丰富度指数和 Gleason 丰富度指数较为稳定，而 Menhinick 丰富度指数最不稳定。物种丰富度指数受样地面积的影响较大，而且忽略富集种（Eonlmon Species）和稀疏种（Rare Species）对群落多样性贡献太小的差异，在应用时必须与均匀度指数等其他指数结合起来，才能更准确地反映群落多样性水平。因此，选择样方大小是运用物种丰富度指数表征群落多样性的关键环节。

物种多样性指数，是将物种丰富度与种的多度结合起来的函数。其中最常用的有 Shannon - Wiener 指数、Simpson 指数以及种间相遇概率（PIE，或称种间相遇机率）等。

均匀度指数指群落中不同物种的多度分布的均匀程度，有 Pielou 指数、Sheldon 指数、Heip 指数、Alatalo 指数和 Molinari 指数等。

上述几种多样性指数间的关系有的表现为正相关，有的表现为负相关。物种多样性指数与物种均匀度呈正相关，而与生态优势度呈负相关。多样性指数越高，生态优势度越小，多样性指数越大，均匀度愈高。群落均匀度指数与生态优势度是两个相反的概念，当群落有较高的生态优势度时，由于优势种明显，优势种的个体数会明显多出一般种而使群落具有低的均匀度。对于某一群落，物种丰富度（物种数）、物种多样性指数、均匀度指数反映出基本一致的趋势，因此可以认为，在表征群落多样性结构方面，物种均匀度与生态优势度的变化趋势是相反的，即群落中种群分布均匀，群落均匀度指数高，则生态优势度较低；反之，种群分布集中、群落均匀度指数低，生态优势度就较高。采用生态优势度指标可以对群落物种的多样性结构和演替动态进行更为直观的描述。

（二）种—多度模型

对植物群落多样性的测度，除多样性指数外，近年来还较多地运用种—多度关系模型对群落的种—多度数据进行拟合。描述种—多度关系的模型可分为两类：种—多度分布（Species-Abundance Distribution）模型和种重要性顺序—多度表（Ranked-Abundance List）模型。我国的植物群落研究中较多地运用种—多度分布模型。

物种多样性的改变可能对群落带来怎样的生态影响？对此，专家学者提出了多种假说。其中影响较大的是多样性—稳定性假说。该学说的主要观点是，群落（动物或植物）物种多样性越丰富，群落越稳定。Tilman（1994）对美国明尼苏达州草地群落的长期定点研究给该学说提供实践上的支持。BaskinL（1995）用新的实验证据表明物种多样性增加可以提高生态系统的稳定性。对森林群落的研究也得出同样的结果（Ewel，1991）。在这一学说基础上，进一步引申出多样性—生产力假说、多样性—持续性假说以及多样性—侵入性假说等。这些假说预测：物种多样性增加，群落的初级生产力增加；物种多样性越大，资源的可持续性越大，群落对资源的利用更加充分和高效；群落物种多样性高，群落对外来种的侵入的敏感性降低，即稳定性增强。Tilman（1994，1996）设计了人工种植的草地群落对这些假说进行检验，结果表明，物种丰富度增加，群落的生产力以及群落对土壤中氮的利用率均上升，群落的可持续性增强，受干扰较小的天然草地群落表现出同样的规律。

植物群落物种多样性研究的最终目的，是为了更好地保护和利用多样性资源，因此，对物种多样性变化的影响因子以及多样性改变给群落带来的生态后果等方面的研究也具有深远的现实意义（汪殿蓓等，2001）。为探讨放牧压力梯度上草地群落物种多样性的变化规律，应进行长期定点的试验观测，对确定草地退化阶段，揭示退化机理具有重要的指示意义。草地群落生产力对放牧干扰的响应比多样性的响应更强烈，放牧通过动物的采食直接降低生产力，而多样性对放牧的响应可能相对滞后。研究结果表明，放牧梯度对群落物种丰富度和生产力的影响基本是同步的，当丰富度指数上升或下降时，草地生产力随之发生相应变化趋势。白永飞等（2007）研究指出，欧亚大陆草原上生产力和多样性基本呈正相关关系。韩国栋等（1999）指出，在草地退化的诸多评价指标中，放牧压力梯度上草地群落物种多样性的变化是一个重要的测度指标。单贵莲等（2008）对内蒙古典型草原不同围封年限群落结构及植物多样性进行比较研究，结果表明，重度退化草地采用生长季围封措施后，群落生产力与物种多样性增加，群落结构和各物种的优势地位发生较大改变。随围封年限的延长，群落盖度与密度增加，到14年达最大值，之后降低，高度和产量持续增加，围封25年达最大值。草地由星毛委陵菜＋冷蒿＋克氏针茅演替为羊草＋糙隐子草＋麻花头组成，经5年围封，物种的丰富度、均匀度和多样性增加。随围封年限的延长，物种丰富度继续增加，到围封14年达最大值，但由于围封14年后形成以羊草为单优势种的群落，物种均匀度及多样性降低。之后，随围封年限的继续延长，群落逐步趋于稳定，均匀度和多样性增加。群落相似性分析证明，采用生长季围封措施后，围封样地与未围封对照间的相似性降低，表明围封在改变群落的环境条件上也具有较好的效果。生长季围封调制干草，其他时间轻度放牧利用的管理方式可保证退化草地在一定程度上得到恢复，综合考虑群落结构、产量及物种多样性，认为14年是较适宜的围封年限。谢勇（2017）测定了滇西北亚高山草甸在不同放牧和封育管理下物种丰富度、多样性、均匀度和生态优势度，试验结果表明：与自由放牧退化草地相比较，连续4年季节性封育（6～9月份禁牧），物种的丰富度指数（Ma）显著下降，多样性指数（H）、均匀度指数（E_{pi}）和生态优势度（D）指数变化不显著；经过连续4年的完全封育，群落演替为草地早熟禾单优势物种群落，群落的生态优势度（D）急剧增加，而丰富度指数（Ma）、多样性指数（H）和均匀度指数（E_{pi}）显著降低。

第二节　牧草经济产量和草地生物学产量

一、牧草经济产量

牧草经济产量指单位面积的草地在单位时间内生产的可供家畜牧食或刈割的牧草重量，可用鲜草、干草、干物质或有机物等指标表示。

二、草地生物学产量

草地生物学产量指单位面积的草地在一定时间内积累的地上、地下或全群落（地上＋地下）的净初级产量，也称为净初级生产力。牧草通过光合作用生产的植物有机物称为总初级产量（P_g）。牧草在进行初级生产的同时还通过呼吸消耗掉一部分有机物（R），剩余的部分就是以牧草组织或贮存的营养物质表现的净初级产量（P_n），因此 $P_g = R + P_n$。净初级产量才是有效产量。

牧草经济产量和生物学产量在概念上是有区别的。经济产量是指可供家畜牧食或刈割后饲喂家畜的那部分产量，它并不是净初级产量的全部，也可能包含了一定时期以前的立枯物或凋落物产量。牧草经济产量多用于生产管理，而生物学产量（也称生物量）是在某一特定时刻单位面积所积累的有机质，多用于草地群落学或生态学研究。

（一）现存量

现存量指某一时刻单位面积上的活植物体重量。将样方内植物齐地面剪下，拣出死亡的立枯物，称取鲜重之后，在实验室进一步测定干物质重和营养成分。

（二）立枯物量

立枯物量指死亡后仍直立或未脱离活的株体的死植物体重量。对于十分低矮的草地或以座垫植物、莲座丛植物为主的草地，立枯物与凋落物难以区分，可将两者合并称重。

（三）凋落物量

凋落物量是死亡并脱落到地面的植物体重量。对于高大草本和灌木，测定凋落物需要专门的收集器，将其在到达地面前截留并保存下来。对于一般的草地，可在一定间隔时期，从样方中直接收集。凋落物是土壤有机质积累和草地营养循环物质的主要来源，也有改善土壤微生物和为微生物提供食物的功能，还能减少土表径流，增加草地抗侵蚀能力。

三、牧草营养成分及其测定

据分析测定数据，已知植物体内含有 60 多种元素，其中主要含 4 种元素，即 C、H、O 和 N，约占植物体干物质的 95%。此外，还含有 Fe、S、P、Ca、Mg、Na、K、Cl、Mn、Zn、Cu、Co、Se 等元素。所有元素在植物体内并非单独存在，而是组成多种复杂的无机和有机化合物，称为营养物质，如蛋白质、脂肪、碳水化合物、矿物质、维生素等。

（一）水　分

将饲草样品在一定的温度下烘到恒重，失去的重量即为水分。样品在 60℃~65℃ 下烘至恒重，其干物质称为风干物质；样品在 100℃~105℃ 下烘至恒重，其干物质称为绝干物质。各种营养物质均存在于干物质中，是动物营养的主要来源。

（二）粗灰分

将一定量的饲料干物质放入高温炉内，在 550℃~600℃ 下灼烧，残留的灰烬称为粗灰分，也称矿物质，主要是饲料中所含的无机物。

（三）有机物

测定粗灰分时，在灼烧过程中失去的部分即为有机物，它是一切有机营养成分的总和，其中包括含氮化合物和不含氮化合物。

（四）粗蛋白质

粗蛋白质指饲料有机物中含氮化合物的总称，包括纯蛋白质（单蛋白、复蛋白、酶、B 族维生素）和非蛋白质化合物（非蛋白氮）。以凯氏定氮法测定的总氮含量，乘以 6.25 即为饲料的粗蛋白含量。

（五）粗脂肪

粗脂肪指有机物中能溶于乙醚等有机溶剂的非含氮化合物，包括甘油三酯、固醇类、复合脂类、有机酸、色素、维生素（A、D、E）等。

（六）粗纤维

无氮的有机化合物净脱脂后剩余的部分称为碳水化合物。脱脂后的样本如用酸碱处理，不溶的残渣即为粗纤维，主要是植物的细胞壁成分，包括纤维素、半纤维素、木质素、多缩聚糖、单宁等，粗纤维是影响饲料利用率的重要限制因子。

（七）无氮浸出物

在测定粗纤维时，可溶于酸碱的部分称为无氮浸出物，包括单糖、双糖、淀粉、果胶、维生素 C 和除脂肪以外的有机酸。

上述牧草养分指标，可以用常规方法测定，也可以用光谱分析法测定。

四、草地地上生物量估测方法

地上生物量是草地生产力的重要指标，也是草地健康评价和草业生产规划的基础依据。因此，及时而准确地监测地上生物量及其随时间、空间变化的动态，对于合理、高效、持续利用草地资源，保护草地生态环境具有重要意义。

传统的草地地上生物量估测，主要有生理学模型法、地学估算模型法、经验预测法等。生理学模型法在早期草业科学研究中经常被采用，所使用的参数几乎都是由实验数据而来。常用的具体方法有刈割称重法、照相法、照片鉴别法及双重采样法等。这些传统方法能够快捷、准确地测定草地生物量及相关数据，但费时费力且难以广泛应用，并对草地有一定的破坏性。目前，上述方法主要用于对复杂模型进行校准和确认。

（一）光谱分析法

随着光谱分析技术的发展与应用，草地地上生物量的估测方法也在不断改进，从小范围、二维尺度的传统测量，发展到大范围、多维时空的遥感估测。利用草地植被反射光谱估测草地生物量，可分为航天航空遥感和近地面遥感。目前，研究最多的是卫星遥感技术，它具有多时相性、多波段性、宏观性和综合性的特点，能很好地进行大面积草地地上生物量的估算及动态监测，可以节省大量的人力、物力和时间。但是，经由卫星遥感植被指数对地面生物量进行估算所得到的结果，存在一些问题。一是它仅能反映卫星探测时牧草的长势及生物量的空间分布状况，要保证遥感估产结果与目标区域草地地上产草量在空间分布趋势上的一致性，就要求遥感数据获取的时间和地面实测时间基本同步；二是观测数据容易受天气状况的干扰；三是在陆地植被极为稀疏的情况下，光谱绿度值实际上是地表物质的光谱反映，难以代表牧草生长状况。

近地面光谱分析是估测草地地上生物产量的另一种重要方法。通过光谱仪获取草地反射光谱，根据光谱数据计算得到光谱绿度值，进而分析光谱绿度值与实测草地地上生物量的关系，建立草地地上生物量估产模型。这种方法的缺陷在于估产精度易受风雨、山体、太阳高度角和云雾的影响，与卫星遥感相比，在估算大面积的草地地上生物量方面存在一定的局限性。

利用反射光谱分析技术估测草地地上生物量。自然界中的地物具有其自身的电磁辐射特性，能反射或吸收紫外线、可见光、红外线和微波等的某些波段，发射某些红外线、微波，还有少数地物可以透射电磁波。因此，根据地物光谱特性的差异，就能够识别不同的地物。此外，自然界中的绝大部分物体都具有各向异性的反射特性，称为二向性反射。不同的地物具有不同的二向性反射特性。地物的光谱特性及二向性反射特性是遥感应用的物理基础。此外，绿色植物的反射光谱与叶片中叶肉细胞、叶绿素和水分的含量，以及其他生物化学成分对光的反射吸收有关。植物反射光谱中常用的是可见光和近红外波段。在400~700 nm 的可见光区域，450 nm 蓝光和 650 nm 红光附近出现两个反射谷，而在550 nm 绿光处出现一个反射峰；在 700~1300 nm 的近红外区域，受叶片内部海绵组织的影响，从 700 nm 附近反射率迅速增大，至 1100 nm 附近出现峰值。通过卫星等搭载的传感器或地面光谱仪等设备获取地物光谱信息并经过数据处理，监测牧草长势和估测草地地上生物量。

近年来，光谱分析技术在工业、农业、林业、牧业，以及环境监测与质量评价、资源调查等领域得到广泛应用。借鉴在森林植被、农作物等方面的成功经验，能够实现基于光谱特征指标进行草地地上生物量的估测。

（二）影响草地地上生物量光谱估测模型的主要因素

1. 草地类型

草地类型不同，其群落植物学组成、植被盖度、冠层叶绿素水平以及土壤背景各异，草地反射光谱特征也就存在一定差异。王艳荣（2004）对内蒙古地区草地地上生物量的研究发现，在草甸草原以及典型草原生物量较高的群落中，植被在红光波段的反射率具有"饱和"现象，而蓝光波段反射率的植被指数与地上生物量的相关性更高。黄敬峰（1999）对新疆天山北坡等干旱地区的高寒草甸、山地草甸、山地温性草原等不同类型的天然草地牧草产量进行研究发现，用 NDVI 和 RVI 建立的监测模型没有显著差异，并且线性模型足以反映牧草产量的动态变化。也有研究发现，用 RVI 指标估测温性低地盐化草甸区、温性荒漠草原区和温性山地草甸草原区 3 个类型草地牧草产量的精度要高于用 NDVI指标，而温性平原荒漠区相反，用非线性模型要比用线性模型估产和产量预报精度高。RVI 更适于估测牧草的鲜草产量，NDVI 更适合估测草地的干草产量，在高寒草甸生长季的估产中，RVI 更为理想。对各种草地类型在不同的生长季所适用的植被指数和估产模型，还有待于进一步深入系统的研究。

2. 季节变化

草地外貌随季节发生有规律的变化，称为季相。草地地上生物量估测适宜的植被指数与季相有关。一般在牧草返青及以后的一段生长时段内，NDVI 和 RVI 与草地地上生物量有较好的相关关系，在牧草生长的后期，RVI 与草地地上生物量的相关性更好。黄敬峰（1999，2000）研究分析了高寒草甸、山地草甸等草地类型的植被指数与干草产量及鲜草产量的关系，结果表明，它们之间呈现周年变化特征，即春季随着牧草的生长，产量逐步提高，卫星植被指数（AVHRR VI）也逐步增加，在夏季达到最大值，随后出现波浪形变化。王艳荣等（1998）对羊草草原不同退化群落的产草量与植被指数的研究发现，草地地上产量与 RVI 和 NDVI 之间具有极显著的相关性，近地面反射波谱存在季节变化特征，并与月际产草量有关。王艳荣（1996）对荒漠草原植被指数与产草量的研究发现，比值植被指数是比较稳定的估产指数，但估产精度受测定月份的影响。在产草量较低的月份，植被指数与产草量之间趋于曲线相关，而在产草量较高的月份，二者之间趋于直线相关。崔霞等（2009）对甘南草地的研究结果表明，草地的生物量密度因草地类型的不同、月份的不同而有差异。陈功等（2008）对云南省马龙县封育草地和过牧草地研究发现，草地季相是影响其反射光谱特征的重要因素之一，季节变化对近红外波段的影响明显大于可见光波段，返青期封育区和过牧草地在近红外波段反射率均有明显下降的趋势。

3. 植被覆盖度

草地植被盖度对地上生物量估测的适宜植被指数及估测模型具有明显影响。当植被盖度达到 30% ~40% 时，NDVI 对盖度增减变化反应灵敏，它可以提供直接监测总产草量的方法，估产模式均为简单的直线关系；在盖度较高的草地类型上，如盖度 >80% 时，ND-VI 趋向饱和，对植被灵敏度下降，最好采用指数模型，此时，RVI 变得对植被十分敏感，采用线性模型就有很好的相关性。周从斌（2002）指出，植被指数与盖度和生物量具有很高的相关性，是对二者的综合反映，盖度、生物量同时与 NDVI 等植被指数进行线性回归，相关系数达到 0.94。米兆荣（2010）对青藏高原高寒草地进行研究发现，在植被覆盖度较高时，NDVI 出现饱和现象，而 EVI 不容易出现饱和现象，对植被的响应依然较敏感，能较好地反映植被生长状况。王英舜（2010）发现再归一化植被指数（RDVI）可用于高低不同植被覆盖度草地地上生物量估测。方金（2011）对青藏高原低地草甸草原、高寒草甸草原等草地的研究得出，植被指数与草地生物量的相关性随着草地盖度的增大，两者的相关性逐渐增强，而且 EVI 与草地生物量的相关性强于 NDVI。

（三）光谱特征参数与草地地上生物量的关系

在草地反射光谱中，某一波段或波段范围内的反射率与草地地上生物量之间存在显著的相关关系。刘占宇（2006）对内蒙古锡林郭勒盟草原研究后发现，草地地上生物量与黄边内一阶微分光谱最大值、红边内一阶微分光谱最大值、"红谷"反射率等多个光谱特征参数均存在极显著相关关系，以 840 nm 等 5 个原始波段反射率为变量的逐步回归估算方程为最佳模型，估算精度达到 91.6%。喻小勇（2012）对青海省三江源区的不同草地类型进行了地面光谱测量发现，不同退化程度的高寒草甸地上生物量与其光谱曲线的"红边"斜率和归一化植被指数（NDVI）线性拟合的相关性较高，且反射光谱的"红边"斜率与高寒草甸地上生物量的关系优于 NDVI。王小平（2010）的研究证明：波长小于741 nm 时，冠层光谱反射值与生物量数据呈负相关；波长在 350~738 nm 之间的相关系数达到了极显著水平；波长在 1511~2340 nm 之间，冠层光谱反射率值与地上生物量之间存在极显著负相关关系。吴建付（2009）研究发现，在 500~684 nm 范围内，多花黑麦草鲜草产量与冠层反射率的相关系数在 -0.6~-0.8 之间，明显高于其他波段；"绿峰"反射率、"红谷"反射率、红边位置与多花黑麦草鲜草产量之间存在显著相关性。

植被指数，又称为光谱绿度值，通常是选用红光波段（R）和近红外（IR）波段的反射率，通过数学的线性及非线性运算得到的数值，能够用以表征地表植被的数量分配和质量情况。随着对植被指数研究的不断深入，目前已有 20 多种植被指数产生并应用于研究领域。其中，差值植被指数（DVI）、比值植被指数（RVI）、归一化植被指数（NDVI）和变换植被指数（ND±NDs）等在草地科学领域被广泛应用。此外，如 EVI、ARVI、SAVI、PRI 等植被指数也在多种草地类型中得到应用。

国内外研究结果表明，归一化植被指数（NDVI）、比值植被指数（RVI）在草地地上生物量的近地面光谱分析中应用较多。这两种植被指数对绿色植被变化反应灵敏，与草地地上生物量存在较好的相关性（Tucker，1979；龙瑞军等，1994；杨红丽等，2009）。进一步的研究表明，NDVI 能反映被测地区年内及年际间降水变化的特征，用以确定初级生产力减少区域，提供干旱图像资料。NDVI 资料可估测各类植被物候期，能用其临界值估算生长季长度。NDVI 是综合考虑了大气、电磁辐射、地表植被盖度、土壤背景等综合因素，由 RVI 等植被指数通过数学、物理和逻辑经验等改进而来，在草地遥感测产中应用最广，但是它常会受到外界因素的影响，如定标和仪器特性，云和云影，可变的气溶胶和水汽等产生的大气效应，太阳高度角、地面和大气的各向异性的相互作用，以及叶冠背景的污染等。因此，不断地对 NDVI 进行修正，能够更好地对草地地上生物量进行估测。

RVI 是基于波段的线性组合或原始波段的比值，是一种由经验方法发展而来的，没有考虑土壤、植被间互作等因素，而且它最初是针对特定遥感器的特定应用而设计，因此有明显限制性，只有在植被盖度较大的地区效果最好。但是，有研究显示，RVI 在某些草地类型中，其估产精度要优于 NDVI。

五、研究实例——落盘式测产法

牧草产量是评价草地初级生产力的关键指标。准确而快捷地测定产草量，对于草地动态监测和生产经营管理均具有十分重要的意义。传统刈割法破坏草地植被，也难以满足多种试验所需要的连续定位测定的要求。为了克服刈割测定法和其他估测法所存在的缺陷，国内外学者研究开发了许多非破坏性草地产草量测定技术，如摄影分析、近地面反射光谱分析、气象模拟估测、Markov 预测以及落盘式测产法等。当具有一定面积和质量的测产仪圆盘由上而下落时，由于受到植物的支撑而使圆盘停留在距离地面的一定高度上，圆盘所停留的高度称为草层压缩高度，分析草层压缩高度与产草量之间的相关关系并建立有效回归模型，进而估测草产量。落盘式测产法已应用于澳大利亚、德国、美国、中国等国家的人工刈割草地和人工放牧草地的产量测定。

2013~2014 年，陈功使用落盘式测产仪对云南香格里拉地区亚高山草甸进行应用研究，建立并验证草层压缩高度和产草量之间的回归模型，结果表明，利用落盘式测产法能够对试验区草地的产量进行快速准确估测。

（一）草地植被概况

香格里拉地区草地类型为亚高山草甸，植物学组成以禾本科、莎草科、菊科等草本植物为主。在封育 3 年的草地中，主要物种有发草（*Deschampsia caespitosa*）、草地早熟禾（*Poa pratensis*）、紧穗翦股颖（*Agrostis contracta*）、小花翦股颖（*Agrostis micrantha*）、百脉根（*Lotus corniculatus*）、洱源米口袋（*Gueldenstae verna*）、云雾苔草（*Carex nubigena*）、小嵩草（*Kobresia humilis*）、西南委陵菜（*Potentilla fulgens*）、车前（*Plantago asiatica*）、牡蒿（*Artemisia japonica*）、马先蒿（*Pedicularis ikomai*）、大狼毒（*Euphorbia jolkinii*）、花锚（*Halenia corniculata*）和西南鸢尾（*Iris bulleyana*）等。

（二）草层压缩高度和产草量

2013 年 9 月、2014 年 6 月和 2014 年 9 月，不同时期测定的草层压缩高度和产草量见表 3-7。在试验区封育条件下，6 月下旬植物生长旺盛，处于营养生长或生殖生长阶段；9 月下旬产草量达到最大值，部分杂类草和禾本科植物生殖枝处于枯黄状态，草层压缩高度和产草量明显增高。

表 3-7　不同测定时期的草层压缩高度和产草量鲜重

时间 测定项目	2013 年 9 月	2014 年 6 月	2014 年 9 月
草层压缩高度（cm）	5.5~26.3	4.8~18.5	10.6~28.2
产草量鲜重（g/0.1m²）	53~221	42~177	75~224

（三）草层压缩高度与产草量之间的相关性

分别对2013年9月、2014年6月测定的数据进行相关分析，结果表明，草层压缩高度与产草量之间存在极显著相关性（$P < 0.001$）。回归分析结果见图3-1，可以看出，两个回归方程具有很好的一致性，回归系数为6.7659和6.2745，截距为25.497和25.961。

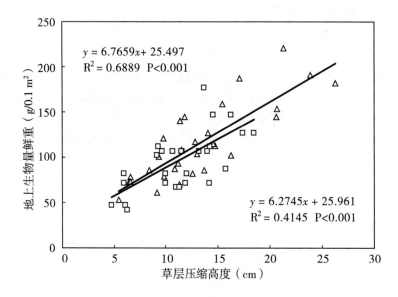

$\triangle$2013年9月，$\square$2014年6月

图3-1　草层压缩高度与鲜草产量之间的回归模型

（四）草产量回归模型的验证

将2014年9月测定的30组数据（草层压缩高度）代入2013年9月估产回归模型中，得到产草量估测值。进一步分析估测值与实测值之间的相关性，结果表明：实测平均值和估测值比较接近，实测值低于估测值，分别为144.5 g/0.1 m² 和154.5 g/0.1 m²；线性回归系数0.7768，决定系数0.6453，截距42.2；t检验结果表明，产草量估测值与实测值之间无显著性差异（$P = 0.27$），大于0.05。综合分析上述结果，产草量模拟误差均在合理范围内，模拟效果良好（图3-2）。

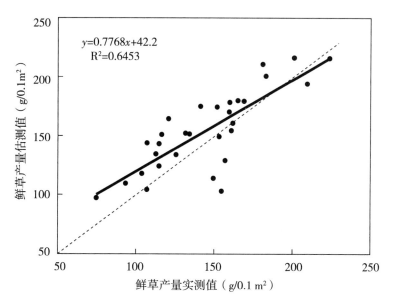

图 3 – 2　鲜草产量估测值与实测值之间的相关分析

（五）小　结

草层压缩高度与草地鲜草产量之间存在极显著相关关系，产草量估测值与实测值之间显著相关。Scrivner（1987）在美国加利福尼亚州轮牧试验结果证明，使用落盘式测产仪可以快速准确地估测牧草生长量和家畜采食量。龙显静（2014）对云南亚热带人工草地的研究结果表明，使用落盘式测产仪能够准确估测牧草鲜重和干物质产量，本试验结果与赵钢（2004，2007）在德国和内蒙古放牧草地上的研究结果，以及陈功（2009）在澳大利亚新南威尔士州混播放牧草地上的研究结果相一致。据研究，在内蒙古天然草地上的试验结果表明，对放牧草地 7 天的时间间隔就可引起草层压缩高度与牧草产量之间的回归关系发生显著变化，休闲草地中老化的植株茎秆也容易导致回归关系的失真；在澳大利亚人工草地—轮牧育肥羔羊试验中，利用 7 月下旬建立的估产模型，可以准确估测 8 月份、9 月份的干物质产量。综上所述，利用落盘式测产仪估测草地产草量是可行的，但应根据草地类型、利用方式和不同生长季节而建立适宜的估产模型。

比较 2013 年 9 月和 2014 年 6 月的估测模型，虽然草层压缩高度的范围有所不同，但线性回归系数及截距均十分接近（图 3 – 1）。利用 2014 年 9 月测定的数据对 2013 年 9 月建立的估测模型进行验证，产草量模拟效果良好（图 3 – 2）。在试验区封育亚高山草地上，选用落盘式测产仪构建的估测模型，在封育的第 2 年和第 3 年之间具有一致性。随着封育年限延长，草群的组成和结构发生不断变化，适宜的估测模型有待于进一步试验研究。

第三节　地下净初级产量

根系作为植物营养器官的重要组成部分，是植物吸收土壤水分和养分的器官，在植物的营养代谢中具有重要作用。根系的特性及其发育状况，影响土壤的理化性质和土壤水分、养分的吸收及营养物质转化，以及植物的再生性能。监测和了解牧草根系在土壤中的分布、生长发育，有助于更好地掌握草地健康状况，为采用相应技术措施而有效调控草地生产力提供参考。

表示根系生长和分布的参数有根重、根数、根表面、根体积、根直径、根长及根尖数。对草地而言，牧草根系的重量是监测和研究根系对环境反应最常用的指标，根系重量可认为是植物体内光合产物储存量的基本尺度。

一、地下部分取样方法

（一）壕沟法

先在供试草地上挖一壕沟，然后按一定的取样面积修成土柱，再按一定层次（自然层次或人为划分）分层取样，带回实验室冲洗，冲洗干净的根样进一步区分为活根或死根后烘干称取干物质量。取样面积视具体草地的情况而有不同，牧草低矮、密度大、分布均匀的天然草地，取样面积 20 cm×20 cm，重复 3 次；牧草较高大、密度小、分布不太均匀的天然草地和栽培的人工草地，取样面积须加大到 50 cm×50 cm，重复 3 次。取样深度依供试草地的牧草种类而异。对于须根系牧草的草地，由于根系入土浅，50～60 cm 的深度即可。对于轴根型牧草的草地，由于入土较深，取样深度应达 1 m 或更深。用壕沟法取样的优点是除了能获得较准确的根量外，还能获得根的分布、根体积、根表面积、根长等的较准确数据，但取样及洗根工作量大，破坏草地甚多是其缺点。

（二）土钻法

一般使用的土钻钻孔直径为 3.5～7 cm，最大为 10 cm。3.5 cm 的土钻在植被较均匀的草地上，重复 10～15 次；7 cm 的土钻重复 5～7 次；10 cm 的土钻重复 3～5 次。土钻法的优点是省时省工还可以机械代替人工取样，破坏的草地面积小，即使离钻孔很近的植物也能继续生长，但缺点是准确度较差。

二、根系处理技术

（一）干选法

干选法是用小刀、针、镊子、刷子等工具直接将根从土壤中挑选出来的方法，也可将土壤—根系样品放入斜置的网筛上干筛。干选法适宜于生长在沙壤土或沙土上的牧草根量的研究，比湿选法省时省工，但细根损失较多。

（二）湿选法

湿选法是用水冲洗将根从土壤中分离出来的方法，过程较为繁杂有以下几个主要步骤：

（1）土壤分散剂：土壤分散剂是促进土壤分散的药剂，常用的有焦磷酸盐（0.27%）、六偏磷酸钠（1%）、氯化钠（0.5%）、次氯酸钠（0.8%）、草酸（1%）、过氧化氢（3% ~5%）等。用加入过氧化氢的水浸泡根系数小时后，能使黑色的根氧化为浅色，但会影响区分老根与新根的精度。对于富含碳酸钙的黏土，用3% ~5%的盐酸也能取得良好的效果。

（2）冲洗过程：首先将土壤—根系样品在容器里浸泡12~24小时，必要时加入土壤分散剂。拣出粗的明显的根和非根物质后，再用双层纱布包住土壤—根系样品在流水中冲洗。但必须注意不能过多地隔纱布挤压、搓捏样品，以免有些细根粘在纱布上不易取下而影响测定结果。此外，也可直接在筛子上用喷头或喷水器进行冲洗。初步冲洗干净的根样用网筛过滤，一般筛孔为0.5 mm，如果十分细小，则可用0.2 mm筛孔的网筛。更好的方法是将网筛从大到小重叠起来使用。第一层的筛孔为1 mm，分离粗大的根、硬土粒和石块等；第二层为0.5 mm，以分离较细的根和大的沙粒；第三层为0.25 mm，主要阻挡大量的细根；第四层为0.15 mm，用以收集非常细小的根。根系样品中与根不易分离的沙粒可以用焚烧法测定。

（3）土壤—根系样品的保存：在取样很多，不可能立即冲洗分离完毕时，在15℃ ~20℃的条件下，浸泡的根2~3天便开始腐烂，因此就出现了样品的保存问题。一般可用10%的酒精或4%的福尔马林稀释液保存，也可在0℃ ~ -2℃的条件下冷冻保存。必要时风干保存，但风干后影响根的分离精度。

（三）死活根的辨别和分离

（1）肉眼辨别法：这是根据根的形态解剖特征，用肉眼从外表上主观判断的方法。一般活根呈白色、乳白色，或表皮为褐色。但根的截面仍为白色或浅色；而死根颜色变深，多萎缩、干枯。这一方法较费时，只有经验丰富的人才能做出比较准确的判断。

（2）比重法：由于死根和半分解状态的死根的水分大部分失去，比重较小，应用这一特点在实践中可用悬浮分离法区别死根和活根。将捡出明显的、较大的活根和死根之后的剩余根样，放在盛水容器中加以搅拌，静置数分钟，漂浮在水面上的根为死根，悬浮在水中和沉在容器底部的根为活根，沉在容器底部的黑褐色屑状物是半分解的死根。这一方法简单易行，但准确性较差。

（3）染色法：常用的药剂为2，3，5－氯化三苯基四氮唑，简称TTC。TTC的染色程度受温度、pH值、溶液浓度和处理时间的影响。温度30℃ ~35℃为宜，pH值6.5 ~7.5最适，浓度一般为0.3% ~1.0%，处理时间8~24小时。具体方法是：先将冲洗干净的根样剪成2 cm的小段，然后每10 g鲜重作为一个样本，放入培养皿中，加入80ml已知浓度的TTC溶液，放入30℃的恒温箱中，在黑暗条件下染色约12 h。样品取出后，用蒸馏水将药液冲洗干净，用镊子分离着色与不着色两部分，着色的部分即为活根，不着色部分为死根。

三、全群落净初级产量的估测

草地全群落净初级产量即地上部分和地下部分的净初级产量，应同时在地上和地下取样，以全群落的最大植物量和最小植物量之差为基础进行计算。因为在生长期，营养物质不断地在地上和地下部分之间互相转移，地上部分的最大和最小植物量并不一定相应地与地下部分的最大和最小植物量同时出现（一年生草地有可能相应的同时出现），所以不能简单地用不同步采样测定的地上与地下净初级产量之和来估算。

四、净营养物质产量的计算

净营养物质产量是单位面积的草地在一定时期内各种营养物质（粗蛋白质、粗脂肪、粗纤维、无氮浸出物、粗灰分、钙、磷等）的净产量，也可称净营养物质生产力。在各次植物量测定的同时，取样分析牧草的各种营养成分含量，并计算其产量。某种营养物质的最大产量和最小产量之差即为其净产量，最大产量的出现日期，即为这种营养物质净产量的出现日期。

五、研究实例

2015 年 9 月中旬，单贵莲等人对云南省香格里拉小中甸镇支特试验点（连续封育 4 年）草地植物地下生物量进行测定和分析。

（一）地下生物量

植物根系主要分布在 0～10 cm 范围内，对照区和连续封育区分别达到 85% 和 79%；在 0～10 cm、10～20 cm、20～40 cm 范围内，对照区与连续封育区根系重量均无显著性差异；但在 0～40 cm 每 785 cm^3 土壤中，连续封育区根系重量（7.14 g）显著高于对照区（5.41 g）（表 3-8，图 3-3）。

表 3-8 试验点草地地下生物量

草地	0～10 cm g/196.25 cm^3	比例	10～20 cm g/785 cm^3	比例	20～40 cm g/196.25 cm^3	比例	0～40 cm g/785 cm^3
对照区	4.62 a	85%	0.70 a	13%	0.05 a	2%	5.41 a
封育区	5.65 a	79%	0.88 a	12%	0.31 a	9%	7.14 b

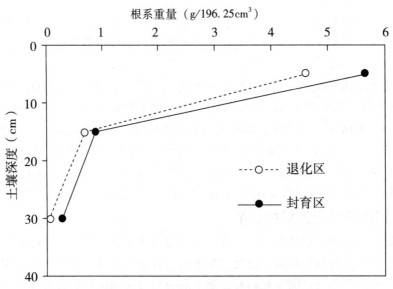

图 3-3 试验点对照区和封育区地下生物量分布

（二）地上生物量/总生物量

2015 年 9 月中旬，对支特试验点草地地下生物量（死根＋活根）、地上生物量（现存量＋立枯物＋枯枝落叶）分别进行测定，分析结果表明：对退化草地经过连续 4 年的封育，地下生物量、地上生物量分别增长了 0.32 倍和 11.67 倍，总生物量增长了 0.74 倍。对照区、连续封育区地上生物量在总生物量之中所占比例分别为 3.72% 和 27.10%，封育增加了草地地上部分所占比例（表 3 - 9）。

表 3 - 9　试验点草地地上、地下和总生物量（DM，g/m²）

草地	地下部分（g/m²）	地上部分（g/m²）	总生物量（g/m²）	地上部分占总生物量比例（%）
对照区	1379.46	53.36	1432.82	3.72
连续封育区	1819.21	676.11	2495.32	27.10

综合分析地上生物量、地下生物量及总生物量变化趋势，可以看出：对试验区退化亚高山草甸连续封育 4 个生长季，能够显著增加草地地上生物量，并提高地上生物量在总生物量中所占比例；但对草地地下生物量以及根系分布尚无产生显著影响，连续封育区和对照区根系均主要分布在 0～10 cm 范围内。

地下生物量是指存在于草地植被地表下草本根系和根茎生物量的总和。草地植被的主要生物量都分配于地下，植物的地下部分具有贮藏营养物质、吸收并供给营养和水分、调节植物的生长发育、支持植物的躯体等基本功能，对于地上生物量和生态系统与植物间能量循环意义重大，所以地下生物量是研究封育对草地影响的一个必要环节。有研究结果表明，轻度放牧可以增加植被的地下表层生物量，中度和重度放牧则会使其减少，不同放牧强度下地下生物量均随土壤深度增加而减少，减少幅度呈逐渐降低趋势。也有研究表明，对祁连山北坡天然草地进行多年封育和 1 年封育处理，并分别设对照，结果发现其地下生物量依次为多年封育＞1 年封育＞多年封育对照＞1 年封育对照，封育可以提高草地植物地下生物量（王顺利，2014）。

第四节　草地植物功能群

一、植物功能群及其划分方法

植物功能群（plant functional types）是具有确定的植物功能特征的一系列植物的组合，是研究植被随环境动态变化的基本单元，可以看作是对环境有相同响应和对主要生态系统过程有相似作用的组合。功能群被定义为对特定环境有相似反应的一类物种，有关植物功能群的这些概念可归纳为三类：一类是按利用的资源是否相同对物种进行功能分类；另一类则是按物种对特定扰动的响应进行分类；此外，还可依据物种对共享资源的利用途径，以及它们对特定扰动的响应机制是否相同进行进一步的划分。

国内外生态学者对植物功能群做了大量开拓性的工作，研究者们尝试用不同的方法，从不同的角度，在不同的地点对不同的植物进行功能群的划分，有关植物功能群的理论、方法逐渐形成，为植物功能群在生态系统动态和功能中的作用等进一步研究奠定了基础（胡楠，2008）。Lavorel（2000）把植物功能属性分为4种，其中之一是植物的功能表现，具有这种功能属性的物种不仅与生态过程有关而且与环境变化相联系。根据 Walker（1997）提出的"反应功能"与"反馈功能"的定义，认为这两种功能存在差异显著，正是这种差异保持了生态系统的稳定。组成群落的优势种和次要种在对生态系统功能的贡献上可能是相似的，但其反应却是不同的。这样"恢复力库（Reservoiro Fresilience）"就能够在变化的条件下保持生态系统功能的稳定。Hurlburt（1997）的研究表明，优势种对"生物群落"具有重要的意义，并提供了测量物种功能重要性的方法。他将物种功能定义为：当某些特定功能种从生物群落中丧失时所有物种生产力变化的总和就是该种的功能，但是他同时也指出这种功能值是不可能根据经验方法测定的。Walker（1999）选用5个决定植物碳和水流量的功能属性，即高度、生物量、叶面积、生活周期和枯落物特性作变量，计算了澳大利亚南部一个轻度放牧和一个过度放牧草原中每种禾草的功能属性。功能相似性或生态距离是用物种间的功能属性空间距离，即物种的几何距离来计量的。结果表明，优势种间的功能差异以及功能相似物种在多度等级上的分离，比原来想象的以群落中平均生态距离为基础而计算的结果更显著。

植物功能群的提出和研究，为研究复杂的生态系统提供了一个良好的方法和途径。不同领域的学者采用不同的方法、不同的角度对植物功能群进行了划分（表3-10）。

表3-10 植物功能群的划分方法

划分方法	评价
测量功能重要性 （Measuring the importance of functions）	按照"动态分类"、物种周转时间和"功能生态位"在多个"空间尺度"内是否共同出现来限定功能群的划分
多元统计方法 （Multivariate statistical method）	以功能属性为基础确定对干扰具有相似反应的功能群
功能属性 （Functional attributes）	功能相似性或生态距离是用物种间的功能属性空间距离，即物种的几何距离来计量的
植物对策理论 （Plant strategy theory）	把植物分为竞争性、干扰性、胁迫忍耐性对策
生态与功能特点 （Ecological function characteristics）	在一地区同一属的种具有相同的生态与功能特点，对PFGs的划分很理想
归纳结构功能特征 （Structural function characteristics）	选择与气候条件有关的结构功能特征如生活型、叶子大小、叶子类型、叶子寿命、光合途径等特征来划分功能群
归纳结构功能特征 （Structural function characteristics）	选用影响生态系统主要过程的特征如对干扰反应，获得资源速度等指标来划分功能群
主观经验与个人知识 （Subjective experience and personal knowledge）	植物功能群在自然界中真实存在的，由普遍理解的生态系统重要过程或特性划分功能型。可用在区域到全球尺度
聚类分析 （Cluster analysis）	根据植物特点与环境因子的相互关系来划分功能群
植物分布地形格局 （Terrain pattern of plant distribution）	基于植物分布的地形格局划分植物功能型

（引自 胡楠，2008，有改动）

二、植物功能群与群落稳定性

生态系统的抗干扰力及恢复力强烈地受控于优势植物种的功能属性。群落优势种生长速度快，生态系统就具有高的恢复力和低的抗干扰力；相反，群落优势种生长速度慢，生态系统就具有高的抗干扰力和低的恢复力（孙国钧，2003）。

植物群落的变异性和稳定性可以从植物种群和植物功能群两个方面进行考察，而从植物功能群来研究更有优势。在特定时间内，是全部物种决定资源动态还是少数代表物种的功能属性决定资源动态呢？理论和实验证明不同的物种对特定环境因子有不同的反应，特别是在自然条件下这种反应的差异维持着生态系统的功能。这一现象可以用生态冗余或生态保险来解释，如果去除一个或多个种不显著影响生态系统过程，留下的种可以补偿它们的作用，这些去除种被称作是冗余种（Loreau，2000），这一概念曾经被 Walker 赋予多余的含义（Grime，1998）。Walker（1995）和 Naeem（1998）认为冗余种是增加系统恢复力的一种方法，在这种含义上冗余不是多余，功能冗余起到了一种保险作用，可以防止由于物种的丧失而产生的功能丧失。群落中功能相似的物种越多，环境变化时至少有一些种可以存活的概率也越大，生态系统稳定性越强。与功能冗余概念紧密联系的是保险假说，功能多样性（这里指种间反应差异）具有保险作用，因为功能多样性的增加可以提高某些种在不同的条件下和环境动荡时有不同反应的概率（Walker，1995；Naeem，1998；Loreau，2000）。

白永飞等（2002）在对锡林河流域羊草草原群落连续 20 年的定位研究资料表明，从植物种群水平到植物功能群和群落水平，地上生物量的年度间变异性逐渐降低，而稳定性增加。Doak（1998）和 Tilman 等（1999）认为，均衡效应（Portfolio Effect）或统计平均效应（Effects of Statistical Averaging）是高物种多样性群落具有高稳定性的原因之一，这是由于多样性增加了均衡效应，从而使整合变量（如功能群生物量或群落总生物量）的稳定性增加。白永飞等（1992、1999）指出，生态补偿作用（Ecological Compensation）是生命实体对环境变化和干扰的一种响应对策，植物功能群组成对群落稳定性的影响是通过功能群间的补偿作用来实现的。植物功能群间的生态补偿作用尽管是有限的，但对维持生态系统结构与功能具有极其重要的作用。

三、植物功能群与群落生产力

国内外研究表明，功能群组成比功能群丰富度对生态系统过程具有更大的影响，功能群对异质性生境在生态适应性上表现出多样化，在功能群内部产生组分种之间的补偿作用，植物功能群组成对群落稳定性的影响就是通过功能群内部的这种补偿作用来实现的。Schlapfer 等（1999）认为，不同植物功能群在资源利用上同样具有互补效应，较高的功能群多样性能够更有效地增加植物对资源（水分和养分）的吸收，从而提高了群落的生产力。Hooper（1998，1998）、Naeem（1997）和 Tilman（1994，1996）指出，功能群组成是影响草地生产力和稳定性的主要因子。Hooper 等（1997）认为，在一些生态系统中，组成种的功能特征和物种数一样，对维持生态系统的过程和服务功能起着同样重要的作用；生态位互补效应使不同物种之间在资源利用上存在差异，当群落由于密度的增加引起优势度的增加而成为单优势种群落时，群落多样性降低，而均匀度和优势度增加。不同植物由于根深差异，这种互补作用可能发生在空间上；由于植物对资源利用的不同步性，这种互补效应也可能发生在时间上。张全国等（2002）认为，功能多样性应包括组成功能群的物种的数量及其本身的生物学特性多样性等，同一功能群中的物种功能也会有差异，对生态系统某个功能作用相似的物种对系统另一功能的作用可能差异很大。Wilsey 等（2000）在加拿大进行的试验中，人为控制群落中优势物种的组成比例而保持群落物种数目不变，其结果是群落总生物量和地上部分生物量随均匀度的增加而线性增加。当功能群内物种数增加到一定数量（中等水平）时，资源吸收和资源供给达到平衡状态，种间资源竞争趋于平稳状态，生产力水平达到最高。王长庭等（2005）对不同类型草地功能群多样性及组成与植物群落之间的关系进行了研究，其结果表明，不同类型的草地，植物功能群的数量和对群落生产力所起的作用不同，功能群组成也有明显的差异；并指出，生态系统功能除受物种多样性、物种组成及物种本身的生物学特征等作用外，还应考虑资源供给水平和干扰强度等非生物因素对物种多样性—生态系统功能关系的影响，在注重提高资源利用率的同时，不能一味地追求资源的过度开采，因为这会导致生物多样性的丧失，从而影响到生态系统的过程，降低草地系统的生产力。

第五节　草地中间生产力和最终生产力

一、中间生产力

载畜量是反映草地中间生产力的指标。草地载畜量指在不危害草地的情况下，草地能够负荷的多年最大平均放牧率。草地载畜量由多个因素决定，主要取决于草地初级生产力。草地总生物量是确定载畜量的基础，可食牧草产量与总产量相比较，能够更加准确地计算草地载畜量。

杨博等（2012）指出，在草地载畜量计算中，草地产量法受草地类型、植物种类、牧草成熟度等因素的影响，不能反映特定时段和全年草畜平衡的真实状况和动态变化，估算结果通常与家畜营养需求法估算结果并不一致。徐敏云（2014）认为，根据生长季末草地产量，采用草地利用率等校正系数校正，除以家畜牧草需求量，是草地载畜量最基本的计算方法。但在草地产量及其测定时间跨度、草地利用率和家畜折算系数等参数的确定上存在争议。因此，应采用两种方法相结合估算草地载畜量，根据估算数较低者确定草地载畜量有利于草地可持续利用和保护。为了调控草地原各生产要素以获得最优的产品和为社会提供最优质服务，实现草地的可持续利用，确定草地载畜量除了采用数量化方法外，还应结合放牧经验、草地属性、历史气象资料、草地产量等资料，确定特定地区的草地载畜量。

载畜量指标法将评定草地生产能力，从牧草和可利用营养物质产量引入到动物性生产，能够更有效地表示草地的质量和生产能力。计算和确定载畜量时，需要明确以下几个概念：

理论载畜量（Stocking Capacity）：也称合理载畜量或草地承载力，指特定放牧系统中，在特定的时间内，达到某一动物生产性能水平而不会导致草地退化的最大载畜量。

实际载畜量（Stocking Rate）：草地实际承载的载畜量。当实际载畜量＜理论载畜量时，草地利用不足，草群产生生长冗余，不利于牧草再生和提高饲草品质；当实际载畜

量 > 理论载畜量时，草地利用过度，毒害草比例增加，草群产生组分冗余，草地质量下降；当实际载畜量能够长期与理论载畜量相当情况下，草地适度利用，既能有效消除草群生长冗余，促进牧草补偿生长，有效抑制组分冗余，也有利于提高草地生产力，维持草地稳定性。

超载率（Rate of Over Stocking）＝（实际载畜量－理论载畜量）/理论载畜量。

二、最终生产力

畜产品单位是反映草地最终生产力的指标。根据草地生产流程理论，草地畜牧业生产的最终目标是形成可用畜产品，如皮、毛、肉、蛋、奶、役用价值等。为了便于比较不同草地的最终生产能力，将生产各类畜产品所消耗的能量进行统一折算和比较，具体折算标准见表 1 - 10。

畜产品单位法：根据草地生态系统的理论反映了生产过程最后一个阶段的真实情况，在草地的物质与能量流动过程中，提供了一个新的概念和尺度。可用畜产品是草地生产流程的最后一个阶段，也是各个生产环节的最终全面体现。因此，运用畜产品单位法不仅可以直接测定草地生产能力，还可以间接反映草地生产的综合科技水平。与载畜量相比较，畜产品单位法把动物资源与动物畜产品从属性上区别开来，有效排除了以家畜数量为指标的数量畜牧业的假象，能够真实地反映草地生产能力。

畜产品单位法可用于反映不同自然条件、不同技术水平下草地现实生产能力。若草地类型、生态环境条件相似，但草地生产力存在明显差距，需要思考的问题是导致这些差距的原因是什么。通过畜产品单位比较，找出差距，在进一步从牧草生产到畜产品生产的各个环节中（草地生产流程的多个转换环节）探求原因，最后确定其草地生产力有多大，潜力存在于流程中的哪些环节。因此，草业系统分析的目的之一，就是探求草地生产过程中最薄弱的环节，有针对性地加以调控和解决，不断提高草地最终生产力。

第六节 土壤指标

一、理化指标

与植被指标和动物指标相比较，土壤指标对草地质量的响应相对滞后，需要较长的时间才能反映出各种扰动对草地所产生的压力。不论是退化演替过程还是恢复演替过程，土壤的有机质、常规营养成分和微生物等指标的长期监测数据，都可以反映草地健康状况的变化趋势。

单贵莲（2008，2012）分析了内蒙古典型草原恢复演替过程中土壤性状的变化趋势，结果表明：①在典型草原恢复演替过程中，土壤性状发生了一系列演变，与自由放牧草地相比，围封 7 年、10 年、13 年和 20 年，土壤 0~30 cm 土层容重显著下降，<0.05 mm 的黏粉粒含量和孔隙度显著增加；土壤有机质、全氮、全磷、速效氮、速效磷、速效钾、微生物数量、微生物量碳、微生物量氮显著增加；酶活性增强，以 0~10 cm 土层增加最为明显，表现出明显的表聚现象。②重度退化草地采用生长季围封恢复措施后群落地上现存量、盖度、密度、根系生物量、地表凋落物现存量及土壤养分含量显著增加，群落结构

优化,土壤环境改善,植被与土壤间形成一个相互作用的良性循环系统,退化草地恢复演替趋势明显。③与自由放牧草地相比,围封 7 年、10 年、13 年和 20 年,土壤 0~30 cm 土层细菌、放线菌、真菌数量显著增加,土壤转化酶、脲酶、蛋白酶和过氧化氢酶活性增强,土壤微生物量碳、氮含量显著增加,且随围封年限的延长呈增加的变化趋势。④在典型草原恢复演替过程中,土壤微生物及酶活性与草地植被及土壤养分呈基本一致的变化规律,呈密切的正相关关系,其中以土壤真菌数量,微生物量碳、氮含量与草地植被及土壤养分含量间的相关关系最为显著。

罗媛(2016)对云南退化亚高山草甸恢复演替过程中草地土壤理化指标进行了监测,结果表明,与自由放牧退化区相比较,连续封育 4 年后,在一定土层中的土壤容重、水分含量和有机质含量发生显著变化。在 0~10 cm 土层,封育区土壤容重显著低于对照区,土壤水分显著高于对照区。在 10~20 cm、20~40 cm 土层内封育区土壤有机质显著高于对照区(表 3-11)。

表 3-11　封育第 4 年土壤的容重、水分含量和有机质

项　目	土壤深度（cm）	连续封育区	自由放牧退化区
土壤容重 （g/cm³）	0~10	0.492 bB	0.628 aA
	10~20	0.638 a	0.738 a
	20~40	0.650 a	0.834 a
土壤水分 （%）	0~10	59.62 aA	50.54 bB
	10~20	52.33 a	47.12 a
	20~40	52.13 a	42.77 a
土壤有机质 （%）	0~10	17.15 a	15.88 a
	10~20	12.26 a	6.18 b
	20~40	8.03 a	3.93 b

注:同行不同大写字母表示差异极显著($P < 0.01$),同行不同小写字母表示差异显著($P < 0.05$)。

二、土壤呼吸和碳固持

草地类型和草地基况不同,其地上生物量、地下生物量以及总生物量存在明显差异,导致草地植被和土壤有机碳储量发生变化,土壤微生物和土壤呼吸速率也随之发生相应变化。监测草地土壤有机碳和土壤呼吸,并分析相关指标与草地类型、草地健康程度的相关关系,是目前全球范围内的研究热点。谢勇(2017)在滇西北地区分析了亚高山草甸的有机碳储量和土壤呼吸速率,试验结果表明:与自由放牧(FG)相比,4 年的生长季封育+非生长季放牧(SF)、4 年的全年封育(TF)和 20 年的生长季封育+季末割草管理(FM),地上现存量、0~30 cm 根系生物量、有机碳含量、植被总碳储量和土壤碳储量均显著提高(表 3-12),说明与放牧利用相比,封育管理能够增加亚高山草甸有机碳储量。

表 3 - 12　放牧和封育对亚高山草甸总有机碳储量的影响

测定项目 ＼ 样地	FG	SF	TF	FM
地上植被碳储量 AGVCS（g/m²）	30.54 c	77.07 ab	269.04 a	140.43 ab
根系碳储量 RCS（g/m²）	73.51 d	136.49 c	228.07 a	150.21 b
土壤有机碳储量 SOCS（g/m²）	2901.17 d	5014.06 c	7084.77 b	8407.31 a
总有机碳储量 TOCS（g/m²）	3005.22 d	5227.62 c	7581.88 b	8697.95 a

注：在同一行中不同小写字母表示在 0.05 水平上差异显著。

　　与自由放牧相比，封育不会改变亚高山草甸土壤呼吸的日变化特征和季节变化特征，但会显著改变其土壤呼吸速率。放牧和封育管理下亚高山草甸土壤呼吸速率在一天中（8∶00～18∶00）随着时间的变化，均呈先增加后减弱的变化，分别于 14∶00 至 16∶00 时达到峰值，之后逐渐降低；放牧和封育管理下亚高山草甸在植物生长季（6～10 月份）的土壤呼吸速率随季节的进展先增加，7 月下旬至 8 月中旬达最大峰值，之后逐渐降低；放牧和封育管理下亚高山草甸生长季土壤呼吸速率的高低顺序为 4 年全年封育＞20 年生长季封育＋季末割草＞4 年生长季封育＋非生长季放牧＞自由放牧（表 3 - 13）。

表 3 - 13　放牧和封育对亚高山草甸土壤呼吸速率的影响（$\mu mol\ m^{-2}\ s^{-1}$）

样地	测定时间（月/日）						生长季平均
	6/24	7/10	7/25	8/11	9/11	10/17	
FG	2.98 b	2.74 b	2.61 c	3.42 c	1.34 d	1.25 c	2.39 c
SF	4.41 a	4.38 a	3.99 b	5.31 a	2.14 c	1.17 c	3.57 b
TF	4.65 a	4.49 a	3.95 b	5.10 a	2.85 b	2.46 a	3.92 a
FM	4.64 a	4.56 a	4.83 a	4.19 b	3.23 a	1.94 b	3.90 a

注：同一列中不同小写字母表示在 0.05 水平上差异显著。

第七节　草地健康评价

一、草地生态系统健康及其评价

　　草地生态系统健康是指生态系统的能量流动和物质循环没有受到损伤，是关键生态成分保留下来的，系统对自然干扰的长期效应具有抵抗力和恢复力，系统能够维持自身的组织结构长期稳定，并具有自我运作能力。健康的生态系统不仅在生态学意义上是健康的，而且有利于社会经济的发展，并能维持健康的人类群体。

　　草地健康是草地生态系统中土壤、水分与生物资源的属性。美国曾经将草地健康定义为草地生态系统中土壤、植被、水、空气的完整性及生态学过程的平衡与维持程度。完整性是指某一观测地点功能属性特征的维持，包括正常的变化。综合对生态系统健康与草地健康概念的理解，草地生态系统健康不仅包括大多数学者提出的草地生态系统中土地、植被、水和空气及其生态学过程的可维持程度，还包括草地生态系统与生态过程所形成及所维持的人类赖以生存的自然环境条件与效用（草地生态系统的服务功能）。草地生态系统健康兼有自然与社会双重属性。自然属性是指草地生态系统的结构和功能的完整性，其中的各种功能流（能量流、物质流、信息流和价值流）都能正常进行，系统能够维持自身的组织结构长期稳定，具有自我运作能力，对自然干扰的长期效应具有抵抗力和恢复力；社会属性是指草地生态系统有利于满足社会经济及人类生存的可持续发展的需要。

多年以来，草地生态系统健康评价一直是国际学术界探讨的热门领域，对这一领域的研究不仅反映人类对草地生态系统的认识程度，也是相关领域学术研究和社会经济发展水平的综合体现。草地健康评价工作最早开展于美国。1997 年，Pellant 等提出草地健康评价指标与方法，并于 2000 ~ 2005 年先后对其进行了修订，认为可用 17 个可观测的指标（包括裸地、表土的流失或退化、凋落物数量、年生产量、多年生植物的繁殖能力等）来对草地的土壤稳定性、水文学功能和生物群落的完整性 3 个属性进行快速评价，该评价方法是到目前为止比较完善并且应用于实践的方法（单贵莲等，2008）。

我国学者在草地退化与草地健康评价方面也做过大量的研究。李博（1997）在研究草地类型演替的基础上，将草地退化程度划分为轻度退化、中度退化、重度退化和极度退化 4 个等级，并根据植物种类组成、地上生物量、盖度、植被覆盖情况及土壤等指标拟定了中国北方草地退化分级指标体系。郝敦元等（1997）、刘钟龄等（1998）对草地植被退化演替的进程与诊断进行了 10 余年连续不断地研究，取得了一系列的创造性成果。任继周等（2000）以界面理论为指导，提出草地健康评价的四种状态和三项阈值，认为在草丛—地境界面中采用草地活力、组织力和恢复力 3 项指标（后来增补草地基况，共 4 项指标），结合草地—动物界面和草畜—经营管理界面的相关内容，研究草地生态系统不同界面容量与有序结构的定量关系，确定系统不同的健康阈值。侯扶江等（2002）采用牧草生理低限（PLL）、生理上限（PUL）和再生长期（R 期）长度/放牧期（G 期）长度的比（R/G）等指标，构建了放牧草地健康评价的生理阈限双因子法，并于 2004 年以阿拉善草地生态系统中的地理环境—牧草界面的关键生态过程为基础，以任继周（2001）提出的 COVR 指数评价思路为指导，将基况（Condition，C）评价纳入草地健康的评价体系，建立了 COVR 综合指数的计算模型和方法。结果表明，该评价方法包含了 VOR 指数不能完全反映的草地健康信息，且具有简单、准确、实用、综合的特点。高安社（2005）对不同放牧强度下草原生态系统健康诸因子进行分析研究，确立了包括植物土壤在内的 7 个健康指标，即草群产量、草群盖度、建群种羊草地上净生产量、5 月凋落物量、土壤全磷、土壤有机质、0 ~ 20 cm 土壤中 >0.05 mm 沙砾含量倒数指标，运用这些指标建立了模糊综合评价指标体系，根据评价地段与不放牧的对照区的综合健康系数的分值大小，建立了草地生态系统体系，即健康、亚健康、不健康和崩溃 4 个等级。草地生态系统健康作为环境管理和可持续发展的新思路和新方法，备受人们重视。许多观测人员提出了评价草地属性的可能指标，且所有的指标都能提供对评价参数的暂时评价，但还没有一套评价指标可作为管理的标准。由于生态系统的复杂性，寻找适当的生态学指示器测量生态系统健康不是一件容易的工作。草地生态系统健康的评估涉及众多的因素，包括环境的、生物的及社会经济的，由于许多因素很难准确定量，目前草地生态系统健康的评估没有统一的标准。

草地生态健康评价方法有多种，如 VOR 评价体系模型、COVR 指数评价体系模型、PSR 评价模型、指数评价法、主成分分析法、聚类分析法、属性综合评价法以及模糊综合评价法等。

利用模型进行草地健康评价是一种非常普遍的研究方法。VOR 模型是指由美国生态学家 Constanza 和 Rapport 提出的为反映生态系统自身特点的指标体系。1999 年，VOR 综合指数被国际生态系统健康大会认定为生态系统健康诊断指标，在实践中得到了一定的应用。其中，活力（V）反映的是系统的能量和活动性，它可用生态系统物质生产和能量固定的总量或效率度量；组织结构（O）反映的是系统结构，可以用生态系统结构和功能的组合特征度量；恢复力（R）指系统应对外部环境胁迫干扰时的恢复能力，可选择抵御病虫害及恢复的能力来度量。其中，恢复力直接测量较困难，一般要求借助于计算机模型，如生物地球化学循环模型（CENTURY）和林窗动态模型（GAP），通过这些模型可以估算出系统从一种状态到另一状态的临界值。生态系统的复杂性决定了其不能用单一的观测指标来准确概括，需要相当数量不同类型的观测和评价指标（叶鑫，2011）。

侯扶江等（2002）根据 Hutchinson 的多维生态位概念，建立了植物与气候因子关系的综合评价模型对草地生态系统健康进行评价，认为用基况修正 VOR 能够定量分析放牧压力以及封育对草地健康所产生的作用，避免各单项指标容易造成的误差，并包含了 VOR 指数不能完全反映的草地健康信息。COVR 综合指数可以在相同尺度和起点上比较不同类型草地的健康状况，体现出草地健康主要取决于草地管理水平，具有较大的适用范围。王立新等（2008）应用 COVR 指数对内蒙古典型草原生态系统健康进行了分析和评价。王明君（2008）应用模糊数学方法与 COVR 评价方法，对不同放牧强度羊草草甸草原生态系统健康进行了评价，认为两种方法得出的评价结果较为一致，能够较好地反映草地真实的健康状况。单贵莲（2009）通过对比灰色关联分析、模糊综合评价、VOR 指数模型和 COVR 指数模型，对内蒙古典型草原生态健康进行了分析，认为 4 种方法的评价结果较为一致。其中，灰色关联分析的计算过程最为简单，评价指标无人为因素限制；模糊综合评价方法在指标筛选、纳入方式等方面缺少一定的理论依据，但具有信息量大而且全面等优点，并且有利于与定性指标相结合；VOR 和 COVR 较为复杂且不易掌握。建议对组织力指数和恢复力指数的计算还需要进一步深入研究，找出能够指示这些指标的因素，建立准确且可实际操作的评价模式。

二、天然草地退化、沙化和盐渍化分级指标

苏大学（2013）在参考国内外草地退化程度分级研究成果的基础上，提出了《天然草地退化、沙化、盐渍化分级指标》国家标准（表 3 - 14）。

表 3-14 中国草地退化程度分级即分级指标

监测项目			草地退化程度分级			
			未退化	轻度退化	中度退化	重度退化
必须监测项目	植物群落特征	总覆盖度相对百分数的减少率（%）	0~10	11~20	21~30	>30
		草层高度相对百分数的降低率（%）	0~10	11~20	21~50	>50
	群落植物组成结构	优势种牧草综合算术优势度相对百分数的减少率（%）	0~10	11~20	21~40	>40
		可食草种个体数相对百分数的减少率（%）	0~10	11~20	21~40	>40
		不可食草与毒害草个体数相对百分数的增加率（%）	0~10	11~20	21~40	>40
	指示植物	草地退化指示植物种个体数相对百分数的增加率（%）	0~10	11~20	21~30	>30
		草地沙化指示植物种个体数相对百分数的增加率（%）	0~10	11~20	21~30	>30
		草地盐渍化指示植物种个体数相对百分数的增加率（%）	0~10	11~20	21~30	>30
	地上部产草量	总产量相对百分数的减少率（%）	0~10	11~20	21~50	>50
		可食草产量相对百分数的减少率（%）	0~10	11~20	21~50	>50
		不可食草与毒害草产量相对百分数的增加率（%）	0~10	11~20	21~50	>50
	土壤养分	0~20cm 土层有机质含量相对百分数的减少率（%）	0~10	11~20	21~40	>40
辅助监测项目	地表特征	浮沙堆积面积占草地面积相对百分数的增加率（%）	0~10	11~20	21~30	>30
		土壤侵蚀模数相对百分数的增加率（%）	0~10	11~20	21~30	>30
		鼠洞面积占草地面积相对百分数的增加率（%）	0~10	11~20	21~50	>50
	土壤理化性质	0~20cm 土层土壤容重相对百分数的增加率（%）	0~10	11~20	21~30	>30
	土壤养分	0~20cm 土层全氮含量相对百分数的减少率（%）	0~10	11~20	21~25	>25

注：已达到鼠害防治标准的草地，须将"鼠洞面积占草地面积相对百分数的增加率（%）"指标列入必须监测项目。

（引自 苏大学，2013）

（一）草地退化强度评定方法

（1）70%以上的必须监测项目指标未达到各级退化草地指标时，认定该草地为未退化草地。

（2）50%以上的必须监测项目指标达到某一退化级规定值时，认定该草地为退化草地。并以必须监测项目达标最多的退化级别，确定为该草地的退化级别。

（3）当达到各级退化标准的必须监测项目指标占必须监测项目指标总数的30%～50%时，需要用辅助监测项目，做进一步评价：①当必须监测项目指标中的30%～50%的项目指标达到轻度以上退化级别，且辅助监测项目指标中有40%以上的指标达到轻度以上退化级别时，则认定为退化草地，并以必须监测项目达标最多的退化级别，认定为草地退化级别；②当必须监测项目指标中的30%～50%的项目指标达到轻度以上退化级别，而辅助监测项目指标中达到轻度以上退化级别的少于40%时，视为未退化草地。

（4）轻度沙化草地、轻度盐渍化草地视为中度退化草地。

（5）中度或重度退化草地、中度或重度盐渍化草地视为重度退化草地。

（二）未退化草地本底数据的参照标准

（1）监测点附近有草地自然保护区时，以其中相同水、热条件的草地为未退化草地基准，测定相同草地类型的植被、地表与土壤特征，作为本底数据。

（2）监测点附近没有草地自然保护区，或草地自然保护区没有与需要评价是否退化的草地类型时，用20世纪80年代初、中期全国首次统一草地资源调查样地资料，选用被监测地区相同草地类型中的未退化草地的植被、地表与土壤特征为基准。

（3）监测点附近没有草地自然保护区，又缺少20世纪80年代初、中期全国首次统一草地资源调查样地资料时，可用20世纪80年代初、中期全国首次统一草地资源调查样地资料编写的各省、市、自治区草地资源专著或正式出版物种的资料数据，选用未退化的相同典型草地类型特征数据为基准。没有出版草地资源专著的省、市、自治区，用中华人民共和国农业部畜牧兽医司和全国畜牧兽医总站主编，由中国科学技术出版社于1996年出版的《中国草地资源》中未退化的相同典型草地类型资料为基准。

第四章　人工饲用草地质量监测

第一节　人工草地发展趋势

人工草地是牧业用地中集约化程度最高的类型之一，是草地畜牧业发达程度的标志，也是达到先进草地农业系统的必备条件之一。世界上草地畜牧业发达国家均十分重视人工草地的建设和利用，也十分重视草地质量的监测和调控。在天然草地比重较大的国家，如澳大利亚、俄罗斯、美国等，人工草地的主要作用在于生产补充饲草料，解决季节供求不平衡，有效缓解家畜对天然草地的压力和完全依赖性。

人工草地的牧草产量一般可以达到天然草地产量的 5～10 倍。在世界范围内栽培草地占草地总面积的比例每增加 1%，草地动物生产增加 4% 以上，而美国则增加 10%。据统计数据，2013 年中国人工草地保留面积 1246.5 hm²，约占 4 亿 hm² 草地面积的 3.2%，比例明显偏低。

人工草地所占比例是评价草地畜牧业生产力水平的发达程度的重要指标之一。西欧和北欧畜牧业发达国家人工草地占该地区草地总面积的 50% 以上，每公顷草地可生产牛奶 9000L 或牛肉 950 kg；英国、爱尔兰、德国每公顷草地干物质产量 5～8 t，丹麦和荷兰每公顷草地干物质产量 10～12 t；美国人工草地所占比例约 13%，如果把轮作草地计算在内，可达到 29%。人工草地每年生产干草 1.3 亿～1.5 亿 t，产值 100 亿美元，在所有的农作物产值中居第二位，仅次于玉米；北美洲高纬度国家加拿大，人工草地所占比例面积 >21%，达到 540 万 hm²，农业耕地中具有饲用作物面积 133 万 hm²，每年生产干草 2500 万 t，青贮料 500 万 t。每头牛每年配备干草和青贮料共计 2.5 t，满足半年补饲需求，管理水平能够实现冬季增膘。

澳大利亚是世界上草地畜牧业最发达的国家之一，绵羊的饲养数量和羊毛产量均居世界首位。人工草地比例达到 58%，其中南方温带地区的建植是以地三叶为主的人工草地，如地三叶 + 草芦 + 鸭茅 + 紫花苜蓿、地三叶 + 多花黑麦草、地三叶 + 紫花苜蓿 + 菊苣（*Cichorium intybus*）。人工草地放牧利用，饲养优质羔羊、毛用羊、肉牛或奶牛；在北方热带和亚热带地区，建植以矮柱花草（*Stylosanthes humilis*）为主的人工草地，放牧或刈割利用。

新西兰草地面积 1369 万 hm²，人工草地面积达到 946 万 hm²，占草地总面积的 69.1%，以白三叶 + 多年生黑麦草混播为主，是在森林迹地上建立起来的。草地畜牧业形成了高投入高产出的集约化、专业化模式，即高产优质人工草地＋高产动物＋高效草畜产品加工，人工草地稳定性良好，白三叶＋多年生黑麦草草地可以持续稳定利用 10～15 年。草地监测和调控技术先进，草地以放牧为主，是世界范围内低成本、高效益的草地畜牧业的典范。

相比较而言，草业欠发达国家人工草地所占比重小，对人工草地在草地畜牧业中的重要性认识不足，管理技术和机械设备落后，科技投入缺乏且技术含量低，草畜供求矛盾得不到有效解决。这些因素极大地制约了草地畜牧业的生产力水平。

人工草地的建植利用、生产力水平及其稳定性，取决于人类所能提供的培育条件，如单混播草种组成、施肥、灌水、除杂、补播、轮牧技术、刈割方案及机械设备。国内外大量研究和实践结果表明，若培育措施增强，草地生产力可能持续保持较高水平；若培育措施减弱，则生产力会迅速下降；如果停止实施培育，草地退化不可避免，并逐渐演替恢复到接近原来的天然植被。反映人工草地生产力低下的主要表现是：植物学组成稳定性不好、利用年限短、产量低、质量差。提高草地的稳定性和持续生产力，需要合理可行的监测系统和科学有效的调控措施。

人工草地具有高产、优质、易退化等特点，但其稳产性因管理利用的程度而差异巨大。因此，对人工草地实时准确的监测十分必要，如初级生产力监测、植物学组成监测、土壤肥力监测、载畜量监测、动物生产性能监测等。在草地监测方面，畜牧业发达国家和欠发达国家之间存在明显的差距，主要表现在监测设备的先进性、监测指标的合理性、数据分析的准确性以及信息反馈的时效性等方面。

第二节　地上生物量

实时、快速、准确地监测草地地上生物量及其组成，是判断草地质量和制定利用方案的基础工作。本节介绍在科研和生产实践中两种常用的草地地上生物量估测方法，即测产仪法和反射光谱分析法。

试验点自然条件概况：云南省草地动物科学研究院小哨示范牧场，位于东经 103°2′、北纬 25°22′，海拔 1980 m。年均温 13.4℃，7 月份极端最高温 30.9℃，1 月份极端最低温 −7.4℃，≥10℃年积温 4121.1℃。年平均降雨量 984 mm，92% 集中在 5～10 月份，年均蒸发量 1984.8 mm。年日照时数 2047.5 小时，无霜期 241 天。地形为缓坡丘陵，土壤为石灰岩发育的红壤。

试验点草地植被状况：原生草地植被中主要有野古草（*Arundinella hirta*）、扭黄茅（*Heteropogon contortus*）、白茅（*Imperata Yulindrica*）、苦蒿（*Artemisia codonocephala*）、黑穗画眉草（*Eragrostis nigra*）、滇大蓟（*Cirsium chlorolepis*）等草本植物，以及棠梨（*Pyrus pashia*）、锁梅（*Rubus parvifolius*）和火棘（*Pyracantha fortuneana*）等灌木。天然草地原有草本植物营养价值和产草量都较低，1983 年开始进行全耕后建植人工草地。适宜建植人工草地的草种有东非狼尾草（*Pennisetum clandestinum*）、非洲狗尾草（*Setaria anceps*）、鸭茅（*Dactylis glomerata*）、多年生黑麦草（*Lolium perenne*）、苇状羊茅（*Festuca arundinacea*）和白三叶（*Trifolium repens*），混播人工草地刈割放牧兼用。2013 年 6～10 月期间，选择试验

区以东非狼尾草和白三叶为主的混播草地为观测对象，通过测定分析，以期构建非破坏性草地生物量估测模型。2013 年 6 月上旬，草地覆盖度 85% 左右，东非狼尾草植株高度 21.0～33.8 cm，白三叶植株高度 15.0～25.2 cm。2013 年 10 月中旬，草地覆盖度 95% 以上，东非狼尾草植株高度 36.3～55.3 cm，白三叶植株高度 15.2～32.5 cm。

一、研究实例 A——测产仪估测法

落盘式测产仪（新西兰生产），圆盘直径 36 cm，手柄高度 1.1 m。

2013 年 6 月 11 日，选取长方形样地约 2 hm²，在两条对角线上选取样方 30 次，分别测定压缩高度和地上生物量。2013 年 6 月 28 日，在相同的样地上随机选取样方 15 次，分别测定压缩高度和地上生物量。

（一）测定指标

草层压缩高度：选取地势平整、牧草长势较为均匀之处，测定草层压缩高度。

地上生物量：在测定压缩高度之处，齐地面刈割 0.1 m² 样圆内的牧草，分拣白三叶和东非狼尾草并分别称重；取样白三叶和东非狼尾草各 3 份，每份约 500 g，带回试验室用烘箱烘干至恒重（65℃的烘箱内烘 48 h，风干重），计算鲜干比。

数据分析：6 月 11 日，共测取 30 组数据，其中的 15 组用于分析草层压缩高度与牧草鲜重、牧草风干重之间的相关关系，建立回归模型；另外 15 组数据以及 6 月 28 日测取的 15 组数据分别用于验证模型。

（二）数据分析

试验结果：从 6 月 11 日到 6 月 28 日，白三叶在草群中的比例有所下降，而东非狼尾草表现出增长趋势（表 4 - 1）。

表 4 - 1　白三叶和东非狼尾草在草群中的鲜重、风干重比例范围及干鲜比

草种	6 月 11 日			6 月 28 日		
	鲜重比例（%）	干重比例（%）	干重/鲜重（%）	鲜重比例（%）	干重比例（%）	干重/鲜重（%）
白三叶	53.5～14.9	49.8～13.3	18.5	36.2～9.4	34.6～8.8	20.5
东非狼尾草	46.5～85.1	50.2～86.7	20.0	63.8～90.6	65.4～91.2	22.1

（三）产草量与草层压缩高度的相关性

6 月 11 日，草层压缩高度在 6.5～24.6 cm 之间，鲜草产量和干物质产量分别在 71.7～254.9 g/0.1 m² 和 13.6～47.7 g/0.1 m² 范围内。分析结果表明，压缩高度（x）与鲜草产量（y_1）、干物质产量（y_2）之间均存在极显著的相关关系（$P < 0.01$）。

$y_1 = 7.8852x + 35.536$（$R^2 = 0.8575$）　　　方程 1

$y_2 = 1.4809x + 6.7628$（$R^2 = 0.8596$）　　　方程 2

（四）草产量与压缩高度回归模型的验证

将 6 月 11 日第 16～30 次测定的草层压缩高度值分别代入方程 1 和方程 2，得出鲜草

产量和干物质产量的模拟值。分析结果表明，鲜草产量、干物质产量的模拟值与实测值之间存在极显著相关关系（$P<0.01$），回归模型如表 4-2 中所示。

表 4-2　6月11日草产量实测重与模拟重之间的回归关系

变量和自变量	方程	R^2	显著性
实测鲜重（y）与模拟鲜重（x）	$y=0.5968x+43.43$	0.6867	**
实测干重（y）与模拟干重（x）	$y=0.7211x+5.0686$	0.7800	**

6月28日，草层压缩高度在 7.8~24.8 cm 之间，鲜草产量和干物质产量分别在 96.5~262.4 g/0.1 m² 和 21.2~59.0 g/0.1 m² 范围内。将6月28日测定的草层压缩高度值分别代入方程1和方程2，得出鲜草产量和干物质产量的模拟值。分析结果表明，鲜草产量、干产草量的模拟值与实测值之间也表现为显著相关关系（$P<0.01$）（表 4-3）。

表 4-3　6月28日草产量实测重与模拟值之间的回归关系

变量和自变量	方程	R^2	显著性
实测鲜重（y）与模拟鲜重（x）	$y=0.6512x+28.38$	0.6098	**
实测干重（y）与模拟干重（x）	$y=0.5506x+5.507$	0.6112	**

（五）试验小结

草层压缩高度与草地鲜草产量、干物质产量均存在极显著相关关系，牧草产量估测值与实测值之间显著相关。试验结果与陈功（2009）在澳大利亚混播放牧草地上的研究结果，以及赵钢（2004，2007）在德国和内蒙古放牧草地上的研究结果相一致。李光棣（1987）在美国加利福尼亚州轮牧试验结果证明，使用落盘式测产仪可以快速准确估测牧草生长量和家畜采食量。可以说明，利用落盘式测产仪估测草地的牧草产量是可行的。

随着牧草的生长发育，草群组成、牧草植株高度和草产量不断发生改变。在某一时期建立的估产模型能否适用于其他时期，值得研究探讨。本次试验结果表明，利用6月11日建立的模型可以准确估测6月28日草地鲜草产量和干物质产量。据分析，在澳大利亚人工草地—轮牧羔羊试验中，利用7月下旬建立的估产模型，可以准确估测8~9月份的干物质产量。在内蒙古天然草地上的试验研究表明，对放牧草地而言，7天的间隔时间即可引起草层压缩高度与牧草产量之间的回归关系发生显著变化，休闲草地中老化的植株茎秆也容易导致回归关系的失真。因此，利用落盘式测产仪估测草地产量时，应根据不同的草地类型和利用方式，建立不同时期相应的估产模型。

使用落盘式测产仪估测草产量，取样点要求地面平整，草层均匀，没有石块、家畜粪便和立枯物，否则估测结果会受到明显影响。如不平整的地表、小块石头、甚至家畜粪便都可能影响测产仪的读数，致使牧草产量的估测值出现误差；当牧草产量较低、生长不整齐时，对牧草产量估测值的影响更大；在一年之中，牧草生长初期或末期，估测值最易出现误差，牧草生长初期对牧草产量进行估测特别易受上年残留的枯草的影响。在休闲草地中，由于排除了放牧家畜的食草作用，导致草地植被的异质性加强，在取样数量较低的情况下，有可能导致测定精度误差加大，而且在休闲草地中，一些老化的牧草茎干变粗变硬，也是引起牧草产量与牧草压缩高度回归关系失真的重要原因之一，在休闲草地中，必须增加取样数目，以增加测定结果的正确性。

二、研究实例 B——光谱参数估测法

利用植被反射光谱特征估测草地生物量具有宏观性强和信息丰富等优点，能够进行大面积的地上生物量反演和动态监测。影响草地地上生物量光谱估测模型的主要因素有草地类型、植被覆盖度和季相等。目前，光谱分析技术在农林牧业以及环境监测与质量评价、资源调查等领域得到广泛应用，但是在我国亚热带人工草地地上生物量估测方面鲜有应用。借鉴在牧草和草坪方面的研究成果，探索亚热带混播草地近地面反射光谱特征参数与地上生物量之间的相关性，建立并验证适宜不同季节的估测模型，为利用光谱分析技术精确反演草地地上生物量提供实践依据。

陈功（2013）选用 100 m × 100 m 草地作为试验样地，在两条对角线上随机测定 50 个样方（0.1 m^2），分别于 6 月 11 日和 10 月 12 日测定冠层反射光谱和地上生物量。

（一）测定指标

反射光谱：选用 HR – 2000 光纤光谱仪（美国产），探头垂直向下，距地面 100 cm，测定冠层反射光谱。测定过程需要进行标准白板校正。

牧草重量：反射光谱测定后，以光谱测定点为中心，齐地面刈割 0.1 m^2 样圆内草样，将东非狼尾草和白三叶分拣，分别称量记录鲜重。将所取样品在室内烘干至恒重，折算干物质。

（一）数据分析

分析 400 ~ 900 nm 范围内地上生物量与反射率之间的相关关系，筛选敏感波段并构建植被指数，建立并检验基于单波段和植被指数反演地上生物量的回归模型。

从 6 月 11 日到 10 月 12 日，牧草产量显著升高，从 35.1 g/0.1 m^2 增加到 89.0 g/0.1 m^2（表 4 – 4）；草地反射光谱特征在特定波段处表现出一定的差异，"红谷"反射率显著降低而 850.0 nm 反射率显著升高。

表 4 – 4   不同取样时间草地地上生物量、红谷和近红外反射率

取样时间	鲜重 （g/0.1 m^2）	干物质 （g/0.1 m^2）	"红谷"反射率 （%）	850 nm 反射率 （%）
6 月 11 日	173.9	35.1 A	1.80 b	40.25 a
10 月 12 日	394.3	89.0 B	1.43 a	44.59 b

注：同列中不同小写字母表示 $P < 0.05$；同列中不同大写字母表示 $P < 0.01$。

将 6 月 11 日牧草产量与反射率进行相关分析，结果表明：鲜重、干物质均与 543.0 ~ 725.0 nm 范围内反射率之间呈显著负相关关系（$P < 0.05$），且与红光波段反射率相关程度较高（图 4 – 1）。与鲜重及干物质相关系数最高的两个红光波段是 682.3 nm 和 681.8 nm。将 10 月 12 日牧草产量与反射率进行相关分析，结果表明：鲜重、干物质均与

490.0～733.0 nm 范围内反射率呈显著负相关（$P<0.05$），且鲜重与可见光波段（496.9～730.9 nm）反射率的相关性较好（$P<0.01$）；干物质与红光波段（604.0～718.0 nm）反射率的相关性较好（$P<0.01$）（图 4 - 1）。与鲜重、干物质相关系数最高的两个红光波段是 679.2 nm 和 670.3 nm。

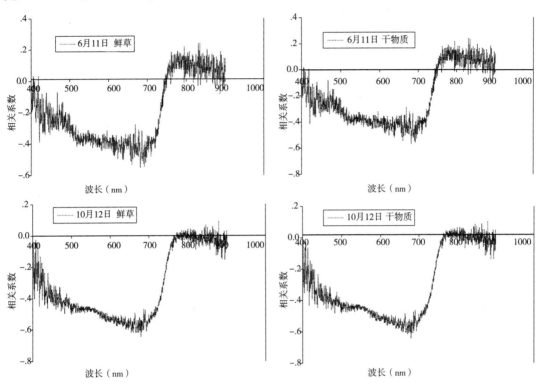

图 4 - 1　混播草地牧草产量与光谱反射率的相关性分析

（三）基于红光单波段建立并检验回归模型

将 6 月 11 日牧草鲜重、干物质分别与 682.3 nm、681.8 nm 处的反射率进行回归分析，结果表明：以 682.3 nm 反射率建立的倒数方程拟合鲜重、干物质最佳（表 4 - 5）。将 10 月 12 日牧草鲜重、干物质分别与 670.3 nm、679.2 nm 处的反射率进行回归分析，结果表明：以 679.2 nm 反射率建立的倒数方程拟合鲜重、干物质最佳（表 4 - 5）。

表 4 - 5　光谱反射率与牧草产量之间的回归模型

取样时间	草产量	回归方程	显著性	波段（nm）
6 月 11 日	鲜重	$y = 19.27 + 373.52/x$	0.38**	682.3
	干物质	$y = 3.41 + 76.22/x$	0.41**	682.3
10 月 12 日	鲜重	$y = 160.19 + 252.6/x$	0.48**	679.2
	干物质	$y = 44.66 + 43.46/x$	0.43**	679.2

注：** 表示 $P<0.01$。

将 6 月 11 日 25 个验证样本 682.3 nm 处的反射率分别代入回归方程中，得到该时期牧草鲜重和干物质的估测值，相关分析结果表明：牧草鲜重及干物质的估测值与实测值之间存在显著的相关关系（$P < 0.01$）。将 10 月 12 日 25 个验证样本 679.2 nm 处的反射率代入回归方程中，得到该时期牧草鲜重和干物质的估测值，相关分析结果表明：牧草鲜重、干物质的估测值与实测值之间存在显著的相关关系（$P < 0.01$）。

（四）基于植被指数建立并检验回归模型

将红光波段进行组合，或红光与近红外波段组合，建立 3 种植被指数。分析结果表明：RVI、DVI、NDVI 与 6 月 11 日和 10 月 12 日牧草产量之间的相关性均达到显著水平（$P < 0.01$）。将植被指数 NDVI、RVI、DVI 分别作为自变量 x，牧草鲜重和干物质分别作为因变量 y 进行回归分析，建立基于植被指数的牧草产量回归模型，拟合度较高的回归方程见表 4 - 6。

表 4 - 6　植被指数与草地地上生物量的回归模型

取样时间	草产量	回归方程	显著性	波段组合
6 月 11 日	鲜重	$y = 660.28 - 422.53 RVI$	0.35 **	696.0，631.5
	干物质	$y = 131.57 - 83.84 RVI$	0.36 **	696.0，631.5
10 月 12 日	鲜重	$y = -2242.13 + 3006.89 NDVI$	0.40 **	779.6，640.5
	干物质	$y = -342.48 + 487.08 NDVI$	0.31 **	779.6，640.5

注：** 表示 $P < 0.01$。

将 6 月 11 日的 25 个验证样本在 696.0 nm 和 631.5 nm 处的反射率代入回归方程中，得到该时期牧草鲜重和干物质的估测值，相关分析结果表明：牧草鲜重及干物质的估测值与实测值之间存在显著的相关关系（$P < 0.01$）。将 10 月 12 日 25 个验证样本在 779.6 nm 和 640.5 nm 处的光谱反射率代入回归方程中，得到该时期牧草鲜重和干物质的估测值，相关分析结果表明：牧草鲜重及干物质的估测值与实测值之间存在显著的相关关系（$P < 0.01$）。

（五）试验小结

红光是绿色植物进行光合作用吸收的主要波段，红光区域光谱特征参数与草地地上生物量之间存在显著的相关关系。本试验结果表明，地上生物量的增加能够显著降低红谷反射率，选用红光区域单波段反射率，可以精确反演草地鲜草产量和干物质产量。刘占宇在内蒙古典型草原研究发现，草地地上生物量与红边内一阶微分光谱最大值、红谷反射率等多个光谱特征参数均存在极显著相关关系。喻小勇（2012）对青海省三江源区的不同草地类型进行了地面光谱测量发现，高寒草甸地上生物量与其光谱曲线的"红边"斜率相关性较高，且反射光谱的红边斜率与高寒草甸地上生物量的关系优于植被指数 NDVI。Gitelson（1996）证明，选用"红边位置"建立的对数方程能够精确估测草地生物量。基于上述研究结果，利用红光反射光谱特征参数反演试验区草地地上生物量是可行的。

试验结果表明，选用红光波段构建植被指数 RVI，或红光与近红外波段构建植被指数

NDVI，能够精确反演草地鲜草产量和干物质产量，当季节和地上生物量发生明显改变时，适宜的植被指数有所不同。据报道，用RVI指标估测温性低地盐化草甸、温性荒漠草原牧草产量的精度优于NDVI，温性平原荒漠用非线性模型要比用线性模型估产精度高。RVI更适于估测牧草的鲜草产量，NDVI更适合估测草地的干草产量。王艳荣对荒漠草原的研究发现，RVI是比较稳定的估产指数，但估产精度受测定月份的影响，在产草量较低的月份，植被指数与产草量之间趋于曲线相关，而在产草量较高的月份，二者之间趋于直线相关。米兆荣对青藏高原高寒草地研究发现，在植被覆盖度较高时，NDVI出现饱和现象，而EVI不容易出现饱和现象，对植被的响应依然较敏感。综合分析上述研究结果，利用植被指数反演草地地上生物量是可行的，但适宜的植被指数、估产模型因草地类型和草地基况而存在明显的差异。

第三节 牧草饲用价值

一、营养组成

牧草的化学成分通常可划分为细胞壁和细胞内容物两大部分。细胞内容物很容易被消化，而细胞壁很难被消化或只有少部分可被消化。细胞内容物可在中性洗涤剂中溶解，而细胞壁只能在酸性洗涤剂中溶解（表4-7）。

表4-7 饲草的化学成分

植物组成	分析成分	化学成分组成	真实消化率（%）	限制因素
细胞内容物（CC）	可溶于中性洗涤剂的成分	可溶性碳水化合物	100	采食量
		淀粉	90+	消化道存留时间
		有机酸	100	采食量
		果胶组分	95+	采食量
		真蛋白	90+	难消化物质的发酵和积累
细胞壁组成（CWC）	不溶于中性洗涤剂的成分	纤维素	0~100	纤维素和半纤维素的限制因子为木质化作用、角质的形成、二氧化硅形成、消化道存留时间
		半纤维素	0~80+	
		木质素	0	
		角质	0	木质素、角质、二氧化硅和单宁、聚苯化合物的组成限制纤维素和其他消化物的消化率
		二氧化硅	0	
		单宁、聚苯化合物	0	

（引自 Tainton，1999）

牧草化学成分的组成及其数量，随植物种类、生长发育阶段、植株部位、环境条件以及栽培技术等的不同而发生变化。因此，应选取不同情况下的饲草样品，并进行多次测定分析才能全面了解特定牧草的化学成分组成以及营养价值变化动态。据测定数据，在天然草地牧草的干物质中，粗蛋白含量禾本科为10%～15%，豆科为18%～24%；无氮浸出物为40%～50%；粗纤维含量禾本科较高，达到30%，其他各科多为25%左右；钙的正常含量禾本科为0.4%～0.8%，豆科为0.9%～2.0%。禾本科和莎草科牧草富含无氮浸出物，豆科牧草富含粗蛋白质，菊科牧草富含粗脂肪，藜科牧草富含矿物质（表4－8）。

表4－8　主要草类的化学成分（占绝对干物质比例,%）

牧草类别	分析次数	粗灰分	粗蛋白	粗脂肪	粗纤维	无氮浸出物
禾本科	544	7.7	10.4	2.9	31.2	47.8
豆科	1267	8.8	18.4	3.1	27.8	41.9
莎草科	77	7.8	14.1	3.0	25.5	49.6
菊科	336	9.7	11.2	4.3	29.3	45.5
藜科	127	21.0	13.5	2.3	23.0	40.2

（引自　贾慎修，1995）

在人工草地中，通过水肥调控，可以有效改善饲草的营养组成。研究结果表明，氮肥不仅能影响牧草的生长发育，也能提高非豆科牧草的粗蛋白质含量以及暖季性禾本科牧草的消化率。草地施用氮肥增加牧草氮素含量，刺激家畜瘤胃中微生物活动，但施用氮肥也促进了牧草的木质化，有时会导致某些牧草中硝酸盐、草酸盐及生物碱含量的增加。干旱对牧草的分枝或分蘖有抑制作用，也会加快分蘖组织的死亡。干旱胁迫会加快老叶的老化速度来减少叶面积，能明显减缓牧草的生长发育速度。长期严重干旱会导致多年生牧草中的营养物质从叶向根部转移，使牧草品质下降。

牧草的化学成分是决定其营养价值的重要因素之一，测定牧草化学成分是评定其饲用价值的基础。牧草中的化学成分主要有蛋白质、粗脂肪、粗纤维、矿物质、维生素和可溶性碳水化合物。其中，可溶性糖类、淀粉、有机酸、纤维素、半纤维素与脂肪的混合物共同构成牧草的能量物质，而蛋白质、维生素和矿物质是草食动物日粮中必不可少的组分。另外，牧草中也含有一些影响动物生产性能的抗营养因子，如单宁、皂素、植酸、非淀粉多糖、植物凝集素等，采食后影响动物对营养物质的消化、吸收或引起中毒。

目前，随着分析检测技术和动物营养科学的深入发展，许多新技术被用于牧草营养成分分析中。如半自动定氮分析仪、脂肪测定仪、纤维测定仪、原子吸收反射光谱仪、近红外反射光谱仪等。美国、新西兰、澳大利亚等畜牧业发达国家普遍使用近红外反射光谱分析法（near infrared reflectance spectroscopy，NIRS），在田间或室内进行牧草营养成分的快速测定分析。许多国家均制定了统一的牧草成分标准，并依据标准划分牧草等级。如美国牧草和草地协会以粗蛋白质（CP）、中性洗涤纤维（NDF）、酸性洗涤纤维（ADF）、可消化干物质（DDM）等作为牧草营养价值的主要评定指标。与许多传统监测方法比较，现代先进技术和设备具有分析范围广、测定速度快、分析精度高等优点。图4－2列出了NIRS分析过程。

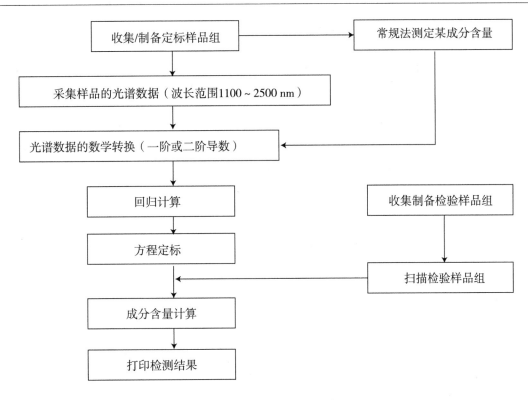

图 4 - 2　近红外光谱分析过程

（引自　张丽英，2003）

二、适口性和消化率

牧草的适口性指家畜对某种牧草的喜食程度，是反映牧草饲用价值的一种较为准确的定性指标。利用适口性可以对牧草品质进行简单而准确的评价。影响牧草适口性的因素主要有化学成分、生育期、植物的种类、植物的器官和部位、家畜种类等。在生产实践中，通常采用 5 级标准评定牧草适口性。

5 级：特别喜食的植物，无论放牧或舍饲，首先被家畜采食的鲜草或干草，而且被家畜完全吃掉，常表现为贪食；草质柔嫩、叶量丰富、营养价值高。例如苜蓿属、三叶草属、扁蓿豆属、百脉根属和野豌豆属等植物。

4 级：喜食的植物，家畜在任何情况下都愿意采食，从不表现出厌食，但不从草丛中挑选出来采食，叶量较丰富、营养价值较高，能满足家畜生长发育需求。例如黑麦草属、雀麦属、狼尾草属、鸭茅属、早熟禾属、翦股颖属、冰草属、羊茅属、披碱草属、鹅观草属等植物。

3 级：乐食的植物，家畜经常采食，但喜食程度不如前两类。放牧家畜采食一定量后，便从草丛中挑选特别喜食和喜食的植物。这类植物营养价值中等，开花结实后植株秸秆迅速变得粗硬，粗纤维含量明显增加。例如芨芨草属、拂子茅属和白茅属等植物。

2 级：采食的植物，以上三类植物被吃掉后，家畜才开始采食的植物。这类植物的适口性有明显的季节性，草质粗糙或某个时期有浓郁的特殊气味，家畜平时拒绝采食或仅采食植株的某些部分。例如蒿属（冷蒿除外）、风毛菊属、棘豆属、鸢尾属、苔草属、委陵菜属等。

1级：少食的植物，在饲草极度缺乏时，家畜被迫无奈采食的植物。草质粗糙而低劣，某个时期对家畜有毒害作用，或含有大量盐分。例如披针叶黄花、盐豆木、盐爪爪、碱蓬、紫茎泽兰、飞机草等。

牧草的消化率与家畜的生产性能之间存在高度的正相关。牧草的营养组成、消化率和饲草采食量是决定家畜生产性能的主要因素，这三个因素受到家畜、牧草以及环境条件的影响，同时三者之间也存在着相互作用（图4-3）。

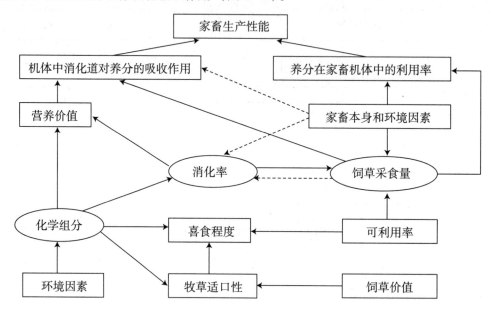

图4-3   影响家畜生产性能不同因素之间的关系

（引自 Bransby，1981）

第四节   牧草病害研究实例

一、三种牧草的发病情况

东非狼尾草（*Pennisetum clandestinum*）、非洲狗尾草（*Setaria sphacelata*）等牧草是云南省大面积种植利用的主要草种，适应性强、生产性能好、利用途径多样，但发病率高、病害严重，严重影响了其饲草的高产性能和饲用价值。近年来，甜高粱在云南多地被种植，但病害易发极大地制约了其大面积推广应用。为充分发挥高产性能和提高饲草利用价值，亟待开展牧草病害的鉴定和防控措施研究。

兰平秀（2017）在昆明市对东非狼尾草（品种：威提特）、非洲狗尾草（品种：纳罗克）、甜高粱（品种：大力士）春季病害进行了调查，发现叶斑病的发病率分别为100%、100%和70%~80%。采用传统方法结合分子实验技术，观测上述三种牧草的发病症状，并对病原物进行了分离鉴定，试验结果见表4-9。

表4-9　三种牧草的发病症状和发病原因

观测指标	东非狼尾草 （品种：威提特）	非洲狗尾草 （品种：纳罗克）	甜高粱 （品种：大力士）
叶斑病、叶枯病	有	有	有
发病率	100%	100%	70%～80%
病害症状	病斑初期呈圆形、椭圆形或不规则斑点，病斑中心呈浅褐色，边缘浅黄色，随着病情的发展病斑不断扩大，甚至连成片覆盖整个叶片和叶鞘，干燥条件下叶片枯萎死亡	圆形、椭圆形或不规则的病斑，中间呈灰白色，边缘呈深褐色，病斑沿叶缘和叶脉蔓延乃至覆盖整个叶片，发病植株叶尖枯萎卷曲	叶片上出现菱形或不规则病斑，病斑边缘是深褐色，中间呈浅褐色，病斑周围组织变黄，叶尖和叶尾部较为严重
病原真菌及发病原因	由离蠕孢和弯孢霉复合侵染引起	离蠕孢是导致春季叶斑病、叶枯病的重要病原	交链格孢是引起春季叶枯病害的重要病原

　　离蠕孢和弯孢霉是重要的病原真菌，引起玉米、水稻、小麦等作物的重要病害，同时也是牧草和草坪草上重要的病原物，世界上几乎所有的冷季型草坪草均会受侵染危害，是导致草坪早衰的重要病原。离蠕孢生长范围是10℃～40℃，25℃最适生长，分生孢子在20℃～35℃时萌发，当28℃时为最适温度。离蠕孢侵染多年生黑麦草、草地早熟禾、高羊茅、紫羊茅等导致芽腐、苗腐、根腐、茎基腐、鞘腐等症状，引起的草地病害已在山东、北京、天津、甘肃、宁夏、吉林等地时有发生；弯孢霉属（Curvularia sp.）真菌种类多，在《真菌字典》第10版中弯孢霉已达54个种，侵染草坪常见的有10种，以新月弯孢（C. lunata）分离率最高，引起种子腐烂、根部坏死、叶斑和叶枯等症状。链格孢属（Alternaria）真菌属有丝分裂孢子真菌类群丝孢纲丝孢目，是重要的植物真菌病原之一，会引起马铃薯早疫病、苹果轮斑病、草莓黑斑病等几十种农作物病害，还可引起早熟禾叶斑病、紫羊毛黑斑病、无芒雀麦条斑病、多年生黑麦草黑斑病等禾草病害。由于链格孢种类多，目前已发现的约有500种，并且还有新的种类不断被发现，而且90%的种具有兼性寄生的特性。

二、东非狼尾草致病性测定

　　东非狼尾草高产优质的特点以及耐瘠、耐旱、耐涝、耐淹、耐盐、耐践踏的性能，使其在畜牧业发展、草地绿化和水土保持中具有重要的作用，是云南人工牧场建植的核心草种之一。然而，在日常管理中的修剪和牧草收获过程中刈割等措施，为病原真菌的侵染提供了良好的条件，使牧草在生长过程中容易遭受病原微生物的危害，导致种性下降，产量和质量降低。东非狼尾草幼嫩叶含粗蛋白18%～20%，成熟时下降到8%～10%，故在成熟之前放牧利用较好，牛、马、羊较喜食，但在高温、高湿的夏季，叶斑、叶枯等真菌病害的发生导致牧草产量、质量的下降以及草坪景观价值降低。通过调查研究发现，早春时节的东非狼尾草叶斑、叶枯病害发生严重，圆形、椭圆形或不规则的褐色和浅褐色斑点布满叶片和叶鞘，发病严重的叶片几乎枯萎死亡。对该病害进行病原分离鉴定，发现为离蠕孢和弯孢霉复合侵染引起。

（一）离蠕孢病原菌致病性测定

将病原菌的分生孢子进行分离纯化后，以 ddH_2O 为对照，将孢子悬浮液注射接种到健康的美洲杂交狼尾草和大力士王草上，4 天后开始发病，即新鲜植株叶片接种部位产生病斑，11 天后开始出现典型病症。美洲杂交狼尾草接种病症为病斑中间灰白色，边缘灰褐色，圆形、椭圆形或不规则坏死斑，周围叶片发黄。大力士王草接种病症为中间灰色或褐色，边缘红棕色，无规则坏死病斑，高温、高湿条件下病斑周围产生灰白色绒毛状菌丝并开始腐烂。以 ddH_2O 接种的对照均无任何病症。将接种发病的植株进行病原菌分离，获得与供试植株培养性状相同的病菌孢子形态，说明该病原菌对东非狼尾草有致病性，且能侵染美洲杂交狼尾草和大力士王草。

（二）弯孢霉致病性测定

以 ddH_2O 为对照，将分离纯化后的病原菌分生孢子悬浮液注射接种到健康的美洲杂交狼尾草，供试植株接种 4 天后开始产生病斑，7 天后出现典型病症，病斑灰白色，或暗褐色，边缘浅棕色并带有黄褐色晕的不规则坏死病斑，接种植株叶片褪绿变黄，从叶尖开始变干、萎缩、枯死。以 ddH_2O 接种的对照植株未发任何症状，且长势良好。将接种发病植株进行病菌分离，获得与供试植株培养性状相同的病原菌和相同形态的孢子类型，说明该病原菌具有致病性，是引起东非狼尾草叶斑病的病原之一，并能侵染美洲杂交狼尾草致使其发生叶斑病。

三、非洲狗尾草和甜高粱致病性测定

非洲狗尾草耐重牧、耐旱、耐水淹、再生性强，适口性好，高产、稳产期长，喜欢生长在肥沃高氮的红壤，是云南省重要的栽培牧草、草坪用草和防风固沙、保持水土的草本植物。通过对非洲狗尾草春季病害的调查、病菌分离和鉴定，发现离蠕孢引起非洲狗尾草春季叶斑、叶枯病的发病率几乎为 100%，严重影响非洲狗尾草的夏季返青复壮。

利用注射接种的方法，以 ddH_2O 为对照，将分离纯化后的病原菌的孢子悬浮液注射到健康大力士甜高粱上，4 天后开始发病，接种部位产生病斑，11 天后开始出现典型病症。病斑初期为圆形、椭圆形或不规则的褐色坏死斑点，随着病情的发展，死斑中间呈灰白色，边缘呈深褐色，病斑周围叶片发黄失绿，影响植物正常的光合作用，以 ddH_2O 接种的空白对照长势良好。将接种发病的植株进行病原物分离，结果获得与供试植株培养性状相同的菌落和孢子形态，说明非洲狗尾草上分离到的蠕孢属真菌具有致病性，同时也能侵染禾本科属的大力士甜高粱。

大力士甜高粱交链格孢致病性测定：大力士甜高粱具有光合效率高、生物量大、含糖量高、抗逆性强、适口性好等特点，是大型养殖场的重要饲草来源，在畜牧业发展中具有较大的潜力，但是春季叶枯病发生严重，经病原物分离鉴定确定病原为交链格孢。

以 ddH_2O 为对照，利用注射接种的方法，将分离纯化后的病原菌分生孢子悬浮液接种到苗期的大力士甜高粱和大力士王草上，11 天后产生典型病症。大力士甜高粱上产生的症状与自然条件下发病相似的病斑，病斑为圆形、椭圆形或不规则形，中间呈灰白色，边缘呈红棕色，随着病程的发展，病斑周围组织失绿变黄；在大力士王草上的症状略有不同，病斑形状为圆形或椭圆性坏死斑，中间呈深褐色，边缘呈灰白色，周围组织发黄症状较轻，而空白对照无论是大力士甜高粱还是大力士王草都无任何症状。将接种发病的植株进行病原物分离，结果获得与供试植株培养性状相同的菌落和孢子形态，证明交链格孢是导致大力士甜高粱叶斑病的病原。

第五节　植物学组成

一、干重排序法

观测混播人工草地植物学组成，通常采用干重排序法（Dry - weight - Rank method）。

首先，观测者在草地上随机取样 50 ~ 100 次，样方（或样圆）面积 0.1 ~ 0.4m² ；记录草地中出现的每一种植物，根据干重从大到小的顺序目测每一次样方中能够占据第 Ⅰ 类、第 Ⅱ 类和第 Ⅲ 类位置的物种；如果多种植物具有相同或相近的重量时，如两种植物同时为第 Ⅰ 类时，分别记录 0.5 。

其次，当测定完所有的样方之后，统计各物种分别在第 Ⅰ 类、第 Ⅱ 类和第 Ⅲ 类中出现的次数；计算各物种在各类中所占的比例；第 Ⅰ 类、第 Ⅱ 类和第 Ⅲ 类分别乘以系数 70.2 、21.1 和 8.7 ；累计各物种在草地中的干重比。表 4 - 10 列出了上述计算过程。

利用该方法观测草地植物学组成，要求草地中至少有三种植物，如果草地中植物种类较多，一些植物在大部分样方中出现，但因干重太低而始终不能排序在第 Ⅰ 类、第 Ⅱ 类和第 Ⅲ 类中，可以将一些物种进行组合，如记录为"阔叶杂草""有毒有害植物"或"其他草类"等。要求观测者具备一定的实践经验，因为不同植物的干鲜比存在很大的差异，同一种植物的水分含量在不同的物候期也存在较大的变化。研究和实践表明，通过大量样点的训练和实践观测，可以明显提高估测的准确性。

与刈割后手工分拣草样法以及其他测定方法相比较，干重排序法具有以下优点：一是不破坏草地植被，观测者根据目测对各种植物进行排序即可；二是节省劳动力和测定时间，有利于快速而准确的进行大量的样方测定。

表 4 - 10　利用干重排序法计算草地植物的干重比

植物名称	类别计数			类别比例			干重比计算过程	干重比（%）
	Ⅰ	Ⅱ	Ⅲ	Ⅰ	Ⅱ	Ⅲ		
A	70	10	—	0.8750	0.1250	—	$0.8750 \times 70.2 + 0.1250 \times 21.1$	64.1
B	4	25	29	0.0500	0.3125	0.3625	$0.0500 \times 70.2 + 0.3125 \times 21.1 + 0.3625 \times 8.7$	13.3
C	6	16	20	0.0750	0.2000	0.2500	$0.0750 \times 70.2 + 0.2000 \times 21.1 + 0.2500 \times 8.7$	11.7
D	—	26	23.5	—	0.3250	0.2937	$0.3250 \times 21.1 + 0.2937 \times 8.7$	9.4
E	—	3	7.5	—	0.0375	0.0938	$0.3750 \times 21.1 + 0.0938 \times 8.7$	1.6
合计	80	80	80	1.0	1.0	1.0	—	100.1

（引自　Mannetje，1963）

二、研究应用实例

澳大利亚新南威尔士州以多年生人工草地（草芦＋鸭茅＋紫花苜蓿＋地三叶）、一年生人工草地（多花黑麦草＋地三叶）为放牧场，饲养肉牛、羔羊和毛用绵羊。在放牧利用草地的同时，施用石灰和磷肥解决土壤酸化和土壤肥力不足的问题。陈功（2009）采用干重排序法分别测定了各类草地植物学组成，比较分析了多年生与一年生草地、施用石灰草地与不施用石灰草地的植物学组成。测定结果表明：①包括大麦草在内的大量杂害草侵入并占据了群落的一定比例，应通过重牧或其他除杂措施进行防除；②地三叶已经成为两种草地中优势度最大的植物，这种趋势与最初建植草地的目标存在较大的差距；③长期施用石灰对两种草地的植物学组成产生了显著变化，有效地抑制了耐酸性杂草和其他类型杂草，对维持草地质量具有明显效果；④长期施用石灰对草芦、鸭茅、多花黑麦草在草群中所占比例无效果，但能够显著提高紫花苜蓿、地三叶和大麦草的比例（图4-4）。

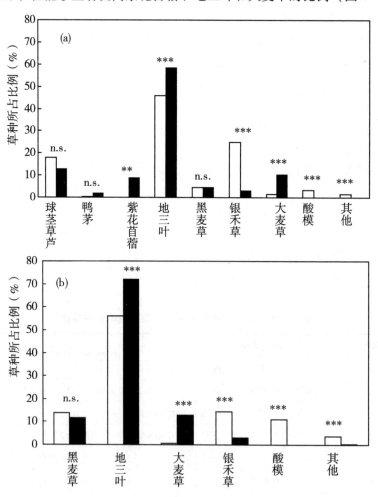

空心柱表示不施石灰的草地，实心柱表示施石灰的草地，** 为 $P < 0.01$，
*** 为 $P < 0.001$，n.s. 为无显著差异

图4-4　多年生人工草地（a）和一年生人工草地（b）的植物学组成

基于上述测定结果，能够为合理利用草地提供以下信息：①草地中出现了大量不利于生产的非期望物种（undesired species），尤其在酸化的草地上，杂害草的比例达到了相当高的比例，草地退化现象明显，应通过施肥、除杂的措施进行调控；②大麦草是危害物种之一，在草地中大量出现意味着草地质量明显下降，大麦草枯黄前动物可以采食利用，但枯黄后对动物的危害凸显，长而坚硬的芒常常刺伤动物的口腔、鼻腔、眼睛，甚至刺穿皮肤，因此大麦草大量分布的草地需要进行及时治理；③合理施用石灰，既可有效治理酸化土壤，又能有效调控草地植物学组成，在许多国家得到认可并广泛应用于草地管理，但施用石灰治理草地的投入产出问题在不同地区有不同的观点。

第六节　人工草地的利用率和载畜量

一、人工草地利用方式

人工草地，除了刈割后调制青干草、青贮料和收获种子之外，放牧也是其主要的利用方式。

以天然草地为主的国家，如澳大利亚、美国、加拿大等，既有永久性人工草地，也有草田轮作人工草地。建植高产优质的人工草地的主要目的是收获青干草、收获牧草种子、调制青贮料等，部分人工草地进行放牧，饲养肉牛、奶牛、毛用羊或羔羊。澳大利亚新南威尔士州拥有著名的"小麦—绵羊产业带"，种植业与养殖业兼顾，多年生混播人工草地由草芦、鸭茅、多年生黑麦草、紫花苜蓿、地三叶、菊苣等组成，一年生混播人工草地由意大利黑麦草、地三叶等组成。利用人工草地在 8～11 月份放牧育肥羔羊，轮牧周期为 3 周，各小区放牧 1 周。最大平均日增重达 286 g/头，放牧 12 周之后，羔羊平均活重从 33.9 kg 增长到 48.0 kg（陈功等，2009）。

以人工草地为主的国家，如新西兰和欧洲的许多国家，人工草地成为主要的放牧草场，饲养各种家畜，具有较高的生产力。新西兰草地面积 1369 万 hm²，人工草地面积 946 万 hm²，占草地总面积的 69.1%，利用白三叶＋多年生黑麦草人工草地放牧家畜，经过多年发展形成了低成本、高效益草地畜牧业的典范，是世界上羔羊肉、羊肉、乳制品最大的出口国，羊毛的出口率仅次于澳大利亚。

国内外研究和实践结果证明，对人工草地实施划区轮牧、日粮放牧管理，可有效维护草地质量、增加草地稳定性、提高草地生产力，但国外学者对划区轮牧与自由放牧持有不同的观点。自由放牧派认为，一方面划区轮牧限制了家畜采食的质量及数量，进而影响其营养状况及生产繁殖性能，另一方面还限制了野生动物的迁徙并导致近亲繁殖，还有人认为围栏是牧场中非常不雅的一道景观，造成自然景观的人为破坏。在我国南方地区，人口众多而土地资源短缺，草地常常与农田、林地等植被交错分布，连片大面积草地稀少，如南方农区一个普通家庭牧场的土地常小于 10 hm²。我国北方牧区虽然草原辽阔，但 2 hm² 以上才能养活一只羊，而且不合理的超载利用已使草原普遍退化，草地承载力普遍下降。相比较欧美、澳洲等畜牧发达国家，多数家庭牧场拥有 1000 hm² 以上良好的土地，由于管理技术先进、机械化程度高，饲养绵羊可达上万只，饲养奶牛可达上千头。因此，要想提高草地畜牧业的的规模化生产水平和经济效益，必须实施集约化科学经营管理，在科学监测和调控草地质量的基础上，通过划区轮牧等先进技术手段是有望实现我国草地畜牧业优质高产高效的可行途径（耿文诚等，2007）。

二、利用率和载畜量

通过草地质量实时监测和有效调控，制定和实施适宜利用率，既有利于充分发挥草地生产力，也有利于维持草地稳定性。分别测定放牧前和放牧后草地牧草产量，可计算出草地利用率。

耿文诚等（2007）针对云南省种羊场人工草地生产性能和环境资源条件，在多年生产实践基础上，提出了构建高效草地畜牧业系统的前提条件，分析了松散自由放牧对草地质量和家畜生产性能的影响，提出了实施短期高强度放牧的可能性及其具体要求，分别介绍如下：

（一）构建高效草地畜牧业系统

构建高效草地畜牧业系统的前提条件是实现五项平衡，即草地利用强度平衡、牧草供给的季节平衡、各播种牧草及其与杂草之间的比例平衡、土壤养分供给与牧草生长养分需求之间的平衡、草畜供求平衡。松散自由放牧对草地质量产生的不利影响，如草地夏秋季放牧不足、草地冬春季放牧过度；动物选择性采食导致草地质量下降，如牧草利用率低、牧草的产量和质量下降、草群中杂草比例增加、草地过早退化等。耿文诚（2007）明确提出季节性草地利用率和载畜量对草地质量的影响，云南省夏秋季草地供给大于需求，通常显示出放牧不足，很高的草地现存量或连续松散的放牧造成草地质量迅速下降；松散的放牧还会引起豆禾比例失调、分蘖分枝数下降、草地密度稀疏化，进而导致草地退化。由于高草层的遮阴和覆盖，白三叶在草群中的比例快速下降，杂草侵入裸露地表。在冬春季节，草地牧草供给不足，连续和频繁的过牧严重地影响草地的返青和生产力，引起草地退化。过牧造成分蘖密度不够，杂草侵入裸露地表，使高产优质的牧草植株减少而导致草地退化。

（二）放牧方式对草地质量的影响

在放牧过程中，只要有机会，家畜就会进行选择性采食。选择性采食对草地生产的主要影响是家畜采食掉最具光合作用能力的鲜嫩绿色叶片。选择性采食的另一个影响是造成草地养分循环的失调和不均匀。选择性采食主要存在于草地现存量高且放牧松散的草地。松散放牧在牧草返青后的一段时间内对家畜增膘有一定好处，因为家畜总是采食营养价值最高的嫩叶；但到后期，因牧草老化加快，整个草地可供给家畜采食的嫩绿叶片减少，草地虽然有很高的现存量，但质量很差，家畜采食后将不再增膘。

（三）短期高密度放牧

短期高密度放牧是指家畜高密度、脉冲式的重牧以及足够长的休牧期的一种划区轮牧利用方式。在天然草地中，由于草地产量低，即便是精细的划区轮牧也不可能达到很高的放牧密度，而云南省高产的人工草地夏秋季牧草生长快，低密度放牧家畜采食量小于牧草生长量，牧草大量剩余枯腐老化，质量下降并影响牧草的再生。1998年，云南省种羊场提出了"短期高密度放牧"的草地利用设想，即夏秋季节适当提高草地利用率，具体设计指标见表4-11。

表 4 - 11 云南省种羊场短期高密度放牧草地设计指标

家畜	放牧前		放牧后	
	草层高度（cm）	现存量（kg/hm²）	草层高度（cm）	现存量（kg/hm²）
肉牛	25 ~ 30	2500 ~ 3000	8 ~ 10	800 ~ 1000
山羊	20 ~ 25	2000 ~ 2500	4 ~ 6	400 ~ 600
绵羊	15 ~ 20	1500 ~ 2000	3 ~ 5	300 ~ 500

2004 年以后，云南省种羊场推行的"大群放牧"制度，其实就是一种粗放的短期高密度放牧，但其主要缺陷是：①未定出最长放牧时间（精细划区轮牧要求最长放牧时间为6 天）；②未定出最低留茬高度，通常是将牧草全部啃光；③剩余牧草未进行有效收贮，未及时放牧的小区牧草仍在大量腐烂。然而，即便如此，2006 年与 2003 年相比较，羊饲养量增加了 10%，牛饲养量增加了 20%，精饲料补饲量下降了 32%，草地绿期延长，杂草比例下降。

精准的短期高密度放牧基本要求：①规定最多放牧天数，根据家畜蠕虫病的发生规律放牧天数不应超过 6 天；②规定放牧密度，通常放牧密度为牛 150 ~ 300 m²/头，羊 30 ~ 60 m²/只，云南省种羊场放牧密度最高达到 20 m²/只；③放牧小区的划分，根据家畜群体数量及草地最高现存量来计算小区面积（放牧小区面积 = 6 天畜群牧草需求量/最高草地现存量×60%，即草地利用率按 60% 计算）；④牧后清除杂草及牧草茎秆，追施肥料；⑤草层高度或现存量大于规定标准而不能放牧的小区，进行刈割收贮。

三、研究实例

陈功等（2009）在澳大利亚新南威尔士州沃加市利用人工草地放牧育肥羔羊，小区面积 30 m×45 m，3 周为一个轮牧周期，每小区放牧一周，休牧 2 周。8 ~ 11 月份共放牧 12 周。多年生混播草地由紫花苜蓿、地三叶、草芦、鸭茅、多年生黑麦草、菊苣等构成，一年生混播草地由地三叶和意大利黑麦草构成，在两种草地中都存在约 10% 的大麦草（*Hordeum glaucum*）。整个放牧期间草地牧前和牧后干物质产量变化趋势见图 4 - 5。

在第 1 ~ 3 个放牧周期内，多年生和一年生草地最大载畜量分别达到每公顷 44.4 只羔羊和 46.8 只羔羊，羔羊平均日增重最大值分别达到 215 g/头和 286 g/头，每公顷羔羊平均活增重最大值分别达到 206 kg 和 306 kg。在第 4 个放牧周期，部分牧草枯黄、草质老化，牧草营养价值降低。虽然适当降低了草地载畜量，但羔羊体重仍然出现了下降的趋势，羔羊在多年生草地和一年生草地上分别下降了 24 g/头和 41 g/头（表 4 - 12）。

表 4 - 12　草地载畜量、羔羊日增重和每公顷草地羔羊活增重

项目	放牧周期 1	放牧周期 2	放牧周期 3	放牧周期 4
草地载畜量（只/hm²）				
多年生草地	39.5	44.4	37.0	34.6
一年生草地	42.0	46.8	41.9	29.6
羔羊日增重（g/头）				
多年生草地	213	215	145	− 24
一年生草地	286	220	128	− 41
每公顷活增重（kg/hm²）				
多年生草地	201	206	113	− 14
一年生草地	306	216	119	− 25

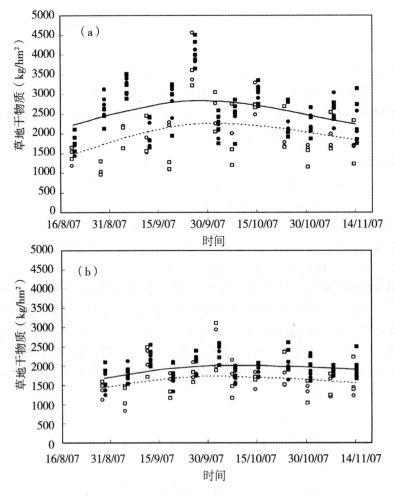

■施用石灰的草地，□不施用石灰的草地

图 4 - 5　草地放牧前（a）和放牧后（b）的干物质变化

第五章　人工坪用草地监测

利用草坪草或地被植物人工建植的坪用草地，包括运动场草坪、休闲观赏草坪、环保绿化草地等。牧用草地追求产量和饲用价值，而坪用草地强调的是景观价值和草皮质量，要求色泽美观、密度均匀、质地和弹性优越。在坪用草地的养护管理过程中，需要及时准确地监测有关植物的指标，如叶绿素水平、水分含量、病虫害以及杂草侵染等，也需要监测有关土壤的指标，如土壤水分、土壤养分等。常规监测手段通过野外取样和室内处理分析测试，存在主观、耗时和破坏草地等缺点。采用先进的监测技术（如光谱分析）具有实时、准确、客观的优点，获取的光谱数据可长期保存，并同时反演多种植物指标和土壤指标，可以在不破坏草地植被的前提下，形成良好的监测和预警效果。

第一节　草坪色泽

一、草坪色泽评价方法

色泽是草坪植物反射日光后人眼对颜色的感觉，草坪色泽不仅是草坪视觉和观赏价值的重要表现，也是草坪品质评定的重要指标之一，还可以直观地反映草坪的生长状况，即草坪生长是否旺盛、是否缺少水肥、是否有病虫害等。草坪色泽一般用测定叶绿素含量高低来确定，叶绿素含量越高，草坪的色泽越好，并且因不同的草种、品种、生育期以及养护管理水平而呈现从浅绿到深绿变化。草坪色泽不仅反映了草坪的生长情况，同时也体现了人们对草坪的喜好程度，如日本人喜欢淡绿色、英国人喜欢黄绿色、中国人喜欢深绿色等，因此在进行草坪质量的评价时应充分考虑这些因素。

草坪色泽测定方法主要有目测评分法、叶绿素法、照度计法、植物效能分析仪（PEA）、数码照相法等。目测评分法主要有五分制、九分制、十分制等评分方法，其中以NTEP评价体系应用最为广泛。NTEP是美国国家草坪评比项目（The National Turfgrass Evaluation Program）的简称，是美国农业部（USDA）、农业局和国家草坪基金会（NTF）共同合作的项目，已经成为世界范围内最知名的草坪研究项目之一。NTEP评分法是一种外观质量评分法，采用九分制评价草坪质量，其中颜色的评分标准为：7~9分表示深绿到墨绿；5~7分表示浅绿到较深的绿色；3~5分表示较多的绿色，少量枯叶；1~3分表示较多的枯叶，少量绿色；1分表示休眠或枯黄。

国内外研究者对草坪色泽进行了大量的探索和总结。王钦等（1993）建议用叶绿素含量来定量草坪色泽，通过测定草坪草叶片上叶绿素含量，用叶绿素含量的高低来衡量颜色的深浅等级；刘及东等（1999）、焦念智等（2003）采用照度计法来定量草坪颜色，认为照度计法比分光光度法简便、快速，而且还具有较高的精确性。照度计法是使用带有光硒电池的照度计，距草坪1 m高度测定草坪光反射值及太阳光的入射值，用反射率＝反射值/入射值来表示颜色的深浅，由于反射率不受光强度变化的影响，所以能较好地定量反映草坪颜色。范海荣等（2006）利用植物效能分析仪来测定草坪色泽。随着数字图像处理技术的不断发展和数码相机的普及，目前已经有许多学者开始通过获取数码图像来对植物颜色、盖度等进行评价。Adamsen等（1999）通过获取数码图像的红（H）、绿（G）、蓝（B）光值，发现冬小麦冠层的G/R值与小麦叶片叶绿素值（SPAD值）和NDVI指数有很高的相关性。此外，运用数码图像，还可以评价植被盖度、冠层生物量垂直分布特征等（单成钢等，2007；Olmstead等，2004；Lukina等，1999）。季玥秀等（2007）将数码照相技术用于评价草坪颜色，结果得出：在自然光照条件下，拍摄高度、角度、光强和分辨率对所获得的图像颜色参数灰度（H）和绿红光比值G/R均没有影响。高光谱遥感技术的发展促进了数码照相技术在草坪科学的应用。Douglas等（2003）以结缕草作为试验草种，在不同氮源和氮肥水平处理后，用数码相机拍摄图片，将数据用SAS统计软件处理，得出草坪的色泽评分；Jiang等（2007）研究了在干旱胁迫下狗牙根、高羊茅、结缕草反射光谱模型。

对草坪色泽的评价一直沿用传统的目测法、分光光度法、照度计法、植物效能分析仪（PEA）等，草坪对光的反射率与草坪草颜色的深浅有关，而草坪草颜色的深浅与草坪草的叶绿素水平密切相关。高光谱遥感的快速发展，使得定量估测植被叶绿素水平应用得以发展，通过高光谱数据的采集、分析，利用绿色植物在可见光波段的反射特征，同时对应测定叶绿素水平，并用专家打分法对草坪色泽进行评价，结合高光谱数据进行分析，找出与草坪色泽密切相关的波段或波段组合，对定量评价草坪色泽的研究以及高光谱遥感技术在草坪质量评价上的研究、应用提供新的技术手段参考。

二、研究实例——同色异谱现象

世界范围内草坪草资源十分丰富，现已被开发利用的数量在数百种（品种）之多，优良草坪草的新种及其品种还在不断出现。在可见光和近红外区，决定植物反射光谱特征的主要因素分别为叶绿素和细胞结构。草坪草种（品种）不同，叶绿素含量存在一定差异，其反射光谱也将受到直接影响。此外，草坪草植物学特征（如叶片的形状、分布以及表面附属物）、生长习性等也是影响草坪反射光谱特征的重要因素。

从2007年至2010年期间，陈功、张文和徐驰等人在昆明地区选用高羊茅（*Festuca arundinacea*）、多年生黑麦草、普通狗牙根（*Cynodon dactylon*）、匍匐翦股颖（*Agrostis stolonifera*）和草地早熟禾（*Poa pratensis*）为试验材料，测定叶绿素含量、色泽评分值、红边位置、反射光谱，比较了草种（品种）对上述各项指标的影响，分析了两种植被指数与叶绿素含量、色泽评分值之间的相关性。

（一）不同草种反射光谱的差异性

不同单播草坪的色泽和反射光谱特征具有明显的差别。在相同的管理措施下，高羊茅叶绿素含量最高，匍匐翦股颖叶绿素含量最低，即高羊茅颜色最深，翦股颖颜色最浅。三种草坪草在特殊波段光谱反射率有明显区别，匍匐翦股颖在"绿峰"的光谱反射率最高，而高羊茅最低，这是因为草坪颜色越浅时，植物叶绿素含量相对越低，绿波段反射率升高。高羊茅"绿峰"位于552.2 nm，反射率为3.197%；多年生黑麦草"绿峰"位于554.4 nm，反射率为5.179%；匍匐翦股颖"绿峰"位于554.9 nm，反射率为8.782%（图5-1，图5-2）。

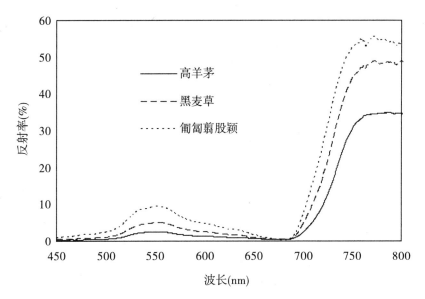

图5-1 三种草坪草在不同波段的光谱反射率

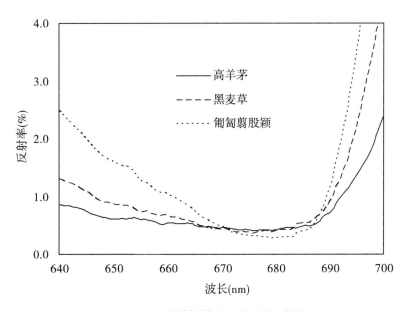

图5-2 三种草坪草在红光区的反射率

草坪颜色越深，植物叶绿素含量相对越高，红波段反射率升高，而且，"红边"（680～760 nm）会向红外方向偏移。而在红光吸收谷（640～680 nm），高羊茅的光谱反射率最高，匍匐翦股颖最低，三种草坪草的"红谷"位于 676 nm 附近。如图 5－2 所示，高羊茅红谷反射率最高，位于 676.1 nm，反射率为 0.533%，多年生黑麦草位于 675.6 nm，反射率为 0.330%，匍匐翦股颖最低，位于 675.6 nm，反射率为 0.289%。

图 5－3 是四种单播草坪的反射光谱曲线，其中颜色较深的高羊茅在绿波段反射率相对较低，而颜色较浅的狗牙根反射率较高。在"绿峰"（555 nm 左右）处反射率差异尤其明显，高羊茅为 5.42%，狗牙根则高达 8.23%。这主要是由于不同种草坪叶绿素水平的不同所引起的。叶绿素水平越高进行光合作用的能力越强，吸收光合辐射能量越多反射率就越低。在 750～800 nm 范围内，草坪冠层光谱特征主要受叶内细胞结构和叶冠结构控制，不同种草坪因叶形、质地、修剪高度、叶倾角不同，而具有不同的冠层结构，因此在红光—近红外波段的反射率也有所不同。

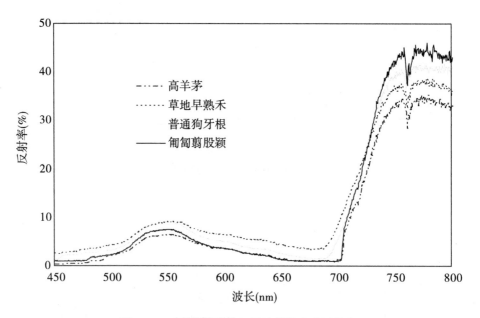

图 5－3　四种草坪草在不同波段的光谱反射率

（二）草种（品种）对叶绿素和色泽的影响

（1）叶绿素含量：多年生黑麦草的 2 个品种与其他草种均不存在显著性差异；高羊茅的 7 个品种之间无显著差异，但其中 2 个品种（警犬、红象）的叶绿素 a、叶绿素 a＋b 却显著高于匍匐翦股颖普特（表 5－1）。

（2）色泽目测评分：高羊茅 7 个品种之间无显著差异，但它们均显著高于多年生黑麦草匹克威、普通狗牙根百慕大及匍匐翦股颖普特，如表 5－1 中所示。

表 5 - 1　不同草坪草种（品种）之间的叶绿素含量、目测评分值、红边位置比较

草坪草种/品种	叶绿素 a （mg/g）	叶绿素 b （mg/g）	叶绿素 a + b （mg/g）	红边位置 （nm）	目测色泽 评分值
高羊茅（tall fescue）					
警犬（watchdog）	1.60 a	0.65 a	2.25 a	737	7.59 a
红象（red elephant）	1.57 a	0.69 a	2.26 a	732	7.61 a
科罗拉多（corolado）	1.55 ab	0.65 a	2.20 ab	731	7.17 a
贝克（pixie）	1.53 ab	0.65 a	2.18 ab	734	7.72 a
阿特尼纳（atnena）	1.47 ab	0.61 ab	2.08 ab	734	7.44 a
美洲虎（jaguar）	1.43 ab	0.64 ab	2.07 ab	730	6.78 ab
火凤凰（fire phoenix）	1.43 ab	0.58 ab	2.01 ab	731	7.06 ab
多年生黑麦草（perennial ryegrass）					
亚赛（asap）	1.44 ab	0.57 ab	2.02 ab	730	6.06 bc
匹克威（pickwick）	1.43 ab	0.60 ab	2.03 ab	725	5.08 cd
普通狗牙根（bermudagrass）					
百慕大（bermuda）	1.44 ab	0.50 b	1.94 ab	728	6.00 bc
匍匐翦股颖（creeping bentgrass）					
普特（putter）	1.32 b	0.56 ab	1.87 b	727	4.50 d

注：同一列数据之后的不同字母表示差异显著（$P < 0.05$）。

（3）4 个不同草坪草种（高羊茅、多年生黑麦草、普通狗牙根、匍匐翦股颖）的冠层反射光谱存在显著差异（$P < 0.05$），7 个高羊茅品种的冠层反射光谱存在显著差异（$P < 0.05$）。

（4）在可见光区域 550 nm 处，高羊茅贝克的反射率最低（2.5%），而匍匐翦股颖普特的反射率最高（8.3%）。在该波段，普通狗牙根、百慕大的反射率显著低于匍匐翦股颖普特（$P < 0.05$），而显著高于 7 个高羊茅品种。

（5）在可见光 500 ~ 675 nm 范围内，普通狗牙根、百慕大的反射率显著高于（$P < 0.05$）多年生黑麦草的 2 个品种。

（6）在 7 个高羊茅品种内，火凤凰的反射率显著高于贝克（在 500 ~ 700 nm 范围内）。

（7）在近红外波段（750 ~ 800 nm），高羊茅贝克的反射率最低（27.6%），而匍匐翦股颖普特的反射率最高（53.8%），且两者在该波段范围内的反射率差异达到显著水平（$P < 0.05$）。

（8）11 个参试品种的红边位置从 725 nm（普通狗牙根、百慕大）增加到 737 nm（高羊茅科罗拉多），红边位置随着叶绿素的增加而出现向长波方向移动的趋势。

上述试验结果表明：在高羊茅的品种之间、多年生黑麦草品种之间存在"同色异谱"现象。

利用目测法能够将不同草坪草种之间的色泽差别区分开来，但无法区分同一个草种在不同品种之间的色泽差异。利用高光谱反射数据，不仅能够区分不同草种之间的色泽差异，而且可以证明同一个草种的不同品种之间也存在光谱反射率的差异，部分品种间的反射率差异可以达到显著水平。

（三）高光谱参数与叶绿素含量及色泽评分值之间的关系

（1）植被指数 NDVI、GNDVI 均与叶绿素含量（a、b、a + b）之间存在极显著相关性。若采用植被指数 GNDVI 估测叶绿素含量，其绿光范围的最佳波段在 554 ~ 559 nm，近红外区域的最佳波段在 747 ~ 763 nm（表 5 - 2）。

（2）植被指数 NDVI、GNDVI 与 11 种单播草坪色泽目测评分值之间均存在显著（$P < 0.05$）或极显著（$P < 0.01$）的相关性，采用 GNDVI 估测的效果优于 NDVI（表 5 - 2）。

（3）植被指数 NDVI、GNDVI 与 7 个高羊茅品种单播草坪色泽目测评分值之间均存在极显著的相关性（$P < 0.01$）。回归方程分别是：色泽目测评分值 = 10.931 × NDVI - 2.890（$R^2 = 0.31$，$P = 0.0082$）；色泽目测评分值 = 7.307 × GNDVI + 1.319（$R^2 = 0.30$，$P = 0.0097$）。

（4）就高羊茅的品种 7 个而言，其红边位置与叶绿素含量（a、b、a + b）之间不存在显著相关性（表 5 - 2）；如果对所有 11 个参试的草坪草种进行统计分析时，其红边位置与叶绿素含量（a、b、a + b）之间均存在极显著的相关性（图 5 - 4）。

表 5 - 2 利用 NDVI、GNDVI 估测草坪叶绿素含量、色泽评分的最佳波段及回归方程

波长（nm）			回归模型	R^2
G	R	IR		
554	–	763	Chl a = 2.643 × GNDVI$^{0.597}$	0.4396 ***
559	–	747	Chl b = 3.435 × GNDVI$^{-0.212}$	0.2887 **
557	–	747	Chl a + b = 2.844 × GNDVI - 0.154	0.4343 ***
557	–	763	Visual rating value = 16.398 × GNDVI - 6.590	0.4371 ***
–	640	763	Chl a = 2.508 × NDVI - 0.854	0.2832 **
–	642	763	Chl b = 11.348 × NDVI$^{-0.334}$	0.3038 ***
–	640	763	Chl a + b = 3.996 × NDVI - 1.628	0.3286 ***
–	640	795	Visual rating value = 14.827 × NDVI - 7.148	0.1241 *

注：G 为绿光波段；R 为红光波段；IR 为近红外波段；* 为 $P < 0.05$；** 为 $P < 0.01$；*** 为 $P < 0.001$。

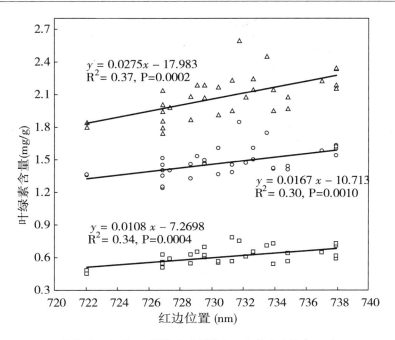

○表示叶绿素 a，□表示叶绿素 b，△表示叶绿素 a + b

图 5 - 4　红边位置与叶绿素 a、叶绿素 b、叶绿素 a + b 之间的回归方程

绿峰反射率（Rg）、红谷反射率（Ro）与 3 种草坪草（高羊茅、多年生黑麦草、匍匐剪股颖）叶绿素水平之间存在显著相关关系（表 5 - 3）。其中 Rg 与叶绿素 a、叶绿素 b、叶绿素 a + b 均呈极显著负相关，Ro、GNDVI 分别与叶绿素 a、叶绿素 b、叶绿素 a + b 均呈极显著正相关，Rg 和 GNDVI 都是利用绿峰 550 nm 附近的反射率来代替传统的红光区反射率，GNDVI 综合绿波段（550 nm）和红波段（750 nm）的信息，与叶绿素含量相关性最好。

表 5 - 3　三种草坪草叶绿素含量与高光谱参数的相关性分析

生化指标	高光谱参数		
	Rg	Ro	GNDVI
Chl a	- 0. 874 **	0. 711 **	0. 918 **
Chl b	- 0. 801 **	0. 854 **	0. 839 **
Chl a + b	- 0. 860 **	0. 757 **	0. 903 **

注：* 和 ** 分别表示 $P < 0.05$ 和 $P < 0.01$。

对 Rg、Ro、GNDVI 与叶绿素分别建立线性、幂函数、指数、对数、二次函数五种回归模型（表 5 - 4），光谱参数 Rg 的最优模型为对数函数；光谱参数 Ro 的最优模型为幂函数；光谱参数 GNDVI 的最优模型为幂函数，并且以 GNDVI 建立的模型 $y = 2.881x^{1.362}$ 为最优模型。

表 5 - 4　叶绿素含量与光谱参数的回归模型

回归模型	高光谱参数	回归方程	决定系数
线性回归方程	Rg	$y = 2.480 - 0.075x$	0.740**
	Ro	$y = 1.273 + 1.708x$	0.573**
	GNDVI	$y = -0.740 + 3.587x$	0.816**
幂函数回归方程	Rg	$y = 2.858x^{-0.204}$	0.787**
	Ro	$y = 2.769x^{0.378}$	0.611**
	GNDVI	$y = 2.881x^{1.362}$	0.827**
指数函数回归方程	Rg	$y = 2.518e^{-0.037x}$	0.725**
	Ro	$y = 1.389e^{0.845x}$	0.592**
	GNDVI	$y = 0.521e^{1.755x}$	0.825**
对数函数回归方程	Rg	$y = 2.745 - 0.420\mathrm{In}x$	0.790**
	Ro	$y = 2.667 + 1.708\mathrm{In}x$	0.573**
	GNDVI	$y = 2.756 + 2.780\mathrm{In}x$	0.816**
二次函数回归方程	Rg	$y = 2.753 - 0.182x + 0.009x^2$	0.772**
	Ro	$y = 0.406 + 5.72x - 4.438x^2$	0.591**
	GNDVI	$y = 0.914 + 4.038x - 0.29x^2$	0.816**

（四）草坪色泽目测评分值与叶绿素含量之间的关系

（1）11 个参试品种的目测评分值与其叶绿素（a、b、a + b）含量之间存在极显著的相关性，如图 5 - 5 所示。

（2）7 个高羊茅品种的目测评分值与其叶绿素（a、b、a + b）含量之间存在极显著的相关性，回归方程分别为：

Chl a = 0.1913 × visual rating value + 0.1092（$R^2 = 0.63$，$P < 0.001$），

Chl b = 0.0884 × visual rating value - 0.0116（$R^2 = 0.40$，$P < 0.001$），

Chl a + b = 0.2797 × visual rating value + 0.0977（$R^2 = 0.67$，$P < 0.001$）。

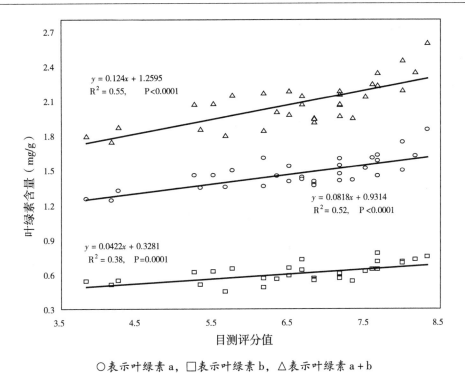

○表示叶绿素 a，□表示叶绿素 b，△表示叶绿素 a + b

图 5 - 5　草坪目测评分值与叶绿素 a、叶绿素 b、叶绿素 a + b 之间的回归方程

（五）试验小结

草坪冠层光谱曲线总体上符合植被光谱特征的规律性。叶绿素是草坪可见光区光谱反射率的决定因素，三种单播草坪光谱反射率差异明显，各草种"绿峰"反射率依次为匍匐翦股颖 > 多年生黑麦草 > 高羊茅，"红谷"反射率依次为高羊茅 > 多年生黑麦草 > 匍匐翦股颖。Rg、Ro 和 GNDVI 三种高光谱参数分别与草坪叶绿素含量具有极显著相关性（$P < 0.01$），其中 GNDVI 与草坪叶绿素 a + b 的相关性最高，并得出由 GNDVI 建立的模型 $y = 2.881 GNDVI^{1.362} - 7.285$ 对草坪色泽进行评价，结果与目测评分值具有极显著相关性（$P < 0.01$），复相关系数为 0.890。

在高羊茅的不同品种之间、多年生黑麦草不同品种之间，均存在"同色异谱"现象，即目测绿度无差异，但反射率在可见光区域或近红外区域存在显著性差异。

可见光波段光谱反射率与叶绿素密度之间的相关性达显著水平（$P < 0.05$），以绿波段 530.9 nm 处最高，达到 -0.855（$P < 0.01$）；建立以多个波段光谱反射率为自变量的回归模型：$y = 1.4332 \times (4.722 - 1.302 \times R_{530.9} + 0.698 \times R_{561.6}) + 2.356$，多个植被指数为自变量的回归模型：$y = 1.4332 \times [2.107 - 0.611 \times DVI_{(530.9,500.12)} + 8.559 \times NDVI_{(561.6,520.5)}] + 2.356$；估测结果与目测评分具有极显著相关性（$P < 0.01$），复相关系数分别为 0.6221 和 0.6359。

高光谱参数评价草坪色泽结果与目测评价结果具有很好的相关性，高光谱技术可以作为一种客观而先进的手段来定量评价草坪色泽。本研究所建立的回归模型可以为高光谱分析技术在草坪色泽评价及草坪动态监测中提供实践依据。

三、研究实例——色泽光谱指数

（一）草坪色泽光谱指数

选择草坪草品种 2 个波段的反射率，建立草坪色泽光谱指数（turf color spectrum index，TCSI）：

$$TCSI = 9 - 100 \times Rg \times R_{800}$$

式中：Rg 表示绿峰反射率，R_{800} 表示 800 nm 处反射率。

（二）草坪草品种对特定波段反射率的影响

草地早熟禾 5 个品种的绿峰出现在 570~573 nm 范围内，反射率在 3.15%~6.47% 之间；800 nm 处反射率在 36.54%~43.26% 之间。品种帝国的绿度光谱指数最低，而品种优美最高，分别为 6.33 和 7.81（表 5-5），各品种平均值达到 7.18。

表 5-5　草地早熟禾 5 个品种在绿峰、800 nm 的反射率及绿度光谱指数

指　标	蓝宝石 （Sapphire）	爱美 （Aimyth）	兰肯 （Kenblue）	优美 （Euromyth）	帝国 （Kingdom）
绿峰反射率 Rg（%）	3.55	3.73	5.90	3.15	6.47
800 nm 处反射率 R_{800}（%）	43.26	36.54	39.11	37.88	41.33
绿度光谱指数 GSI	7.46	7.63	6.69	7.81	6.33

多年生黑麦草 8 个品种的绿峰出现在 565~573 nm 范围内，反射率在 3.05%~6.91% 之间；800 nm 处反射率在 27.13%~50.86% 之间。品种新速 2 号的绿度光谱指数最低，而品种焦点最高，分别为 6.18 和 8.18（表 5-6），各品种平均值达到 7.06。

表 5-6　多年生黑麦草 8 个品种在绿峰、800 nm 的反射率及绿度光谱指数

指标	冬景 （Winter game）	焦点 （Zoom）	球道 （Fairway）	威士 （Whisk）	德比极品 （Derby Xtreme）	夜景 Evening Shade	新速 2 号 （Nuspeed Ⅱ）	热销 Caliente
绿峰反射率 Rg（%）	4.18	3.05	4.29	6.32	5.00	4.88	6.25	6.91
800 nm 处反射率 R_{800}（%）	27.13	26.76	31.49	35.65	36.63	37.00	45.10	50.86
绿度光谱指数 GSI	7.87	8.18	7.65	6.75	7.17	7.19	6.18	5.49

高羊茅 8 个品种的绿峰出现在 564~568 nm 范围内，反射率在 2.33%~4.19% 之间；800 nm 处反射率在 31.29%~35.80% 之间。品种火龙的绿度光谱指数最低，而品种美洲虎最高，分别为 7.51 和 8.26（表 5-7），各品种平均值达到 7.87。

表5-7　高羊茅8个品种在绿峰、800 nm 的反射率及绿度光谱指数

指标	火龙 (Fire dragon)	美洲虎 (Jaguar)	守护神21 (Guardian 21)	新秀 Starlet	红象 (Red elephant)	美洲虎3 Jaguar 3	护坡卫士 (Soil defender)	家园 (Plantation)
绿峰反射率 Rg（%）	4.17	2.33	3.23	2.49	3.05	4.06	4.19	3.40
800nm 处反射率 R_{800}（%）	35.80	31.89	34.03	33.61	34.45	31.29	32.16	35.47
绿度光谱指数 GSI	7.51	8.26	7.90	8.16	7.95	7.73	7.65	7.79

匍匐翦股颖2个品种的绿峰在566 nm 附近，反射率5.34% ~5.66%，800 nm 处反射率在45.52% ~51.94%之间，绿度光谱指数分别为6.23（普特）和6.42（高地）。狗牙根（太阳城）的绿峰在566 nm，反射率4.94%，800 nm 处反射率44.44%，绿度光谱指数为6.81。

（三）草坪色泽光谱指数与目测评分值之间的相关性

高羊茅8个品种的色泽目测值在6.6 ~8.1范围内，多年生黑麦草8个品种在5.9 ~7.3范围内，草地早熟禾5个品种在6.5 ~7.2范围内，匍匐翦股颖的2个品种（普特、高地）和狗牙根（太阳城）分别为5.1、4.8和6.0。将色泽目测值（y）与其绿度光谱指数（x）进行相关分析，结果表明，两者之间的相关性达到极显著水平（P<0.01），决定系数0.6143。回归方程为 $y=0.7845x+0.9761$。

（四）试验小结

绿光和近红外是草坪色泽的敏感区域，绿峰及近红外区反射率与草坪目测评分值、草坪冠层叶绿素水平密切相关。草坪对入射光的反射特征与草坪草颜色的深浅有关，而草坪草颜色的深浅与草坪草的叶绿素水平密切有关。张文（2007）选用高羊茅、多年生黑麦草、匍匐翦股颖3种草坪为试验材料，通过测定和分析草坪冠层反射率、叶绿素水平、色泽目测评分值，证明了绿峰反射率（Rg）、绿光归一化植被指数（GNDVI）与叶绿素水平之间均存在显著的相关关系；利用 GNDVI 构建的模型对草坪色泽进行评估，其结果与目测评分值显著相关（P<0.01）。陈功等（2009）选用高羊茅、多年生黑麦草、匍匐翦股颖、狗牙根的11个品种为试验材料，将草坪色泽目测值、叶绿素水平分别与400 ~900 nm 范围内各波段反射率进行相关分析；结果表明，绿光区域的最佳波段为554 nm、557 nm 和559 nm，近红外区域的最佳波段为747 nm 和763 nm；植被指数 NDVI、GNDVI 分别与草坪色泽目测值之间存在显著（P<0.05）和极显著（P<0.01）的相关关系。研究结果证明，借助光谱分析技术，选用绿峰和近红外区域特定波段反演草坪色泽是可行的。

草坪色泽越深，其可见光和近红外区反射率相对越低，将绿峰反射率与近红外区特定波段反射率两者相乘，在数值上能够更加突出草坪色泽对其反射光谱特征的影响。选用各草坪品种在绿峰和800 nm 处反射率构建绿度光谱指数，分析结果表明，草坪绿度光谱指

数值与其色泽目测值（NTEP 九分制）之间存在显著的相关关系（$P < 0.01$）。Keskin 等（2003）选用杂交狗牙根（*Cynodon dactylon × C. transvaalensis*）和粗糙早熟禾（*Poa trivialis*）两种草坪草，分析单波段反射率与外观质量评分值之间、多种植被指数与外观质量评分值之间的相关性，结果表明：波长 680 nm 附近和 780 nm 附近是对草坪外观质量反应最为敏感的 2 个波段范围；与使用植被指数 RVI、DVI、NDVI 建成的反演模型相互比较，模拟值具有相似的平均标准差；利用在某一个时期测定的数据建立的校正模型，能够用来估测另一个时期的相应数据，表明实验测定结果是可以重复的；利用杂交狗牙根实验数据建立的校正模型，能够应用于粗糙早熟禾。在草坪外观质量评价体系中，NDVI、GNDVI 等植被指数已经被逐渐广泛采用。本试验选用 5 种常用草坪草的 24 个品种，通过逐步筛选敏感波段及其组合，初步构建了草坪色泽评价的一种新型指标——绿度光谱指数，并且对供试草坪品种进行色泽反演，色泽估测值与目测评分值之间表现出显著的相关关系。与传统的目测法、化学测定法相比较，光谱分析技术具有客观、便捷和对目标物非破坏性的特点，有必要进一步扩大试验草种范围和试验地点，以深入探讨利用绿度光谱指数进行草坪色泽评价的可行性。

四、研究实例——草坪草色泽调控

施用氮肥或氮肥 + 铁肥能够显著提高草坪叶绿素密度，降低可见光区光谱反射率，改善草坪色泽。叶面施肥具有用量少、使用便利等优点。夏宁（2001）的试验结果证明，秋、冬季给高羊茅施用尿素或 EDTA – Fe 都可以改善其绿色度，增加叶片内叶绿素的含量，显著延长草坪绿色期；游明鸿等（2005）的研究表明，夏、秋季叶施铁使假俭草草坪质地变细、均一性增加、颜色深绿，提高了草坪的品质。武小钢等（2007）的试验结果也证明，叶面喷施铁制剂能提高高羊茅叶片叶绿素含量。这些研究结果证明，对草坪叶面施铁能明显改善草坪色泽。

张文（2008）选用高羊茅、草地早熟禾、普通狗牙根和匍匐翦股颖 4 种草坪草，分别喷施氮肥、氮肥 + 铁肥。试验结果表明，施肥能够引起四种草坪草叶绿素水平、反射光谱特征发生明显变化。

（一）叶绿素水平

经过施肥处理，草坪叶绿素水平发生显著变化。对 4 种草坪喷施氮肥及铁肥，能普遍提高草坪叶绿素水平。总体看来，喷施氮肥 + 铁肥效果最好，颜色最深的高羊茅叶绿素含量和叶绿素密度分别为 3.137 mg/g、4.082 g/m^2，而对照为 2.355 mg/g、2.580 g/m^2，叶绿素密度的增加幅度大于叶绿素含量增加幅度，施肥不仅能提高草坪叶绿素水平，同时还可以促进草坪草生长，提高单位面积草坪鲜叶重。颜色较浅的匍匐翦股颖叶绿素密度达 2.015 g/m^2，而对照为 0.996 g/m^2。各草种的叶绿素 a、叶绿素 b、叶绿素 a + b、叶绿素密度均发生显著改变。氮肥的施入能促进草坪草的生长，加速草坪草叶绿素的合成，氮肥和铁互相促进吸收、转化以及利用的协同性，两者配合使用能够显著提高叶绿素密度，改善草坪色泽（表 5 – 8）。

表 5 - 8　不同施肥条件下草坪草叶绿素水平的多重比较

生理指标	处理	高羊茅		草地早熟禾		普通狗牙根		匍匐翦股颖	
叶绿素 a	N + Fe	2. 253	A	2. 240	A	1. 944	A	1. 791	A
	N	2. 041	B	2. 036	B	1. 693	B	1. 495	B
	CK	1. 702	C	1. 373	C	1. 340	C	1. 017	C
叶绿素 b	N + Fe	0. 885	B	0. 834	A	0. 597	A	0. 740	A
	N	0. 913	A	0. 715	B	0. 524	B	0. 633	B
	CK	0. 653	C	0. 484	C	0. 462	C	0. 428	C
叶绿素 a + b	N + Fe	3. 137	A	3. 074	A	2. 541	A	2. 531	A
	N	2. 954	B	2. 750	B	2. 218	B	2. 128	B
	CK	2. 355	C	1. 857	C	1. 802	C	1. 445	C
叶绿素密度	N + Fe	4. 082	A	3. 261	A	2. 628	A	2. 015	A
	N	2. 952	B	3. 133	B	2. 003	B	1. 862	B
	CK	2. 580	C	1. 535	C	1. 208	C	0. 996	C

注：同一列中 A、B、C 表示 $P < 0.01$。

（二）草坪反射光谱

施肥降低了草坪冠层可见光区域光谱反射率。图 5 - 6 是不同施肥处理条件下狗牙根在 450～800 nm 范围内光谱反射率，可以看出，对照处理光谱反射率最高，经过施肥处理的狗牙根草坪光谱反射率降低，并且叶绿素密度增高（表 5 - 8）。同时，氮肥 + 铁肥的效果显著高于氮肥，氮和铁两者的共同作用使狗牙根的色泽优于氮肥区和对照区，显著降低了其可见光范围内（绿光）的反射率，尤其在"红边"（680～760 nm）施肥处理后向长波方向偏移，表现出"红移"现象。

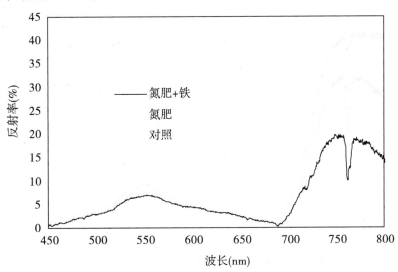

图 5 - 6　不同施肥处理条件下狗牙根光谱反射率

（三）试验小结

叶面施肥能够明显改善草坪色泽。喷施氮肥、氮肥＋铁肥均显著提高了 4 种草坪的叶绿素密度，各草种叶绿素密度依次为高羊茅＞草地早熟禾＞普通狗牙根＞匍匐翦股颖，差异达到极显著水平（$P < 0.01$）。与对照（不施肥）相比，叶面喷施氮肥、氮肥＋铁肥两种处理均显著提高了 4 种草坪的叶绿素密度。同时，氮肥＋铁肥处理的效果优于单独喷施氮肥，差异达到极显著水平（$P < 0.01$）。

第二节　氮素胁迫和水分胁迫

一、植物对氮素胁迫的光谱响应

绿色植物的反射光谱特征取决于植物的种类、生长期、叶绿素含量、细胞结构和水分含量等。同样，植物反射光谱中的特征波段也能反映其水分、色素、木质素、淀粉、蛋白质等信息。光谱分析技术可以快速、准确地估测植物氮素营养状况、冠层叶绿素含量和生物量等，已经成为小麦、玉米等经济作物长势监测和估产、确定最佳施肥量的一种重要手段，它克服了常规经验法工作量大、破坏植被、精确度低等缺点，可以更快速、准确地测定多种生理指标。

氮素主要促进植物根、茎、叶的生长，是形成一定品质和产品的首要营养元素，对植物产量和品质有显著影响。在植物生长过程中缺少或过量施用氮素，其生长都会受到影响，并在植物的形态和反射光谱特征（叶片或冠层）上表现出来。

为了探索植物叶片氮素遥感诊断的可能性及其方法，自 20 世纪 70 年代以来，有关学者进行了大量的基础研究，寻找氮素的敏感波段及其反射率在不同氮素水平下的表现。研究发现，许多植物在缺氮时无论是叶片还是植物冠层水平的可见光波段反射率都有所增加，对氮含量变化最敏感的波段为 530 ~ 560 nm。明确了植物的氮素敏感波段后，许多学者便通过各种统计方法来寻求含氮量与光谱反射率及其衍生参数的关系。Walburg（1982）对玉米的研究表明，近红外光谱反射率（760 ~ 900 nm）与红光光谱反射（630 ~ 690 nm）的比值比单一波段的光谱反射率能更好地区分氮的不同处理。Osborne（2002）利用反射光谱诊断玉米氮磷营养时指出植物体内氮含量的预测应在红光和绿光波段，但具体波段随生育期的不同而改变。Shibayama（1991）在水稻上的研究表明，单位土地面积上的叶片氮含量与 R_{620} 和 R_{760} 的线性组合以及与 R_{400}、R_{620} 和 R_{880} 的线性组合均有较好的回归关系，预测值和实测值线性相关，且不受品种类型的影响。Takebe（1990）的研究结果表明，可以用冠层的 R_{NIR}/R_{RED} 光谱反射率比值来估测水稻的氮素状况，这一结果在后来的研究中得到了证实（Wang, 2002）。Filella（1994）研究发现，R_{430}、R_{550}、R_{680} 和 NPCI 都可以用来判别小麦氮素状况。

赵德华等（2004）通过研究棉花在不同氮水平下棉花群体反射光谱，表明直接利用反射光谱识别植株氮营养水平的可行性。通过光谱测定及其变量的运算如近红外与红外（R_{NIR}/R_{Red}）的比值，可以区分不同氮素营养水平。诊断水稻氮素营养水平的叶片敏感光谱波段为 760 ~ 900 nm、630 ~ 660 nm 和 530 ~ 560 nm。通过光谱测定及其变量的运算，可以区分不同氮素营养水平。唐延林等（2004）的研究结果表明，高光谱植被指数 R_{990}/R_{553}，R_{1200}/R_{553}，$(R_{800}-R_{680})/(R_{800}+R_{680})$ 和红边位置与水稻叶绿素、萝卜素含量间存在极显著相关，可用来估算水稻冠层、叶片和穗的叶绿素和类胡萝卜素含量。薛利红（2004）系统分析了不同施肥水平下小麦叶片含氮量及叶片氮积累与冠层光谱反射特征的关系，建立了一个不受生育时期和品种影响的通用小麦叶片氮素诊断模型。

　　浦瑞良（2000）使用多元统计和光谱导数技术评价小型机载成像光谱仪（CASI）数据，用于估计冠层生化浓度（总叶绿素、全氮和全磷）的潜力和效率。唐万龙等（1993）研究了应用光谱特性建立冬小麦氮、磷元素丰缺的最佳模型。张金恒（2004）通过水稻叶片反射光谱的研究结果表明，可以通过叶片反射光谱来诊断氮素营养的敏感波段。谭昌伟（2004）探讨了夏玉米叶片全氮光谱响应，并建立了相关估测模型。王纪华（2004）通过进一步深入的分层光谱分析，初步实现了作物中下层叶绿素和氮素的遥感反演。

　　植物冠层叶绿素与植株的全氮含量有显著的相关关系，其含量的变化影响了叶片冠层的光吸收或反射。与氮素含量相比较而言，叶绿素含量的测定方法较为容易，所以很多科技工作者基于叶绿素的测定间接评价植物氮素营养，从而评价作物产量和品质。Thomas 和 Penuelas 认为，可从作物叶片反射光谱来评估其叶绿素、类胡萝卜素的状况。许多学者认为，可见光波段是叶绿素含量的最敏感波段。叶绿素吸收峰是蓝光和红光区域，在绿光区域是吸收低谷，并且在近红外区域几乎没有吸收；叶绿素吸收波段在 670 nm，红光被叶绿素强烈吸收，导致反射率很小；在 400～700 nm 的植被光谱反射主要被叶绿素和其他的色素所控制。许多已有的光谱植被指数主要是为估测绿色生物量而提出的，如 PRI、SIPI、GNDVI 和 VARI 等。用高光谱分辨率数据能够较好地估计叶片色素含量，它与作物的叶绿素密度有较好的相关性。另外，利用高光谱遥感数据可以较好地描述植被的"红边"特性，因而"红边"是叶绿素含量的另外一种较好的评价指标。Bonham - Carter 等（1988）定义了以 660～750 nm 之间一阶微分光谱最大值为"红边位置"，并开始了"红边位置"与叶绿素等色素关系的研究。Rock 和 Pinar 等认为，作物群体植被光谱的"红边位置"能够很好地反映叶绿素密度信息。随着叶绿素含量的增加，红光范围叶绿素含量的吸收特性加深加宽。生长期间叶绿素含量增加导致变形点"红移"，当叶片衰老时，其结构开始破坏，同时叶绿素较少导致红光反射增加，这些影响导致红边变形点"蓝移"。Jago 等（1999）研究了氮肥施用对用"红边位置"估测叶绿素积累量影响，结果表明，无论是地表传感器，还是机载传感器测得的光谱及其"红边位置"，草地和小麦叶绿素的积累量之间，都存在很显著的相关性，并提出以地面或机载传感器测定地面植被叶绿素积累量的可行性。

二、坪用植物对氮素及水分胁迫的光谱响应

（一）对氮素的光谱响应

　　自 20 世纪 90 年代以来，国外研究者利用光谱技术对草类植物进行了相关研究，并取得了一定的成果。Shepard（1990）通过对百慕大（杂交狗牙根的一个品种）氮含量和冠层反射光谱的测定，发现冠层反射光谱能够很好地预测百慕大冠层的氮素含量，它们之间存在很强的相关性，R^2 值达到 0.86；Lamb 等（2002）分析了黑麦草冠层反射光谱的"红

边位置"与叶片氮素含量、叶绿素含量之间的相关关系，建立了遥感估测模型。Alison 等（2005）选用雀麦草、早熟禾、车轴草、野豌豆冠层光谱反射率对其生物量和营养组分估测，研究表明，NDVI 与生物量、营养组分呈现出很好的相关性，用高光谱植被指数进行草地生物量、组分的估测不但提高了估测精度，而且通过反射光谱可以很好地了解到各组分含量的变化。Ian（2000）采用近红外技术和凯氏定氮法测定百慕大的氮含量，发现两种方法测得的氮含量都存在显著相关性；同时也发现，采用近红外光谱技术确定的施肥时间，与基于季节性施肥或感官质量判断确定的施肥时间相比，可在减少施肥量的基础上保持相同的草坪质量。Murphy 等（1993）同样采用这两种方法，测定匍匐翦股颖和多年生黑麦草在整个生长季节内草屑的含氮量，结果也呈现明显的线性相关。上述研究结果表明，近红外光谱技术是一种相对可靠的分析方法，可以帮助草坪管理者快速、准确地掌握草坪草的氮含量。

Siddhartha（2005）对匍匐翦股颖单糖及多糖含量与冠层反射光谱的研究发现，它们也存在极强的相关性。其他试验研究也同样证明，草坪冠层反射光谱能够很好地进行草坪多种指标的反演估测，如草地组分（Locher，2005；Petersen，1987；Pitman，1991；Shaffer，1990；Wachendorf，1999）。Bell（2004）以狗牙根和匍匐翦股颖为研究材料，证明了在不同氮水平下 NDVI、GNDVI 与叶绿素水平显著相关。

近年来，国内的研究结果表明，施用氮肥对牧草、草坪草冠层叶绿素水平及反射光谱特征具有显著影响。杨红丽（2008）测定了多花黑麦草（*Lolium multiflorum*）主要生育期的反射光谱，并比较了不同氮肥水平对多花黑麦草冠层叶绿素含量及"红边位置"的影响。试验结果表明，从分蘖期到拔节期，多花黑麦草反射光谱出现明显的"红移"现象，冠层叶绿素含量与"红边位置"之间存在有显著的相关性；并利用多种植被指数可以及时监测该种牧草长势，并建立了拔节期地上干物质产量的估测模型。试验结果也证明，施氮水平对多花黑麦草植株氮含量具有显著影响，植株氮含量随着施氮水平的增加有所升高。在可见光区域，冠层光谱反射率随施氮水平的增加而降低。在波段 487～718 nm 范围内，植株氮含量与单波段反射率呈极显著负相关关系。陈功（2010）选用高羊茅、多年生黑麦草、匍匐翦股颖、狗牙根（*Cynodon dactylon*）的 11 个品种为试验材料，将叶绿素水平分别与 400～900 nm 范围内各波段反射率进行相关分析，结果表明，绿光区域的最佳波段为554 nm、557 nm 和 559 nm，近红外区域的最佳波段为 747 nm 和 763 nm。

杨峰等（2009）测定了不同施肥处理条件下高羊茅的反射光谱、叶绿素及类胡萝卜素含量，分析结果表明，施肥能够显著改变高羊茅色素含量和"红边位置"，叶绿素和类胡萝卜素的比值与 RVI 之间的相关系数大于 0.76。陈宏铭（2007）通过试验证明，杂交狗牙根的叶绿素 a＋b、类胡萝卜素含量也随氮肥用量增加而增多，在 400～700 nm 范围内反射率很低，最大反射率出现在近红外 750 nm 以上的波段。近红外光反射率随着氮肥用量的增加而升高，而可见光区域则呈相反趋势，随着氮肥用量增加而下降。张文等（2008）对高羊茅、草地早熟禾、狗牙根和匍匐翦股颖 4 种单播草坪进行叶面施肥试验，结果显示：喷施氮肥或氮肥＋铁肥，可降低草坪在可见光区光谱反射率，提高叶绿素密度；由绿波段及蓝波段组合的植被指数与叶绿素密度呈显著相关。

（二）对水分的光谱相应

国内外研究结果表明：利用冠层反射光谱数据和草坪草生理指标及土壤参数建立模型，可以实时监测草坪草和土壤中的水分信息，为确定适宜灌溉量及灌溉时间提供可靠依据。彭玉魁等（1998）利用多元回归方法建模分析土壤水分与近红外光谱之间的关系，得到的相关系数为 0.969。Chang（2001）、Hummel（2001）利用近红外光谱预测土壤水分含量，证明预测结果与实际检验值之间的相关系数大于 0.8。Thosmas（2002）采用基于近红外光谱技术的多光谱图像进行系统分析，获得草坪草含水量与草坪在可见光和红外区域反射光谱特征之间的相关性，进一步预测草坪在短时期内的水分胁迫状况。

龙光强（2008）在昆明干旱季节设计了不同的灌水量梯度，测定马蹄金（*Dichondra repens*）草坪反射光谱、土壤含水量和多种抗旱生理指标。分析结果证明，在灌水后的 15 天之内，各处理间反射光谱存在显著差异，灌水量越低，反射率越高。灌水处理 15 天之后，各处理间反射率差异不再显著；土壤含水量、叶片相对含水量与反射率之间具有显著的负相关关系。进一步的分析结果表明，草坪一阶微分光谱与土壤含水量、叶片相对含水量、叶绿素含量、丙二醛含量、可溶性糖含量及 SOD 活性均表现出极显著相关关系；通过测定可见光和近红外区域的高光谱反射率，然后推导一阶微分光谱或植被指数，并建立与土壤含水量之间的相关模型，能够快速、准确地确定该类草坪在 2 周内的水分胁迫程度。研究结果也证明，利用光谱分析方法反演叶片相对含水量和土壤含水量，估测值与实验室化学分析法所得结果显著相关，可以直接用于土壤水分的实时预测，帮助草坪管理者实时有效地把握适宜灌溉时间及灌溉量。

（三）研究进展

综合分析国内外已有文献资料，可以看出：

（1）探求草类植物对环境胁迫的光谱响应规律与机理，筛选和优化光谱特征参数，实时而准确地反演植物营养及水分含量，已成为世界范围内草业领域的研究热点。

（2）草类植物叶绿素水平、叶片相对含水量等指标，与其反射光谱特征参数之间存在显著相关关系。基于近地面高光谱响应规律，筛选和优化光谱特征参数，可以定量反演多种生理指标。中心波长位于 550 nm 的波段对植物 N 素有很高的敏感性；中心波长位于 970 nm 和 1245 nm 的波段对植物含水量有很高的敏感性；红边胁迫参数（RVSI）可以作为植被胁迫的有效指标（刘海启、李召良，2015）。

（3）目前已经识别出 20 余个最佳窄波段，及其计算出的数百个高光谱植被指数，如双波段植被指数（HTBVI）、多波段植被指数（HMBM）、导数绿度植被指数（HDGVI）等，能够很好地用于一系列植物生物理化特征的表征、分类及建模。敏感波段范围已经明确，但因植被类型、植物生长期、传感器、数据处理方法等存在差异，最适合的波段并没有达成普遍的共识（刘海启、李召良，2015）。每一种植物都有其独有的特征，在不同波段影响其反射光谱的属性。

（4）已有的研究成果主要是基于单因子试验设计，如水分、肥料、病虫害等单因子对草类植物反射光谱特征的影响。关于 N 肥、水分双重因子协同作用下反射光谱响应特征及其规律的研究，鲜有涉及。水分和 N 肥对敏感区域（如红边、绿峰）反射特征是否存在交互作用，也有必要进一步深入探讨。

三、需要开展的研究工作

草类植物对逆境条件的反射光谱响应与机理是近年来国际上的研究热点，但国内在该领域缺乏系统而深入的探索。监测牧草 N 素营养和水分，传统采用目测法或化学分析法。目测法缺乏科学根据，受主观因素影响大，且精确度不高；而化学分析法虽然可以将各种生理指标定量，提高准确性，但从取样到得出结果，成本高、工作量大、耗费时间长、存在不可克服的滞后性。

近年来，草类植物光谱特征研究在国外十分活跃，并取得了一些阶段性成果。例如在环境胁迫条件下，草类植物产生相应的反射光谱变化趋势，可见光和近红外区域（400 ~ 1300 nm）的某些波段对 N 素胁迫及水分胁迫十分敏感；草类植物冠层叶绿素水平、叶片相对含水量等指标，与其反射光谱特征参数之间存在显著相关关系。在国内，草类植物反射光谱特征的基础研究薄弱，整体研究水平明显落后，许多领域尚属空白。对于牧草在环境胁迫条件下反射光谱响应的机理与规律，尤其缺乏深入系统的研究，其中蕴含的科学价值和经济价值未能得到有效挖掘和利用。

东非狼尾草（*Pennisetum clandestinum*），为禾本科狼尾草属多年生草本，原产于东非，我国于 1984 年从澳大利亚引进。经不同气候带种植观测，威提特品种（cv. Whittet）能够适应云南的亚热带生态环境，表现出良好的生态适应性和利用价值，现已在昆明、曲靖等地成为用途广泛、生产性能优良的主要草种，可以作为牧草，也可用于水土保持或环境绿化。该草种在澳大利亚的庭院绿化、公共用地绿化、高尔夫练习场、橄榄球场中都被广泛使用。

东非狼尾草对 N 素和水分反应敏感。常规监测技术难以及时准确地反映植株的 N 素和水分以及受胁迫程度，N 肥和水分施用缺乏科学依据，导致生产性能和饲用品质低下。东非狼尾草对 N 素有很强的适应性，当施 N 水平高达 900 kg/hm^2/a 时，其产草量仍有上升的趋势（Marot，1999）。据国内外研究表明，施 N 不足或过量，在生产实践中长期存在，并由此引发了一系列突出问题：施 N 不足，植株生长不良，高产性能难以发挥；施 N 过量，又容易在植株内积累大量硝酸盐和其他含 N 化合物，使这些物质的数量远超过动物所需求的水平，对饲草消化率及动物生产性能都会产生十分明显的副作用（Vander，1992）。东非狼尾草虽具有一定的耐旱能力，但水分仍然是影响其生产性能的限制性因子，水分胁迫可导致其生长速度显著降低（Murtagh，1988）。因此，及时而准确地监测植株的 N 素和水分状况十分必要。

东非狼尾草作为栽培牧草被研究和利用，已有近 100 年的历史。现已被引入到许多国家，如澳大利亚、新西兰、中国等，用于建植高产人工草地。同时，在其对土壤、水分、光照等环境因素的生态适应性、生产性能与饲用价值以及与其他豆科、禾本科植物种间相容性等领域进行了广泛的试验和研究。结果表明：东非狼尾草适宜生长在排水良好、N 肥充足的土壤中。施 N 量达到 300 ~ 500 kg/hm^2/a 时，可获得最佳干草产量。施 N 水平对东非狼尾草植株 N 含量、产草量、饲用价值均有明显影响。Kemp（1975）测定比较了 20 种热性牧草和温性牧草的硝酸盐含量，其中东非狼尾草最高，达到 24.8 g/kgDM。Marais 等（1999）的研究表明，东非狼尾草植株总 N 含量增加时，会引起硝酸盐浓度的快速上升，牧草高水平 N 素含量会导致粗蛋白代谢率降低，明显制约了动物生产水平。

东非狼尾草植株 N 含量与其生育时期、茎叶比密切相关。Murtagh 等（1990）测定结果表明，不同生育时期植株 N 含量在 13.6 ~ 41.1 g/kg DM 范围内，叶片中的含量高于茎秆，再生草中高 N 素含量导致饲草的蛋白与能量比例失调。Reeves（1999）试验结果表明，在以东非狼尾草为优势种的放牧草地上，应适度施用 N 肥，避免一次性大量施用，超过 50 kg/hm^2/month 既不科学，也不经济。同时指出，在东非狼尾草的栽培和利用过程中，对其植株 N 含量进行及时而准确的动态监测十分必要。

年降水量 850 ~ 1269 mm 被认为是东非狼尾草适宜生长的区域（Russel and Webb，1976），但对其抗旱性能的研究结果不尽一致（Whiteman，1980）。在排水良好的土壤中，根系入土深，应该具有较强的耐干旱能力。但试验结果表明，水分胁迫是影响其生产性能的限制性因子。当受到中度水分胁迫时，东非狼尾草的生长速度会降低 61%（Murtagh，1988）。

东非狼尾草在云南省温暖湿润、年降水量 600 mm 以上，年均温 13℃ ~ 19℃，海拔 1200 ~ 2100 m 的中亚热带、北亚热带地区表现良好。株高 40 ~ 50 cm，再生性强。该品种寿命长，具有高消化率、高蛋白质、低纤维、适口性好等特点，耐重牧和连续放牧而不易退化，耐贫瘠、耐干旱，但对 N 肥和水分敏感。产草量高，饲用价值优良。具有良好的牧用价值。可以单播，也可以与白三叶、非洲狗尾草混播，建植永久人工草地。据测定，在已利用了 20 年的草地上，放牧效果良好，各种家畜均喜食。干物质产量可达到 7 ~ 10 t/hm^2，粗蛋白含量为 23.5%。一个匍匐茎在地表可生长 1.5m/a，能够形成稠密的草层。根系发达而强壮，固土能力好，种植 5 年的根系入土深达 2 m 以上，可以吸收土壤深层水分，耐旱能力强。

东非狼尾草对 N 素和水分反应敏感，适时适量的 N 素和水分供应是保障其高产、优质的关键措施。在实际栽培利用中，传统监测技术难以及时准确地反映植株 N 素、水分以及受胁迫程度，N 肥和水分施用缺乏精准的科学依据，导致生产性能和饲用品质低下。

近年来，国内外利用高光谱分析原理对草类植物的研究，多采用单因子试验设计。关于 N 素胁迫和水分胁迫协同作用下，热带或亚热带多年生牧草/草坪草光谱响应特征及其规律的研究文献资料甚少。因此，利用高光谱分析原理与技术，开展东非狼尾草等草类植物对 N 素和水分胁迫的反射光谱响应规律的深入研究，借鉴先进的高光谱特征选择和数据挖掘方法，探求 N 素和水分双重胁迫条件下对光谱响应的协同作用并精准反演生物理化参数，具有重要的科学意义和应用价值。运用高光谱分析原理，设计施 N 及灌水单因子处理试验、施 N 灌水双因子处理试验，测定植株 N 含量、叶片相对含水量、叶绿素浓度、可溶性糖等生理指标，分析可见光和近红外区域（400 ~ 1300 nm）原始光谱、导数光谱与生理指标之间的相关性，筛选与 N 素及水分胁迫密切相关的敏感波段、特征参数和植被指数，揭示草类植物（如西南地区的东非狼尾草、非洲狗尾草、鸭茅、多年生黑麦草等）在 N 素、水分胁迫以及两者协同作用下群体反射光谱的响应规律及其生理学机理。预期研究成果能够为实时定量反演植株 N 素和水分状况、预警早期胁迫、精准施用 N 肥和水分提供科学依据。

第三节 草坪病虫害

一、草坪病虫害及其表现

草坪草在环境不适宜或遭有害生物侵染时，其新陈代谢受到干扰或破坏，引起内部生理机能或外部组织形态上的改变，生长发育受到阻碍，导致局部甚至整株死亡，这种现象称草坪病害。草坪病虫害的形成，是寄主和病原物在外界条件影响下相互作用，经过一系列变化的过程。

草坪病虫害发生的原因分为两大类：由不适宜的环境条件引起的病害，称为非侵染性病害；由有害生物侵染而引起的病害，称为侵染性病害。非侵染性病害的发生，取决于草坪和环境两方面的因素。草坪草对外界各种不良因素具有一定的适应性，但不同草坪草种或品种适应性有差异，当环境条件超过其适应范围时，草坪草就会生病。例如土壤缺乏草坪草必需的营养或营养元素的供给比例失调；土壤中盐分过多；水分过多或过少；温度过高或过低；光照过强或不足；环境污染产生有毒物质或有害气体等。环境因素引起的病害是不能传染的，所以又称生理病害。侵染性病害的发生是由生物因素引起的。引起草坪病虫害的生物称为病原物，主要包括真菌、细菌、病毒、类病毒、线虫等。植物在其发病部位，往往伴随出现各种颜色和形状不同的霉状物、粉状物、粒状物、脓状物等，这是病原菌在病部表面产生的菌体，是植物传染性病害的标志之一。

草坪草病虫害发生的过程始于病原物侵入寄主植物。细小的孢子或菌核发芽之后，萌发管生长在植株表面，通过气孔、水孔、皮孔及茎叶修剪的创口、其他伤口或细胞壁产生侵入。真菌可在植株体中形成菌丝体，并释放毒素，使植物细胞中毒，失去完整结构，以致最终死亡。此外，伴随真菌的摄养和生长，植物也会因营养物质发生转移而使组织遭到破坏。病原物在寄主植物体内的定植，就表明该植物已经被侵染，经过几天或几周的潜伏期后，开始出现病症。植物生病后所表现的病态主要可分为以下几种类型：

（一）变 色

植物生病后局部或全株失去正常的颜色称为变色（discolor）。变色主要是由于叶绿素或叶绿体受到抑制或破坏，色素比例失调造成的。当整个植株、整个叶片或叶片的一部分均匀地变色，主要表现为褪绿（chlorosis）和黄化（yellowing）。褪绿是由于叶绿素减少而表现为浅绿色，当叶绿素的量减少到一定程度就表现为黄化。有时整个或部分叶片变为紫色或红色。另一种形式不是均匀地变色，如常见的花叶，由形状不规则的深绿、浅绿、黄绿或黄色部位相间而形成不规则的杂色。

（二）坏 死

植物的细胞和组织受到破坏而死亡，形成各式各样的病斑。坏死（necrosis）在叶片上通常表现为坏死斑（lesion）和叶枯（leaf blight）。坏死斑的颜色不一，有褐斑、黑斑、灰斑、白斑等。坏死斑的形状有圆形、椭圆形、梭形、轮纹形、不规则形等；有的病斑受叶脉限制，形成角斑；有的沿叶肉发展，形成条纹或条斑；有的病斑周围有明显的边缘，有的没有，病斑扩大可连接为更大的病斑。根、茎、叶、叶柄、果、穗等各部位都可以发生坏死性病斑，造成叶枯、枝枯、茎枯、落叶、落果等。叶尖和叶缘的大块枯死常称为叶烧（leaf firing）。

（三）腐　烂

植物的组织细胞受到病原物的破坏和分解可发生腐烂（rot），根据腐烂的部位分为根腐、茎基腐、穗腐、块茎和块根腐烂等。含水分较多的柔软组织，有的细胞间的中胶层被病原物分泌的酶所分解，致使细胞分离，组织崩溃，造成软腐（soft rot）或湿腐（wet rot），腐烂后水分散失，成为干腐（dry rot）。幼苗的根或茎腐烂，幼苗直立死亡，称为立枯（seedling blight）；幼苗倒伏，称为猝倒（dampling off）。

（四）萎　蔫

植物的整株或局部因脱水导致枝叶下垂的现象称为萎蔫（wilt）。由于病原物破坏了植物的输导组织，植物根或维管束受病原物侵害，大量菌体堵塞导管或产生毒素，阻碍或影响水分运输，就引起叶片枯黄、萎凋，造成黄萎、枯黄，以致植株死亡。植株迅速萎蔫死亡而叶片仍呈绿色的称为青枯。

（五）畸　形

植物受害部位的细胞分裂和生长促进性或抑制性病变，致使植物整体或局部的形态异常称为畸形（malformation）。植物受害后可以发生增生性病变，生长发育过度，组织细胞增生，病部膨大，产生肿瘤；枝或根过度分枝，产生丛枝、发根等。也可以发生抑制性病变，生长发育不良，使植株或器官矮缩（dwarf）或矮化（stunt）等。此外，常见的叶片的畸形有皱缩（crinkle）、卷叶（leaf roll）、缩叶（leaf curl）等。

草坪植物的虫害，相对于草坪病害来讲，对草坪的危害较轻，比较容易防治，但如果防治不及时，也会对草坪造成大面积的危害。按其危害部分的不同，草坪害虫可分为地下害虫和茎叶害虫两大类。常见的害虫主要有蛴螬（grubs）、象鼻虫（billbugs）、金针虫（wire worms）、地珠（ground pearls）、蝼蛄（mole crickets）、地老虎（cut worms）、草地螟（sod webworms）、黏虫（army worms）和蝗虫（grass hoppers）等。

二、草坪常见病害

（一）锈　病

锈病（rust）危害绝大多数草坪草，发生于世界的任何地方，是一种较严重的真菌病害，它主要危害草地早熟禾、多年生黑麦草、狗牙根及高羊茅等。在适宜的环境条件下，锈病几天之内就会发生，造成严重的损失。锈病发生初期，在叶和茎上出现浅黄色的斑点，随着病害的发展，病斑数目增多，叶、茎表皮破裂从内散发出黄色、橙色、棕黄色、栗棕色或粉红色的厚孢子堆。病害发展后期，病部出现锈色、黑色的冬孢子堆。最典型的症状是用手抹一下病叶，手上会有一层锈色的粉状物。这些粉状物就是锈菌的夏孢子和冬孢子。由于锈菌的危害，受害草坪生长不良，叶片和茎秆弯曲、颜色不正常，草坪草生长矮小，光合作用下降，严重时导致草坪的死亡。

锈病是草坪早熟禾的一种重要病害，分布范围广，危害重，以冷季型草坪草中的黑麦草、高羊茅、草地早熟禾以及暖季型草坪草中的狗牙根、结缕草受害最重。草坪草被侵染以后呈黄色锈状，春秋两季发病重。锈病的病原菌为锈菌，是一种严格的专性寄生菌，离开寄主就不能存活。对湿度要求较高，对温度的要求因锈菌种类的不同而有差异，秆锈菌要求的温度较高，条锈菌要求的温度较低，叶锈菌则介于两者之间。

（二）白粉病

白粉病（powdery mildew）为禾草常见病害，世界各国都有分布。草坪禾草中以早熟禾、细羊茅和狗牙根发病较重，全株感病，生境郁蔽，光照不足时发病尤重，致使草坪发育不良、早衰，景观被破坏。病害发生初期，在叶片、叶鞘和枝条的表面有一层白色的粉状物，这些粉状物是病菌的分生孢子、分生孢子梗和菌丝体。病菌生长迅速，很快扩大并覆盖整个叶面，霉层变厚，呈灰色、淡褐色。发病后期，其内生出许多黄色至褐色的小点，即白粉菌的闭囊壳。一般老叶受害比嫩叶严重。由于植物表面被白粉菌覆盖，导致光合作用下降，呼吸失调，引起窒息。植物表面出现褪绿斑，植物生长不良、萎凋，严重时植株枯萎和死亡，草坪不断稀疏，最终大片草坪被毁灭。

（三）褐斑病

褐斑病（brown patch）是草坪草上比较严重而常见的一种真菌病害。褐斑病的病原菌为立枯丝核菌，春季当土壤温度上升至15℃~20℃时，病菌产生大量菌丝，当白天气温上升至30℃左右，夜间气温20℃以上，并且空气湿度很高时，病菌开始侵染寄主。在冷季型草坪上，当草坪比较低矮，空气湿度大，天气温暖时，受立枯丝核菌侵染的草坪，开始出现病斑，病斑发展迅速，从最初的几厘米扩大到几十厘米，病斑周围产生黑紫色或灰褐色的呈烟环状的边缘。这种烟环是真菌的菌丝体。在冷季型草坪上，草坪留茬较高，在多年生黑麦草、草地早熟禾或高羊茅的草坪上，主要引起浅棕色的环状病斑，很少形成烟环状，病斑直径一般有15 cm。在干燥的条件下，病斑可大到30 cm。受害草坪常出现凹陷的症状，形成环形斑，又称蛙眼斑。

褐斑病是所有草坪病害中分布最广的病害之一，能够侵染所有已知的草坪草，不仅会造成草坪草植株的死亡，还能够造成草坪大面积的枯死。凡是在草坪能生长的地方都会有褐斑病的发生与危害，感病的草坪会出现大小不等的枯草圈，中央保持绿色，边缘呈黄色环带，呈现"蛙眼状"，因为在枯草圈中心的植株可以恢复生长，而边缘的枯草不能恢复生长。在有露水或空气湿度大的情况下，枯草圈的外缘出现由病菌菌丝形成的"烟圈"，叶片干燥时，烟圈消失。暖季型禾草在高温高湿条件下病害发生发展的速度较快，草坪开始大面积发病，枯草层厚的老草坪受害较重。

（四）腐霉枯萎病

腐霉枯萎病（pythium blight）又称油斑病，是草坪上的一种具有毁灭性的重要病害，能够侵染所有草坪草，其中以冷季型草坪受害最重。在高温高湿的气候条件下，腐霉枯萎病能够在一夜之间毁坏大面积的草坪，常会使草坪突然出现直径2~5 cm的圆形黄褐色枯草斑，在清晨有露水时，病叶呈水渍状，变软黏滑，有油腻感。修剪较高的草坪枯草斑较大，修剪低的草坪起初枯草斑较小，随后可以迅速扩大。当持续高温时，病斑会很快联合，24小时之内就能够损坏大片草坪。腐霉枯萎病的病原菌喜高温高湿，当白天气温在30℃以上，夜间气温高于20℃，大气相对湿度高于90%的条件只要维持14小时，腐霉枯萎病就会大面积发生。病菌可以随修剪工具传播，所以，有时会沿剪草机的作业路线呈长条形发病。

（五）夏季斑枯病

夏季斑枯病（summer spot blight）又称夏季环斑病、夏季斑，是夏季高温高湿时发生在冷季型草坪上的一种严重病害，尤其在生长较密的草地早熟禾草坪上，主要造成大小不等的枯斑。夏初开始表现症状，发病草坪最初出现环行小病斑，以后草坪植株变成枯黄色，出现环形枯萎病块，并逐渐扩大，直径可达40 cm，最大可达80 cm。在一般绿地草坪上，病斑开始为弥散的枯黄色斑点，根部变为黑褐色，整株死亡。夏季斑枯病的病原菌在21℃~35℃均可侵染。最初，病菌只侵染根部，在夏季炎热多雨持续高温时，病害就会迅速发生，造成草坪出现大小不等的秃斑，病斑内的枯草不能恢复生长。干旱对病害影响不大。

（六）镰刀菌枯萎病

镰刀菌枯萎病（fusarium blight）又称蛙眼病、根腐病，可以侵染多种禾草，是草坪上普遍发生的重要病害之一，引起草坪草的根腐、叶斑、枯萎等症状，严重破坏草坪景观。草坪感病初期，呈现淡绿色小斑，不久枯黄，在高温干旱条件下，形成直径2~30 cm不等的不规则形枯草斑，在适宜的温湿条件下，使草坪大面积发生叶斑。3年以上的早熟禾受害后，枯草斑直径可以达到1 m，边缘多为红褐色，中央草坪生长正常，四周枯死，呈"蛙眼状"，多发生在夏季湿度过高或过低时，病原菌为镰刀菌，高温干旱有利于根、茎干腐的发生，高温高湿有利于叶斑的大量发生。

（七）白绢病

白绢病（southern blight）又称南方枯萎病，是一种真菌病害，主要发生在我国中南部高温多雨地区，危害马蹄金草坪等阔叶草坪草。白绢病主要危害草坪根及根茎部分，染病草坪在茎基部出现水渍状褐色斑，并有明显的白色羽毛状物，呈辐射状蔓延，侵染相邻健康植株，病部逐渐呈褐色腐烂，全株枯死。在草坪开始发病时，出现直径20 cm左右的圆形、半圆形枯草斑。枯草斑边缘病株呈红褐色枯死，枯草层上有白色绢状菌丝体和白色至褐色菌核，枯草斑中部植株仍保持绿色，使枯草斑呈现明显的红褐色环带，高温高湿时，病斑可达1 m以上。后期在根部皮层腐烂处有菌核，初期为白色，后期为褐色，表面光滑。

（八）云纹斑病

云纹斑病（orchardgrass leaf disease）又称喙孢霉叶枯病，是草坪上的一种常见病害之一，主要危害叶片、叶鞘，病叶水渍状，叶片干枯后呈云纹状。病原菌喜冷凉环境，适宜温度为20℃，高温干旱不利于病害的发生。多在春季发病，秋季病害又会加重。主要危害羊茅、早熟禾、黑麦草和匍匐翦股颖等。

（九）德氏霉叶枯病

德氏霉叶枯病（drechslera leaf spot）能够侵染多种草坪禾草，引起叶斑、叶枯、根腐、茎基腐等症状，随草坪草种类的不同而表现出不同症状。侵染草地早熟禾时，产生水渍状小斑，呈黄褐色，交界处有黄色晕圈，病斑沿叶脉平行方向扩展，颜色由褐色变为白色至枯黄色坏死斑，根茎受侵染后呈褐色腐烂坏死状。

三、草坪病虫害遥感监测机理

（一）细胞的结构和水分

在植物发病过程中，叶片细胞会发生一系列变化，如细胞分离、组织受到破坏、失去水分等。病原物侵染植物体，可以通过以下的方式产生致病性：夺取寄主的营养物质和水分，使寄主生长衰弱；分泌各种酶类，消解和破坏植物组织和细胞，侵入寄主并引起病害，如软腐病菌分泌的果胶酶，可以分解消化寄主细胞间的果胶物质，使寄主组织的细胞彼此分离，组织软化而呈水渍状腐烂；分泌毒素，使细胞组织中毒，引起褪绿、坏死、萎蔫等症状；分泌植物生长调节物质，或干扰植物的正常激素代谢，引起生长畸形（李怀方等，2001）。

病原物侵入植物体之后，有的先要杀死寄主细胞和组织，然后从死亡的细胞中吸取营养物质；有的与寄主细胞建立密切的营养关系，从活细胞或组织中吸收营养物质，不会很快引起细胞死亡。

绿色植物在近红外区域（700～1300 nm）反射率较高，通常达到50%，甚至更高，这主要是由于叶片内部结构多次反射、散射的结果。在植物细胞结构由于病害而发生各种变化的同时，其反射光谱也随之改变。绿色植物在中红外区域（1300～2600 nm）具有明显的反射峰和吸收谷，叶片含水量是控制该区域反射光谱特征的主要因素。在植物叶片水分含量由于病害而发生变化的同时，其反射光谱也随之发生相应的改变，表现最明显的特征是反射率出现下降的趋势，发病程度越严重，反射率下降幅度越大。

（二）细胞色素

与其他植物相类似，草坪植物在其发病过程中，细胞色素的种类和数量均会发生相应的变化。陈臻等（2005）以高羊茅、多年生黑麦草、草地早熟禾和紫羊茅的16个品种为材料，测定了感病品种 Granda、RebelⅢ、Rebel J、SR8500 和抗病品种 SR5100、Franklin、Reliant、SR5200E 等感染叶枯病（leaf blight）后的叶绿素含量。结果指出，叶绿素含量与田间发病率之间呈极显著负相关关系（$P < 0.01$），叶枯病导致草坪草的病叶叶绿素含量显著下降，其叶绿素含量下降幅度为12.3%～31.8%，抗病品种叶绿素含量下降幅度低于感病品种，表明叶绿素含量的变化与草坪草的抗病性有关。

绿色植物在可见光区域（400～700 nm）具有明显的反射峰和吸收谷，细胞色素是控制该区域反射光谱特征的主要因素。在植物细胞色素，尤其是叶绿素含量由于病害而发生变化的同时，其反射光谱也随之发生相应的改变，其中550 nm 处"绿峰"反射率下降最为明显，通常表现为病情越严重，反射率下降幅度越大。Knipling（1970）提出，草坪叶片变黄或患病时，叶片失绿，叶绿素含量降低，利用红光波段和近红外波段的变化规律可以作为草坪健康状况的一种监测指标。

（三）植物抗病机制与其生理生化反应

植物在其抗病过程中，通过强烈的生理生化反应，产生对病原物有毒害作用的物质，抑制或反抗病原物的侵染。当病原物接触或侵入后，会诱导寄主组织结构的变化，如在病部形成木栓层、离层、侵填体和树胶等组织结构的改变，或细胞坏死等细胞水平的反应，以抵制病原物的扩展或增殖。这些变化对植物反射光谱是否具有显著的影响，是今后需要深入开展研究探讨的领域。

（四）病虫害胁迫条件下草坪反射光谱特征

在可见光、近红外和中红外光谱区域，植物反射光谱的控制因素分别为叶片的色素、细胞结构和水分含量。健康绿色植物的反射光谱曲线在可见光部分的低谷，即 450 nm 处的蓝光和 670 nm 处的红光，主要由叶绿素强烈吸收而引起。如果叶绿素等色素的浓度或含量下降，绿色视觉效果就会减弱，在光谱上表现为绿光区的反射减弱，吸收增强。可见光区的"蓝边""绿峰""黄边"、红光低谷及"红边"都是描述植被色素状态和健康状况的重要指示波段。

"红边"是指 680~780 nm 范围内一阶导数光谱的最大值。在这一波段范围内，植被反射率曲线从非常低的叶绿素红光吸收转变为非常高的近红外反射，这种变化是由于叶片和冠层的散射作用引起的。绿色植物生长旺盛时，叶绿素含量高，"红边"会向红外方向偏移，即"红边位置"向长波方向移动；当植物由于病虫害感染或物候变化等原因而"失绿"时，"红边"会向蓝光方向移动，即发生"蓝移"现象。

当植物受到病虫害侵扰时，因缺乏营养和水分而生长不良，其海绵组织受到破坏，叶子的色素也发生变化，使得可见光区的两个吸收谷不明显，550 nm 处的反射峰按叶片被损伤程度而变低、变平。近红外区的变化更为明显，峰值被削低，甚至消失，整个反射曲线的波状特征被拉平。根据对受损植物和健康植物光谱曲线的比较，可以确定植物是否有病虫害及遭受病虫害的程度。Boochs 等指出，由高光谱曲线得到红边，可以提供足够的信息以探测出植物形态和生化状况的微小差异。李民赞等（2006）通过研究发现，冬小麦每个生育期正常叶片的"红边"先向长波方向移动，发生"红移"，后向短波方向移动，发生"蓝移"，然后又发生"红移"；而病害感染后的处理具有不明显的"红移"现象，但表现出"蓝移"趋势。

周益林等（2006）利用手持式高光谱仪和基于数字技术的低空遥感系统，对感染不同严重度白粉病的小麦冠层光谱反射率进行了测定，同时调查病情指数，分析不同时期地面平台光谱反射率与病情指数及低空遥感平台反射率与病情指数（Disease Index，DI）、归一化植被指数（NDVI）的相关性。结果表明，地面光谱测量冠层光谱反射率和低空遥感数字图像反射率均与小麦白粉病病情指数在灌浆期有显著的相关关系，就地面测量结果而言，近红外波段的相关性高于绿光波段，相关系数分别为 0.79 和 0.54；低空遥感数字图像的红、绿、蓝三个波段中，相关性依次降低，相关系数分别为 0.79、0.75 和 0.62；而且低空遥感图像的蓝、红、绿三个波段与归一化植被指数也存在较好的相关关系，相关系数依次为 0.70、0.68 和 0.54。这表明利用遥感非破坏性监测小麦白粉病有着良好的应用前景，对于小麦白粉病发生面积监测有重要意义。

草坪植物在生病过程中，以及出现明显病症之后，叶片中的色素、细胞结构和水分含量会随之发生相应变化，其反射光谱也会在不同波段上发生改变，如图 5-7 所示。通过比较健康植物和发病植物的反射光谱，建立病害类型、病害程度与发病植物反射光谱特征的对应关系。

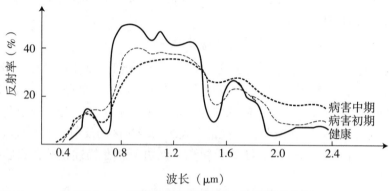

图 5 - 7　病害胁迫时期对植物反射光谱的影响

四、光谱分析技术在草坪病虫害防治中的应用

（一）草坪病虫害防治方法

病害发生应具有寄主植物、病原物和适宜环境三个条件。所以，任何增加寄主抗病性、控制病原物和改变环境条件的方法都可有效地防治病害。防治方法多种多样，按其作用原理和应用技术，分为植物检疫法、农业防治法、生物防治法、物理机械防治法和药剂防治法五大类。草坪是一种用途特殊的植被类型，草坪病虫害防治方法包括以下几类：

（1）选用抗病草种混播。选用不同的抗病草种混合建植草坪是防治多种草坪病害的有效措施之一。对夏季斑枯病来说，这种措施是最经济有效的方法，以多年生黑麦草最抗夏季斑枯病，其次为高羊茅、匍匐剪股颖、草地早熟禾等。对腐霉枯萎病应当以草地早熟禾为主，适当混合高羊茅、黑麦草建植草坪。锈病则应采取以草地早熟禾、多年生黑麦草和高羊茅以 7∶2∶1 的比例混合播种，或者采取不同品种的草地早熟禾混合播种建植草坪来防治锈病的发生与危害。

（2）科学施肥，测土施肥。根据草坪草习性合理施用 N、P、K 肥，控制 N 肥的用量，增加有机肥的施用比例。重施秋肥，轻施春肥。施肥要少量勤施，平衡施肥。

（3）合理灌溉。避免大水漫灌和串灌，减少灌溉次数，控制灌水量，保持良好的排水功能，保证草坪既不干旱，也不过湿。灌水时间最好在清晨或午后进行，避免在傍晚或夜间灌水。

（4）及时修剪，清除枯草层。草坪的修剪应当严格按照"三分之一修剪"的原则，草高超过 10 cm 或枯草层厚度超过 2 cm 就要及时进行修剪。一般留草高度 5～6 cm，枯草和修剪后的残留草要及时清除，保持草坪清洁卫生。在高温潮湿、叶面有露水时，不宜进行修剪。修剪时应当先修剪健康草坪或植株，后修剪感病草坪或植株，以免病菌随修剪工具而传播扩散。

（5）合理使用药剂防治。药剂防治就是使用化学药剂杀死或抑制病原物，防止或减轻病害的危害。化学防治具有作用迅速、效果显著，使用方法易于掌握的优点，是防治草坪病害的重要手段。但同时，化学防治又往往对人体有毒、对生态环境造成不同程度的污染和破坏，甚至还可能对草坪产生不同程度的药害。因此，应当科学合理地使用化学药剂，选用高效、低毒、低残留、对环境友好的种类，同时提高化学药剂的使用技术，减少用药量，降低残留量，减少药液的漂移。防治时期，药剂种类和施药技术是决定化学防治效果优劣的关键因素。播种期和病害发生初期是防治草坪病害的最佳时期，处理方法为：播种期进行药剂拌种或进行种子包衣处理；发病初期选用适当的农药及时进行药剂防治。

（6）药剂拌种或种子包衣处理。药剂拌种或种子包衣处理是防治草坪褐斑病、烂种、猝倒、腐霉枯萎病、镰刀菌枯萎病、锈病和根腐病等病害的有效措施之一。

（7）播前土壤处理。播前土壤处理可以有效杀灭土壤中的各种病原菌和其他有害生物，是防治草坪病害的有效措施之一。

（8）草坪发病初期或病害发生前进行药剂防治。病原菌大量侵染繁殖之前是病害防治的最佳时期，应当及时选用适当药剂进行防治。喷药量和喷药次数可以根据草坪草的品种、高度、植株密度以及发病情况而定。

草坪病害的防治不同于其他农作物病害的防治。草坪作为城市景观的一个重要组成部分，与人们的日常生活密切相关，是人们休息、娱乐、健身等活动的重要场所。发现病害时，应当合理选用适当的药剂进行防治，同时在病害防治过程中，应注意防治与生态环境的关系，优先选用生物农药和高效、低毒、低残留农药，并减少农药的用量和使用次数，兼顾经济效益、社会效益和生态效益。提倡生态防治和生物防治，不污染景观和生态环境，做到既治理好草坪病害，又不影响人们对草坪的观赏和利用。

目前，草坪病害的防治尚处于起步阶段，与大田作物病害防治相比，还没有形成病害的预测预报和综合防治体系，在草坪病害的防治中应做到以下几方面的工作：①加强草坪病害发生规律和防治技术的研究；②对主要病害进行系统调查与监测，有针对性地对常发病害进行及时的预测和防治指导；③加强草坪病害防治与草坪养护人员的草坪病害发生与防治知识的培训工作；④密切注意草坪病害的发生与危害，于草坪病害发生初期及时进行科学合理的防治；⑤选用高效、低毒、低残留农药，避免中、高毒农药的使用；⑥开展光谱分析技术在草坪病虫害方面的研究与应用，建立适合于不同地区的草坪病虫害反射光谱预警系统。

（二）光谱分析技术及其研究应用

很多专家学者对利用光谱分析技术监测作物病情指数分析作物遭受病害侵染之后的光谱反射特征等方面开展了大量的研究，也为光谱分析技术在草坪领域的应用提供了可以借鉴的实践经验。黄文江（2005）通过选取不同条锈病抗性品种（高抗、高感、中间）进行田间不同梯度（对照、轻度、中度、重度）的接种试验。在接种后每隔7d左右，同步测定了不同品种、不同处理情况下的冠层光谱、单叶光谱和对应目标的病情指数以及叶面积指数、叶倾角等生物物理参数和叶绿素、SPAD数值等生物化学参数。通过对获取的光谱数据和生物物理参数和生物化学参数进行统计分析。结果表明，小麦被条锈病感染以后，叶片叶绿素含量急剧下降，通过研究叶片绿度值（SPAFD）与叶绿素含量之间的关系，建立了叶片叶绿素含量和叶片SPAFD数值之间的线性关系方程。在借鉴前人研究结果的基础上，筛选光谱指数，在冠层水平上构建作物冠层结构不敏感色素反演指数（CCII = TCARI/OSAVI）来反演全生育期不同处理的SPAFD数值，此反演结果受品种类型、冠层结构和土壤背景的影响较小，线性方程的决定系数达到极显著的水平。在单叶水平选取归一化的光化学指数（NPRI）来反演单叶的病情指数（DI），线性方程的决定系数达到极显著的水平。所以，该试验通过选取适当的高光谱指数进行冬小麦条锈病严重度的反演的理论和方法是可行的，且反演结果受不同品种、不同叶面积指数和土壤背景等的影响均较小。

黄木易（2004）通过人工田间诱发不同等级条锈病，在不同生育期内对不同发病等级（不同病情指数）的冬小麦条锈病冠层光谱进行测定，并同步进行条锈病病情指数的调查。定性和定量地分析了病害区与对照区的冬小麦冠层光谱在绿光区、黄光区和近红外区反射特征差异及叶绿素含量变化，并将病情指数及光谱数据进行相关分析。研究表明，630～687 nm、740～890 nm 及 976～1350 nm 为遥感监测条锈病的敏感波段；绿光区、近红外平台处及黄光区的冠层光谱反射率分别随病情的加重呈明显的上升、下降和上升趋势；条锈病的红边发生"蓝移"；叶绿素含量随条锈病的病情指数的增大而下降。试验结果也证明，在条锈病害田间病叶率为 5% 时的最佳防治时期内，利用高光谱分析可以对冬小麦条锈病害做出早期诊断。并在此基础上建立了遥感监测条锈病病情指数的多波段（长）下的组合诊断模式的定量模型。该研究为进一步通过航空航天遥感大面积监测冬小麦条锈病提供了理论依据。

李京（2007）通过人工田间诱发不同等级小麦条锈病，对小麦冠层一阶微分光谱进行分析，结果表明随病情指数增大，一阶微分光谱在绿边（500～560 nm）内逐渐增大，在红边（680～760 nm）内逐渐降低。红边内一阶微分总和（SDr）与绿边内一阶微分总和（SDg）的比值，能够在症状出现前 12 天识别出健康作物与病害作物。

王海光（2007）采用 ASD Field – Spec Pro 光谱辐射仪和 1800 – 12 外置积分球，以健康小麦植株叶片为对照，把小麦条锈病病叶按照严重度分成 1%、5%、10%、20%、40%、60%、80%、100% 共 8 个级别，测定了单片病叶上最能代表严重度级别的发病区域的反射光谱。结果表明，健康小麦叶片与发病叶片的特征光谱反射率存在明显差异，不同严重度的小麦病叶可以反射出不同的特征光谱，随着病害严重度的增加，反射率随之增强。经相关性分析发现 350～1600 nm 波段范围内反射率与严重度基本成正相关，535 nm 以后反射率与严重度相关系数达到显著水平。选择相关性较高的波段利用 SAS 软件进行逐步回归分析，建立了小麦条锈病严重度和光谱反射率之间的回归关系模型。该项研究为利用高光谱遥感技术对小麦条锈病病情监测的研究提供了一定的依据和基础。

陈兵（2007）利用不同发病时期的病圃田和大田同步测定，采集不同品种棉花黄萎病（verticillium wilt）的病叶、冠层光谱与病害严重度数据，通过定性和定量分析病叶、冠层光谱反射特征、微分光谱特征差异，以及病叶、冠层光谱与严重度之间的相关性，建立黄萎病光谱识别模型和病害严重度反演模型。结果表明：棉花不同品种、不同发病时期的黄萎病病叶、冠层光谱均随发病严重度的增加而表现出有规律的变化，与健康叶片相比，黄萎病害病叶光谱反射率在可见光（400～700 nm）到近红外区（700～1300 nm），随病害程度加重呈现上升趋势，在可见光的蓝紫光至红光范围内（520～680 nm）尤为明显；黄萎病害冠层光谱反射率在可见光红光（620～700 nm）波段也表现出随病害加重而上升的现象，但近红外波段（700～1300 nm），光谱反射率则表现出与病害单叶相反的趋势，尤其在 780～1300 nm 最为明显。当病害严重度达到 b2（25%）时，叶片、冠层光谱反射率均发生显著变化，并可作为病害识别的临界，以此对其进行早期诊断。不同病害严重度处理间，在病害叶片、冠层光谱一阶微分特征均表现出在"红边"范围内（680～780 nm）的变幅最大，分析后发现"红边"斜率均下降，"红边位置"均发生"蓝移"，表现出病害特有的光谱特征。实验证明，434～724 nm 和 909～1600 nm 为棉花黄萎病病叶光谱敏感波段，1001～1110 nm 和 1205～1320 nm 为棉花黄萎病冠层光谱敏感波段，698 nm 和 806 nm 分别为棉花黄萎病病叶和冠层光谱特征波段。基于此建立的黄萎病害识别与严重度估测遥感模型均达到极显著水平。棉花黄萎病病叶光谱特征明显，建立的相应病害反演模型中利用一阶微分光谱 723 nm 建立的模型精度最高，可用来定量反演棉花单叶黄萎病的发生情况。

将光谱分析技术应用于草坪领域的时间较晚，目前的研究主要集中在匍匐翦股颖、杂交狗牙根、高羊茅、草地早熟禾等几个常用草坪草种上。

Green（1998）对高羊茅感染病害之后冠层反射率进行了测试和分析，通过测定 430～840 nm 范围内的 8 个波段，并利用 18 种植被指数与褐斑病、灰斑病（gray leaf spot）的目测严重程度值进行了相关性分析，分析结果表明：

①810 nm 处反射率与褐斑病、灰斑病目测严重程度相关性最高，且存在显著的（$P <$ 0.05）负线性相关关系。②高羊茅感染褐斑病和灰斑病之后，在可见光和近红外区域反射光谱类似于由真菌病原体引起的枯萎病而出现的变化趋势。③使用杀真菌剂和增加草层中抗病性强的品种比例时，有效地降低了褐斑病发病率，提高了 810 nm 处光谱反射率。④病原体引起组织破坏，进而导致冠层反射光谱变化。光谱反射法是一种有潜力的无偏见的确定（诊断）草坪病害的手段。

Bell（2002）使用机载光学传感器（Vehicle - mounted Optical Sensing，VMOS），对生长季节中匍匐翦股颖 [*Agrostis Stolonifera* var. Palustris（Huds.）Farw.] 果岭进行了连续 8 周的观测（每周测定 1 次），利用获取的光谱数据建立了植被指数 NDVI 图，并与草坪对 6 个氮肥水平的反映、草坪盖度进行比较。结果说明：

①测定草坪冠层反射光谱转化为植被指数 NDVI，利用该植被指数能够更早地发现草坪潜在的问题，从而减少化肥和农药的使用量，改善草坪外观，提高草坪功能质量。②植被指数与不同氮肥梯度呈极显著相关关系。所形成的植被指数图能够清楚地指示出施肥不足的地块、草坪稀疏的地块，并能够表明一定地段处的灌溉模式。

Raikes 和 Burpee（1998）在匍匐翦股颖感染褐斑病（Brown Patch）期间，使用多波谱辐射仪（multispectral radiometry）观测其反射光谱变化；匍匐翦股颖草坪（已生长 6 年）接种立枯丝核菌（*Rhizoctoniasolani*）之后，460～810 nm 的冠层反射率，从开始出现目测病症到最大病情指数期间，每天观测病情指数、冠层反射光谱。结果说明：

①近红外区域（760～810 nm）反射率随病情指数增大而显著降低。②尽早识别病害、准确判定病情等级在评估植物病情方面十分重要。评估将反射光谱作为确定褐斑病严重程度的一种技术的可行性。③利用多波谱辐射仪确定匍匐翦股颖褐斑病病情指数时，在各个不同发病时期分别测定的效果较好，而将某一次建立的模型应用于整个发病时期，则测定的效果相对较差。

Dara（2006）在美国南佛罗里达州的亚热带区进行了修剪高度、施用氮肥对狗牙根果岭质量的研究，采用的方法有目测评估、反射光谱分析两种，分析结果表明：

①在为期 8 周的试验时间内，草坪质量评分与其光谱反射率之间存在极显著相关性（$P < 0.001$）。②病害症状与光谱反射率之间的相关性在试验开始的第一周不显著，但之后表现出显著的负相关关系。③与目测评价及病害症状评价相比较，利用光谱反射率能够较早地发现草坪质量发生的变化，更加全面地解释病害的起始过程，且更加清楚地揭示了各处理因子之间的交互作用。④管理人员借助草坪反射光谱有助于及早发现草坪所面临的多种逆境条件。

Rinehart 等（2001）利用近红外光谱技术研究了高尔夫球场草坪冠层反射与冷季型草坪褐斑病和币斑病（dollar spot）之间的关系。结果表明，可见光光谱及近红外光谱传感器能够及时有效地判定草坪草褐斑病和币斑病的发生情况，对草坪币斑病病斑判定准确率为 89.7%，对褐斑病判定的准确率为 91.4%。Rinehart 等（2002）利用可见光/近红外分光镜对匍匐翦股颖的褐斑病和一年生牧草的硬币圆状斑病进行了研究，发现不同病情的冠层一阶导数光谱在 700 nm、1400 nm 和 1930 nm 处有着明显的特征。Thomas 等（2002）通过测量在近红外光波下的草坪反光性预测草坪腐霉病和褐斑病的发生，通常腐霉病的发生可在病害症状出现的 3 小时之前得到预报。Murphy（1993）利用近红外光谱技术对匍匐翦股颖草坪草屑含氮量与其币斑病的发病程度的初步相关分析发现，随着草坪草屑含氮量的升高，币斑病的发病程度减轻。Hill 等（1987）、Robers 等（1988）通过近红外光谱技术评估高羊茅真菌感染水平，结果证明能够有效检测出高羊茅草坪的病害发生。Gregory 等（1994）研究了植物在受到 8 种胁迫时的反射率比值与不受胁迫时的反射率比值，以及它们的相关性，发现在可见光到近红外光谱区与无胁迫的植物叶片相比，受胁迫的叶片中 R_{695}/R_{420}、R_{695}/R_{760} 是最显著相关的。

上述研究结果表明，近红外光谱技术在有害生物防治方面有着其他预测防治方法无可比拟的时效性，因此可以预计，光谱分析技术在未来的草坪管理中将发挥更大的作用，尤其在植物病害预测预报方面具有极大的研究和应用价值。

根据已经掌握的草坪病害流行规律，结合实时获取的草坪反射光谱数据及其分析，可以预先推测一种病害是否会流行以及流行的程度如何。就某一特定地区而言，可以通过以下工作程序，建立一种草坪病害光谱监测预警机制。

①规范光谱测定程序和技术参数，如光谱仪型号及其配套设备、草坪管理状态（如草层高度范围、是否修剪等）、测定时段、探头与草坪冠层之间的夹角、探头距离草坪冠层的高度等。②测定草坪草健康植株反射光谱，建立反射光谱数据库。各个波段处反射率的上限和下限，"红边位置"及其发生移动的规律等。③测定草坪发病植物在各种病害胁迫以及不同病害指数条件下的反射光谱，建立对应的反射光谱数据库。④分析和总结出常用草坪草的各种病害在胁迫条件下的反射光谱变化规律，尤其是常见病害在不同病害程度情况下的反射光谱变化规律。⑤结合当地气象资料，在草坪发病高峰期间增加监测次数，将实时获取的反射光谱与健康植物反射光谱比对，及时发现光谱特征变化动态。⑥依据光谱特征变化动态判断病害类型及病害严重程度，为采取对症而及时的病害防治提供依据（图 5-8）。

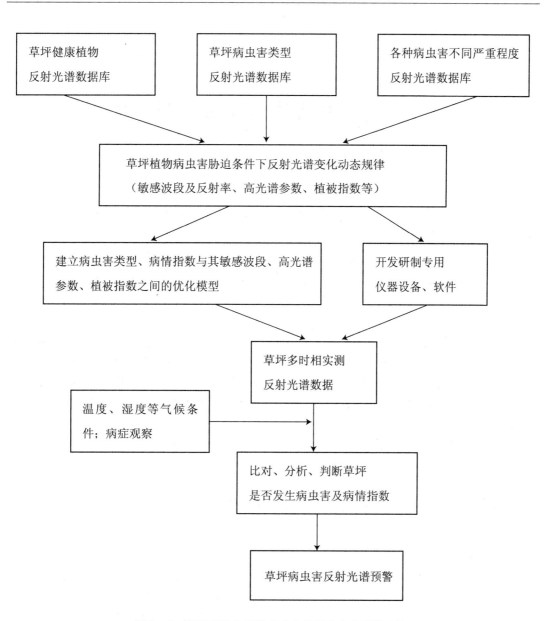

图 5 - 8　利用光谱分析技术建立草坪病虫害预警系统

第六章　草地质量调控及其科学原理

本章主要讨论三个方面的问题：什么是草地调控？草地调控的目的是什么？实施草地调控所依据的科学原理是什么？

草地调控的内涵：在草地质量（健康）评价基础上，针对存在的突出问题，采用可行的政策或技术措施（单项或组合配套），实现预期目标。也可以理解为在种间竞争、环境压力、干扰活动三种因子存在的条件下，植物群落各组分稳定共存、维持草地生产力和经济利用价值不致降低的状态。

草地调控的目的：群落稳定性的合理调控，是维持高效、持久的人工草地，提高草地生产力的有效途径。调控的目的是实现草地的高产、稳产、优质和高效，具体目的包括：改变草群植物学组成，促进植被恢复；提高草地的初级生产力，改善牧草饲用价值；提高草地的次级生产力，恢复和提高土壤肥力；从整体上持续性体现和发挥草地资源的生态、经济和社会价值。

草地调控所依据的科学原理：系统学原理、草地农业生态学理论、中度干扰假说、冗余理论、生态位理论、生物补偿生长原理、临界阈值理论等。

第一节　系统原理和草业系统工程

一、系统的定义及类型

系统的定义多种多样，不同的提法虽然产生于不同的背景，以其各自领域特定的内容为依据，反映了各自特殊领域的特征，但它们在系统内涵方面的共同之处为：所谓系统就是由相互联系、相互依赖和相互作用的若干元素结合而成的综合体，即系统是指由多个元素构成的有内在联系，具有特定功能的有机整体。钱学森等认为："把极其复杂的研究对象称为系统，即由相互作用和相互依赖的若干组合部分结合成具有特点功能的有机整体，而且这个系统本身又是它所从属的一个更大系统的组合部分。"姚德民（1979）认为："系统工程学就是应用系统的观点、信息的理论、控制论的基础、现代数学的方法和电子计算机技术，融合渗透而成的一门综合性的管理工程技术。"

上述关于系统的含义反映了三个方面的特点，即系统具有全局的特点、整体的特点和最优的特点。所谓全局性，强调系统由多个因素组成，各因素对整个系统的作用是有差异的，有主要因素，也有次要因素。所谓整体性，指系统的各组分之间是相互联系和相互作用的，任何因素不可能脱离其他因素而独立存在。系统的最优性是指追求最佳效益，即利用可支配的资源实现系统整体效益的最佳。

（一）自然系统

自然形成的，与人类的生产和生活有着密切关系的，时刻处于运动状态的系统称为自然系统。在自然系统中，有其自身固有的，人类不可违背的自然规律。人类的社会生产活动必须以遵循自然规律为基础，研究和探索其发生发展的规律，并加以利用、管理和生产，而不是将人类自身的意愿强加于自然规律之上。

（二）人工系统

人工系统是人类基于生存和发展的需要而人为建立起来的系统。人工系统一方面需要适应自然系统的内在规律，对自然系统实施干涉与改造，另一方面又要把这种干涉和改造由观念形态变成可以实施的具体活动。人工系统具有明确的目的性，它是人类为达到一定的目的而建立起来的系统，如水利系统、电力系统、通信系统等。

（三）复合系统

由人工系统和自然系统组合而成的系统称作复合系统，它既有人工系统的特征，也具备自然系统的特征，如交通管制系统、航空导航系统。草地农业生态系统是一种复合系统，其中的植物、动物和微生物均有其自身的生长发育规律，人类生产活动具有十分明确的目的，在遵循自然规律的基础之上，利用环境资源和生物资源进行物质再生产。

二、系统的特性

根据系统的上述特性，可以归纳为系统本身和系统所处的环境。环境对系统的作用和影响构成了对系统的输入，而系统根据输入的物质、能量和信息进行运行并产生输出。将输入转换成输出，是系统的功能和目的，因此，系统也可看作是把输入变成输出的转换机构。

（一）系统的集合性

系统的集合性指系统构成要素的众多性和多样性，反映了系统结构的多层次性。换言之，系统具有若干个组成部分，至少是由两个或两个以上的可以相互区别的要素组成，才可以称作系统。由于系统内部要素众多，关系复杂，整个系统可以看作是由若干个子系统有机结合而成。各子系统可以进一步划分为若干个二级子系统。划分子系统的目的在于更好地认识组成要素及其相互关系，为研究、生产和管理提供参考依据。

草地农业生态系统包含非生物亚系统、生物亚系统、社会生产劳动亚系统三大部分。其中非生物亚系统可划分为水流次亚系统、能流次亚系统和水热交叉作用次亚系统；生物亚系统可划分为自养次亚系统、小草食动物次亚系统和大草食动物次亚系统；社会生产劳动亚系统可划分为劳动者科学素质次亚系统、生产劳动机械化次亚系统和社会发展需求次亚系统等。

（二）系统的相关性

系统的相关性指系统构成要素之间具有有机的联系性，即相互作用和相互依赖性。如果只有要素且尽管是多样的，但相互之间没有任何关系，就不能称之为系统。系统的相关性如果用数学式表达出来，即为约束条件。

（三）系统的目的性

系统的目的性指系统都具有特定的功能和既定的目的。人工系统或复合系统都具有明确的目的性，这是创建一个系统过程中十分重要的问题。一个成功的人工系统或复合系统需要通过反复试验，多次验证和多方面比较才能确定。系统的目的如果用数学式表达出来，就是目标函数或多目标函数。系统有其总目标，各子系统也可分别具有各自的层次性目标。为了使各层次的目标均能按既定的意图得以实现，就需要一定的手段和方法，使系统的要素有机地协调工作，这就是多层次递阶系统的优化问题（整体效益最佳）。但必须注意的是：①各层次最优时，整体效果不一定最优；②有时在理论上是最优结果，但在生产实践中的可操作性不现实，需要综合取舍；③拟采用的具体技术措施必须与宏观政策相一致。

（四）系统的整体性

系统的各个组成部分构成了一个有机的整体，构成要素的各自功能及其相互之间的关系，只能是在一定的协调关系之下统一于系统的整体之中。对任何一个构成要素都不能脱离开整体去研究它的作用及其同其他要素的关系，也不能脱离开对整体的协调去研究。系统构成要素的功能及其要素间的相互关系要服从整体的目的和要求，要服从系统整体的功能，在此基础上，展开各构成要素及其相互间的活动。这些活动的总和形成了系统整体的有机行动，这就是系统功能的整体性。

（五）系统的不确定性

系统的不确定性是由于系统中存在自然要素或不能用确定性方法描述其状态的构成要素而引起的。在自然、人工或复合系统中，存在许多天然因素或与人类活动有密切关系的构成要素。由于人类的认识水平所限，或者这些活动本身带有一定的随机性，因而只能使用统计规律等手段来反映其活动状态和进程。系统的不确定性是自然界天然因素的特性，也反映了人类社会劳动所具备的一种属性。因此，对系统不确定性的研究成了系统科学十分重要的方向之一。

草地农业生态系统组分复杂、层次多样，是一种漫长而多变的过程。其中，许多因素的随机性十分明显，或者说人类不可控制的因素很多：气候因素如年降水量、太阳辐射量、日照时数等；牧草的病害、虫害、鼠害等；家畜疫情；市场供求波动等。此外，人类对许多现象的发生机理和过程尚不能完全认识，如豆科植物的根瘤菌固氮机理、动植物发病及免疫机理等，目前，对于上述问题的研究多采用灰色系统分析、黑箱理论、模糊聚类、随机决策、专家打分等方法。

（六）系统的适应性

系统存在于一定的时间和空间之中，即存在于一定的环境中。环境是随时间而变化的，系统本身也会随时间的进展而需要改进和发展。一个理想的系统应经常与外部环境保持最佳的适应状态，不能适应环境变化的系统是没有生命力的。系统的这一特性称之为系统的成长性、发展性或环境适应性。如何调整系统的组分及其结构，提高系统对环境变化的适应性，产生稳定而持续的生态、经济和社会效益是研究系统的重要课题之一。

三、草地畜牧业的系统性表现

整体原理、反馈原理、有序原理是系统学的三大原理。认识和正确运用这三种原理，对于构建草地农业生态系统，提高其整体生产力水平，发挥其生态效益、经济效益和社会效益具有重大意义。

（一）整体原理和发挥系统最大功能的条件

整体原理一方面体现在既要提高系统各层次的质量和各环节的转化效率，另一方面体现在要处理好各层次间的结构关系。任何系统只有通过相互联系并形成整体结构，才能发挥整体的功能。没有相互联系，没有整体结构，要使系统发挥整体功能是不可能的。也就是说，一个系统要想发挥出最大功能，不仅要使各个元素的独立作用达到最大，以便使这些元素作用的简单相加能达到最大，还要重视各元素之间的结构关系达到最合理，以使元素间的相互作用产生出新的功能，即 $E_整 = \sum E_部 + \sum E_联$。这一公式生动地反映了整体原理包含的深刻含义。从中我们可以看出，在系统内部各元素或子系统功能之和一定的条件下，当系统内部结构关系合理，各元素或子系统处于互相协调配合的状态时，系统会产生新的的功能，使 $E_整 > \sum E_联$；反之，当系统结构关系不合理，甚至元素或子系统间是一种互相冲突的关系时，系统整体的功能被大大地削弱，以致 $E_整 < \sum E_联$。

（二）草地生产流程的整体性和多层次性

草地畜牧业生态系统的整体性是十分明确的。它的目标和功能是在保护草地生态系统的前提下，充分发挥各组分生产效率，有机协调各生产层次之间的相互关系，不断提高系统的整体生产力。草地农业生态系统组分多元，层次结构复杂，生态、经济和社会功能多样。其组分不仅包含植物、动物、微生物，也包含环境因素和人类生产劳动因素；其结构包括多级子系统，如饲草料生产子系统、草产品加工子系统、动物生产及营养调控子系统、畜产品加工子系统等；其功能既可生产草产品、畜产品，也体现在环境保护、景观价值、草畜产品加工增值等方面。因此，构建和运行草地农业生态系统，必须强调其整体效应，而不是片面追求单个组分或单个层次效益和功能的最大化。

在认识和理解草地生产流程的多因素、多层次和多个转换环节的基础上（图6-1），通过科学的草地质量监测和系统分析方法，判断产业链之中最薄弱的环节，进行有针对性地调控，有利于提高草地质量，及时消除瓶颈效应，不断提高草地生态系统整体生产力。

四、草业系统工程

草地是世界上面积很大的土地—生物资源，其主要利用方式是放牧饲养家畜，获取人类的生活生产资料。草地畜牧业生产是一种复杂的生态经济过程，既要处理生物生产系统中的能量流和物质流，又要按照经济规律调控系统中的信息流。前者为各种生物资源、土地资源、气候资源及其他生产资料的配制与组合，后者是维护系统正常运行的"神经"系统，只有健全而灵活的信息系统，才能使草地生态系统处于最佳状态，并对环境变化随时做出反应，进行自我调节。信息连同控制与反馈，是不同生态系统内部组分及与系统外部势差的阀门。信息既不是能量，也不是物质，但又离不开特定的物质和能量作为它的载体。因此，信息系统是草地生态经济系统这一有机体的控制系统。

传统的生产经营体系，既缺乏快速准确的监测手段，也缺少科学有效的调控技术。草地生态经济系统由多种组分构成，具有多种层次结构。长期以来，草地畜牧业的生产经营者主要依靠自然规律和经济规律决定生产经营活动。例如根据牧草的长势识别土壤肥力高低、土壤缺乏何种养分、该施多少肥料、什么时候施入最有效等，都以生产经营者的经验形式存在。随着科学技术的发展，可以将传统经验与先进技术相结合，形成某一生产活动的最佳方案，若干方案的组合便成为草地畜牧业某种层次的优化管理系统。不同的草地类型和生态区域具有各自的管理系统。

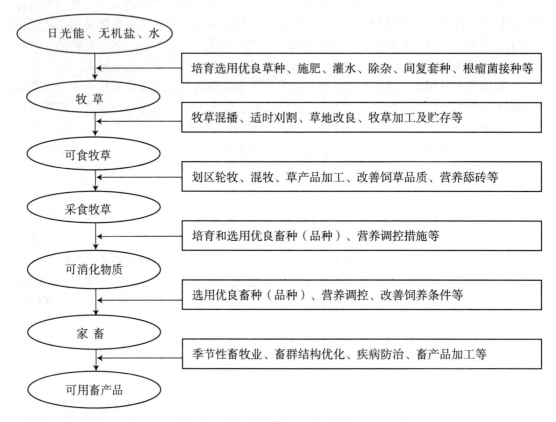

图 6 - 1　草地生产流程及调控各环节转化效率的技术措施

　　草业系统工程可以概括为应用系统科学原理和方法对草地生产系统各种生产要素和生产资源进行优化组合与设计，并对其中的物质流、能量流和信息流加以适时、适度地调控，使草地畜牧业生产系统总体效益达到最大的一种科学方法。它是草业科学、生态学、社会经济学在系统科学的纽带作用下进行的有机组合，能够为草地畜牧业生产活动提供高效组织管理的综合性科学。

　　草业系统工程的任务，一是运用系统分析方法对草地生态系统进行诊断分析和效益评价；二是形成综合技术对草地畜牧业生产系统进行最佳设计、最佳控制和整体平衡；三是运用预测技术对草地资源的动态进行测报，进而为决策者提供有效可靠的信息。

第二节　草地农业生态系统理论

一、草地农业

草地农业生态系统是地球生物圈内主要的陆地生态系统之一，它是草地与农业相结合的生态系统。草地农业生态系统是在一定的非生物环境中形成的，有一定结构的、以草本植物为主或有一定乔木和灌木存在，有家畜或野生动物存在，含有前植物生产、植物生产、动物生产、后生物生产四个生产层次的农业系统，它以收获饲用植物和动物及动物产品为主要生产方式，但同时兼有景观效益和产品加工流通等社会功能（任继周，2004）。

草地农业也称有畜农业，是集土壤改良技术、种植业技术和养殖业技术于一体的综合农业方式。它把草地和草食动物充分纳入传统的农业系统之中，使植物生产（牧草、农作物、林木和果树等生产以及饲草加工调制）和动物生产（畜、禽、鱼养殖），草地与耕地、林地有机结合起来。其核心是生产大量优质饲草，养殖良种草食动物，加快发展农区畜牧业，突出发展草食型、节粮型畜牧业。在不断恢复和提高土壤肥力的基础上，不仅能促进农作物和林果持续高产、稳产，而且能够增加和稳定人工草地面积，为畜牧业提供充足的优质饲草料。草地农业的根本目的是在于不断改善农业生产条件和人类生活环境的同时，为人类提供大量优质高产的畜产品和农产品。因此，草地农业已被公认为是最完整、最高产、最稳定和最容易取得平衡的一种生态农业系统。

草地是农业资源重要的组成部分，它主要包括天然草地和人工草地两大类，其涵盖的范畴随时代发展和认识角度的不同也存在一定的差异。草地是由旱生多年生禾草为主构成的植被类型，从植被景观的角度出发，主要指各类天然草地。草地泛指可刈割利用或可供放牧利用的草本群落或灌木植物群落，这一概念从利用价值的角度将草地的范畴扩大，既包含天然草地也包含人工草地。在2001年出版的《中国的自然资源》一书中，将草地定义为一种土地类型，它是草本和木本饲用植物与其所着生的土地构成的具有多种功能的自然综合体。全国农业区划委员会、农业部、林业部、国家土地管理局等有关部门商定，草地资源包括：①植被总覆盖度>5%的各类天然草地；②以牧为主的树木郁闭度<0.3的疏林草地和灌木郁闭度<0.4的疏灌丛草地；③弃耕还牧持续撂荒时间>5年的次生草地，以及实施改良措施的改良草地和人工草地；④沼泽地、苇地、沿海滩涂；⑤植被总覆盖度>5%的高寒荒漠、苔原、盐碱地、沙地、石砾地；⑥5年内未更新的伐林迹地或火烧迹地、造林未成林地；⑦耕地范围中的宽度>12 m的田埂、堤坝（南方宽>1 m，北方宽>2 m）；⑧属于居民地、工矿、交通用地、风景旅游区、国防用地，村庄周围、道路两侧以多年生草本植物为主的各类空闲地。

草地农业生态学认为，天然草地、人工草地、观赏草坪、运动草坪以及用作生态环境保护的各种绿地均属于草地的范畴，草地的功能表现在许多方面，草地生产的产品也是多种多样的。草食家畜是草地农业不可或缺的组成者，也是区别于传统农业（农耕业）的最主要标志之一。羊、牛、马、鹿、骆驼、鹅、鸭等草食家畜和家禽在草地农业中的地位和作用是不可替代的，它们能够将人类不能直接利用的植物有机物转化为可用畜产品，满足人类生产和生活需求。

二、草地农业发展历史

纵观历史，随着人口数量增加和社会生产力的不断发展，人类进行农业生产，至今已经经历了原始农业、传统农业、现代农业和生态农业四个历史发展阶段。

早在 19 世纪末，当欧洲人看到谷物产量开始下降时，便意识到没有牧草和畜牧业的农业是不完备的农业，于是他们开始注重牧草和饲料作物的栽培。随后，苏联农学家威廉姆斯进一步明确提出，草田轮作是一种合理的耕作制度。他指出：如果没有动物饲养参加，不论从技术方面还是经济方面来看，要合理地组织植物栽培业是不可能的。苏联解体前农业和牧业并重，畜牧业相对比较发达，畜牧业产值在农业总产值中的比例达到 60%以上。

20 世纪 30 年代以来，草地农业在世界各国发展很快。美国是草地农业发展较早的国家之一，既有成功的实践经验，也有水土流失、环境污染和"黑风暴"等沉痛的教训，在严峻的现实面前也不得不积极推崇草地农业制度。目前，美国的草地农业在整个农业中占有十分重要的地位，并产生了巨大的经济效益。例如将优良牧草——紫花苜蓿作为四大作物之一，有改良品种 300 个以上，其地位仅次于玉米、小麦和大豆。用于干草生产的紫花苜蓿种植面积为 955.8×10^4 hm^2（合 1.434 亿亩），干草平均产量达 7.5 t/hm^2（500 kg/亩），平均价格为 102.5 美元/t，苜蓿草粉和草捆平均年出口获利 4940×10^4 美元。苜蓿干草和种子生产处于世界领先水平，干草高产纪录为旱作地 22 t/hm^2（1467 kg/亩），灌溉地 54 t/hm^2（3600 kg/亩）。苜蓿种子生产面积 1997 年达 17.21×10^4 hm^2，单产 267 kg/hm^2，总产 4.595×10^4 t（1999 年为 5.22×10^4 t），主要集中在西北部的加利福尼亚、爱达荷、内华达、俄勒冈、怀俄明和华盛顿州。荷兰是世界上公认的农业发达国家，他们用 2/3 的耕地种草，发展草地畜牧业。将牧草称为"生命之本"。尽管荷兰是仅有 3.7×10^4 km^{2}的土地和 1400×10^4人口的小国，其农产品的出口量却雄踞世界第二位，仅次于美国。他们的经验就是较好地实行了草地农业。1920 年以前，新西兰的草地畜牧业还是一个没有辅助谷类作物生产的体系，但是现在已经成为土地、饲料、动物相结合的草地农业全面发展的国家。

20 世纪 50 年代，王栋教授等把植物—动物这一具有草地农业雏形的精髓介绍到国内。20 世纪 60 年代初，任继周院士提出了草原学的农学实质，把草原学纳入农学范畴。并提出农业与牧业、农区与牧区相结合，在同一生境条件下的小范围内，做到"草多、畜多、粮多"的良性循环体系，在不同生境条件下的大范围内（农区与牧区），要创造条件实行牧区放牧与农区肥育相结合以及其产品交换的良性循环和开放系统。在任继周院士倡导的草地农业生态系统理论的指导下，经过几十年不断的科学研究和生产实践，草地农业在全国各地得到广泛认同，并形成了许多适合不同生态区域推广利用的草地农业优化模式。发展草地农业已成为农业结构调整的重要措施之一，也必将成为实现我国农业可持续发展的必经之路。

三、草地农业的特点

（一）多组分性和多层次性

草地农业属于农业范畴，土壤、植物、动物和人类社会生产活动因素共同构成了草地农业生态系统。在这样的一个系统中，以土壤、植物、动物为主要的组成者，同时强调人类生产活动在整个系统运行中的重要性。因此，草地农业不仅包括传统农业结构中的种植业也包含有养殖业；种植业中不仅包括各种粮食作物和经济作物，也包括可作为饲草料的各种牧草、灌木和林木；所饲养的家畜不但有猪等耗粮型动物，更要有牛、羊、鹿、鱼、鹅、鸭等食草型动物。根据任继周院士的观点，草地农业生态系统可以划分为四个层次，即前植物生产层、植物生产层、动物生产层和后动物生产层。

1. 前植物生产层

前植物生产层不以收获植物产品或动物产品为目的，而是以草地农业整体景观作为取得生产效益的手段，以风景旅游地、农牧场狩猎、自然保护区、观赏植物和动物、水土保持功能等提供社会化产品。观光农业是其中的一种具体表现。

草地农业生态系统地域分布广阔、组分构成复杂、生产层次多样、产业链条漫长，因此，草地农业具备十分丰富的自然景观资源以及人为景观资源（表6-1）。根据《中国的自然资源》一书中的论述，自然景观资源实际包含三层意思：它是天生的，而不是人工的；它必须是人们能亲眼看见的，能在人的大脑视觉中成像的，具有物质世界所必备的一维、二维和三维空间；它必须是可以用来为人们谋取某些利益，也就是说可以为人们所开发利用。人为景观是人类在一定的历史条件下为达到具体的生产、生活或其他目的而设计和构建的景观。

表6-1 草地农业生态系统的景观资源

景观类型	自然景观资源	人工景观资源
地文景观	草地、森林草地、荒漠、戈壁、沙地、山川、河流、湖泊、冰川、泉、瀑布、火山岩溶景观、自然灾害遗迹、典型地质构造、标准地层剖面、生物化石点、奇特与象形山石、自然保护区等	人工草地（放牧地、割草地、草坪）、农田、人工林地、渔场、畜禽养殖场、水土保持区、古建筑、乡土建筑、观景地、纪念地、人类文化遗址、社会经济文化遗址、军事遗址、殿塔楼阁、雕塑、特色城镇与村落等
天象景观	日、月、星、云、雷、雨、风、雪等	—
生物景观	野生草食动物、野生肉食动物、昆虫、鸟类、草本植物、木本植物、奇花异草、药材等	家畜、家禽、鱼类、昆虫、特种经济动物、牧草、树木、花卉、蔬菜、药材、粮食作物、经济作物等

观光农业是近年来迅速发展起来的一种产业，它除了具有农业和旅游业的一般特性外，还有其自身的一些特点。①旅游资源的乡土特性，这是旅游观光农业最显著的特点，无论是民族风情，还是乡土文化，无不展示了各民族的灿烂文明。通过旅游观光，游客可以扩展知识、丰富智慧、陶冶情操，从而推广民族文化，促进精神文明建设。②旅游过程的参与性，游客可亲自参加种植、采集、品尝和加工等活动，体验农村、牧区风情和农牧业生产活动的艰辛，也从中获取劳动的欢乐。③旅游消费的实惠性，在观光农园内，游客可以低于市场价的价格购买自己的"劳动成果"，获取经济上的实惠，尽管游客需花费门票和旅途费用支出，但他们看着自己亲手采集的蔬菜和果品等成果也会得到精神上的补

偿。④经营项目的多样性，旅游观光农业是综合性较强的农业，涉及种植、放牧、采集、加工等许多项目。必须将各有关项目经营好，维持其良性循环和可持续发展。⑤旅游环境的优雅性，在旅游观光区内，通过各项目的合理组织布局，创造出一种既不失农牧业特色又具有美学价值的园艺场面，为游客提供恬静、幽雅的旅游环境。⑥较高的综合效益性，旅游观光农业不仅使农业的生态效益得到经济转化，而且能通过旅游消费带动农村的通信、交通、加工、餐饮、娱乐等产业的发展。

2. 植物生产层

植物生产层是绿色植物利用环境资源固定太阳能的过程，也是把日光能和无机物转化为有机物，为整个系统制造物质的过程。该生产层的组成者不仅包括粮食作物、经济作物，也应包含多种牧草和饲用作物。植物生产层为整个农业系统的运行提供动力，生产的产品除了粮食、油料、蔬菜等之外，还要为饲养家畜家禽提供量多质优的饲草料。

植物生长发育要求一定的气候条件和土壤条件。气候条件主要有光照、热量、降水、温度等；土壤条件主要有土壤类型、土壤质地、有机质含量以及 pH 值等。影响植物生产的因素包括许多方面，除了环境因素之外，植物本身的生态适应性、抗逆性、种间相容性以及生产性能也是十分重要的决定因素。一方面，利用农业综合技术措施，可以在一定程度上改善植物的生存环境，使环境条件及其周期性能够与植物本身固有的周期性相吻合，有利于充分发挥植物生产力；另一方面，利用生物技术或其他技术措施，改变植物的遗传性状，培育新的作物或牧草品种，使其更好地适应所处的生态环境，提高对环境资源的利用效率，同样可以达到提高植物生产水平的目的。

3. 动物生产层

动物生产层是家畜或野生动物通过对植物的直接利用（草食动物）或间接利用（肉食动物）而制造有机物质的过程，目的在于生产动物或动物产品以取得经济效益。草地农业生态学的观点认为，没有或缺少动物的农业结构是不完善的结构，动物产品产值比例小于50%的农业生产结构是不发达的生产，也是不可持续的生产；在农业生产过程中，人类所不能直接利用的75%以上的植物产品，经过动物转化为动物产品，产生的效益不低于人类可直接利用的那一部分。同时，通过消化植物有机物，可以加速植物有机物的矿化速度，从而促进整个生态系统的活力，在草地农业生态系统中是不可缺少的重要环节。我国传统农业系统中缺少或忽视动物生产层，其生产效益至少减少了50%。而草地农业十分重视动物的作用和地位，重视发挥各种动物的生物学效应，强调动物尤其是草食动物对农业可持续发展的重要性。

4. 后动物生产层

后动物生产层也称外生物生产层，指在生物生产活动之外，将植物和动物产品加工、流通、实现产品社会化的过程。通过该生产层，能够使产品增值，效益增高，劳动增效，社会增收，以充分发挥草地农业生态系统的功能，其生产效益可能超过其他生产层的若干倍。外生物生产层是我国传统农业中长期没有受到重视和解决的最薄弱的环节，蕴藏着巨大的产品增值和社会就业机会。

（二）系统的开放性

草地农业生态系统是一种对外开放型的农业生产系统。系统之外的物质和能量可以和系统内部进行交换与流动。人类生产活动可以将系统之外的能量引入到系统之中，作为辅助性的能量输入，目的在于对各种环境资源条件进行更高效的利用，提高系统的整体生产水平。系统中的物质和能量也可以以多种产品的形式向外界输出，提高产品的商品率，实现更好的经济效益和社会效益。农田可以与草地、荒漠、绿洲等生态系统进行系统耦合，牧区繁殖与农区育肥相耦合，山区生态系统与平原区生态系统相耦合，各系统之间优势互补，通过物质、能量的交换产生更好的经济效益、生态效益和社会效益。

（三）产品的多样性

草地农业生态系统组分多样，层次复杂，产品类型多样化。草地农业属于农业的范畴，但是，其生产的目的与传统农业存在明显的不同。它不以生产粮食为单一目标，不以收获籽实为单一目的，而是在各个层次上均有产品产出。

在植物生产层，可直接或间接利用的产品种类繁多，如粮食作物和经济作物的籽实、秸秆；青草、干草、草籽、草捆、草粉、叶蛋白等；灌木的嫩枝、叶片、花序、果实；树木的落叶、嫩枝等。在动物生产层，可提供的产品有肉、蛋、奶、皮、毛、绒、动力以及大量有机肥。前植物生产层，以多种景观价值在维护生态系统的同时获取可观的经济效益。外生物生产层实际上已超出了农业生产的范畴，但是，通过对植物、动物产品的多级加工和深加工，获取多种产品来满足社会需求。因此，草地农业是一种长链条的生产体系，也是一种强调对资源再利用、再循环的生产体系。草地农业不仅生产多种植物性产品，也生产多种动物性产品；不仅以生物的繁殖和再生性产生经济效益，同时也以环境的景观价值产生经济效益。

（四）效益的综合性

草地农业以不破坏生态环境为前提，不断提高农业整体生产水平，追求经济效益的最大化。草地农业生态系统组分多样，既有作物也有牧草，既包含植物也包含动物。植物与动物相结合，动植物生产与动植物产品加工相结合，短期效益与长期效益相结合，生态效益、经济效益和社会效益相结合。

没有经济效益的生态效益是难以维持的，同样，没有生态效益的经济效益也是不可持续的。实施草地农业，可以将生态环境建设与农牧民增收致富统筹安排，使环境保护与资源利用相协调，有效缓解人口、资源、环境三者之间的矛盾，有利于农村生态环境改善、农业生产水平提高和农牧民增收。因此可以说，研究和实施草地农业的目标集中体现在两个方面：一是实现农业经济效益生态化，二是农村生态效益的经济化。

正确处理草地农业生产经营过程中的生态目标和经济目标的关系，是生态经济管理的核心问题。不断获得最佳的生态经济效益，就需要实现生态和经济双重管理目标的不断优化。实现双重管理目标的优化，最基本的一点是要求我们在认识上将两个目标放在平等的位置上，在管理中要力争使两个目标达到最优。在实践中，要求我们充分利用两者之间的相互推动、相互依托的关系，使经济效益和生态效益相互促进、共同提高。通过良好的生态效益为实现经济目标创造环境条件，通过良好的经济效益为维护生态环境提供物质基础。

我国西部地区因生态环境严酷，经济发展滞后，其经济发展的实际载体是土地生态经济系统，受经济和生态两种客观规律的双重制约。西部要实现统一而协调发展的生态经济，必须强调经济目标与生态目标的有机结合，其实质是在发展经济的进程中，局部利益与整体利益相协调，短期利益与长远利益相结合。如果在草地农业生产过程中，经济目标和生态目标配置得当，经济有效性和生态安全性都能得到保障，则两者的作用相得益彰；反之，当两者的配置不合理或片面追求单一目标时，只能是互为障碍。事实证明，西部地区生态环境不断恶化，经济发展滞后，其根本原因在于生态经济系统结构失调、功能降低以及平衡被破坏。

四、营养体农业

营养体农业（Vegetative Agriculture）是指以生产植物茎、叶等营养体器官为主要目的的农业系统。如牧草、青饲料、蔬菜、花卉、根茎类及纤维作物等农业生产系统。它是相对于传统农业，即籽实农业（Seed Agriculture）而提出来的，与传统农业的主要区别是收获目的物不同。传统农业主要是以收获籽粒为目的，栽培作物必须完成整个生育期，籽粒产量越高越好。有效积温法则指出，植物在生长发育过程中，必须从环境中摄取一定的热量才能完成某一阶段。用公式表示为

$$K = N（T - C）$$

式中，K 为生物完成某阶段的发育所需要的总热量，N 为发育历程，即完成某阶段的发育所需要的天数，T 为发育期间的环境平均温度，C 为该生物的发育阀温度。

营养体农业则是以收获茎叶等营养体为目的，营养体的可利用养分产量越高越好，不需要完整生育期，在整个生长期内任何时候都可以收获而获得经济产量。营养体农业的主要特点是农作物在生长期内对水、热、光、气等气候资源和土地资源的时间性匹配要求不高，能在全部生长季内比较充分地利用气候和土地资源，生产较多的有机物质。

表 6 - 2 中以黑麦草营养体（牧草）产量和大麦籽粒产量为对象，对两者的多种营养物质进行了比较，可以看出，黑麦草营养体干物质产量和粗蛋白质产量分别达到大麦籽粒的 2.5 倍和 5.2 倍，其他营养物质产量也是成倍增加。说明在同样的土地面积和生态条件下，营养体农业具有更高的生产力，这一点对于我国人口多耕地少的现状而言，其经济和社会意义显得尤其重要。

表 6 - 2　传统农业与营养体农业收获产量的比较

收获器官	黑麦草营养体	大麦籽粒	黑麦草/大麦
收获次数（次）	2 ~ 3	1	2.5
蛋白质产量（kg/hm²）	1755.8	334.5	5.2
脂肪产量（kg/hm²）	460.5	93.0	5.0
碳水化合物产量（kg/hm²）	5409.0	1947.0	2.8
钙（kg/hm²）	83.3	5.3	15.9
磷（kg/hm²）	30.6	6.9	4.4
产量（kg/hm²）	65790.0	3000.0	2.5

（引自　刘国栋，1999）

任继周院士指出，在温度年较差16℃以下的地区，总辐射量418 kJ/cm²以下的地带，以植物营养体生产为宜；在总辐射量544 kJ/cm²以上的地带，以生产籽粒为宜；在总辐射量418～544 kJ/cm²的地带，则两者都可以生产，但仍以生产营养体较为丰产、稳产。

现代大农业的观点认为，食物不等同于粮食，更不等同于谷物，营养体生产是农业生产的重要组成部分。种植、收获和利用牧草是营养体农业的重要组成部分，也是发展畜牧业的物质基础。

我国南方约有0.67亿 hm² 草山草坡和数量极可观的冬闲田以及果园田处于待开发阶段。我国南方气候温和、雨量充沛，适宜牧草生长，且我国南方经济较为发达，对农业的投入较大，从某种意义上说在南方发展营养体农业的潜力要比北方大得多。在草山草坡、冬闲田和果园田种植牧草不仅可以大大促进当地畜牧业的发展，给人们提供大量的肉、奶、蛋、皮、毛，还可以起到改善当地环境、保持水土的作用。若以农田当量（cropland equivalent unit）计算，青贮玉米和冬种黑麦草均显著高于稻谷、小麦和玉米，多年生人工草地与三种粮食作物平均值相当（表6-3）。

表6-3   粮食作物与牧草的干物质、粗蛋白、代谢能比较

作物种类	干物质产量（kg/hm²）	利用系数	可利用干物质产量（kg/hm²）	粗蛋白		代谢能		农田当量
				（%）	（kg/hm²）	（MJ/kg）	（MJ/hm²）	
稻谷	5303	1.0	5303	8.5	450	13.0	68939	1.00
小麦	2756	1.0	2756	13.0	358	13.0	35828	0.52
玉米	3614	1.0	3614	9.5	343	13.0	46982	0.68
冬种黑麦草	16500	0.7	11550	20.0	2310	10.0	115500	1.68
青贮玉米	20000	0.7	14000	8.0	1120	10.0	140000	2.03
多年生人工草地	12000	0.5	6000	20.0	1200	10.0	60000	0.87

（引自 李向林，2000）

五、草地农业与传统农业

长期以来，以粮食作物为主导的种植业是我国农业的主体，而农业的其他相关产业如畜牧业、林业、水产业所占比重极低。这种经营方式与我国的国情有关，因为我国人口多、底子薄、生产力水平低下，首先必须解决人们的温饱问题。但随着人民物质生活的提高，温饱问题已逐步解决，人们的日常生活中需要有更多的肉、蛋、奶等高营养食品来提高生活质量，食物结构在逐渐发生变化。人们对肉、蛋、奶消费的增加促进了相关行业特别是畜牧养殖业的发展。据统计，从1990年到1998年我国畜牧养殖业的产量平均以14%的速度递增。今后，畜牧业的发展将进一步改善我国人民的食品结构，提高人民的生活水平。

传统农业与草地农业的区别是多方面的，主要体现在两者对于食物认识的不同、对于农业结构认识的不同、生产采用的技术不同、农业生产的结果不同等几个方面。

（一）对于食物认识的不同

传统农业的观点认为，食物就是粮食，甚至认为粮食就是谷物。这是一种十分狭隘的观点，它将人类赖以生存的食物限定在非常狭窄的范围内。因此，有必要对食物的概念及其所包含的种类做出科学的认识和理解。

人们习惯于将传统上的主食统称为"粮食"，但在国际上，与中文对应的"粮食"这一概念并不存在，国际化的"食物"概念包括9大类100多种，即谷类、薯类、豆类、动物食品、蔬菜、水果、动植物油、淀粉、食用糖。其中，动植物油、淀粉和食用糖三者又统称为热能食物。在中国传统认识中，所谓的"粮食"仅包含淀粉类作（植）物和豆类作物，如通常所见到的小麦、水稻、玉米、马铃薯、大豆、蚕豆等；将生产植物油、食用糖的作物和蔬菜等划分为经济作物；将动物性食品看作为食物组成之中可有可无的一部分。

（二）对于农业结构认识的不同

任继周院士（2005）认为，我国传统的"以粮为纲"的农业系统，至少存在三重缺陷。①在植物生产层中把谷类作物以外的植物摒弃不用或利用不足，损失了一半以上的生产力，扰乱了植物生产层的结构，降低了植物的多样性水平，削弱了它的功能，远未达到植物生产层可能达到的水平。②动物生产层的缺失，拦腰斩断了生态系统，割裂了植物生产层与动物生产层的自然耦合机制，使提高农业系统生态生产力的人为耦合无法施行，这是传统农业生态系统效益低下的致命"硬伤"。③动物生产层中"以猪为首"，降低了动物生产层的生物多样性水平，实际上建立了一种很特殊的"粮—猪"系统。没有给草食动物以应有的地位，又损失了一半以上的生产力。凡是农牧业并举、农业结构比较合理的国家，牧业产值都在60%~90%左右，而且以反刍动物为主，道理就在这里。而我国与之相反，在"以粮为纲"基础上建立了"粮—猪"系统。经常听到这样一种错误说法：西方人喜欢吃肉喝奶，而中国人只习惯吃五谷杂粮，因此不需要更多的畜产品。但是生态学告诉我们，食物环境决定生物的食性而不是生物的食性决定食物环境。

传统农业结构的特点是重粮、轻牧、缺草，重生产、轻加工、缺服务（张自和，2000）。将草地农业将牧草和家畜引入到传统的农业系统中，牧草和家畜构成了草地农业不可或缺的组成部分，这是草地农业的特点，也是与传统农业在组成结构上的最本质的区别。若以"草地农业"取代"粮猪农业"，种植业不仅包含以收获籽实为目的的作物种类，也包括以收获营养体为目的的多种饲用作物和牧草，草地在农业用地中占有较大的比例，以50%左右为宜。养殖业不再以耗粮型养猪为主体，而更加强调发展各种草食动物，逐步增加草食家畜在养殖业中所占比例。农业产品中不但有"粮食"，还包括大量的畜产品，通过生产和利用各种畜产品，一方面，可以减轻人们对于耕地的巨大依赖性，缓解人口与耕地的矛盾；另一方面，可以丰富人们的食物来源，改善食物结构，提高人民生活水平。

（三）农业生产过程中采用的技术不同

传统农业以种植业为主体，收获粮食几乎成为农业生产经营的唯一目的。在人口数量不断增加和耕地面积不断减少的双重压力下，增加粮食产量来满足社会需求，是各级政府和农民最主要的农业生产任务。在我国传统农业模式下，采用一定的科技成果，如选用高产优良品种、先进的栽培措施等，可以在一定程度上达到粮食增产的目的。但是，增加粮食产量的最主要途径却是扩大耕地面积、提高化肥用量、增加灌溉用水、加大农药使用量等。

草地农业强调在不破坏农业生态环境的前提下，不断提高农业的整体生产水平。要实现这一目的，单纯依靠传统的农业技术措施是不可能的。在传统农业模式中，牧草和草食家畜不被重视，也没有发挥它们应有的作用。而草地农业恰恰相反，它把牧草（尤其是豆科牧草）引入农田之中，增加草地在农业用地中的比例，草地的类型可以是多年生的，也可以是一年生或者越年生的；重视草食家畜和草食家禽在现代大农业系统中的作用和地位。豆科牧草的生物固氮作用和草食动物产生的有机肥，能够使土壤的营养元素得到有效补充和提高，土壤理化性状得到逐步改善，土壤肥力持续增加，单位土地面积的生产力持续提高。

（四）农业生产带来的后果不同

传统农业与草地农业相比较，所采用的技术措施不同，其后果也必将截然不同。当一个地区后备耕地资源非常有限时，毁林造田、毁草开荒、坡地耕作等不合理的行为必将成为扩大耕地面积的主要方式。将林地、草地和坡地变为农田种植粮食作物，在较短时间内可以增加一定的粮食数量，但水土流失、土壤干旱、肥力下降、荒漠化等现象是植被破坏的必然后果。据有关统计资料，在我国现有耕地中，约33%来源于草地开荒。通过增加化肥用量、灌溉用水和农药使用量也能够在一段时间内增加粮食数量，但付出的环境代价、经济代价也是十分巨大的。长期大量使用化肥，土壤理化性状变差，保水保土能力下降，土壤肥力也随之下降。增加灌溉用水，一方面，增加了农业投入的成本；另一方面，使本来就缺乏的水资源更加紧张。不断加大农药使用量来控制病虫害，不仅提高了农业生产的成本，而且对土壤和环境造成日益严重的污染，直接对食物安全构成威胁。

草地农业以保护和改善生态环境为前提，牧草与农作物间种、套种、复种或轮作，能够更加有效地利用各种环境资源，提高土地单位面积的生产力水平。同时，牧草通过根系活动、生物固氮、覆盖地面等形式达到多种有利于农业生产的目的，如改善土壤理化性状、防止水土流失、增加植物性生产、为发展养殖业提供饲草料等。饲养草食动物，可以有效提高对秸秆、谷壳等农作物副产品以及各种饲草料的利用效率，在生产肉、奶、蛋、皮、毛等动物产品的同时，产生大量廉价的有机肥。有机肥返还到土壤中，不仅可以改善土壤的肥力，而且可以减少化肥使用量，降低生产成本。

综上所述，传统农业是一种组分和结构简单、目标和产品单一、投入和产量低、生产成本高的不合理的农业发展模式，其抵御自然灾害和市场波动的能力也较差。因此，要实现农业持续稳定发展，必须改变现有生产和经营模式，调整农业产业结构。而草地农业是一种组分合理、产品多样、生产力高、成本较低的先进农业发展模式，它将传统农业的精华与现代科学技术有机地结合起来，以维护生态环境为前提不断提高农业整体生产水平，能够以产品的多样化来有效提高抵御自然灾害和市场波动的能力。国内外大量的科学研究和生产实践证明，实施草地农业可以形成草多—畜多—肥多—粮多的良性循环体系，兼顾生态效益与经济效益，有利于改善农业结构，提高农业生产力，促进农业可持续发展（表6-4）。

表6-4　草地农业与传统农业的比较

项目和指标	草地农业	传统农业
组成成分	农田、草地、林地 粮食作物、经济作物、饲用作物、牧草、林木 逐渐提高草食动物在家畜家禽中的比例	农田 粮食作物、经济作物、林木 以猪为主、少量草食畜禽
生产目的	收获各种作物籽实，多种草产品、畜产品、林业产品及其加工产品	收获各种作物籽实
增产措施	草田轮作、间作、套种、复种、大量使用有机肥、恢复和提高土壤肥力 充分发挥豆科牧草优质高产和生物固氮能力、提高土地单位面积的植物性生产力 通过草食家畜转化饲草料和农业副产品，提供可用畜产品 现代生物技术	间作、套种、复种 扩大耕地面积 增加化肥使用量 增加灌溉用水 加大农药使用量
生产力水平	系统结构合理，整体生产力持续稳定提高	系统结构不稳定，生产力逐步下降
产品类型	谷类籽实、薯类、豆类籽实、油料籽实、糖类 草籽、青草、青干草、草粉、青贮饲料 肉、奶、蛋、皮、毛、绒、有机肥 果品、药材、木材、燃料	谷类籽实、薯类、豆类籽实、油料籽实、糖类、秸秆、少量有机肥、少量畜产品
生态效益	以不破坏生态环境为前提，高效利用农业环境资源，不断恢复和提高土地肥力、减少化肥和农药使用量、对农业废弃物再利用或再循环、减少环境污染	以不断破坏生态环境为代价换取有限的农业产品，人口、资源、环境之间的矛盾日益尖锐，土地退化现象日趋严重，农业废弃物大量排放、环境污染得不到有效防治
经济效益	充分利用生态系统自我恢复和维持功能，充分发挥各种生物的生物学效应，降低投入和生产成本、在系统中输入一定的人工辅助能，不断提高农业整体生产力，输出产品的多样性可较好地应对农业自然灾害和市场波动	系统组分单一、结构简单、对土地及环境资源利用效率低、生产水平较低、依靠不断增加的人工辅助能达到增产目的，产品单一、成本高、效益差、增产不增收、应对自然灾害及市场波动的能力差
社会效益	生产和生活环境逐步改善、膳食结构改善、食物种类多样化，有效减轻人口对耕地的压力和依赖性。农业生产层次多、增加社会就业机会、农业产品多级增值，农民增收、农业持续稳定发展	人口增加、环境恶化、贫困化形成恶性循环现象，耕地缺乏、水资源供求紧张极大地限制了农业生产力的提高、饲料粮严重不足、人与畜争粮矛盾得不到有效解决，制约农村发展的燃料、饲料、肥料、木料得不到有效解决

第三节　中度干扰假说

一、干扰及其作用

干扰也称扰动，是自然界存在的普遍现象。当生物群落外部的各种因子发生连续或间断性超过"正常"范围的波动时，能引起有机体或种群或群落全部或部分发生明显变化，使生态系统的结构和功能发生位移。正如 F. E. Clement 指出的："即使是最稳定的群丛也不完全处于平衡状态，凡是发生次生演替的地方都受到干扰的影响。"干扰是作用于生态系统的一种自然的或人为外力，它使生态系统的结构发生改变，使生态系统动态过程偏离其自然的演变方向和速度，其效果可能是建设性的，如优化结构、增强功能，也可能是破坏性的，如劣化结构、削弱功能，这决定于干扰的强度和方式（周晓峰，1999）。

干扰是空间和时间异质性的主要来源之一，但是，干扰和异质性之间是非线性关系。在某一分辨率下，中度干扰能够创造最高的异质性。在某一生境中，随干扰面积的增加，异质性也逐渐增大，当该生境的干扰面积达 50% 时，干扰的继续则会使异质性下降而趋于同质。据此 Connell 等（1978）提出了中度干扰假说（Intermediate Disturbance Hypothesis），即中等程度的干扰能维持高多样性。其理由是：①在一次干扰后少数先锋种入侵断层，如果干扰频繁，则先锋种不能发展到演替中期，使多样性较低；②如果干扰间隔期很长，使演替过程能发展到顶级期，多样性也不会很高；③只有中等干扰程度使多样性维持最高水平，它允许更多的物种入侵和定居。

干扰对资源和环境异质性的作用表现为非线性，适中水平的干扰有利于维持物种多样性，而超过一定阈值的干扰会降低物种多样性。李永宏（1988）对内蒙古锡林河流域羊草和大针茅草原在放牧影响下植物多样性的变化研究表明，适度放牧条件下植物多样性最高；对东北样带草地群落放牧干扰植物多样性变化的研究表明，放牧干扰对草地植物群落物种多样性的影响符合"中度干扰假说"。

二、干扰与群落稳定性

群落稳定性（Community Stability）有两层含义（图 6-2）：一是群落系统的抗干扰能力，即抵抗力（Resistance）稳定性，表示群落抵抗外界干扰，维持系统的结构和功能，保持系统原状的能力；二是群落系统受到干扰后恢复到原平衡状态的能力，即恢复力（resilience）稳定性，表示系统受到干扰恢复到原状的能力。抵抗力和恢复力是两个相互排斥的特征，一般具有高抵抗力的群落，其恢复力较差。

人类农业活动，其本质就是对自然生态系统进行反复干扰的过程。各种农业活动，如耕作、播种、采摘、放牧、刈割、施肥、除杂、防治病虫等，都会对环境产生不同程度的干扰，引起环境异质性（时间异质、空间异质等）和农业环境资源（光照、水分、热量、动植物资源等）再分配，使植被出现群落缺口，生态系统产生了更多的生态位分化，为物种入侵提供了条件，导致物种多样性发生变化。因此，许多生态学家认为，群落构建就是一个物种不断入侵的过程，新物种入侵引起新的种间竞争，进而导致新的生态位分化或分异。

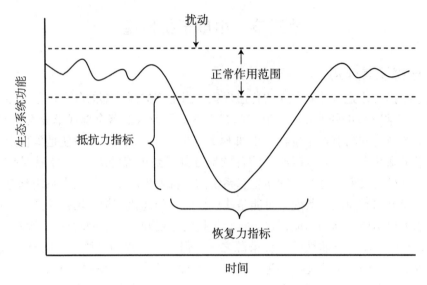

图 6 - 2　以抵抗力和恢复力关系表示的系统稳定性①

　　大量的科学研究和生产实践结果证明，适度的草地干扰，如放牧、刈割、补播、除杂等，能够刺激牧草再生，促进植物补偿生长，消除植被群落冗余，高效利用环境资源和生物资源，有利于提高草地生产力和维持草地群落稳定性。正确认识和理解中度干扰假说，有助于适时监测草地生态系统，科学制订草地利用方案，评价退化草地植被恢复，以期促进草地资源持续利用。

第四节　冗余理论

一、冗余理论及其含义

　　冗余理论来源于自动控制系统可靠性研究，其核心内容是如何最大限度地提高系统的稳定性能。目前，冗余理论已经在生态系统、生物群落以及保护生物学等领域得到广泛的研究和应用。

　　自然生物界没有冗余，所谓的冗余是相对于人类的利用目的而言的。冗余意味着相对于需求有过多的剩余，就人类利用目的而言，那些对目标物种产量构成影响的性状或性状组合，如庞大的根系、过高的茎秆、过多的无效分蘖或分枝，以及构成群落的非目标物种等，被视为冗余。由于研究者侧重点不同，在冗余问题上有各式各样的认识。有人认为，冗余是指任意层次生命系统偏离人类获取最大利益功能定态的扩展行为。有人侧重于群落中具相同或相似功能的物种存在功能上互相替代现象，并将功能可完全被其他物种取代的物种视为物种冗余或群落的功能冗余。

　　张荣等（2003）指出，冗余是指这样的生命实体，由于其存在导致生物个体、种群或

①　参考 Odum EP. Basic Ecology. Philadelphia：Saunders college Publishing, 1983 年，图有改动。

群落乃至生态系统等生命水平上对人类有益的输出功能降低，而当剔除这部分"多余"实体，那么受冗余束缚的其他部分，如某个器官、个体、种群、群落乃至生态系统有益于人类的输出功能就会得到加强，这种影响生物学各层次的，对人类需求产量输出有不利影响的生命实体叫作冗余。或者简单地说，冗余是指对目标产量输出构成影响的各种水平的生物有机体过多或过于庞大的部分。各层次生物有机体构成冗余需要两个前提条件：首先，生物体的生存环境中可利用资源的供给是有限的，如果生态环境中各种资源是无限的，那么就不能形成冗余；其次，资源在各功能间的分配是相互排斥的，如个体的营养生长与繁殖生长之间、群体内的不同个体或种群之间存在资源分配的权衡关系。冗余作为一种生命实体，其基本生物代谢过程消耗着有限的环境资源。在资源利用不受限制情况下，个体的组织、器官间或个体间没有竞争存在，这些生命实体尚不构成冗余；但一旦某一资源量有限，这部分实体在数量上或大小上就显得多余了，它们就成为对人类生产有影响的部分。应指出的是，冗余是以人类利益为参照系的，由于这部分生命实体的存在，影响了人类所要求的生物产出，因而构成了冗余，如以生物本身作为参照，那么也就没有所谓的冗余了。因此，可以将冗余理解为"备用"或"储备"，而不应理解为"多余"。

（一）冗余产生的生态学机理

冗余的产生过程，是植物适应自然胁迫环境、植物竞争环境及植物群落功能最大化过程的必然结果。只要环境资源是有限的，生物个体之间存在竞争，而且竞争能力可以通过自然选择进化的，那么冗余的产生就不可避免。冗余是植物个体、种群与群落适应环境过程中植物与动物协同进化的产物，是放牧草地群落实现自我功能最大化的生态对策，虽然冗余是对草地群落的一种资源的浪费，但对于个体生存繁殖、种群增长及群落稳定方面均具有重要作用。

无论是生长冗余或者组分冗余，都是相对的，是相对于环境条件而言的。在一个环境中构成的冗余，在另一个环境中则可能是必要的。例如当农田杂草不能得到有效控制时，作物个体较强的竞争能力无疑会有益于作物种群获取更好的产量；相反，如果杂草被各种生物的、物理或者化学的方法有效控制后，作物的强竞争能力就成为影响其自身群体产量的抑制因子，此时获取这种竞争能力的庞大器官就表现为冗余。又如，在放牧草地群落中，如果放牧强度和放牧频度不能得到有效控制，非常容易受到杂草的侵入，群落中的杂草和有毒有害植物就构成了该群落的冗余；相反地，如果对放牧草地实行划区轮牧、优化放牧强度和放牧时间，群落的功能就可以通过优良牧草的繁殖和生长来实现，少量杂草和一些不可食毒害植物还有助于保持群落总体功能的稳定性（张荣等，2003）。

（二）冗余在植物生态系统中的表现

在植物个体水平上，表现有种子冗余、萌蘖冗余、茎冗余、根冗余和叶冗余等。许多植物种子在数量和质量（或适应性）方面均具有冗余现象。例如澳大利亚建植多年生人工草地时，经常使用一年生豆科牧草地三叶（*Trifolium subterraneum*）作为混播成分之一，地三叶生长一年即可形成大量种子并存储于土壤中，之后逐年不断萌发，每年都会有实生苗出现，因此表现出类似于多年生植物的习性。萌蘖在草本植物（特别是禾本科植物）中普遍存在，平时处于休眠状态的休眠芽或不定芽与生长植株共同构成并联系统，在一定的时候可形成大量枝条，充分利用原有根系吸收水肥，表现出明显的冗余补充。叶冗余在森林植被中常见，既有数量的也有质量的。例如常绿阔叶林的叶既可以在正常光照强度下生长，也可忍耐一定程度的遮阴，由萌蘖或种子长成的大大小小的树木都能够在林内的不同层片中缓慢生长，形成侏儒群（Oskar Syndrome）。当上层出现林窗时，平时在林下处于预备状态中的幼龄树木——侏儒群迅速生长并填补空隙，这就是某些植物种能够在群落中保持相对稳定的主要原因之一。

在种群水平上，植物表现出遗传结构的冗余。由性质相同的成分构成的冗余称为数量冗余；由性质不同的成分构成的冗余称为质量冗余。就随机干扰的抵抗力方面，质量冗余远远大于数量冗余。例如在农作物中，遗传上相同的高产品种只具有数量冗余，而长期种植的地方老品种则以质量冗余为主，前者对灾害性气候或病虫害干扰十分敏感，而后者对于这些干扰表现出较高的抵抗性（李典友，2006）。种群内遗传结构冗余的大小，不仅与种群的个体数量有关，而且与个体的质量有关。

群落水平上的冗余，主要表现为物种（组分）冗余和层次冗余。在植物群落的同一层次内，优势种可以被认为是"工作种"，而亚优势种、常见种、伴生种等可以看作是"备用种"，物种冗余越大，稳定性越好。如何理解层次冗余与草地退化的关系，值得开展深入细致的探讨研究。

冗余虽然表现为上述各种形式，但归根结底是由个体生理、遗传特性共同决定的，表现在个体水平上的冗余这一性状产生的根源就是由于其生理过程的过速造成的，而决定这些行为的则是其个体的基因型。应当指出的是，每一高级的冗余形式都必然含有较低级的冗余形式，或者说低级冗余是高级冗余形成的基础。如种群水平的冗余是个体数量上生长的冗余，群落水平的组分冗余实质是非目标物种生长冗余（张荣等，2003）。

（三）冗余结构与草地质量调控

各种冗余的组合形成了植物群落的冗余结构，而冗余结构与群落的稳定性密切相关。

冗余结构是进行草地监测、调控（如适度放牧）所依据的理论之一。在草地管理过程中，既要减少各种冗余，将有限的资源投入目标器官生产中，又要维持一定的冗余而利用生物的补偿生长性能。草地调控的目的在于增强草地生态系统的稳定性，提高草地生产力。

例如当草群中出现大量的立枯物和凋落物时，表明草地利用率偏低，植物群落产生了明显的生长冗余现象，即牧草的生长冗余可能已经成了草地质量下降的主要因素之一；当草群中出现大量的有毒有害植物并超过一定比例时，意味着草地质量下降，物种冗余已经成为草地质量下降的主要因素之一。此时，采取一定的调控措施势在必行。

草地放牧不足和过度放牧，都会导致冗余，不利于维持和提高草地质量。适度放牧结合消除杂草毒害草，体现为先消减生长冗余，然后消减组分冗余，有利于维持和提高草地质量。对多年生草地进行适度放牧，既可有效利用牧草的再生性和补偿生长性能，也是消除草群冗余的有效措施（图6-3）。

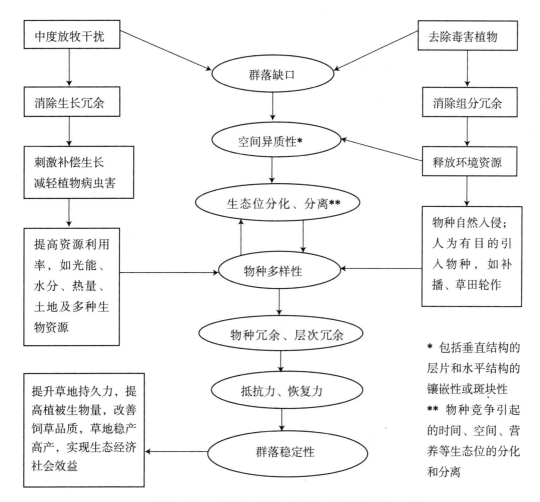

图6-3　中度放牧＋毒害草防除促进草地群落稳定性的生态学过程

　　良好的水肥供应，是发挥牧草的再生性和补偿生长能力的必要条件之一。此外，对退化草地实施封育、除杂、补播以及草地划区轮牧等技术的同时，配合科学的水肥调控技术，能够有效改善草地植物学组成，既可消减群落物种冗余，又可保护恢复和保护草地群落物种多样性，提高草地生态系统的稳定性，促进草地质量。

二、冗余结构与群落演替

　　植物群落的演替本质上是一个连续不断的物种或个体的冗余补充过程，同时也是群落的冗余结构由简单并联结构最终发展为多重并联结构的过程。

　　植物群落的演替是组分在其并联结构上重组，群落表现为动态的根本原因在于群落的冗余是动态的。演替是组分（物种、个体或缀块）在并联结构基础上的重组。自然界中多种多样的演替类型，如原生演替与次生演替、进展演替与逆行演替、线性演替与循环演替等，无论是以物种或个体方式进行替代，还是以群落或缀块的方式进行替代，都没有改变群落冗余结构的基本形式——并联冗余结构。

　　群落的稳定性是冗余结构的稳定性。群落的冗余结构无论简单还是复杂，都是稳定的结构。因此，群落稳定性的确切含义应理解为冗余结构的稳定性。群落的冗余结构具有一定的抗干扰能力，而抵抗力的高低取决于冗余结构的复杂程度和组分的生物学特性（寿命）。随着演替的推进，群落的抵抗力逐步提高。一般说来，冗余结构复杂和组分寿命长的顶级群落抵抗力高，而冗余结构简单且组分寿命短的演替早期群落抵抗力低。

党承林等（2002）指出，群落的冗余结构靠冗余补充来维持。在任何一个演替阶段中，物种的寿命总是有限的，没有冗余补充，群落冗余结构的崩溃将不可避免。只要有源源不断的冗余补充，即使冗余结构变得简单或高抵抗力的物种消失了，群落冗余结构也不会丧失。恢复力是冗余补充速度的反映，不应把恢复力称为一种稳定性。冗余补充速度与物种的消失率密切相关，物种失效率高，冗余补充快或恢复力高，反之则慢。不能否定抵抗力和恢复力在生产实践中的重要性，只能说抵抗力和恢复力没有反映稳定性的本质，不应把它们称为稳定性的组分。

三、冗余结构与群落稳定性

每个演替阶段都是稳定的群落。大量研究表明，群落受干扰破坏后，其物种的丰富度、多度、分布格局等不可能恢复到与原群落完全一样，这意味着群落的演替过程不是一个去寻找稳定性的过程，或由不稳定状态向稳定状态发展的过程。因此，并非只有演替顶极才具有稳定性，而是从演替一开始稳定性就已经存在了，只不过外部形式不一样而已。演替阶段群落与顶极群落的区别仅在于冗余结构的复杂程度和冗余补充速度。演替早期的冗余结构以简单并联结构和快速的冗余补充为特征，顶极群落以多重并联结构和缓慢的冗余补充为特征（党承林等，2002）。

对退化草地实施封育的同时，结合消除毒害草，可以有效加快草地恢复演替速度。在封育和去除有毒有害植物的共同作用下，退化草地的恢复演替过程及对草地稳定性产生影响的生态学过程，如图6-4所示。对健康草地适度放牧利用，也就是对草地生态系统实施中度干扰，既有利于消除牧草生长冗余，刺激牧草再生，也可有效抑制因有毒有害植物产生的物种冗余，提高草地生产力，维持草地生态系统稳定性，为可持续利用草地资源创造条件。

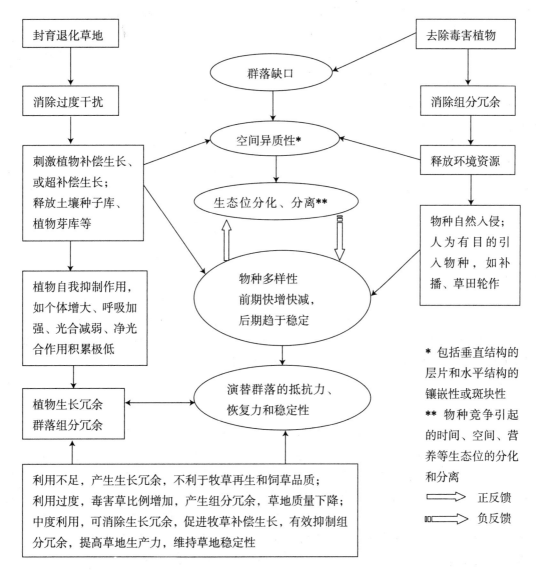

图6-4　封育结合毒害草防除以及草地利用强度影响退化草地恢复演替的生态学过程

第五节　生态位理论

一、生态位理论

(一) 生态位的概念

生态位指生态系统中一个种群在时间、空间、营养梯度上所处位置及其与相关种群之间的功能关系。生态位概念不仅包括生物占有的物理空间，还包括它在群落中的功能作用以及它们在温度、湿度、土壤和其他生存条件的环境变化梯度中的位置。生态位是从物种的角度定义的，它与生境 (Habitat) 相比具有不同的含义。生态位是物种在群落中所处的地位、功能和环境关系的特性，而生境是指物种生活的环境类型的特性，如地理位置、海拔高度、水热条件等。理解生态位概念和科学运用相关理论，对于正确认识物种在自然选择过程中的适应和进化，以及在运用生态位理论指导人工群落构建等方面具有十分重要的意义。

（二）生态位宽度

生态位宽度（Niche Breath）是指被一个生物所利用的各种不同资源的总和。一个物种的生态位越宽，该物种的特化程度就越小，更倾向于一个泛化物种；相反，一个物种的生态位越窄，该物种的特化程度就越强，它更倾向于一个特化物种。当资源不能确保供应时，泛化物种的竞争能力优于特化物种；而当资源能确保供应时，特化物种的竞争能力将超过泛化物种。一种可确保供应的资源常被许多特化物种明确瓜分，从而减少物种之间的生态位重叠。

（三）生态位重叠

生态位重叠（Niche Overlapping）是指两个或两个以上生态位相似的物种生活于同一空间时分享或竞争共同资源的现象。生态位越接近，重叠越多，种间竞争就越激烈。生态位重叠的两个物种因竞争排斥原理而难以长期共存，除非空间和资源十分丰富。通常资源总是有限额的，因此生态位重叠物种之间竞争总会导致重叠程度降低。没有种间竞争的物种生态位称为基础生态位（Fundamental Niche），因种间竞争，一种生物不可能利用其全部原始生态位，所占据的只是现实生态位（Realized Niche），表明基础生态位的一部分会由于竞争而失去。

（四）生态位分化

生态位分化（Niche Separation）是指生活在同一群落中的各种生物所起的作用是明显不同的，而每一个物种的生态位都与其他物种的生态位明显分开的现象。在同一生境条件下，生物的种类越丰富，物种间为了共同的营养、空间或其他资源而出现的竞争是越激烈的，对某一特定物种占有的实际生态位就可能越来越小。其结果是在进化过程中，两个生态上很接近的物种向着占有不同的空间（栖息地分化）、吃不同食物（食性上的特化），不同的活动时间（时间分化）或其他生态习性上分化，以降低竞争的紧张度，从而使两种之间可能形成平衡而共存。

生态位及相关理论对农业领域的指导意义在于：在同一生境中，不存在两个生态位完全相同的物种。在一个稳定的群落中，没有任何两个物种是直接竞争者，不同或相似物种必然进行某种空间、时间、营养或年龄等生态位的分化。根据竞争排斥原理，竞争必将导致某一物种灭亡，或者通过生态位分化而得以共存。群落是一个生态位分化了的系统，物种的生态位之间常常会发生不同程度的重叠现象，物种之间趋向于相互补充而不是直接竞争。生态位越接近，重叠越多，竞争就越激烈。有多个种群组成的生物群落，要比单一种群更能有效地利用环境资源，维持长期较高的生产力，并具有更好的稳定性。为了稳定和提高生态系统生产力，应注重研究、探求和开发不同农业生态系统中潜在的生态位。

基于上述原理，在设计、建植和管理利用人工草地时，应充分认识牧草混播的作用，应用生物多样性理论和生态学原理，发挥不同植物类群的生物学效能，调控和优化草群植物学组成，形成稳产、高产、优质的人工植被。在管理和利用天然草地时，须正确判断不同物种、不同功能群在草地群落中的地位和作用，通过监测优势种（建群种）的优势度变化态势、评价草地健康状况，为采用相应技术措施调控草地质量提供参考数据。

二、中性理论和随机生态位理论

生态位理论和中性理论是解释群落构建机制的两个基本理论，这两个理论试图从相反的角度解释群落的物种多样性问题，即生态位理论强调的是物种间的生态位分化（Niche Partitioning），而中性理论强调的是物种的生态等价性（Ecological Equivalent）和随机漂变（Stochastic Drift）。许多生态学家认为这两种理论其实是相容互补而不是绝对对立的，两者从不同的侧面反映和描述了群落的内禀特征。群落构建是随机的生态漂变和生态位分化共同作用的过程，目前，更多的研究开始重视整合生态位和中性理论探究群落构建中随机作用和确定性作用的相对贡献。研究者从不同的视角试图将中性理论的合理部分整合到生态位的框架中，以期推动理解群落构建的机理（牛克昌，2009）。

植物群落物种多样性影响着物种生态位重叠和生态位分化。在物种多样性低的群落中，生态位分化是影响物种多度分布的主导因子，物种之间生态位重叠很少或几乎没有，物种相对多度决定于环境资源的分布状况；而在多样性高的群落内，物种间生态位重叠极大，高迁入率又使得群落限制性和相似性增加，也抑制了物种丰富度的增大，群落动态则由随机排除所主导。中性—生态位连续体模型预测，生态位重叠的增加和群落中性会有助于物种丰富度的增加；而低的环境异质性同样能够使物种数目不多的群落中物种生态位重叠增大，使群落趋于中性。Gravel（2006）预测当生态位互补使群落达到饱和时，繁殖体迁入维持了物种冗余，生态漂变能够增加群落的物种丰富度。生态位重叠和扩散限制的交互作用是中性—生态位连续体的基本特征。

目前，许多生态学家也越来越深刻地认识到群落构建是随机漂变和生态位构建的共同作用。例如在土壤贫瘠、物种组成相对简单的草地生态系统中，生态位分化的贡献可能更大；而在物种丰富的热带雨林群落中，多样性的维持可能主要由中性作用所决定（Gravel等，2006）。总之，生态位和中性理论争论的核心问题是，生态位分化和随机作用在群落构建和生物多样性维持中的相对贡献大小问题。换言之，就是在环境梯度上，物种功能性状和随机作用在决定群落物种相对多度分布中的相对贡献问题。

有学者认为，中性理论由于忽视实际存在的物种生态对策和生态位分化在群落构建中的作用，显然在一定程度上是不正确的。然而，群落中性模型的预测又与许多实际观测结果相符，这也意味着群落中性理论所描述的随机作用在群落构建中也有着相应的作用。因此，中性理论仅在特定的条件下适用，故可以被作为群落构建的零模型（牛克昌，2009）。随机生态位理论（Stochastic Niche Theory），将随机过程的作用加入到生态位权衡的群落动态中。随机生态位理论认为，群落的构建过程实质上是一个繁殖体不断入侵的过程。物种入侵群落的过程是随机的，而是否在群落中成功建植则取决于入侵种和已有物种之间的资源竞争等。Tilman（2004）认为，随机生态位理论能够很好地解释群落多样性维持、物种多度分布和物种入侵等现象，弥补了经典生态学物种权衡理论和中性理论的许多不足。

第六节　临界阈值理论和资源比率假说

一、临界阈值理论

临界阈值是指生态系统处于稳定状态时的抵抗能力与自我调节能力。

恢复生态学的基本思想，即通过消减或排除干扰、加速生物组分变化和促使进展演替，使退化生态系统恢复到某种理想状态。首先是建立以植被为主的生产者系统，由生产者固定能量，并通过能量驱动水分循环，水分带动营养物质循环。在生产者系统建立的同时或稍后再建立消费者、分解者系统和微环境。Hobbst 和 Norton（1996）提出了一个临界阈值理论，该理论假设生态系统有 4 种可选择的稳定状态：状态 1 是未退化的，状态 2 和状态 3 是部分退化的，状态 4 是严重退化的。在不同胁迫或同种胁迫不同强度压力下，生态系统可从状态 1 退化到状态 2 和 3；当去除或消减胁迫时，生态系统可以从状态 2 和 3 恢复到状态 1。

系统从状态 2 或状态 3 退化到状态 4 需要越过一个临界阈值；要从状态 4 恢复到状态 2 或状态 3 难度较大，通常需要大量的投入或更长的时间（图 6-5）。草地因过度放牧而退化，若控制放牧强度即可很快恢复，但当有毒有害植物大量入侵，群落植物学组成发生明显改变，且土壤理化指标已经显著变化时，仅仅依靠控制放牧已不能使草地恢复，而需要更多的技术、时间和物质的投入。例如对滇西北退化亚高山草甸实施封育的试验结果表明，连续封育能够引起退化草地植物学组成发生明显变化，因过度放牧而受到抑制和削弱的种群得以恢复和发展，但是单纯的封育措施对退化草地植物学组成的影响是十分有限的。连续封育 4 年后，封育区有毒有害植物在草群中所占比例有所下降，但仍然占到地上现存量的 13.2% ~ 63.5%。试验结果说明，对试验区退化草地实施封育的同时，应结合除杂、补播等措施，这样有利于更快的恢复演替和更好地改善草地饲用价值（陈功，2017）。另据相关学者研究，亚热带顶级植被常绿阔叶林在干扰下会逐渐退化为落叶阔叶林、针阔叶混交林、针叶林和灌草丛，每一个阶段都是一个临界阈值，每经过一个阈值，恢复投入明显增加，尤其是从灌草丛开始恢复时投入会更大（彭少麟，1996）。

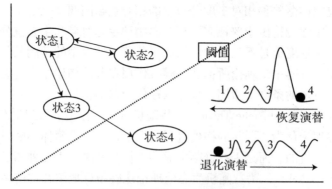

图 6-5　退化生态系统恢复的临界阈值理论①

---

① 参考 Hobbst RJ, Norton DA. Towards a conceptual framework for restoration ecology，1996 年，第 9 ~ 10 页，有改动。

二、资源比率假说

Tilman（1985）提出的资源比率假说（Resource Ratio Hypothesis）认为，每个种在限制性资源比率为某一值时表现为强竞争者，当两种或多种限制性资源的相对利用率改变时，组成群落的植物种也会随之改变。也可以解释为，生境中若含有多种不同的资源比率（如土壤中的 N/P），就会有较多的物种共存。该假说实际上也是环境异质性及资源多样性的另一种解释。有证据表明，资源比率假说很可能是植物群落中物种多样性维持的重要机制。

资源的数量影响每个种的种群大小，而其质量却影响着种群所维持的物种的数量。植物在资源利用上几乎完全重叠，虽然一些生态学家认为植物可在其时间及空间生态位纬度上产生分化，但尚无充足的证据来证明。资源竞争理论认为可以从另一角度解释植物的生态位分化，即不同的植物种在不同的资源比率上产生特化。虽然植物所利用的资源在数目上只有有限的几种，但资源比率却可以有无限多，以此可以解释植物种类多样性的维持。资源比率的变化最终可导致群落植物学组成的变化，即资源比率决定了生态系统的演替过程。环境资源（如水分、光照等）控制生物区系，而生物反过来改变其赖以生存的环境。

第七节　恢复生态学与生物补偿生长

一、恢复生态学与草地调控

（一）生态恢复与恢复生态学

恢复生态学（Restoration Ecology）是研究生态系统退化的原因、退化生态系统恢复与重建的技术和方法及其生态学过程和机理的学科。恢复是指生态系统原貌或其原先功能的再现，重建指在不可能或不需要再现生态系统原貌的情况下营造一个类似于过去的甚至是全新的生态系统。恢复已被用作一个概括性的术语，包含重建、改建、改造、替代等含义，一般泛指改良和重建退化的自然生态系统，使其重新有益于利用，并恢复其生物学潜力，也称为生态恢复。生态恢复最关键的是系统功能的恢复和合理结构的构建。

随着人口增加和经济发展，自然资源的掠夺性开发问题频繁发生，环境恶化和生态退化不断加剧。地球资源是有限的，要求生态系统提供无止境的产品和服务功能是不切实际的。因而，促进退化生态系统功能恢复的有关研究和生产实践事关人类的生存与发展，意义十分重大。恢复生态学是20世纪80年代迅速发展起来的现代应用生态学的一个分支，主要致力于因自然灾害和人类活动压力下受到破坏的自然生态系统的恢复与重建。生态恢复所应用的是生态学的基本原理、方法，对人为干扰引起的群落或生态系统的结构和功能的改变进行有目的恢复或重建。恢复生态学在加强生态系统建设和优化管理以及生物多样性的保护方面具有重要的科学研究意义和社会实践价值。

（二）生态恢复的基本原则和方式

退化生态系统的恢复与重建要求在遵循自然规律的基础上，通过人类的作用，根据技术上适当，经济上可行，社会能够接受的原则，使受害或退化生态系统重新获得健康并有益于人类生存与生活的生态系统重构或再生过程。生态恢复与重建的原则一般包括自然法则、社会经济技术原则、美学原则3个方面。自然法则是生态恢复与重建的基本原则，也就是说，只有遵循自然规律的恢复重建才是真正意义上的恢复与重建，否则只能是背道而驰，事倍功半。社会经济技术条件是生态恢复重建的后盾和支柱，在一定程度上制约着恢复重建的可能性、水平与深度。美学原则是指退化生态系统的恢复重建应给人以美的享受。

根据生态系统退化的不同程度和类型，可以采取不同的恢复方式，即恢复、重建和保护3种形式。如果生态系统的结构和功能已受到严重的干扰和破坏，应采用人为措施进行调控和恢复；如果生态系统的结构和功能已受到严重的干扰和破坏，自然恢复难度很大或需要很长的时间，应进行人工生态设计，实行生态改建或重建；对生态敏感、景观价值好且具有重要生物资源的地区采用保护的方式，如自然保护区、国家公园等。

（三）恢复生态学的主要内涵

国内外对于恢复生态学持有三类观点。第一类观点是关于退化生态系统恢复的最终状态。如 Cairns（1995）认为生态恢复是使受损生态系统的结构和功能恢复到受干扰前状态的过程；Egan（1996）认为生态恢复是重建某区域历史上曾经存在的植物和动物群落，而且保持生态系统和人类的传统文化功能的持续性的过程。事实上，恢复不等于复原，恢复包含着创造与重建。杨持（2000）以退化草地生态系统为例指出，草原恢复的最初目标是维持生产力，保证家畜产量；其次是本地动植物物种的保存，包括不直接影响草地承载力的那些动植物；草原恢复的主要任务应该是生物区系的重新聚集或修复。

第二类观点关注恢复的生态学过程。如 Bradshaw（1987）认为生态恢复是研究生态系统自身的性质、受损机理及修复过程；Harper（1987）认为生态恢复是关于组装并试验群落和生态系统如何工作的过程；余作岳、彭少麟（1996）提出恢复生态学是研究生态系统退化的原因，退化生态系统恢复与重建技术与方法，生态学过程与机理的科学。干扰是使生态系统发生变化的主要原因。人为干扰，如草地的开垦、过度放牧、过度樵采、森林砍伐等生产活动和对资源的改造利用，对生态系统造成的影响可以小到物种、大到整个生物圈。正常的生态系统是生物群落与自然环境取得平衡的自我维持系统，各种组分的发展变化是按照一定规律并在某一平衡位置进行一定范围的波动，从而达到一种动态的平衡状态。但是，在自然干扰或人为干扰作用下，生态系统的结构和功能可能会发生位移（Displacement），原有平衡被打破，系统的结构和功能发生变化和障碍，出现破坏性波动或恶性循环，形成受损生态系统，如退化草地生态系统以及随之出现的荒漠化、沙漠化、石漠化等环境问题。杨持（2000）指出，生态系统的受损是通过环境条件、生物组成、种群行为和群落功能的改变而造成的，对受损机理的研究必须深入探讨生物个体、种群、群落及环境（土壤、小气候）在不同致损因子及不同受损等级下的行为特征及变化过程，只有真正揭示了变化过程的实质，找出可逆性损害与不可逆性损害的临界点，才能为受损生态系统的恢复提供理论和技术指导。

第三类观点强调的是恢复的途径和措施。国际恢复生态学会曾先后提出三个定义：生态恢复是修复被人类损害的原生生态系统的多样性及动态的过程；生态恢复是维持生态系统健康及更新的过程；生态恢复是研究生态整合性的恢复和管理过程的科学。生态整合性包括生物多样性、生态过程和结构、区域及历史情况、可持续的社会实践等广泛的范围。实践证明，自然干扰和人为活动干扰的结果是明显不同的。自然干扰使生态系统返回到生态演替的早期状态，而人为干预可能使生态演替加速、延缓、改变方向或者向相反的方向进行。例如草地放牧压力超过其自我调节能力时，出现逆行演替。具体表现为植物学组成简单化，优良牧草减少而有毒有害植物增加；草群高度和盖度下降；动物生产性能降低；土壤贫瘠化和干旱化。如果草地持续严重退化，恢复到原来的顶级群落状态不再可能。在人类合理且有目的地调控下，一些退化生态系统的结构和功能可以逐步得到协调，可以加速恢复，也可能得以改建和重建。

草地受损生态系统的恢复途径可以划分为两类。

（1）当受损程度低于临界阈值时，减除干扰和压力，在自然条件下演替可逆。如轻度和中度退化草地在封育条件下，经过一定时间后能够自然恢复到顶级植被或接近顶级植被。例如滇西北轻度退化亚高山草甸，草层低矮且植物学组成单调，可饲用植物、不可饲用植物、有毒有害植物（西南委陵菜、西南鸢尾、大狼毒）在草群中所占比例分别为65.8%、0%和34.2%（图6-6）。对退化草地实施封育期间，草地植物功能群组成发生明显变化，可饲用植物所占比例表现出上升趋势，在封育第4年达到84.7%，有毒有害植物在封育第4年下降到13.3%（图6-6）；退化区、封育第1年试验区和封育第2年试验区草地地上生物量（风干重）分别为62.6 g/m²、224.0 g/m²和532.7 g/m²，在封育的1~2年期间，地上生物量连续显著增加，草地恢复效果良好。

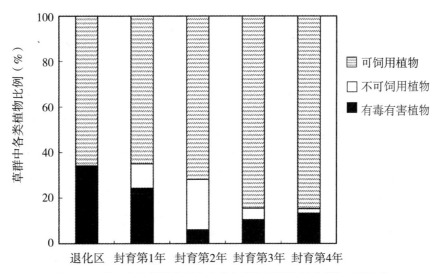

图6-6　滇西北轻度退化亚高山草甸封育过程中植物学组成的变化

（2）当受损程度超过临界阈值时，仅仅依靠自然过程无法使受损系统恢复到初始状态，必须借助更多的人为调控措施来促进受损系统的恢复。例如滇西北重度退化亚高山草甸不仅牧草产量极低，而且群落中有毒有害植物（大狼毒、西南委陵菜、西南鸢尾、侧茎橐吾、棉毛橐吾）占到很高的比例；有的地段成了以大狼毒为单优种的植物群落，大狼毒在草群中所占比例高达76.1%（图6-7），这是长期过度利用和动物选择性采食的必然结果。实践结果表明，连续封育 4 年后，有毒有害植物现存量在地上生物量中所占比例仍然达到 63.5%（图 6-7）。因此，对该地区重度退化草地围栏封育的同时必须结合除杂、补播等措施，才能更加有效快速地改善草地质量和提高草地生产力。

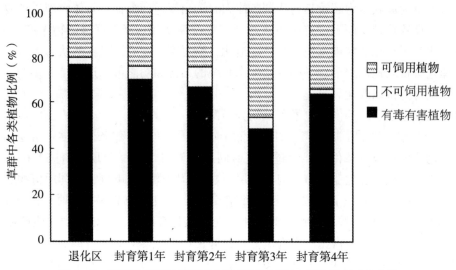

图 6-7　滇西北重度退化亚高山草甸封育过程中植物学组成的变化

（四）草地质量监控与恢复生态学研究

研究受损生态系统的恢复和重建应力求做到定量化（杨持，2000）。草地质量监测，选用植被数量特征指标、植被光谱特征指标、土壤理化指标、动物生产性能指标等，定量描述和反映草地基况，是开展退化草地生态系统恢复的基础性工作，也是确定退化草地恢复、改建或重建等调控措施的重要依据。美国生态学家 S. Bloom（1980）认为，定量化研究受损生态系统的必要性是多方面的，主要有：①在确定受损生态系统的恢复速度时，特别是当干扰压力减轻时，定量化在改进不必要的处理对策与恢复过程之间的关系方面是重要的；②定量化可以比较不同类型的受损生态系统和恢复状态；③对选择调控技术、评价恢复效果是十分重要的；④具体的数据和数值对于研究人员之间交流最为便捷；⑤如果对各种干扰造成生态系统受损追究法律责任的话，提供一些恢复程度有关的定量数据是极为重要的。

草地恢复生态学的基础理论研究应包括：①生态系统结构（如生物空间组成结构、不同地理单元与要素的空间组成结构及营养结构等）和功能（包括生物功能，地理单元与要素的组成结构对生态系统的影响与作用，能流、物流和信息流的循环过程与平衡机制等）以及生态系统内在的生态学过程与相互作用机制；②生态系统的稳定性、多样性、抗逆性、生产力、恢复力及其相关性等研究；③先锋群落与顶级群落的发生发展机理与演替规律研究；④不同干扰条件下生态系统的受损过程及其响应机制研究；⑤不同类型草地退化过程的动态监测、模拟、预警及预测研究；⑥草地健康评价及其指标体系；⑦退化草地恢复过程中植物、土壤、动物之间的互馈过程及机理。

草地恢复生态学的应用研究应包括：①退化生态系统的恢复与重建的关键技术体系研究；②生态系统结构与功能的优化配置与重构及其调控技术研究；③物种与生物多样性的

恢复与维持技术；④不同草地类型退化生态系统恢复的优化模式试验示范与推广研究。

（五）受损草地生态系统恢复目标

生态恢复与重建是指根据生态学原理，通过一定的生物工程、生态工程和技术工程，人为地改变和切断生态系统退化的主导因子或过程，调整、配置和优化系统内部及其与外界的物质、能量和信息的流动过程及其时空秩序，使生态系统的结构、功能和生态学潜力尽快地、成功地恢复到一定的或原有的乃至更高的水平。生态恢复过程一般是由人工设计在生态系统层次上进行的。生态系统或植物群落在遭受火灾、砍伐、撂荒、弃耕等之后而发生的次生演替实质上也属于一种生态恢复过程，是一种自然恢复形式。

根据生态、社会、经济、文化与生活需要，对不同地域的退化草地生态系统制订不同水平的恢复目标。我国的草地资源面积巨大、分布范围广，生物种类丰富、草地类型多样、生产力各异，在不同地域所发挥的生态、经济、社会功能明显不同。受损草地生态系统恢复的基本目标应包括：①实现生态系统的地表基底稳定性。因为地质地貌是生态系统发育与存在的载体，基底不稳定（如滑坡、泥石流、石漠化、沙漠化等），就不可能保证草地生态系统的持续演替与发展；②恢复植被和土壤，保证一定的植被覆盖度和土壤肥力。这是发挥草地生态功能和经济功能的前提条件；③增加草地生态系统生物种类（植物、动物、微生物）构成、改善草地植物学组成（经济类群、功能群）、维护生物多样性；④提高草地生态系统的生产力（初级生产力、中间生产力、最终生产力）和自我抵抗及恢复能力；⑤提升草地健康水平，有利于在不同层次上（前植物生产层、植物生产层、动物生产层、后动物生产层）产出效益，形成持续而良好的生态、经济和社会效应。

二、生态系统稳定性及其调控

生态系统的稳定性应包含三个方面，即弹性、抗性和变异性。弹性是指一个稳定的系统受到干扰后回到原来平衡状态的快慢；抗性是指一个系统受到干扰后，在产生变化之前所能维持的时间；变异性是指一个系统被施加干扰后，种群密度随时间变化的大小。因此，一个稳定的系统应该具有较大的弹性、较大的抗性和较小的变异性。

生态阈值指某一环境区域内对人类活动造成的影响的最大容纳量，也称环境容量。生态阈值与生态系统稳定性具有相似的含义。

人工草地的群落稳定性，是指在种间竞争、环境压力和干扰活动多种因子存在的条件下，人工植物群落各组分稳定共存、草地生产能力和经济利用价值不致降低的状态。人工草地群落稳定性的合理调控是维护高效、持久的人工草地，提高人工草地生产力的有效途径。其调控机制主要有牧草组分种间竞争（如混播草种地上部分对光照的竞争、地下部分对水分和养分的竞争等）、环境压力（如水分胁迫、养分胁迫、病虫害胁迫等）和干扰活动（如放牧、刈割、除杂、火烧等）等三类方式。人工草地群落稳定性及其调控机制研究现状是，北美和西欧一些国家已在此研究领域内取得了较大进展，研究技术和理论体系在不断更新和完善，相对而言，我国尚处于起步阶段，研究工作开展得较少，技术手段较为落后，理论水平较低。

三、生物补偿生长

补偿生长是自然界普遍存在的一种生物现象，是生物在进化过程中为适应外界环境变化而经过自然选择的一种结果。

(一)植物补偿生长

植物被草食动物采食或受到伤害时,会表现出多种补偿性生长现象。采食使植物失去部分生长组织和光合器官,当采食伤害解除后逐渐恢复组织器官的功能而维持正常生长,这种补偿性生长机制是植物适应环境和自身保护的重要机能。例如植物的一部分枝叶受到伤害后,自然落叶减少而整株的光合效率可能增强。受害植物可能利用储存于各组织或器官的糖类,或改变光合产物的分配,以维持地上部分与地下部分的平衡。

适度的采食可以促进植物生长,使累积生长量超过植物正常生长量,表现出超补偿生长。植物被频繁采食,其再生生物量远远低于植物正常生长量,表现出欠补偿。采食伤害较小时,采食前后生物量变化不明显,表现出等补偿。也有研究表明,被采食后植物的补偿性生长不仅仅表现在生物量积累,还表现在分蘖数、生长速率、剩余叶片光合速率以及养分分配等方面。

影响植物补偿生长的因素有采食强度、采食频率,植物种类和环境资源条件等。植物补偿生长的机理也有多种解释。因此,在植物与草食动物之间的协同进化、植物补偿生长与冗余结构之间的关系、植物补偿生长与草地适宜利用率等方面开展深入探讨,对于草地科学管理具有重要科学研究价值和生产实践指导意义。

(二)动物补偿生长

补偿生长现象在反刍动物、单胃动物以及其他动物类群中均有发现。补偿生长通常有多种表现形式,如全补偿、部分补偿、零补偿和负补偿等。全补偿是指在去除限制因子后,生长速度加快,并且这种补偿生长可以一直持续到和未受营养限制的同龄动物同样体重。部分补偿是指在去除限制因子后生长速度加快,但只能恢复部分体重,不能恢复到未受营养限制的同龄动物同样的体重。零补偿是指在去除营养限制后,与未受限制的动物相比生长速度无差异,不表现出补偿生长现象。负补偿指动物经过长期限饲,或者限饲强度很大,在恢复对动物的营养供应后,动物仍出现生长速度降低现象,以致成年时达不到成年体重,造成永久性生长停滞。

关于动物补偿生长的含义,包含两个共同的因素,一是动物生长受到限制,二是解除限制因子后动物能以高于正常动物的生长速度生长。如 Ryan(1990)认为,补偿生长是指营养性限制后观察到的生长速率增加的术语;卢德勋(1993)定义为动物在经过长期的营养限制后,去除限制因子后动物的生长能以较高速度得到补偿而提高的一种现象;Hornick(2000)把补偿生长定义为由于采食量减少等原因,动物机体在经历一段时间的限制生长后,为达到生长未受限制的动物的体重所进行的一个加速生长的生理过程。

据研究报道,动物的生长发育在补偿生长期间发生一系列响应,如机体维持需要量降低、采食量提高、饲料利用率提高、机体代谢状况发生改变。反刍动物生长周期较长,容易受到营养和外界环境周期性变化的影响,所以在反刍动物的生产上应用较多,如"架子牛育肥法"就是补偿生长在反刍动物上的成功应用(周文艺,2006)。据有关报道,牦牛犊在出生后的第一个冷季,由于低温和营养供给不足,其生长速度会下降或停滞,当度过冬季进入第二个暖季时,环境条件和营养条件有利于其生长发育,生长速度或增重恢复正常甚至加快，利用幼牦牛的补偿生长特性，可以实现第二年育肥出栏。Graham（1975）认为，绵羊在 4~6 个月内体重保持不变时，其维持需要量为 300 kJ/kgBW$^{0.75}$，与动物正常的维持需要量 420~450 kJ/kgBW$^{0.75}$ 相比，降低 29%~34%，说明动物可通过降低维持需要量，来保证在食物不充分的情况下存活，当恢复自由采食后，这种较低的维持需要水平还能持续一段时间，这样就使动物在正常采食的情况下能有更多的能量来进行生长。Ryan（1993）认为，这种降低的维持需要量将一直持续到肝脏及消化道完全修复为止，且认为此时降低的维持需要量对最初的补偿生长起作用，由于降低了维持需要量将会使动物摄入的能量更大比例地用于补偿生长。Drouillard（1991）研究称，营养受限的羔羊在补偿生长前两周采食量缓慢增加。Ryan（1993）研究表明，受限组的牛在恢复自由采食后，采食量高于对照组达 140 天，他在绵羊上的研究也表明，试验组在补偿生长期采食量高于对照组达 35 天。Kabbali（1992）研究表明，经过补偿生长后的羔羊在达到屠宰体重时胴体重比对照组轻。Ryan（1993）发现，在营养限制期间，动物动员组织中脂肪与蛋白质的比例，羊、牛分别为 1.1:1 和 1.7:1，较正常生长动物中脂肪蛋白比低，这表明动物在营养限制期间蛋白质的动员水平较高，即在肝脏及消化道中被动员的蛋白质的水平也较高。在恢复营养初期，因为需修复肝脏及消化道在营养限制期间被动员的蛋白质，使动物在营养恢复供给后，能利用增加的营养物质，故而需要沉积大量蛋白质。蛋白质形式沉积的能量比例增加。Turgeon（1986）和 Ryan（1990）分别指出，羔羊在经过限饲后补偿阶段早期有较高的蛋白质沉积，在该阶段结束后，与正常生长的羊相比补偿生长的增重基本一致，其机体组成取决于补偿生长的持续时间，如果在补偿生长刚结束后屠宰，此时的胴体最瘦，但如果在该阶段以后很长时间再屠宰，动物的机体组成就和正常生长的动物相似。

因此，认识和理解生物生长补偿现象，有助于科学监测草地质量，有针对性地调控草地生产力。充分利用补偿生长效应，可以改善动物胴体品质，提高饲料利用率，这对节约有限的饲料资源和减少对环境的污染有着不可忽视的作用（周文艺，2006）。对生物补偿生长进行深入研究探讨，对草地生产流程进行调控，有利于从整个生产周期上来把握好动物的生产性能，提高草地畜牧业经济效益。

第八节　草地质量调控及其原则

通过草地培育、放牧管理水平提升、草畜系统耦合，可以显著提升草地生产力：退化草原封育的增产潜力为 20%~120%，增加家畜生产能力的幅度为 2%~12%；补播加封育草原的效益是封育草原的 2 倍以上。中国南方草山草坡改良后，载畜量可以提高 1~3 倍，1hm^2 可生产 225 个 APU。

草地农业是一种多组分、多因素构成的复合农业系统，是生态农业的一种具体体现。建设集约型、可持续发展的草地农业系统，应遵循时间镶嵌、空间扩展、种间搭配、物质能量流畅和科学管理等基本原则（张自和，2001）。

一、时间镶嵌原则

根据生态学原理，构成系统中的各组分分别占据一定的生态位。生态位包括时间生态位、空间生态位和营养生态位等。在自然生态系统中，各组分在长期的自然选择和相互适应过程中，形成了相互依存、相互竞争的复杂关系，彼此之间不可能占据完全相同的生态位，即任何两者之间不存在完全重叠的生态位关系。同样，在以人类生产活动为主导因素的草地农业生态系统中，各生物因素应以少重叠、多互补为前提，最大限度地占据不同的时间生态位。人类生产活动因素的作用在于：一是使环境资源因子的周期性与农业生物生长的周期性相协调，尽量减少两者之间的不一致性，在时间序列上最大限度地相吻合；二是采用适宜的农业技术措施，使生物因子有序、高效、充分地利用各种环境资源；三是通过时间序列的延长和嵌合，提高生物因子对时间的有效利用率。

时间镶嵌原则在草地畜牧业生产实践中已有十分广泛的应用。近20年来，我国南方广大地区利用冬闲稻田种植饲草，水稻与多花黑麦草有机结合，利用冬春季节优越的水热条件，生产大量优质饲草料。水稻和黑麦草分别利用全年中不同的时间段，这种模式既不影响作物生产，提高了土地的复种指数，也提高了对水分、热量、光照等环境因素的利用率。同时，收获的大量优质青饲料可有效缓解冬春季节饲草和家畜的供求矛盾，生态效益、经济效益和社会效益均十分显著。据广东省试验研究，利用冬闲田种植多花黑麦草，平均每公顷增收18000元。在种植业中，作物生育期长短结合、早中晚熟品种结合、籽实作物与茎叶饲草复种等都是时间镶嵌原则的具体应用。

二、空间扩展原则

空间扩展原则指系统中各生物因子在密度、高度和层次等方面充分利用空间。其目的在于增加系统中物质和能量的转化层，充分利用系统的水平和垂直空间，合理组织生物生产，提高系统的整体生产力水平。

在同一基面上，通过套种、立体种植、立体养殖等技术，提高生物对单位土地资源及水分、光照等环境资源的利用效率。具体的模式有果园种草、林间草地、上繁草结合下繁草、乔灌草结合等。

在不同基面上，牧区与农区结合，实现可使牧区家畜繁殖与农区育肥出售有机结合，实现优势互补。"季节性畜牧业"的提出和实施充分体现了对时间镶嵌原则和空间扩展原则的综合运用。我国各类天然草地在夏季和秋季牧草生长旺盛，营养价值高，此时的幼畜也处在生长发育最快、饲料报酬最高的时期。幼畜在草地上放牧，其生长优势与牧草生长优势在时间上相一致，营养物质的需求与供给相一致。牧草在冬季枯黄、数量减少、质量变差，家畜的营养需求难以得到满足。此时，如果将大量老弱病及幼年公畜出栏并转移到农区，利用丰富的饲草料资源进行育肥后出售，不仅可以大大减轻牧区草地的压力，防止草地退化，而且可以充分利用农区饲草料资源生产畜产品，获得可观的经济效益。

三、种间搭配原则

种间搭配原则指在充分利用时间和空间资源的基础之上，根据生物间相生相克原理，合理安排物种，使物种有机搭配而发挥互促互补的优势。其目的在于系统中物种组合和种群结构更趋合理，充分提高系统组分对于各种农业环境资源、土地资源的利用效率，从整体上提高草地农业系统的生产力水平，有利于草地农业系统的持续发展。

在复合型农业结构中，引入豆科牧草和草食家畜是草地农业生态系统的重要特征。豆科牧草和草食家畜是草地农业系统中不可或缺的组成部分，也是构成草田轮作和人工草地中极其重要的因子，同时，其产生的作用也是多方面的。豆科牧草的作用主要表现在以下几个方面：①与禾本科植物进行间种、套种或复种，提高单位土地面积的植物生产力；②与禾本科牧草相混播，增加植物性蛋白产量，改善饲草品质；③利用豆科植物的生物固氮能力，恢复和提高土壤肥力。草食家畜的作用主要表现在三个方面：一是利用和转化农业生产系统中人类不能直接利用的有机物，显著提高农业系统中物质和能量的转化率；二是提供大量廉价的有机肥，减少化肥用量，有利于改善土壤理化性状和降低生产成本；三是生产多种可用畜产品，丰富农业产品种类，降低市场风险，增加生产者、加工者和产品经营者的经济效益。动物的种间搭配，如牛、羊混牧，可以有效提高家畜对草地的利用效率，也有利于维护草地的植物组成，生态和经济效益兼顾。

四、物质能量流畅原则

草地农业是具有四个生产层次的复合型农业系统，要使整个系统持久高效发展，就应使系统各因子在时间、空间和种间多维优化的基础上，使整个系统内部及其与外界的物质转化和能量流动保持畅通、高效和有序，物质和能量的流转趋于合理，减少在整个流程中的阻滞、中断及浪费，从而提高物质和能量的转化率和系统整体生产力。

草业生产流程由许多环节组成。从日光能、水分、无机盐到可用畜产品，需要经过一个漫长的流程，物质和能量需要在多个环节上进行转化，任何一个转化环节都将直接或间接地影响整个系统的效率，这是系统的重要特征之一。因此可以说，草地农业管理和研究的重要任务之一，就是不断探索和发现整个系统中最薄弱的转化环节，并加以有效解决。

五、科学管理原则

草地农业是多组分、多层次、长流程的物质生产系统，是生态农业的一种重要形式。它把传统农业的精华与现代农业的先进技术有机结合起来；把环境保护与资源利用结合起来；把大农业结构的多种组分有机结合起来。草地农业系统管理应该具有明确的指导思想，配套相应的科技支撑体系以及完善而可行的法律依据。

在人类农业文明的不同阶段，其管理理念、所采用的科技手段和方法论也存在着明显区别。现代科学研究证明，越是先进的生产系统，科学管理的贡献率越大。管理的内涵包括技术管理、生产管理、市场管理和人员管理等领域。任继周院士关于草地管理问题有这样的论述："天然草地和人工草地不但需要管理，而且管理所创造的价值比农田还要高。按草业的生产流程分析，管理的好坏，同一块草地的生产水平可能相差几倍、几十倍，甚至几百倍。随着知识经济的不断成熟，系统管理的作用将要发挥前所未有的效果。小到田间管理，如灌水、施肥、除杂、收获和放牧，大到企业化管理，更大到地域间甚至国际间的跨区协作，都需要现代化管理。只有现代化管理才有现代化草业，管理的层次不同，需要的技术、信息也有不同的层次。种草不是粗活，这里容得下大量的现代科学技术和信息"。

草地农业系统是以土地、植物、动物为主干的农业系统，是人类有目的地利用各种环境资源和生物资源进行物质再生产的过程，它与我国传统农业具有本质的区别。在草地农业建设采用的技术措施中，既吸收了传统农业的精华，也采用了现代先进的科学研究成果。张自和（2004）依据草地农业系统生产流程和我国草地农业的发展现状，提出了我国发展草地农业建设应采用的关键技术措施（表6-5）。不同地区应在此基础上，结合各自农业自然资源特点、现行农业结构、农业生产水平和农业结构调整政策等多方面因素，提出草地农业发展的具体技术措施。

表6-5　草地农业系统的生产流程和部分技术措施

生产流程	光照、水分、土壤 →	植物　　→	饲料　　→	家畜　→产品
主 要 技 术 措 施	提高土壤肥力	增加饲料数量	合理配置畜种	优化畜群结构
	实行草田轮作	退耕还林还草	优化畜群结构	加速畜群周转
	增加豆科牧草	扩大种草面积	增加草食畜禽	利用生长优势
	加强生物固氮	充分利用秸秆	实行轮牧补饲	发展季节畜牧
	增施有机肥料	循环多层利用	有效利用资源	掌握内外动态
	实施精耕细作	广辟饲料资源	实行科学饲养	树立市场观念
	提高光能利用	提高饲用价值	草畜供求平衡	草畜规模经营
	选择高产粮草	建植混播草地	注意营养搭配	科技知识密集
	完善种植结构	适时刈牧利用	力求增草增畜	实行专业生产
	实行间套复种	有效调制保管		
	巧用水热资源	选用优质良种		

第七章　草地播种调控和水肥调控

第一节　草种及其组合调控

　　建植人工草地，在播种环节需要注意几个方面的问题，即适宜播种量、播种方法、播种时间等。植物密度效应是确定适宜播种量的理论依据，生态位理论是选择播种方法和播种时间的主要依据。

一、适宜播种量

　　植物种群内部关系，除了有集群生长的特征外，更主要的是个体之间的密度效应（Density Effect），反映在个体产量和死亡率上。在一定时间内，当种群数目增加时，就必定会出现邻接个体之间的相互影响，即密度效应或邻接效应（Effect of Neighbours）。种群的密度效应是有矛盾着的两种相互作用决定的：出生和死亡，迁入和迁出。凡是影响出生率、死亡率和迁移的理化因子、生物因子都具有调节作用，种群的密度效应实际上是种群适应这些因素综合作用的表现。

　　生物种群密度效应可以划分为内源性作用因素和外源性作用因素。内源性作用因素指种群自身内部的作用，包括种内竞争所产生的各种作用因素，如遗传效应、病理效应等；外源性作用因素指种群外部的作用因素，包括种间竞争、食物和气候等。植物密度效应具有两个基本规律：一是最后产量恒值法则，二是自疏法则。

　　最后产量恒值法则（Law of Constant Final Yield）：在相同的生境条件下，不论最初的密度大小，经过充分时间的生长，单位面积的同龄植物种群的生物量是恒定的，此称为最后产量恒值定律。最后产量恒值法则的原因，在于高密度情况下，植株之间的光、水、营养物质竞争十分激烈，在有限的资源条件下，植株的生长率降低，个体变小。因此，在一定范围内，当条件相同时，不论一个种群的密度如何，最后产量大致是一样的，该法则可用下式表示：

$$Y = \overline{W} \cdot d = K_i$$

　　式中：Y 为单位面积产量；$\overline{W}$ 为植物个体平均重量；d 为密度；K_i 为常数。

　　自疏法则（Law of Self - thinning）：随着播种密度的提高，种内对各类资源的竞争不仅影响到植株生长发育的速度，也影响到植株的存活率。在高密度的条件下，有些植株死亡了，于是种群开始出现"自疏现象"。自疏过程中存活个体的平均干重（$\overline{W}$）与种群密度（d）之间的关系可用下式表示：

$$\overline{W} = C \cdot d^{-a}$$

式中 a 为一个恒值，等于 -3/2，d 为密度，C 为常数。

许多研究结果表明，多种植物均存在 -3/2 自疏现象。这一法则能够为采用适量播种而建植人工草地提供可靠的理论依据。

二、牧草混播技术

在评价牧草适应性、生产性能和种间相容性基础上，利用牧草混播技术，可以建植高产优质的人工草地。通过放牧、刈割、施肥、除杂等综合管理措施，形成稳产高效的人工植被群落。在建植和利用人工草地过程中，正确认识生态位这个概念，以及运用生态位理论指导生产实践均具有十分重要的意义。

生态位是指生态系统中一个种群在时间、空间、营养等因素上的位置及其与相关种群之间的关系。生态位是一种多纬度概念，不仅包括生物占有的物理空间，还包括它在群落中的功能作用以及它们在温度、湿度、土壤和其他生存条件的环境变化梯度中的位置。不同的物种在生态系统中的营养和功能关系上各自占据不同的地位，由于环境条件的影响，它们的生态位也会出现重叠与分化。以我国西南地区为例，介绍混播人工草地的建植技术。

（一）草地混播技术

播种前对翻耕过的土地耙地或用旋耕机打碎土块，清除翻耕后的新生杂草，每公顷施 30~45 t 农家肥做底肥。我国西南地区土壤普遍偏酸性，肥力低下且缺磷少钾，定植肥常用的种类和用量为钙镁磷或过磷酸钙每公顷 300~450 kg，硫酸钾或氯化钾每公顷 90~135 kg，硫酸铜、硫酸锌和硼砂每公顷各 3.1~4.5 kg。豆科牧草种子播前需要硬实处理和接种根瘤菌，雨季来临后播种，条播或撒播，覆土后镇压。苗期需防除杂草，通过放牧、施肥、刈割和除杂合理调控各草种的比例，实现草地高产稳产。

（二）混播草种选择

放牧型草地选择持久性好、耐牧性和抗逆性强的草种，常用的混播组合有：白三叶 + 多年生黑麦草，白三叶 + 东非狼尾草 + 非洲狗尾草，白三叶 + 非洲狗尾草 + 鸭茅，白三叶 + 红三叶 + 多年生黑麦草 + 鸭茅 + 苇状羊茅等。刈割型草地选择生长速度快、产量高、品质好的草种，常用的组合有：红三叶 + 鸭茅，红三叶 + 多年生黑麦草，红三叶 + 鸭茅 + 多年生黑麦草等。刈牧兼用型常用的组合有：红三叶 + 白三叶 + 多年生黑麦草 + 紫羊茅，红三叶 + 白三叶 + 多年生黑麦草 + 鸭茅等。轮作型割草地选择生长速度快、产量高的牧草和饲用作物，常用的组合有：多花黑麦草 + 毛苕子，小黑麦 + 毛苕子，大麦 + 毛苕子，大麦 + 南苜蓿等。

（三）混播草种播种量

混播草地通常使用豆科草种与禾本科草种组合而成，用种量一般保证每平方厘米有 1 株苗即可。豆科牧草与禾本科牧草之间种子重量比例 1:3，豆科及禾本科牧草类群内部各组分之间比例为 1:1。实际播量根据公式 K = hT/X 计算，公式中：K 为各混播草种的播种量，h 为 100% 种子用价的单播量，T 为各草种在混播中的比例（%），X 为各草种的实际种子用价。

（四）混播草地播种方式

机械开沟同行条播，行距30 cm，播种、施肥和覆土同时进行；也可人工撒播，覆土1~1.5 cm后镇压，有利于发芽和出苗。水稻冬闲田轮作多花黑麦草＋毛苕子，翻耕后条播或撒播，也可以在水稻收获之前直接撒种于稻田中。

（五）混播草地管理利用

多年生牧草苗期生长缓慢，要及时防除杂草。苗期追施氮肥每公顷75~120 kg，氮磷钾复合肥每公顷150~225 kg，促进幼苗生长。在新建人工草地上适当放牧，可促进牧草分蘖分枝，利用牧草再生性抑制杂草。新生植株40~50 cm时留茬5~10 cm刈割利用，每次刈割后追施磷肥每公顷300~450 kg，钾肥45~75 kg，硼砂、硫酸铜、硫酸锌各3~4.5 kg。放牧利用时，牧草利用率控制在50%~60%为宜，一般每公顷追施磷肥195~300 kg，硫酸钾60~90 kg，硼砂、硫酸铜、硫酸锌隔1~2年施一次，每公顷各3~4.5 kg。雨季施肥或灌水前施肥效果更佳。采用化学方法防治病虫害时，应选择高效、低毒、低残留农药类型。

在肥力贫瘠的地段建植人工混播草地，牧草苗期通常会发生营养肥料的确失，导致生长发育不良，需要追施氮肥和氮磷钾复合肥，氮肥用量每公顷75~120 kg，复合肥每公顷150~225 kg。有灌溉条件的新建人工草地，遇到干旱时应及时灌溉。混播草种大小及重量不一致，播种深度比较难以掌握，会影响播种质量，在覆土和镇压环节应特别注意。

（六）牧草混播的作用

放牧型草地、刈割型草地、刈牧兼用型草地以及草田轮作均可采用混播方式，其作用是多方面的。充分利用豆科牧草生物固氮作用，恢复土壤肥力，促进禾本科牧草生长，有效改善牧草饲用价值，有利于提高动物生产性能。

1. 增加牧草产量

牧草混播的草地生物产量比单播草地的高并且稳定，草地的利用年限也明显延长。禾本科牧草的根系较浅，而豆科牧草的根系较深，两者结合可以充分吸收土壤中不同层次的水分和养分。豆科牧草多吸收磷、硼、钼、钙、镁等营养元素，而禾本科牧草多吸收氮、磷、硅等营养元素。在草层结构中，禾本科牧草的叶片多在下层，豆科牧草的叶片多在中、上层，且叶向不同。此外，植株生长的旺盛期也有时间差异，即豆科植物和禾本科植物在其生长发育过程中，分别占据不同的空间生态位、时间生态位和地下营养生态位。通过这样的多维互补，整个草地能够更好地利用空间和时间，为提高草地生物产量创造有利条件。

2. 改善饲草品质

豆科牧草含有较多的蛋白质和钙、磷，而禾本科牧草含有较多的碳水化合物。草地大量地下根系的死亡和分解，以及豆科牧草根瘤菌固氮作用，可以有效地恢复和提高土壤中的氮素营养，促进禾本科牧草的生长发育。同时，由于草层中豆科牧草的增加，使得牧草粗蛋白质含量明显提高，从而改善了饲草品质。据有关试验资料，猫尾草与红三叶混播后，粗蛋白质含量比单播草地提高10.4%，羊茅与三叶草混播后比单播的提高12.3%。此外，有许多资料表明，混播干草的可消化蛋白质量有显著提高，甚至高于单播的苜蓿干草。

对于水土保持而言，豆科植物的根系发达，固土能力强，与禾本科植物相混播后，在地下可以占据不同层次，有利于固持土壤。对于饲草组成而言，豆科植物中粗蛋白质含量较高，禾本科植物中碳水化合物含量丰富，混播在不减少产量的同时，有利于提高牧草中的粗蛋白水平，改善牧草品质，在一定程度上可以缓解蛋白饲料缺乏的矛盾。

3. 提高土壤肥力改善土壤理化性状

水土流失地区，土壤中营养元素匮乏，尤其是氮的含量明显不足。通过建植豆禾混播草地可以建立一种廉价且有效的生物补氮体系。豆科牧草根瘤菌固定的氮素，一部分供给禾本科植物生长发育，一部分转移到土壤中，使土壤肥力得以提高。禾本科植物的大量须根系，分布在土壤表层 0~20 cm 的土层中，豆科牧草的根系多分布在较深的土层，有的深达 2 m 以上。两者的根系上下交错分布，增加了单位土层中的根量，大量的根系死亡后成为腐殖质。同时，禾本科牧草的须根把土壤分成细小的土粒，豆科牧草的根系从土壤深层中吸收钙质，当根系死亡后，在钙质和腐殖质酸的胶结作用下，形成水稳性团粒结构。在这种多方面和多层次因素的作用下，可从根本上改善土壤的结构，提高土壤的肥力，是用地和养地相结合的良好措施。

4. 快速覆盖地面，有利于抑制杂草和提高草地群落稳定性

用于水土保持的草种均应采用混播，这样不但可以增加物种的多样性，弥补单一草种存在的不足，而且能够长期保持植被群落的稳定性。例如，以黑麦草、苇状羊茅、狗牙根和白三叶组成的混合草种中，黑麦草能够在较短时间内覆盖地面，从而有效抑制杂草生长和防止水土流失，为其他草种成功建植提供良好的环境条件；1~2 年后，黑麦草逐渐退化，而苇状羊茅、狗牙根和白三叶则在黑麦草的保护下得以持续生长；同时，由于豆科植物植株较高，光合作用不受禾本科植物的影响而可以共同生存，而且白三叶还可以为苇状羊茅和狗牙根提供一定量的氮肥，从而使整个植物群落达到良性循环和持久稳定的目的。

5. 促进草地稳产高产

放牧草地中，合理的放牧技术可以使禾本科牧草和豆科牧草保持良好的共生关系，促进草地稳产高产。豆科牧草生长良好有利于发挥其生物固氮作用，进而促进禾本科牧草生长；禾本科牧草过高时抑制豆科牧草生长，放牧降低草层能够缓解这种抑制作用，为豆科牧草提供良好环境条件。因此，合理的草地管理技术是充分发挥混播草地优势必不可少的环节。

我国传统的草地畜牧业分布在牧区，主要依靠天然草地进行草食家畜生产，人工草地仅占天然草地面积的 3%。单位面积草地的生产能力远远落后于草地畜牧业发达国家，仅相当于新西兰的 1/82，美国的 1/20。草地畜牧业发达国家的经验是，人工草地面积占到天然草地面积的 10%，草地畜牧业生产力比完全依靠天然草地增加 1 倍。目前，美国的人工草地占天然草地的 13%，俄罗斯占 10%，荷兰、丹麦、英国、德国、新西兰等国占 60%~90%。实践证明，建立优质高产人工草地，可大幅度提高草地生产能力，人工草地的产草量比天然草地高 4~5 倍。对人工草地进行放牧和刈割利用，使其在较长时间内提供优质牧草，可以大大减轻天然草地的压力。这样，退下来的天然草地就可以进行改良，即使采用最简单的自然恢复的方法也可有效地促进牧草自然更新、增加植被盖度和密度、改善植被成分、提高牧草产量。按照这个思路循环往复，就可用较小的代价遏止牧区天然

草地全面退化的趋势，增加牧区畜产品数量，甚至有望在将来把牧区建设成现代化的草地畜牧业基地。

三、国内外常用牧草混播组合

建植长期或短期人工草地时，常常采用多种优良牧草混播方式建植混播草地。草地畜牧业发达国家向来十分重视牧草的混播方式以及混播草地的管理。建植了许多优质、高产、稳产的人工草地，有豆科牧草与禾本科混播混播、也有多种禾本科牧草混播，有两组分的、也有多组分的，有长期多年生的、也有短期多年生的（表7-1，表7-2）。为了确保多年生人工草地的丰产稳产，实现对地上资源和地下资源的合理利用，在品种搭配上长寿命牧草和短寿命牧草相结合，禾本科非固氮牧草和豆科固氮牧草相结合，深根系牧草和浅根系牧草的结合。

表7-1　中国不同气候带常用的牧草混播组合

混播组成	利用方式	适宜的气候带
红三叶 + 鸭茅	刈割	高寒带
红三叶 + 白三叶 + 鸭茅	刈割	
白三叶 + 鸭茅 + 多年生黑麦草 + 菊苣	刈割	
鹅观草 + 披碱草 + 无芒雀麦	刈割	高寒带、温带
老芒麦 + 披碱草 + 冰草	刈割	
春箭筈豌豆 + 燕麦	刈割	
紫花苜蓿 + 羊草	刈割	温带
紫花苜蓿 + 羊草 + 无芒雀麦 + 披碱草	刈割	
黄花苜蓿 + 无芒雀麦（或披碱草）	刈割	
紫花苜蓿 + 红三叶 + 猫尾草	放牧、刈割	中温带、寒温带
白三叶 + 多年生黑麦草 + 鸭茅 + 苇状羊茅 + 草地早熟禾	放牧、刈割	
白三叶 + 多年生黑麦草	放牧	
白三叶 + 多年生黑麦草 + 鸭茅	放牧	
白三叶 + 红三叶 + 多年生黑麦草 + 鸭茅	放牧、刈割	北亚热带、温带
白三叶 + 多年生黑麦草 + 鸭茅 + 苇状羊茅	放牧、刈割	
紫花苜蓿 + 多年生黑麦草 + 鸭茅 + 苇状羊茅	放牧、刈割	
白三叶 + 东非狼尾草 + 非洲狗尾草	放牧、刈割	北亚热带、中亚热带
白三叶 + 非洲狗尾草 + 鸭茅	放牧、刈割	
南苜蓿 + 大麦	刈割	北亚热带
大翼豆 + 新罗顿豆 + 绿黍 + 大黍	放牧、刈割	南亚热带、热带干热河谷
银合欢 + 绿黍 + 大黍	放牧、刈割	
伏生臂形草 + 品托氏花生	放牧、刈割	南亚热带、热带
黑籽雀稗 + 圭亚娜柱花草	放牧、刈割	
光叶紫花苕 + 多花黑麦草	刈割	热带、亚热带（冬闲田）
南苜蓿 + 多花黑麦草	刈割	
光叶紫花苕 + 小黑麦	刈割	
紫花苜蓿 + 多花黑麦草	刈割	

表7-2　国外常用牧草混播组合

国　家	牧草组合
美国	紫花苜蓿+无芒雀麦；紫花苜蓿+苇状羊茅
英国、新西兰	白三叶+多年生黑麦草；多年生黑麦草+鸭茅+梯牧草+白三叶
澳大利亚	地三叶+紫花苜蓿+草芦+鸭茅+多年生黑麦草；地三叶+紫花苜蓿+鸭茅+菊苣
	地三叶+多花黑麦草
俄罗斯（草原带）	无芒雀麦+黄花苜蓿+杂花苜蓿；杂花苜蓿+无芒雀麦+牛尾草+鸭茅
俄罗斯（森林草原带）	红三叶+白三叶+无芒雀麦+牛尾草+鸭茅；红三叶+紫花苜蓿+草地羊茅
俄罗斯（非黑土带）白俄罗斯	鸭茅+牛尾草+看麦娘+白三叶；白三叶+无芒雀麦；白三叶+鸭茅

四、保护播种和寄籽播种

（一）保护播种

保护播种是伴播保护作物的播种方式，通常是在种植多年生牧草时伴播生长较为迅速的一年生作物进行保护。利用保护作物进行播种，可以达到以下目的：①多年生牧草苗期生长缓慢，持续时间长，土地长时间的裸露易造成水土流失，也给杂草滋生创造了机会。伴播生长迅速的保护作物则既可抑制杂草生长，又可防止水土流失；②播种当年即可形成一定的牧草产量，弥补多年生牧草播种当年效益低的缺陷。

常用的保护作物有大麦、燕麦、谷子、荞麦、油菜、豌豆、蚕豆、一年生黑麦草等。

采用保护播种时，可间行条播或同行条播，牧草的播种量与单播一致，保护作物的播种量为单播量的50%～75%。白三叶春播可用燕麦（单播量的50%）作为保护作物，白三叶行间距30 cm，白三叶与燕麦行间距15 cm。西南地区紫花苜蓿秋播时，选用一年生黑麦草作为保护作物可以取得良好效果。

保护作物生长后期可能会与牧草竞争水分、光照和土壤肥力。当保护作物严重影响牧草生长时，应及时采用放牧、刈割、田间管理等措施，清除或抑制保护作物，为牧草生长发育提供良好的环境。

（二）寄籽播种

在温带地区秋末冬初播种，即在冬季来临前将种子播下去，当季因温度低而不萌发，待冬季过后春季来临时出苗，称寄籽播种。

热带和亚热带地区，冬春季节具备良好的水、热、光条件，存在大量冬闲田资源。在水稻—牧草轮作过程中，可采用特殊的寄籽播种，即稻底寄种法播种牧草或饲用作物，建植冬闲田人工草地，为草食动物在冬春季节提供优质青饲草。具体步骤是：在水稻收割之前9～13天，先将稻田提前排水，然后将草种与细沙混匀后撒播，播种量约15 kg/hm²。多花黑麦草可单播，也可与光叶紫花苕混播。收割水稻时留茬3～5 cm，水稻收割后施入基肥（钙镁磷肥 600 kg/hm² + 硫酸钾 100 kg/hm²）。饲草在冬春季节可刈割多次。

稻底寄种法简便易行、实用性强。要求土质较为疏松，便于种子进入土壤。采用稻底寄种法可以减少土壤耕作程序和劳动量，更加充分利用光照、水分、热量和土地等环境资源，增加牧草产量，延长青草供应时间，降低生产成本，提高经济效益。

第二节　研究应用实例——云南亚热带混播草地

一、亚热带多年生人工草地

云南省草地动物科学研究院小哨示范牧场，年均温 13.4℃，7 月份极端最高温 30.9℃，1 月份极端最低温 - 7.4℃，≥10℃ 年积温 4121.1℃。年平均降雨量 984 mm，92% 集中在 5～10 月份，年平均蒸发量 1984.8 mm。年日照时数 2047.5 小时，无霜期 241 天。

次生天然草地植被中主要有野古草、扭黄茅、白茅、苦蒿、黑穗画眉草、滇大蓟等草本植物，以及棠梨、锁梅和火棘等灌木。天然草地原有草本植物营养价值和产草量都较低，1983 年开始进行全耕后建植人工草地。适宜建植人工草地的草种有：威提特东非狼尾草（cv. Whittet）、纳罗克非洲狗尾草（cv. Narok）、波特鸭茅（cv. Porto）、维多利亚多年生黑麦草（cv. Vivtorian）、德梅特苇状羊茅（cv. Demeter）、海法白三叶（cv. Haifa）和南迪诺白三叶（cv. Landino）等。草地刈牧兼用，在多年利用过程中，通过放牧、刈割、施肥、除杂等措施，调控草地植物学组成和群落稳定性。

（一）草种选择

在引种试验的基础上，选择草种的原则有：一是对当地气候具有较强的生态适应性，二是竞争能力较强且再生性表现良好，三是短寿命、中寿命和长寿命草种相结合，四是豆科牧草与禾本科牧草相结合。草场建植过程中使用的草种（品种）有红三叶、白三叶、肯尼亚白三叶（*Tirifolium semipilosum*）、罗顿豆（*Lotononis hainesii*）、百脉根、球茎草芦、非洲狗尾草、苇状羊茅（*Festuca arundinaacea*）、鸭茅、东非狼尾草、意大利黑麦草、多年生黑麦草、杂交黑麦草（*Lolium* × *boucheanum*）。其中，短寿命牧草包括意大利黑麦草、多年生黑麦草、杂交黑麦草和红三叶，中寿命牧草包括球茎草芦、苇状羊茅、鸭茅、罗顿豆和百脉根；长寿命牧草包括非洲狗尾草、东非狼尾草、白三叶和肯尼亚白三叶。豆科牧草播种时使用澳大利亚生产的有效根瘤菌和相应的接种方法。例如建植白三叶 + 苇状羊茅 + 鸭茅 + 多年生黑麦草 + 非洲狗尾草混播草地时，每公顷播种量分别为 6 kg、1.5 kg、3 kg、3 kg 和 0.75 kg，豆科牧草种子在播前进行根瘤菌接种。采用机械条播，同时施入定植肥，种子与肥料混合。每公顷定植肥钙镁磷肥 300 kg + 硫酸钾 90 kg + 硫酸铜 4.5 kg + 硫酸锌 4.5 kg。

（二）草地群落演替

在草地利用过程中，在放牧、刈割及草种竞争等多种因素的共同作用下，有的草种消失，有的成为优势种，草地群落组成逐渐发生变化。经过多年利用，草地演替为以东非狼尾草、非洲狗尾草和白三叶为优势种的群落。它们在长期的放牧条件下，已形成相对稳定的混播组合和比例，其豆禾比例保持在 2:3 左右。

（三）放牧、刈割及施肥

在放牧过程中，通过牲畜采食和刈割青干草的措施，有效地控制禾本科高草层对豆科低草层的阳光抑制作用，从而使禾本科牧草与豆科牧草之间的竞争降至最低限度，达到相对稳定的目的。东非狼尾草 + 非洲狗尾草 + 白三叶混播组合中，禾本科牧草的地上部分高大、地下根系细小而入土浅，豆科牧草的地上部分矮小、地下根系粗大而入土深，这样不同的空间分布，大大降低了牧草植株间对阳光、水分和矿物质等养分的竞争，混播组合持久稳定。通过草场的合理分区和轮牧，使牲畜的粪尿直接返回草地，减少了草地养分的损失。

针对土壤的营养状况，施用合理的定植肥和维持肥，能够促进幼苗的定植和生长，增强幼苗的抵抗力。同时，满足牧草的营养需求并维持和延续牧草的旺盛生长，获得高而稳定的产量。在南方酸性土壤上，特别是天然草场上的土壤，其中钙、镁、磷、钾、硼和钼的含量远不能满足豆科牧草良好生长的需要，从而影响豆科牧草的固氮能力，直接影响到禾草的氮肥供应，若不能满足豆科牧草对上述营养元素的需求，混播草地就很难保持高产稳产。在小哨草场上，草场的定植肥和每年维持肥为：钙镁磷肥 $300 \ kg/hm^2$、硫酸钾肥 $100 \ kg/hm^2$、硼砂 $5 \ kg/hm^2$、硫酸铜 $5 \ kg/hm^2$、硫酸锌 $5 \ kg/hm^2$，其中维持肥硼砂、硫酸铜和硫酸锌，根据草场的营养状况，每 2～3 年施用 1 次，即能满足牧草的良好生长。豆科牧草和禾本科牧草之间能共生持久，保持相对稳定的产量比例。

（四）确定合理载畜量

草场的载畜量不能过高也不能过低，要在维护草场资源的前提下确定所饲养牲畜的数量。载畜量过高，牧草的生长发育受阻，产草量下降，牧草种类发生变化；载畜量过低，浪费现有牧草，阻碍再生草的生长；都不能使草场保持高产稳产。另外，确定载畜量还需要考虑草场优势种的耐牧性和再生能力。在小哨示范牧场草场上，载畜量为 1 头云南黄牛/$hm^2 \cdot a$，既能保持牲畜的良好生长，又能保持草场的示范作用。在每年 10～11 月，把夏秋季剩余牧草制成青干草，作为牲畜冬春季的饲料来源，保证了全年均衡的饲草供应。此外，使用激素调节母牛的发情期，在 30 天左右完成配种，产犊控制在牧草生长初期，使牲畜在大量采食和牧草的旺盛生长相吻合，为进一步达到草畜平衡的目的打下基础。合理的载畜量也可为牧草的生长发育提供良好的条件，每年还可收获一定数量的非洲狗尾草种子。

（五）草场更新复壮

长期放牧的人工、半人工草地，由于气候、土壤和牧草种类的变化以及草地管理措施的限制，草地某些地段会出现一定程度的退化现象，主要表现有草皮絮结、株丛稀疏和杂草侵入，牧草的产量和质量下降。在小哨草场，主要采取以下技术措施进行草场更新复壮：

（1）用圆盘耙切割絮结的草皮，同时施入维持肥，既可疏松土壤，改善土壤的通气透水性，促进牧草根系生长，又可达到把肥料直接施入土层中的目的。

（2）在改良草地上，由于石头和灌木丛等障碍物的影响，致使草地改良不彻底，杂草会在此地段繁殖生长，逐步向改良草地的空隙地段蔓延。因此，在草场管理工作中，需逐步进行障碍物和杂草的清除工作，然后进行补播优良牧草种子，使草场达到彻底改良。

（3）有目的地进行优势种的扩展繁殖工作。小哨草场上的优势种东非狼尾草，是一种既耐重牧，产量又高的优良禾本科牧草，但其种子成熟时被包在叶鞘里，种子极难收获。经观察，牲畜采食后未被消化的种子可随粪便到达新地段，然后进行萌发生长，而且在牲畜经常活动的场所，东非狼尾草密度较高，长势良好。根据这一现象可人为地分散畜群，使东非狼尾草面积逐步增大，到目前整个人工草地上均有东非狼尾草的分布。实践证明，这是一项既经济又有效的草地管理措施。

（六）草地生产力水平

东非狼尾草＋非洲狗尾草＋白三叶混播草地多年干物质产量平均为 6 t/hm²，载畜量为 1 头云南黄牛（活重 250 kg)/hm²·a，肉牛进行全日制放牧，放牧制度为轮牧，不补饲精料，在每年 9～10 月制作玉米全株青贮，10～11 月割制青干草，补充冬春季饲料的不足。18 月龄的肉牛体重平均可达 300 kg，平均日增重 0.5 kg。草地现已放牧利用 30 余年，产草量高，草群豆禾比例稳定，牧草适口性好，饲用价值高。

二、亚热带冬闲田人工草地

云南省盈江县城郊，东经 97°51′、北纬 24°47′，海拔 850 m，年均温 19.4℃，最冷月（1 月）平均气温 11.6℃，最热月（7 月）平均气温 23.7℃，全年无霜期 324 天。年平均降水量 1496.9 mm，干季（11 月～翌年 4 月）降水量 173.4 mm，占全年降水量的 11.6%。年日照时数 2319.4 小时，日照充足，年辐射量 5764.2 MJ/m²。土壤 pH 值 5.58，有机质含量 2.1%，全氮 1.15 g/kg，碱解氮 130.75 mg/kg，全磷 0.62 g/kg，速效磷 25.03 mg/kg，全钾 20.26 g/kg，速效钾 95.90 mg/kg。

传统农业以种植业为主，主要粮食作物有水稻、小麦、马铃薯等，经济作物有甘蔗、蚕豆等。种植制度有水稻—玉米→水稻—玉米；水稻—黑麦草→水稻—黑麦草；水稻—黑麦草→黑麦草（1～2 年）；水稻→甘蔗→水稻等。养殖业以猪为主，少量为草食畜禽。冬春季节许多耕地闲置，成为冬闲田，种植利用饲用作物或越年生牧草，形成作物—饲草轮作模式，具有环境资源优势和良好的经济效益，有利于调整种植业结构和推动当地奶牛产业发展。

（一）适宜草种

多花黑麦草，生产性能较好的有特高、帮得等品种，光叶紫花苕为当地常用品种。

（二）栽培模式

翻耕深度约 20 cm，耙碎耙平。如果采用免耕法则不需要整地。若全翻耕播种法，开沟条播（行距 30 cm）或撒播，播种深度 1～2 cm。单播时播种量 15～18 kg/hm²，播种时同时施入种肥（尿素 100 kg/hm²，钙镁磷肥 600 kg/hm²，硫酸钾 100 kg/hm²，硫酸铜、硫酸锌、硼砂各 4.1 kg/hm²）。若采用稻底寄种法播种，在水稻收割前 9～13 天，播种前先将稻田提前排水，然后将草种与细沙混匀后撒播，播种量 15 kg/hm²。收割水稻时留茬 3～5 cm，水稻收割后施入基肥（钙镁磷肥 600 kg/hm² ＋ 硫酸钾 100 kg/hm²），试验区土质较为疏松，种子容易进入土壤中，采用稻底寄种法可以减少工作程序和劳动量，增加牧草产量，延长牧草供应时间，降低生产成本。多花黑麦草可以单播，也可与如光叶紫花苕混播，混播比例采用种子重量比 1:2 ~ 1:4。播后应镇压，使种子与土壤紧密结合，有利于出苗。稻田收获 10 天后播种（10 月上旬），作为短期多年生利用，一年四季均可播种。

（三）饲草收获

10 月上旬播种，12 月中旬、翌年 1 月中旬、3 月中旬和 4 月中旬，黑麦草对应的生育期分别为分蘖期、拔节期、孕穗期和抽穗期，光叶紫花苕分别为分枝前期、分枝后期、现蕾期和开花期。因此，4 月中旬刈割利用，多花黑麦草和光叶紫花苕均处于最适宜收获期，可获得最佳营养物质产量，也不会耽搁后作水稻的播种。

（四）利用方式

收获的牧草可青饲，牛、羊、猪、鱼、鹅、鸭均喜食，也可用于青贮或调制青干草。

（五）犁耕沤田

为了不影响早稻生产，应在早稻插秧前 15 天左右将黑麦草刈割并犁翻，灌水沤田。在犁田前，每亩撒石灰 15 ~ 20 kg，以加速黑麦草根系及草茬腐烂转变为有机肥料，同时可起到田间消毒作用，促进水稻生长。

（六）地上干物质产量

多花黑麦草单播草地、多花黑麦草 + 光叶紫花苕混播草地，从出苗到翌年 1 月中旬地上干物质增长缓慢，之后生长速度迅速加快。说明试验区冬闲田地上干物质积累量主要来自于播种第二年的 1 月中旬之后。4 月中旬，单播和混播草地地上干物质之间无显著性差异，最大干物质积累量达到了 14162.62 kg/hm^2。混播草地粗蛋白质产量显著高于单播草地，最大粗蛋白质产量达到 2589 kg/hm^2（表 7 - 3）。

表 7 - 3　冬闲田各处理不同时期地上生物量（kg/hm^2）

处理	组分	取样时间（月/日）								
		12/11		1/11		3/18		4/15		
		干物质量	DM	干物质量	DM	干物质量	DM	干物质量	DM	粗蛋白 CP
1	黑麦草 紫花苕	277.36 358.19	635.55 a	499.00 484.55	983.55 a	5003.80 2171.85	7175.65 a	7522.38 6640.24	14162.62 a	2459.15 a
2	黑麦草 紫花苕	220.34 316.09	536.43 a	479.95 644.06	1124.01 a	3976.31 2396.93	6373.24 a	4973.64 8560.64	13534.28 a	2589.27 a
3	黑麦草 紫花苕	270.54 323.68	594.22 a	447.05 399.06	846.11 a	3698.21 2569.40	6267.61 a	3802.08 5749.34	9551.42 a	1795.75 ab
4	黑麦草 紫花苕	358.73 183.47	542.20 a	640.69 462.21	1102.90 a	3625.55 3118.19	6743.74 a	6676.7 4208.37	10885.07 a	1793.37 ab
5	黑麦草	655.52	655.52 a	1104.00	1104.00 a	4719.61	4719.61 a	8760.08	8760.08 a	1077.49 b
6	黑麦草	577.63	577.63 a	988.71	988.71 a	4329.21	4329.21 a	9000.81	9000.81 a	1107.10 b
7	黑麦草	549.54	549.54 a	1066.86	1066.86 a	4428.10	4428.10 a	10364.07	10364.07 a	1274.78 b

三、亚热带饲用作物—牧草轮作

云南省昆明市晋宁区，东经 102°37′，北纬 24°41′，海拔 1892 m。属于北亚热带低纬高原季风气候区，冬春干旱稍有低温，夏秋潮湿，无高温逼热现象。年平均气温 14.8℃，最冷月 1 月份平均气温 7.7℃，最热月 7 月份平均气温 19.6℃，平均年积温 5126.6℃。年平均降水量在 838.6 ~ 997.1 mm 之间，5 ~ 10 月多雨高温，平均夏季（6 ~ 8 月）降水量占全年降水量的 57.6% ~ 62.0%；冬季（12 ~ 2 月）降水量最少，平均降水量占全年降水量的 3% ~ 5.6%。光能资源比较丰富，多年平均日照时数为 2291.3 小时。供试土壤为红壤土，偏酸，P、K 含量低，有效性较差。土壤有机质含量 1.14%，碱解氮 172.58 mg/kg，速效磷 1.74 mg/kg，速效钾 9.6 mg/kg，全氮含量 0.10%，pH 值 6.74。

试验区传统农业以种植业为主，主要粮食作物有水稻、小麦、马铃薯等，经济作物有油菜、蚕豆等。种植制度有水稻/水稻/蚕豆、玉米/经济作物等。养殖业以猪为主，少量草食畜禽。饲用作物—牧草轮作，是构成奶牛饲草料四季供青模式、草畜供求调控模式中不可缺少的一部分。轮作模式包括 2 种，分别是青贮玉米/小黑麦（或小黑麦 + 光叶紫花苕）、青贮玉米/黑麦（或黑麦 + 光叶紫花苕）。

（一）种植顺序

在一定面积的土地上，将全年分为两个时期。5 月上旬 ~ 10 月上旬种植青贮玉米，10 月中旬至翌年 4 月下旬种植冬性小黑麦、黑麦，冬性小黑麦或黑麦可以单播，也可与毛苕子混播。

（二）草地建植

播种前对于土壤的处理应尽量精细，这样才能为播种、出苗和生长发育创造有利的土壤条件。播种前的土壤处理主要包括清除杂物、平整地面、耕地、耙地等环节。土壤翻耕前，将地面的枯枝落叶、石块、杂草等清除干净，尽量平整地面，便于更好地实施后续的耕作措施。按每公顷 15 ~ 22.5 t 农家肥作基肥，翻耕深度通常为 20 ~ 25 cm，条件允许时应尽量深耕。耙地是为了耙平地面、耙碎土块、耙出杂草根茎，有利于保持土壤中的水分，为播种创造良好的地面条件。在翻耕过的土地上可使用钉耙耙地，若不进行翻耕，则可以用圆盘耙进行耙地。

青贮玉米采用穴播法，行距 40 cm，株距 26.3 ~ 21.7 cm；播种量 10 ~ 12 万株/hm²，播种深度 2 ~ 3 cm，播种前施农家肥为底肥，每公顷用量 4 ~ 5 t；播完后复土耙平。尿素使用量 300 kg/hm²，分两次施肥，第一次施作基肥，第二次拔节期施作追肥。通过研究不同种植密度和尿素施肥量对玉米品种有效营养物质产量、营养品质和青贮品质的影响，确立种植密度 12 万株/hm²、尿素施用量 300 kg/hm² 为最佳栽培利用模式。

青贮玉米播种完后，应立即浇水，浇透为止，而后视天气情况，定期浇水，除杂草、防病虫害等。冬性作物在入冬前应灌水，苗期应注意防除杂草。

黑麦或小黑麦单播时，播种量 150 kg/hm²，开沟条播，播后覆土 2 ~ 3 cm，镇压；黑麦或小黑麦与毛苕子混播时，总播种量 150 kg/hm²，其中黑麦或小黑麦 158 kg/hm²，毛苕子 68 kg/hm²；行距 25 cm，开沟同行条播，播后覆土 2 ~ 3 cm，镇压。单、混播草地在播种时，同时施入 N、P、K 复合肥为种肥，使用量 300 kg/hm²。

（三）生产力水平及适宜利用方式

1. 青贮玉米适宜收获时期及其生产力

通过对不同类型玉米品种有效营养物质产量和营养价值的比较，筛选出适宜云南晋宁地区种植的高产优质青贮玉米品种有：京科9号、樱红、路单4号等；通过研究不同收获时期对玉米品种产量、营养品质和青贮品质的影响，确立最佳青贮玉米收获时期（青贮时期）为蜡熟期。试验结果表明：经过150天的生长，全株玉米的鲜草产量可以达到 $98.69 \sim 159.13$ t/hm²，干物质 38.83 t/hm²，粗蛋白质 3.14 t/hm²，产奶净能 232102.9 MJ/hm²。

2. 黑麦/小黑麦 + 毛苕子适宜收获时期及其生产力

通过对黑麦/小黑麦不同品种的有效营养物质产量和营养价值的比较，筛选出适宜云南晋宁地区种植的高产优质黑麦品种为冬牧70，小黑麦品种有 WOH939 和 WOH830。通过研究不同收获时期对黑麦、小黑麦单播及其与光叶紫花苕混播产量、营养品质的影响，确定最佳收获时期为抽穗期。试验结果表明：经过180天的生长，黑麦/小黑麦 + 毛苕子的鲜草产量可以达到 $25.80 \sim 38.60$ t/hm²，干物质 11.47 t/hm²，粗蛋白质 1.21 t/hm²，产奶净能 58795.9 MJ/hm²。

3. 青贮玉米与冬性饲用作物共同构成的种植模式

植物在全年的生长时间达到 330 余天，每公顷干物质产量和粗蛋白质产量分别达到 50.3 t 和 4.36 t，产奶净能达到 290898.7 MJ/hm²。

第三节　草地灌溉和排水

在土壤保水能力差、自然降水较少的地区，草地灌溉十分必要。牧草生长季遇到干旱胁迫时，通过各种设施灌溉草地，有利于草地的稳产和高产。在降水量较多的雨季，尤其是在南方地区，草地积水容易引起植物发病和生长不良，需要通过设置排水沟等设施进行排水。

水分是牧草生长发育的最基本条件之一。水对生物来说，既是组成成分，又是环境要素。草地灌溉是为满足植物对水的生理需要，提高牧草产量的重要措施。植物体的一切生命活动都是在水的参与下进行的，水是植物体的主要组成部分。植物通过蒸腾作用，保证了养料的吸收和输送，保证了植物体同化作用、异化作用、生化作用等新陈代谢作用的正常进行。完成这些生命活动需要消耗大量的水，但只有 0.1% ~ 0.8% 的水分用于建造植物的有机体。牧草茎叶繁茂，蒸腾面积大，需水量多数比农作物要多。试验证明，多年生牧草每制造 1 g 干物质，需消耗 600 ~ 700 g 水。当然，不同的植物种类或同一植物不同生长期需水量是不同的。草地牧草的生产，很大程度上取决于水分的供应情况。若草地供水不足，有机物就不能充分分解，矿物营养难以溶解利用，即使有肥，也因供水不足而难以充分吸收利用。干旱地区牧草产量都比较低，而湿润地区牧草产量则较高。因此，因地制宜，适时灌溉是牧草田间管理措施的重要方面。

灌溉是防止土壤和大气干旱的可靠方法，能适时、适量地满足植物对水分的需要，而天然降水在各地区、不同季节分布不均，降水的年变幅大，降水量和降水时间都不可能完全符合植物生长发育的需要。特别是在干旱地区，降水少，蒸发量大，而且往往在植物生长发育最需水的季节缺乏水分，因此草地灌溉更具有特殊的意义，完全可以弥补依赖天然降水的不足。综合起来，草地灌溉能够产生多方面的作用：①能适时适量地满足牧草对水分的需要，保证了草地高产、稳产；②改善草群组成，提高牧草质量；③改善了土壤的理化性质，增加了土壤肥力，促进牧草对土壤养分的吸收；④改善了草地局部气候条件，延长了牧草的青绿时间。据观察，草地灌水后可使地面在 2 m 以内的小气候相对湿度较未灌水的增加约 30% ~ 50%，使牧草生长期延长 30 ~ 40 天。

　　草地灌溉对牧草生长发育的影响，不仅表现在灌溉量上，也表现在水质上。水质主要包括溶解于水中的各种盐类、温度及所含泥沙、有机物三方面。灌溉水中含有过多的可溶性盐类时，不仅会破坏牧草的生理过程，影响牧草的生长发育，而且会导致土壤盐碱化，恶化草地的生态环境。由于水中含盐量过多，提高了土壤溶液的渗透压，使植物吸水困难。同时，土壤中含有各种盐类，往往以一种为主，形成不平衡溶液，对植物发生毒害作用。由于植物和盐分之间的关系很复杂，在不同条件下，植物受害程度有很大差异。水中含盐量不同，含盐种类不同，对植物的危害程度也不同，不同种类植物对盐分含量的多少反应也不一样。我们把水中所含离子、分子和各种化合物的总量称为矿化度，以 g/L 为单位。矿化度的大小是衡量水质是否适宜灌溉的指标。灌溉用水的允许矿化度应小于 1.7 g/L，若矿化度为 1.7 ~ 3.0 g/L，则必须对盐类进行具体分析，以判断是否适于灌溉，矿化度大于 5 g/L 的水，不能用于灌溉。这种标准，应根据各地区的条件区别对待，易透水和易排水的草地，也可使用矿化度稍高的水；相反，矿化度还应降低。

　　由于不同盐类溶液的渗透压不同，同一浓度的盐分，使植物受害程度也不一样，在盐类成分中，以钠盐类危害最大。水中的盐类也不都是对植物有害的。如碳酸钙、碳酸镁、硫酸钙均无害；而且硝态氮和磷酸盐还是一种肥料，用于灌溉有明显的增产效果，这种水也叫肥水。

　　水温对植物的生长发育也有显著的影响，灌溉的水温应与草地土壤温度接近，才适宜植物生长。水温过低或过高，都会损伤植物。应以迂回灌溉或设晒水池等方法，提高水温，一般水温在 15℃ ~ 20℃为好，不宜高于 37℃。水中泥沙过多，会妨碍输水；灌溉后覆盖牧草，形成胶泥层，干裂时会破坏牧草根系再生。

一、草地灌溉的水源

　　水源是草地灌溉的必要条件，无论哪一种形式的草地灌溉，首先必须先开辟水源，因此了解和掌握水源情况才能保证适时、适量、合理地灌溉草地。我们可利用的水源分为地表径流水和地下水，这些自然界中的水不断地在以气态、液态、固态等形式相互转化和运动过程中为人们所不断利用。

　　（一）蓄积地表径流水

　　当降雨较大且集中或春季冰消雪融时，地面水分过多，一时不能全部渗入土内而形成地表径流水，这种径流汇入湖泊、河流。所以应采用各种不同的蓄水方式，蓄积这些水，用于草地灌溉。根据不同的地形、地面径流状况，采用相应的有效蓄水方式。

　　（1）挖鱼鳞坑蓄水。这是在山区和丘陵地适宜蓄水的方法。在倾斜平缓的草地上沿等高线挖掘水平沟，呈品字形排列。一般沟上口宽约 0.8 ~ 1 m，沟底宽 0.3 m，沟深 0.4 m，两沟间距 2 m。在坡度较大，坡面不整齐的草地，可以挖鱼鳞沟蓄水。

（2）修筑土埂蓄水。通常在缓坡上修筑，沿等高线筑一道或多道层次的土埂。埂高 1 m 左右，埂长数百米，埂间距 50 ~ 100 m，视坡度大小而定。

（3）修涝池山谷地形中，有较大径流或洪水较多时，可利用天然地形修涝池（涝坝）截流，并通过渠道引水灌溉草地。涝池相当于一个小型水库，在缺水地区，还可作放牧饮水的水源。修涝池时，应注意选择有自然凹陷的地方，容易集水。

（二）地下水的利用

地下水的主要来源是天然降水渗透到不同深层形成的，因此地下水根据埋藏深度不同分为潜水、层间水、裂隙水、泉水等，都有利用价值。但是寻找地下水是一项复杂的勘探水利工程，技术性很强，通常由专门的水利部门进行。

二、草地灌溉方法

（一）漫　灌

漫灌也叫浸灌、漓漫灌溉，是利用水的势能作用，在草地上引水漫流，短期内浸淹草地的灌溉方式。在天然草地灌溉中浸灌较为广泛采用，就是草地畜牧业先进的国家也常用浸灌方式灌溉大面积的天然草地，如新西兰利用漫灌方法灌溉草地，使草地利用年限延长 1 倍，载畜量提高 3 倍。浸灌的优点是工程简单，投资少，收效大，有的水源带有大量有机肥料，起到增加土壤肥力的作用。缺点是耗水量大，灌水不均匀，一般多在平缓草地上采用。若坡度大时，可采用阻水渗透灌溉方式，如通过挖水平沟、鱼鳞坑。修主坝等拦阻水势，使水沿坡度的沟、坑慢慢下流渗透，达到灌溉目的。这是对特殊地形地势草地的浸灌方式。草地浸灌，最好每年进行 2 ~ 3 次，春季缺水时，更有必要，应当进行 1 次浸灌，使草地充分浸润，以利牧草快速生长。豆科牧草较多的草地，淹浸时间不宜过长，因多数豆科牧草根系对积水敏感，淹浸时间长，易受涝害而烂根或死亡。低洼草地应注意与排涝相结合，以免引起草地次生盐渍化。

（二）沟　灌

沟灌适用于人工草地或渗水性较好的草地。灌水时水沿水沟流动，以毛管作用向沟的两侧渗入土壤。沟灌可以避免灌水后土壤板结，破坏土壤的团粒结构。沟垄上土壤可保持疏松状态，空气流通、减少蒸发。沟灌可以减少深层渗漏，达到节约用水的目的。

（三）喷　灌

喷灌是一种先进的灌溉技术，它是利用专门的喷灌设备将水喷射到空中，散成水滴状，均匀浇灌在草地上。20 世纪 60 年代以来，喷灌技术在世界各地迅速发展，如英国、瑞典、法国，喷灌面积占灌溉面积的 56% 以上。我国也在各地大力推广应用喷灌技术，因为这种灌溉方法与地面灌水方法相比，有很多优点：省劳力，由于灌水工作全部机械化，减轻劳动强度；喷灌可以做到浅浇勤灌，不产生地表径流，不会导致土壤盐渍化，而且比地面灌省水达 30% ~ 60%；喷灌能控制土壤水分，保持土壤肥力，不仅可以提高草产量，而且不会使土壤板结，还可调节地面小气候，增加地面空气湿度；喷灌不受地面限制，减少沟渠占地，提高土地利用率。

喷灌的缺点是不但受风力、风向影响大，而且需要机械设备和能源消耗，投资也大。

喷灌系统可分为固定式、移动式和半固定式三种。无论是哪种形式的喷灌系统都是由动力抽水机械、输水系统及喷灌机械等组成。在安装喷灌系统时，输水系统的铺设应注意管道间距相等。根据喷头的有效射程来设计，使两个喷头喷射半径刚刚相交为好。喷头的选择应根据工作压力，也就是喷头进口处的水压力和射程，结合牧草生育期株苗大小，选择低压低射程、中压中射程或高压高射程的喷头。使之符合一定的喷灌技术要求：适宜的喷灌强度、水滴直径和喷灌均匀度。对于喷灌动力要求应因地制宜，视条件而定。可采用电力抽水或汽油、柴油机为动力，在山地和丘陵地采用天然水源落差进行自压喷灌，可节省设备，减少投资。

三、草地灌溉制度

灌溉制度是指牧草在一定气候、土壤和农业技术条件下，为获得高产、稳产所规定的灌溉定额、灌水定额、灌水次数和灌水时间。

灌溉定额：指牧草在整个生育期内，单位面积上应灌溉的总水量，以 m^3/hm^2 为单位。

灌水定额：指牧草各生育阶段、单位面积上浇灌一次所需的水量，以 m^3/hm^2 为单位。

灌水次数：满足牧草生长发育的需要，在牧草整个生育期内应浇灌的次数。

灌水时间：牧草在各生育阶段，每次合适的灌水时间。

有关草地的灌溉定额，依各地自然条件不同，草地类型不同而有很大差异。一般干草原地区为每公顷 $3000 \sim 4500 \ m^3$，荒漠地区每公顷 $4500 \sim 6000 \ m^3$。因此，草地灌溉应根据牧草种类、草地类型、产量、土壤和气候条件来决定灌溉制度。一般多以产量作指标来确定需水量。计算公式：

$$E = K \cdot Y$$

式中，E 为牧草田间需水量（m^3/hm^2），Y 为牧草计划产量（kg/hm^2），K 为牧草需水系数，即每生产 1 kg 牧草所消耗的水量（m^3/kg）。

应注意，产量与田间需水量的增加并不成正比关系，当田间需水量增加到一定程度时，必须增加其他农业技术措施，如施肥、密植等，否则会产生逆反效果。另外，灌溉次数也应在灌溉定额限度内才有增产效果。

禾本科牧草从分蘖到开花期，豆科牧草从现蕾到开花前需水量最大，也是重要的灌溉时期。一年刈割多次的牧草，应在刈割后及时灌溉。冬季封冻前灌一次冬水，有利于牧草的安全越冬和翌年早春的返青生长。早春牧草返青，为获得高产也应灌水。盐碱地刈割后，土壤水分蒸发剧烈，容易返碱，要及时灌水压碱，以促进牧草的再生。

缺水对牧草生长不利，水分过多也同样不利，容易造成土壤通气不良，烂根死苗。因此，在防旱的同时也要注意防涝，特别是南方和沿海地区更应引起高度重视。一般而言，当土壤含水量为田间最大持水量的 50% ~80% 时，牧草生长最为适宜。如果水分过多则应及时排水，否则易造成土壤通气不良，影响牧草根系的呼吸作用，导致烂根死亡。豆科牧草应注意排水，苜蓿更应特别注意。在低洼易涝区，一定要注意开沟排水。

第四节　施肥调控

一、施肥的基本原理

（一）养分归还学说

养分归还学说指植物从土壤中摄取为其生活所必需的矿物质养分，收获植物产品将从土壤中输出一定类型及数量的养分，使得土壤中养分物质贫化。维持地力就必须通过施用矿质肥料将植物带走的养分归还于土壤，在土壤的养分消耗与营养物质归还之间保持一定的平衡。养分归还学说的核心是：为了恢复土壤肥力和提高植物单产，通过施肥把植物从土壤中摄取并随收获物而输出的养分归还于土壤。

（二）最小养分率

最小养分率指植物产量决定于土壤中最低的养分，只有补充了土壤中的最低养分，才能发挥土壤中其他养分的作用，进而提高农作物的产量。最小养分是可变的，它随着植物产量水平和土壤中养分元素的平衡而变化，所以必须经常测定土壤养分，分析土壤—植物系统中养分的变化，及时发现最小养分的出现并给予弥补，通过科学的平衡施肥，实现稳产和持续性提高产量的目的。

（三）报酬递减率

报酬递减率指植物从一定土地上得到的报酬随着投入的劳动和资本量的增大而有所增加，但随着投入的单位劳动和资本量的增加达到一个"拐点"时，投入量再增加，肥料的报酬却在逐渐减少。即最初的劳力和投资得到的报酬最大，以后递增的单位劳动和投资所得到的报酬是渐次递减的。充分认识报酬递减规律，可以在施肥实践中避免盲目性，提高肥料利用率，发挥最佳经济效益。

（四）植物营养与土壤养分的关系

植物正常的生长发育不仅需要光、温度、空气和水，还需要从土壤和空气中吸收多种多样的营养元素，它们与水同时进入植物体内，并参与植物体内的新陈代谢作用和生物化学过程，这些元素称为植物的营养元素。在这些元素中，碳、氢、氧、磷、钾、钙、镁、硫、铁等，植物需求量较多，故称为大量元素；硼、锰、铜、锌、钼、钴等，需求量小，称为微量元素；此外，钠、氯、硅等在植物营养中不直接起营养作用，但间接影响植物的生长，称之为有机元素。

植物的有机体主要是由碳、氢、氧、氮元素构成，占植物体总成分的95%左右，其他元素占5%左右。碳、氢、氧是从空气和水里得来的，其他元素主要是从土壤里吸收。但是，土壤中氮、磷、钾含量很少，需要靠施肥来补给，而且氮、磷、钾供应水平的高低对植物的生长发育、产量及品质好坏具有重要作用。因此，称氮、磷、钾为肥料三要素。

在植物生长发育过程中，各种营养元素同等重要，不能相互替代。植物正常生长除需要各种养料外，还需要一定的土壤反应。一般植物适应中性、微酸性或微碱性土壤，利于植物吸收水分和养分。土壤的微生物条件对植物的营养也起到重要作用，通过施肥调节土壤环境条件，活化土壤的有益微生物，抑制有害微生物活动。另外，可以增施微生物肥料，加强土壤有益微生物的活动，如播种豆科牧草时，可以接种根瘤菌剂。

（五）施肥的作用

草地是一种开放的生态系统，物质、能量和信息的输入与输出可以通过自然途径，也可以通过人为的途径。人类以草地资源为基础获取的植物类产品、动物类产品以及多种多样的其他类型产品，表达了草地生态系统的输出功能。为了保持生态系统平衡和资源持续利用，必须以人工辅助能的形式给予草地系统进行输入，尤其当输出的量长期大于自然输入的量之时。通过精准施肥，能够调节土壤酸碱度，恢复土壤肥力，保持土壤营养物质的输入输出平衡，有效调控草地质量。

二、有机肥及其作用

有机肥是指含有有机物质，既能向农作物提供多种无机养分和有机养分，又能培肥改良土壤的一类肥料。有机肥含有农作物所需要的各种营养元素和丰富的有机质，是一种完全肥料。它施入土壤后，分解慢、肥效长，养分不易流失。大量使用有机肥是传统农业的精华所在。

（一）有机肥的作用

农田和草地中使用有机肥可以起到多方面的作用：改善土壤理化性状；减少化肥使用量；减少农药使用量；提高单位水分的利用效率。

1. 为农作物提供全面营养

有机肥中不但含有氮、磷、钾三要素，还含有硼、锌、钼等微量元素。施入土壤后，可为农作物提供全面的营养。

2. 促进微生物繁殖

有机肥腐解后，可为土壤微生物的生命活动提供能量和养料，进而促进土壤微生物繁殖。微生物又通过其活动加速有机质的分解，丰富土壤中的养分。

3. 改良土壤结构

有机肥施入土壤后，能有效地改善土壤的水、肥、气、热状况，使土壤变得疏松肥沃，有利于耕作及作物根系生长发育。

4. 增强土壤的保肥、供肥及缓冲能力

有机肥中的有机质分解后，可增强土壤的供肥和耐酸碱能力，为作物生长发育创造一个良好的土壤条件。

5. 刺激作物生长

有机肥腐解后产生的一些酸性物质和生理活性物质，能够促进种子发芽和根系生长。在盐碱地上施用有机肥，还具有改良土壤的作用，可减轻盐碱对作物的危害。

6. 提高抗旱耐涝能力

有机肥施入土壤后，可增强土壤的蓄水保水能力，在干旱情况下，可提高作物的抗旱能力。施入有机肥后，还可以提高土壤的孔隙度，使土壤变得疏松，改善根系的生态环境，促进根系的发育，提高作物的耐涝能力。

7. 提高化肥利用率

有机肥中的有机质分解时产生的有机酸，能促进土壤和化肥中的矿物质养分溶解，从而有利于农作物的吸收和利用。

我国多年来由于长期施用化学肥料，有机肥不足，各类养分比例失调，致使农田生态环境、土壤理化性状和土壤微生物区系受到不同程度的破坏，在一定程度上影响了农产品的安全。化肥的长期使用已造成肥效下降、利用率低、土壤板结等弊端。美国等西方国家生物肥料已接近肥料总用量的50%。我国有机肥生产呈连年上升趋势，市场前景广阔，成为新一轮的新兴产业，一些国内外投资者正向该行业逐步渗透。

随着人民生活水平不断提高，高产优质农产品和卫生健康食品已成为当前社会和农业生产中的迫切需求。为此，农业部于1990年召开了绿色食品工作会议，以推动无公害健康食品的开发生产。这次会议在我国农业和食品加工业中掀起了一场"绿色革命"。国务院关于开发绿色食品的文件指出："开发绿色食品（无污染食品）对于保护生态环境，提高农产品质量，促进食品工业发展，增进人体健康，增加农产品出口创汇都具有深远影响。"国务院在我国生态环境保护的十大对策中明确提出要推广生态农业。为了发展生态农业，开发生产无污染绿色食品，农业生产中的施肥技术必须进行改革，即合理施用化肥，走有机无机配合施用的发展之路，而有机肥料更应大力提倡和发展。随着我国加入世界贸易组织，对环境保护和人民生活健康水平等方面提出了更高的要求，减少化肥、农药使用量，大力发展和使用有机肥已势在必行。在当前的"世界贸易一体化"进程中，我国农业产品，要与西方国家和世界其他国家农产品进行竞争，其首要前提，就是要推广实施绿色无公害肥料，将农作物绿色无公害肥料，进行大力推广、实施。这不但是我国农业的发展方向，也是我国农业生产所面临的一个最迫切的问题。

我国有2000多个县，农作物播种面积超过1.33亿hm^2，年需化肥约1.4×10^4万t，而我国年产化肥不足1×10^4万t，优质化肥更是奇缺，主要依赖进口满足农业生产的需求，这就给其他新型肥料的使用带来了很大的市场空间。同时，化肥是一种高耗能产品，原材料涨价和环境污染的影响，致使许多小型化肥厂濒临倒闭，而我国由于受经济和能源条件的限制，目前还无能力改造这些化肥厂，限制了我国肥料总量的增加。有关专家迫切呼吁减少化肥使用量，多使用新型生物肥，多施有机肥。广大农民也迫切需要一种新型肥料来满足农业生产的需要。目前，美国等西方国家生物肥料已占到肥料总用量近50%。在我国，若有机肥料能占到化肥使用量的10%，其市场容量将达到1400万t。据报道，目前江苏省绿色食品种植面积超过20万hm^2，按每亩施用有机肥200 kg，每年两季测算，仅此一项全年有机肥需求就在120万t以上，同时全省还有其他耕地约466.7万hm^2，按2.5%施用量测算，需求量也在70万t左右，因此仅江苏全省有机肥需求总量保守估计也在200万t左右。

（二）有机肥的来源

有机肥的来源主要包括绿肥、家畜排泄物和沼气废渣等。凡是用作肥料的植物绿色体均称为绿肥。绿肥是一种重要的有机肥源，它对于改良土壤、固定氮素、植物生长发育具有重要作用。中国利用绿肥历史悠久，大致可分为4个发展阶段。①公元前200年以前，为锄草肥田时期，如《诗经·周颂》有"其镈斯赵，以薅荼蓼，荼蓼朽止，黍稷茂止"

的记载，已认为黍稷生长茂盛与锄下的杂草腐烂后肥田有关。②2 世纪末以前为养草肥田时期，《泛胜之书》有"须草生，至可耕时，有雨即耕，土相亲，苗独生，草秽烂，皆成良田"的记载。指在土地空闲时，可任杂草生长，在适宜的时机犁入土中作肥料。③3 世纪初为绿肥作物开始栽培的时期。西晋郭义恭《广志》中记有"苕，草色青黄，紫华，十二月稻下种之，蔓延殷盛，可以美田，叶可食"，说明当时已种植苕子作稻田冬绿肥。④5 世纪以后为绿肥作物广泛栽培时期。栽培较多的有绿豆、小豆、芝麻、苕子等作物。《齐民要术》载有"凡美田之法，绿豆为上，小豆、胡麻次之"的经验，指出施用绿肥作物的肥田效果是"其美与蚕矢、熟粪同"。到了唐、宋、元代，绿肥的使用技术广泛传播，绿肥作物的种类和面积都有较大的发展，芜菁、蚕豆、麦类、紫花苜蓿和紫云英等，都作为绿肥作物栽培。明、清时期金花菜、油菜、香豆子、肥田萝卜、饭豆和满江红等也相继成为绿肥作物。20 世纪 30 ~ 40 年代又引进毛叶苕子、箭筈豌豆、草木樨和紫穗槐等。1978 年，我国绿肥作物的总面积达到 $1190 \times 10^4 hm^2$，种植区域遍及全国各地。

　　绿肥作物在其他国家早有栽培，如罗马帝国时代就已利用羽扇豆作绿肥。日本在 12 世纪已利用紫云英作绿肥。20 世纪初，世界上农业发达国家都是把厩肥、绿肥以及豆科作物等作为增加土壤养分的主要来源。以后一些工业发达的国家逐步发展无机肥料，绿肥作物面积与有机肥料用量大幅度下降。20 世纪 80 年代以来，由于世界性的能源危机和环境污染，豆科作物和生物固氮资源的利用又引起重视。绿肥作物现一般采用轮作、休闲或半休闲地种植，除用以改良土壤以外，多数作为饲草，而以根茬肥田，或作为覆盖作物栽培以保持水土和保护环境。绿肥作物有以下几种分类方法：按栽培季节、按生长环境、按植物学分类、按用途划分（表 7 - 4）。此外，绿肥作物还可根据所施用的对象分为稻田绿肥作物，棉田绿肥作物，麦田绿肥作物，果、茶、桑园和经济林木绿肥作物等。兼用绿肥作物根据其所兼用途又分为覆盖绿肥作物、防风固沙绿肥作物、净化环境绿肥作物，以及肥、饲兼用和肥、粮兼用绿肥作物等。

表 7 - 4　绿肥的分类及利用

分类方法	类型及利用方式
按栽培季节	春季绿肥作物，早春播种，仲夏前利用 夏季绿肥作物，春播或夏播，秋前利用 秋季绿肥作物，夏季或早秋播种，冬前利用 冬季绿肥作物，秋季和初冬播种，翌春和夏初利用 多年生绿肥作物，栽种利用的年限在 1 年以上
按生长环境	可分为旱地绿肥作物和水生绿肥作物
按植物学分类	可分为豆科绿肥作物、禾本科绿肥作物、十字花科绿肥作物等
按用途划分	可分为绿肥作物和兼用绿肥作物

　　我国可作绿肥的植物资源极为丰富，目前栽培的绿肥作物共有 9 科 42 属 60 多种。主要绿肥作物种类有合萌（*Aeschynomene americana*）、紫穗槐（*Amorpha fruticosa*）、沙打旺

（*Astragalus adsurgens*）、紫云英（*Astragalus sinicus*）、毛蔓豆（*Calopogonium mucunoides*）、羽扇豆（*Lupinus polyphyllus*）、小冠花（*Coronilla varia*）、猪屎豆（*Crotalaria juncea*）、山黧豆（*Lathyrus palustris*）、胡枝子（*Lespedeza bicolor*）、金花菜（*Medicago hispida*）、紫花苜蓿（*Medicago sativa*）、草木樨属（*Melilotus*）、红豆草（*Onobrychis viciaefolia*）、豌豆（*Pisum sativum*）、葛藤（*Pueraria hirsuta*）、田菁（*Sesbania cannabina*）、红三叶（*Trifolium pratense*）、香豆子（*Trigonella foenumgraecum*）、苕子（*Vicia villosa*）、蚕豆（*Vicia faba*）、春箭筈豌豆、油菜（*Brassica campestris*）、多花黑麦草（*Lolium multiflorum*）、水花生（*Alternanthera philoxerides*）、水浮莲（*Pistia stratiotes*）等。随着资源调查的深入，世界性引种及选育种工作的开展，今后绿肥作物的种类还将日趋增多。

　　绿肥作物通常以轮种、复种、间种和套种等方式栽培（表7-5）。中国常见的栽培方式有：①粮肥轮种。一般在地力差或畜牧业发达的地区连续种绿肥作物1~2年，多者3~5年，耕翻后轮种相应年限的其他作物。②粮肥复种。在1个年周期内绿肥作物与其他作物换茬复种，如麦肥复种，肥稻复种，肥棉复种，稻肥麦或肥稻稻复种等。③粮肥间种、套种。在同一块地里绿肥作物同其他作物成行式带状间隔种植，播种期可同时或错开，如玉米、棉花前期套种绿肥作物，作追肥翻压；秋季小麦绿肥间种，夏季玉米绿肥间种，形成二粮二肥方式；以及稻田套养满江红（*Azolla imbricata*）等。④果园、林地间套种。绿肥作物在果树、茶树、桑树及幼林地间套种。⑤农田隙地、荒地种植绿肥作物，丘陵岗地非耕地营造绿肥林，河、湖、塘等水面放养满江红、水浮莲、水葫芦等水生绿肥作物。

表7-5　我国部分地区常用绿肥及用途

地区	主要作物种植方式	绿肥作物	绿肥种植方式
甘肃武威	一熟制春麦	春箭筈豌豆、草木樨	间种或复种
黑龙江双城	一熟制玉米	白花草木樨	间作
辽宁阜新	粮草轮作	白花草木樨	轮作
云南彝良	一熟制玉米	光叶紫花苕、	套种
云南盈江	双季稻	多花黑麦草、光叶紫花苕	套种
云南呈贡	一熟制玉米	普通光叶苕子	套种
贵州赫章	一熟制玉米	普通光叶苕子	套种
四川德阳	一熟制玉米	早熟毛叶苕子	套种
四川西昌	一熟制玉米	早熟毛叶苕子	套种
山西右玉	粮草轮作	箭筈豌豆	轮作
新疆和田	一年二熟	草木樨	间套种
内蒙古乌盟	粮草轮作	白花草木樨　蒙选毛叶苕子	轮作
陕西蒲城	二年三熟或一年二熟	苜蓿	轮作
河南通许	麦玉米或麦棉二熟制	苕子、黑麦混播	间作
江苏盐城	麦玉米或麦棉二熟制	苕子、蚕豆、豌豆、黑麦草	麦田套种或复种
浙江奉化	双季稻	紫云英，苕子，黑麦草	稻田套种或复种
上海地区	双季稻	紫云英，黑麦，青贮玉米	稻田套种或复种

绿肥作物的栽培利用要有利于种植业与饲养业相结合，用地与养地相结合。栽培品种因地制宜，多采取豆科与非豆科、一年生与多年生多种绿肥并举，特别要重视禾本科草类作物。在利用上可多种用途相结合实行肥饲兼用、肥粮兼用，种草养畜，畜粪与根茬肥田，同时发挥防风、保持水土和净化环境等作用。在栽培种植方式上，可采用间、套、复种，把绿肥纳入种植业结构之中，并充分利用农田隙地等种植绿肥作物。家畜排泄物、沼气废渣废液以及人粪尿也是有机肥的重要来源。各种畜禽，尤其是草食畜禽在利用转化饲草料和农业副产品的同时，产生大量的粪和尿，经一定处理后形成廉价的有机肥。据测定，家畜每形成 1 kg 畜产品，平均产生 30 kg 的排泄物。如果不经处理而任意排放，不但浪费资源而且会污染环境；沼气生产过程伴随有大量废渣废液出现，将其返回土地不但是优良的有机肥料，也可减少植物病虫害发生。

（三）生物有机肥

生物有机肥是指特定功能微生物与主要以动植物残体为来源并经无害化处理、腐熟的有机物料复合而成的一类兼具微生物肥料和有机肥效应的肥料。

生物有机肥的生产原料很多，具体可以分为以下几类：农业废料，如秸秆、豆粕、棉粕等；畜禽粪便，如鸡粪、牛羊马粪、兔粪；工业废料，如酒糟、醋糟、木薯渣、糖渣等；生活垃圾，如餐厨垃圾等；城市污泥，如河道淤泥、下水道淤泥等；植物产物，如竹粉、竹炭、竹灰、秸秆炭、草木灰等。

生物有机肥营养元素齐全，能够改良土壤，改善使用化肥造成的土壤板结，改善土壤理化性状，增强土壤保水、保肥、供肥的能力。生物有机肥中的有益微生物进入土壤后与土壤中微生物形成相互间的共生增殖关系，抑制有害菌生长并转化为有益菌，相互作用，相互促进，起到群体的协同作用，有益菌在生长繁殖过程中产生大量的代谢产物，促使有机物的分解转化，能直接或间接为作物提供多种营养和刺激性物质，促进和调控作物生长，提高土壤孔隙度、通透交换性及植物成活率，增加有益菌和土壤微生物及种群。同时，在作物根系形成的优势有益菌群能抑制有害病原菌繁衍，增强作物抗逆抗病能力，降低重茬作物的病情指数，连年施用可大大缓解连作障碍。减少环境污染，对人、畜、环境安全、无毒，是一种环保型肥料。

利用生物有机肥可以激活土壤中微生物的活跃性、克服土壤板结、增加土壤空气通透性，也可以减少水分流失与蒸发、减轻干旱的压力、保肥、减少化肥、减轻盐碱损害，在减少化肥用量或逐步替代化肥的情况下，提高土壤肥力。研究和生产实践也表明，使用生物有机肥能够增强作物抗病性和抗逆性，减轻作物因连作造成的病害和土传性病害，降低植物发病率。

三、草地施肥

通过人工或机械措施对草地进行营养元素补充和调控，能最大限度地满足牧草生长发育需求，达到高产稳产目的。草地施肥包括基肥、种肥和追肥三种形式。基肥多用厩肥、堆肥、绿肥等有机肥为主，也可配合部分无机肥，在播种或移栽时用于改良土壤。种肥在播种或移栽时施入种子附近或者与种子混合施用，主要为幼苗生长提供养分。追肥是在饲草特殊生长阶段临时施用，主要为了提高饲草产量和品质。

（一）草地施肥的原理

草地通过放牧或刈割，必然要从土壤中取走一定量的养分，因此，要想恢复和保持土壤肥力，增加牧草产量，就应以正确合理的施肥方式，把植物带走的矿物养分和氮素还给土壤。因为牧草的正常生长需从土壤和空气中吸收很多营养元素，但土壤中存量很少，所以要进行供应补充。植物常常根据自身的需要对外界环境中的养分有高度的选择性。一般土壤中含有较多的 Si、Fe、Mn 等元素，而植物却很少吸收它们。相反，植物对土壤中有效成分较少的 N、P、K 却有较多的需要。由于植物具有选择吸收的特性，就必然会造成土壤肥料中出现阴、阳离子不平衡的现象，必须合理地施肥，保持土壤养分比例的平衡。这就需要根据植物的种类和产量来确定施肥的类型和数量。牧草在不同生长发育时期，其营养需求特点也不同，因此，针对同一植物不同生长期的营养需要，用合理有效的施肥手段调节它们的营养条件。另外，牧草从土壤中吸取养分的数量与草地类型、牧草种类、牧草的生长发育时期、牧草的利用方式等有关，不同的土壤供养能力也不同。因此，应在土壤养分诊断的前提下，根据不同牧草、不同草地类型及牧草的不同生长期进行合理施肥。

牧草生长需要大量的 C、H、O、N、P、K、Ca、Mg、S 等元素，同时也需要 B、Mn、Zn、Fe、Mo 等微量元素。禾本科牧草和豆科牧草对营养元素的需要量有相似之处，但也有不同点。禾本科牧草对氮素的需要较强烈，对施用的氮肥的反应更为敏感。豆科牧草由于有根瘤菌共生固氮，只需在苗期根瘤形成之前施入少量氮肥即可，所以它对氮肥的反应不如禾本科作物敏感。而豆科牧草对 P、K、Ca 等营养元素的敏感性大于禾本科牧草。牧草从土壤中吸收营养元素的种类和数量决定于土壤条件、生长环境和牧草的种类与产量，从土壤中吸收的营养元素远不能满足其生长的需要，只有通过科学施肥才能满足牧草生长发育的营养需求。

肥料是牧草以及饲料作物丰产的物质基础。根据肥料的来源和成分，可分为有机肥料和无机肥料两大类，有机肥包括人粪尿、家畜粪尿、堆肥和绿肥，含有较多的有机质，能改良土壤和培肥地力，是建立高产稳产人工草地的基础肥料。

无机肥料主要包括 N 肥、P 肥、K 肥、复合肥料和微量元素肥料。N 肥常见的种类有硫酸铵、碳酸氢铵、尿素、氨水和硝酸铵等，易溶于水，易被植物吸收，为速效肥料，易作追肥施用。磷肥主要有过磷酸钙、重过磷酸钙和钙镁磷肥，宜作种肥与种子同时施入土壤，也可与有机肥混合用作基肥。草木灰和硫酸钾是常用的钾肥，草木灰用作基肥或种肥，效果良好，而硫酸钾适宜追肥施用。

牧草的施肥种类、数量、施用时期，主要根据土壤肥力状况和不同类型牧草的需肥量来确定。

（二）草地施肥方法

草地施肥主要有基肥、种肥和追肥三种方法，可根据牧草的需要和肥料的种类，采用不同的方法。

（1）基肥的施用。

播种牧草前，结合耕翻土地或深耕灭茬，施用优质农家肥，如厩肥、堆肥或缓效性化肥，以满足牧草整个生长期的需要，这就是基肥，也叫底肥。有机肥可撒施，然后耕翻。

在有机肥较少时，也可沟施，使肥料较为集中，以提高肥效。用作基肥的化肥可以和有机肥同时施入，一般每公顷施用有机肥15000～37500 kg、过磷酸钙150～300 kg或钙镁磷肥300～375 kg、硫酸钾150～200 kg。

（2）种肥的施用。

播种时与种子同时施用有机肥、生物肥或化肥，以供给牧草幼苗生长的需要，这些肥料称为种肥。种肥可施在播种沟内或穴内，盖在种子上面，或用于浸种、拌种。用作种肥的有机肥料应充分腐熟，所用肥料，无论是农家肥还是化学肥料，都不能影响种子发芽出苗。

（3）追肥的施用。

施肥是促进牧草以及饲料作物增产的根本措施。除了施足基肥外，追肥也非常重要，一般来说，人工草地追肥时间应在牧草强烈形成新枝的时期（豆科牧草分枝后期至现蕾期，以及每次利用之后，禾本科牧草拔节以后至抽穗期以及每次利用后）。豆科牧草追肥以磷、钾为主，成年牧草每公顷45～75 kg（有效成分），苗期还应配合一定的氮肥。禾本科牧草以氮肥为主，每公顷45～90 kg（有效成分）。混播人工草地追肥应以磷、钾为主，以防止禾本科牧草对豆科牧草的抑制。追肥结合灌水，效果会更好。牧草出苗后，在其生长期内，根据牧草长势进行追肥。追肥主要用速效化肥，可以撒施、条施和穴施，结合灌溉水施及根外追肥等。所谓根外追肥，主要是用过磷酸钙、尿素、微量元素或生长素等，结合人工降雨或用喷雾器施于牧草叶面上，通过叶面组织吸收，以满足牧草自身生长的需要。追肥的时间一般在禾本科牧草的分蘖、拔节期，豆科牧草的分枝、现蕾期。为了提高牧草产草量，每次收割后也应追肥。多年生牧草，每年春季要追1次肥，促其早发快长。秋季追肥以P、K肥为主，以便牧草能安全越冬。禾本科牧草追肥以N肥为主，配施一定量的P、K肥。豆科牧草除苗期追N肥外，其他时期主要以P、K肥为主。

合理施肥就是要坚持按需施肥和因地、适时、适量的施肥原则，达到最佳肥效，以获得优质高产的效果。①按需施肥，即根据牧草的生长特性施肥。禾本科牧草需N较多，应以N肥为主，配合施用P钾肥。豆科牧草因其自身可以固氮，所以应以磷肥为主，但是在其幼苗期根瘤尚未形成时，应施用少量N肥，以促进幼苗生长。②因地施肥，即根据土壤肥力和墒情施肥。沙质土肥力低，保肥能力差，应多施有机肥，化肥应少施、勤施。壤质土有机质和速效养分较多，只要基肥充足，必要时适当追肥即可。黏质土壤保肥能力较强，但有机质分解慢，故前期多施速效肥，后期则应防止贪青徒长。干旱季节，土壤水分不足，施用化肥就要结合灌溉，有利于牧草对营养的吸收。③适时、适量施肥，即根据牧草生长期对营养的需要特性施肥。禾草需要养分最多的时期是从分蘖到开花期，豆科牧草是从分枝到孕蕾期。对于收获种子的牧草，开花期应适量喷施硼和钼等微肥，增加结籽率，提高种子产量。

（三）撒施、条施和喷施

撒施是将肥料直接、均匀地撒在草地中，一般用于基肥或追肥。其优点是能够把肥料均匀地分布到土壤耕作层，有利于作物早期吸收利用，缺点是如果伴随降雨或灌溉，很容易随水流失造成肥料浪费和水体污染。条施适于点播、条播或饲草定植，在饲草播种行或幼苗行旁边开沟，均匀施入肥料并覆土。条施一般用于追肥用量少、易挥发、易被土壤固定的肥料，其优点是肥料容易被吸收利用，利用率较高，被土壤固定的程度低，有效时间比撒施长，缺点在于耗时耗力。喷施是将含有养分的溶液喷洒到饲草的茎叶，主要用于追施微量元素肥料。喷施的优点是用量经济、可降低土壤固定，养分吸收快效率高，易于控制浓度，减少污染，但缺点是设备费用较高，耗时耗力。

（四）草地施肥的作用

草地施肥不仅要依据植物的营养需要和土壤的供养能力，还应考虑施肥的作用和所产生的效益。草地施肥的效益已为国内外科研和生产实践所证实，主要体现草地生产力、草群组成、牧草品质等几个方面。

1. 草地施肥可以显著提高草地生产力

试验证明，施 N、P、K 完全肥料，每公顷增产牧草 1095～2295 kg，草群中禾本科牧草的蛋白质含量约增加 5%～10%。施肥还可以提高家畜对植物的适口性和消化率。据报道，施用（NH_4）$_8O_4$，草地干草中可消化蛋白质提高 2.7 倍，饲料单位提高了 1.2 倍。如内蒙古呼盟草原站，在羊草草地上施有机肥平均增产 35%～50%；施 N 肥可增产 1 倍以上。根据理论估算，草地每施 0.5 kg N 肥，可以增产 0.75 kg 肉，目前生产实际已达到增产 0.5 kg 肉。

2. 改善草群组成成分

在草地上单施 N 肥，能增进禾本科牧草的发育，但对豆科牧草生长不利；施 P、K 肥有利于豆科牧草的生长；施用有机肥能使多数牧草种类均衡生长发育，使禾本科牧草和豆科牧草的比重增加，草群中杂类草比例减少。因此，在草地管理中，施肥是一项十分重要和有效的调控技术措施，通过合理的施肥方案，可以使草地维持良好的草群组成和较高的生产水平。

3. 改善牧草品质

施肥可以在很大程度上提高牧草中粗蛋白质、Ca、P 等营养物质的含量，从而改善牧草适口性，提高牧草消化率。这是因为施肥后，能改变牧草的茎叶比、营养枝与生殖枝比例，改善了草群成分。同时，施肥能增加牧草中维生素含量。有研究指出，施氮肥可增加禾本科草类的胡萝卜素和叶绿素含量，施 B 肥可增加紫花苜蓿的胡萝卜素含量。

四、酸性土壤和酸化草地改良

（一）中国的酸性土壤及其治理

我国酸性土壤的分布遍及 14 个省（市）区，总面积达 2.03×10^8 hm^2，约占全国耕地面积的 21%。酸性土壤是 pH < 6.5 的土壤的总称，其中 pH < 5.0 的酸性土壤常导致较低的土壤阳离子交换量（CEC）和盐基饱和度（BS），加强对 P 的固定，降低土壤养分有效性，且 Al 和其他重金属的含量通常都很高，对植物体形成毒害。酸性土壤可适于部分作物生长，但对大多数作物的生长发育会产生不良后果，极端情况下会使作物不能正常生长发育。

施用石灰改良酸性土壤在我国具有悠久的历史，特别在南方酸性红黄壤地区更为普遍（蔡东，2010）。研究结果表明，施用石灰可以降低土壤酸度，有效缓解 Al 和其他重金属毒害，补充 Ca、Mg 营养，改善土壤结构，提高土壤的生物活性和养分循环能力，从而改善根系生长环境，促进根系生长和吸收，改善植株营养和生长状况，提高作物产量和品质。郇恒福（2009）通过一年的大田试验表明：滤泥单施与石灰单施处理能有效降低土壤的活性酸以及交换性酸的含量，有较好的降低土壤酸度的效果，而施用绿肥、甘蔗渣、羊粪以及羊粪与膨润土混施均不能有效降低土壤的酸度。

长期以来，施用石灰改良酸化土壤方面的研究，国内主要集中在作物（尤其是一年生作物）、经济林木方面，而针对草地、多年生草本植物开展的研究甚少。针对作物的研究结果表明，施用石灰能够改善土壤肥力、促进作物生长、提高产量和改进品质。何电源（1992）在水稻田上连续3年施用石灰后，发现与对照相比石灰处理的土壤有机质含量降低了24.3%，有机质的矿化率与石灰用量呈显著正相关。张效朴等（1987）研究发现，在较低石灰用量或连续施用石灰的初期，由于Ca^{2+}对土壤吸附位的亲和力比K^+强，会提高土壤溶液中K^+的活度。但石灰施用过量时又会造成土壤溶液中K/Ca比例失调，增加土壤对K的固定。孟赐福（1991）的试验也表明，施用石灰可以消除红壤酸度的不良影响，使小麦、芝麻、苕子和花生分别增产21%～28%、19%～21%、135%～155%和12%～13%。

针对石灰施用方式的研究结果表明，石灰种类、施用量以及施用深度，对酸化土壤的改良效果、促进植物生长方面具有一定程度的影响。胡德春等（2006）根据不同石灰种类对酸性土壤改良、油菜生长和产量的影响，推荐适宜的石灰用量为熟石灰粉1125～1687.5 kg/hm²、碳酸钙粉1500～2250 kg/hm²、白云石粉1500～3000 kg/hm²。这说明不同种类石灰的降酸作用强度是不同的，生石灰最强，熟石灰次之，然后是石灰石、方解石、白云石等一些矿物类石灰，但矿物类石灰的作用后效要长很多。施用过量的生石灰、熟石灰和碳酸钙粉末，容易造成土壤pH的跳跃增加，而矿物类石灰就不会出现这样的情况。袁敏（2005）通过盆栽发现，石灰（碳酸钙）处理显著提高了龙须草（*Eulaliopsis binata*）的分蘖数和株高，其叶绿素含量却随石灰用量的增加呈下降趋势，并推测可能是石灰用量过高的缘故。

近年来的研究结果也表明，土壤理化性状（如酸度、水分、有机质等）以及土壤类型、海拔高度等均与土壤呼吸密切相关，空间和时间差异性明显存在。土壤酸度对土壤的微生物活性、有机碳积累以及碳循环成了草地生态系统的研究热点之一，但不同草地恢复措施对草地碳循环过程的研究仍然不够深入。

我国西南地区土壤多存在过酸现象，需要选择适宜的土壤改良措施进行改良。传统方法多施用石灰、石灰石、有机质改良剂等。石灰和石灰石改良剂能够快速降低土壤酸度；在土壤中施入农家肥、绿肥、秸秆、泥炭土、草木灰等有机质改良剂能够缓冲土壤酸性，达到改良土壤和增加土壤肥力的目的。目前，土壤改良剂的选择除了传统碱性矿物质，也可选用廉价易得的碱性工业副产品和有机物料。

分布于滇西北的亚高山草甸，是当地最主要的草地类型之一，也是畜牧业赖以发展的草地资源。近年来，家畜数量不断增加，放牧制度发生改变，亚高山草甸由原来的冬春放牧，转变为全年连续放牧。过度放牧导致草地退化程度日趋严重，草层低矮化、植被稀疏化、草群劣质化现象明显。陈功等人于2012年4月下旬，在香格里拉小中甸镇两个地点采集土样，测定分析pH$_{Ca}$、有机质含量和速效P含量（表7-6）后发现，土壤呈现出明显的酸化特征。据此初步断：土壤酸化和过度放牧，是导致取样区亚高山草甸退化的两种主导因子。

表7-6　两个取样点土壤分析数据

取样点	pH_{Ca}	水分含量（%）	有机质（%）	速效 N（mg/kg）	速效 K（mg/kg）	速效 P（mg/kg）
支特	4.4	39.6	13.6	537.7	190.5	50
明举	4.3	40.5	18.0	819.3	120.6	46

综合分析国内外已发表的相关文献资料发现，关于酸化草地的成因和过程、土壤和植被表现，施用石灰对土壤、植被以及家畜生产性能的影响，在国外已开展了长期的研究探讨，形成了一系列研究成果，为指导生产实践发挥了重要作用。但在国内，草地酸化问题尚未引起足够重视，相关研究起步较晚，基础研究相对薄弱，更缺乏明确的研究目标和系统性探索。以往对酸化亚高山草甸的研究注重施用石灰、围栏封育的单因子效果，而针对施用石灰和封育两者协同作用之下，揭示草地土壤和植被的响应规律，阐明恢复演替过程中施用石灰与封育两者之间可能存在的互作效应，以及土壤和植被之间的互馈机理尚未见有报道，对此有必要进一步深入研究。

（二）草地酸化及其治理

草地酸化指土壤呈酸性，植被中出现大量耐酸植物，草群饲用价值低下的现象。土壤酸化是土地退化的一种形式，酸化的成因包括自然因素和人为因素。自然条件下，在年降雨量较多的地区，由于土壤风化和养分淋溶等因素的作用，土壤酸化过程缓慢进行；人类的农业生产活动，如耕作、施肥等，能够明显加快土壤的酸化速度，加重酸化程度。

在酸化过程中，土壤本身外观症状不明显，牧草或作物的产量也呈现逐渐下降趋势，而这种植物性生产力的下降常常被误认为是季节变化或水分缺乏等因素引起的。因此，与土壤盐碱化、水土流失等现象相比较，土壤酸化不易引起人们的关注。早在20世纪50年代，有人发现了澳大利亚草地和农田土壤存在酸化现象，但并未引起政府和农场主甚至科学家的重视。直到20世纪90年代，酸化引起土地大规模退化，牧草和农作物产量下降，生产成本上涨，草地酸化成因和治理效果的研究受到广泛关注。

土壤酸化与碳素循环和氮素循环密切相关。土壤中有机质大量积累、硝酸盐淋溶是引起土壤酸化的主要原因。研究结果表明，在永久性放牧草地上，硝酸盐淋溶可能是导致土壤酸化的最主要的因素，有机物积累、转移动物粪便和干草于草地系统之外为土壤酸化提供了可能。

据统计，全世界大约有40%~50%的潜在可耕地属于酸性土壤。酸性土壤的土壤溶液 H^+ 浓度大于 HO^- 的浓度而呈酸性反应（pH < 6.5）。在不断酸化的草地上，滋生大量耐酸性的杂草，部分牧草可以生长，但大多数优良牧草的生长发育受到抑制，极端情况下会使优良牧草不能正常生长发育。据报道，澳大利亚年降雨量超过450 mm的地区，土壤自然酸化现象普遍存在，有33万 hm^2 土地的pH值低于4.8，其中的50%分布在新南威尔士州和维多利亚州，已成为该地区草地畜牧业持续发展的主要制约因素。也有调查结果表明，在降雨量超过600 mm的永久草地区域，草地酸化现象尤为突出，发生酸化的土壤深度达到60 cm，草群植物学组成发生改变，多年生优良牧草以及一年生牧草，如地三叶（Trifo-

lium subterraneum)、一年生黑麦草（*Lolium rigidum*）比例下降，而戟叶酸模（*Rumex acetosella*）和多种阔叶杂草大量出现，草地整体饲用价值逐年下降。

施用石灰是治理酸化草地的一种措施，但适宜的施用方式、施用数量，以及石灰进入土壤的过程和深度因地而异。国外相关研究表明，不同草地类型的土壤肥力、植物学组成、牧草饲用品质，对土壤酸度、石灰施用模式的响应也表现出明显的差异性。石灰进入土壤主要有三种方式：直径 < 30 μm 的细小颗粒随水分而向下移动；随土壤动物如蚂蚁、蚯蚓的活动而进入深层，这种现象在新西兰、澳大利亚均得到证实；石灰石与水分反应后形成钙离子和碳酸根离子，这两种离子在土壤中经过了不同的反应途径，钙离子成为植物可以吸收的营养物质，而碳酸根离子成为提高土壤 pH 值的主要因素之一。目前，在酸化草地上施用石灰的方式主要有两种，即地面施用和划破草皮施用（0 ~ 10 cm），两种方式导致石灰在土壤 0 ~ 10 cm 范围内移动速度明显不同，地面施用需要较长的时间（5 年）才能达到显著提高 0 ~ 10 cm 土层 pH 值的效果。尽管来自许多报道的结论不尽一致，但普遍赞同的观点是：施用数量越大（$\geqslant 3$ t/hm^2），能够显著提高土壤 pH 值的土层越深；施用时间越长，石灰在土壤移动的迹象越明显。

酸化草地施用石灰后，牧草干物质产量、草地实际载畜量产生相应的变化。在澳大利亚新南威尔士州西南部的研究结果表明：以地三叶为优势种的人工草地上，采用划破草皮（0 ~ 10 cm）施用石灰的方式，牧草产量增加通常出现在秋季（4 月 ~ 6 月）而不是春季，且不同年度之间的变化率为 0% ~ 50%，甚至更高；综合分析投入和产出，如果增加的载畜量能够超过 30%，在经济上才是可行的。Peoples 等（1995）试验结果表明，采用地面施用方式（2.5 t/hm^2），在 Bungendore 试验点牧草产量 1 年后显著增加，在 Braidwood 的 3 个试验点中，有 2 个点的牧草产量 2 年后显著增加；该试验结果同时也证明，石灰与大量磷肥结合，牧草干物质产量分别提高 56%、25% 和 49%。此外，牧草产量对石灰响应存在年度之间很大的变化，对此新西兰也有许多相关报道。

从 20 世纪 50 年代开始，美国、新西兰、澳大利亚等国家，在多年生人工草地对施用石灰的响应方面，开展了长期的试验研究，并取得了一系列研究成果。对于多年生牧草而言，如紫花苜蓿、球茎草芦、鸭茅等，在研究其对施用石灰的响应规律时，与一年生牧草相比较，侧重点有所不同，牧草干物质产量和草地的持久性是长期研究的两个方面。多年生人工草地的持久性对于以草地畜牧业为主体的生产实体十分重要。

通过长期试验观测的结果表明：在重度酸化的草地上施用石灰，球茎草芦和鸭茅增产效果显著，施用石灰主要能够降低土壤表层的酸化程度，但深层土壤（> 10 cm）的酸化对牧草的寿命不利，多年生人工草地的持久性受到明显的影响；除了土壤酸化之外，放牧制度、土壤肥力、干旱等因素也是影响多年生人工草地持久性的因素；单纯依靠耐酸性较强的鸭茅或球茎草芦品种，很难维持草地的持久性和高产性能。

在新西兰北岛 Wairarapa 平原地区放牧母羊的试验结果表明，在保证母羊体重变化一致的前提下，施用石灰改良后的草地，在 5 年内能够平均提高 10.3% 的载畜量。

在以一年生牧草为主的放牧草地中增加紫花苜蓿，可以有效提高动物生产性能（Reeve 和 Sharkey，1980）。但紫花苜蓿对土壤酸度十分敏感，极大地限制了其在澳大利亚维多利亚州和新南威尔士州的推广利用（Helyar 和 Anderson，1971）。田间试验表明，通过划破草皮（0～5 cm）将石灰（2.5 t/hm²）施入酸化草地后，紫花苜蓿的产草量显著提高，增产幅度达到因 P 肥用量和取样时间而变化（10%～170%），平均增产 100%。调查数据表明，紫花苜蓿的根系主要分布在经过改良的表层土壤之中，限制了根系对深层土壤中养分和水分的吸收利用。在美国开展的一系列田间试验也表明，即使在土壤浅层施用了石灰，深层施用石灰对于促进紫花苜蓿根系的生长仍然具有十分重要的作用（Sumner等，1986；Rechcigl 等，1985、1991）。

第五节　研究应用实例——澳大利亚酸化草地治理

一、试验区概况和试验设计

（一）背景资料

澳大利亚新南威尔士州 Book Book 试验站（南纬 35°23′，东经 147°30′，位于沃加市东部 40 千米处）。土壤酸化严重，0～20 cm 土壤 pH$_{Ca}$在 4.0～4.5 范围内。多年平均降水量 606.9 mm。从 1992 年开始酸化草地的改良研究，最初采用划破草皮（0～10 cm）施入石灰 2.5～3.0 t/hm²，使土壤 pH$_{Ca}$达到 5.5，之后每隔 6 年地表施用一定数量的石灰。多年的试验数据表明，采用石灰与磷肥相结合的措施，可以有效抑制土壤 pH 值持续下降的趋势，草地植物学组成得到明显改善，放牧肉牛或毛用绵羊时，一年生草地和多年生草地均可以提高载畜量 30% 左右。2007 年 8 月～11 月，该试验站首次开展了羔羊放牧育肥试验。

（二）人工草地建植利用

1992 年建植多年生草地和一年生草地，2004 年重新建植两类草地。草芦 + 鸭茅 + 紫花苜蓿 + 地三叶，每公顷播种量分别为 1.5 kg、1.0 kg、3.0 kg 和 4.5 kg；多花黑麦草 + 地三叶，每公顷播种量分别为 2.0 kg 和 7.5 kg。在草地利用过程中，植物学组成发生演替。多年生草地中出现了多花黑麦草、大麦草（Barleygrass）以及多种杂草；一年生草地中出现大麦草和多种杂草。

（三）试验动物

南非肉用美利奴公羊（South African Meat Merino）与美利奴母羊的杂交一代羔羊，6 月龄，体重 33～35 kg。试验前随机分组，每组 10～20 只羔羊。

（四）轮牧设计

多年生草地和一年生草地分别设置对照和施用石灰两种处理，共形成 4 个试验处理。每个处理均设计 3 个小区（30 m×45 m），各小区放牧一周，休牧 2 周，即每 3 周时间形成一个放牧周期。在同一个放牧周期内，各处理小区的载畜量依据放牧前的牧草产量和羔羊体重进行调整，调整的目标使 4 个处理的羔羊平均体重在整个放牧试验期间体重变化保持一致。

（五）测定指标

牧草产量：使用落盘式测产法测估测牧草产量，估测模型每一个放牧周期（3 周时间）校正一次，放牧前和放牧后分别测定。

牧草营养组成：在整个放牧试验的开始、中期和结束时分别取样，草样烘干后用于测定粗蛋白含量、有机物消化率、酸性洗涤纤维、中性洗涤纤维和代谢能。

羔羊活增重：每个放牧周期的开始和结束时，测定羔羊空腹重（空腹 16~24 小时）。

单位草地羔羊活增重：羔羊平均活增重乘以载畜量形成每公顷动物活增重，进一步计算出羔羊在每个放牧周期的日增重。4 个放牧周期的增重之和即为草地在整个放牧期间的总增重。

二、试验结果

对试验区酸化草地长期施用石灰和 P 肥，能够显著提高 0~30 cm 土壤 pH 值，改善草群植物学组成，显著提高草群中优良牧草的干物质产量，显著提高草群干物质消化率和代谢能含量，改善牧草整体质量（表 7-7），最终提高了羔羊的生产性能。在为期 12 周的放牧过程中，4 个处理的羔羊平均体重变化保持一致（图 7-1）。与对照区相比较，施用石灰使一年生草地、多年生草地的载畜量分别提高 24.0%（3.6 羔羊/hm²）和 29.0%（4.4 羔羊/hm²）。在第一个轮牧周期内，羔羊平均日增重达到 213~286 g，通过 12 周的放牧育肥，羔羊平均体重接近 50 kg。按羔羊活重计算，施用石灰使草地多产出 30.6%（131 kg/hm²）（表 7-8）。

表 7-7　4 种处理草地上牧草不同时期营养组成分析

取样时间	营养生长期	开花期	成熟期
粗蛋白（%）			
AP -	29.9	24.9	15.6
AP +	28.7	26.2	15.7
PP -	28.9	23.9	15.7
PP +	29.7	25.0	19.8
Pasture ×lime	*	n. s.	*
可消化有机物消化率（%）			
AP	66.4	65.4	53.9
PP	66.1	64.7	55.9
Pasture effect	n. s.	*	**
Lime -	66.0	64.5	52.8
Lime +	66.3	65.3	55.9
Lime effect	n. s.	*	***
代谢能（MJ/kg DM）			
AP	10.5	10.3	7.9
PP	10.4	10.1	8.3
Pasture effect	n. s.	*	**
Lime -	10.4	10.1	7.7
Lime +	10.5	10.2	8.4
Lime effect	n. s.	*	***

续 表

取样时间	营养生长期	开花期	成熟期
酸性洗涤纤维（％）			
AP	23.0	23.4	33.0
PP	23.9	24.2	31.3
Pasture effect	n. s.	n. s.	*
Lime –	23.7	23.9	33.9
Lime +	23.3	23.7	31.3
Lime effect	n. s.	n. s.	**
中性洗涤纤维（％）			
AP	39.0	42.0	58.4
PP	39.9	42.6	56.1
Pasture effect	n. s.	n. s.	*

注：AP 指一年生草地；PP 指多年生草地；＋指施用石灰；－指不施用石灰；＊指 $P < 0.05$；＊＊指 $P < 0.01$；＊＊＊指 $P < 0.001$；n. s. 指无显著差异。

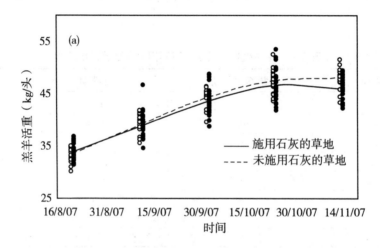

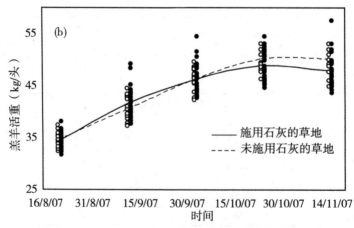

图 7 - 1　多年生草地（a）和一年生草地（b）放牧期间羔羊体重变化趋势

表 7 - 8 不同放牧周期的载畜量、羔羊日增重和单位草地面积活增重

处理	周期 1	周期 2	周期 3	周期 4
载畜量（lambs 羔羊/hm²）				
AP -	24.7	29.6	29.6	29.6
AP +	42.0	46.8	41.9	29.6
PP -	24.7	29.6	32.1	32.1
PP +	39.5	44.4	37.0	34.6
羔羊日增重（g/头）				
AP -	278	267	190	4
AP +	286	220	128	-41
PP -	249	224	155	27
PP +	213	215	145	-24
单位草地羔羊活增重（kg/hm²）				
AP -	151	166	118	2
PP -	140	152	104	27
PP +	201	206	113	-14
AP +	306	216	119	-25

第八章　草地封育调控和补播调控

封育，就是在植被遭受破坏或有可能生长植物的地方，建立保护措施而不加利用，为天然植物提供休养生息、种子成熟和繁衍更新的机会，从而使植被逐渐恢复和提高生物再生产能力的过程。

实施草地封育，可以防止随意抢牧、滥牧等无计划放牧行为，使牧草生长旺盛，草地覆盖度增大，草地环境条件发生明显变化。一方面，植被盖度和土壤表面有机物增加可以减少水分蒸发，使土壤免遭风蚀和水蚀；另一方面，可以改善土壤结构和渗水能力。草地封育后，由于消除了家畜过牧的不利因素，牧草能贮藏足够的营养物质，进行正常的生长发育和繁殖；一些优势植物开始形成种子，群落的有性繁殖功能增强。特别是优良牧草，在有利的环境条件下，迅速恢复生长，增强了与杂草竞争的能力，不但能提高草地产草量，还能改善草地的质量。

什么样的草地需要封育？张自和（2001）认为，为了给草地的正常生长发育和植被恢复提供有利条件，在以下的几种地区适宜采用封育措施：①植被破坏严重，导致水土流失和生态环境退化的土地；②由于超载过牧而引起中度以上退化程度的天然或人工草地；③新补播或新建立的改良草地；④风沙危害严重和水土流失严重的地区。

草地封育的时间和方式是首先应考虑的因素，可根据草地退化程度和草地面积大小而确定。封育时间有全年封育、夏秋季节性封育、春秋两季两段封育等。封育方式要因地制宜，以简便易行、牢固耐用为原则，有生物围栏、石头墙、草块墙、网围栏和刺丝围栏等。中度退化程度以上的草地应采用全年封育，轻度退化草地可采用分时段的季节性封育。

封育是草地植被恢复最常用、最经济、最容易操作且行之有效的一种措施。一般而言，中轻度退化草地在消除干扰或降低载畜量后，很短时间内即可恢复到较为理想的状态。以西藏的高寒草甸和湖盆河谷草甸为例，经封育3年后，群落中优良牧草增多，草层高度和植被盖度均显著提高，产草量成倍增加，草地基况得以整体改善（表8-1）。

实践证明，草地封育是一项投入较少、容易操作、便于大面积作业的植被恢复措施。但是，对于许多退化严重的草地而言，若要恢复到人类可以接受的程度需要较长的时间，单纯的封育措施只是保证了植物正常生长发育的机会，而植物的生长发育能力还受到土壤透气性、供肥能力、供水能力的限制。因此，在草地封育期内需要结合松耙、补播、施肥和灌溉等培育改良措施（韩建国，2004）。

表 8 - 1　封育草地与未封育草地的对比

草地类型	处理	群落主要植物组成	盖度（%）	高度（cm）	青草产量（kg/亩）
高山草甸	不封育	嵩草、苔草、委陵菜、马先蒿、毛茛、劲直黄芪	85	3～5	85
	封育 3 年	嵩草、苔草、早熟禾、羊茅、鹅观草、委陵菜、马先蒿、毛茛、劲直黄芪	100	10～30	225
湖盆河谷草甸	不封育	大嵩草、苔草、早熟禾、紫花针茅、鹅观草、劲直黄芪	60	4～38	78
	封育 3 年	大嵩草、垂穗披碱草、老芒麦、苔草、早熟禾、草地野豌豆、紫苑	100	10～50	715

（引自　《西藏草原》，1992，略有变动）

第一节　封育对草地植被的影响

草地围栏封育期间不进行任何刈割或放牧利用，其目的在于给草地植被提供休养生息的机会，以便积累足够的营养物质，逐渐恢复草地生产力，促进草地的自然更新。围栏封育从经济效益角度考虑，目的在于高效而经济的改良退化草地。在进行草地围栏封育时，必须兼顾牧草和家畜两个方面，一方面，要尽可能使退化天然草地得到有效恢复，长出适口性好、数量多的牧草；另一方面也要在不影响牧草的再生能力的前提下，设法让家畜定期吃掉这些牧草。改良退化草地的方法有很多种，如除莠、施肥、松耙、围栏封育、补播、治虫灭鼠等，其中围栏封育已成为国内外改良天然退化草地一种行之有效的技术措施。在封育条件下，伴随着恢复演替进展，植被的数量和结构特征在时间序列上发生一系列相应的变化。

一、植物群落数量特征

退化草地经过封育后，由于消除了放牧扰动，以前因过度放牧而被抑制和削弱的种群的生长得以促进，草地生产力和盖度增加，群落物种组成及各物种优势度发生改变；物种丰富度和多样性增加。围栏封育改善了草地牧草产量、高度、盖度、多度，合理放牧对于恢复草地植被，提高草地产草量有明显的作用。

也有研究指出，与合理放牧利用相比，长期封育不利于草地植被的恢复，也不利于群落中优良牧草种类的增加。埃塞俄比亚北部退化半干旱草原封育超过 8 年，结果群落中多年生禾草的生产力降低，而木本植物的高度、盖度及生产力增加（Miehe 等，2010；Yavneshet 等，2009）。封育限制了牧草在放牧条件下具有的超补偿性生长机制的发挥，其大量的凋落物和立枯物影响资源的利用效率，因此降低了草地净初级生产力。封育（尤其是封育年限过长）会降低物种多样性，中度放牧草地物种多样性显著高于封育 9 年的草地（Altesor 等，2005；Yang 等，2005）；与适度放牧相比，封育减少了莫哈韦沙地群落中本地物种的数量，因而降低其物种丰富度（Abella 等，2008）；6 年的封育降低了青藏高原北部高山草甸的物种多样性（苗福泓等，2012）；禁牧时间中等时，物种多样性达到最大值（Abebe 等，2006）。

　　有研究表明，封育不仅可以提高优良牧草的重要值、群落地上生物量及草地植被盖度和优良牧草产量，而且能改变草地质量指数和均匀度指数（王德利，2001；周姗姗等，2012），原因是封育消除了放牧扰动，使得因过度放牧而被抑制和削弱的种群的生长得以促进，植被盖度增加，群落物种组成及各物种优势度发生改变（侯扶江等，2004）。封育 6 年后，高寒草甸群落中莎草的生物量显著增加，不过非禾本科杂类草的生物量发生了降低，但禾草的生物量无显著变化（苗福泓等，2012）。相反，也有研究指出，封育限制了牧草在放牧条件下具有的超补偿性生长机制的发挥，其大量的凋落物和立枯物降低了植物生产的周转率，影响资源的利用效率，因此降低了草地净初级生产力（彭祺等，2004；吕朋等，2016）。封育年限并不是越长越好，例如长期封育不利于群落中优良牧草种类的增加（李镇清，2000），而且随着封育年限的延长，草地植被各项指标的增长速度变慢，超过一定年限的封育，草地生产力、盖度、物种多样性等再次降低（Xiong 等，2014），所以不利于草地植被的恢复（Rong 等，2014）。

　　国内围绕封育对草地地上生物量、草地植被的恢复展开了一系列研究。周华坤等（2003）、肖力宏等（2004）的研究结果表明，围栏封育可以显著提高草地群落的地上生物量，使优良牧草产量比例和草地植被盖度增加。围栏封育能够改善草地植被盖度，减少草地的风蚀、沙化，可以有效控制土壤养分和水分的流失。刘长娥等（2008）通过对围栏内外伊犁绢蒿（*Seriphidium transiliense*）草地植被的变化研究发现，围栏后伊犁绢蒿个体植株高度变高，地上生物量上升，丛幅增大；围栏 3 年内，优良牧草产量比例增加，但草地植物组成成分无明显变化。杨晓辉（2005）选择完全围栏、季节围栏和未围栏 3 种措施进行比较研究，结果表明各群落中主要植物种的地上部分生物量存在着一定的差异，地上部分总生物量差异不显著，单从饲用价值来考虑的话，季节围栏区植被的饲用价值较高。退化草地围栏后，由于外界干扰源的消除，再加上草地生态环境的改善，为群落中部分物种的再生创造了条件，使群落的物种组成和结构发生一些变化。对云南退化的山地灌草丛、山地草甸、亚高山草甸实施围栏封育后，植物学组成发生明显变化，植物种类增加，植被盖度和地上生物量显著提高。

　　在我国南方草地面积有限的地方，长期封育会影响农牧民生计，因而实施起来具有一定的难度，理论上倾向于短期封育。实践结果证明，中度退化草地在 2~3 年内可以得到较好的植被恢复效果。例如滇西北退化亚高山草甸经过连续 3 年的围栏封育后，草群分盖度之和快速提高，物种数量增加、草层结构改善、地上生物量显著升高（表 8-2，表 8-3，表 8-4，图 8-1）。

表 8 - 2　不同封育年限草地盖度（%）

试验地	退化区	封育第一年	封育第二年	封育第三年
ZT	89（178）	93（180）	100（336）	100（262）
KG	84（58）	92（114）	92（145）	100（138）
LZB	81（64）	93（128）	95（154）	100（106）
QWD	90（101）	95（104）	95（140）	100（121）

注：括号中数值表示草地分盖度之和。

表 8 - 3　ZT、KG 试验点不同封育年限植株高度和草层垂直结构

试验点	ZT				KG			
植株高度	退化区	封育第一年	封育第二年	封育第三年	退化区	封育第一年	封育第二年	封育第三年
>80 cm	0	0	0	1	0	0	1	0
60～80 cm	1	2	2	1	1	1	6	2
40～60 cm	4	2	7	7	1	3	5	9
20～40 cm	6	7	7	18	3	9	13	12
0～20 cm	25	25	24	10	30	29	22	23

表 8 - 4　QWD、LZB 试验点不同封育年限植株高度和草层结构变化

试验点	LZB				QWD			
高　度	退化区	封育第一年	封育第二年	封育第三年	退化区	封育第一年	封育第二年	封育第三年
>80 cm	0	0	0	0	0	0	2	2
60～80 cm	0	0	1	0	1	3	4	4
40～60 cm	0	2	4	5	6	3	7	5
20～40 cm	8	12	12	10	5	13	11	6
0～20 cm	21	21	18	22	16	18	24	19

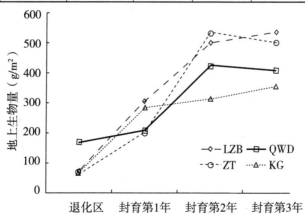

图 8 - 1　短期封育过程中滇西北退化亚高山草甸地上生物量变化

二、生物多样性和物种优势度

退化草地在封育过程中物种多样性的变化，分析研究的结论和观点不尽一致。有研究认为，退化草地封育后，由于外界干扰源的消除和生境的改善，为群落中减少的和一些已消退的物种再度"侵入"创造了条件，因此物种丰富度和多样性增加。不过也有人认为，封育对物种多样性没有显著影响。与封育后物种多样性增加或不变的观点相反，苗福泓等（2012）研究发现，封育6年后青藏高原北部高山草甸的物种多样性降低。Yavneshet等（2009）认为封育排除了干扰，使生境趋于均一化而导致生物多样性的降低。由于封育的草地类型，封育的年限有较大的区别，使得试验结果的可比性差，难以获得一致的结论，所以关于这方面的研究有待更多的开展。补播对物种多样性的影响显而易见。通过向退化草地增加新物种，补播使群落结构发生持续而显著的变化，且增加了已存在物种的丰富度，提高了草地生态系统的物种丰富度和群落均匀度。

谢勇（2017）将滇西北亚高山草甸的植物类群划分为禾本科、莎草科、豆科、杂类草和有毒有害植物五大类，测定比较了退化区、季节封育区（6~9月围封，其余时间自由重度放牧）和全年连续封育区（连续封育4年）不同植物类群的优势度。监测结果表明，与自由放牧相比，退化亚高山草甸经过4年的生长季封育，有害植物的优势度降低，优良牧草的优势度上升，物种丰富度显著下降，群落密度、盖度、多样性和均匀度无显著变化；经过连续4年的封育管理，草地群落的密度、盖度及优良牧草的优势度显著增加，优良牧草——草地早熟禾成为群落的单优势物种，群落的生态优势度急剧增加，丰富度、多样性和均匀度显著降低（表8-5）。

表8-5 封育对滇西北亚高山草甸不同物种及植物类群优势度的影响

植物类群	植物学名	退化区	连续封育区	季节封育区
禾本科		**10.41**	**70.69**	**31.03**
草地早熟禾	*Poa pratensis*	10.07	70.07	27.52
剪股颖	*Agrostis matsumurae*	0.34	0.12	1.39
洽草	*Koeleria cristata*	0.00	0.03	2.12
发草	*Deschampsia caespitosa*	0.00	0.47	0.00
莎草科		19.38	6.39	15.35
大花嵩草	*Kobresia macrantha*	8.45	2.80	3.85
华扁穗草	*Blysmus sinocompressus*	0.30	0.10	0.00
三穗苔草	*Carex tristachya*	10.34	3.49	11.06
葱状灯心草	*Juncus allioides*	0.29	0.00	0.44
豆科		**1.59**	**0.23**	**0.12**
百脉根	*Lotus corniculatus*	0.82	0.10	0.12
洱源米口袋	*Gueldenstaedtia verna*	0.41	0.02	0.00
白三叶	*Trifolium repens*	0.36	0.11	0.00

续　表

植物类群	植物学名	退化区	连续封育区	季节封育区
杂类草		**31.85**	**12.28**	**33.32**
糙苏	*Phlomis umbrosa*	0.93	0.34	5.82
车前	*Plantago asiatica*	10.88	3.12	0.83
马先蒿	*Pediculari dolichoglossa*	1.49	2.19	3.80
香青	*Anaphalis sinica*	0.44	0.84	0.80
绶草	*Spiranthes sinensis*	0.00	0.63	0.00
夏枯草	*Prunella vulgaris*	0.00	0.21	1.93
小苦荬	*Ixeridium dentatum*	1.10	1.80	5.67
火绒草	*Leontopodiumalpinum*	0.10	0.03	0.00
银莲花	*Anemone cathayensis*	13.73	0.30	1.73
云南毛茛	*Ranunculus yunnanensis*	1.78	0.00	5.11
蒲公英	*Taraxacum mongolicum*	0.69	0.16	0.00
尼泊尔蓼	*Polygonum nepalense*	0.00	0.21	1.38
花锚	*Halenia corniculata*	0.17	0.13	0.09
狗娃花	*Heteropappus hispidus*	0.10	0.00	0.09
繁缕	*Stellaria media*	0.31	2.19	0.62
细叶蒿	*Salix viminalis*	0.13	0.13	5.45
有毒有害植物		**36.77**	**10.41**	**20.18**
西南鸢尾	*Iris bulleyana*	18.6	2.25	11.62
西南委陵菜	*Potentilla fulgens*	18.07	7.18	8.56
大狼毒	*Stellera chamaejasme*	0.10	0.98	0.00

第二节　封育对草地土壤的影响

一、土壤理化性状

土壤是草地生态系统碳和氮的主要贮藏库，而土壤 C、N 含量和贮量是衡量草地土壤质量和评价草地健康状况的主要指标。近年来，放牧和封育下草地土壤 C、N 含量和贮量受到了普遍的关注。过度放牧导致草地退化，使得草地对 C、N 的固持能力下降，例如我国草地生态系统土壤有机碳含量平均每年以 2.3% 的速度下降，相反，封育后土壤有机碳含量增加了 34%。可见，封育和补播可以减缓或逆反土壤有机碳下降的过程。有研究发现，退化草地连续封育 4 年后，0 ~ 10 cm 土壤容重显著降低而土壤含水量显著增加，10 ~ 40 cm 土壤有机质显著增加（Abella，2008）。封育可以提高退化草地土壤中有机质、全氮、全磷、速效氮等养分含量（Abebe 等，2006）。封育后，没有牲畜的直接践踏，草地植物增加，使得土壤中的根系增多，直接改变了土壤的透气透水性；凋落物进入土壤后，又会改变土壤质地。因而，有机质增加有利于改善土壤肥力状况。另外，有机质分解后会形成大量的有机酸、酚类物质和无机酸，这些物质能加速难溶性磷和钾转化为速效磷和速效钾，从而改变速效磷、速效钾含量（Wang 等，2011）。也有研究认为，封育对草地土壤碳、氮的固持存在负面影响。放牧草地封育后，土壤有机质和有机碳含量降低（Wang 等，2011）。例如在青藏高原高寒草地封育后 0~15 cm 土层中土壤总碳含量发生了降低，原因归结于封育后在地表积累的凋落物影响了土壤温度和水分，进而影响植物残体和凋落物的分解速率，从而影响到碳和养分的循环（Shi 等，2013）。

关于放牧和封育对草地土壤的影响，多数研究显示自由放牧导致土壤 pH 值下降，土壤容重增加，而封育则能改善这种情况。封育对退化草地土壤具有显著的恢复作用，主要表现在容易发生土壤侵蚀的坡地、干旱区、退耕地、高寒草甸、典型草原、荒漠等环境条件下（邹丽娜等，2009；范燕敏等，2014；谢昀等，2014）。封育可以显著提高退化草地的土壤有机质、全氮、全磷等养分含量。也有研究指出，封育对草地土壤养分存在负面影响机制。如刘艳萍等（2007）研究显示，连续围栏封育 4 年草地的速效养分含量均低于围栏外自由放牧草地。封育对土壤养分的影响，也与封育时间长短密切相关。宁夏典型草原封育 15 年和 25 年有机质含量最高，自由放牧草地最低（沈艳等，2012）。荒漠草地封育 9 年有机质及表层 N 含量达最大值，呈现出表聚现象（杨合龙等，2015）。封育 13 年、18 年和 23 年的干旱区草地有机质含量均高于自由放牧草地，但是封育 3 年的草地有机质含量小于放牧草地（邱莉萍，2011）。

二、土壤碳固持

近年来，国内外学者针对放牧和封育管理下草地土壤碳含量和储量（碳固持）开展过一些研究。大多数研究指出，放牧导致草地退化，也因此降低了草地对碳的固持能力。过牧使中国草地生态系统土壤有机碳含量平均每年以 2.3% 的速度下降（Li 等，2012；Wang 等，2011）。与放牧草地对比，封育后草地土壤碳含量增加显著。封育使我国草地生态系统土壤有机碳含量增加了 34%，封育的前 30 年草地土壤的碳固持速度最快（Pei 等，2008；Li 等，2012；Wang 等，2011）。有研究指出，封育对草地土壤碳的固持存在负面影响，封育使草地土壤有机碳含量显著降低。放牧 12 年和 56 年的草地其土壤碳含量显著高于封育样地，原因是封育草地凋落物积累过多而导致碳流不畅。同时，封育导致群落中一年生牧草和非禾本科草本植物的生物量增加，其根系太少不利于土壤有机质的形成和积累。随着封育时间的增加，凋落物在地表的积累也导致土壤温度和水分的变化，进而影响植物残体和凋落物的分解速率，最终影响到碳和养分的循环利用（Reeder 等，2002；Reeder 等，2004；Shi 等，2013）。

三、土壤呼吸

土壤呼吸（Soil Respiration）是指未经干扰的土壤中产生 CO_2 的所有代谢过程。土壤呼吸是草地生态系统中向大气输出碳素的最主要途径。封育是恢复草地植被、提高草地土壤碳截留的有效措施，会对土壤呼吸产生影响。近年来，一些学者开展了放牧和封育管理下草地碳排放（土壤呼吸）的比较研究。有研究指出，封育可降低草地土壤碳的排放。如

Wei 等（2012）指出，与放牧利用相比，封育 4 年的青藏高原高山草甸 CO_2 排放的 Q_{10} 值显著降低，同时增加 CH_4 气体的吸收速率，表明封育禁牧是减少高寒草甸 CO_2 排放和增加 CH_4 气体吸收的有效措施。Hirota 等（2005）、Luo 等（2009）指出，青藏高原高寒草甸在禁牧或牧压较小的管理下具有较好的碳截存能力，但随着放牧强度的增加，青藏高原高寒草甸可能由碳汇向碳源转变；Gill 等（2007）研究指出，放牧可增加草地土壤易分解有机物质的积累，随着全球气候的变暖和大气 CO_2 浓度的增加，放牧草地极有可能成为 CO_2 排放源。也有研究指出，封育对草地土壤碳排放无显著影响。如李凌浩等（2000）研究指出，禁牧区植被特征和土壤养分状况虽明显好于放牧区，但两者土壤呼吸强度差异并不显著。还有的研究指出，封育会显著增加草地土壤的呼吸速率（陈林等，2012）。

四、土壤酶活性

土壤酶在土壤所有生物化学过程中扮演着重要的角色，是土壤生态系统中最活跃的组分之一，它参与土壤的发生、发育及土壤肥力形成和演变的整个过程。土壤酶活性反映了土壤中能量代谢和物质转化的能力，通过参与土壤养分循环转化，进而对土壤肥效产生巨大影响。此外，土壤酶活性在一定程度上反映土壤养分转化情况。因此，土壤酶活性可作为评价草地土壤质量变化、生产力和生物活性的有效指标。

土壤脲酶、过氧化氢酶和蔗糖酶活性随土层深度的增加而降低，退化草地经封育后，土壤脲酶、蔗糖酶和过氧化氢酶活性增加。不同放牧强度下三种酶活性强弱为：轻度放牧 > 中度放牧 > 重度放牧（谈嫣蓉等，2006；索南吉等，2012；朱新萍等，2012；高雪峰等，2010；张凤杰等，2015；彭岳林等，2007）。斯贵才等（2015）对当雄县高寒草原围封研究指出，蔗糖酶和脲酶活性随着围栏时间的增加而增加，蔗糖酶活性至围栏 4 年时达最大，之后略有降低。也有研究指出，封育对土壤酶活性没有影响。如王蕾等（2012）指出，荒漠草原围封不同年限后，草地土壤过氧化氢酶、脲酶和转化酶活性没有明显的变化规律。此外，有研究认为封育导致土壤酶活性降低。如罗冬等（2016）对荒漠草原的研究得出，与放牧区相比，围封使草地表层的土壤蔗糖酶活性显著降低了 24.14%。牛得草等（2013）在阿拉善高原的研究得出，围封样地表层土壤脲酶和蔗糖酶活性显著低于放牧样地。

五、土壤微生物

土壤微生物在草地生态系统中同样具有重大的作用，是草地生态系统重要的组成之一，对草地生态系统中能量流动、物质转化起着重要的作用。土壤微生物是土壤有机质的活性部分，既能固定养分，成为"库"，也可释放养分，作为"源"。因此，研究土壤微生物对了解土壤肥力和土壤健康状况等具有重要指导意义。草地土壤微生物数量中最主要的三大类群是细菌、放线菌和真菌。土壤微生物量（soil microbial biomass，SMB）就是土壤微生物的生物质量。土壤微生物量只占土壤有机质的 1% ~ 4%，但却是控制生态系统中碳、氮和其他养分的关键。

多年来，我国学者开展了对放牧和封育管理下内蒙古典型草原（谷雪景等，2007；李香真等，2002）、东北羊草草原（郭继勋等，1997）、天祝和东祁连山高寒草地（姚拓等，2006；王慧春等，2006；卢虎等，2015）以及荒漠草地（张云舒等，2014）土壤微生物的比较研究，大多数研究表明，围栏封育可以显著提高土壤中各种微生物的数量及生物量。单贵莲等（2012）指出，在内蒙古典型草原与自由放牧草地相比，围封7、10、13、20年，土壤土层细菌、放线菌、真菌数量及土壤微生物量碳、氮均显著增加，围栏内草地的土壤微生物量碳（SMBC）、土壤微生物量氮（SMBN）的含量以及3类微生物的数量均显著高于围栏外草地，表明围栏封育可以提高土壤微生物数量及生物量。赵帅等（2011）指出，在放牧条件下，贝加尔针茅草原、大针茅草原土壤微生物生物量碳、氮显著低于围栏草地，表明围栏有利于土壤微生物的生长与维持，而放牧导致土壤总微生物、细菌和真菌生物量的降低。另外，也有研究指出，封育对土壤微生物存在负面或无显著的影响。如曹叶飞等（2008）指出，亚高山草原、亚高山草甸化草原围栏内微生物数量显著高于围栏外，但亚高山草原化草甸围栏内微生物的数量要低于围栏外的。这可能是由于围栏外的水分条件要优于围栏内。牛得草等（2013）指出，阿拉善高原围封样地内土壤微生物量氮含量显著高于放牧样地，但土壤微生物量碳含量没有显著差异。

第三节　研究应用实例——退化亚高山草甸封育及其效果

一、自然条件概况和草地状况

试验区位于云南省迪庆州香格里拉市小中甸镇和平村，地处北纬27°34′19″、东经99°50′36″，海拔3201～3400 m，年平均气温5.8℃，年平均降雨量646.9 mm，年蒸发量1162.1 mm，年日照时数2167.9小时，≥10℃年积温2006.9℃，无霜期131～146天。试验区属半农半牧的高寒坝区，土壤为亚高山草甸土。

2012～2015年期间，年平均降雨量528.1 mm，低于30年年均降水量；各月平均降水量全部低于30年平均观测值；2016年降水量达到761.8 mm，高于30年平均值（图8-2）。

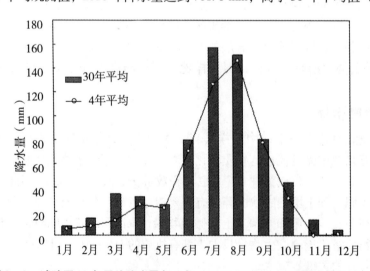

图8-2　试验区30年平均降水量与4年（2012～2015）平均降水量各月比较

试验区草地属亚高山草甸，全年放牧牦牛、犏牛和藏猪，长期过度放牧，捡拾移走动物粪便，缺乏基础设施投入等不合理的管理利用方式，导致草地退化现象明显，草层低矮、有毒有害植物大量出现，草地生产力低下。草地群落中牧草主要有发草（*Deschampsia caespitosa*）、草地早熟禾（*Poa pratensis*）、滇藏羊茅（*Festuca vierhapperi*）、蛊羊茅（*Festuca fascinata*）、小花翦股颖（*Agrostis micrantha*）、云雾苔草（*Carex nubigena*）、洱源米口袋（*Gueldenstaedtia verna*）、百脉根（*Lotus corniculatus*）等；有毒有害植物有西南鸢尾（*Iris bulleyana*）、西南委陵菜（*Potentilla fulgens*）、大狼毒（*Euphorbia jolkinii*）、棉毛橐吾（*Ligularia vellerea*）、侧茎橐吾（*Ligularia pleurocaulis*）等（表 8 - 6）。

表 8 - 6　试验样地的地理位置、海拔高度以及退化草地主要植物

样地名称	地理位置	海拔高度（m）	主要牧草	有毒有害植物
支特（ZT）	27°28′35″N 99°51′23″E	3237	发草、草地早熟禾、疏花翦股颖、云雾苔草、小花翦股颖、百脉根、洱源米口袋	西南鸢尾、西南委陵菜、火绒草、马先蒿、大狼毒
肯公（KG）	27°28′30″N 99°51′23″E	3201	草地早熟禾、垂穗披碱草、紧穗翦股颖、中华鹅观草、云雾苔草	西南委陵菜、大狼毒、獐牙菜、深紫糙苏
区哇迪（QWD）	27°32′16″N 99°49′21″E	3210	草地早熟禾、小花翦股颖、蛊羊茅、垂穗披碱草、中华鹅观草、小嵩草、百脉根	大狼毒、西南委陵菜、马先蒿
拉杂坝（LZB）	27°34′19″N 99°50′36″E	3400	草地早熟禾、滇藏羊茅、蛊羊茅、疏花翦股颖、云雾苔草、洱源米口袋	棉毛橐吾、侧茎橐吾、小酸模

二、草地植物生物量

（一）地上现存量

试验区退化草地在连续 4 年封育期间，地上现存量表现出先增长后平稳的变化趋势，但不同试验点在时间序列上存在一定的差异（图 8 - 1，表 8 - 7）。

ZT 和 LZB 两个试验点，封育第 1 年即可显著提高草地地上现存量，分别从 62.6 g/m² 和 66.4 g/m² 上升到 224.0 g/m² 和 305.6 g/m²；连续封育能够进一步显著提高地上现存量，达到 500.0 g/m² 以上；封育第 2～4 年期间无显著变化；封育第 5 年 LZB 试验点显著提高到 751.5 g/m²。

在 KG 试验点，封育第 1 年显著提高了草地地上现存量，从 67.1 g/m² 上升到 286.8 g/m²；在封育第 1～5 年期间无显著变化。在 QWD 试验点，封育第 1 年对草地地上现存量无显著影响；封育第 2 年显著提高了地上现存量，从 209.1 g/m² 上升到 424.5 g/m²；在封育第 2～5 年期间无显著变化。

综上所述，对试验区退化亚高山草甸实施封育，能够显著提高草地地上现存量，但由于各试验点草地的退化程度、植物学组成以及环境条件不同，地上现存量动态在恢复演替的时间序列上变化表现出一定的差异性。

表8-7　各试验点地上生物量方差分析　（风干重，g/m²）

试验地	对照区	封育第1年	封育第2年	封育第3年	封育第4年	封育第5年
ZT	62.6 aA	224.0 bB	532.7 cC	500.8 cC	507.2 cC	444.5 cC
LZB	66.4 aA	305.6 bB	500.5 cC	538.8 cC	520.9 cC	751.5 dD
KG	67.1 aA	286.8 bB	313.2 bB	355.4 bB	357.5 bB	341.2 bB
QWD	169.8 aA	209.1 aA	424.5 bB	409.0 bB	466.8 bB	381.1 bB

注：同行不同大写字母表示差异极显著（$P < 0.01$），同行不同小写字母表示差异显著（$P < 0.05$）。

（二）地下生物量

植物根系主要分布在0~10 cm范围内，ZT试验点退化草地和连续封育4年的草地分别达到85%和79%；在0~10 cm、10~20 cm、20~40 cm范围内，退化区与连续封育区根系重量均无显著性差异；但在0~40 cm每785 cm³土壤中，连续封育区根系重量（7.14 g）显著高于对照区（5.41 g），见表3-8。

（三）地上生物量/总生物量

ZT试验点草地地下生物量（死根+活根）、地上生物量（现存量+立枯物+枯枝落叶）测定分析结果表明：经过连续4年封育，地下生物量、地上生物量分别增长了0.32倍和11.67倍，总生物量增长了0.74倍。对照区、连续封育区地上生物量在总生物量之中所占比例分别为3.72%和27.10%，封育增加了草地地上部分所占比例（表3-9，图8-3）。

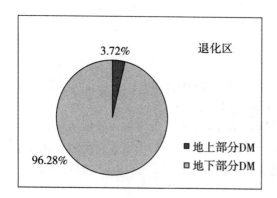
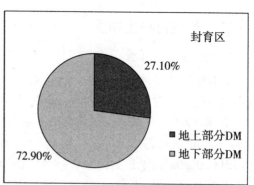

图8-3　ZT试验点对照区和封育区地上生物量与地下生物量在总生物量中所占比例

综合分析地上生物量、地下生物量及总生物量变化趋势，可以看出：对试验区退化亚高山草甸连续封育 4 个生长季，能够显著增加草地地上生物量，并提高地上生物量在总生物量中所占的比例，显著增加了 0～40 cm 土层中根系重量。

三、草地植物功能群

ZT 试验点可饲用植物包括禾本科、豆科、莎草科植物，以及车前、蒲公英、尼泊尔蓼、细叶蒿、白蒿、小龙胆等；不可饲用植物有夏枯草、火绒草、娃儿藤、香青、沼生柳叶菜、云南毛茛、獐牙菜、花锚、高原香薷、马先蒿、金丝梅等；有毒有害植物有西南鸢尾、西南委陵菜、间断委陵菜等。退化草地草层低矮且植物学组成单调，可饲用植物、不可饲用植物、有毒有害植物在草群中所占比例分别为 65.8%、0% 和 34.2%。封育第 4 年，草地植物类群发生明显变化，可饲用植物所占比例上升到 84.7%，有毒有害植物下降到 13.3%。连续封育对不可饲用植物在草群中所占比例影响不明显（表 8 - 10）。

表 8 - 10　4 个不同试验点退化区和封育区草地植物功能群

（现存量风干重，g/m²）

功能群	对照区	封育第 1 年	封育第 2 年	封育第 3 年	封育第 4 年
ZT 试验点					
可饲用植物	41.2	145.3	381.6	423.6	429.8
不可饲用植物	0.0	24.4	119.1	24.3	9.8
有毒有害植物	21.4	54.3	31.9	52.9	67.6
LZB 试验点					
可饲用植物	11.7	137.8	233.2	381.3	352.2
不可饲用植物	6.3	24.5	57.7	22.5	6.7
有毒有害植物	48.3	143.2	209.6	134.9	161.9
KG 试验点					
可饲用植物	25.8	143.9	118.4	137.0	180.0
不可饲用植物	9.2	42.9	29.3	52.0	3.6
有毒有害植物	32.1	99.9	165.5	166.3	173.9
QWD 试验点					
可饲用植物	35.2	51.6	105.9	190.2	160.1
不可饲用植物	5.3	11.7	37.2	20.9	10.2
有毒有害植物	129.3	145.7	281.4	197.9	296.5

LZB 试验点可饲用植物包括禾本科、豆科、莎草科植物，以及车前、蒲公英、土大黄、尼泊尔蓼、细叶蒿等；不可饲用植物主要有娃儿藤、香青、沼生柳叶菜、小酸模、云南毛茛、獐牙菜、花锚、高原香薷、马先蒿等；有毒有害植物有侧茎橐吾、棉毛橐吾、西南委陵菜等。退化草地中可饲用植物、不可饲用植物、有毒有害植物所占比例分别为

17.7%、9.5%和72.8%，连续封育4年后，可饲用植物上升到67.6%，有毒有害植物下降到31.1%，连续封育对不可饲用植物在草群中所占比例影响不明显（表8－10）。

KG试验点可饲用植物包括禾本科、豆科、莎草科植物，以及车前、蒲公英、牡蒿等；不可饲用植物主要有娃儿藤、獐牙菜、沼生柳叶菜、深紫糙苏、夏枯草、风轮菜、烟锅头、金丝梅、花锚、铜锤玉带草、婆婆纳等；有毒有害植物有大狼毒、西南委陵菜等。退化草地中可饲用植物、不可饲用植物、有毒有害植物在草群中所占比例分别为38.5%、13.7%和47.8%。对退化草地实施封育期间，草地植物功能群组成无明显变化（表8－10）。

QWD试验点可饲用植物包括禾本科、豆科、莎草科植物，以及车前、蒲公英、土大黄、尼泊尔蓼、牡蒿等；不可饲用植物主要有娃儿藤、沼生柳叶菜、繁缕、风轮菜、云南毛茛等；有毒有害植物有大狼毒、西南委陵菜等。退化区是以大狼毒为主的单优群落（植株平均高度40 cm），植物学组成单调，禾本科、豆科和莎草科植株仅有零星分布，可饲用植物、不可饲用植物、有毒有害植物在草群中所占比例分别为20.7%、3.1%和76.2%。对退化草地实施封育期间，草地植物功能群组成无明显变化（表8－10）。

综上所述，连续封育对草地植物功能群的影响因草地植被组成、退化程度、环境条件的不同而有所差异。封育第4年，在ZT和LZB试验点可饲用植物在总生物量中所占比例明显增加，有毒有害植物所占比例明显下降，对不可饲用植物在草群中所占比例影响不明显。在KG和QWD试验点连续封育，对可饲用植物、不可饲用植物、有毒有害植物在草群中所占比例影响不明显。经过连续4个生长季的封育，有毒有害植物在草群中所占比例仍然达到13.2%～63.5%。

四、土壤容重和土壤水分

（一）土壤容重

封育第3年6月份，KG试验点封育区土壤容重在0～10 cm、10～20 cm范围内显著低于退化区，在20～40 cm范围内无显著差异。ZT试验点0～10 cm、10～20 cm范围内封育区土壤容重均显著低于退化区，在20～40 cm范围内无显著差异。QWD试验点封育区土壤容重在0～10 cm范围内极显著低于退化区，在10～20 cm范围内无显著差异，在20～40 cm范围内显著低于退化。LZB试验点封育区土壤容重在各层次均显著低于退化区（表8－11）。

表8－11　封育第3年6月份各试验点土壤容重方差分析　　　　　　　（g/cm³）

试验点	土壤深度（cm）	封育区	退化区
	0～10	1.03 aA	1.07 bA
KG	10～20	0.96 aA	1.11 bB
	20～40	0.91 aA	0.97 aA

续　表

试验点	土壤深度（cm）	封育区	退化区
ZT	0~10	0.55 aA	0.77 bA
	10~20	0.83 aA	0.95 bA
	20~40	1.02 aA	1.20 aA
QWD	0~10	0.81 aA	1.01 bB
	10~20	1.04 aA	1.12 aA
	20~40	1.19 aA	1.34 bA
LZB	0~10	0.70 aA	0.91 bA
	10~20	0.88 aA	1.00 bA
	20~40	1.03 aA	1.17 bA

封育第 4 年 9 月份，ZT 试验点 0~10 cm、10~20 cm、20~40 cm 范围封育区和退化区土壤容重均无显著差异。KG 试验点 0~10 cm 范围内封育区（0.97 g/cm³）土壤容重显著低于退化区（1.17 g/cm³），在 10~20 cm、20~40 cm 范围内均无显著差异。

（二）土壤水分

封育第 3 年 6 月份，KG 试验点 0~10 cm、10~20 cm、20~40 cm 范围内连续封育区的土壤水分显著高于对照区；ZT 试验点 0~10 cm 范围内连续封育区显著高于对照区，在 10~20 cm 范围内极显著高于对照区，在 20~40 cm 范围内无显著差异；QWD 试验点 0~10 cm、10~20 cm、20~40 cm 范围内连续封育区土壤水分均极显著高于对照区；LZB 试验点在 0~10 cm、10~20 cm、20~40 cm 范围内连续封育区土壤水分均极显著高于对照区（表 8-12）。

表 8-12　封育第 3 年 6 月份各试验点土壤水分（%）方差分析

试验点	土壤深度（cm）	封育区	对照区
KG	0~10	31.93 aA	28.57 bB
	10~20	30.67 aA	26.80 bB
	20~40	30.33 aA	27.13 bB
ZT	0~10	54.67 aA	44.23 bA
	10~20	43.83 aA	36.43 bB
	20~40	36.97 aA	31.07 aA
QWD	0~10	39.57 aA	29.60 bB
	10~20	34.00 aA	27.90 bB
	20~40	28.67 aA	23.50 bB
LZB	0~10	38.47 aA	33.43 bB
	10~20	36.40 aA	31.60 bB
	20~40	33.93 aA	26.10 bB

封育第 4 年 6 月份，ZT 试验点各层次土壤水分均无显著差异；KG 试验点 0～10 cm、10～20 cm 范围内封育区土壤水分均极显著高于退化区，而 20～40 cm 范围内无显著差异。封育第 4 年 9 月份，ZT 试验点各层次土壤水分均无显著差异；KG 试验点各层次土壤水分均无显著差异。

综上所述，在封育条件下，草地土壤容重表现出降低趋势，土壤水分表现出增加的趋势，但不同时间的测定结果不尽一致。测定时间、年降水量即年内降水分配可能是导致上述测定结果不一致的主要原因。因此，探索封育对草地土壤理化指标的影响，需要长期而大量的观测数据。

五、土壤有机质

封育第 4 年 6 月份，KG 试验点 0～10 cm、10～20 cm 土层内，封育区与退化区无差异，但 20～40 cm 土层内极显著高于对照区；ZT 试验点 0～10 cm 范围内无差异，但 10～20 cm、20～40 cm 土层内封育区显著高于退化区（表 8 – 13）。

表 8 – 13　封育第 4 年 KG 和 ZT 试验点土壤有机质（%）及其方差分析结果

试验点	土壤深度（cm）	封育区	退化区
KG	0～10	6.70 aA	6.45 aA
	10～20	5.11 aA	4.35 aA
	20～40	4.88 aA	3.29 bB
ZT	0～10	17.15 aA	15.88 aA
	10～20	12.26 aA	6.18 bA
	20～40	8.03 aA	3.93 bA

六、草地恢复质量的综合评价

封育第 4 年 9 月份，选择 ZT 和 KG 试验点退化区、封育区草地植被参数、根系重量以及土壤理化性状的 7 项指标。其中，地上总生物量为现存量、立枯物以及凋落物之和；植物学组成指草地中出现的所有植物种类；植物功能群指现存量中可饲用植物占总生物量的比例；根系重量指 0～40 cm 范围内活根和死根之和；土壤容重、土壤水分和土壤有机质指 0～40 cm 范围内 3 层测定数据的平均值。

考虑到家畜采食牧草的影响，以封育第 1 年的草地地上生物量作为对照区地上生物量的近似值，以对照区的各项指标作为数值 1，计算得出封育区各项指标的比值（表 8 – 14，表 8 – 15）绘制成图 8 – 4 和图 8 – 5。可以看出，对试验区退化草地实施连续封育，地上总生物量增长了 0.75～2.17 倍，植物种类增加了 9～15 种，可饲用植物在总生物量中所占比例有所增加，根系重量增加 0.13～0.32 倍，土壤容重减少 0.07～0.22 g/cm^3，土壤有机质增加 0.27～0.57 倍，土壤水分增加 0.30～0.42 倍。

表 8 - 14　封育第 4 年 ZT 试验点植被参数、根系重量以及土壤理化指标

指标	退化区	封育区	退化区	封育区/退化区
地上总生物量（g/m²）	213.18	676.11	1	3.17
植物学组成（种）	36	51	1	1.42
植物功能群（%）	64.86	84.58	1	1.30
根系重量（g/785 cm³）	5.41	7.14	1	1.32
土壤容重（g/cm³）	0.88	0.66	1	0.75
土壤水分（%）	34.53	48.98	1	1.42
土壤有机质（%）	5.79	9.11	1	1.57

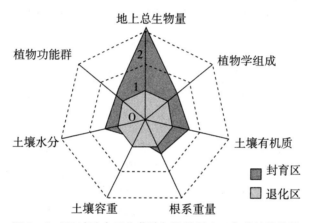

图 8 - 4　ZT 试验点退化草地与连续封育 4 年草地的比较

表 8 - 15　封育第 4 年 KG 试验点植被参数、根系重量以及土壤理化指标

指标	对照区	封育区	对照区	封育区/对照区
地上总生物量（g/m²）	272.46	476.55	1	1.75
植物学组成（种）	35	46	1	1.31
植物功能群（%）	38.45	38.55	1	1.00
根系重量（g/785 cm³）	5.05	5.71	1	1.13
土壤容重（g/cm³）	1.04	0.97	1	0.93
土壤水分（%）	33.98	44.23	1	1.30
土壤有机质（%）	4.01	5.08	1	1.27

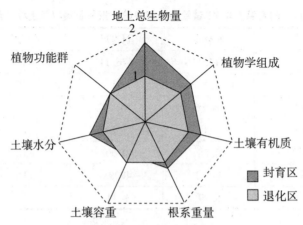

图 8-5　KG 试验点退化草地与连续封育 4 年草地的比较

第四节　草地补播调控

一、草地补播

草地补播是指不破坏或少破坏原有植被的情况下，在草地上播种一些适应性强、饲用价值高的牧草，以增加草群种类成分、增加地面覆盖度、提高牧草产量和质量。对退化草地进行人工补播是一项重要的植被恢复措施，通常在封育的基础之上进行，引进优良草种尤其是当地野生优良草种，加大人工干预力度，促进植被恢复的速度和质量。其目的主要为：加速草地植被恢复速度，尽快提高植被覆盖度，控制水土流失；增加草群中优良草种的比例，提高产草量，改善牧草品质。

（一）需要补播的草地

草地补播属于生态恢复的范畴，选择的地段应考虑当地降水量、地形、土壤类型、原有植被以及草地退化程度。应采取补播改良的包括以下几种情况：①原有植被稀疏或由于过度放牧而导致植被退化处；②由于开垦、挖掘药材等使植被遭到破坏，出现水土流失或风沙危害的地方；③原有植被饲用价值较低或种类单一，需要增加豆科植物或其他优良牧草的地段；④经开垦后不再适宜种植业发展的撂荒地或弃耕地。

撂荒地是指过去作为农田耕种使用，但现已弃耕时间在 5 年之内的土地。弃耕地是指过去作为农田耕种使用，但已撂荒 5 年以上，并且将继续撂荒的土地。

（二）补播草种的选择

选择适宜的补播草种应考虑生态适应性、生产性能、饲用价值、利用目的等几个方面的指标。生态适应性是首先必须考虑的因素，它关系到所使用的草种能否在当地的气候和土壤等生态条件下正常的生长发育和繁殖后代，因此，最好选用当地野生的优良草种或经过驯化栽培的牧草。在干旱区应选用抗旱、耐寒和根系入土深的草种或灌木，如红豆草、紫花苜蓿、沙打旺、老芒麦、披碱草、无芒雀麦、冰草、沙棘、胡枝子、柠条等；在高寒地区应选用耐寒、青绿期较长和返青早的牧草或灌木种类，如多叶老芒麦、中华羊茅、毛秆羊茅、鹅冠草、无芒雀麦、垂穗披碱草、沙柳、金露梅等；在沙区应选择抗旱、耐沙埋、根系发达的旱生或超旱生植物，以灌木为主，如沙拐枣、伏地肤、柠条、塔落岩黄芪、羊柴、沙打旺、沙生冰草等；盐渍土地上选用耐盐碱的草本或灌木进行补播，如碱茅、草木樨、柽柳等。南方亚热带草地适宜补播的草种主要有多年生黑麦草、鸭茅、狗牙根、猫尾草、无芒雀麦、紫羊茅、苇状羊茅、草地早熟禾、白三叶、百脉根、紫花苜蓿等，适宜的灌木种有胡枝子、多花木蓝、银合欢、刺槐等。南方热带草地适宜补播的草种主要有非洲狗尾草、臂形草、香根草、大翼豆、罗顿豆、柱花草等，适宜灌木种有银合欢、新银合欢等。

饲用价值也是选择补播植物种类时必须考虑的因素之一，应选择产草量高、再生性能强、适口性好、营养价值高的草本或灌木。草地补播是手段，而防治水土流失和持续利用草地资源是目的。因此，在保护水土资源和维护草地生态平衡的前提下，不断提高草地生产力水平体现了草地农业生态学的指导原则，也是实现草地资源可持续利用的必经之路。补播并收获大量饲用价值优良的牧草，可为发展养殖业提供可靠的物质基础，有利于提高土地资源的利用效率，实现经济效益与生态效益兼顾的目的。

（三）草地补播物种组合原则

实施草地补播时，需要根据当地的自然气候条件、草地类型、草地退化程度以及将来的利用目的而筛选所使用的草种和灌木种。在此基础上所选物种如何进行合理搭配，也是必须要考虑的因素。可以依据下列原则进行组合。

（1）当地野生种与引进栽培种相结合。

优良野生种对当地生态条件完全适应，常常为自然条件下的优势植物或建群植物。如果可以收集到大量的种子，则应优先选用当地优良野生种。引进种除了根据其生态适应性和生产性能之外，还应考虑与其他植物之间的种间相容性。

（2）灌木与草本植物相结合。

在一定区域内，有些灌木不仅适应性好，而且能够为草本植物的生长提供有利条件。在退耕坡地和退化的山地草场上，采用灌木带间种多年生优良牧草，形成灌丛带和牧草带相结合的灌丛草地。例如我国北方地区建成的柠条—沙打旺、柠条—紫花苜蓿、柠条—蒙古冰草等灌丛草地，既可较快地恢复退化草地和退耕地的生态环境，又具有稳定的生产性能。又如在缓坡地上用小叶锦鸡儿和沙打旺混播建植灌草混合型人工草地；在沙化和退化较轻草地上种植柠条带，带间补播优良牧草。这些灌草结合的方式既可有效防治水土流失，又能培肥地力，为退化草地植被恢复提供良好条件。

（3）一年生与多年生相结合。

一年生植物和多年生植物相比较，常具有生长速度快的特点，当环境条件适宜时，能够在较短时间内出苗和生长，快速覆盖地面。多年生牧草苗期生长缓慢，许多牧草在其第一个生长季内株高不足 10 cm，与草地原有植物的竞争能力差，覆盖地面效果差。因此，一年生草种和多年生草种配合，可以快速提高草群盖度，防止因地面处理和多年生牧草生长缓慢而带来的水土流失，为后期补播草种的生长创造好的条件。

（4）豆科植物与禾本科植物相结合。

豆科植物根系发达、入土深，可以吸收土壤深层的养分和水分，与禾本科植物的须根系优势互补。豆科植物适口性好，营养价值高，富含粗蛋白质，为各种家畜所喜食。此外，豆科植物具有生物固氮能力，大量种植可以提高土壤肥力，增加草地植物性生产。因此，在植被恢复和重建过程中，应尽量选用豆科植物。

（四）补播前的地面处理

对于退化草地而言，植被覆盖度低，风蚀和水蚀作用又使土壤中水分和养分散失严重，植物的立地条件严酷。补播的植物萌发后，其幼苗要在不利的环境条件下生长发育，同时还要与原有的植物竞争。所以，为了获得好的补播效果，就必须减少原有植物对补播植物的抑制作用。在有植物的地段，补播前进行地面处理是保证补播成功的有效措施之一。

地面处理的方法可采用人工、畜力或机械进行部分地面的浅耕翻或松耙，也可以在补播前重牧或使用化学除草剂消除一部分植物，目的是减弱原有植物的竞争而有利于补播牧草的生长。浅耕翻多使用于寒冷潮湿的高寒草地和低湿地草地，深度以 10 ~ 20 cm 为宜，行距 30 ~ 60 cm。在缓坡草地上，为防止引起水土流失，应沿等高线进行翻耕。松耙是为促进草地营养更新的一种常用措施，它可以改善草地表层土壤的通气状况，便于水分进入土壤和减少土壤水分蒸发，有利于补播草种的入土、萌发和出苗生长。

（五）播后管理

草地补播后采用人工、畜力或机械方法进行浅覆土。补播后的地段应封闭管理，禁止人、畜及车辆等进入践踏破坏，在补播的第一年通常不进行放牧或刈割利用。

二、补播的作用

补播是草地改良中常用的措施之一。据研究，在我国天然草地播种以沙打旺（*Astragalus adsurgens*）为主的优良牧草，草地产草量比对照提高 4 ~ 5 倍（祁德才等，1990）；在退化草地上补播垂穗披碱草 + 无芒雀麦 + 中华羊茅可明显提高草地植被禾草类和莎草类比例，并显著提高地上和地下生物量，从而有效地恢复退化草地（姬万忠等，2016）；在俄罗斯天然草地上采用补播后，干草产量平均可提高 106%。草地补播能增加草层的植被种类成分，增加草地覆盖度，改善草地群落品质，提高草地产草量，增加优质牧草比例和减少有毒有害植物，特别是补播豆科牧草效果更显著（阎子盟等，2014）。在封育的基础上开展补播，效果更好。在玛曲的研究表明，退化高寒草甸补播后，植被高度和盖度较封育期得到了进一步提高（张云等，2009）。遗憾的是关于封育结合补播开展的研究不多。

补播对退化草地的土壤结构及理化性质产生间接或直接的影响。直接的影响表现在补播时划破草皮或疏松土壤，使土壤透气性能增加，蓄水能力加强。补播豆科牧草时，共生的根瘤菌有固氮作用，有利于土壤养分的改良。据 Mortenson 等（2004）研究结果，在天然草地补播黄花苜蓿，播后土壤有机碳在 1998 年、1987 年和 1965 年分别增加 4%、8% 和 17%。在天祝高寒退化草地的研究表明，补播后第 3 年，土壤表层物理性状、养分以及土壤微生物含量与不补播相比，具有明显优势，其中 0 ~ 20 cm 土层土壤含水量提高了 39.8%，容重降低了 11%，孔隙度提高了 13%，有机质增加了 45%，全氮增加了 185%，全磷增加了 26.3%（阎子盟等，2014）。

第九章　草地有害生物防控

由草地病害、虫害、鼠害和毒害杂草等有害生物引起的灾害统称为草地生物灾害。草地经常受到有害生物的侵害，轻者导致产草量和品质下降，重者草地绝收、草地持久性下降、退化演替加剧、生态功能紊乱，不但给畜牧业造成巨大损失，而且严重威胁草原生态安全。

第一节　牧草病虫鼠害

牧草病害不仅会降低牧草产量、缩短草地利用年限，有的牧草病害还会引起家畜中毒，造成更大的损失。据报道，美国因植物病害每年造成天然草地的产量损失病害为 5% ~ 10%，栽培草地为 15% ~ 50%，平均损失率达到 26%，相当于 39 亿美元。我国如果以病害使栽培草地牧草产量平均降低 10% 计算，约为 130 亿元人民币，相当于国家每年草地生态补偿的总投入。

据报道，截止到 2008 年年底，我国在 17 科 1313 种草类植物上共发现 4569 种真菌病害。其中，禾本科、豆科和菊科真菌病害种类分别占到真菌病害总数的 42.52%、22.60% 和 15.41%；锈病、白粉病、黑粉病和霜霉病四大类病害分别占 22.63%、9.65%、10.94% 和 4.11%；由半知菌、其他子囊菌和鞭毛菌真菌导致的病害占总数的 52.66%。

植物病害是制约草地生产力的主要因素之一，综合考虑生态效益和经济效益，探讨不同利用方式对草地植物病害的影响，进而采取合理的管理措施，有效降低草地病害危害、提高草地生产力和生态服务功能。国内外研究和生产实践表明，放牧、刈割、封育和焚烧等常规管理措施对草地植物病害的发生、传播以及侵染都有不同作用。放牧对草地植物病害的发生有双重影响，对多数病害而言，放牧可清除草地植被中的病株，减少初侵染源而降低植物病害的发生；但对物理传播的病害，放牧通过家畜传播病原侵染植物，容易导致病害大面积发生。适时刈割能够有效阻止真菌的进一步侵入与定殖，从而减少草地植物病害的发生机会；但刈割也形成了有利于病原真菌孢子传播的条件，病原真菌通过刈割工具传播到刈割造成的叶片伤口上，为侵入植物体内提供了方便。草地长期围栏封育增加了植物物种多度的同时，降低了物种均匀度和植物多样性，在一定程度上有利于植物病害发生。焚烧也是草地管理中经常采用的一种措施，在冬末春初植被返青前，焚烧草地可清除枯枝落叶，减少越冬的病原物，有效降低植物病害的发生。

虫害对草地生态环境、草地质量以及畜牧业生产都会造成巨大损失。自 20 世纪 90 年代以来，草原虫害频繁爆发，草地资源受到严重破坏，加剧了草地植被的退化和沙化。据农业部《2010 年全国草原监测报告》估算，全国草原虫害危害面积 $1.81 \times 10^7 hm^2$，其中严重危害面积 $1.54 \times 10^7 hm^2$。我国草地害虫主要有草原蝗虫和草原毛虫等爆发性食叶害虫，草地螟、草地夜蛾、象甲、蓟马、蚜虫等常发性食叶害虫，以及蝼蚁、蛴螬、地老虎等地下害虫。草原蝗虫多发生在内蒙古、新疆等干旱、半干旱区域的高山草甸、山地草原以及山间盆地和荒坡草滩等沙质土壤的干旱草地上，以及植被稀疏（覆盖度低于65%以下）的以大麦草（*Hordeum violaceum*）、早熟禾（*Poa annua*）、芨芨草（*Achnatherum splendens*）、针茅（*Stipa capillata*）等禾本科植物为优势种的草地。草地退化会导致一些旱生和旱中生害虫危害猖獗，形成草地退化—害虫猖獗—草地进一步退化的恶性循环。据报道，裸露的草地斑块和稀疏的植被可为草原蝗虫产卵提供适宜环境，同时也为地表获取阳光辐射带来了便利，进而为草原蝗虫的产卵、孵化及幼虫生长提供有利微环境。有关研究发现，在退化的典型草原区，宽须蚁蝗、狭翅雏蝗和毛足棒角蝗的数量明显增加；在退化严重地段，亚洲小车蝗、皱膝蝗和白边痂蝗危害猖獗；当草地退化成为灌丛化草地时，一些杂食性蟊斯，如小硕蟊斯和北方硕蟊斯也侵入到草地中，使家畜可利用的牧草越来越少，加剧了草地的退化和沙化（康乐和陈永林，1990）。

草地鼠害自 20 世纪 80 年代以来具有逐渐扩大的趋势。2011 年，全国鼠害面积达到了 3872.4 万 hm^2，约占全国草原面积的 10%。据有关估算和报道，西藏那曲地区每天被高原鼠、兔采食的牧草可饲养 4375 万个绵羊单位；2004 年青海省草原鼠害面积占到了全省草地面积的 26.7%，严重危害的占到 20.5%；2011 年甘肃省草地鼠害面积达到 508 万 hm^2；2011 年新疆和内蒙古草原鼠害危害面积分别为 541 万 hm^2 和 247 万 hm^2，其中严重危害面积分别为 248 万 hm^2 和 87 万 hm^2。国家每年投入大量经费防控草原鼠害，在一定程度上遏制了草原鼠害的危害程度，有效减少了鼠害造成的损失，但草原鼠害防控整体形势严峻。

第二节　有毒有害植物

一、草地有毒有害植物

草地有毒植物是指凡植物体各种营养器官或籽实内含有生物碱、苷、挥发油、有机酸等类化学物质，家畜误食后会引起生理异常，损害其健康，直接或间接地致使家畜生病甚至死亡的植物。

草地有害植物是指凡是能致使家畜物理性损伤或导致畜产品品质下降的植物。如植物的茎、叶，种子具芒、钩、刺等外部形态，能够致使采食的牲畜产生物理损伤；植物体内含有特殊的化学物质，如香豆素，牲畜采食后，在体内形成积累，致使肉、奶产生异味或非正常颜色，影响人们食用或观感。

目前，我国已鉴定并确认的有毒植物约 132 科 1383 种，引起家畜中毒的常见有毒植物约 300 种。据 2008 年统计数据，中国天然毒草危害面积 $3.33 \times 10^7 hm^2$，主要分布在西部地区。对畜牧业造成严重危害的毒害草主要有狼毒、棘豆、毛茛、马先蒿、醉马草、牛心朴子、紫茎泽兰、乌头等（表 9-1），占毒草危害总面积的 90% 以上。

毒害草种类繁多、适应性强、分布广泛，有效监测、防控有毒有害植物是草地管理面临的一大难题。毒草入侵和大面积扩散，不仅会导致草地植被退化，严重影响优良牧草生长，而且会降低动物生产性能，家畜误食而引起中毒死亡，还能造成生态系统失衡。近年来，通过加强毒草基础生物学研究，提升了毒草防治的科学水平。

毒害草大量滋生是草地退化的重要指标之一，过度利用是导致草地退化和毒害草繁衍的主要因素，优良牧草逐年减少而毒害草的种类和生物量上升。毒害草的危害程度直接影响到牧草的产量和品质。在毒害草防控的最佳时期，确定出不同毒害草对草地的危害程度，将草害程度较高的毒害草列入重点防除的范围，即可有效降低生产成本。

表 9 - 1　中国天然草地常见有毒有害植物

中文名称	拉丁名	中文名称	拉丁名
狼毒	*Stellera chamaejasme*	醉马草	*Achnatherum inebrians*
狼毒大戟	*Euphorbia fischeriana*	牛心朴子	*Cynanchum komarovii*
大狼毒	*Euphorbia nematocypha*	准噶尔乌头	*Aconitum soongaricum*
乳浆大戟	*Euphorbia esula*	白喉乌头	*Aconitum leucostomum*
小花棘豆	*Oxytropis glabra*	乌头	*Aconitum carmichaeli*
黄花棘豆	*Oxytropis ochrocephala*	紫茎泽兰	*Eupatorium adenophorum*
甘肃棘豆	*Oxytropis kansuensis*	飞机草	*Eupatorium odoratum*
冰川棘豆	*Oxytropis glacialis*	棉毛橐吾	*Ligularia vellerea*
毛瓣棘豆	*Oxytropis sericopetala*	藏橐吾	*Ligularia rumicifolia*
镰形棘豆	*Oxytropis falcata*	纳里橐吾	*Ligularia naryensis*
急弯棘豆	*Oxytropis deflexa*	黄帚橐吾	*Ligularia virgaurea*
宽苞棘豆	*Oxytropis latibraceata*	箭叶橐吾	*Ligularia sagitta*
沙珍棘豆	*Oxytropis psamocharis*	天山橐吾	*Ligularia naryensis*
西南委陵菜	*Potentilla fulgens*	侧茎橐吾	*Ligularia pleurocaulis*
翻白草	*Potentilla griffithiana*	碎米蕨叶马先蒿	*Pedicularis cheilanthifolia*
披针叶黄华	*Thermopsis lanceolata*	甘肃马先蒿	*Pedicularis kansuensis*
展毛翠雀	*Delphinium kamaonense*	五角马先蒿	*Pedicularis pentagona*
翠雀	*Delphinium grandiflorum*	马先蒿	*Pedicularis reaupinanta*
云南翠雀	*Delphinium yunnanensis*	马缨丹	*Lantana camara*
西南鸢尾	*Iris bulleyana*	微甘菊	*Mikania microntha*
鸢尾	*Iris tectorum*	戟叶酸模	*Rumex hastatus*
毛茛	*Ranunculus japonicus*	皱叶酸模	*Rumex crispus*
高原毛茛	*Ranunculus tanguticus*	白茅	*Imperata cylindrica*
毒芹	*Cicuta virosa*	椭圆叶花锚	*Halenia elliptica*

二、毒害草的防控

（一）人工结合机械防除

目前，人工清除等传统方法仍然是防除毒害草最有效的方法。利用人力和简单的工具以及各种机械，能够铲除毒害草的地上部分，也可以有效清除地下部分。许多毒害草不仅具有大量的地上枝条，也具有庞大的地下部分，主根入土深、侧根分布广。例如，分布于滇西北亚高山草甸的大狼毒（*Euphorbia nematocypha*），繁殖速度快、侵占能力强，在退化草地中大量出现，也逐渐侵入到林地中。株高 60 cm 左右，根系入土深 40 cm，地下最粗部分 10 cm。2012~2016 年试验结果表明，在大狼毒严重危害的地段，使用多种除草剂可以杀死地上植株，但对地下部分防除效果不理想，每年从残留的地下部分都可以产生新的枝条。通过人工挖掘结合机械方法，彻底清除整体植株，防除效果良好，缺点是耗时耗力。

紫茎泽兰，由缅甸传入中国，1935 年在我国云南省临沧的沧源、耿马等地区首次发现，之后随着河谷、公路以及铁路向北和向东传播并迅速蔓延，现已在云南、四川、西藏、贵州、重庆、湖北、广东和广西广泛分布。在台湾及海南地区均有发现。紫茎泽兰入侵后，会充分利用自身生物学特性以及其极强的侵害能力，迅速扩散并且不受控制，与本土植物争夺养分、阳光及生存空间，抢夺生态位，严重破坏原有植物群落结构和生物资源，对入侵地生态环境、生物多样性以及农牧业生产造成严重威胁。

人工防控：在紫茎泽兰发生面积小、密度高且根系较浅的草场、农田、果园等地，可选择适合的生长季进行人工清除。每年 3 月是紫茎泽兰盛花期，将紫茎泽兰进行人工割除，割除后经过翻耕整地去除紫茎泽兰的根系后，种植替代经济作物如玉米、马铃薯、红薯、花椒、蚕豆。实践表明，经过割除结合翻耕处理的区域，紫茎泽兰出苗抑制率可以达到 90% 以上。

机械防控：通过牛犁或装有旋转刀具的轮式或履带式拖拉机进行机械清除，该方法防治效率高、成本低，经机械清除过的地块，紫茎泽兰再次萌发率也较低，比较适用于紫茎泽兰危害严重的区域。人工防控效率低、劳动强度大、费工费时，根除不尽容易遗留，而且连根拔出后容易导致水土流失等生态问题。紫茎泽兰适应性强、侵占性强，分布生境复杂，除了生长于开阔的林地、草地、农田之外，也发生在一些陡坡、零星边地、沟地等处，单纯依靠人工或机械清除均受到非常大的局限，所以通常将上述两种方法结合使用，有利于达到良好的防治效果。

（二）化学灭除

用于防治草地毒害杂草的除草剂有草甘膦、2，4D - 丁酯、茅草枯、灭狼毒、灭棘豆和狼毒净等，单独或混合施用，可以有效灭除多种有毒有害植物。化学防控技术可分为播种前土壤处理、播后苗前土壤处理、茎叶处理等。播种前土壤处理指首先喷施除草剂于土壤表面，然后播种牧草。要求施药与播种之间有一定的间隔期，土壤需要保持一定的湿度，才能充分发挥药效。播后苗前土壤处理是指利用出苗前的这段时间喷施除草剂。茎叶处理指将除草剂直接喷施到植物的茎叶上，通过茎叶吸收而发挥药效。因施用除草剂而产生的药害，如残留于植物体或土壤中，已成为草地生产中不可忽视的问题之一。在除草剂中加入安全剂（也称解毒剂或保护剂），在一定程度上可以保护草地免受除草剂的药害，减少农药残留，提高草地防除毒害草的安全性。

（三）替代种植

替代控制指利用植物间的相互竞争，用一种或多种生长优势种来抑制杂草的繁衍与扩散，从而达到完全控制或减轻其危害的目的。在毒害植物侵染严重的地段，结合人工清除方法，利用植物间的相互竞争作用，种植生长速度快、竞争力强的一种或多种牧草，抑制毒害草生长繁殖，逐步形成人工草地植被。

飞机草广泛分布于美洲、非洲、大洋洲和亚洲，在我国主要分布于广东、广西、贵州、云南、海南和台湾等地，属于恶性毒害草。当飞机草侵入草地后，会与其他土著草种争夺水分、光照以及土壤肥料，同时产生化感物质（含黄酮类化合物、生物碱和非蛋白氨基酸）抑制邻近草种的生长，当其植株高度≥15 cm 时，其抑制作用尤为明显，严重破坏牧场的生态稳定性（贾桂康，2010）。通常情况下，飞机草侵入的草地在 3 年左右就基本失去使用价值，造成生态环境威胁，农业经济损失巨大。据报道，在云南南部地区采用豆科牧草大叶千斤拔（*Flemingia macrophylla*）、多年生落花生（*Arachis hypogaea*）及禾本科牧草伏生臂形草（*Brachiaria decumbens*）进行混播处理，能够有效控制草地中飞机草的入侵和定殖，并明显改善土壤肥力和提高草场的质量（奎嘉祥等，1997）。国外亦有报道种植红花灰叶（*Tephrosia purpurea*）、三裂叶野葛（*Pueraria phaseoloides*）和距瓣豆（*Centrosema pubescens*）等可抑制飞机草的滋生蔓延（吴仁润，1992）。

（四）生物防治

生物防治指从原产地引进有益的食性或寄生范围较为专一的昆虫、病原微生物等，利用自然天敌将飞机草的种群密度控制在经济阈值之下的方法。生物防治对环境污染小，对其他生物无副作用，可保护生物多样性，有利于维护生态平衡，是一种可长期调控外来入侵杂草的有效方法之一。目前，在云南已发现一种天敌昆虫——昆明旌蚧（*Orthezia quadrua*）可聚集于飞机草茎节处吸食汁液，使飞机草植株生长发育受阻直至死亡（许瑾，2011），但在我国还没有依靠生物防治措施来控制飞机草扩散的成功先例（全国明，2009）。所以，单一使用生物防治方法控制飞机草，其成功的可能性有待深入研究。国外已报道香泽兰灯蛾（*Pareuchaetes pseudoinsulata*）、安娴珍蝶（*Actinote anteas*）、香泽兰瘿实蝇（*Cecidochares connexa*）和鳞翅目一种昆虫（*Ammalo insulata*）是最具潜力的飞机草生防材料（Bennett，1973；张黎华，2007），其研究方法和思路值得借鉴。

（五）草地焚烧

焚烧是草地管理常用的措施之一。焚烧牧草残茬减轻病害的原理是减少新的生长季中的初侵染源。每年在早春牧草返青前，焚烧牧草残茬，不仅可以减轻病虫危害，而且可以加速牧草的春季生长并提高牧草产量。澳大利亚对柱花草草地进行焚烧，明显推迟了幼苗炭疽病的发病期，并使柱花草炭疽病的成株发病率降低 60%～78%（南志标，2000）。

目前，大多数研究表明，焚烧是改良草地和防治病害的有效措施。焚烧之所以能改良草地，一般认为主要是清除了不适于牲畜采食的枯枝干叶和残茬，并破坏草皮的板结状态，加强空气、水分和热对土壤的通透作用，改良了土壤的物理状态（刘若，1988）。同时，使固定在有机物中的氮、钙、磷、钾和其他矿质元素被释出，加速了物质的再循环，从而提高了牧草的产量和品质，如 Niboyet 等（2011）在火烧小区发现 N_2O 排放量增加，植物对 C 的利用增加，病害减少，牧草产量和品质随之提高。焚烧牧草残茬，减轻病害的原理是减少新的生长季中的初侵染源。

南志标（2000）在甘肃山丹军马场工作期间，每年早春牧草返青前，均对残茬焚烧，不仅减轻了病虫的危害，而且加速了牧草春季生长，提高了牧草产量。翟桂玉（2002）在多年生黑麦草地里进行焚烧残枝落叶，有效地预防和控制了线虫病、麦角病、瞎籽病和多种叶斑病，提高了牧草种子和草的产量。也有研究表明，焚烧减少了土壤微生物数量，从而降低了土传病害的发生（陈亮，2012）。Roy 等（2014）通过火烧草原有效地降低了病原物的侵染，促进了当地牧草的生长。在加拿大，曾用焚烧成功地控制了黑茎病以及蚜虫的危害，焚烧亦是消灭菟丝子（*Cuscuta chinensis*）危害的有效措施。美国自 1948 年以来，将焚烧牧草残茬及脱粒后的干草，作为其西部地区牧草种子生产的必要管理措施之一，有效地控制了多种牧草病害的流行，促进了美国的牧草种子业（Hardison，1976）。澳大利亚对柱花草草地进行焚烧，明显推迟了幼苗炭疽病的发病期（Davis，1991），并使柱花草炭疽病的成株发病率降低了 60%～78%（Davis，1991；Lenné，1982）。

第三节　综合防治措施

综合防治指从生物和环境关系整体观点出发，本着预防为主的指导思想和安全、经济、有效、简易的原则，因地因时制宜，合理运用人工、机械、化学、生物的方法以及其他有效的生态手段，把毒害杂草控制在不足以引起危害的水平，以达到既可保证种植物增产，又不损伤人、畜健康的目的。

草地有害生物的发生规律是防治的主要依据。每种生物的种群消长动态受到食物、天敌、环境因子、人为干预等多种因素的影响，研究和掌握其发生规律，需要长期的实地监测数据，并运用数理统计方法进行科学分析。据有关专业人士预测，未来牧草病虫害的发生会发生一些新的变化趋势，如一些局部发生的病害可能会大面积爆发，一些原本危害不太严重的病害可能会成为严重的病害，一些单一发生的病害可能会混合发生。因此，在关注栽培草地病害的同时，也必须密切注意天然草地病害的发生，有针对性地开展牧草病害的监测和防控研究。

一、利用生物多样性控制牧草病虫害

运用系统工程原理和方法，调节农田生态系统生物多样性，进行有害生物的生态控制，在全世界受到日益广泛的关注。农业生物多样性具有十分重要的生态作用，已成为构建持续、高产、健康、稳定的农业生态系统的有效措施。大量研究和实践表明，利用物种多样性优化配置，可以有效消减高温高湿与病虫发生高峰的叠加效应，显著降低病虫危害，促进增产；采用物种合理搭配、草田轮作、复合种植养殖等方法，生物多样性群体对病虫害显示出明显的稀释、阻隔、缓冲等生态功能，有效地减缓病虫害流行；集成生物多样性时空优化配置，物种合理搭配、适度放牧、适时刈割、焚烧等技术措施，可以有效构建控制病虫害促进增产的技术体系。

通过增加寄主植物的多样性，能够有效控制病害的发生和流行。人工草地植被多为草原固有害虫喜食的优质牧草，牧草种类比较单一，生长发育较为一致，一旦管理措施不当，将会为草原固有害虫提供充足的食物和栖息地，为害虫种群的大规模发生创造条件，数量可能急剧增长，达到成灾水平（Loreau，2000）。大量证据表明，种植单一作物必然导致病虫流行，这在农田生态系统中已经得到体现（高东等，2010）。在人工草地和农田、果园生态系统中，改变传统种植模式，合理规划作物布局，形成病虫"缓冲带"或"隔离带"，不同牧草品种间作、草田轮作、果园种草、适时刈割等，从根本上控制病虫害的大发生。

利用禾本科牧草和豆科牧草建植混播草地，是草地管理中常用的技术措施，在提高土壤肥力、改善饲草品质、稳定群落结构的前提下，减轻牧草病害。在陇东黄土高原的研究发现，苜蓿分别与无芒雀麦（*Bromus inermis*）、红豆草（*Onobrychis viciaefolia*）混播，红豆草与无芒雀麦混播，均可显著降低苜蓿和红豆草病害的发病率（南志标，1996）。澳大利亚学者的研究表明，利用不同种的柱花草混播，可显著降低感病品种的炭疽病发病率。

而复合型种植养殖系统，配置多种植物和动物，运用生态系统中生物之间相生相克以及食物链（网）等原理，可以达到有效防止草地有害生物灾害的目的，同时产生良好的生态效益和经济效益。例如草原牧鸡、牧鸭，人工招引粉红椋鸟用于治理蝗虫，是草地保护的重要措施，近年来在新疆地区大面积推广并取得了显著效果。如云南鲁甸县的樱桃园中，种植光叶紫花苕（*Vicia villosa var.* glabrescens）和养殖土鸡，产生了良好的生态效益和经济效益。光叶紫花苕适应性强、生长速度快、覆盖地面迅速，能够有效控制果园杂草，恢复和提高土壤肥力。土鸡在果园中分片轮流觅食，以昆虫、杂草、光叶紫花苕、掉落的樱桃为食物，既能控制虫害、减少农药施用，又能为土壤施肥、减少化肥投入。饲养效果良好，果园生态环境健康，形成了一种种植与养殖结合、多种效益并举的生态农业模式。

二、多途径开发利用草地毒害草

目前，我国关于毒草综合开发利用方面的研究已经起步。现有的资料表明，人们对毒害草的认识已经从过去的毒草有害的传统观念，转变为是一种潜在的生物可再生资源，甚至发现有些毒害草具有巨大的开发利用价值。

草地有毒有害植物，也是一类具有巨大开发利用价值的潜在资源。有些毒草属于季节性有毒，可以在无毒季节放牧利用；有的毒草经过脱毒或青贮后可以饲喂家畜；有些毒草可以用作药用植物，开发其药用价值。据相关研究表明，瑞香狼毒、牛心朴子的有效成分具有很强的抗肿瘤、杀菌、杀虫活性，可用于开发抗肿瘤药、天然农药、抗菌药物等（曾辉，2004；刘爱萍和陈光，2006）。疯草含有的苦马豆素是一种极强的甘露糖苷竞争性抑制剂，能抑制肿瘤细胞的生长和转移；也能刺激机体的免疫系统，提高机体免疫机能，增强杀灭肿瘤细胞的能力。苦马豆素具有很好的抗肿瘤活性和免疫增强能力，这引起了许多学者的广泛关注，并作为抗肿瘤药筛选的后备药（赵宝玉，2005）。瑞香狼毒全株可以造纸（刘英，2004），牛心朴子是很好的固沙植物和上等的荒漠蜜源植物（李志，2005）。

第四节　紫茎泽兰综合防控技术

一、生物学特征

多年生草本，茎直立丛生，常带暗紫色，密被腺毛。株高1~2 m，叶对生、三角状菱形，边缘有粗钝锯齿，长7~10 cm，宽3~5 cm。头状花序钟形，长4~5 mm，生于分枝顶端或茎顶端，排成伞房状，总苞白色小花呈圆柱状。瘦果黑色，长约1.5 mm，微弓曲。

紫茎泽兰原产地美洲，可通过有性和无性繁殖，传播速度极快，侵占能力强，是一种世界性的有毒有害植物。紫茎泽兰根和茎发达，可以快速蔓延扩展，耐高温、耐寒耐旱、耐荫，在海拔1000~2000 m、坡度>20°、温度10℃~30℃的山区生长茂盛，在海拔1600~2200 m的暖热性草地中常形成单优群落。1935年，在我国云南省临沧的沧源、耿马等地区首次被发现，并且随着河谷、公路以及铁路向北和向东传播。据考证，由缅甸传入中国，并且迅速蔓延，现已在云南、四川、西藏、贵州、重庆、湖北、广东、广西地区广泛分布，并以每年60千米的速度从西南方向东北扩散，在台湾及海南地区均有发现，主要分布在长江以南各省（市）区，生长于山坡道路旁、林缘及灌丛中。

二、对畜牧业的危害

紫茎泽兰入侵后，会充分利用自身极强的侵染能力迅速扩散，与本土植物争夺养分、阳光及空间，严重破坏本地植物的天然更新和恢复，导致原有植物群落结构和生物资源遭受破坏，对当地生态环境、生物多样性及农牧业生产构成严重威胁。

紫茎泽兰最容易侵占天然草场和林地，影响牧草生长发育，从而导致载畜量急剧下降；具有钩的纤毛种子会直接钻入马属动物气管、肺部导致组织坏死后死亡；茎叶垫圈或者下田沤肥会引起牲畜烂蹄病以及人的手脚皮肤炎；牲畜误食后，轻则会引起腹泻、脱毛或走路摇晃，严重则会导致怀孕的母畜流产，甚至倒地，并且四肢痉挛、腹胀，最后窒息而死。

三、多途径开发利用

防控紫茎泽兰的方法，除了常用的人工防除、机械防除和化学防除等，国内许多学者在多途径开发利用方面也进行了大量工作。紫茎泽兰光合作用效率高、粗蛋白含量高，具有非常广阔的开发利用前景。

（一）作为能量和饲料利用

紫茎泽兰营养成分丰富、粗蛋白含量高，超过很多禾本科植物，经过复合菌种脱毒发酵后可作为家畜饲料。也可将紫茎泽兰收割、晒干、粉碎后直接燃烧，其热量高于普通木炭，可用于生产蜂窝煤、木炭或生物发电的原材料，经过发酵处理后，紫茎泽兰和提取后的废渣可以生产清洁并且燃烧效率高的生物能源——沼气。

（二）作为有机肥料利用

紫茎泽兰含有丰富的营养元素，比如农作物需要的N、P、Mg、Ca等，可以作为生物有机肥源，利用途径主要有绿肥、堆肥原料和烧灰作灰肥等，发酵液和提取液可用作叶面肥。

（三）药用和其他用途

紫茎泽兰可以制成一些疾病的控制药物，如可用于止咳止血，具有很高的医用和经济价值；还可用于制备多功能的生物肥料，也可以用作食用菌的栽培或其他一些特种种植原料等。

（四）工业用途多样化

一是利用紫茎泽兰生物活性物质制作杀虫剂或生物农药。研究表明，紫茎泽兰含有10余种具有活性的生化相克物质，对某些植物种子萌发和幼苗生长有双向调节作用。可以将其研制成新型、无公害、高效的生物农药，用于农、林、牧病虫害的生物防治。二是紫茎泽兰可作为纤维原料。紫茎泽兰的粗纤维含量极高，具有草本和亚灌木的特点，经过脱毒处理后，可用于制造非木质人造板和高压微粒板，也可加工成纸板、刨花板、筷子或铅笔等。三是利用紫茎泽兰制作染料、香精和木糖醇。黄色布料经紫茎泽兰染色后颜色鲜艳、明亮还不易褪色，布料当中还带有一些紫茎泽兰的特殊气味，有驱除蚊虫的功效，废料还可以作肥料。研究发现，紫茎泽兰的香气有多种不同的特征，以其精油为主来调制香气不仅纯正稳定而且持久安全。紫茎泽兰经过多种酵母发酵后可生产木糖醇，并且其茎秆是很好的生产木糖醇的生物资源。

第十章　草畜供求平衡调控

　　牧草生长具有明显的季节性规律，而家畜对饲草料的需求是常年连续的。在夏秋季节，牧草生长旺盛且营养价值较高，饲草供给量通常大于家畜需求量，草地利用不足常常导致牧草浪费。在冬春季节，牧草枯黄或部分枯黄，饲草短缺且营养价值低下，但家畜需要相对更多的能量和营养以抵御低温并进行繁殖生产。因此，冬春季节饲草料数量不足且饲用价值低劣，草畜供求矛盾突出是制约我国草地畜牧业持续稳定生产的最主要因素。

　　遵循草地农业生态学理论和季节型畜牧业理论，通过草地放牧或刈割、草产品加工存贮、家畜异地育肥等调控技术，最大限度地实现草畜供求平衡。耿文诚（2007）针对云南人工草地生产性能和环境资源条件，在多年生产实践基础上，提出了人工草地管理的期望目标——5 项平衡，即草地利用强度平衡、牧草供给的季节平衡、各播种牧草及其与杂草之间的比例平衡、土壤养分供给与牧草生长养分需求之间的平衡、草畜供求平衡。同时指出了松散自由放牧的缺点，如草地夏秋季放牧不足、草地冬春季放牧过度、动物选择性采食也会导致草地质量下降，如牧草利用率低、牧草的产量和质量下降、草群中杂草比例增加、草地过早退化等。

第一节　放牧技术及其调控

一、合理放牧及其意义

　　放牧是利用草地饲养家畜最基本，也是最经济有效的方法。草地管理的最终目标就是在维持草地的生产力和组成稳定的前提下，既能满足家畜的营养需求，促进家畜健康安全生产，又能避免因过度放牧或放牧不足，造成草地退化或牧草浪费。合理放牧，控制适宜的草地利用率和载畜量，不仅可以利用放牧改良草地质量，刺激牧草分蘖、促进牧草再生，同时，对草地持续利用和生物多样性保护也具有重要作用。

　　过度放牧不仅会影响牧草生长发育，降低草地质量，而且会改变草地的生境条件，引起草地退化。放牧不足会使草群中出现大量枯枝落叶，不仅妨碍家畜采食，也不利于牧草分蘖和草地更新，导致牧草老化而适口性、营养成分和消化率降低。合理放牧，对土壤肥力、草群组成、动物生产以及草地稳定性均可产生有益的作用。适度放牧可以促进牧草的分蘖、生长和根系的生长发育。如 Launchbaugh（1957）对格兰马草进行的放牧观测数据表明，在适度、重度和过度三种放牧强度下，根系的长度分别为 121.9 cm、60.9 cm 和不足 30 cm。根系从土壤中吸收水分和无机物，供地上部分生长发育，同时根系对保持土壤良好的理化性状也具有积极作用。家畜采食的新鲜饲草，适口性好、营养丰富、消化率高，其营养价值优于同类牧草所调制的干草或青贮料（表 10 - 1）。

表 10 - 1 1 kg 放牧青草与其他饲料营养价值的比较（折合干物质）

饲草种类	饲料单位	可消化蛋白质（g）	钙（g）	磷（g）	胡萝卜素（mg）
草地鲜草	1.13	115	9.6	4.0	300～400
草地干草	0.60	44	7.1	2.5	20～50
箭筈豌豆与燕麦青贮	0.70	60	8.0	3.0	60～90

（引自 贾慎修，1995）

在放牧利用草地过程中，土壤、植物和动物三者之间发生错综复杂的关系，相互制约又相互促进。长期以来，国内外许多学者从多方面对三者之间的互馈机制开展了深入的研究和探讨。运用冗余理论和生物补偿生长理论，可以在一定程度上解释草地放牧过程中的一些生态现象。张荣（1998）对草地放牧过程中的冗余和补偿生长现象进行了详细的论述，并指出：①放牧草地群落的冗余与补偿是植物与环境、植物与动物协同进化的产物，是在草地实现其功能最大化过程中形成的。不同放牧强度下，可有三种形式的冗余存在，即生长冗余、组分冗余与内禀冗余。②草地群落冗余的原因，有过度放牧、过轻放牧及草地群落固有的特性所导致。在一定环境条件下，冗余与补偿是互逆的过程，补偿生长是冗余产生的条件，而冗余是补偿生长的必然结果。消减冗余可望获得草地产量的补偿或超补偿，从而提高草地的优良牧草产量。③实现牧草生长的补偿作用需要一定的条件，如草地群落功能不饱和、牧食后足够的恢复生长时间、充足的水分养分条件、毒害草较弱的竞争能力以及恢复生长的基础生物量等。最佳的利用方式是放牧草地群落只有内禀冗余存在，而没有生长冗余和组分冗余。④冗余是植物个体、种群与群落适应环境过程中植物与动物协同进化的产物，是放牧草地群落实现自我功能最大化的生态对策，虽然冗余是对草地群落的一种资源的浪费，但对于个体生存繁殖、种群增长及群落稳定方面具有重要的作用，是进化生态学领域应予以研究的一个重要领域。相信随着对冗余与补偿现象理解的逐步深入，对草地群落中各种冗余产生的机制也会加深理解。⑤放牧草地群落的管理，根本目的在于实现 dG/dt 最大化，即将资源最大限度地用于可食性牧草的生产上。冗余是影响放牧草地群落初级生产能力的重要因素，是资源的浪费者，减少冗余相当于将资源更多地投入到有效光合作用及可食植物的生长中，可望获得草地优良牧草的高产。在生产实践中，消除生长冗余与组分冗余是可行的，其重要的一点就是适时适度地放牧，以期实现牧草产量的超补偿；过重或过轻放牧都会产生对草地群落优良牧草再生不利的冗余，使草地产生一种对应反应，即杂草丛生或牧草再生受阻。

南志标等（2008）指出，我国草原放牧系统动物生产的总体水平，与美国、澳大利亚、加拿大等发达国家相比差距明显；如果增加对草原的投入使草原生产力提高，则我国荒漠类草原的生产水平可以达到发达国家的 56.8%，典型草原生产力达到发达国家同类型草原的 50%～90%，草甸草原则能够接近发达国家的生产力水平。

二、连续放牧

连续放牧（Continuous Grazing）是指在整个放牧季节内，甚至是全年在同一放牧地上连续不断地放牧利用。可分为全年连续放牧、植物生长季节连续放牧和植物休眠季节放牧三种方式。为了合理利用草地，在植物生长季节可根据实际情况进行定牧或不定牧，以达到合理利用草地。不合理的连续放牧由于过度利用饲用植物，选择性采食而容易滋生杂害草，造成草地质量下降。Herbel（1974）指出了连续放牧只有在科学管理的基础上才能防止过度利用草地。Heady 等（1984）认为，连续放牧不利于营养价值高、适口性好的牧草生长发育。也有研究者认为，当饲草供给均衡、放牧时间合理和载畜量适当时，连续放牧也许是一种最好的放牧方法（Heady 等，1994；Laycock 等，1996）。

许多学者也总结了连续放牧的优点，如家畜可以自由选择喜食牧草，很少改变采食习惯，饲草质量变化小，家畜生产力优于划区轮牧；Heady（1961）在加利福尼亚草地上研究表明，家畜在连续放牧中要比延迟轮牧采食更多的牧草。Ratliff（1986）认为在内华达山脉山地草甸上，全年中度放牧情况下，连续放牧下的断奶家畜比有序放牧和季节性轮牧高 55 磅；Gray 等（1982）研究表明，连续性放牧与其他放牧方法相比较，管理费用较少、投资较低，因此更容易被生产者接受。

三、划区轮牧

划区轮牧是目前世界上畜牧业发达国家普遍采用的放牧制度之一。依据草地初级生产力和家畜数量，把草地划分为若干放牧区，家畜在这些小区之间按照一定的顺序轮换进行放牧的一种放牧方式。这种放牧方式要根据季节变化、草地生产力波动和放牧畜群不同阶段营养需要，事先拟定好小区数目、轮牧顺序、放牧周期和小区放牧天数。划区轮牧一般根据草地形状，以牲畜进出相邻放牧小区并缩短游走距离为原则；小区形状一般为长方形或正方形，其长宽比例尽量为 3:1、2:1 或 1:1；小区面积应足以在每个放牧期内都能给家畜提供适量的优质牧草，一般取决于放牧草地的生产力，如产草量、牧草质量和草地利用率等指标。家畜日采食牧草量即能量和蛋白需求量见表 1-9。在我国南方地区，划区轮牧技术适用于地势较为平坦、水热条件优越和牧草生长较快的地区。

实行有计划的划区轮牧，是实施草地质量调控的有效措施。有利于草地改良及维持稳定，能合理利用和保护草地，提高草地利用效率，减少饲草料资源的浪费；有利于恢复草地植被，提高牧草产量和品质；防止家畜寄生蠕虫病的感染和传播，实现草地的可持续利用；有利于维持某些不耐连牧和重牧牧草的再生和持久性；减少了家畜放牧游走的体力消耗及对草地的践踏损伤；使畜群的营养状况和发情、配种、产犊期进行集中管理，有利于畜群的日常放牧管理；处于休牧状态的小区，牧草能够休养生息，从而获得长期最大产量。

实施草地划区轮牧，需要相应的配套技术。例如轮牧周期、放牧频率、小区放牧日数、放牧小区数、小区面积、小区的形状及轮牧方法等；在生产实践中也较难把握，实施过程需要设置围栏，增加了经济投入，成本和技术条件要求高；适宜的放牧时间难以把握，小区放牧时间往往因牧草生长季节、家畜营养需要的不同而不同；有时超载过牧，就会造成草地退化且生产力下降，导致草地生态环境恶化。因此，就特定地区组织实施适宜的划区轮牧，需要积累长期的草地质量监测数据和生产实践的管理经验。

　　根据季节不同、放牧畜种的不同、家畜生长阶段及其营养需要，对轮牧时间的长短进行动态调整；轮牧小区在春季开始放牧时，注意家畜刚从冬季的干草和精料舍饲到次年春季放牧有一个适应过程；需根据草畜平衡的原则，设计小区轮牧草地；在轮牧小区围栏建设前，根据草地贮草量、牧草质量、规定的草地利用率和参加轮牧家畜种类和数量进行仔细计算。

　　根据蠕虫病的感染规律，小区内放牧一般为5天；划分小区根据放牧羊只的数量和放牧时间以及牧草的再生速度情况；划分每个小区的面积和全部放牧小区轮牧1次的小区数；轮牧一次一般划定6~8个小区，羊群每隔3~6天轮换一个小区。

　　新西兰用乳牛进行了不同放牧方式和不同载畜量试验，低载畜量为16.8 hm² 草地放牧40头乳牛，高载畜量为13.4 hm² 草地放牧40头乳牛，载畜量提高了25%。进行2年试验后，两种载畜量各增加2头乳牛。3年的试验期间，饲草全部自给。试验结果表明（表10-2），在两种放牧制度中，提高载畜量，乳牛平均产量减少，但每公顷产量增加。有控制的轮牧，不论是高载畜量还是低载畜量，都优于连续放牧。在轮牧中高载畜量比低载畜量每公顷多产牛奶1428.9 L；而连续放牧，高载畜量比低载畜量每公顷多产牛奶671.8L。同等载畜量与不同放牧制度相比，低载畜量每公顷草地，划区轮牧比连续放牧多产牛奶331.1 L，增加4%，高载畜量每公顷草地，划区轮牧比连续放牧多产牛奶1088.2 L，提高12%。上述试验结果表明：在低载畜量条件下，两种放牧制度的家畜个体产量，都高于高载畜量个体产量；在较高载畜量条件下，划区轮牧能够提高单位草地面积的畜产品；在较低载畜量条件下，划区轮牧与连续放牧相比较，单位面积草地畜产品产量差异不显著。

表10-2　划区轮牧对奶牛产奶量的影响

放牧制度/载畜量	每头奶牛产量		每公顷产量	
	乳脂（kg）	牛乳（L）	乳脂（kg）	牛乳（L）
有控制的轮牧/低载畜量	195.5	3584.4	472.8	8667.6
有控制的轮牧/高载畜量	182.3	3323.2	553.4	10096.5
连续放牧/低载畜量	187.8	3444.4	454.7	8336.5
连续放牧/高载畜量	161.0	2967.4	488.7	9008.3

（引自　贾慎修，1995）

　　需要注意的是，划区轮牧在不同草地类型和气候条件下的表现是不同的。一般认为，在人工草地和较湿润地区划区轮牧的优势较大，而在较干旱地区，划区轮牧的优势明显减弱。Pieper（1980）分析了23个不同地区的划区轮牧和连续放牧对家畜个体增重的影响，发现6个地区划区轮牧增重高于连续放牧，而11个地区连续放牧较高，剩余6个地区两者没有统计上的差异。Skovlin（1984）认为，轮牧经常要求在牧草生长的旺季反复啃食，不利于植被恢复及优良牧草生长。Hodgson（1990）认为，连续放牧可促进牧草分蘖，有助于维持草地稳定性，并可使家畜经常采食幼嫩新鲜牧草，连续放牧并不一定意味着家畜对个体植物和单个分蘖的连续采食，连续放牧可促进植物组织物质循环。因此，就某一特定地区适宜采用的草地放牧利用形式，需要经过长期反复实践检验，不可过分强调划区轮牧的优越性。

四、其他放牧方式

（一）钻栏放牧

采用钻栏放牧（Creep Grazing）的主要目的是把优质新鲜饲草尽可能多的不限量供应给幼畜，使其达到最大采食量，而将母畜的采食量限制到仅能满足但不超过其营养需要量的放牧技术。母畜和幼畜同时放牧时，设计有基本草地和可以钻栏进入的特定草地。该技术允许幼畜穿过围栏缝隙采食其他范围的饲草（图 10-1），而体型较大的母畜不能同时进入围栏外区域进行采食，从而通过选择性采食并在没有母畜竞争的情况下，使幼畜生产性能达到最大化。母畜和幼畜按照一系列分牧区轮流放牧，并以幼畜为优先采食者，而母畜为随后采食者，从某种意义上来讲，这也是先后放牧的一种特殊体现形式。

该技术适用于地势较为平坦且具有一定面积围栏的草场。用于幼畜钻栏放牧的草地通常具有高质量的多年生豆科牧草或高质量的一年生饲用作物，能够使幼畜优先采食到尽可能多的新鲜优质饲草，在母畜与幼畜的采食量之间取得一定平衡，在一定程度上降低管理成本。在实际操作中，需要根据幼畜的种类、品种以及生长阶段的不同对围栏的空隙进行限定和调整。如果围栏的空隙太大，体型较小的母畜也会穿越围栏；当空隙过小而幼畜又生长较快情况下，就会限制幼畜本身的穿栏采食，难以达到设计目的。应划定总围栏边界与钻栏放牧围栏分界，防止幼畜脱离母畜而逃离放牧区。

Vicini 等（1982）认为，钻栏放牧可使断奶小牛获得营养价值较高的饲草，而这些营养是小牛从母牛乳汁中得到营养的补充，隔栏放牧还有以下几个优点：①一般比隔栏喂养花费少；②比隔栏喂养省力；③可以提高基本牧场的放牧率；④对持续性牛奶产量依赖有所降低；⑤在隔栏牧场中小牛可获得高质量的优质牧草。3~4 个月大的小牛最适合利用隔栏牧场。

图 10-1　钻栏放牧①

---

① 参见农业部畜牧司、国家牧草产业技术体系编《现代草原畜牧业生产技术手册——西南亚热带山地丘陵草地区》，2015 年版。

（二）延迟放牧

延迟放牧（Deferred Grazing）指为了达到某一特定管理目标，而使草地放牧延后或推迟一段时间的放牧技术。其目的在于给草地植物更新繁殖或为新建植的草地植物以充足的生长时间，有利于恢复草地植物活力，恢复适宜放牧的环境条件，为备用饲草的积累提供时间。延迟放牧是一种恢复和维持放牧草地理想状态的保护性措施，其目的并不一定是要提高家畜的生产性能，而是为了改善草地生态系统的稳定性，即为持续性利用创造条件。延迟放牧一般与补播、施肥、杂害草防除、有计划的火烧等其他改良管理措施互相配合，以改善草地整体质量，并随着草地利用时间的延迟而最终提高家畜的生产潜力。

延迟放牧可以增加种子产量，提高幼苗的生长速度，避免饲草在早春生长能力低的时候被过度利用和践踏。这种方法最适合于四季分明的天然草地和种子生产地。该技术适用于各种类型的草地，尤其是质量出现退化的草地或地段。在一年中牧草生长或繁殖的关键时期，如春季返青期或秋季结实期内，有效防止或限制家畜放牧采食，使处于关键物候期内的优势种牧草有机会萌发、繁殖和生长，以便更好地恢复草地质量。

国外对延迟放牧持有不同观点。Pieper 等（1978）研究表明，在新墨西哥州四翅滨藜围栏草地上连续放牧牛，四翅滨藜维持相对少的叶量，但是每隔 3～4 年进行一次延迟放牧就会维持高的生活力和产量。Heady（1975）认为部分延迟放牧应避开植物生长敏感期，而提高植物活力，在植物其他生长期进行放牧。Herbel（1974）认为不放牧时期应该和植物生长敏感期相一致。Launchbaugh 等（1978）的研究表明延迟放牧最适用于贫瘠的放牧地，对于高度贫瘠的土地利用延迟放牧没有效果。Pechanec 等（1949）认为延迟放牧和火烧一样，浪费了饲草资源。Frischknecht 等（1968）认为在高冰草草地上，应该在最需要的地方进行延迟放牧，延迟放牧会造成饲草营养价值下降。

在制定和实施放牧制度时，专门留出一定面积的草地进行延迟放牧，结合放牧地轮换技术，既有利于草地质量恢复，也可以为特定生产目的使用，如羔羊放牧育肥（图10-2）、肉

图10-2　澳大利亚新南威尔士州人工草地放牧育肥羔羊

牛放牧育肥等。需要注意的是，延迟放牧时间如果过于滞后，可能会导致牧草老化，粗纤维含量增加，适口性变差，错过家畜（尤其是幼畜）营养需要和生长的最佳时期，不利于提高家畜生产性能。因此，拟订适宜的放牧延迟时间，避免在植物生长敏感期放牧，有利于提高植物活力、增加植物种类，是放牧方法的重要组成部分。

（三）短期高密群放牧

短期高密群放牧（High - Intensity Grazing）是一种高牧压、短时间的高密度集中式放牧方法（图10-3）。其目的在于清除草地出现的杂草、枯草，平衡牧草旺盛生长季节的草畜供求，有意识地控制家畜对牧草的选择性采食，以维持草地植物学组成的健康状况。我国南方地区由于水热条件好，牧草生长快，容易滋生杂草和有毒有害植物，有时需要根据具体生产计划进行家畜密集放牧。密群放牧选用的家畜多为生产性能较为低下的牲畜，如空怀或即将淘汰的家畜。

图10-3　云南省寻甸短期高密度放牧山羊（耿文诚　供图）

该技术适用于地势较为平坦的区域，可快速地除去草地上的残草、杂草和枯草等。由于密群放牧的放牧强度过高，家畜数量过大，对草地践踏较重，可能会对草地上某些不耐重牧的植物的再生与草地植被群落的恢复造成暂时性或永久性的破坏。因此，应注意根据不同气候状况、牧草生长发育阶段以及草地质量，谨慎选择实施密群放牧的时间。

（四）条带式放牧和日粮放牧

条带式放牧（Strip Grazing and Ration Grazing）是一种高强度和短周期的放牧方法，利用围栏限制家畜，在相对短的时间里利用所围区域内的牧草。常用在改进的有多个放牧单元或有人工移动围栏的牧场中，在牧草生长季节进行循环放牧，放牧周期可根据围栏面积和围栏数来确定。Matches 等（1985）认为条带式放牧是一种管理水平高、投资量大、节约高产的放牧方法，主要用于短期育肥家畜，如奶牛、断奶羔羊和育肥牛。Van 等（1966）发现在无芒雀麦＋紫花苜蓿的混播草地上利用条带式放牧奶牛，放牧能力提高了14%。Pratt（1962）发现在无芒雀麦＋紫花苜蓿的混播草地上利用条带式放牧奶牛，牧场的载畜量明显增加，每英亩的产奶量在相同条件下比连续性放牧增加20%～30%。

日粮放牧是条带式放牧的一种形式，把家畜限定在一定面积的放牧草地上供其短时间采食，按每天每头（只）的营养标准为其提供一定饲草量的放牧方法。日粮放牧也可能是轮流放牧的一种方式，取决于轮牧小区是否按照采食和休牧周期循环的方式加以利用。一般采用移动的电围栏加以隔离，家畜被限定在小区内采食，在一个小区完成一次放牧，就移动一次围栏至下一个小区（图10-4，图10-5）。

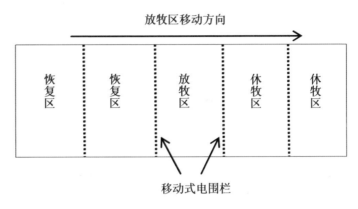

图10-4　条带式放牧或日粮放牧

图10-5　爱尔兰人工草地——奶牛日粮放牧①

日粮放牧的优点是放牧家畜每天都能采食到新鲜牧草，牧草浪费少，且采食的牧草种类多，并使放牧草地资源波动减至最低。为了快速准确地监测放牧小区内的饲草供给量，通常使用测产杖来完成，即依据草层压缩高度进行估测一定面积内牧草干物质量。

必须注意的是，日粮放牧分区数目与饲草供给量需根据季节状况与牧草生育期仔细确定，尤其是在家畜营养需要旺盛时期，否则易造成家畜营养不良使其生长性能下降。因此，为高效利用草地而放牧家畜，建立一整套快速、准确、便捷的草地质量监测体系十分有必要，以克服传统监测手段耗时、费力的弊端。

① 参见 http://www.gov.cn/guowuyuan/2015-05-18/content_ 2863639.htm。

（五）先后放牧（First – last Grazing）

为了给两个畜群提供不同营养供给的放牧方法，在同一块草地上先放营养需要高的畜群，随后放牧营养需要较低的畜群。先后放牧对同一种类或不同种类有较高产量的畜群有利，第一个畜群可以优先吃到直立的营养价值高的牧草，第二个畜群在第一个畜群利用的基础上进一步充分利用该牧场的牧草。如先放牧幼畜，再放牧怀孕母畜；先放牧羊后放牧牛等，或利用两个或更多的具有不同营养需要的畜群，在某一特定草地面积区域内按照一定顺序进行放牧利用草地。

采用先后放牧，可使具有不同营养需要的不同畜群（如产奶母牛与干奶母牛）之间进行饲草资源数量与质量的合理分配，最大限度地利用草地资源，使草地供给和家畜需要之间达到平衡。如在产奶母牛占用期间，较高的选择性采食和较大的饲草量有益于满足其较大的营养需要，而相比之下干奶母牛营养需要较低，可以作为第二批畜群进入放牧小区。该放牧技术可在一定程度上增加草地利用率。

对同种家畜进行先后放牧的一般原则是：幼畜优先，成年家畜随后；生产家畜优先，非生产家畜随后。Blaser 等（1969）在研究先后放牧荷尔斯坦奶牛试验得出，先放奶牛比后放奶牛多产奶 11.48 ~ 16.56 kg。Campbell 等（1977）在东非狼尾草草地上进行的七天为一个周期的三组阉牛先后放牧试验，在放牧期内平均日增重为 0.68 kg、0.57 kg 和 0.45 kg。不同种类的家畜是羊优先，牛随后；优先者可选食优良牧草，随后者则采食剩余的劣质牧草，主要是用来清理草地残茬。先后放牧可以与短期高强度放牧、混合放牧结合实施。

（六）混合放牧

混合放牧（Hybrid Grazing）指在同一放牧地有计划地同时或相间放牧两种家畜（图 10 – 6）。不同家畜的采食特点各异，混合放牧可以充分利用草地，提高草地利用率。据研究发现，采用混合放牧后，单位面积的畜产品产量也高于单一家畜放牧，同时可减少寄生虫感染。进行混合放牧时，控制各种家畜的放牧量，使草地中大部分牧草被适度利用，并注意监测植被数量特征指标（如草地覆盖度、草层高度、植物学组成等）与土壤理化指标。一般认为，混合放牧的家畜数量不得超过单一家畜总数的 10%，否则，可能导致过牧。

图 10 – 6　肉牛和绵羊混合放牧①

（七）休　牧

休牧（Rest）指一定地段的草地上，在特定时间内不进行放牧利用。依据时间长短可以分为短期休牧、季节性休牧、年度休牧和长期休牧。

休牧属于放牧制度中的一种维持性技术，在严重干旱、草地重建、退化草地植被恢复等过程中采用。国内外实践证明，合理的休牧有利于维持草地稳定性，提高草地质量。在植物开花、种子萌发及种子成熟期休牧可提高牧草活力，植物生长后期休牧可使植物大量储存营养物质，有利于来年返青。Robertson 等人（1970）通过在三个不同类型的草地上隔年休牧和连续放牧的研究表明，在隔年重牧中有两个地方的冰草产量有下降趋势，而每年的轻度放牧效果要比隔年重度放牧效果好，一年的全年休牧根本不能恢复上年的过度重牧造成的破坏。Sharp（1970）研究表明，草地休牧 1~2 年或延期放牧，或仅通过在牧草生长季节交换一下放牧时间，冰草的草产量和生活力就会有很大的提高。Laycock（1996）在犹他州东北部的研究表明，冰草在隔年全部放牧、产种后放牧和开花后放牧都会增加产量，隔年放牧的承受力要比牧草高产状态下全年度放牧的承受力低。

对于严重退化的草地，单纯实施休牧难以在短时期内达到理想的效果。在云南香格里拉地区的试验结果表明，对退化亚高山草甸实施连续 4 年的禁牧封育，大狼毒、西南委陵菜、西南鸢尾、侧茎橐吾、棉毛橐吾等有毒有害植物在草群中所占比例有所下降，但仍然占到地上现存量的 13.2%~63.5%，应结合除杂、补播等措施，调控草地植物学组成，为优良牧草提供更好的生长发育机会，快速恢复和提高草地质量。

第二节　季节畜牧业

在草地生态特征与家畜种的适应能力之间、草地产草量季节变化与家畜营养需求之间、草畜产品的产出时间与市场需求动态之间，如何进行有效组合和经营决策，以期获取最佳的生态效益、经济效益和社会效益？因此，作为草地生产经营者，应根据自然条件、市场变化、草地的季节生长模式，对草地与家畜时空关系进行合理可行的科学调控。

20 世纪 70 年代，任继周院士通过一系列试验研究提出了草地季节畜牧业的概念，即根据牧草生长的季节动态、草地质量和产量变化规律，减少冷季牧场载畜量，尽可能使牧草供给量与家畜对饲草的需要量相符，在暖季充分利用生长旺盛的牧草，在冷季来临之前有计划地出栏、淘汰家畜或实施异地育肥。季节畜牧业可以有效减轻牧区冬春草场压力，充分利用农区丰富的饲草饲料资源，在生态效益、经济效益和社会效益方面均具有十分重要的意义。草地季节畜牧业体现了系统耦合的理念，在生产实践中已经产生并且将继续发挥其巨大的理论指导和应用价值。

一、放牧与舍饲结合

天然草地是我国最大的陆地生态系统，约占国土总面积的 41.7%，面积近 4 亿 hm^2，仅次于澳大利亚和俄罗斯，居世界第三位。由于长期以来我国草地畜牧业生产基本上处在原始自由放牧状态，草地生态系统结构和功能严重退化，至 2000 年草地不同程度退化面积已达 90% 以上。1949 年以来，我国畜牧业发展迅猛，然而粗放式的放牧方式也造成对草原生态系统的极大破坏。草地载畜量成数倍至数十倍增加，毒草杂草大量滋生，草群高度与盖度显著降低，土壤恶化，肥力下降，CO_2 释放大大增强，草地生态功能和经济功能日趋退化。中国科学院张新时院士指出，草原生态的不可持续性造成环境和社会经济发展的不可持续性，这就意味着现行的生产方式必须改变。必须实现草地功能转型，即从传统、粗放、落后的天然草地放牧型畜牧业，全面地向以优质高产人工草地和饲料地为基础的现代化舍饲畜牧业转型。这样，天然草原功能也就从数千年来作为放牧场为主，全面地转向恢复和发挥防风固沙、保持水土、富集碳库、养育野生有蹄类食草动物与维护旱生植物基因库的生态功能，从而发挥更为重要的意义与价值。

20 世纪 30 年代以来，世界发达国家和地区已先后完成了从原始的天然草地放牧到人工饲草基地与农业支持的现代化畜牧业的转变，不仅极大地提高了草地畜牧业的生产力，形成先进的产业链与发达的畜牧业经济，而且使天然草地得到充分的恢复和具有良好的生态功能。在美国，储粮地区养畜的生产水平是在单一牧区养畜的 10 倍。发达国家草地畜牧业占农业产业结构的平均值已达到 60% 以上，而我国目前仅为 5% ~9%。显然，我国畜牧业未来必须要有大幅度和跨越式的发展。建立高产、优质人工饲草基地，将极大地推动我国建立先进畜牧业产业链的进程，是提高我国畜牧业总产值、发展农村经济、增加农民收入的重要战略性举措。人工草地不仅起着恢复自然生态的作用，更有着可观的经济效益。建立稳定、优质、高产的人工草地是减轻草地放牧压力，促进退化草地自然恢复的根本出路。张新时院士认为，我国只能发展大规模的、高新技术支持的现代化的畜牧业。草场必须是大面积的人工草地，大量发展作物式草地，工业化生产饲料。1hm² 人工草地的产量是 10 ~20hm² 天然草地的产量。高产草地必须像种庄稼一样，需要精耕细作，这才是农业结构调整。任继周院士认为，放牧是把双刃剑，过度放牧造成草地退化，适度放牧却可控制杂草。我国应该摸索出自身规律，实现"人管畜，畜管草"的放牧方式。他同时指出，我国应打破农区和牧区的传统分界线，改变"农区圈肥，牧区放牛"的生产方式，发展两者结合的现代化畜牧业，由"以粮为纲"变为"以草畜为纲"。

半放牧半舍饲的优点在于：青草季节，家畜游走放牧能采食各种营养物质的青饲料，不仅能满足生理需要，也可锻炼体质，达到促进健康的目的。放牧利用草地节省劳动力，降低饲养成本。家畜的尿粪排泄物返回土壤而充作有机肥，促进牧草生长，从而减少粪尿污染，有利于环境保护。舍饲在阴雨季节、冬春枯草之季节充分发挥作用，依据家畜营养需求合理供给日粮，有利于实施营养调控，促进家畜生长发育。

我国的草地畜牧业必须从数千年传统、落后和粗放的放牧方式，全面转向以人工饲草基地为基础的现代化舍饲畜牧业先进生产方式；而不仅仅是简单的"退牧还草"和"划区轮牧"。20 世纪 50 年代，这种变革在世界发达国家和地区就已实现，主要包括以下内容：以农业生产方式大量种植人工草地、饲料地与精饲料加工代替天然草地；现代化舍饲和工厂化养畜代替季节性天然放牧；以农区与农牧交错带饲草料支持草原区；建立草地农业的畜牧业生态经济链或产业链，配套发展各种畜牧产品与饲料加工业、服务业、技术推广站与科研机构；开拓国内外贸易市场；实行"企业＋农户"的体制，加强政府的政策引导与保证作用。国内许多学者认为，目前，这两大转变的时机在我国已经成熟，应积极加以引导与催化，尽快走上生态效益和经济效益双赢的可持续发展之路，这也是西部地区全面建成小康社会的重要途径。

二、草地农业系统耦合及其应用

（一）系统耦合

耦合最早是应用于物理学的一个概念，指两个或两个以上的系统或是运行方式之间，通过要素的相互作用，彼此产生影响以至联合起来的现象，是一种通过各子系统间的良性互动、相互依赖、相互协调、相互促进的动态关联关系。

耦合的内涵包括：①关联性，耦合系统之间的各个耦合元素是相互关联的，封闭的无要素流动的系统是无法形成耦合的；②整体性，参与耦合的各个系统的耦合元素按照一定的需要进行重新组合，形成一个新的系统；③多样性，参与耦合的各个系统的耦合元素具有自组织能力，耦合要素以自然关联和信息自由流动为原则，形成多种组合方式；④协调性，参与耦合的各个系统的耦合元素能够突破原来的系统组合，形成一个新的各要素协同合作、优势互补的良性系统。耦合的关键是打破原有系统的界限，解除原有系统的束缚，以构成要素的自然关联和信息的自由流动为原则，将关联要素进行重新组合，形成具有自组织结构的要素具有能动性的系统。

运用耦合原理，通过结构调整优化、资源整合配置，在世界各地的农业生产领域形成了各具特色的耦合系统。例如在草地畜牧业领域，通过草田轮作和粮改饲，将同一地区的种植业与养殖业相结合，既可调整和优化农业产业结构，同时又能有效缓解草地畜牧业发展过程中普遍存在的突出问题——草畜供求矛盾。通过提倡和实施季节畜牧业，将草原区幼畜和淘汰家畜出栏，转移到农作物种植区育肥、屠宰、加工和出售，是提高饲草资源利用效率和草地生态环境保护的有效策略。把不同地域的产业集群与区域经济系统，通过特定的耦合元素，产生相互作用，形成产业集群—区域经济空间耦合系统。

（二）生态学与耦合理论

耦合是相对于两个或两个以上系统之间物理关系衍生而来的概念。从生态学的角度分析，耦合是指两种或两种以上系统要素（或子系统）之间相互作用、相互演变及其最后发展的结果。系统耦合与系统相悖是一个问题的两面，它们均在生态系统内的生态位、时间和空间三个纬度上发挥作用，系统耦合在系统要素之间表现为紧密依存、互相促进的关系，最终将扩大系统的生产和生态功能，系统相悖在系统要素之间则表现为相互干扰、相互破坏的关系，最终将缩小系统的生产和生态功能。生态系统的耦合效应，实际上是生态系统从无序到有序、从局部到整体的发展过程，它比简单的"整合"或"综合"更具有协调性、关联性和整体性，它不仅是生态系统内各要素的相互协调，还包括磨合、调控、约束甚至限制，所以说生态系统的耦合是"整合"或"综合"的升级和提高。

运用生态学理论和季节畜牧业理论，研究和推行农牧区系统耦合模式。具体思路是，牧区繁殖幼畜并于秋末冬初出栏，转移到农区育肥（放牧＋舍饲，或舍饲），结合补饲技术、舔砖饲养技术、全混合日粮（TMR）进行动物营养调控并育肥出栏。

（三）国内外草地畜牧业的系统耦合实例

草地农业生态学的观点认为，草与畜结合，即农牧结合，可采取就地结合和异地结合两种形式。所谓就地结合指同一地方既种草种粮，又同步发展畜牧养殖，做到粮草多—家畜多—肥料多—粮草更多，能有效地恢复地力，合理利用各种饲料资源，增加产量和收益。一般可使畜牧业在农业总产值中的比例达50%以上。

异地结合主要是牧区与农区的结合，如生长季家畜在草原区（或牧区）放牧，冬季或到一定时期，将家畜移至农区过冬或育肥，既能充分利用农区饲料资源，又可积累农家肥料供作物使用。在甘肃的农区临夏，家畜育肥专业户从邻近牧区甘南买回架子牛或老残牛，然后快速育肥投入市场，取得很好的效益。在美国，草原带放牧、玉米带肥育肉牛的成功经验，可使经济效益提高十几倍。在甘肃省河西走廊的试验研究证明，绿洲区充分利用本区农业提供的秸秆、谷物和其他农业副产品作饲料，将南部山区与北部荒漠区的家畜买来育肥，不但取得了很高的效益，还大大缓解了山区与荒漠区草地的放牧压力，减轻了草地退化（任继周，2004）。

幼畜异地繁殖育肥，在发达国家应用广泛，如英国山区繁殖—平原区育肥模式、美国草原区繁殖—玉米小麦区育肥。我国青海的西繁东育模式、甘肃的南繁北育模式、西藏异地育肥藏羊模式等，均取得了良好的社会效益和经济效益，政府认可、群众受益。

青海省"西繁东育"的模式也是季节畜牧业和家畜异地育肥的很好体现。西部高海拔牧区生产繁殖羔羊，当年9~10月将羔羊出栏至东部低海拔农区，利用农区的饲草和作物副产品进行育肥，结合屠宰、加工、出售等环节，形成了良好的经济效益和社会效益。

西藏两用暖棚和藏羊异地育肥。在高寒地区，低温是限制草地生产力的劣势，而日照充足是优势。温室技术可以充分利用光能优势，夏季生产优质饲草料，冬季作为牲畜暖棚，形成"冬棚夏草"模式。2014年，在拉萨林周县开展的高原温室种植饲用玉米的试验，效果良好。有必要在西藏不同区域开展温室种草养畜试验，探索高寒地区农区种草养畜新途径。

羔羊异地育肥，能够使幼畜生长发育优势与牧草季节优势或农区饲草料优势充分结合起来。公羔育肥后出栏，既可大幅度提高母畜比例，加快畜群周转，提高畜产品商品率，又可合理利用草地资源，维护生态系统平衡。在不扩大养羊数量的前提下，改善经营手段，调整畜群结构，大幅度提高草地农业生态系统的效益。这是草地季节畜牧业的具体表现，也是实现草地畜牧业现代化的重要途径。

世界上畜牧业发达国家均十分重视羔羊肉生产及配套技术的组合应用。据统计资料，澳大利亚、新西兰、英国、美国羔羊肉占到羊肉总产量分别为45%、70%、90%、95%。上述各国均根据不同地区的生态和经济条件，合理布置羔羊的繁殖与肥育区域，各区域相互依存又彼此独立，形成相对集中联片的羔羊肉生产基地，实施专业化、规模化和集约化生产。充分利用各区域自然资源条件，优势互补，相互促进。

英国的肉羊业模式，是在山区饲养苏格兰黑面羊和威尔士山地羊，进行纯种繁殖，母羊育成后转到平原地区与早熟品种边区莱特等公羊杂交，其后代杂种公羔全部供肥羔生产。新西兰主要注重哺乳期羔羊放牧育肥，供育肥的羔羊在人工草地上放牧，必要时补饲少量的青干草、青贮料或精料。羔羊肉生产的目标是平均胴体重达15 kg，脂肪含量为24%，眼肌面积为11.0 cm^2。

美国的肉羊生产，是综合各州的繁殖周转方式，把各州的季节性生产纳入全国批量生产的供应渠道。采用草原区繁殖，农区育肥的生产布局，草原区与农区既相互依存又彼此独立。市场理想的羔羊胴体为 20 ~ 25 kg，活重 43 ~ 48 kg，眼肌面积不小于 16.2 cm²。

就地结合和异地结合是草地农业系统耦合理论的具体表现，大量的科学研究和生产实践均已证明，就地结合和异地结合能够有效提高草地资源和农业副产品的利用率，维护草地和农田生态系统平衡，同时可获取可观的生态经济效益。

第三节　草产品加工贮存

牧草加工贮存是草地畜牧业生产中极其重要的一环，其技术的先进与否直接标志着畜牧业生产水平的高低。世界上许多国家均十分重视该领域的研究与开发，并且取得了显著的经济效益。不论天然草地还是人工草地，牧草生长都有其明显的季节性，即夏季和秋季生长旺盛，牧草供给常常大于家畜需求；冬春季节停止生长，地上植株全部或部分枯黄，牧草数量少且质量差，饲草料供给与家畜需求之间矛盾突出。在我国许多地区，冬春季节饲草料缺乏，尤其是青饲料不足往往成为制约畜牧业稳定发展的主要因素。通过草产品加工，如调制干草、青贮料、草粉等，能够将夏秋季多余牧草的干物质和营养成分很好地保存下来。

在我国草地畜牧业生产中，饲草加工调制，不论数量还是质量，一直处于非常薄弱和落后的现状。这一现象在高寒农牧区尤为突出，牧草与饲用作物仍然主要采用传统的自然风干法，机械化程度很低。经长时间的晾晒、搬运和露天堆放，饲草中营养物质大量损失且消化率下降。牧草不能适时刈割，致使蛋白质含量显著减少，粗纤维含量增高而消化率下降；晒干后的牧草如不能及时打捆和贮存，经雨淋日晒等作用使各种维生素损失殆尽，其他营养成分也相应降低；有的干草因贮藏不当而发霉变质。只注重数量而忽视饲草品质，从新鲜牧草到枯草，其能量损耗可达 30% ~ 90%，甚至失去饲用价值。因此，落后的牧草收贮与加工技术已成为制约畜牧业高效持续发展的主要因素之一。

在草地畜牧业生产中，作业环节机械化与生产力水平密切相关。世界上畜牧业发达国家，如美国、澳大利亚、新西兰等国，多从草地作业机械化开始，在牧草收获中实现了以拖拉机为动力机具的割草、搂草、翻草、拾草、捆草机械化系列作业，饲草加工贮存技术非常先进且相当普及。世界范围内绿色饲料产业的形成是在 20 世纪 70 年代以后，最初的草产品是以青干草为主的，然后形成了方草捆、圆草捆、烘干草粉为主的技术体系，80 年代先后形成了草颗粒、草饼、方草块、叶蛋白等多种产品。青贮饲料也在青贮窖、青贮塔的基础上发展形成了罐装青贮、高压袋装青贮、半干青贮、捆裹青贮等技术体系。牧草加工调制的草产品种类多样、品质优良。所有草产品都从生产控制、加工技术与机械配置、贮藏与运输方法、利用技术和经营管理等方面进行了大量深入细致的试验研究，形成了科学实用的配套技术体系。

一、青干草质量

（一）牧草种类

牧草或饲用作物在植物分类上科、属、种不同，营养成分含量也不同，同一种类的不同栽培品种营养成分含量也不同。豆科牧草的粗蛋白含量高于禾本科牧草，总纤维含量低于禾本科牧草。酸性洗涤纤维（ADF）的含量豆科牧草平均范围为22%～54%，禾本科牧草平均范围为29%～48%，禾本科牧草高效性纤维含量明显低于豆科牧草。从总体上看，豆科牧草的消化率低于禾本科牧草。大量研究结果表明，豆科牧草营养生长阶段粗蛋白含量比禾本科牧草高得多，但随着生长其下降很快，这是由于豆科牧草的茎秆随生长比例增大，木质化程度增加的结果。豆科牧草较禾本科牧草的蛋白质含量高，而纤维含量要低，其品质通常要好于禾本科牧草；禾本科牧草中性洗涤纤维（NDF）含量高而纤维降解率低，干物质随意采食量低于豆科牧草。牧草营养成分含量不同，制成的干草营养成分含量也有所不同，所以应选择适应性好、产量高、营养品质好的牧草进行青干草的加工调制。

（二）牧草的收获时期

就特定的牧草而言，收获时期是决定其品质的重要因素。在牧草生长过程中，各种营养物质都会发生很大的变化。牧草生长幼嫩时期，蛋白质含量最高，而纤维含量最低，因此牧草营养价值高，适口性好，但单位面积产量低，含水分较多，难以制作成干草。随着牧草生育期延长，品质逐渐下降，牧草的蛋白质、可消化能浓度、净能含量、矿物质含量随之降低；收获时期同样影响动物对牧草的采食量和消化率，随着牧草的成熟，其纤维含量逐渐增加，适口性变差，采食量显著下降，消化率相应降低。为了兼顾牧草营养价值和单位面积产量，应对牧草的刈割时期进行选择，确定最佳刈割时期。豆科牧草的最佳刈割时期一般在孕蕾期到初花期，禾本科牧草一般在抽穗期到开花期。

有关研究表明，豆科牧草在其生育期的粗蛋白含量平均为20%，随生育期的推进粗蛋白的含量不会下降或下降不明显；禾本科牧草粗蛋白含量平均为12%，随生育期进程呈明显下降趋势，尤其到成熟期后，粗蛋白含量急速下降。豆科牧草的ADF含量随生育期呈阶段性变化，从营养期到开花期逐渐增加，而开花过后到结实成熟阶段又呈现下降趋势，其原因主要是结实期籽实中淀粉和其他可消化成分含量增加所致。禾本科牧草的ADF含量除少数到开花期后呈现增加外，大部分具有随生育期阶段性上升的特点。有关研究表明，从牧草营养价值看，收获期越早，营养价值越高，但产量太低。随着生育期推进，牧草中粗蛋白、粗灰分含量减少，茎叶比逐渐增加，叶片逐渐老化，细胞壁成分增加，细胞内溶物逐渐减少，牧草地上株丛木质素和其他结构性支持物质含量很高，结构性碳水化合物增加，NDF和ADF含量逐渐增加，CP、CA含量减少。另外，有研究表明，豆科牧草随着收获时期的推迟，粗饲料中可消化干物质（DDM）含量下降，在植物整个生长过程中，收获时期每推迟一天，DDM就降低0.5%（Reid和Tyrell，1994）。木质素含量随着生育期推移而逐渐增高，降低了瘤胃中的消化率（Buxton和Mertens，1995）。对混合多年生牧草的收获期对奶牛消化和配方的研究表明，收获时期推迟21天的植物，其消化率降低10%，而且收获时期每推迟一天，动物的谷物需要量就提高0.8%，这样才能有足够的能量满足动物的需要（Cleale和Bull，1986）。

（三）调制方法

调制方法是众多因素中对干草质量影响最大的因素之一。调制方法不同，干草质量差异很大，这主要是由于牧草的干燥失水速度及营养物质损失不同所引起的。无论是在干燥晴朗季节还是在潮湿阴雨季节，都要求干燥速度越快越好，为了得到优质的干草产品，选择适宜的调制方法加快牧草干燥失水速率，缩短干燥时间及减少营养物质损失是非常重要的。加快牧草脱水的途径，有机械烘干、压扁茎秆和使用干燥剂等方法。

国内外学者对牧草调制方法的研究结果表明：不同调制方法对苜蓿草粉的 CP 含量具有显著的影响，但对其他营养物质含量影响不大；压扁茎秆、喷碳酸钾及两者结合使用都能加快草木樨的干燥，减少营养物质损失。压扁茎秆仅在草木樨含水量降至 40% 以前起加速水分散失的作用，而喷碳酸钾在整个干燥过程中均起作用，压扁茎秆的叶片和粗蛋白损失高于喷碳酸钾处理，但胡萝卜素损失则较小；与晒干、晒后烘干、阴干相比，烘干样品的粗蛋白、水溶性碳水化合物（WSC）含量高，而 ADF、NDF 含量低；干燥速度越快越有利于保存牧草中的 WSC 等营养物质；对 K_2CO_3 用量及浓度的研究结果表明，2% ~ 2.8% 的 K_2CO_3 溶液对于加快干燥过程的效果最好，浓度超过 2.8% 效果不好，其用量从 4 ~ 18 kg/hm^2 不等，但以 7 ~ 10 kg/hm^2 为最佳用量，K_2CO_3 只对豆科牧草的干燥起作用，而对禾本科牧草无显著效果。

生产实践证明，自然干燥技术简单易行，生产成本较低，是经济欠发达地区调制干草的主要方法。但自然干燥使营养物质损失严重，且干燥过程中需要大量劳动力，又容易受自然、天气等条件限制，已经不能适应集约化、规模化生产的要求；人工干燥法是牧草最佳失水方式，其干燥效率高，牧草品质好，并能有效的保存各种维生素，特别是容易受光、热损失的胡萝卜素得到很好的保存，但此法需要投入较高的资金，适合规模化生产的企业使用；机械压扁茎秆和使用干燥剂可以显著的提高牧草的干燥速度，有效减少营养物质损失，提高牧草的消化率，且资金投入不大，操作简单易行，在追求干草质量和经济效益的今天可优先考虑使用。

（四）自然环境条件

高温高湿可使微生物和酶的活性增强，加快营养物质消耗，降低牧草品质。如在降雨天气，牧草干燥所需的时间较长，调制的干草质量较差。这是由于降雨从以下几方面影响牧草的品质：①降雨延长了牧草的成活时间，从而延长了呼吸作用；②淋溶了牧草干细胞中的可溶性营养物质；③间接地引起了叶片的大量散失；④形成了一个有利于微生物生长的环境，而这些微生物又会引起牧草的发酵损失。淋溶造成营养物质损失，受牧草的种类、成熟期、降雨时的干草含水量、降雨量和压扁处理等因素的影响。淋溶作用只发生于细胞质和细胞膜已失去选择透性时，这种损失会随降雨量的加大而增加，也会随降雨前干燥时间增加而增加。降雨会使牧草中胡萝卜素的损失达 100%，如果可溶性营养物质被淋溶掉，则剩下的是消化率很低的部分（细胞壁和一些结构部分），这样干草的消化率会大大下降，可溶性矿物质也可能被淋溶掉，尤其是 K 元素。此外，降雨不仅淋溶掉了可溶性的营养物质，而且摊晒时机械翻动也会引起叶片损失。降雨造成的另一个非直接损失就是微生物活动，当牧草因降雨而需再次干燥时，就会引起真菌活动，造成碳水化合物的损失。

此外，贮藏条件、收获方式、机械损失等因素均对青干草的品质有所影响。如贮藏条件不同，牧草营养损失的程度存在很大的差异，遮阴、避雨、地面干燥的贮藏条件下所贮存干草的品质明显好于地面潮湿条件下贮藏的干草。图 10 - 7 是澳大利亚生产的干草捆。

图 10 – 7　青干草草捆①

二、牧草裹包青贮

牧草捆裹青贮（Baled Silage）是在传统青贮（Conventional Silage）的基础上研究开发的一种新型的饲草料加工及贮存技术。将刈割后的牧草首先进行机械打捆，呈长方体形草捆（Rectangular Bale）或圆柱形草捆（Round Bale），然后用特制聚乙烯膜包裹密封，所使用的薄膜具有较好的拉伸性能和单面自粘性，可防水、防尘、防紫外线通过。从 20 世纪 80 年代开始，由澳大利亚和英国研制生产的大型牧草捆裹青贮技术及相关机械设备在世界许多国家得到了广泛的应用，制成的草捆已经超过数亿个，涉及的牧草包括紫花苜蓿、红三叶、多年生黑麦草、意大利黑麦草、大麦（*Hordeum vulgar*）、黑麦（*Secale cereule*）、燕麦（*Avena sativa*）、箭筈豌豆（*Vicia sativa*）等。澳大利亚、英国、美国等畜牧业发达国家在牧草捆裹青贮及贮存过程中的营养成分分析、青贮质量评价、对动物生产性能的影响及经济效益分析等方面进行了深入细致和比较研究工作，形成了一整套科学而可行的监测管理体系。目前，朝鲜、日本、巴西以及非洲的一些国家先后引进了该项技术及其相关的机械设备，针对各国特有的自然条件和生产条件，就适宜捆裹青贮的牧草种类及其组合，捆裹青贮和常规青贮质量比较及评价等方面做了大量的试验研究，对草地资源的高效利用和畜牧业的持续发展起到了十分重要的推动作用。

与传统的青贮技术相比较，牧草捆裹青贮技术具有加工速度快、受气候和贮存场地的影响小、移动运输方便等优点，尤其是可根据家畜实际采食量开包从而完全避免贮存过程中二次发酵现象的发生。目前，该项技术在经济发达国家，以及我国已普及应用（图 10 – 8），涉及的牧草种类及饲料作物繁多，在生产实践中逐渐发挥其重要作用。

① 图片来源于澳大利亚新南威尔士州初级生产部网站，https：//www. dpi. nsw. gov. au/about – us/science – and – research/centres/wagga。

图10-8　牧草裹包青贮（云南省种羊场，耿文诚　供图）

第四节　饲草全年供青技术

一、草地刈牧兼用

选择种植的饲草种类或品种，既能刈割又可放牧利用。如果单播，可选择多年生牧草如多年生黑麦草、鸭茅、红三叶、白三叶等，可在其适宜的生育期内进行刈割利用，而在其进入生殖期生长结籽之前，需要通过适时、适度的放牧来保持草地优质稳产、高产。南方地区由于水热条件较好，牧草生长过快，家畜放牧之后仍有大量牧草留存于草地并逐渐枯黄老化，此时可通过刈割来获取额外的饲草，将其进一步青贮或者制作青干草加以贮备以供缺草季节所需。丰草期内刈割收贮饲草还有利于维持草地群落的稳定性。此外，除刈割外还可通过放牧，使得家畜粪尿足量返还草地，丰富了草地土壤有机质含量，有利于草地生态系统养分与营养元素的完整性。刈割和放牧的具体时间安排，可根据牧草不同生育期和季节状况来定，如在豆科牧草初花期（禾本科牧草抽穗期）开始刈割，这时候收获能保证饲草的品质和产量，一般到了秋季则可进行适当的放牧利用。

草地刈牧兼用技术适用于地势较为平坦的典型草原、草甸草原、草甸等多种类型，也适用于各类人工草地。其优点是既可刈割收获牧草又可进行放牧，故草地利用方式的灵活性较强，可根据家畜不同生长阶段的营养需要进行合理安排，能在不同季节为家畜提供生长所需的优质饲草。刈割可避免家畜大面积践踏草地与破坏土壤，刈割收获的额外多余饲草还可用于调制干草或青贮贮备，是一种比较经济集约的草地利用方式。需要注意的是，刈割留茬高度应慎重确定，以免影响后期牧草的再生。刈牧兼用所采用的草种选择起来也有一定的难度，与单纯放牧利用方式相比，刈割收获时需要一定的人力或机械作业投入，成本较高，刈割饲喂时家畜对牧草的选食性也较为有限。

草地生长 2～3 年后易出现板结，且某些横走根茎在地下盘根错节致使次年再生能力下降，需利用圆盘耙或缺口耙切断横走根茎，促进牧草复壮与草地更新。

二、青饲轮供

青饲轮供是一种一年四季都能为家畜均衡地连续不断地供应青饲料的技术，即种植不同种类的牧草或饲料作物，不同牧草则在对应季节提供饲草，从而达到全年均衡供草的目的。青饲轮供一般分为三类，即天然青饲轮供、栽培的青饲轮供和综合型青饲轮供（利用天然草场、人工栽培青饲料、青贮等相结合）。该技术的主要内容包括编制畜群周转计划、确定饲草需要量（日、月、年的需要量）等，技术的实施步骤为首先要确定所种植的牧草种类、制订种植方案（包括播种时间和面积等）、拟订管理措施（青贮饲料、干草调制、放牧安排）等。其中，关键技术是如何种植和管理好既定的牧草草种。青饲轮供技术在南方地区开展的参考草种有苜蓿、苇状羊茅、黑麦草、红三叶、白三叶、扁穗牛鞭草、狗尾草、苏丹草、草木樨等。

青饲轮供技术适用于南方地势较为平坦且可进行青贮调制的区域。其优点是根据不同种类饲草植物自身生长规律及生育期特点，有计划地进行搭配种植及收获，以满足家畜对饲草的全年营养需求。其缺点是对农牧民的专业技术水平要求较高，需要制订轮刈方案。

种植青饲草时要注意禾本科和豆科牧草、冷季型和暖季型牧草相互搭配。

三、互补性饲草生产

在我国西南中、低海拔的丘陵旱作农业区特别是长江中下游地区，多具有冬冷夏热的过渡性气候特点，在这种气候条件下，多年生牧草常存在越冬（暖季型牧草）或越夏（冷季型牧草）的困难，因而导致季节性缺草并限制了当地畜牧业的发展。为解决饲草季节性供需矛盾，利用冷、暖季牧草时间和空间上的生态位互补，按照暖季型和冷季型一年生饲草对温度条件的不同需要，将两者结合、分段种植，就可最大限度地利用气候和土地资源，形成生长季延长到全年的高效饲草互补生产系统。该技术可延长供草时间，提高全年饲草产量，均衡饲草供应，是解决我国南方季节性缺草的一个重要措施。暖季型牧草（如饲用玉米、高丹草等）一般于 4 月下旬播种并延续生长至当年 9 月中旬，冷季型牧草（如多花黑麦草、小黑麦等）生长期间一般在 9 月下旬至次年 4 月中旬约 150～160 天。在四川洪雅的试验数据显示，冷季型、暖季型饲草干物质产量一般在每公顷 12.5～18.7 t 和 14.3～19.4 t，互补饲草系统全年干物质总产量为 27.0～36.7 t/hm^2。

互补性饲草生产技术可用于长江中下游西南中、低海拔的丘陵农业区。其优点是一年生冷季型、暖季型饲草形成很好的时间和空间搭配，充分利用了气候、土地、生物资源，可以实现全年饲草供应，并克服多年生饲草不能越冬或越夏的缺陷。其缺点是部分冷季型饲草如小黑麦属不耐受多次刈割，不利于全年饲草总产构成。

注意饲草的混播比例与刈割次数，否则将对总产量的贡献造成一定的影响；多花黑麦草属于极耐刈割的牧草品种，而小黑麦表现出极不耐刈割的特性，在互补生产系统中要谨慎选择适宜的牧草品种；该技术可在四川、云南、贵州等地区适用，尤其在四川盆地等丘陵地带的推广应用效果较为明显。

四、放牧结合补饲

放牧结合补饲是在牧草生长季内进行放牧利用，而在枯草季内进行圈舍补饲的一种技术，可以解决牧草生长供应与家畜营养需要之间的不平衡问题，保持家畜的正常生长。该技术的主要目的是生长季内满足家畜最基本的营养与维持代谢所需饲草的数量要求，而枯草季内的补饲主要是为了满足家畜对于特殊营养或某些特定元素缺乏症的质量需要。

"放牧＋补饲"技术在我国可用于地势较为平坦的西南中、低海拔农区。其优点是可根据家畜不同营养需要与牧草不同生长阶段进行合理配置，达到草畜平衡，放牧利用结合补饲可使草地利用与家畜生长性能均达到最优化。其缺点是补饲需要一定的成本投入，如修建家畜圈舍、安置饲草料食槽与饮水管等。补饲草料的搭配也较为复杂，补饲量计算有一定难度，需要结合当地具体情况和实际经验来定。另外，家畜需要与饲草供应之间的匹配有一定难度。

生长季内进行放牧利用时，草地载畜量需要按照相应季节和牧草生育期进行动态调整；枯草季补饲期间，应注意按照家畜尤其是母畜不同生长发育期所需的营养需要来拟订补饲用料的组分和数量。补饲用料应为全价营养，尤其是在饲草缺乏期更需加强饲养管理，添加微量元素和矿物质饲料。做好家畜的分群管理，根据不同生长期阶段饲喂不同配比的饲料。利用营养舔砖可以很好地满足家畜对多种营养元素的需求。

五、TMR 技术

全混合日粮（Total Mixed Rations，TMR）是一种将粗料、精料、矿物质、维生素和其他添加剂充分混合，能够提供足够的营养以满足奶牛需要的饲养技术。TMR 技术在配套技术措施和性能优良的 TMR 机械的基础上能够保证奶牛每采食一口日粮都是精粗比例稳定、营养浓度一致的全价日粮。目前这种成熟的奶牛饲喂技术在以色列、美国、意大利、加拿大等国已经被普遍使用，我国现正在逐渐推广使用。

与传统饲喂方式相比，TMR 具有以下优点：①可提高奶牛产奶量。研究表明：饲喂 TMR 的奶牛每公斤日粮干物质能多产 5%～8% 的奶；即使奶产量达到每年 9 t，仍然能有 6.9%～10% 奶产量的增长潜力。②增加奶牛干物质的采食量。TMR 技术将粗饲料切短后再与精料混合，这样物料在物理空间上产生了互补作用，从而增加了奶牛干物质的采食量。在性能优良的 TMR 机械充分混合的情况下，完全可以排除奶牛对某一特殊饲料的选择性（挑食），因此有利于最大限度地利用最低成本的饲料配方。同时 TMR 是按日粮中规定的比例完全混合的，减少了偶然发生的微量元素、维生素的缺乏或中毒现象。③提高牛奶质量。粗饲料、精料和其他饲料被均匀地混合后，被奶牛统一采食，减少了瘤胃中 pH 值的波动，从而保持瘤胃中 pH 值稳定，为瘤胃微生物创造了一个良好的生存环境，促进微生物的生长、繁殖，从而提高微生物的活性和蛋白质的合成率。饲料营养的转化率（消化、吸收）提高了，奶牛采食次数增加，奶牛消化紊乱减少和乳脂含量显著增加。④降低奶牛疾病发生率。瘤胃健康是奶牛健康的保证，使用 TMR 技术后能预防营养代谢紊乱，减少真胃移位、酮血症、产褥热、酸中毒等营养代谢病的发生。⑤提高奶牛繁殖率。泌乳高峰期的奶牛采食高能量浓度的 TMR 日粮，可以在保证不降低乳脂率的情况下，维持奶牛健康体况，有利于提高奶牛受胎率及繁殖率。⑥节省饲料成本。TMR 日粮使奶牛不能挑食，营养素能够被奶牛有效利用，与传统饲喂模式相比饲料利用率可增加 4%；TMR 日粮的充分调制还能够掩盖饲料中适口性较差但价格低廉的工业副产品或添加剂的不良影响，可以节约饲料成本。⑦大幅度节约劳力时间。采用 TMR 后，饲养工不需要将精料、粗料和其他饲料分道发放，只要将料送到即可；采用 TMR 技术后管理轻松，降低管理成本。

TMR 技术的应用是以分群饲养为基础的，对饲养规模、饲养水平和投资能力具有较高的要求。①采用 TMR 技术的硬件要求高，需要饲料计量和配套的机械设备，投资要求高。②对技术要求高，需要科学的配方技术，同时对道路、设备的养护维修也提出了更高的要求。③对饲养场规模要求高，家畜必须分群，小型不能分群的养殖场不适合施用该技术。由于上述原因，以个体为单位的养殖户和中小规模的饲养者难以采用该技术。近年来，发酵 TMR 技术的出现，实现了 TMR 与裹包青贮或袋装青贮技术工艺的结合，形成了可以运输配送的新型饲料，有效克服了中小养殖场在饲料资源组织、机械购置、养殖规模等方面受到的限制，对于降低饲料成本、提高经济效益、推广应用先进技术手段方面具有较好的发展潜力和应用前景。

第五节　研究应用实例——人工饲草奶牛系统

云南省昆明市晋宁区月表奶牛场，自然环境条件见第七章第二节。当地传统农业以种植业为主，主要粮食作物有水稻、小麦、马铃薯等，经济作物有油菜、蚕豆等。种植制度有水稻/蚕豆、玉米/经济作物等。养殖业以猪为主，少量草食畜禽，从 20 世纪 90 年代开始，奶牛养殖业快速发展，如何栽培和利用优质人工饲草，有效解决全年草畜供求平衡，成了保障奶牛业持续高效发展的突出问题。

人工饲草—奶牛供求平衡，由饲草种植模式、奶牛饲草料四季供青模式和饲草奶牛草畜供求调控模式三部分组成。

一、饲草种植模式

种植模式共包括 5 种，植物利用年限有一年生或越年生饲用作物、多年生豆科牧草和多年生禾本科牧草（表 10-3）。多花黑麦草可以与水稻形成草田轮作系统，在冬春季节种植利用，也可以作为短期多年生草地栽培利用。利用冬闲田种植多花黑麦草时，采用单播或与光叶紫花苕混播。

表 10-3　种植模式的组分及利用年限

序号	模式名称	种植利用年限
I	青贮玉米/小黑麦（或小黑麦 + 光叶紫花苕） 青贮玉米/黑麦（或黑麦 + 光叶紫花苕）	1 年
II	多花黑麦草	2~3 年
III	紫花苜蓿	2~3 年
IV	皇竹草（皇竹草冬季套种光叶紫花苕）	3 年以上
V	禾本科多年生牧草	3 年以上

（一）种植模式 I

轮作顺序、饲用作物和牧草的栽培利用，见本书第七章第二节。生产力水平及适宜利用方式如下：

1. 青贮玉米适宜收获时期及其生产力

通过对不同类型玉米品种有效营养物质产量和营养价值的比较，筛选出适宜云南晋宁地区种植的高产、优质青贮玉米品种有京科 9 号、樱红、路单 4 号等；通过研究不同收获时期对玉米品种产量、营养品质和青贮品质的影响，确立最佳青贮玉米收获时期（青贮时期）为蜡熟期（表 10 - 4）。

经过 150 天的生长，全株玉米的鲜草产量可以达到 98.69 ~ 159.13 t/hm²，干物质 38.83 t/hm²，粗蛋白质达 3.145 t/hm²，产奶净能 232325 MJ/hm²（表 10 - 21）。

表 10 - 4 品种和生育期对全株玉米生产性能的影响

指标	品种	拔节期	抽穗期	乳熟期	蜡熟期	完熟期	枯黄期
干物质产量 (t/hm²)	路单 4	0.526	9.668	33.301	41.118	45.948	43.018
	京科 9	0.601	10.729	33.566	41.147	46.997	43.050
	樱红	0.619	10.613	33.372	41.340	46.055	44.378
粗蛋白含量 (%)	路单 4	8.798	8.238	8.124	8.056	7.811	6.345
	京科 9	9.345	8.564	8.411	8.234	7.976	6.582
	樱红	9.138	8.756	8.301	8.271	7.912	6.573
粗蛋白产量 (t/hm²)	路单 4	0.046	0.796	2.405	2.912	2.889	2.729
	京科 9	0.056	0.919	2.823	3.388	3.248	2.834
	樱红	0.057	0.929	2.770	3.419	3.344	2.917
产奶净能 (NE_L) (MJ/kg DM)	路单 4	6.828	6.544	6.330	6.326	5.657	5.770
	京科 9	7.092	6.870	6.669	6.602	5.828	5.159
	樱红	7.067	6.786	6.619	6.561	5.820	5.088

2. 黑麦/小黑麦 + 毛苕子适宜收获时期及其生产力

通过对黑麦/小黑麦不同品种的有效营养物质产量和营养价值的比较，筛选出适宜云南晋宁地区种植的高产、优质黑麦品种为冬牧 70，小黑麦品种有 WOH939 和 WOH830。通过研究不同收获时期对黑麦、小黑麦单播及其与光叶紫花苕混播产量、营养品质的影响，确定最佳收获时期为抽穗期（表 10 - 5）。

经过 180 天的生长，黑麦/小黑麦 + 毛苕子的鲜草产量可以达到 25.80 ~ 38.60 t/hm²，干物质 11.47 t/hm²，粗蛋白质 1.21 t/hm²，产奶净能 58852 MJ/hm²（表 10 - 21）。

表 10 – 5　黑麦和小黑麦不同品种和生育期对生产性能的影响

指标	品种	分蘖期		拔节期		孕穗期		抽穗期		开花期	
		水田	山地	水田	山地	水田	山地	水田	山地	水田	山地
干物质产量（t/hm²）	黑麦冬牧70	0.38	0.98	4.30	5.25	7.56	5.26	9.02	7.93	8.79	5.81
	小黑麦 WOH939	0.68	1.17	6.12	6.26	7.37	7.75	8.87	8.32	7.05	—
	小黑麦 WOH830	0.98	1.04	6.68	3.18	7.48	4.68	9.93	6.24	9.92	4.28
粗蛋白含量（%）	黑麦冬牧70	13.21		7.41		4.6		5.11		4.18	
	小黑麦 WOH939	12.50		8.95		6.37		4.46		4.36	
	小黑麦 WOH830	12.81		10.16		6.33		5.49		4.81	
CP 产量（t/hm²）	黑麦冬牧70	0.05	0.129	0.319	0.389	0.348	0.242	0.461	0.405	0.367	0.243
	小黑麦 WOH939	0.085	0.146	0.548	0.56	0.47	0.494	0.396	0.371	0.307	—
	小黑麦 WOH830	0.126	0.133	0.679	0.323	0.473	0.296	0.545	0.343	0.477	0.206
产奶净能（MJ/kg DM）	冬牧70黑麦	6.607		—		6.176		—		4.427	
	小黑麦 WOH939	6.682		—		5.812		—		4.690	
	小黑麦 WOH830	8.008		—		5.050		—		5.431	

3. 青贮玉米与冬性饲用作物共同构成的种植模式

植物在全年的生长时间达到 330 余天，每公顷干物质产量和粗蛋白质产量分别达到 50.3 t 和 4.36 t，产奶净能达到 291177 MJ/hm²（表 10 – 21）。

（二）种植模式Ⅱ

1. 草地建植

生产性能较好的有特高、帮得等品种，或通过品比试验来筛选确定。

开沟条播或撒播，也可免耕撒播，单播时播种量 15 ~ 18 kg/hm²，播种时同时施入种肥（钙镁磷肥 167 kg/hm²，硫酸钾 84 kg/hm²，硫酸铜、硫酸锌、硼砂各 4.1 kg/hm²）。多花黑麦草也可和冬箭筈豌豆（如光叶紫花苕）混播，混播比例采用种子重量比 1:2 ~ 1:4。播后应镇压，使种子与土壤紧密结合。冬闲田种植在稻田收获 10 天后播种；作为短期多年生利用，一年四季均可播种。

2. 饲草收获利用

抽穗期刈割，留茬 1 ~ 2 cm。每次刈后的 2 ~ 3 天追施尿素 75 ~ 150 kg/hm²，若有充足的有机肥也可不施氮肥。多花黑麦草对水分敏感，充足的水分可保证其高产。收获的牧草可青饲、青贮或调制青干草。

3. 草地生产水平

施肥条件下抽穗期干草产量 20.7 t/hm²，干物质产量 18.12 t/hm²，粗蛋白质 2.55 t/hm²，产奶净能 109512 MJ/hm²。多花黑麦草不同时期的产草量和营养成分见表 10 – 6、表 10 – 7 和表 10 – 21。

表 10 - 6 多花黑麦草不同生育期的产草量（t/hm². a）

刈割时期	施肥鲜重	施肥干重	不施肥鲜重	不施肥干重
分蘖期	67. 8	11. 9	61. 5	10. 5
拔节期	76. 3	13. 3	75. 6	12. 8
抽穗期	102. 8	20. 7	88. 1	18. 3
开花期	96. 2	19. 6	78. 5	17. 0
结实期	87. 7	19. 1	73. 8	16. 4

表 10 - 7 多花黑麦草的常规营养成分（%）

处理	刈割时期	CP	EE	ASH	Ca	P	CA/P	CP（t/hm²）
施肥	分蘖期	16. 28	4. 39	12. 27	0. 50	0. 26	1. 93	1. 94
	拔节期	15. 85	3. 58	12. 00	0. 57	0. 26	2. 19	2. 11
	抽穗期	12. 30	3. 49	11. 45	0. 58	0. 24	2. 37	2. 55
	开花期	12. 15	3. 16	12. 74	0. 56	0. 23	2. 46	2. 48
	结实期	12. 16	2. 71	11. 33	0. 58	0. 17	3. 39	2. 33
不施肥	分蘖期	16. 49	4. 25	12. 33	0. 58	0. 30	1. 91	1. 73
	拔节期	16. 32	4. 19	11. 97	0. 59	0. 24	2. 45	2. 23
	抽穗期	12. 32	2. 88	11. 59	0. 59	0. 26	2. 31	2. 25
	开花期	11. 97	2. 91	12. 66	0. 58	0. 23	2. 52	2. 18
	结实期	9. 61	3. 12	12. 15	0. 58	0. 19	3. 02	1. 57

（三）种植模式Ⅲ

1. 草地建植

适宜栽培品种有阿尔冈金、WL - 323、游客、三得利、丰宝等品种。

开沟条播，播种量 22. 8 kg/hm²，施钙镁磷肥 450 kg/hm²，行距 35 cm。播后应镇压，使种子与土壤紧密结合。春播或夏播。

2. 饲草收获利用

孕蕾期到初花期刈割，留茬 1～2 cm。每次刈后的 2～3 天追施磷钾肥 75～150 kg/hm²，若有充足的有机肥也可不施磷钾肥。紫花苜蓿对水分敏感，充足的水分可保证其高产。青饲、调制干草，或与禾本科牧草混合青贮，也可加工成草粉、干草块等。

3. 草地生产水平

5 月上旬播种，当年可刈割一次，生长第二年刈割 3～4 次。品种：得利生长二年孕蕾期干物质累计产量 23. 14t/hm²，粗蛋白含量 21. 83%，产奶净能值达到 6. 23MJ/kg。紫花苜蓿品种不同时期的产草量、营养成分、产奶净能见表 10 - 8、表 10 - 9、表 10 - 10。

表 10 - 8　　不同苜蓿品种在不同收割时期干物质累计产量（t/hm²）

品种名	第一年		第二年	
	孕蕾期	株高 45 cm	孕蕾期	开花期
三得利	7.68^d	12.58b^{cd}	23.14^a	24.69^{ab}
丰宝	8.16^c	13.70a^{bc}	22.37^a	24.37^{ab}
盛世	8.02^b	14.51^{ab}	20.83a^b	23.40^{ab}
德宝	8.35^c	12.04^{cd}	19.62^{bc}	24.69^{ab}
塞特	8.54^a	11.13^{de}	18.52^{bc}	21.47^{ab}
游客	7.51^c	15.30^a	22.53^a	25.13^a
多叶王	6.76^g	11.16^{de}	18.68^{bc}	20.88^{ab}
CW300	7.05^f	9.13c^{ef}	17.67^c	21.17^{ab}
CW301	6.93^e	9.34^{ef}	19.24b^c	21.31^{ab}
CW1351	5.81^h	8.22^f	17.51^c	20.51^b
平均	7.48	11.7	19.91	22.76

注：同一列有相同字母的表示差异不显著，字母不同表示差异显著。

表 10 - 9　　紫花苜蓿各品种在不同时期的粗蛋白质含量（%）

品种	第一年		第二年	
	孕蕾期	45 cm 株高	孕蕾期	开花期
三得利	22.86	29.98	21.83	19.66
丰宝	19.97	32.15	20.03	18.94
盛世	19.89	32.73	21.96	19.96
德宝	21.20	28.36	20.31	19.92
塞特	19.93	32.76	22.62	20.19
游客	21.72	28.73	22.37	20.29
多叶王	22.10	30.20	22.63	20.43
CW300	21.86	29.88	21.87	20.22
CW301	22.50	31.97	21.30	21.26
CW1351	20.50	28.41	21.01	21.20
平均	21.25	30.52	21.59	20.21

表 10 - 10　紫花苜蓿不同生育期的产奶净能值（MJ/kg）

品种名	生长第一年		生长第二年	
	孕蕾期	45 cm 株高	孕蕾期	开花期
三得利	6.11	6.69	6.23	5.38
丰宝	5.90	6.57	6.23	5.31
盛世	5.82	6.74	6.28	5.31
德宝	5.77	6.23	6.07	5.56
塞特	5.98	6.78	6.11	5.48
游客	5.65	6.36	6.23	5.56
多叶王	5.52	6.53	6.32	5.23
CW300	5.82	6.61	6.07	5.40
CW301	5.94	6.57	5.52	5.36
CW1351	5.73	6.69	5.94	5.40
平　均	5.82	6.57	6.11	5.40

（四）种植模式Ⅳ

1. 草地建植

选取健康的植株，每两节为一段，切断后尽早扦插于疏松的土壤中，镇压。株行距 30 cm×30 cm，尿素施用量 1200 kg/hm² · a、钙镁磷肥 1500 kg/hm² · a、硫酸钾 200 kg/hm² · a。扦插后灌足水，有利于生根和长出新的枝条。皇竹草冬季生长缓慢，刈割后在空地处撒播套种光叶紫花苕，可提高土地利用率。

2. 饲草收获利用

株高 100 cm 时刈割，留茬 10 cm，每次刈割后追施尿素每公顷 75～150 kg。青饲或调制青贮料，也可加工成干草或草粉。

3. 生产水平

生长第 1 年的皇竹草尿素施用量在 1200 t/hm²、钙镁磷肥在 1500 t/hm²，硫酸钾 200 t/hm² 时能获得最高的产量。最高干物质产量 21.01 t/hm²、粗蛋白质 3.215 t/hm²、产奶净能 109675 MJ/hm²。不同时期的产草量和营养成分见表 10 - 11、表 10 - 12。

表 10 - 11　皇竹草施肥试验的产量记载（t/hm² · a）

小区号	尿素	钙镁磷肥	硫酸钾	鲜产	干产	CP 产量	IVDMD	IVOMD
1	0	0	200	126.7	17.5	2.05	6.82	6.19
2	400	0	800	150.3	21.6	2.95	8.07	7.44
3	800	0	600	148.8	20.8	3.45	7.98	7.47
4	1200	0	0	185.2	26.3	3.87	9.51	9.06

续 表

小区号	尿素	钙镁磷肥	硫酸钾	鲜产	干产	CP 产量	IVDMD	IVOMD
5	1600	0	400	153.7	20.8	2.82	7.70	7.07
6	0	500	400	107.8	16.2	1.94	5.82	5.43
7	400	500	200	141.2	21.2	2.50	8.26	7.64
8	800	500	800	182.5	27.1	3.77	9.86	9.20
9	1200	500	600	193.2	29.0	4.29	9.93	9.17
10	1600	500	0	176.8	26.5	3.73	9.40	8.47
11	0	1000	0	80.3	12.6	1.32	4.67	4.23
12	400	1000	400	128.5	19.8	2.52	7.42	6.72
13	800	1000	200	143.2	22.0	2.71	8.35	7.69
14	1200	1000	800	166.1	25.4	4.42	9.20	8.54
15	1600	1000	600	197.8	30.2	5.05	10.74	9.18
16	0	1500	600	134.9	20.7	2.42	7.47	6.88
17	400	1500	0	131.3	20.2	2.12	8.68	8.11
18	800	1500	400	166.0	25.4	3.49	10.49	10.51
19	1200	1500	200	194.3	29.7	5.03	9.78	8.98
20	1600	1500	800	180.0	27.3	4.68	10.06	9.25
21	0	2000	800	126.0	17.7	2.06	7.18	6.54
22	400	2000	600	143.7	20.3	2.74	7.83	7.34
23	800	2000	0	161.3	23.0	4.04	8.84	8.53
24	1200	2000	400	188.3	27.0	4.29	8.90	8.23
25	1600	2000	200	171.5	24.0	3.43	9.17	8.90

表 10 - 12　施肥试验的皇竹草常规营养成分（%）

小区号	DM	CP	EE	ASH	Ca	P	Ca/P
1	90.06	11.73	0.79	13.25	0.54	0.18	2.94
2	90.67	13.69	0.82	14.23	0.48	0.17	2.84
3	92.39	16.54	1.74	13.20	0.50	0.16	3.23
4	92.52	14.74	1.54	12.56	0.57	0.14	4.04
5	92.45	13.57	1.52	12.82	0.55	0.15	3.79
6	90.65	12.02	0.76	13.69	0.54	0.20	2.70
7	92.53	11.80	1.43	13.36	0.51	0.18	2.78
8	89.95	13.91	0.62	12.98	0.50	0.17	2.92
9	92.57	14.82	1.25	12.65	0.55	0.15	3.77

续　表

小区号	DM	CP	EE	ASH	Ca	P	Ca/P
10	90.53	14.07	0.94	12.28	0.57	0.17	3.37
11	91.68	10.52	1.11	13.52	0.57	0.20	2.90
12	92.49	12.75	1.23	13.39	0.55	0.20	2.70
13	92.49	12.33	1.35	13.47	0.63	0.18	3.51
14	90.52	17.38	1.17	12.94	0.55	0.15	3.68
15	92.67	18.04	1.26	12.37	0.61	0.15	4.03
16	92.02	11.65	1.30	12.99	0.57	0.17	3.38
17	92.71	10.48	1.36	12.62	0.59	0.17	3.53
18	91.34	13.74	1.23	11.95	0.59	0.16	3.58
19	90.16	17.15	0.84	11.89	0.51	0.15	3.41
20	93.15	17.18	1.80	13.17	0.50	0.15	3.32
21	92.97	11.69	1.62	13.55	0.54	0.17	3.17
22	91.93	13.50	1.92	13.01	0.52	0.17	3.01
23	93.36	17.59	1.36	13.13	0.50	0.16	3.17
24	90.30	15.91	0.75	11.83	0.53	0.14	3.69
25	92.81	14.30	1.21	12.02	0.56	0.14	4.11

　　从表 10-11、表 10-12 中可以看出，皇竹草的产量随着施肥量的不同而变化，尿素对其产量的影响极其显著，而钙镁磷肥、硫酸钾的作用不显著。当尿素施用量 1200 kg/hm^2·a、钙镁磷肥 1500 kg/hm^2·a、硫酸钾 200 kg/hm^2·a 时皇竹草可以获得最高的产量。尿素的使用会使粗蛋白质的含量增加，钙镁磷肥、硫酸钾对营养成分的影响较小。

　　施肥对皇竹草产量的影响和多花黑麦草相似，即尿素的影响极显著，钙镁磷肥、硫酸钾的作用较小。施肥对皇竹草品质的影响大致与多花黑麦草相同，即尿素显著增加 CP 含量，钙镁磷肥、硫酸钾对产量和品质的影响很小。

　　从表 10-13 中可以看出，在施肥条件下，皇竹草的干物质产量和粗蛋白产量均显著高于多花黑麦草，但体外可消化干物质却显著低于多花黑麦草；皇竹草在冬季大部分枯黄，此时若套种光叶紫花苕，则可以显著提高同样土地面积上（皇竹草＋光叶紫花苕）的干物质产量、粗蛋白产量和体外可消化干物质量。在不施肥条件下，皇竹草的干物质产量、粗蛋白产量和体外可消化干物质均低于多花黑麦草；冬季套种光叶紫花苕同样可以提高单位土地面积上的干物质产量、粗蛋白产量和体外可消化干物质量。因此，冬季套种光叶紫花苕对皇竹草草地而言，是一项十分有效的增产措施。

表 10 - 13　皇竹草和黑麦草单位面积上的产量比较（t/hm²）

牧草	施肥				
	DM 产量	CP 含量（%）	CP 产量	IVDMD 含量（%）	IVDMD 产量
黑麦草	19.18	12.3	2.55	53.03	10.99
皇竹草	21.86	13.8	3.20	39.96	9.37
皇竹草 + 光叶紫花苕	33.66	—	4.60	—	11.67
牧草	不 施 肥				
	DM 产量	CP 含量（%）	CP 产量	IVDMD 含量（%）	IVDMD 产量
黑麦草	16.98	12.32	2.25	52.48	9.60
皇竹草	14.33	11.87	1.83	36.78	5.65
皇竹草 + 光叶紫花苕	22.23	—	2.43	—	6.95

从表 10 - 14 中可以看出，皇竹草在其生长的第 1 年，干物质产量随着刈割高度的增高（40 ~ 220 cm）呈增加的趋势，最高产量在刈割高度 220 cm 时，鲜草产量 201.4 t/hm²·a，干草产量 28.0 t/hm²·a。皇竹草的青干比在各种不同刈割高度的情况下差异不大，说明不同高度（40 ~ 220 cm）时水分含量差别不大。茎叶比随着皇竹草刈割高度的增加而增大，其间存在显著的线性正相关。

皇竹草在其生长第 1 年，粗蛋白、粗脂肪（EE）、粗灰分（ASH）含量均随刈割高度的增加而降低（表 10 - 15），钙的含量则是升高的，磷的含量和多花黑麦草一样没有一定的变化规律。皇竹草粗蛋白含量（CP）和刈割高度（H）呈显著负相关关系：CP（%）= 16.017 - 0.0405H（cm）。在株高 100 cm 时刈割，粗蛋白产量最高，达到 3.24 t/hm²·a。比较不同生长年限的皇竹草，其粗蛋白产量以生长第 1 年为最高。中性洗涤纤维、酸性洗涤纤维、酸洗木质素（ADL）含量随着刈割高度和生长年限的增加而升高，体内消化率、体外消化率变化趋势与范氏纤维含量的变化相反，说明皇竹草的刈割高度越高，生长年限越长，其品质越差。

表 10 - 14　生长第一年的皇竹草不同刈割高度的产量情况

刈割高度（cm）	施肥鲜重（t/hm²）	施肥干重（t/hm²）	不施肥鲜产（t/hm²）	不施肥干重（t/hm²）
40	84.4	11.0	59.0	7.7
60	116.3	14.2	84.1	10.8
80	138.7	18.4	107.0	13.3
100	175.6	23.4	125.3	15.4
120	159.4	21.5	135.3	17.0
140	186.3	22.4	160.9	21.6
160	190.4	25.6	156.7	21.9
180	184.8	23.1	151.6	18.5
200	191.7	23.7	161.6	17.9
220	201.4	28.0	180.5	23.8

表 10-15 生长第 1 年的皇竹草常规营养成分

	刈割高度	DM	CP	EE	ASH	Ca	P	Ca/P	CP 产量 (t/hm². a)
施肥	40 cm	93.25	14.95	1.90	14.65	0.51	0.20	2.59	1.65
	60 cm	93.36	14.56	1.84	13.95	0.50	0.16	2.76	2.07
	80 cm	93.30	12.48	2.37	13.03	0.58	0.18	3.26	2.30
	100 cm	93.20	13.84	1.25	13.16	0.53	0.17	3.14	3.24
	120 cm	92.92	13.00	1.37	12.88	0.54	0.15	3.62	2.79
	140 cm	93.32	9.82	1.28	12.20	0.59	0.19	3.02	2.20
	160 cm	93.05	9.15	1.24	11.80	0.53	0.18	2.96	2.34
	180 cm	92.30	9.71	1.45	11.02	0.56	0.17	3.37	2.25
	200 cm	93.37	8.24	0.87	11.58	0.56	0.17	3.35	1.95
	220 cm	93.02	7.84	1.02	10.69	0.60	0.12	5.16	2.15
不施肥	40 cm	92.84	13.58	2.24	14.14	0.50	0.16	3.17	0.63
	60 cm	93.16	13.68	1.92	13.61	0.53	0.19	2.73	1.48
	80 cm	93.34	11.99	1.80	14.47	0.55	0.19	2.94	1.59
	100 cm	93.19	11.87	1.52	14.12	0.47	0.20	2.34	1.85
	120 cm	92.59	9.81	1.47	13.56	0.55	0.21	2.65	1.67
	140 cm	92.71	8.67	0.99	13.89	0.57	0.25	2.28	1.83
	160 cm	92.68	8.32	1.26	12.84	0.60	0.20	2.96	1.82
	180 cm	93.67	8.54	1.43	12.98	0.59	0.21	2.87	1.57
	200 cm	92.58	8.28	1.00	12.70	0.53	0.17	3.07	1.48
	220 cm	92.85	6.81	1.06	11.73	0.59	0.15	3.98	1.56

综上所述，从干物质产量、粗蛋白质产量、干物质体外消化率和体内消化率变化和可消化营养物质来评价，多花黑麦草最适宜在抽穗期刈割利用，皇竹草在株高 100 cm 时是最适宜刈割时期。在这两种牧草的最佳利用方式中，黑麦草产出的可消化干物质高于皇竹草。施肥可以显著提高黑麦草和皇竹草的干物质产量和粗蛋白质产量。若皇竹草在冬季套种光叶紫花苕则在干物质产量、粗蛋白质产量、干物质体外消化率方面均有显著增加。

（五）种植模式 V

1. 草地建植

豆科牧草有白三叶、红三叶、紫花苜蓿等，禾本科牧草有多年生黑麦草、非洲狗尾草、鸭茅等（表 10-16）。开沟条播，播种时同时施入种肥（钙镁磷肥 167 kg/hm²，硫酸钾 84 kg/hm²，硫酸铜、硫酸锌、硼砂各 4.1 kg/hm²）。播后应镇压，使种子与土壤紧密结合。春季或夏季播种。

2. 饲草收获利用

禾本科牧草在抽穗期到开花期刈割，留茬 1～2 cm，每次刈割后追施尿素或复合肥每公顷 75～150 kg，若有充足的有机肥也可不施氮肥；豆科牧草在孕蕾期到开花期刈割，留茬 1～2 cm，刈割后追施磷肥和钾肥每公顷 120～150 kg。收获的牧草可青饲、青贮或调制青干草。

3. 草地生产水平

各种牧草单播时的生产性能见表 10 – 16、表 10 – 17、表 10 – 18。

表 10 – 16　牧草有效营养物质产量和能值

牧草（品种）	CP 产量 (t/hm²)	IVDMD 产量 (t/hm²)	IVOMD 产量 (t/hm²)	TDN (%)	NE_L (MJ/kg)
红三叶（Dory）	1.40	4.48	4.22	61.60	6.19
红三叶（Common）	1.50	5.07	4.22	66.12	6.78
白三叶（Haifa）	3.73	9.61	7.36	62.72	6.61
紫花苜蓿（Algonguin BT）	5.27	13.30	9.67	62.29	6.61
紫花苜蓿（Alfaqueen）	4.22	10.64	8.19	65.91	7.03
紫花苜蓿（WL – 323）	5.61	14.23	9.73	65.22	7.03
草莓三叶（Common）	2.72	6.48	4.78	60.44	6.44
多变小冠花（Common）	1.38	4.71	3.94	56.80	6.15
大百脉根（南方型）	3.17	9.67	9.32	58.85	6.74
苇状羊茅（Fawn）	2.80	10.63	10.82	60.07	6.57
多年生黑麦草（Tove）	2.35	9.47	9.38	67.09	6.82
鸭茅（Amba）	2.02	8.12	8.55	68.38	6.99
杂交黑麦草（Augusta）	2.79	10.28	8.98	70.71	7.32
非洲狗尾草（Narok）	3.03	12.32	17.39	51.40	4.73
猫尾草（Bart）	0.95	6.98	6.85	64.43	5.61
无芒雀麦（Common）	1.66	5.27	5.15	64.26	5.94
高丹草（标兵）	2.56	9.29	13.41	62.53	5.94
皇竹草（热研 4 号）	6.55	27.94	33.70	56.57	6.78
鲁梅克斯（Common）	1.84	3.76	3.24	69.61	7.66
串叶松香草（Common）	2.77	7.85	5.86	59.51	7.28

表 10 – 17　多年生牧草在不同地区和不同生长年限的干物质产量（t/hm²）

牧草品种	播种当年（晋宁）	生长第二年（晋宁）	播种当年（宜良）	生长第二年（宜良）
红三叶（Dory）	8.11	3.83	8.44	8.38
红三叶（Common）	9.50	4.79	10.34	6.52
白三叶（Haifa）	17.53	14.86	8.88	14.91
紫花苜蓿（Algonguin BT）	11.76	26.61	9.46	26.12
紫花苜蓿（Alfaqueen）	11.25	23.38	7.32	19.79
紫花苜蓿（WL – 323）	16.27	27.80	8.98	21.76
草莓三叶（Common）	10.56	12.14	2.22	10.76
多变小冠花（Common）	6.18	14.37	1.22	2.40
大百脉根（南方型）	12.33	19.46	5.37	19.74
苇状羊茅（Fawn）	9.77	25.69	8.22	24.60
多年生黑麦草（Tove）	11.41	21.30	7.89	18.15
鸭茅（Amba）	9.61	19.36	6.23	20.85
杂交黑麦草（Augusta）	11.84	26.23	8.28	18.93
非洲狗尾草（Narok）	22.15	20.63	21.63	25.53
猫尾草（Bart）	2.81	19.77	2.51	19.81
无芒雀麦（Common）	3.67	16.25	3.27	13.52
高丹草（标兵）	24.91	9.09	19.16	13.39
皇竹草（热研4号）	33.22	32.71	23.24	41.37
鲁梅克斯（Common）	3.29	8.37	2.89	4.07
串叶松香草（Common）	4.17	19.53	1.74	14.58

表 10 – 18　多年生牧草生长第二年各月份干物质产量（t/hm²）

牧草　＼　月份	3	5	6	7	8	9	年产量
皇竹草（热研4号）	—	8.27	11.05	11.79	7.83	2.43	41.37 a
紫花苜蓿（Algonguin BT）	6.03	5.91	3.42	4.00	3.27	3.48	26.12 b
非洲狗尾草（Narok）	—	5.85	3.01	4.11	8.71	3.86	25.53 bc
苇状羊茅（Fawn）	5.64	5.64	2.44	4.53	3.10	3.26	24.60 c
紫花苜蓿（WL – 323）	4.99	4.36	2.66	4.15	2.81	2.80	21.76 d
鸭茅（Amba）	7.09	4.03	2.51	2.25	2.77	2.19	20.85 de
猫尾草（Bart）	5.20	4.51	2.94	2.46	3.04	1.66	19.81 e
紫花苜蓿（Alfaqueen）	4.42	3.66	2.29	3.79	2.53	3.10	19.79 e

续　表

月份 牧草	3	5	6	7	8	9	年产量
大百脉根（南方型）	5.32	3.75	2.32	3.31	2.75	2.29	19.74 e
杂交黑麦草（Augusta）	5.65	4.18	2.89	2.91	1.62	1.68	18.93 ef
多年生黑麦草（Tove）	5.08	3.85	2.89	2.49	2.55	1.28	18.15 f
白三叶（Haifa）	5.01	2.52	1.56	1.82	2.20	1.79	14.91 g
串叶松香草（Common）	—	3.93	3.17	2.57	2.85	2.07	14.59 gh
无芒雀麦（Common）	—	4.54	2.16	2.47	2.69	1.66	13.52 h
高丹草（标兵）	—	—	2.18	3.46	4.46	3.29	13.39 h
草莓三叶（Common）	3.47	3.21	1.20	—	2.88	—	10.76 i
红三叶（Dory）	—	3.89	1.78	—	2.71	—	8.38 j
红三叶（Common）	—	3.06	1.82	—	1.63	—	6.52 k
鲁梅克斯（Common）	—	—	0.76	1.22	1.26	0.83	4.07 l
多变小冠花（Common）	—	—	2.40	—	—	—	2.40 m
累计产量	57.88	75.17	55.45	57.34	61.65	37.68	345.18

注：同列中字母相同的为差异不显著，字母不同的为 0.05 水平差异显著。

二、奶牛四季供青模式

为了保证奶牛全年有足够的青饲料和均衡的营养，将一年生饲用作物轮作体系与多年生牧草有机结合，青饲、青贮和青干草结合，豆科牧草与禾本科牧草结合，可以形成良好的供青模式。种植模式见表 10 - 19，可以看出：青贮玉米与玉米籽实和秸秆相比较，其干物质产量差异明显；青贮玉米与黑麦草或小黑麦轮作，干物质产量也显著高于玉米籽实和秸秆与黑麦草或小黑麦轮作；小黑麦（黑麦）与光叶紫花苕混播可以显著提高草地干物质产量。因此，在条件允许时，应尽量采用混播方式。各种植模式干物质产量见表 10 - 19，奶牛四季供青模式见表 10 - 20。

表 10 - 19　晋宁月表奶牛场牧草种植模式及其干物质产量

月份 项目	1	2	3	4	5	6	7	8	9	10	11	12	全年产量合计 （t DM/hm²）
系统 Ⅰ	黑麦草				青贮玉米　38.83					黑麦草　9.09			47.89
系统 Ⅱ	黑麦草				玉米籽实和秸秆　23.63					黑麦草　9.09			32.69
系统 Ⅲ	黑麦草　18.18												18.18
系统 Ⅳ	小黑麦				青贮玉米　38.83					小黑麦　8.39			47.22
系统 Ⅴ	小黑麦				玉米籽实和秸秆　23.63					小黑麦　8.39			32.02
系统 Ⅵ	小黑麦＋毛苕子				青贮玉米　38.83					小黑麦＋毛苕子 11.47			50.30
系统 Ⅶ	小黑麦＋毛苕子				玉米籽实和秸秆　23.63					小黑麦＋毛苕子 11.47			35.10
系统 Ⅷ	皇竹草　26.83												26.83
系统 Ⅸ	紫花苜蓿　18.74												18.74

表 10 – 20　奶牛四季供青模式

牧草种类	1月 2月 3月 4月 5月 6月 7月 8月 9月 10月 11月 12月	利用方式和时间
青贮玉米	………………………………　　　　　…………………	青贮、冬春季节
小黑麦	………………………………　　　　　…………………	青饲、冬春季节
多花黑麦草	………………………………………………………………	全年青饲、青贮、干草
紫花苜蓿	…………………………………………	青饲、夏秋季节
紫花苜蓿	………………………………………………………………	青干草、全年
多年生牧草	…………………………………………………	青饲、夏秋季节
菜叶、配合饲料	………………………………………………………………	青饲、全年利用

三、饲草奶牛供求调控模式

表 10 – 21 中列出了多种牧草、饲用作物的产草量和营养价值，也对不同种植模式条件下，单位土地面积全年所提供的产草量和营养价值进行了比较，可以看出：

（1）就单一饲料而言，全株青贮玉米所提供的产奶净能最高，达到 232325 MJ/hm²，显著高于不同产量的玉米籽实＋秸秆，也显著高于多花黑麦草、皇竹草、紫花苜蓿、黑麦（小黑麦）、黑麦（小黑麦）＋光叶紫花苕。从粗蛋白质产量来看，全株青贮玉米高于玉米籽实＋秸秆、多花黑麦草、黑麦（小黑麦）、黑麦（小黑麦）＋光叶紫花苕，但低于皇竹草和紫花苜蓿。虽然黑麦（小黑麦）的营养价值最低，但它们能够利用冬闲田进行生产饲草，是一种解决冬春青饲料缺乏的有效途径。

（2）全株玉米生长时间为 4~9 月，收获之后可以复种多花黑麦草，也可复种单播黑麦（小黑麦）或复种混播黑麦（小黑麦）＋光叶紫花苕。这些复种模式与全年利用皇竹草、紫花苜蓿相比较，单位土地面积提供的粗蛋白质产量和产奶净能显著增加。其中全株玉米→黑麦（小黑麦）＋苕子种植模式的产量最高。因此，冬闲田种植饲用作物时，应尽量采用与豆科牧草混播的方式，以提高单位土地生产水平。

表 10 – 21　农田不同种植模式饲草营养成分及有效营养物质产量

饲草名称及种植模式	季节	干物质含量（%）	干物质产量（t/hm²）	粗蛋白含量（%）	粗蛋白产量（t/hm²）	中性洗涤纤维（%）	NE$_L$（MJ/kg）	NE$_L$（MJ/hm²）
全株玉米	夏、秋	31.36	38.83	8.10	3.145	58.33	5.98	232325
玉米籽实和秸秆	夏、秋	90.00	10.13	7.65	0.774	46.72	5.82	58969
玉米籽实和秸秆	夏、秋	90.00	23.63	7.65	1.807	46.72	5.82	137595
玉米籽实和秸秆	夏、秋	90.00	37.13	7.65	2.840	46.72	5.82	216221
皇竹草	全年	13.55	21.01	15.3	3.215	64.35	5.23	109675
皇竹草	全年	15.39	32.64	11.11	3.626	57.82	5.40	175891
多花黑麦草	全年	18.94	18.12	15.03	2.724	47.57	6.02	109512
紫花苜蓿	全年	20.68	19.94	21.59	4.304	29.55	6.53	130281

续 表

饲草名称及种植模式	季节	干物质含量（%）	干物质产量（t/hm²）	粗蛋白含量（%）	粗蛋白产量（t/hm²）	中性洗涤纤维（%）	NE_L（MJ/kg）	NE_L（MJ/hm²）
紫花苜蓿	全年	21.44	17.54	25.74	4.527	34.96	6.53	114206
黑麦/小黑麦	冬、春	39.94	8.39	10.01	0.839	68.72	5.23	43744
黑麦（小黑麦+苕子）	冬、春	36.14	11.47	10.56	1.212	68.49	5.15	58852
全株玉米→多花黑麦草	全年	—	47.89	—	4.507	—	—	287081
全株玉米→黑麦（小黑麦）	全年	—	47.22	—	3.948	—	—	276069
全株玉米→黑麦（小黑麦）+苕子	全年	—	50.30	—	4.357	—	—	291177

（引自 毛华明、袁跃云，2005）

要满足4500~8500 kg产奶量奶牛的营养需要，以稻草+玉米秸青贮+精料型日粮的饲料成本是最高的，采食含全株玉米青贮日粮后，饲料成本明显下降，平均下降了7.4%，主要归于精饲料需要量明显下降（表10-22）。如果苜蓿草块、苜蓿青草、多花黑麦草占日粮的10%，其余营养由全株玉米青贮和精料供给，不仅精饲料饲喂量低、饲料成本最低，而且可以保证高产奶牛和泌乳早期奶牛采食足够的饲料，保证高产，减少因精料饲喂量较高带来的奶牛健康问题。如果苜蓿草块外购，或用稻草代替，苜蓿青草、黑麦草和青贮玉米农户自己种植，每头奶牛需1.5~2.0亩农田种植饲料作物，其中1/2用于种植青贮玉米和黑麦（小黑麦）+光叶紫花苕，1/4用于种植多花黑麦草或皇竹草，1/4用于种植紫花苜蓿。

表10-22 奶牛4500 kg产奶量条件下饲料成本

奶牛日粮组成	精料（kg）	最大产奶量（kg/d/h）	饲料成本		价格备注（元/kg）
			（元/天）	（元/kg标准奶）	
稻草+玉米秸青贮+精料	8.1	21	16.83	1.24	苜蓿青草（0.15）全株玉米青贮（0.15）黑麦草鲜草（0.10）苜蓿干草块（1.20）稻草（0.15）
苜蓿草块+玉米秸青贮+精料	7.5	23	16.76	1.24	
稻草+全株玉米青贮+精料	3.9	25	15.17	1.31	
苜蓿草块+全株玉米青贮+精料	3.6	30	16.69	1.14	
苜蓿草块+苜蓿青草+全株玉米青贮+多花黑麦草+精料	1.9	35	13.73	1.04	

（引自 毛华明、袁跃云，2005）

如果用部分耕地种植紫花苜蓿收获青干草替代稻草饲喂 8500 kg、6500 kg 和 4500 kg FCM 产量奶牛，每天可分别减少 1.2 kg、0.8 kg 和 0.5 kg 精料，一个泌乳期可分别减少 366 kg、244 kg 和 152 kg 精料，相当于每饲喂 1 kg 苜蓿可以分别减少 0.6 kg、0.4 kg 和 0.3 kg 精料，并可改善饲养效果。如果再用一部分耕地种植苜蓿、一年生黑麦草等优质青饲料，还可进一步降低精料的饲喂量，并可改善饲草的适口性，保证奶牛采食足够数量的营养物质。8500 kg、6500 kg 和 4500 kg FCM 产量奶牛饲喂苜蓿草块 + 苜蓿青草 + 多花黑麦草 + 全株玉米青贮 + 精料型日粮比饲喂稻草 + 玉米秸秆青贮 + 精料型日粮每天少饲喂精料 6.8 kg、7.3 kg 和 6.2 kg，全泌乳期可分别减少精料 2074 kg、2227 kg 和 1891 kg，且可改善饲喂效果（见表 10 - 23）。

表 10 - 23　奶牛日粮组成、精料比例、营养价值及成本

日粮组成	精料	4500 kg	精料	6500 kg	精料	8500 kg	成本
稻草 + 玉米秸秆青贮 + 精料	50.8%	满足中后期	62.2%	满足后期	71.5%	不能满足	100%
苜蓿草块 + 玉米秸秆青贮 + 精料	47.0%	完全满足	54.5%	满足中后期	67.8%	满足后期	98.99%
苜蓿草块 + 全株玉米青贮 + 精料	23.0%	完全满足	28.6%	完全满足	42.0%	完全满足	93.30%
稻草 + 全株玉米青贮 + 精料	25.1%	完全满足	33.8%	完全满足	49.6%	满足中后期	91.09%
苜蓿草块 + 苜蓿青草 + 黑麦草 + 全株玉米青贮 + 精料	12.3%	完全满足	21.9%	完全满足	37.9%	完全满足	83.65%

（引自　毛华明、袁跃云，2005）

第十一章 草地资源利用途径调控

草地资源是一类具有多种功能的可再生的复合型资源，在构成上是自然资源和人类生产劳动要素有机叠加的总和，其特征和功能表现在自然、经济和社会等方面。中国草地总面积约为 4 亿 hm^2，位居世界第三。草地资源属于中国六大自然资源（草地、森林、土地、水、矿物、海洋）之一，草地占陆地面积的 41.7%，是耕地的 3.12 倍，是林地的 2.28 倍。目前，草地生态系统已开发和潜在的利用途径多达 30 余种，草地资源在维护生态系统平衡、保护生物多样性、促进食物安全、调整优化农业产业结构等领域发挥着日益巨大的作用。

第一节 草地生态系统的多功能性

草地生态系统是生物圈的功能单位之一，而草地资源是组成生态系统的重要部分。草地资源的生态功能主要表现在草地的生态系统服务方面。1997 年，R. Costanza 等 13 位科学家为了估算全球生态系统服务的价值，将生态系统服务划分为生态系统产品和生命系统支持功能两部分共 17 大类（表 11-1）。据此，草地资源的功能可分为两大类：一类是为人类提供产品，如畜牧业、工业原材料、药材、景观欣赏、娱乐材料等可以直接利用和进行交易的产品化的功能，表现为直接价值；另一类是支撑和维持人类赖以生存的环境，如固定 CO_2、稳定大气、调节气候、调节水文、供应水资源、保持水土、营养物质循环、废弃物处理、传授花粉、生物控制、提供生境、遗传物质库以及科研、教育、美学、艺术等难以商品化的功能，表现为间接价值。因此，草地生态系统可以提供多种形式的服务功能，如产品功能、调节功能、文化功能和支撑功能等。

表 11-1 生态系统服务项目

序号	生态系统服务	生态系统功能	举例
1	气体调节	大气化学成分调节	CO_2/O_2 平衡，O_3 防紫外线，降低 SO_2 含量
2	气候调节	全球温度、降水及其他由生物媒介的全球及地区性气候调节	温室气体调节，影响云形成的二甲基硫（DMS）产物

续　表

序号	生态系统服务	生态系统功能	举　例
3	干扰调节	生态系统对环境波动容量、衰减和综合反应	生境对风暴防止、洪水控制、干旱恢复等主要受植物控制的环境变化的反应
4	水调节	水文流调节	为农业（如灌溉）、工业和运输提供用水
5	水供应	水的储存和保持	向积水区、水库和含水岩层供水
6	控制侵蚀和保持沉积物	生态系统内的土壤保持	防止土壤被风、水侵蚀，把淤泥保存在胡泊和湿地中
7	土壤形成	土壤形成过程	岩石风化和有机质积累
8	养分循环	养分的储存、内循环和获取	固定 N、P 和其他元素以及养分循环
9	废物处理	易流失养分的在获取、过多或外来养分、化合物的去除或降解	废物处理、污染控制、解除毒性
10	传粉	有花植物配子的运动	提供传粉者，以便使植物种群繁殖
11	生物防治	生物种群的营养动力学	控制关键捕食者和被食着种群，顶位捕食者是草食动物减少
12	避难所	为定居种和迁徙中提供生境	育雏地、迁徙动物栖息地、定居动物迁徙地或越冬场所
13	食物生产	总初级生产中可用于食物的部分	通过渔猎、采集和农作、畜牧收获的鱼、鸟、兽、作物、坚果、水果、乳肉等
14	原材料	总初级生产中可用于原材料的部分	木材、燃料和饲料产品等
15	基因资源	独一无二的生物材料和产品的来源	医药、材料科学产品，用于农作物抗虫和抗病的基因，家养宠物和植物品种
16	游憩娱乐	提供游憩娱乐的活动条件	旅游、钓鱼运动及其他户外游憩活动
17	文化	提供非商业性用途的条件	生态系统的美学、艺术、教育、精神及科学价值

（引自　R. Costanza 等，1997）

第二节　草地生态系统的经济价值

草业是以草地资源为基础，进行资源保护利用、植物生产、动物生产以及动植物产品加工而获取效益的产业。草业经济已成为经济发达国家的支柱产业，西方发达国家早在20世纪 30 年代就把草业作为一个大产业给予高度重视，并且取得了十分可观的经济效益。相比较而言，草业经济在我国虽然潜力巨大，但由于起步较晚，整体水平落后，属于发展相对滞后的产业，在许多领域亟待进行科学有效地开发利用。

随着草地功能的多元化，草业经济在我国国民经济中发挥的作用日益明显。目前，以草地资源为基础产生的直接经济效益有草地畜牧业、饲草种植业、草产品加工业、草种业、旅游业、草坪业以及其他与草有关的产业。近年来，国家相继出台的"草地生态补奖""草牧业""粮改饲"等政策，为草业发展提供了更加广阔的空间。

一、草地饲用植物

草地资源指生长植物、动物、微生物，具有数量、质量、空间结构特征，有一定分布面积，有生产能力和多种功能的草地，主要用作畜牧业生产资料。它的土地、生物、水、热、光、景观空间，可以为人类提供物质、能量和环境福利。草地拥有种类丰富的野生植物资源，供养着种类繁多、遗传性状各异的草地动物资源，其中放牧家畜是草地生态系统中草食动物的主要组成部分。全世界的草地为大约 32 亿头各类草食动物提供饲料。

草地植物具有数量、质量、分布和利用性能等不同特征，可以为人类开发利用，蕴藏着巨大的经济价值。草地植物资源可以区分为草地饲用植物资源和草地野生经济植物资源。草地上可供家畜饲用的草本和木本植物是养育草食动物的基础，其中草本植物大多属于多年生，包括禾本科牧草、豆科牧草、莎草科牧草和杂类草，草地木本饲用植物包括半灌木、灌木、小乔木、乔木等，其叶片、果实、花序以及嫩枝条为食草动物饲用。中国有草地饲用植物 6704 种，约占全国植物总种数的 26%，构成了草地畜牧业发展的物质基础。

二、草地动物和微生物

草地动物和微生物资源指草地上可为人类利用，具有数量、质量、分布特性，有生产经济价值的动物和微生物群体。草地资源除了为家畜放牧提供饲草资源外，也为养育种类繁多的野生动物提供了生境和物质基础。中国草地辽阔，横跨几个气候带，地形复杂、自然条件多种多样，孕育了种类极其丰富的野生动物，既有温带气候的动物群，也有亚热带、热带气候动物群。据统计数据，我国草原区野生动物有 2000 多种，许多属于古北界、中亚亚界中的蒙新区、青藏区的动物种类，数量少、种类珍奇，多为国家重点保护动物。

草地野生动物资源可分为三类：第一类是终年栖息于草地的食草动物、草地留鸟、有益的草地昆虫，他们以草地植物或草地昆虫为食，在草地上繁衍生息，从不离开草地；第二类是草地肉食动物，生存于草地，以草地食草动物为食；第三类是迁徙性草地动物，如草地候鸟，夏季在草地上繁殖，冬季迁徙到温暖的地区越冬。还有一些动物暖季进入草地觅食，冷季进入森林或农区安家。

按照经济用途可以把草地野生动物划分为经济兽类、经济鸟类和功能性动物等。经济兽类包括可以提供肉类的黄羊、野兔等，可以提供皮毛的草地狐、猞猁等，以及可以提供药物的马鹿、麝等。名贵药材冬虫夏草则是草地鳞翅目及鞘翅目昆虫蝙蝠蛾的幼虫被草地麦角菌科菌类寄生的复合体。经济鸟类指可以提供肉类或羽绒的鸟类，如沙鸡、鹌鹑等。功能性动物包括草地观赏鸟类，如画眉鸟、云雀等，可以消除草食动物粪便污染的金龟子，以及可以捕食草地害鼠的草原鹰、狐狸等。

草地野生动物资源不仅是中国宝贵的生物资源，具有很高的经济价值，也是世界动物基因库的重要组成部分。国内畜牧业研究和生产部门应用草地野牦牛、野骆驼与家牦牛、家骆驼杂交，其后代体型高大、产肉、产毛量大幅度增加，生活力和抗逆性提高，取得了明显的经济效益。此外，我国拥有丰富的草地家畜品种资源，生长于不同生态环境的地方家畜品种，具有适应性强、抗病力强、耐粗饲等特点，是未来人类开发利用草地资源可依赖的优良遗传种质和物质基础。

三、牧草—昆虫—经济效益

昆虫是地球上分布最广、种类最多、生物量巨大的可再生资源，繁殖力强、转化率高、饲养成本低。目前，全世界已知的昆虫种类有近 100 万种，其中 3650 多种可供食用，已初步开发利用的约有 370 种。中国仅云南省就发现有可食用的昆虫 14 个目、400 多科、2000 多个种类。在北美和墨西哥北部，土著印第安人常年食用的昆虫包括 11 个目、26 个科、87 个种。昆虫及其衍生物营养物质丰富，利用方式多样，潜在的经济价值巨大。可食用和药用，富含许多对人体有良好保健作用的活性物质，也可作为营养丰富的高蛋白动物性饲料。昆虫体内粗蛋白质含量极高（表 11 - 2），多在 50% ~ 70% 之间，纤维含量少，微量元素丰富，铜、铁、锌、硒含量较高，氨基酸比较平衡，所含脂类多为软脂肪和不饱和酸，消化性能良好，易于吸收，是优质的蛋白饲料资源。如蝗虫、黄粉虫、蝇蛆、蚯蚓、蚕蛹等，其蛋白含量能够达到鱼粉甚至进口白鱼粉的水平。利用昆虫转化牧草，能够制成多种商品，创造可观的经济效益。

表 11 - 2　部分昆虫与鱼粉的营养成分含量

种类	粗蛋白（%）	粗脂肪（%）	赖氨酸（%）	蛋氨酸（%）
蝗虫	74.4	5.25	—	—
黄粉虫成虫	63.2 ~ 64.3	17.1 ~ 19.3	3.6	0.8
蝇蛆粉	59.4 ~ 63.0	10.6 ~ 20.0	4.1	1.9
蚕蛹	68.3	28.8	3.0	1.6
中华稻蝗	64.08	3.7	2.7	0.4
柞蚕	54.6	21.2	2.6	1.3
蚯蚓	56.0 ~ 63.5	6.0 ~ 17.4	4.9 ~ 5.7	0.4 ~ 1.0
鱼粉	53.5 ~ 64.5	4.0 ~ 10.0	3.8 ~ 5.2	1.4 ~ 1.7

食用昆虫以其蛋白质含量高、蛋白纤维少微量元素丰富、营养物质易吸收、资源分布广、生物量大、易于繁殖等特点，成为理想的食品资源替代品，已经成为全社会的共识。

云南省气候条件优越，牧草资源丰富，如黑麦草、狼尾草、鸭茅、狗尾草和象草等，均可作为饲养昆虫的优良牧草。云南昆虫资源丰富，已经发现可食用种类 2000 多个，蝗虫、黄粉虫等饲养和销售已经表现出良好的发展势头。在云南省少数民族地区更是普遍存在食用昆虫的民间习俗，食用的种类和方法多种多样，仅烹调的方法就有 10 余种，已经形成了极具民族特色的食虫文化，为带动区域经济发展发挥了重要的作用。种植牧草，饲养昆虫，培育特色产业，将成为云南省草地农业的发展方向之一。

昆虫作为食物的来源之一，具有许多特点。①蛋白质含量高于牛肉、羊肉、鱼肉以及家禽肉类，如黄蜂的蛋白质达到81%，蚯蚓、蝉均达到72%。②比哺乳动物生长速度快、出产品快，且能利用家畜无法消化利用的农业废弃物，如蟋蟀转化利用植物的速度约为牛的5倍。③繁殖率高，饲养投入较少。在25℃~29℃条件下，30天可以繁殖一代。生产1 kg昆虫，平均需要3.2 kg饲草料，而生产1 kg牛肉，平均需要10 kg牧草。④用途广泛，营养价值高。卵、幼虫、蛹、成虫均可作为食物，也可作为调味品、药品和保健品。昆虫含有较高的必需氨基酸、游离酸、维生素、矿物质和酶等。

据统计，目前全球至少有20亿人定期食用昆虫，有超过1900多种昆虫被鉴定可以食用，有500余种昆虫被当作美味食物。在非洲、亚洲和美洲的许多国家，都普遍存在食用昆虫的习惯，欧盟已投资研究可食用昆虫作为蛋白质替代品的可能。联合国粮农组织提出，为应对全球人口不断增长所带来的食物以及动物蛋白需求，规模化饲养昆虫或将成为必然，昆虫有可能被驯养为"微家畜"或"半家畜"。据估算，到2020年，我国蛋白饲料原料缺口将达到0.5亿t，昆虫作为开发饲料的主攻方向之一，前景十分广阔。

四、其他经济价值

天然草地上的野生植物种类繁多、用途广泛。按其经济用途可以划分为以下五类。

（一）食用植物

可直接供人类食用，如野韭（*Allium ramossum*）等蔬菜类植物，蜜源植物、蒙古口蘑（*Tricholoma mongolicum*）等食用菌类，发菜（*Nostoc co mmune*）等饲用藻类。

（二）环境美化植物

草原花卉植物，如百合属（*Lilium*）、唐松草属（*Thalictrum*）、乌头属（*Aconitum*）、翠雀属（*Delphinium*）、鸢尾属（*Iris*）、甘西鼠尾草属（*Salvia*）、蔷薇科（*Rosaceae*）、凤毛菊属（*Saussurea*）、芍药属（*Paeonia*）、报春花属（*Primula*）、益母草属（*Leonurus*）、老鹳草属（*Geranium*）、石竹属（*Dianthus*）、扁蓿豆属（*Melissitus*）、桔梗属（*Platycodon*）、草木樨属（*Melilotus*）、黄花菜（*Hemerocallis citrina*）等，草坪草如结缕草（*Zoysia japonica*）、草地早熟禾等。

（三）环境保护植物

如净化水源的香根草（*Vetiveria zizanioides*）、固沙护坡的沙蒿（*Artemisia soongorica*）、改良盐碱地的碱茅（*Puccinellia distans*）。

（四）工业用植物

如用于造纸的胡枝子（*Lespedeza bicolor*）、芦苇（*Phragmites australis*）、大叶章（*Calamagrostis purpurea*）、芨芨草（*Achnatherum splendens*）等。

（五）药用植物

如草麻黄（*Ephedra sinica*）、甘草（*Glycyrrhiza uralensis*）、荨麻（*Urtica fissa*）、草玉梅（*Anemone rivularis*）、云南紫菀（*Aster yunnanensis*）、川滇柴胡（*Bupleurum candollei*）、翠雀（*Delphinium grandiflorum*）、乌头（*Aconitum carmichaeli*）、大狼毒（*Euphorbia jolkinii*）、甘青大戟（*Euphorbia micractina*）、西藏草莓（*Fragaria nubicola*）、川贝母（*Fritillaria cirrhosa*）、梭砂贝母（*Fritillaria delavayi*）、蓝玉簪龙胆（*Gentiana veitchiorum*）、草地老鹳草

（*Geranium pratense*）、甘青老鹳草（*Geranium pylzowianum*）、大叶秦艽（*Gentiana macropyl-la*）、椭圆叶花锚（*Halenia elliptica*）、鞭打绣球（*Hemiphragma heterophyllum*）、黄帚橐吾（*Ligularia virgaurea*）、刺续断（*Morina nepalensis*）、中华山蓼（*Oxyria sinensis*）、密丛棘豆（*Oxytropis densa*）、细花滇紫草（*Onosma hookeri*）、冬虫夏草（*Ophiocordyceps Sinensis*）、西伯利亚蓼（*Polygonum sibiricum*）、云生毛茛（*Ranunculus nephelogenes*）、心叶大黄（*Rheum macuminatum*）、苞叶大黄（*Rheum alexandrae*）、滇边大黄（*Rheum delavayi*）、小大黄（*Rheumpumilum*）、菱叶大黄（*Rheum rhomboideum*）、长鞭红景天（*Rhodiola fastigiata*）、狭叶红景天（*Rhodiola kirilowii*）、四裂红景天（*Rhodiola quadrifida*）、藏象牙参（*Roscoea tibetica*）、白刺花（*Sophora davidii*）、黄花鼠尾草（*Salvia flava*）、甘西鼠尾草（*Salvia przewalskii*）、长毛风毛菊（*Saussurea hieracioides*）、重齿风毛菊（*Saussurea katochaete*）、弯齿风毛菊（*Saussurea przewalskii*）、天山千里光（*Senecio thianschanicus*）、大药獐牙菜（*Swertia tibetica*）、偏翅唐松草（*Thalictrum delavayi*）、芸香叶唐松草（*Thalictrum rutifolium*）、紫花野决明（*Thermopsis barbata*）、急折百蕊草（*Thesium refractum*）、云南金莲花（*Trollius yunnanensis*）、西藏荨麻（*Urtica tibetica*）、大花婆婆纳（*Veronica himalensis*）、歪头菜（*Vicia unijuga*）。

拓展草地资源的应用领域，发展新型草产品。草地植物不仅可用于牧草饲养家畜，而且在工业、医药、食品、能源、生态等领域具有广泛的用途。例如甘草的地上部分是较好的牧草，地下部分是珍贵的药材和食品工业原料。草地饲用植物和野生植物是重要的牧草种质资源，天然草地是一个巨大的植物基因库。通过对天然草地植物的引种、驯化、选育、杂交，有望培育出众多优良的牧草品种。产于天然牧草地的甘草、枸杞（*Lycinm chinense*）、柴胡（*Bupleurum chinense*）、川贝母、沙棘（*Hippophae rhamnoides*）等，现已被选育成高产栽培种，开发成为草地植物产业，创造了巨大的经济价值。

第三节　草地生态系统的生态价值和社会价值

草地是由多种成分组成的具有特定结构和功能的自然资源，用途和功能多样。除了生产功能之外，还可以提供各种调节功能和支持功能，如气候调节、空气质量调节、保持水土、涵养水源、土壤碳固持、废弃物降解、营养物质循环、防风固沙、环境绿化、观光旅游和休闲度假等。世界各地草地都以饲养功能为最基本、最广泛的用途，但经济发达国家逐渐开始强调和重视草地的生态服务功能，认为在一定区域内，草地生态价值及其潜力远远超过草地生产畜产品的传统功能。

草地对区域性温度、降水、湿度、蒸发等气候要素具有调节作用，在植物生长过程中，从土壤中吸收水分，通过蒸腾把水蒸气释放到大气中，提高环境的湿度、云量和降水，减缓地表温度的变幅，增加水循环速度，进而影响太阳辐射和大气中的热交换，起到调节气候的作用。草地上的植物、动物和微生物在其生命代谢过程中与大气进行着气体交换，通过呼吸作用从大气中吸收 O_2 放出 CO_2，而植物的光合作用则吸收 CO_2 放出 O_2。地球上的植物每年向大气释放 O_2 大约为 27×10^{21} t，使大气中的 O_2/CO_2 比达到平衡，并保持稳定。草地上的绿色植物在进行生物生产过程中，同时调节着大气的 O_2 和 CO_2 的量，保证生命活动的基本大气成分条件。人类对草地不合理的利用，会加速草地土壤碳向大气中排放，助推全球温室效应，加剧生态环境破坏。草地可以减弱噪音、吸附粉尘、释放负氧离子和去除空气中的污染物。草地能够吸收和减弱 125~800Hz 的噪音，释放负氧离子 40~1000 个/m^2，吸收空气中的 NH_4、H_2S、HF 和重金属气体，如汞蒸气、铅蒸气等有害气体。草地通过草冠层截留缓冲、枯枝落叶吸收减速、土壤下渗吸纳等作用，可阻截降水和延缓径流，形成地下径流，补给江河水流而发挥水源涵养作用。试验测定表明，草地土壤含水量较裸地高 20% 以上，在大雨状态下可减少地表径流量 47%~60%，生长 2 年的牧草拦蓄地表径流的能力为 54%，高于生长 3~8 年森林的 20%。沼泽草地的草根层和泥炭层具有很高的持水能力，湿地型草地植被减缓地表水流速度，使水中泥沙得以沉降，各种有机和无机的悬浮物与溶解物被截留，所以草地不仅有涵养水源的能力，而且还具有净化水源的效能。草地植被可以增加下垫面粗糙程度，降低近地面风速，减少风蚀作用的强度。当植被盖度为 30%~50% 时，近地面风速消减 50%，地面输沙量仅相当于流沙地段的 1%。

　　植物根系对土体有良好的缠绕、锚固作用，可防止土壤冲刷，增加有机质，改良土壤结构，提高草地抗侵蚀能力。草地植物通过光合作用把大量碳储存在植物组织和土壤中，对碳循环具有十分重要的作用。土壤及其有机质大约储存了陆地碳总量的 75%。地球上草地储存碳的能力与森林相当，森林尤其是热带森林的碳储量主要在地上部分，而草地的碳储量主要在地下，因而平均土壤碳密度草地大于森林。草地多分布于干旱或寒冷的气候地区，大多数草地植物根系发达而密集，地下生物量远大于地上生物量，如高寒草甸的地下生物量是地上部分的 10~13 倍，因而土壤碳密度相对较大。此外，草地生态系统具有降解废弃物和促进营养物质循环等功效，对维持生态系统功能和过程至关重要。

　　草地生态系统是支撑和维持地球生命系统的支持系统，在初级生产和维持物质循环、土壤形成和维持土壤功能、生境提供、维持食物物种与遗传多样性方面起着重要作用。草地生态系统的支持功能对人类的影响是间接的或者需要较长时间才能发生的。草地作为陆地生态系统的主体，进行地球上能量的固定和转化。草地资源作为主要的自然资源之一，为草地生态系统的物质循环和能量流动提供基础。草地植物是草地生态系统能量流动的物质基础，是地球生命系统的能量库，也是食物来源的重要储存库。草地植被在土壤表层形成大量有根系和地上残体组成的有机物质，根系和凋落物为土壤增加有机质，形成团粒改善土壤结构，增强成土作用，提高土壤肥力使土壤向良性方向发展。草地中的豆科植物通过根瘤菌固定空气中游离氮素，可为土壤提供大量氮肥。一般情况下，以豆科牧草为主的草地平均每年可固定空气中的氮素 150~200 kg/hm^2，生长 3 年的紫花苜蓿草地可形成氮素 150 kg，相当于 330 kg 的尿素。此外，草本植物的根系能够对污染物进行过滤吸收，减少土壤中的毒害物质。例如结缕草可吸收土壤中的铜、锌和硒，在受重金属污染的土壤或有害废弃物堆积地上种植香根草，不仅能起到绿化作用，还能净化土壤直至复垦。草地土壤中有种类多样、数量巨大的土壤微生物和土壤动物（表 11-3），构成草地生态系统的分解者，它们使有机质粉碎、腐烂和分解，成为植物可以利用的矿质化状态。

表 11 - 3 草原上层 1 m² 土壤中微生物、土壤动物的密度及生物量

生物名称	密度（个/ m²）	生物量（g）
细菌	1×10^{15}	100.0
原生动物	5×10^{6}	38.0
线虫	1×10^{7}	12.0
蚯蚓	1000	120.5
蜗牛	50	10.0
蜘蛛	600	6.0
长脚蜘蛛	40	0.5
螨类	2×10^{5}	2.0
木虱	500	5.0
蜈蚣及马陆	500	12.5
甲虫	100	1.0
蝇类	200	1.0
跳虫	5×10^{4}	5.0

（引自 蔡晓明，2000）

草地在地球表面跨越多种水平气候带和垂直气候带，自然条件各异，生物种类、植被群落多样，蕴藏着丰富的生物种质资源、环境资源和景观资源。草地最初形成于干旱、半干旱地区，经过漫长的自然演替形成了稳定的生态系统，草地作为生态圈的基础，为生物栖息提供了基本生存环境，对人类进化和发展也具有重要作用。在漫长的文化发展过程中，草原独特的自然环境、动植物特点和生产条件，塑造了各游牧民族的特定习俗，生产、生活方式及其性格特征等，从而形成了各具特色的地方文化和民族文化。因此可以说，草原孕育了多样的民族文化，草地是世界文明多样性的发祥地和保护地（胡自治，2004）。中国人口与世界人口总和的 1/5，人均耕地却不足世界平均水平的 1/3，传统的食物生产主要指谷物生产，将饲草料生产以及动物性产品生产与食物生产割裂开来，影响对食物安全的综合布局。在人口压力、资源短缺、生态问题日趋严重的形势下，如何保障我国食物安全成为重要的社会问题。研究和实践证明，建立良好的草地农业系统将是解决我国食物安全的重要措施。草地资源也是我国少数民族赖以生存和发展的物质基础，对民族繁荣与发展、社会稳定团结以及国家安全均具有十分重要的作用。

第四节 草地生态系统利用途径创新

一、制度创新

导致草地退化的原因是多方面的，包括自然因素、社会因素和经济因素等。但是，从更深层次进行分析，区域草地畜牧业发展制度的供给不足和滞后是诱导牧民不合理利用承

包草地，从而导致天然草地退化的主要原因（赵成章，2005）。单纯依靠技术和资金投入，治理退化草地，难以从根本上解决问题。

草地使用权承包到户仅仅是明晰草地使用权主体的一种初级形式，草地承包到户政策与长期、稳定、有效的草地产权制度还有相当的差距。资源无主是造成草地资源产权不明晰的根本原因，产权关系不明晰又是激发资源使用者追求近期利益，形成"公地悲剧"的促因。因此，应从加强草地资源合理配置利用、保护牧区生态环境、扭转资源浪费出发，深化产权制度改革，加强草地资产管理，使制度安排同自然法律法规一致，为草地资源的持续利用提供合理的制度空间。赵昱霞（2005）指出，我国牧区社会经济不可持续的原因，并非在于技术水平，更非资源或环境基础，而主要体现在制度方面。因此，要真正实现人口、资源、环境、经济、社会的协调发展，就必须从深层次的制度变革与创新着手，通过创新草地产权制度、构建绿色考核制度、实施生态补偿政策、改革基层管理体制，逐步建立和完善合理的草地资源所有权和使用权结构，把草地资源的科学使用工作真正纳入各级政府的管理目标，实施公众参与式草地资源生态恢复治理模式，实现草地资源的永续利用。

从2011年开始，在内蒙古、新疆、西藏、青海、四川、甘肃、宁夏和云南，建立草原生态保护补助奖励机制，目的在于保护草原生态系统、保障牛羊肉等特色畜产品供给、促进牧民增收，即在促进草地生态系统恢复的基础上，兼顾经济效益和社会效益。具体奖励形式有禁牧补助、草畜平衡奖励、牧民生产性补贴、绩效考核奖励等。

从2014年开始，南方现代草地畜牧业推进计划启动实施。其目标是在保护生态环境的前提下，合理开发利用南方草山草地资源，在集中连片草山草地，重点建设一批草地规模较大、养殖基础较好、发展优势较明显、示范带动能力强的牛羊肉生产基地，逐步改善南方草地畜牧业基础设施和科技支撑条件，提高草地资源利用率和农村劳动生产率，推动南方现代草地畜牧业发展，促进农民增收。具体建设任务包括：①改良天然草地，通过草地围栏，补播改良退化和石漠化草地，综合防治草地生物灾害，草地禁牧、休牧和划区轮牧；②建植优质稳产人工饲草地，通过基础设施建设，普及优良牧草种子，推广应用草种包衣、混合播种、水肥调控、生物灾害综合防治等高产集成技术，集中扶持建设一批优质高产稳产饲草基地；③标准化、集约化养殖基础设施建设，通过牲畜圈舍、储草棚库、青贮窖池和粪污处理等基础设施标准化建设，优先支持建设一批采取自繁自养模式、牛羊存出栏达到一定标准的养殖基地；④草畜产品加工设施设备建设，开展草产品和畜产品产地加工，购置牧草刈割收获、田间干燥打包、草捆压制存贮，以及产品加工、分级、包装、检验检测等关键设施设备；⑤技术培训服务，对项目承担单位聘请相关专家提供技术指导，开展技术培训服务。

二、观念创新

以循环经济、生态农业、草地农业的科学理论和生产实践为依据，结合我国草地资源特点，指导农业结构调整与优化，顺应社会经济发展需求，助推中国草地畜牧业可持续发展。

（一）循环经济

所谓循环经济（Recycal Economy），本质上是一种生态经济，它要求运用生态学规律来指导人类社会的经济活动。与传统经济相比，循环经济的不同之处在于传统经济是一种由"资源—产品—污染排放"单向流动的线性经济，其特征是高开采、低利用、高排放。在这种经济中，人们高强度地把地球上的物质和能源提取出来，然后又把污染和废物大量地排放到水系、空气和土壤中，对资源的利用是粗放的和一次性的，通过把资源持续不断地变成为废物来实现经济的数量型增长。与此不同，循环经济倡导的是一种与环境和谐的经济发展模式。它要求把经济活动组织成一个"资源—产品—再生资源"的反馈式流程，其特征是低开采、高利用、低排放，所有的物质和能源要能在这个不断进行的经济循环中得到合理和持久的利用，从而把经济活动对自然环境的影响降低到尽可能小的程度。循环经济为工业化以来的传统经济转向可持续发展的经济提供了战略性的理论范式，从而从根本上消解长期以来环境与发展之间的尖锐冲突。"减量化、再利用、再循环"是循环经济最重要的实际操作原则。

循环经济的思想萌芽可以追溯到环境保护兴起的 20 世纪 60 年代。1962 年，美国生态学家卡尔逊发表了《寂静的春天》，指出生物界以及人类所面临的危险。"循环经济"一词，首先由美国经济学家 K. 波尔丁提出，主要是指在人类、自然资源和科学技术的大系统内，在资源投入、企业生产、产品消费及其废弃物的全过程中，把传统的依赖资源消耗的线形增长经济，转变为依靠生态型资源循环来发展的经济。其"宇宙飞船理论"可以作为循环经济的早期代表。大致内容是地球就像在太空中飞行的宇宙飞船，要靠不断消耗自身有限的资源而生存，如果不合理开发资源、破坏环境，就会像宇宙飞船那样走向毁灭。因此，宇宙飞船经济要求一种新的发展观：第一，必须改变过去那种"增长型"经济为"储备型"经济；第二，要改变传统的"消耗型经济"，而代之以休养生息的经济；第三，实行福利量的经济，摒弃只注重生产量的经济；第四，建立既不会使资源枯竭，又不会造成环境污染和生态破坏，能循环使用各种物资的"循环式"经济，以代替过去的"单程式"经济。

20 世纪 90 年代之后，发展知识经济和循环经济成为国际社会的两大趋势。我国从 20 世纪 90 年代起引入了关于循环经济的思想，此后对于循环经济的理论研究和实践不断深入。1998 年引入德国循环经济概念，确立"3R"原理的中心地位；1999 年从可持续生产的角度对循环经济发展模式进行整合；2002 年从新兴工业化的角度认识循环经济的发展意义；2003 将循环经济纳入科学发展观，确立物质减量化的发展战略；2004 年，提出从不同的空间规模如城市、区域、国家层面大力发展循环经济。自从 20 世纪 90 年代可持续发展战略以来，发达国家正在把发展循环经济、建立循环型社会看作是实施可持续发展战略的重要途径和实现方式。

1. 循环经济的主要特征

循环经济作为一种科学发展观念，一种新型的经济发展模式，具有自身的独立特征，其特征主要体现在以下几个方面。

（1）新的系统观。

循环是指在一定系统内的运动过程，循环经济的系统是由人、自然资源和科学技术等要素构成的大系统。循环经济观要求人在考虑生产和消费时不再置身于这一大系统之外，而是将自己作为这个大系统的一部分来研究符合客观规律的经济原则，将"退田还湖"

"退耕还林""退牧还草"等生态系统建设作为维持大系统可持续发展的基础性工作来抓。

（2）新的经济观。

在传统工业经济的各要素中，资本在循环，劳动力在循环，而唯独自然资源没有形成循环。循环经济观要求运用生态学规律，而不是仅仅沿用19世纪以来机械工程学的规律来指导经济活动。不仅要考虑工程承载能力，还要考虑生态承载能力。在生态系统中，经济活动超过资源承载能力的循环是恶性循环，会造成生态系统退化；只有在资源承载能力之内的良性循环，才能使生态系统平衡地发展。

（3）新的价值观。

循环经济观在考虑自然时，不再像传统工业经济那样将其作为"取料场"和"垃圾场"，也不仅仅视其为可利用的资源，而是将其作为人类赖以生存的基础，是需要维持良性循环的生态系统；在考虑科学技术时，不仅要考虑其对自然的开发能力，而且还要充分考虑到它对生态系统的修复能力，使之成为有益于环境的技术；在考虑人自身的发展时，不仅要考虑人对自然的征服能力，而且更要重视人与自然和谐相处的能力，促进人的全面发展。

（4）新的生产观。

传统工业经济的生产观念是最大限度地开发利用自然资源，最大限度地创造社会财富，最大限度地获取利润。而循环经济的生产观念是要充分考虑自然生态系统的承载能力，尽可能地节约自然资源，不断提高自然资源的利用效率，循环使用资源，创造良性的社会财富。在生产过程中，循环经济观要求遵循"3R"原则：资源利用的减量化（reduce）原则，即在生产的投入端尽可能少地输入自然资源；产品的再使用（reuse）原则，即尽可能延长产品的使用周期，并在多种场合使用；废弃物的再循环（recycle）原则，即最大限度地减少废弃物排放，力争做到排放的无害化，实现资源再循环。同时，在生产中还要求尽可能地利用可循环再生的资源替代不可再生资源，如利用太阳能、风能和农家肥等，使生产合理地依托在自然生态循环之上；尽可能地利用高科技，尽可能地以知识投入来替代物质投入，以达到经济、社会与生态的和谐统一，使人类在良好的环境中生产生活，真正全面提高人民生活质量。

（5）新的消费观。

循环经济观要求走出传统工业经济"拼命生产、拼命消费"的误区，提倡物质的适度消费、层次消费，在消费的同时就要考虑到废弃物的资源化，建立循环生产和消费的观念。同时，循环经济观要求通过税收和行政等手段，限制以不可再生资源为原料的一次性产品的生产与消费，如宾馆的一次性用品、餐馆的一次性餐具和豪华包装等。

所谓循环经济，就是遵循生态学规律，合理利用自然资源和环境容量，在物质不断循环的基础上发展经济，使经济系统和谐纳入到系统的物质循环过程中，实现经济活动的生态化。循环经济实质上是一种生态经济，它倡导人与环境和谐的经济发展模式，遵循"减量化、再使用、再循环"原则，以达到减少进入系统的物质量，以不同方式多次反复使用某种物品和废弃物资源化的目的，强调清洁生产和"资源—产品—再生资源"的闭环反馈式循环过程，最终实现"最佳生产、最适消费、最少废弃"的目的。

2. 循环经济与传统经济之间的关系

就人类与环境的关系而言，人类社会在经济发展过程中经历了三种模式，即传统经济模式、生产过程末端治理模式和循环经济模式。

传统经济模式在处理人类与环境的关系时，人类从自然中获取资源，又不加任何处理地向环境排放废物，是一种"资源—产品—污染排放"的单向线性开放式经济过程（表11－4）。在早期阶段，由于人类对自然的开发能力有限，以及环境本身的自净能力较强，所以人类活动对环境的影响并不凸显。但是后来随着工业的发展、生产规模的扩大和人口的增长，环境的自净能力削弱乃至丧失，这种发展模式导致的环境问题日益严重，资源短缺的危机越发突出，这是不考虑环境代价的必然后果。

对于生产过程末端治理模式而言，它开始注意环境问题，但其具体做法是"先污染、后治理"，强调生产过程的末端采取措施治理污染。结果，治理的技术难度很大，不但治理成本极高，而且生态恶化难以遏制，经济效益、社会效益和生态效益都很难达到预期目的。

循环经济模式要求遵循生态学规律，合理利用自然资源和环境容量，在物质不断循环利用的基础上发展经济，使经济系统和谐地纳入自然生态系统的物质循环的过程中，实现经济活动的生态化。它倡导的是一种与环境和谐的经济发展模式，遵循"减量化、再利用、再循环"的原则，采用全程处理模式，以达到减少进入生产流程的物质量，以不同方式反复利用某种物品和废弃物的资源化目的，是一个"资源—产品—再生资源"的闭环反馈式循环过程，实现从"排除废物"到"净化环境"到"利用废物"的过程，达到"最佳生产、最适消费、最少废弃"。

表 11－4　传统经济与循环经济比较

比较指标	传统经济	循环经济
资源利用	"资源—生产—消费—废弃物排放"单向流动的线性经济	"资源—生产—消费—资源（再生）"的反馈式流程
经济增长	依靠高强度的开采和消费资源，高强度地破坏生态环境	资源重复利用的比例很高，对生态环境的影响小
典型特征	"三高一低"（高开采、高消耗、高排放、低利用）	"三低一高"（低开采、低消耗、低排放、高利用）

（二）生态农业

所谓生态农业（Ecological Agriculture），就是以生态经济系统原理为指导建立起来的资源、环境、效率、效益兼顾的综合性农业生产体系。其基本内涵是按照生态学原理和生态经济规律，因地制宜地设计、组装、调整和管理农业生产和农村经济的系统工程体系。它要求把发展粮食与多种经济作物生产，发展大田种植与林、牧、副、渔业，发展大农业与第二、三产业结合起来，利用传统农业精华和现代科技成果，通过人工设计生态工程、协调发展与环境之间、资源利用与保护之间的矛盾，形成生态上与经济上两个良性循环，实现经济效益、生态效益、社会效益三大效益的统一。

1. 生态农业的含义

在世界范围内,关于生态农业的定义和理解不尽完全一致,但是,各种定义的共同之处在于以下几个方面。

(1) 生态农业是指在保护、改善农业生态环境的前提下,遵循生态学、生态经济学规律,运用系统工程方法和现代科学技术,集约化经营的农业发展模式。

生态农业是一个农业生态经济复合系统,将农业生态系统同农业经济系统综合统一起来,以取得最大的生态经济整体效益。生态农业也是农、林、牧、副、渔各业综合起来的大农业,又是农业生产、加工、销售综合起来,适应市场经济发展的现代农业。

(2) 生态农业要求农业发展同其资源、环境及相关产业协调发展,强调因地制宜、因时制宜,合理布局农业生产力,实现农业生产的优质、高产和高效。

生态农业能合理利用和增值农业自然资源,重视提高太阳能的利用率和生物能的转换效率,使生物与环境之间得到最优化配置,并具有合理的农业生态经济结构,使生态与经济达到良性循环,增强抗御自然灾害和市场波动的能力。

(3) 生态农业建设的主要内容有:通过调查统计掌握生态与经济的基本情况,进行农业生态经济系统诊断和分析,进行生态农业区划和农业生态系统的工程优化设计;调整土地利用结构和农业经济结构;优先保护农业生态环境,建设生态工程,合理利用与增殖农业资源,改善农业生态环境;按照生态学原理和农业生态工程方法,从当地资源与生态环境实际出发,设计与实施适宜的生态农业模式;发展太阳能利用、小型水利水电、风力发电、沼气等清洁能源;使农业废弃物资源化,对其进行多层次综合、循环利用,实现无污染的清洁生产;对农业生态经济系统进行科学调控,实行现代集约化经营管理等。

2. 生态农业具有的基本特点

生态农业又称自然农业、有机农业和生物农业等,其生产的食品称生态食品、健康食品、自然食品、有机食品等。尽管世界各地对生态产品的称谓有所不同,但其目的都是一致的,这就是在洁净的土地上,用洁净的生产方式生产洁净的食品,提高人们的健康水平,促进农业的可持续发展。

(1) 遵循生态学原理,依据生态学规律进行生产的良性循环农业。

生态农业针对我国地域辽阔,各地自然条件、资源基础、经济与社会发展水平差异较大的情况,充分吸收我国传统农业精华,结合现代科学技术,以多种生态模式、生态工程和丰富多彩的技术类型装备农业生产,使各区域都能扬长避短,充分发挥地区优势,各产业都根据社会需要与当地实际协调发展。这一点反映了生态农业的多样性。

发展生态农业能够保护和改善生态环境,防治污染,维护生态平衡,提高农产品的安全性,变农业和农村经济的常规发展为可持续发展,把环境建设同经济发展紧密结合起来,在最大限度地满足人们对农产品日益增长的需求的同时,提高生态系统的稳定性和可持续性,增强农业发展后劲。这一点反映了生态农业的可持续性。

(2) 全面规划和协调的整体农业。

生态农业强调发挥农业生态系统的整体功能,以大农业(Grand Agriculture System)为出发点,按"整体、协调、循环、再生"的原则,全面规划、调整和优化农业用地结构、农业资源配置、农业产品，使农、林、牧、副、渔各业和农村一、二、三产业综合发展，并使农业内部各业之间互相支持，优势互补，提高农业整体生产能力，即强调农业生产的综合水平。现代大农业基本结构见图 11-1。

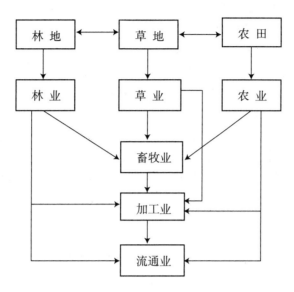

图 11-1　大农业产业结构系统

（引自　许鹏，2000）

大农业产业结构是以土地资源为根本，因地制宜，统筹安排农田、草地、林地的用地比例，种植业、养殖业、林业兼顾，全面发展，形成产业多元化、产品多样化的大农业特色。在这样的复合体系中，基础的土地资源为林地、草地和农田，在各种产品生产、加工、营销的过程中，相应产生了林业、草业和农业（种植业）、加工业和流通业。整个系统所形成的产品是多种多样的，其中林业产品包括木材、薪炭、编材、花卉、观赏植物、果品、药材和菌类食品等；草业产品包括青草、干草、草籽、青贮料、花卉、药材等；农业（种植业）产品包括粮食、油料、糖类、淀粉、蔬菜、药材等。

乔木和灌木的叶片、嫩枝条、花序、果实，农业副产品如秸秆、谷壳、麸糠等，可以用作家畜的饲草料，与多种草产品共同构成了发展养殖业的物质基础。养殖业除了生产畜产品，如毛、皮、绒、蛋、奶、肉等，还能为农业生产提供役用动力和大量廉价的有机肥。

农业、林业、牧业、草业、加工业、流通业六个产业相互联系，相互促进，形成一种多组分、多产品、多功能的大农业产业结构。这样的大农业复合体系，环境保护与资源开发利用相互协调，生态效益与经济效益相互促进，有效缓解人口、资源、环境之间日益尖锐的矛盾。

我国著名科学家钱学森（1986）指出，草业是以草原为基础，利用日光能量合成牧草，然后通过家畜，再通过化工、机械手段，创造物质财富的产业。它强调的是牧草在家畜和土地中的经营，其成功的关键是对"土壤—植物—动物"生态系统的认识。绿色植物把日光能和无机盐类转化为有机物，形成初级产品，其中直接为人类利用的部分不足25%。但是在草业系统中，动物生产层能把这一部分人类不能直接利用的75%左右的有机物转化为畜产品。中国传统的农业系统由于忽视草食动物生产，其生产效益至少减少50%，且不说由此导致的生态缺陷。

（3）以人工系统为主体的高效益农业。

生态农业通过物质循环和能量多层次综合利用以及各种产品的系列化深加工，实现经济增值，实行废弃物资源化利用，降低农业成本，提高效益，为农村大量剩余劳动力创造农业内部就业机会，保护农民从事农业的积极性和高效性。

（4）知识和技术密集型的科学农业。

生态农业涉及多种学科，如土壤学、耕作学、生态学、水土保持、草地学、环境保护、家畜饲养（动物营养）、系统学、管理学等。同样，生态农业在其研究、设计、组织实施过程中，需要运用生物技术、工程技术、农业耕作栽培技术、管理技术等多种技术及其组合。

我国著名科学家钱学森在20世纪90年代就曾指出："我们现在已经看到并正在经历的，是由电子信息技术发展引发的信息革命。计算机的迅速发展和普及，通信网络的建设，已使信息革命渗透到人类社会的许多方面，改变着人类的生产方式、工作方式、生活方式和学习方式，也改造着人自身，体力劳动和脑力劳动的差别将会消失，所以信息革命是又一次产业革命，即第五次产业革命。我们还应该看到即将到来的21世纪，以太阳能为能源，利用生物（包括植物、动物及菌物）、水和大气，建立农、林、草、海、沙五种综合种植，畜、禽、菌、药、渔加上工、贸的知识密集型产业，将是人类历史上的第六次产业革命。这次产业革命将不是发生在工业发达的大城市，而是发生在农村，使农村变成小城镇，城乡差别消失了，工业与农业的差别消失了。"

（5）无废物、无污染生产的清洁农业。

所谓农业废弃物（Agriculture Wastes），是农业生产、农产品加工、畜禽养殖业和农村居民生活排放的废弃物的总称。它主要包括农田和果园残留物（如秸秆、杂草、落叶等），牲畜和家禽的排泄物及畜栏垫料，农产品加工的废弃物和污水，人粪尿和生活废弃物。农业废弃物如果不经过处理或不进行利用而任意排放，不仅会造成农村生活环境污染，而且会污染农业水源，影响农业产品的质量和数量。农业废弃物主要是有机物，多层次合理利用农业废弃物，如饲草过腹还田、鸡粪处理后作为猪饲料，利用作物秸秆和粪便制取沼气、沼渣养蚯蚓、渣液当作肥料，等等，是当今生态农业研究和推广的重要内容之一。

从20世纪90年代起，联合国环境规划署积极推动的"废弃物零计划"，在日本等国成为新的生产经营理念。废弃物零计划指在生产活动中产生的产业废弃物，可以作为其他产业的原料加以利用，通过对废弃物进行"零处理"使地球上所有废弃物化为"零"，提倡自然界不存在无用之物，"唯一制造废弃物的生物是人"。换言之，自然界只有放错地方的资源，而没有真正的废弃物。物尽其用，要寻找它的附加价值，关键是要树立"垃圾也是资源，而且是宝贵的再生资源"的新观念。就我国而言，实施生态农业主要采用的技术措施包括：一是充分发挥利用全部国土资源，建立高效的人工生态系统；二是搞好农副产品的循环利用，创造更多的社会财富；三是农产品深度加工，多次增值。

总之，研究、设计、实施生态农业要达到的目标包括生态效益、经济效益和社会效益多个方面，可以概括如下：①绿色植被覆盖度最大，保护和改善生态环境，防治水土流失，实现良好的生态效益；②土地单位面积生物产量最高，高效利用各种农业环境资源，充分发挥生物资源的生物学效应，这是设计和实施生态农业系统最基本和首要目的；③农业废弃物利用最合理，以不同方式多次反复使用某种物品和废弃物资源化的目的，强调清洁生产和"资源—产品—再生资源"的闭环反馈式循环过程，最终实现"最佳生产、最适消费、最少废弃"的目的；④系统的经济效益最高，在物质不断循环的基础上发展经济，使经济系统和谐地纳入到系统的物质循环过程中，实现经济效益最大化和经济活动的生态化；⑤系统动态平衡最佳，整个农业系统具有较强的自我维持、自我调控能力。

3. 生态农业建设的基本原则

21 世纪将是我国实现农业现代化的关键历史阶段，而现代农业应该是高效的生态农业。目前，我国正处在由传统农业向现代农业的转型时期。传统农业由于生产力水平低下，难以承载大量增加的人口，造成对生态环境的破坏；现代农业由于化肥、农药残留和工农产品废弃物对环境和农产品的污染，危害着我们的生存和发展。因此，生态农业必须兼顾生态环境建设和治理环境污染两个方面。

我国地域辽阔，社会经济发展不平衡，建设生态农业应坚持因地制宜分类指导的原则。例如，在以传统农业为主的贫困地区和欠发达地区，农民的困难主要是缺粮、缺钱、缺燃料，根据生态学原理应主要抓好以下三件事：一是增加种植业的投入，增施化肥，使用良种，推广地膜，解决贫困人口的粮食问题；二是利用秸秆养牛，利用玉米等饲料养猪、养鸡，同时根据不同条件发展果树、蔬菜等经济作物，开展多种经营，增加农民收入；三是推广沼气技术，解决农民的能源问题。经过多年实践，根据各地不同的自然生态条件和经济发展水平，生态农业县建设已形成如下四个基本类型：

（1）生态脆弱地区生态农业发展模式。

生态脆弱地区主要集中在黄河中上游地区、长江上中游地区和三北风沙地区以及其他以山区、高原为主的自然经济条件较差的县域，如陕西延安、内蒙古翁牛特旗、宁夏固原、青海湟源等。这类生态农业县建设的基本模式为"治理与结构优化型"。生态脆弱地区主要通过三个途径实施生态农业建设：一是对恶化的生态环境进行治理，重点是植被恢复；二是加强农业基础设施建设，重点是基本农田建设；三是对农业生产结构进行优化调整，重点是以提高粮食单产为出发点、压缩粮田面积、适度扩大林果牧业面积、实现农林牧综合发展。

（2）生态资源优势区生态农业发展模式。

生态资源优势区主要分布在南方交通不便，但生态资源、环境良好的经济不发达地区，如江西婺源、重庆大足区、安徽歙县等。这类县域虽然交通不发达、经济比较落后，但生态资源优势明显。以南方条件较好的山地、丘陵为主，发展生态农业的主要模式为"生态保护与生态产业开发型"，通过如下三个途径发展生态农业：一是切实保护生态环境和自然资源，保持生态优势；二是加强农业基础设施建设；三是大力开发生态型特色产品，发展生态产业。

（3）农业主产区生态农业发展模式。

农业主产区是我国商品粮、棉、油主产区，以平原为主，种养业发达，农业产业化、机械化、集约化、规模化水平较高，如江苏江都区、吉林德惠市、辽宁昌图县等。这类生态农业县位于我国农业主产区，以平原农区为主，发展生态农业主要采用"农牧结合型加工增值模式"，即以农牧结合为基础，发展农副产品加工业，建立资源高效利用型产业化生态农业技术体系。

（4）沿海和城郊经济发达区生态农业县的发展模式。

沿海和城郊经济发达区县域经济发达，农业产业化水平、整体技术水平高，代表了我国农业现代化的较高水平和方向，如北京大兴区、广东东莞市。这类生态农业县发展面临的主要问题是农业投入大、劳动力成本高、农业环境污染较为严重，但市场拉动大、要求高、技术力量强，适合发展中高档优质农产品，发展生态农业的整体模式为"技术先导精品型"。

4. 以"食物链"原理为依据建立良性循环多级利用型模式

生物之间相互依存又相互制约，一个生态系统中往往同时并存着多种生物，它们通过一条条食物链密切地联系在一起。如按照食物链的构成和维系规律，合理组织生产，就能最大限度地发掘资源潜力，节省资源且减少环境污染。如利用作物秸秆作饲料养猪，猪粪养蛆，蛆喂鸡，鸡粪施于作物，在这种循环中，废弃物被合理利用，可减少环境污染。利用食物链组织生产的还有作物—畜牧—沼气循环、作物—食用菌循环等。利用生态系统中生物间相互制约，即一个物种对另一物种相克或捕食的天敌关系，还可人为地调节生物种群，达到降低害虫、杂草及病菌对作物危害的作用。

5. 根据生物群落演替原理发展时空演替合理配置型模式

根据生物群落生长的时空特点和演替规律，合理配置农业资源，组织农业生产，是生态农业的重要内容之一。采用这种模式，可充分利用农业资源，使产业结构趋向合理，并保护好农业生态环境。例如，为了让农副业生产向空间或地下多层次发展，可在田间实行高秆、矮秆作物搭配种植，同时在田间的沟、渠、过道的空间搭设棚架，栽种葡萄、芸豆等爬蔓作物；在温室、蔬菜大棚、专业化生产工厂里，采用普通栽培、无土栽培等方法，进行多层次生产；还可将植物种植和动物养殖搭配起来等。在时间演替上，可采用间作方式，在同一土地上种植成熟期不同的作物，以充分利用农业环境资源。

6. 在生态经济学原理指导下的系统调节控制型模式

在一个生态系统中，生物为了繁衍生息，必须随时随地从环境中摄取物质和能量，同时环境在生物生命活动过程中也得到某些补给，以恢复元气和活力。环境影响生物，生物也影响环境，受到生物影响而改变了的环境又对生物产生新的影响。如果不顾这个规律，过度开发，只顾索取，不给回报，便会使环境质量下降，资源枯竭。所以生态农业必须通过合理耕作、种养结合来调节控制生态系统，实现良性循环和可持续发展，如合理使用化肥、农药，有机和无机相结合，资源利用和保护相结合，促进生态和经济两方面良性循环。

把上述原则运用到实际生产中，就形成了今天生态农业工程的模式设计。这种模式设计常采用以下三种类型。

（1）时空结构型。

采用平面设计、垂直设计和时间设计，在实际应用中多为时空三维结构型，包括种群的平面配置、立体配置及时间的叠加嵌合等。时空结构型包含山体生态梯度开发型、林果立体间套型、农田立体间套型、水域立体种养型和庭院立体种养型等。

（2）食物链结构型。

模拟生态系统中的食物链结构，在农业生态系统中实行物质和能量的良性循环与多级利用。食物链模式设计通常采用"以源设模，以模定环，以环促流，以流增效"方法，通过链环的衔接，使系统内的能流、物流、价值流和信息流畅通。

（3）时空—食物链结构型。

时空—食物链结构型是时空结构型和食物链结构型的有机结合，即将生态系统中生物物质的高效生产和有效利用有机结合，把开源与节流高度统一，以求适投入、高产出、少废物、少污染和高效益。

农业可持续发展建设中主要应用的工程有：①以建设高产稳产农田为目标的农田生态建设工程；②以治理水土流失、土地沙化等为主的生态环境治理工程；③以林果业建设为主的农林复合生态系统建设工程；④以畜牧业建设为突破口的农林牧结合型生态建设工程；⑤以水面及湿地资源开发为主的种养结合型水面综合开发建设工程；⑥节能、增能、多能互补的能源综合开发工程；⑦以沼气为纽带的物质循环利用生态综合建设工程；⑧以防治"三废"等环境污染为主的环保工程；⑨以农副产品加工储藏和保鲜为主的农副产品增值工程（包括食用菌开发等）；⑩庭院经济开发利用工程。

7. 国外及我国生态农业发展状况

20世纪以来，随着科学技术和工业化的发展，在发达国家开始采用开放的集约化或理化型农业生产，称之为"石油农业"或"无机农业"。"石油农业"由于采用了现代科学和工业技术，使用了大量化肥、农药、机具，极大地提高了农业生产力，获得了很高的效益。但是，随着时间的推移，石油农业由于需要消耗大量的资金和能源，从而加剧了世界性能源危机和资金短缺。大量工业副产品及人工合成的化学物质进入农业环境，对自然环境和农业产品都造成了污染，甚至对生态安全和人类健康构成威胁。对土地资源重用而轻养，出现了世界性的地力衰退和某些自然资源枯竭。石油农业导致的一系列生态不良后果，引起了人们极大的关注（张自和，2004）。

国外生态农业大体上都期望建立具有生态合理性、功能良性循环的一种农业体系。大多主张完全不用或基本不用化肥、农药，代之以秸秆、人粪尿、绿肥等有机肥和利用天然物质、农业物理措施等防治病虫杂草，提倡尽量利用各种可再生资源和人力、畜力进行农事操作，强调保护野生动、植物资源并采用轮作、间作套种来提高土壤肥力。据统计，目前世界上实行生态管理的农业用地约 $1055 \times 10^4 \, hm^2$，其中，澳大利亚生态农地面积最大，拥有 $529 \times 10^4 \, hm^2$，占世界总生态用地面积的50%，其次是意大利和美国，分别有 $95 \times 10^4 \, hm^2$ 和 $90 \times 10^4 \, hm^2$。若从生态农地占农业用地面积的比例来看，欧洲国家普遍较高。

20世纪80年代初，在世界替代农业研究运动的推动下，为了寻求中国农业持续发展模式，以生态学家马世骏教授为首的一批科学家和农业领导者提出"中国生态农业"的概念。中国生态农业是把农业生产、农村经济发展和生态环境治理与保护、资源培育和高效利用融为一体的新型综合农业体系，其本质是把农业生产纳入生态合理的轨道，寻求经济增长与资源环境保护的协调、同步发展，在农业生产和农村经济增长的同时，保护和改善农业生态环境。

骆世明（2001）提出，中国生态农业具有以下五个特点：①以追求高产、优质、高效为目的；②使传统农业的精华和现代科学技术相结合；③强调适当的物质投入；④使劳力密集型和技术密集型相结合；⑤使个别农场发展与区域发展相结合。中国生态农业有三大目标：①增加粮食生产，妥善解决粮食问题；②促进农村综合发展，消除农村贫困状况；③合理利用、保护与改善自然资源，维护生态平衡。

中国的生态农业包括农、林、牧、副、渔在内的多成分、多层次、多部门相结合的复合农业系统。20世纪70年代主要措施是实行粮、豆轮作，混种牧草，混合放牧，增施有机肥，采用生物防治，实行少免耕，减少化肥、农药、机械的投入等。20世纪80年代以来，我国创造了许多具有明显增产增收效益的生态农业模式，如稻田养鱼、养萍，林粮、林果、林药间作的主体农业模式；农、林、牧结合，粮、桑、渔结合，种、养、加结合等复合生态系统模式；鸡粪喂猪、猪粪喂鱼等有机废物多级综合利用的模式。生态农业的生产以资源永续利用和生态环境保护为重要前提，根据生物与环境相协调适应、物种优化组合、能量物质高效率运转、输入输出平衡等原理，运用系统工程方法，依靠现代科学技术和社会经济信息的输入组织生产。通过食物链网络化、农业废弃物资源化，充分发挥资源潜力和物种多样性优势，建立良性物质循环体系，促进农业持续稳定地发展，实现经济效益、社会效益、生态效益的统一。因此，生态农业是一种知识密集型的现代农业体系，是农业发展的新型模式。

农业部曾向全国征集到370种生态农业模式或技术体系，遴选出经过一定实践运行检验，具有代表性的十大类型生态农业模式，并正式将此十大模式作为今后一段时间农业部的重点任务加以推广。其中，与草地畜牧业密切相关的生态农业典型模式和配套技术见表11-5。

表11-5　我国与草地畜牧业密切相关的生态农业典型模式

序号	生态农业模式名称
I	草地生态恢复与持续利用模式及配套技术 （牧区减牧还草、农牧交错带退耕还草、南方山区种草养畜、沙漠化土地综合防治、牧草产业化开发）
II	生态畜牧业生产模式及配套技术 （复合生态养殖场生产、规模化养殖场生产、生态养殖场产业化开发）
III	平原农林牧复合生态模式及配套技术
IV	丘陵山区小流域综合治理模式及配套技术 （围山转生态农业、生态经济沟、西北地区牧沼粮草果五配套、生态果园）

1. 草地生态恢复与持续利用模式及配套技术

遵循植被分布的自然规律，按照草地生态系统物质循环和能量流动的基本原理，运用现代草地监测、管理、保护和利用技术，在牧区实施减牧还草，在农牧交错带实施退耕还草，在南方草山草坡区实施退耕还林还草和种草养畜，石漠化地区植被恢复技术，在潜在沙漠化地区实施以草为主的综合治理的一种生态农业模式。

（1）牧区减牧还草模式。

针对我国牧区草原退化、沙化严重，草畜矛盾尖锐，直接威胁着牧区和东部广大农区的生态和生产安全的现状。通过减牧还草，恢复草原植被，使草原生态系统重新进入良性循环，实现牧区的草畜平衡和草地畜牧业的可持续发展，使草原真正成为我国生态环境保护的绿色生态屏障。其配套技术主要有：①饲草料基地建设技术：水源充足的地区建立优质高产饲料基地，无水源的地区选择条件便利的旱地建立饲草料基地，满足家畜对草料的需求，减轻家畜对天然草地的放牧压力，为家畜越冬贮备草料。②草地封育补播植被恢复技术：草地封育后禁牧 2～3 年或更长时间，使草地植被自然恢复，或补播抗寒、抗旱、竞争性强的牧草，加强植被恢复。③半舍饲、舍饲饲养技术：牧草禁牧期、休牧期进行草料的贮备与搭配，满足家畜生长和生产对养分的需求。④季节畜牧业生产技术：引进国内外优良品种对当地饲养的家畜进行改良，生长季划区轮牧和快速育肥结合，改善生产和生长性能。⑤再生能源利用技术：应用小型风力发电机，太阳能装置和暖棚，满足牧民生活、生产用能，减缓冬季家畜掉膘，减少对草原薪柴的砍伐，提高牧民的生活质量。

（2）农牧交错带退耕还草模式。

在农牧交错带有计划地退耕还草，发展草食家畜，增加畜牧业产值在农业总产值中的比重，实现农牧结合，恢复生态环境，在遏制土地沙漠化的同时，增加农牧民的收入。主要配套技术包括：①草田轮作技术：牧草地和作物田以一定比例播种种植 2～3 年后倒茬轮作，改善土壤肥力，增加作物产量和牧草产量。②家畜异地育肥技术：牧区的架子羊、架子牛及时出栏，利用农牧交错带饲料和秸秆的优势，进行集中育肥、屠宰和加工后进入市场。③优质、高产人工草地的建植利用技术：选择优质、高产牧草，建立人工草地用于牧草生产或育肥幼畜放牧，解决异地育肥家畜对草料的需求。④再生能源利用技术：在风能、太阳能利用的基础上增加沼气技术开发利用。如河北省张家口市沽源牧场退耕种草 15 万亩，利用优质牧草发展奶业，完全舍饲，饲养高产奶牛 7000 余头，使 20 余万亩天然草地得以恢复，经济效益大幅度增加。又如河北省承德市丰宁县，在坝上地区将 1/3 耕地退耕还草，进行草田轮作，大幅度地提高了粮食产量，农田实施少耕免耕，大面积种植饲料作物，从牧区购入架子羊进行异地育肥，保护了天然草地植被，增加了单位土地面积的经济效益。

（3）南方山区种草养畜模式。

我国南方广大山区海拔在 1000 m 以上地区，水热条件好，适于建植人工草地，饲养牛羊，具有发展新西兰型高效草地畜牧业的潜力。利用现代草地建植技术建立"白三叶 + 多年生黑麦草"等类型人工草地，选择适宜的载畜量，对草地进行合理的放牧利用，使草地得以持续利用，草地畜牧业的效益大幅度提高。主要配套技术有：①人工草地划区轮牧技术：白三叶 + 多年生黑麦草人工草地在载畜量偏高或偏低的情况下均出现草地退化，优良牧草逐渐消失，确定适宜载畜量并实施划区轮牧计划可保持优良牧草比例的稳定，使草地得以持续利用。②草地植被改良技术：南方草山、草坡、天然草地植被营养价值低，不适于家畜利用，首先采取对天然草地植被重牧，之后施入磷肥，对草地进行轻耙，将所选牧草种子播种于草地中，可明显提高播种牧草的出苗率和成活率。③家畜宿营法放牧技术：将家畜夜间留宿在放牧围栏内，以控制杂草、控制虫害、调控草地的养分循环维持优良牧草比例。④家畜品种引进和改良技术：通过引进优良家畜品种对当地家畜进行改良，利用杂种优势提高家畜的生产性能，提高草地畜牧业生产效率。如湖南城步县南山牧场，在原草山草坡上通过改良建立了 0.67 万 hm² "白三叶 + 多年生黑麦草" 人工草地，以适宜的载畜量进行划区轮牧，发展绿色奶业生产，所建人工草地持续利用近 20 年，取得了巨大的经济效益。云南省肉牛和牧草研究中心在小哨建植了 "白三叶 + 非洲狗尾草 + 东非狼尾草" 人工草地，从 1983 年开始至今已放牧肉牛和刈割利用 23 年，产生了良好的生态效益、经济效益和社会效益，成为我国亚热带地区人工草地建植、草地管理利用的样板工程。

（4）沙漠化土地综合防治模式。

我国干旱、半干旱地区因开垦和过度放牧使沙漠化土地面积不断增加，以每年 2000 km² 速度扩展，严重威胁着当地人民的生活和生产安全。根据荒漠化土地退化的阶段性和特征，综合运用生物工程和农艺技术措施，遏制土地荒漠化，改善土壤理化性质，恢复土壤肥力和草地植被。主要配套技术是：①少耕免耕覆盖技术：潜在沙漠化地区的农耕地实施高留茬少耕、免耕，或改秋耕为春耕，或增加种植冬季形成覆盖的越冬性作物或牧草，降低冬季对土壤的风蚀。②乔灌围网、牧草填格技术：土地沙漠化农耕或草原地区采取乔木或灌木围成林（灌）网，在网格中种植多年生牧草，增加地面覆盖，特别干旱的地区采取与主风向垂直的灌草隔带种植。③禁牧休耕、休牧植施技术：具潜在沙漠化的草原或耕地采取封育禁牧休耕，或每年休牧 3~4 个月，恢复天然植被。如内蒙古通辽市奈曼旗、赤峰市敖汉旗，利用灌草结合技术，灌木行间种植牧草，加之围封禁牧，使科尔沁沙地边缘沙漠化土地得到恢复。又如内蒙古乌兰察布市地区，以 "进一退二还三" 的结构调整模式（建一亩水浇地基本农田，退耕二亩低产田，还林还草还牧），以带状间作轮作为主，大面积控制了土壤的风蚀沙化。④再生能源利用技术：风能、太阳能和沼气利用。

（5）牧草产业化开发模式。

在农区及农牧交错区发展以草产品为主的牧草产业，种植优良牧草实现草田轮作，增加土壤肥力，改造中低产田，减少化肥造成的环境污染，同时有利于奶业和肉牛肉羊业的发展。运用优良牧草品种、高产栽培技术、优质草产品收获加工技术、以企业为龙头带动农民进行牧草的产业化生产。主要配套技术包括：①高蛋白牧草种植管理技术：以苜蓿为主的高蛋白牧草的水肥平衡管理，病虫杂草的防除。②优质草产品的收获加工技术：采用先进的切割压扁、红外监测适时打捆、烘干等手段，减少牧草蛋白的损失，生产优质牧草产品。③产业化经营：以企业为龙头，实行 "基地 + 农户" 的规模化、机械化、商品化生产。如横店集团山东东营基地，利用现代技术和设备种植 0.67 万 hm² 紫花苜蓿基地，并带动当地农民进行优质草产品生产，直接供奶牛企业，生态效益和经济效益显著。又如大业集团甘肃酒泉基地，在酒泉玉门和张掖等地建牧草种子田 0.13 万 hm²，建紫花苜蓿基地

0.33 万 hm^2，以生产草块为主，供光明乳业等南方乳业企业，经济效益显著。

2. 生态畜牧业生产模式及配套技术

遵循生态经济学原理，结合系统工程和清洁生产的理论和方法进行畜牧业生产的过程，其目的在于达到保护环境、资源永续利用的同时生产优质的畜产品。

（1）复合型生态养殖场生产模式。

复合型生态养殖场生产模式主要特点是以畜禽动物养殖为主，辅以相应规模的饲料粮（草）生产基地和畜禽粪便处理利用，通过清洁生产技术生产优质畜产品。关键技术包括：①无公害饲料基地建设：根据土壤培肥技术、有机肥制备和施用技术、平衡施肥技术和高效低残留农药施用等技术配套，实现饲料原料清洁生产目的。②饲料及饲料清洁生产技术：根据动物营养学原理，应用先进的饲料配方技术和饲料制备技术，根据不同畜禽种类、长势进行饲料搭配，生产全价配合饲料和精料混合料。作物残体（纤维性废弃物）因营养价值低或可消化性差，不能直接用作饲料，但如果将它们进行适当处理，即可大大提高其营养价值和可消化性。目前，秸秆处理方法有机械（压块）、化学（氨化）、生物（青贮）等处理技术，国内应用最广的是青贮和氨化。③养殖及生物环境建设：畜禽养殖过程中利用先进的养殖技术和生物环境建设，达到畜禽生产的优质、无污染，通过禽畜舍干清粪技术和疫病控制技术，使畜禽在优良的生长环境中无病或少病发生。④固液分离技术和干清粪技术：对于用水冲洗的规模化畜禽养殖场院，其粪尿采用水冲方法排放，既污染环境又浪费水资源，也不利于养分资源利用。采用固液分离设备进行固液分离，固体部分进行高温堆肥，液体部分进行沼气发酵。同时为了减少用水量，尽可能采用干清粪技术。⑤污水资源化利用技术：采用先进的固液分离技术分离出液体部分在非种植季节进行处理后达标排放或者进行蓄水贮藏，在作物生长季节可以充分利用污水中的水肥资源进行农田灌溉。⑥有机肥和有机无机复混肥制备技术：采用先进的固液分离技术、固体部分利用高温堆肥技术生产优质有机肥和商品化有机无机复混肥。⑦沼气发酵技术：利用畜禽粪便进行沼气和沼肥生产，合理地循环利用物质和能量，解决燃料、肥料、饲料矛盾，改善和保护生态环境，促进农业全面、持续、良性发展，促进农民增产增收。

（2）规模化生态养殖场生产模式。

规模化生态养殖场生产模式的主要特点是以大规模畜禽动物养殖为主，但缺乏相应规模的饲料粮（草）生产基地和畜禽粪便消纳设施及场所，因此需要通过一系列生产技术措施和环境工程技术进行环境治理最终生产优质畜产品。主要技术组成：①饲料及饲料清洁生产技术；②养殖及生物环境建设；③固液分离技术；④污水处理与综合利用技术；⑤畜禽粪便无害化高温堆肥技术；⑥沼气发酵技术。

3. 平原农林牧复合生态模式及配套技术

农林牧复合生态模式是指种植业、养殖业和林业之间有机结合，利用多种大农业资源在时间、空间及种间的互补性而形成的两个或两个以上产业或组分的复合生产模式，如种植业、林业为养殖业提供饲料饲草，养殖业为种植业提供有机肥等。农林牧复合生态系统是平原农业持续发展的关键技术。平原农区是我国粮、棉、油等大宗农产品和畜产品乃至蔬菜、林果产品的主要产区，进一步挖掘农林、农牧、林牧不同产业之间的相互促进、协调发展的能力，对于我国的食物安全和农业自身的生态环境保护具有重要意义。

（1）"粮/饲—猪—沼—肥"生态模式及配套技术。

"粮/饲—猪—沼—肥"生态模式的主要内容：一是种植业由传统的粮食生产一元结构或粮食、经济作物生产二元结构向粮食作物、经济作物、饲料饲草作物三元结构发展，饲料饲草作物正式分化为一个独立的产业，为农区饲料业和养殖业奠定物质基础。二是进行秸秆青贮、氨化和干堆发酵，开发秸秆饲料用于养殖业，主要是养牛业。三是利用规模化养殖场畜禽粪便生产有机肥，用于种植业生产。四是利用畜禽粪便进行沼气发酵，同时生产沼渣沼液，开发优质有机肥，用于作物和经济林生产。主要有粮—猪—沼—肥、草地养鸡、种草养鹅、果园种草等模式。主要技术包括秸秆养畜过腹还田、饲料饲草生产技术、秸秆青贮和氨化技术、有机肥生产技术、沼气发酵技术以及种养结构优化配置技术等。配套技术包括作物栽培技术、节水技术、平衡施肥技术等。

（2）"林果—畜禽"复合生态模式及配套技术。

"林果—畜禽"复合生态模式是在林地或果园内放养各种经济动物，放养动物以野生取食为主，辅以必要的人工饲养，生产较集约化养殖更为优质、安全的多种畜禽产品，接近有机食品。主要有"林—鱼—鸭""胶林养牛（鸡）""山林养鸡""果园养鸡（兔）"等典型模式。主要技术包括林果种植和动物养殖以及和种养搭配比例等。配套技术包括饲料配方技术、疫病防治技术、生草栽培技术和地力培肥技术等，其中以湖北的林—鱼—鸭模式、海南的胶林养鸡和养牛最为典型。

4. 丘陵山区小流域综合治理模式及配套技术

小流域综合治理是指以小流域为单元，在全面规划基础上，合理安排农、林、牧各业用地，因地制宜地实施水土保持工程措施、生物措施、耕作措施，做到互相协调、互相促进，形成综合防护体系，发挥最大的效益。实施小流域综合治理应以遵循自然规律和经济规律为前提。小流域综合治理涉及多种学科和多个层次，它包括林灌草植被恢复综合技术，工程措施与生物措施相结合，环境保护与资源利用相协调，兼顾水土保持与土地资源开发等多个方面。我国已有许多成功的经验，如"围山转"生态农业模式及配套技术、生态经济沟模式及配套技术、生态果园模式及配套技术、西北地区牧沼粮草果五配套模式及配套模式。

（三）草地农业

草地农业属于生态农业的一种形式，也是有机农业的一种形式。它强调牧草和草食家畜在农业结构中重要作用，突出了农田、草地、林地相协调，农业、草业、林业相结合的特点，可以解决用地、养地和畜牧业发展饲料不足之间的矛盾。因此，它既有利于促进农业生态平衡，又可增加农民收入和城乡畜产品供应。草地农业系统不仅能为人类创造较高的直接经济效益，而且还可以提供无法用价值衡量的生态效益和社会效益。

草地农业强调在不破坏生态环境的前提下，不断提高系统的整体生产水平。以土壤—植物—动物为整体研究对象，尤其强调草食家畜在整个农业生产系统中的重要地位和作用；强调农业生产环境的安全和草产品、畜产品的安全；草地农业通过景观价值、植物生产、动物生产、农产品加工流通形成一个完整的生产流程，物质和能量在饲草—家畜—有机肥—植物产品—动物产品这一过程中使多层次高效率转化，多级循环利用，最大限度地减少农业废弃物。

在一定的地域和气候条件下，发展营养体农业，而不是籽实农业，可有效提高对环境资源的利用，增加单位土地面积的生产水平，是循环经济理论中减量化原则的体现；同样，土地—粮食—养猪系统与土地—饲草—草食家畜系统相比较，前者的能量利用率较低，生产效率较低，经济效益较低。采用免耕和少耕法是草地农业的一项重要措施，可以减少作业环节，减少能量投入。提倡和使用豆科植物也是草地农业最主要的特征之一，将豆科牧草引入到农田种植制度中，利用其生物固氮作用。一方面可有效地恢复和提高土壤中的氮素，有利于植物生长发育；另一方面，可减少化肥的使用量，既可降低投入又能改善土壤的理化性状。

种植业在收获籽实的同时，也产出大量秸秆。实验已证明，作物生产的有机物中，能够被人类直接利用的仅为 25% 左右，其余大部分必须通过动物转化或其他途径转化之后，才能供人类所利用。秸秆是最主要的农业副产品，传统的利用方式有以下几种：一是作为燃料，提供一定的能源；二是直接返还到土壤中，待腐烂分解后充当有机质；三是就地焚烧，利用剩余的草木灰。这三种处理方式的缺点很明显，即利用效率低、污染环境。草地农业提倡对物质、能量的高效利用和循环利用，强调动物尤其是草食动物在大农业生产体系中的必要性和重要性。草食动物的瘤胃是天然的"发酵罐"，其利用和转化农业副产品也是一种资源再利用，而且是高效利用的形式。将家畜产生的有机肥返还土壤，既有利于维护生态环境，又可改善和提高土壤肥力。因此，草地农业符合循环经济和生态农业的要求，是我国农业持续发展的必经之路。

张子仪院士针对我国畜牧业发展现状和趋势，提出了未来畜牧业发展应遵循"5R 原则"，即再利用（reuse）、降低耗能（reduce）、再循环（recycle）、抢救物种（rescue）和重建生态环境（reconstruction）。并强调未来畜牧业发展应转变传统的"多快好省"为"省好快多"，即优先次序是首先要求节能、安全，然后才是生产速度和产品数量。上述观点与循环经济相符合，代表了未来畜牧业发展的基本趋势，顺应社会发展要求，是研究和实施草地农业应该遵循和借鉴的基本原理之一。

1. 我国发展草地农业的必要性

随着我国人口不断增长和经济快速发展，各种需求使得地球不堪重负，许多方面超出了地球提供食物、水和人类日常生活基本需求的自然能力。其结果导致了森林面积缩小，沙漠化范围扩大，草原大面积退化，同时诸如土壤侵蚀、气温上升、水位下降、冰川融化、海平面上升、河流干涸、物种消失等现象，几乎所有这些环境趋势都关乎世界粮食安全。而众多变化中以气温上升、水资源匮乏和耕地退化对人类食品安全尤为重要。

长期以来，我国的农业实行以农耕业为主的传统模式。种植业是农业的主体，畜牧业处于从属地位；粮食生产几乎成为农业生产的唯一目标，而动物性产品、动物油等食物的重要构成部分被忽视；依靠大量使用化肥、农药、灌水、地膜等生产资料获取粮食增产，农业生态环境不断恶化，农业可持续发展面临极大的威胁。目前，我国人口、资源、环境的相互矛盾日益突出，如何改变传统农业生产模式，摆脱农业发展所面临的困境和劣势，成为确保粮食安全，逐步实现农业可持续发展的重大课题。传统农业有其不可克服的缺陷之处，集中体现在耕地资源、水资源、粮食安全和人畜争粮等几个方面。

（1）土地资源。

土地资源一般指能供养生物的陆地表层，包括内陆水域，但不包括海域。土地除农业用地外，还有一部分是难以利用或基本不能利用的沙质荒漠、戈壁、沙漠化土地、永久积雪和冰川、寒漠、石骨裸露山地、沼泽等。随着科学技术和经济的发展，有些难以利用的土地正在变得可以逐步用于农业生产。与国外相比较，我国的土地资源的绝对量大，但人均占有的各类土地资源数量显著低于世界平均水平。

根据统计资料，我国土地总面积约为 $963 \times 10^4 \, km^2$，约占世界土地总面积的 7.3%，仅次于俄罗斯和加拿大而居世界第 3 位。耕地面积约为 $0.99 \times 10^8 \, hm^2$（14.9 亿亩），约为世界耕地总面积的 7%，次于俄罗斯、美国、印度而居世界第 4 位。林地面积约为 $1.15 \times 10^8 \, hm^2$（17.3 亿亩），占世界森林总面积的 3%，次于俄罗斯、巴西、加拿大、美国而居世界第 5 位。草原面积 $3.19 \times 10^8 \, hm^2$（47.9 亿亩），其中可利用的面积约 33.7 亿亩，仅次于澳大利亚、俄罗斯而居世界第 3 位，另有草山草坡约 $0.48 \times 10^8 \, hm^2$（7.2 亿亩）。山地多而平地少，海拔 3000 m 以上的高山和高原占国土面积的 25%。此外，还有约 19% 的难以利用的土地和 3.5% 的城市、工矿、交通用地。人均耕地面积仅约 0.1 hm^2（1.5 亩），为世界平均数 0.3 hm^2（4.5 亩）的 1/3，是世界上人均占有耕地最少的国家之一。人均林地面积约为 0.12 hm^2（1.8 亩），森林覆盖率为 12.7%，而世界平均分别为 0.91 hm^2（13.6 亩）和 31.3%。人均草地面积约为 0.33 hm^2（5 亩），也只是世界平均数 0.69 hm^2（10.4 亩）的一半。

中国是一个人口众多、耕地缺乏的国家，人口总量已达 13.8 亿人（2016 年），现有耕地仅占世界耕地总面积的 7%，中国以相对较少且质量并不高的农业资源养活如此庞大的人口，被称为世界农业奇迹。针对中国近年来谷物产量下降的问题，美国学者布朗指出了导致这种问题的三个不可回避的因素：一是耕地被转为非农业用途和被荒漠化所吞噬；二是蓄水层耗竭导致灌溉用水的减少，灌溉用水向城市分流；三是 1999 年以后谷物价格疲软，农民难以从增加的谷物产量中获利。

在增加粮食产量方面，布朗提议应增加作物复种面积，在一块土地上种植两茬或两茬以上的作物。这需要改变农业研究计划，鼓励开发促进作物早熟的技术，这样可加速收获第一茬作物和加速种植第二茬作物。此外，增加可再生能源使用量，减少矿物能源消耗，进而减缓气温上升，也会增加粮食产量。

（2）水资源。

我国河川径流总量大，但水土配合不协调。每亩耕地平均占有径流量仅有 1819 m^3，只相当于世界平均数 2400 m^3 的 2/3 略多。此外，地下水资源中参加短期水量循环（一年或几年）的浅层水概算每年平均综合补给量（天然资源）约为 $7718 \times 10^8 \, m^3$。扣除地下水和地表水之间的重复计算部分，全国水资源平均年总量约为 $27362 \times 10^8 \, m^3$，比河川径流量约增加 3%。水资源的地区分布很不均匀。长江流域及长江以南耕地只占全国总耕地的 37.8%，拥有的径流量却占全国的 82.5%；黄淮海三大流域径流量只占全国的 6.6%，而耕地却占全国的 38.4%。长江流域每亩耕地平均占有水量达 2800 m^3 左右，黄河流域为 260 m^3，海河流域仅为 160 m^3。水量在时程分配上也极不平衡，年际间变幅很大。

中国是世界上最干旱的国家之一，水资源十分短缺，人均水资源仅是世界平均水平的

25％。地下水资源的枯竭是比石油枯竭更加严重的问题，因为石油有替代品，而水没有；今天为满足食物供应而过度汲取水资源会使将来的食物生产量降低；农业是经济结构中对水最为敏感的部分，约有70％的水用于农田的灌溉。《中国日报》在1995年曾报道：由于黄河断流未能流到山东省，使当年山东省粮食减产270×10^4t，减产的粮食足以养活900×10^4人口。当人们主要关注城市缺水时，中国的农村地区也面临缺水的困境，但这种情况常常得不到重视。在美国，仅有10％的粮食收成来自水浇地，灌溉用水的减少并不会大幅度改变粮食供给。但对一个70％以上的粮食收成来自水浇地，并且广泛地开采地下水的国家而言，地下蓄水层枯竭的紧迫影响是极其巨大的。

气温上升是未来人类食品安全的另一巨大威胁。根据最近农业生态学家的研究，在生长季节温度上升1℃，将会使谷物产量降低10％。另外，气温上升还会导致高山地区温度升高，雨量增大，雪量减小，从而使雨季更易暴发洪水，干季滋养河流的雪水减少。人为活动导致干旱发生的原因主要有以下四点：①人口大量增加，导致有限的水资源越来越短缺；②森林植被遭受破坏，植物的蓄水作用丧失，导致地下水和土壤水减少；③人类活动造成大量水体污染，使可用水资源减少；④用水浪费严重，中国尤其是农业灌溉用水浪费惊人，导致水资源短缺。在我国，控制人口、植树造林、治理污染、发展环保产业已成为基本国策，作为农业大国，我们落后的灌溉方式也正在向高效节能的灌溉方式转变。

在提高农业水利用方面，可利用作物残余物，如小麦、水稻秸秆及玉米茎秆来生产食物。印度在使用小麦、水稻秸秆饲养奶牛方面，处于世界领先地位。中国在利用作物秸秆饲养家畜，进而生产更多奶和肉类方面，也十分先进。

（3）人畜争粮。

自我国改革开放以来，食草型、节粮型动物食品生产发展较快，耗粮较多的猪肉占肉类的比重由1978年的90％下降到目前的60％左右，牛羊禽肉的比重迅速提高。据有关统计资料（表11-6），草食型家畜与耗粮型家畜（猪）的数量之比，2003年全世界为0.73:1，在各大洲中亚洲最低，为0.35:1，欧洲次之，非洲最高，为8.12:1。大洋洲、美洲和非洲因为有广阔草地资源作基础，草食家畜都超过耗粮型家畜，而其他各洲都是耗粮型家畜超过草食家畜。

表11-6　2003年世界各洲草食家畜与猪的比例统计

地　区	全世界平均	亚洲	欧洲	北美和中美洲	南美洲	大洋洲	非洲
草食家畜与猪的比例	0.73:1	0.35:1	0.53:1	1.28:1	3.87:1	7.30:1	8.12:1
排序	—	6	5	4	3	2	1

中国草地资源居世界第二位，但草食家畜在饲养家畜中的比重太低，耗粮型养猪业仍然占据养殖业的主要地位，在世界耗粮型畜牧业占主要地位的国家中高居榜首。2003年中国猪肉产量占肉类总产量的比重高达65.18％，饲养了4.66亿头猪，牛肉只占世界人均量的51.73％，牛奶仅为世界人均量的16.57％。中国的人口是美国的4倍，但奶产量仅为

美国的 22.34%，人均耗奶量为美国的 5.03%。美国是产粮大国，猪肉产量只占全世界的 9.32%；我国是贫粮国，猪肉产量却接近世界总产量的一半（47.18%）。2003 年我国猪肉人均产量是世界人均量的 2.27 倍，人均猪肉消费量中国略高于美国（中国为 34.966 kg/人，美国为 30.69 kg/人）。中国人比美国人每年多吃 4 kg 猪肉，总量就是 520×10^4 t，大约相当美国猪肉产量的 60%，是大洋洲、南美洲、非洲三大洲猪肉产量的总和的 143%。中国草食类家畜牛、羊肉与猪肉产量之比为 21.86∶100，后者为前者的 4.57 倍；而美国两者之比为 137.92∶100，前者为后者的 1.38 倍，中国养猪数量是美国的 7.83 倍。与全球平均值相比，中国牛羊肉占肉类的百分比低了 13.89 个百分点，而猪肉高出 26.85 个百分点。

根据任继周院士的观点，未来中国粮食的压力并非来自人的口粮，而是饲料用粮。他依据我国的土地资源、粮食需求和饲料需求趋势，提出了我国食物构成的新趋势，即"2+5 模式"。他估计，到 2020 年，我国口粮需求为 1.93×10^8 t，饲料消费量则增加到 4.92×10^8 t，两者之和为 7×10^8 t。因此，7×10^8 t 食物当量应为我国食物（含口粮与饲料）的中长期规划目标，即人用 2×10^8 t，畜用 5×10^8 t。同时他认为，饲料消费量的成倍增长才是我国必须面对的真正压力。畜食匮乏，必然引起人食不足，如果还走以粮为纲的老路，吃饭难的艰难岁月必将重演。但如果按人畜分粮的原则，用牧草代粮，施行草地农业，充分发挥我国 4 倍于农田的草地资源和农区草田轮作的潜力，这将使我国粮食问题得到根本解决。他解释说，草地农业是生态农业的一种，它把食物系统作为整体来开发，从多层面提高农业系统的生产能力，符合节约资源、高效产出，达到生态和生产兼顾、持续发展的现代农业特征。我国如改变畜牧业结构，压缩养猪数量的 1/3，将耗粮型家畜代之以草食家畜，可节约 0.67×10^8 t 谷物，粮食压力将大为缓解。如果实施草地农业系统，到 2020 年在保证现有 1.07 亿 hm^2 农田的基础上，可增加农田当量 0.79 亿 hm^2，届时我国将进入粮食生产稳定并有余粮和饲料出口的时代。目前，中国的粮食供求关系正在逐步远离传统。统计资料表明，中国农村人均口粮为 233 kg，而城市人均粮食消费量由 1978 年的 160 kg 下降到 2002 年的 78 kg，大约 1 个农村人口相当于 3 个城市人口的粮食消费量。由此可以看出，过去 20 多年来中国粮食消费量并未增加。在谷物消费量降低的同时，肉、蛋、奶等动物产品的消费相应上升，上升的数量与谷物消费下降的数量接近，这表明中国的食物构成发生了历史性变化。1984 年中国粮食产量达到 4×10^8 t，人均 394 kg，满足了口粮和饲料粮的基本需要。其中饲料粮约为 1.2×10^8 t，口粮为 2.8×10^8 t。经过 20 多年的发展，中国粮食需求约增加 1 亿 t 左右。到目前，全国口粮与饲料粮的需要量约为 5.06×10^8 t，其中口粮为 3×10^8 t、饲料粮超过 2×10^8 t。据任继周院士测算，以 2020 年满足 16 亿人口的食物需求为目标，今后 7 年内随着城市化的进展，农村人口不断下降，城市人口比重加大，城市化口粮下降的幅度足以满足新增人口的需要，口粮的需求不会增加，而随着食物结构的改善，到 2020 年饲料粮需求将倍增至 5×10^8 t 左右。

（4）粮食安全问题。

在世界经济一体化的进程中，粮食安全已成为全世界共同关注的焦点之一。20 世纪 60 年代以来，世界谷物增长幅度逐年下降。进入 21 世纪以后，世界谷物产量下降 18.8 × 10^8 t，缺口为 9300×10^4 t/年。而粮食出口的国家，全球只有美国、加拿大、法国、澳大利亚、阿根廷和泰国 6 个国家，依赖进口的国家却有 100 多个。全球谷物贸易总量为 2.27 ×

10^8 t，其中美国占半数，掌握着世界粮食市场的命脉。1972 年苏联粮食减产，购买了相当于世界市场容量 1/10 的粮食，世界粮价上涨一倍。日本大豆依靠从美国进口，1974 年美国对日本实施大豆禁运，日本遭受巨大打击。

当今，虽然食物权作为一项重要的人权，已经得到各国普遍认同，并在 1996 年世界粮食安全首脑会议上得到了肯定。但是，即便是现在，世界上仍有大量人口面临饥饿威胁。据联合国粮农组织统计，1997~1999 年期间世界营养不良者人数为 8.15 亿人，大约占全球总人口的 15%，其中 33 个国家的 6000 多万人口因饥饿而面临死亡的威胁，他们每天能够吃的粮食不足营养需要的 1/3。联合国粮农组织调查的 99 个发展中国家之中，只有 32 个在过去十年之中处于半饥饿状态的人数有所减少。其中以中国成绩最好，人数减少了 7600 万人。中国不仅在减少世界饥饿人口的工作中取得了不小的成功，而且随着中国和其他国家在水稻科技等方面展开的日益深入的合作，中国先进的水稻育种和基因技术也日益为世界所瞩目，并将为解决世界人口的饥饿问题，促进世界粮食安全做出更大的贡献。

粮食安全包括两个方面，一是数量充足，二是质量安全。美国学者布朗认为："未来粮食安全取决于稳定 4 种重要农业资源，即耕地、水、动植物分布和地球气候系统。"我国的耕地资源、水资源短缺问题日益突出，传统的农业生产方式致使农产品结构单一，食物总量不足，膳食结构很不合理，碳水化合物消费过量，油脂、蛋白质等其他营养素的生产和消费严重不足。因此，必须树立食物安全的观点，统筹规划碳水化合物、油脂和蛋白质等主要营养素的生产和供给；既要向耕地要"粮食"，也要向林地、草地、水域要食物；既要着眼于领土的食物利用，也要着眼于领海甚至公海的食物开发；既要考虑满足当前的食物需求，也要考虑食物生产的可持续发展。只有这样，才能确保国家的"食物安全"。

2. 我国发展草地农业的可行性

草地农业在我国具有明显的资源优势和发展潜力。发挥草地资源、生物多样性资源优势，研究和施行草地农业生态系统，可从四个生产层次入手，兼顾生态效益与经济效益，从多方面提高农业综合生产能力。

（1）发展草地农业，有利于调整和优化农业结构，缓解人口对耕地的压力。

目前，中国已成为世界畜牧业生产大国，肉类和禽蛋产量居世界首位，人均肉类产量已超过世界平均水平，人均禽蛋产量已达到发达国家水平，而奶类仅为世界人均水平的 1/13。畜牧业已成为农村经济中的重要支柱产业，畜牧业产值占农业总产值的比重稳步上升，已由 20 世纪 80 年代初期的 18% 上升到 2000 年的 30%。改革开放以来，全国从事畜牧业生产的劳动力有 8000 多万人，畜牧业发达地区畜牧业现金收入约占农业现金收入的 50%。我国畜牧业结构也发生了巨大变化，产品结构不断优化。

以草食动物为主的草地畜牧业，畜产品耗能一般只有舍饲型的 1/3~1/4，但生产效益可增加 3~4 倍。据有关估测数据，以牛、羊等草食家畜取代 1/3 猪的数量，可节约 0.67 亿 t 谷物。也可以发展非常规养殖业（某些变温动物如鱼类、贝类和昆虫等）。因此，草地农业有利于发展节粮型农业生产，充分利用各种饲用植物资源，发展多种生产经营模式，从而不用或少用粮食以获得更多的食物。

（2）草地农业可以充分利用国土资源，发挥农业气候资源潜力。

我国是多山国家，适宜农耕的土地不过 10% 左右，而其他可以作为农用的土地面积是耕地的 4 倍。例如我国草地面积达国土面积的 41.7%，其中较为丰产的草地也比农田大两倍，仅南方可利用草地就超过 9.8 亿亩，相当于两个半的新西兰。如果我国南方草地开发达到新西兰生产水平的 1/2，加上与农区的耦合效益，可获得 600×10^4 个畜产品单位，约折合 4800×10^4 t 粮食，相当于增加了 1 亿多亩耕地，可基本弥补目前的粮食缺口。

草地农业不但可以收获和利用植物的籽实产品，也可以收获和利用植物营养体，发展营养体生产，营养体的养分产量通常比籽实多 2 ~ 3 倍。收获籽实的作物类型十分有限，但可以收获营养体的植物除了常用的粮食作物之外，还有众多的牧草和饲用作物。因此，营养体农业不仅丰富了农业产品类型，也可充分利用生物多样性优势，扩大植物资源的利用范围。牧草等饲用植物，生长期比一般农作物长 1 ~ 2 个月，比农作物多利用 20% ~ 40% 的积温，节约 15% ~ 20% 的水分。草地对水热时空变异适应性较大，抵御自然灾害能力强。多年生牧草具有休眠芽，可以抵御干旱、严寒、大风等恶劣的生态环境，生境条件适宜时即可萌生新的枝条，不易成灾。而且多种牧草混播，可增加抗病能力。我国生态环境复杂，利用多种生物在不同地区发展各具特色的农业潜力巨大。

（3）实施草地农业，生态环境治理与农牧民增收致富相结合。

草田轮作可有效恢复和提高地力，是沃土工程的有效途径。在黄土高原区的试验证明，草田轮作一个周期（3 ~ 4 年）可以提高土壤有机质 23% ~ 24%。豆科牧草发达的根系，可以有效恢复和提高土壤肥力。如以 20% 的农田种植豆科牧草，每年新增氮素 256.8 ~ 353.1×10^4 t，相当于 2004 年全国尿素产量（1923.5×10^4 t，含氮 46%）的 29.0% ~ 39.9%（任继周，2000）。

随着经济的发展，食品安全已成为全球严峻的现实问题，绿色养殖成为当代养殖业的发展方向。现代舍饲饲养的科学技术为畜牧业和人类的文明发展做出了不可磨灭的贡献，这是毫无疑问的。但它引发的严重问题，引起了家畜饲养学家的普遍反思，他们在向草地畜牧业寻找答案（任继周，2005）。

（4）充分利用和发挥我国丰富的草食畜禽资源，生产可用畜产品。

家畜家禽与人类社会经济、生活有密切关系，是人类重要的生活和生产资料，为人类提供肉、蛋、奶、毛、绒、皮、裘等畜产品，还用于运输和役用，在体育和娱乐方面也有广泛的用途。

草地畜牧业在我国有着悠久的历史，主要畜禽及其产品已成为人们必需的生产和生活资料。由于多样化的地理、生态、气候条件，众多的民族及不同的生活习惯，加之长期以来经过广大劳动者的驯养和精心选育，形成了丰富多彩的畜禽品种资源。我国畜禽品种遗传多样性，特别是地方品种的优异种质特性，是畜牧业可持续发展不可缺少的物质基础。根据品种资源调查及 2001 年"国家畜禽品种审定委员会"审核，我国畜禽遗传资源主要有猪、鸡、鸭、鹅、特禽、黄牛、水牛、牦牛、独龙牛、绵羊、山羊、马、驴、骆驼、兔、梅花鹿、马鹿等 20 个物种，共计 576 个品种和类群（表 11 - 7），其中地方品种为426 个（占 74%）、培育品种有 73 个（占 12.7%）、引进品种有 77 个（占 13.3%）。

表 11 - 7　中国主要畜禽资源状况（个）

畜禽种类	地方品种	培育品种	引入品种	小计
黄牛	52	5	12	69
水牛	24	—	2	26
牦牛	11	—	—	11
大额牛	1	—	—	1
绵羊	31	9	10	50
山羊	43	4	3	50
马	23	17	7	47
驴	21	—	—	21
骆驼	4	—	—	4
兔	4	—	9	13
梅花鹿	—	3	—	3
马鹿	1	1	—	2
鸡	81	14	5	100
鸭	27	—	2	29
鹅	26	—	—	26
猪	72	19	8	99
特禽	—	—	12	12

3. 我国农业发展道路的特殊性

中国人均资源紧张，人均农田、草地、林地和水资源分别只有世界平均水平的29.6%、57.9%、14.7%和71.9%。在西北草原牧区，草地过载，土地沙化、退化和碱化面积达1/3；在南方丘陵区，不适当的耕作方法造成严重水土流失；在北方农区，地下水超采，地下水位不断下降；在城郊和富裕地区，过多的化肥和畜粪造成地下水和地表水污染；沿海鱼类资源过捕，污染引起的赤潮越来越频繁；湖区和湿地的开垦影响了对洪水的缓冲。黄河断流和长江洪水不但与气候变化有关，也与流域人类活动特别是农业活动有关。显然，我国的农业已经不能像发达国家那样，先实现农业工业化，再走农业生态化的道路。我国现阶段农业发展必须把社会效益、经济效益和生态效益放在同等重要的地位，走一条独特的农业现代化之路。

草地农业能够使环境保护与资源利用相协调，兼顾生态效益和经济效益，既可满足社会发展需求，又可有效地保护农业生态环境。草地农业通过调整和优化种植业结构、养殖业结构，逐步使农业结构合理化，持续提高农业整体生产水平。一是在种植结构中，调整牧草与作物的种植比例，20°以上的坡耕地逐步退耕还林还草，使草地在农业用地中的比例不低于25%。二是在养殖业结构中，调整草食家畜与非草食家畜的比例，逐步增加草食家畜在养殖业中的比重，提倡发展节粮型畜牧业。我国人口多，耕地少，粮食短缺，人畜争粮严重。大力发展草食家畜，缓解人与畜争粮矛盾，充分利用牧草和作物秸秆等资源，在生产可用畜产品的同时，提供大量有机肥，有利于农业的可持续发展。三是调整种植业与养殖业的比例，根据国内外草地农业的试验研究和生产实践，畜牧业产值在农业总产值中的比例应不少于50%，这已成为衡量一个国家或地区农业结构中种植与养殖是否合理、农牧业结构是否合理的重要尺度。据有关统计资料，美国、德国、英国、法国、荷兰等畜牧业发达国家畜牧业产值早在20世纪70年代就占到农业产值的60%以上。

三、技术创新

我国草业科技起步较晚，基础薄弱，科技投入不足，长期滞后于发达国家。从发达国家草业发展情况看，科技贡献率已达到70%以上，而我国尚不足30%（任继周，2009），差距明显。因此，我国草业要发展，国家必须加大投资力度，注重技术创新，提高科技贡献率。重点从牧草种质资源、良种繁育、牧草高产优质栽培、草产品加工、草地恢复改良、草地病虫害防控、草畜平衡技术、草地质量监测、牧草品质快速评价等环节入手开展深入系统的研究和生产实践。

草地资源具有其独特的自然属性、经济属性和社会属性。发达国家重视草地生态系统研究，注重草地资源的保护、利用以及牧草种质资源的创新，发挥了显著的生态效益、经济效益和社会效益。我国草地类型多样、种质资源丰富，已查明的天然牧草有6704种（其中227种为我国特有种），涉及246科，1545属，研究价值和开发利用潜力巨大，但存在的问题也十分突出，集中表现在以下几个方面。

（一）草地面积巨大，但退化严重，由此导致了一系列环境问题和制约草地资源持续利用的难题

我国拥有各类天然草地3.989亿hm^2，面积位居世界第三，但草地基况局部改善、整体恶化的态势仍在加剧。据草地资源调查结果显示，我国20世纪70年代草地退化面积占10%，80年代初占20%，90年代中期占30%。目前，全国约90%的可利用天然草原出现不同程度退化，中度和重度退化面积达1.53亿hm^2。究其原因，有全球气候变暖的影响，但更主要的是在强大人口压力下的盲目垦殖、超载过牧、樵采、滥搂滥挖及草地管理政策误导。宁夏、甘肃、青海、四川、新疆、西藏和内蒙古可利用草原退化面积比例分别达到97%、91%、90%、83%、80%、78%和75%。据统计，全国已有1000多万hm^2的优良草场被垦为农田，垦后农田广种薄收，水土流失极为严重，河北坝上和内蒙古后山的农牧交错区农田每年约有2~3 cm的土层被风蚀，成为京津沙尘的主要来源；全国目前的载畜量合计约5亿~6亿个羊单位，超过理论载畜量的20%以上；而由于滥挖药材和樵采灌木造成的草地沙化面积每年至少有几十万公顷。草地退化后，产草量比20世纪80年代下降了30%~50%，草地质量变差，生态环境恶化。草地生物多样性遭受破坏，草原灾害频繁发生，防灾抗灾能力薄弱，草畜供求矛盾凸显，已成为制约我国草业发展的重要因素。作为草地资源大国，我国的草地生产力水平却远远滞后，全国平均7 APU/hm^2，相当于世界平均水平的30%；而由草原牧区提供的畜产品仅占全国总量的不足10%，这充分说明我国的草地资源远未得到合理、高效的开发与利用，仍蕴藏着巨大的生产潜力。

（二）草地种质资源丰富，但研究经费缺乏、技术落后，资源优势未能转化为经济优势，整体研发能力亟待提高

根据 FAO 和发达国家评估数据，在影响农业生产各因素中，品种贡献率超过 30%，居首位。美国的研究成果表明，种子的费用在紫花苜蓿生产总成本中小于 5%，但高质量苜蓿种子获得的生产效益是劣质种子生产效益的几百倍。因此，为不同生产区域筛选相应的高产优质品种非常关键。

我国牧草和草坪草种质资源丰富，但缺乏必要的可供选择的育种材料，对种质特性的认识大多停留在表型水平上，对性状表现与控制性状的基因尚未深入研究，限制了育种的效率、准确性和遗传多样性的应用。良种缺乏，长期困扰和制约我国草地畜牧业高产稳产。简单的驯化和栽培，只是对宝贵资源的粗浅利用，对综合性状优异的核心草种，如紫花苜蓿、三叶草、柱花草、多年生黑麦草、早熟禾、鸭茅、无芒雀麦、狼尾草和狗尾草等所开展的深入研究十分薄弱。因此，将传统技术与生物技术结合，通过科学系统的鉴定和筛选，发掘优异性状，为育种者提供丰富的材料。近十几年来，我国平均每年育成的牧草新品种仅有 6 个，而同期美国仅紫花苜蓿一个种的育成新品种每年平均多达 34 个（崔国文，2010）。我国由于缺乏具有独立知识产权的牧草新品种，良种繁育受到很大影响，严重制约着草业的健康发展。

"十一五"期间，通过与澳大利亚、俄罗斯、蒙古和非洲等国进行科技合作，收集了大量牧草种质资源材料。据统计资料，截止到 2011 年，共收集和引进牧草种质资源 2185 份，其中收集和引进热带、亚热带地区牧草遗传资源 1100 份，为国家牧草种质资源库提供了 680 份资源。对收集和引进的牧草种质资源开展了抗逆性、营养价值、农艺性状和经济性状评价，736 份评价中，抗逆性评价有 371 份，营养价值、农艺性状和经济性状评价有 365 份。上述工作为今后开展牧草种质资源的开发利用提供了良好的物质基础和技术储备。

（三）种子生产技术落后，牧草和草坪草种子主要依赖进口

牧草和草坪草良种引进繁育体系不健全，种子管理工作滞后，缺乏草种认证体系，使得我国草种产业化技术薄弱。缺乏现代化草种生产和清选的专用技术及设备，国产种子产量低、质量差，草种生产远不能满足草业发展需求。缺乏规范化、专业化的草种生产基地和相应的质量监督及检验认证体系，用于生产的种子品系不清、品种混杂、质量低劣。草种检疫监测手段落后，直接影响草地建植质量，也为草地植物病虫害的发生和传播埋下了诱因。因此，生产者更愿意购买价格较高的进口种子。

据统计资料，近十年来我国牧草种子产量为 2000～5000 t，兼用种子田 30×10^4 hm^2，平均单产 100～300 kg/hm^2。而美国仅俄勒冈州年产草种就超过 30 万 t，紫花苜蓿平均种子产量 1200～2000 kg/hm^2。我国曾投入巨资在全国各地建设草种生产基地，但由于缺少必要的科技支撑，目前仍未形成规模化生产。

（四）草产品加工能力低下，与市场需求之间存在巨大差距

我国草业发展尚在初期，草产品市场运作还很不规范。长期以来，我国对草业的定位和认识方面存在着很大的误区，将草业作为畜牧业的附属产业，简单地将草地当作提供饲

草饲料的场地,严重忽视了其相对独立的生态功能和社会经济功能。虽然近年来我国草种业、草坪业、草地畜牧业有了明显发展,甚至还有一些草产品进入国际市场,但距真正培植成为一个较为完善的草产业还有相当一段距离。草业发展初期,市场运作尚缺乏经济理论指导下的规范运作,投机性、盲目性及由此带来的损失不可避免,但要充分认识到这是前进中遇到的困难,草业发展的前景是广阔的。

草产品加工机械价格昂贵、投资巨大,在生产中难以广泛利用,国内牧草收获加工机械化总体水平较低。国外牧草机械发展已有上百年历史,欧美农机公司生产的牧草机械,产品种类齐全且系列完整。例如美国约翰迪尔公司生产的牧草机械达到 13 个品种,49 个机型;纽荷兰公司有 12 个品种,25 个机型。机械收割牧草功效比人工作业提高了 80 倍,利用机械适时收获能够使牧草的营养损失降低 60% ~ 80%(梁静,2014)。我国与美国的草地面积接近,但牧草机械保有量相差甚远。据统计数据,我国割草和搂草机的保有量仅为美国的 1%,20 世纪 70 年代中期美国圆捆机保有量为 10 万台,而我国目前的保有量仅为美国的 0.1%。目前,我国大部分的牧草生产基地,从种植、收获到加工环节基本上依靠人工作业,机械化程度很低,极大地降低了牧草生产效率,加大了牧草生产成本。

饲草机械化生产是从牧草种植、管理、收获、贮运、加工和利用的一个完整体系,任何一个环节出现劣势都将出现"木桶效应",导致机械化生产的整体效率和效益无法提升。随着人工种植草场的大面积发展,割草机具、摊晒机具、捡拾压捆机具和切割压扁机等市场需求迅速增加。饲草料传统的自然干燥方式被常规能源热风干燥和太阳能新能源干燥等先进方式替代。饲草加工设备由简单饲草揉搓、粉碎技术及设备向压捆、压饼、压块和制粒等增加密度、减少体积、提高质量的饲草成型设备扩展。因此,开发出使用方便、操作简单、功能完备和性能可靠的新机具与新装备,提高牧草收获及饲草料精深加工设备水平迫在眉睫(马国玉等,2011)。

(五)草畜供求矛盾突出,严重制约了草地畜牧业的发展

草畜供求平衡是草地畜牧业的核心问题之一,也是草地畜牧业持续发展的前提条件。围绕这一核心问题,通过优良草种选育、高产优质栽培、饲草加工存储、动物营养调控等配套措施,可以有效缓解草畜供求矛盾,推动畜牧业健康发展。

以西藏为例,畜牧业以牦牛、羊等草食动物为主,全区普遍存在草畜矛盾突出、饲草料资源匮乏的问题,受饲草料供应结构和来源的影响,牛羊养殖存在夏饱、秋肥、冬瘦、春死的恶性循环难题。牧区主要依靠天然草场全年放牧,草地超载、沙化和退化问题突出;农区和半农半牧区,夏季主要利用放牧和田间野生牧草养殖牲畜,冬季主要依靠青稞、小麦、油料作物等秸秆。据统计资料,那曲地区草地退化面积占草地总面积的 47.8%,阿里地区达到 36.4%,天然草地平均亩产青干草 25.6 kg,处于全国最低水平。秸秆利用率接近 100%,为全国最高。全区麦类作物秸秆资源总量约 102 万 t,其中绝大部分为小麦秸秆和青稞秸秆。部分地区使用全株青稞晾晒青干草作为冬春饲草。近年来,引进和筛选适宜主要河谷农区种植的饲用作物取得了良好成效,饲用玉米、紫花苜蓿、箭筈豌豆、饲用燕麦、饲用甜菜等高产优质饲用作物,在西藏农区畜牧业发展和种植业结构调整中的作用逐渐受到重视。

2012 年,西藏农牧科学院从四川农业大学玉米研究所引进多年生饲用玉米 F80,并在

温室内种植，以探索解决高寒地区冬季饲草严重不足的新方法。据研究，在拉萨市温室内，F80 种植一次，可连续刈割 2 年以上，每年可刈割 2~3 次，每次鲜草产量 5~8 kg/株，至抽穗期单株（含分蘖）鲜草产量达 10~14 kg，折合每次可产鲜草 45t/hm²，第一次刈割鲜草最高产量达到 90t/hm²。据养殖户反映，这种多年生饲草鲜嫩多汁、适口性极好，种植 0.07hm² 即可饲养 1 头高产奶牛。每亩每次刈割的鲜草，可制作 1 t 青贮料（只保留 30% 左右的含水量）。温室种植多年生饲草，为西藏解决冬春饲草短缺提供了新的思路和技术支撑。

（六）畜产品加工

农产品加工是农业产销衔接的中间链条，它不仅能促进农业增效、农民增收，还能提高国民的生活质量，增强农产品的市场竞争能力，因此，农产品加工业被人们形象地称为"朝阳产业"。但是，与发达国家和地区相比，我国农产品加工业还有很大差距。发达国家和地区的农产品加工业产值大多是农业产值的 3 倍以上，而我国仅为农业产值的 60%；发达国家和地区农产品加工程度达到 80% 以上，我国只有 45%；发达国家和地区工业生产加工的食品占食品消费总量的比重为 90%，而我国仅占 25%；发达国家和地区从事农产品加工业的劳动力远远多于从事农业生产的劳动力，而我国正好相反。农产品加工能力不足与人们日益丰富的消费需求的矛盾日益突出，已成为现阶段农产品加工业结构调整的重要内容。

据有关资料显示，我国稻谷总产量居世界第一，大米精加工率仅为 12%；肉类总产量占世界的 1/4，加工能力仅为 4%；水果总产量居世界首位，加工能力仅为 7%。其中，苹果总产量世界第一，但加工率只有 4.6%，而仅仅德国就有 75%。如果农业总产值为 1，目前我国农产品加工产值仅为 0.4，而发达国家是 2~4。这表明，我们的成长和增收空间非常大，如果按照 3 万亿元来看，如果变成 2，那就是 6 万亿元。据有关研究表明，鲜食甜、糯玉米一经加工，价格陡增，一般增值在 1 倍以上；经过真空包装可增值 2~3 倍，而礼品装可增值 3~5 倍以上，加工企业经济效益极其显著。另据研究表明，经饲养育肥后 1 头黄牛的价值在 5000 元左右，其内脏如果不经过加工而直接出售利用，效益十分有限；若利用内脏加工提取相关衍生物，产品可增值 30 倍，达到 150000 元，相当 1 部中档汽车的价格，因此有"4 条腿相当于 4 个轮子"的说法。

早在"十五"期间，由科技部联合农业部、教育部等有关部门启动重大科技专项"农产品深加工技术与设备研究开发"课题，重点围绕大宗粮油、果蔬、畜产品、林产品等主要农产品开展研究与开发，在我国农产品加工研究领域获得三方面重大进展。这些进展分别是：①构建并完善了主要农产品深加工的标准与全程质量控制体系，在农产品快速检测技术与仪器研究开发和农产品加工业技术创新支撑体系建设等研究领域取得了突破性进展；②攻克了膜分离技术、物性修饰技术、无菌冷灌装技术、冷榨技术、浓缩技术、冷链技术等一批农产品深加工关键技术难题，开发了冷却肉、大豆分离蛋白、浓缩苹果汁等一批名牌产品；③建设了一批科技创新基地和产业化示范生产线，培育了一批具有较强创新能力的农产品深加工企业和科学家队伍，储备了一批具有发展潜力和市场前景的技术。国务院办公厅早在 2002 年印发的《关于促进农产品加工业发展的意见》中就指出：要经过 5~10 年发展，形成与优势农产品产业带相适应的加工布局，建成一批农产品加工骨干企业和示范基地；建立农产品加工业的技术创新体系，健全重要农产品加工制品质量安全标准；使农产品加工业增加值占国内生产总值、工业增加值的比重有较大提高。农产品加工的重点领域：①大力发展粮、棉、油料等重要农产品精深加工。粮食加工以小麦、玉米、薯类、大豆、稻米深加工为主，配套发展粮食烘干等产后处理能力。发展各类专用粮油产品和营养、经济、方便食品加工。②积极发展"菜篮子"产品加工。肉类重点发展猪、牛、羊、鸡、鹅、兔等产品深加工；奶业要优先提供优质、营养的学生饮用奶；水产品发展优质鱼、虾、贝类、海珍品等水产品精深加工；积极发展有机蔬菜产品和绿色蔬菜产品加工，搞好蔬菜的清洗、分级、整理、包装，推广净菜上市，发展脱水蔬菜、冷冻菜、保鲜菜等；注重发展干鲜果品保鲜、储藏及精深加工。③巩固发展糖、茶、丝、麻、皮革等传统加工。鼓励发展精制糖，发展名优茶、有机茶和保健茶；发展丝和麻加工系列制品；积极开发牛、羊等皮毛（绒）深加工制品；合理利用和开发食用菌等农业野生资源，发展特色农产品加工。

从总体上看，目前我国农产品加工业发展相对落后，不是因为没有资源，而是因为没有充分、合理地开发、利用各种资源；不是因为没有条件，而是因为没有最大限度地利用各种条件。只要我们充分合理地开发、利用各种资源，最大限度地利用各种条件，发展农产品加工业是大有作为的。目前，农产品加工业仍然处于一个快速发展的阶段，但也面临着突出的问题：一是缺乏统筹规划，布局比较凌乱；二是科研开发和技术发展落后，加工的技术水平不够高；三是粗放经营，能源、资源消耗比较大；四是农产品加工的各种要素整合比较薄弱，没有把各种要素集聚起来，形成合力；五是管理体制不顺，与建立完整的农业产业体系的要求不相符；六是与国际大跨国集团相比，我国农产品加工企业的整体规模优势还没有形成，规模还比较小，竞争力还比较弱。

畜产品是改善人类营养和生活水平的重要原料，畜产品加工是促进畜产品转化增值，保证质量安全，减少环境污染的重要环节。畜产品加工在中国发展已60余年，取得了举世瞩目的成就。畜产品加工原料供给数量和质量基本保证，畜产品加工的规模化、集约化、标准化及深加工程度不断提高，加工制品质量逐步改善，结构渐趋合理，产业经济地位日益重要。同时，我国畜产品加工业可持续发展面临巨大挑战。产业和产品结构有待改善，整体生产效率亟待提高，原料供给日益紧缺，产品质量问题突出，安全威胁加大，发展造成的环境污染问题严重。

发展畜产品加工业是推进农业和农村经济结构战略性调整、增加农民收入的必然选择，是实施产品升级、效益增值的重要途径，发展畜产品加工业最能有效发挥调节畜牧生产"蓄水池"功能，也最符合现代食品卫生和快节奏生活需要。在未来一段时期，我国畜产品加工与发达国家产品激烈竞争和消费者畜产品消费步入质量消费的条件下，我国畜产品加工业一定要强化其导向职能，以促进畜牧业和加工业持续发展。

畜产品加工业发展得怎样，直接影响到我国农业农村经济发展各项战略目标能否实现，已经成为新阶段农业农村经济发展的重要内容。畜产品加工业水平提高了，农业农村经济结构的战略性调整就有了带动性力量，我国劳动力资源丰富的优势就能得到充分发挥，乡镇企业就能找到新的增长点，这样，畜牧业经济的发展水平就能得到整体提升，我国畜牧业的国际竞争力就能大幅度提高。相反，如果畜产品加工业得不到应有的发展，农业农村经济发展就会遇到严重障碍。可见，畜产品加工业是一个具有战略意义的大产业。

我国畜产品加工业目前仍处于初级阶段，畜产品加工也一直是我国畜牧业发展的薄弱环节，是提高我国畜牧业国际竞争力的主要瓶颈之一。随着我国畜牧业发展进入新阶段和加入世贸组织，畜产品加工业发展水平的不适应性越来越明显，虽然改革开放以来，特别是"九五"以来，我国畜产品加工业经历了由小到大、由弱到强、由量的扩张到质的提升的发展阶段，畜产品加工业已经成为我国国民经济中最具发展活力和后劲的重要产业之一。但从总体上讲，我国畜产品加工业还处于初级阶段，畜产品加工水平还很低，整个行业的竞争力不强，对畜牧发展、农民增收的带动作用不强，这种状况必须尽快改变。

随着畜产品加工能力的提高和人们消费水平的提高，畜产品加工业必然有大的发展，这是世界经济发展的普遍规律。现在，无论是发达国家，还是发展中国家，畜产品加工及其相关行业都是国民经济中举足轻重的经济部门，我国也不会例外。近几年，畜产品加工业的发展实践和畜产品的供求变化走向充分说明了这一点。而且由于国情的特殊性，我国加快畜产品加工业发展还有特别的紧迫性，这就要求无论是加快农业农村经济结构的战略性调整，提高畜牧业整个产业的盈利能力、增加农民收入，提高我国畜牧业的国际竞争力，还是扩大农民就业，促进乡镇企业快速健康发展，都必须加快畜产品加工业的发展。

我国畜产品加工业起步晚、起点低，突出表现的问题是：①畜产品深加工不足，产品结构不合理。乳制品结构不太合理，品种相对单一；蛋制品加工技术含量低、生产率低、规模化小的产品多，高技术含量、高附加值、高生产率、规模化大的产品少；畜禽副产品分离提取技术薄弱，产品得率低，副产品综合利用率不高。②产品质量不高。肉制品主要表现在产品安全危害因子如残留、微生物、添加剂含量等经常超标，包装材料不合格而发生有害物质迁移，非法添加国家添加剂卫生标准目录外物质或超量添加非肉组分或异肉组分，产品出水、出油、氧化、口感差，保质期内涨袋腐败，包装不符合《食品标签法》或相关技术法规、标准的规定等。③工程化技术不足。我国畜产品加工领域通过自我研发与引进、消化、吸收，在产品加工方面虽然取得了系列技术成果，引领了行业科技发展，但这些技术成果以单项居多，不仅集成程度低，而且未很好地实现工程化。④质量安全存在诸多隐患。以乳品产业链为例，在乳品全程环节，涉及乳品供应链的危害物预防与控制技术、乳品技术标准、检测监测技术、法律法规、乳品追踪与溯源技术，是影响乳品及乳制品质量安全的最重要因素。⑤科技投入少。我国畜产品科技起步于20世纪90年代，虽已取得了很大的发展，但仍存在科研投入不足，技术成果相对较少，科技成果转化率低等问题。

随着市场经济的形成和发展，我国肉类工业得到快速增长，取得了举世瞩目的成就，成为肉类生产增长最快的国家。我国是世界第一的肉类生产国，也是消费总量最多的国家。2015年，全年肉类总产量为8625万t，猪肉产量为5487万t，牛肉产量为700万t，羊肉产量为441万t，禽肉产量为1826万t。山东、河南、四川等10个畜禽大省的肉类加工总量占到全国的80%。我国肉类加工已形成畜禽收购、屠宰加工、卫生检验、冷冻储藏、冷链运输和批发零售等一系列完整的功能配套体系。肉类加工实现机械化、标准化发展，肉类加工设备国产化达90%以上，我国自行研制并成功投入使用的设备有麻电机、摇烫机、劈半机、悬吊运输机、脱毛机、斩拌机和自动灌肠机等。肉类加工正从热鲜肉、冷冻肉到冷却肉的发展，低温肉制品和冷冻速食肉类产品的市场份额越来越大。肉类加工技术逐渐完善，盐水注射腌制技术、滚筒腌制技术、冷冻干燥技术、渗透压干燥技术、绿色防腐技术等被广泛应用（周光宏，2011）。

四、投资创新

（一）草种业的投入与创新

优良草种是草业发展最基本的生产资料，更是科技贡献率提高的关键体现。根据 FAO 和发达国家的科学评估，在影响农业生产的众多因素中，品种贡献率超过 30%，居各项技术指标首位。种业的竞争根本在于育种技术的竞争能力。许多跨国种子公司之所以能够立于不败之地，主要得益于其巨额的研发投入和强大的育种技术优势。例如，杜邦先锋公司将每年销售的 10%~20% 用于科研投入，诺华公司平均每年投入的科研经费达到 3.7 亿美元，利马格兰集团的科研投入比例为 6%~12%，卡韦埃斯种子股份有限公司科研投入比例为 15%（康玉凡，2007）。进入 21 世纪，国际种业巨头更加重视生物技术的研究和应用，在牧草分子生物学、分子标记辅助育种和转基因研究领域均取得了突破性进展。目前，已对紫花苜蓿、白三叶、黑麦草等主要牧草进行了高密度作图，并对产量、品质、抗逆性、抗病性等重要性状进行了大量的 QTL 定位研究（Celine，2012；Sakiroglu，2012）。美国 GFI 公司利用转基因技术育成了抗除草剂苜蓿品种并已大面积推广，澳大利亚育成的富含硫氨基酸转基因苜蓿品种也已投放市场。

我国的草业公司大多为贸易公司，没有自己的知识产权品种和育种研发能力，基本没有涉足育种技术研究领域。牧草育种工作和技术研发主要依靠少数科研单位、大专院校在国家的科研经费资助下开展，育成品种多采用常规育种技术和方法，现代生物技术的应用几乎为空白，严重制约了我国牧草和草坪草育种技术的发展创新。

（二）草地畜牧业基础设施投入

草地畜牧业发展的投入主体可以分为农牧民、政府、银行和企业等，从投入主体的投入动机和能力来看，只有国家才有能力和责任成为投资主体，因此，政府增加对草地畜牧业的投入是我国草地畜牧业实现可持续发展的根本途径。据统计数据，1949~1986 年，国家对牧草产业的投资累计仅为 87.4 亿元，只占牧草产业产值的 1.6%，占农业投资的 3.4%，每公顷草地平均投资仅为 0.15~0.20 元。1987~1999 年，国家每年投入草原建设的资金每公顷平均为 0.3 元，投入严重不足难以保障草地质量和草地畜牧业的健康发展。2000 年以来，国家草原建设力度明显加大，先后实施了天然草地植被恢复、草原围栏、退牧还草、牧草种子基地、京津风沙源治理、草原防火、草原治虫灭鼠等建设项目，国家投入超过 110 亿元。但是，由于我国草原面积大，历史欠账多，草原牧区社会经济相对落后，农牧民生活水平不高，地方政府难以投入更多的资金开展草原建设，对草原保护和生态环境的投入有限，先进而大型的饲草饲料生产设备、加工设备以及先进而成熟的高科技生产技术配置相对滞后。总体而言，国家对草原建设和生态保护的投入仍明显不足，草地保护和生态建设速度仍然赶不上草地生态环境恶化的速度，使得草地资源仍将长期处于严重超负荷"透支"状态，草地退化现象普遍存在。

近年来，国家先后启动了退耕还林、退耕还草等生态建设项目，并配套了相应的补贴政策。但由于引导政策相对失衡，以及对补偿利益的追逐，农牧民毁草种粮、毁草护岸林的现象时有发生，人工草地保有面积明显下降，严重破坏了牧草产业链中基础环节的稳定生产，致使牧草产业出现整体滑坡的状况。科技投入严重不足，草地畜牧业的研究和推广应用滞后。国外农业科技投资占其农业总产值的比例，早在20世纪80年代中期就达到1.5%~2.0%，而我国2007年仅占0.2%，不到30个最低收入国家这一比例的简单平均数的1/3（林超文，2007）。

我国与美国相比较，草地面积相近但牧草机械保有量相差甚远，20世纪90年代初的保有量仅为美国的0.07%。20世纪60年代初我国开始生产牧草机械，通过引进、吸收国外先进技术，填补了一些国内产品的空白，机械品种显著增加，到20世纪80年代初步具备了一定生产规模。但是，由于牧草机械需要较大规模的资金投入，而国家投入有限，机械研发能力较弱，产品更新换代缓慢，引进机械价格昂贵，部分企业和农牧民无力购买，导致我国的牧草收获机械总体水平还相当低。

我国草原基础设施投入缺乏，牧区基本建设落后，生产方式原始，草地畜牧业生产力水平低而不稳。例如新西兰、澳大利亚每公顷人工草地投资约合1200元人民币，而我国每年每公顷草地建设投资平均只有0.5元。没有投入就没有产出，这是最基本的经济原则，这也正是我国草地生产力水平较低的原因之一。虽然我国在牧区基本建设方面做了大量工作，但是除了家畜品种改良成效显著、多数牧民开始定居外，草地建设只停留在建设围栏和少量的人工种草、草地改良水平上，绝大多数草原牧区仍然沿袭传统的靠天养畜的原始生产方式，草地畜牧业生产力水平低而不稳。

五、草牧业与粮改饲

依据2015年"中央一号文件"中关于"加快发展草牧业，支持青贮玉米和苜蓿等饲草料种植，开展粮改饲和种养结合模式试点，促进粮食、经济作物、饲草料三元种植结构协调发展"的精神，任继周院士指出，草牧业即"草业"和"牧业"的复合词，其核心是：在18亿亩耕地红线以内可种植玉米、苜蓿等饲用作物，给草业在农耕地区发展开了绿灯，也为农业结构调整提供了新机遇，是支持农区草业和畜牧业的重大举措，具有在农耕地区发展牧业尤其草食家畜的含义。笔者认为，建立在牧草及饲用作物为主要物质基础之上的畜牧业，即为草牧业。通过科学可行的粮改饲措施，科学高效利用环境资源，恢复提高土地肥力，调整优化种植业结构，保障国土安全和食物安全。

农业结构调整是实现粮改饲、草牧业的可行途径。世界上农业发达国家都非常重视农业结构的调整，而种植业结构又是重中之重。从世界总趋势来看，建立合理有效的农业结构的标志之一是种植业与养殖业协调高效发展。如美国、法国、德国等养殖业占农业总产值比值均在50%以上，新西兰占70%以上。在土地利用上，许多国家的饲料地和人工草地占草地总面积的15%以上，与耕地面积持平或超过耕地面积，这说明牧草和饲料作物在种植业结构调整中具有十分重要的位置。

美国是草地资源大国，也是草地资源研究和开发利用的典范。该国将紫花苜蓿作为四大作物之一，其地位仅次于玉米、小麦和大豆。区域化、产业化、标准化生产特征突出，主要集中在加利福尼亚州、爱达荷州、内华达州、俄勒冈州、怀俄明州和华盛顿州。目前，美国已拥有改良品种300个以上，用于干草生产的土地面积达到955.8万hm²，干草平均产量达 7. 5t/hm², 平均价格为 102. 5 美元/t, 苜蓿草粉和草捆平均年出口获利 4940 万美元。苜蓿种子的研究和生产处于世界领先水平。2007 年种子生产面积达 17. 21 万 hm², 单产 267 kg/hm², 总产 4. 595 万 t。荷兰是世界上公认的农业发达国家, 用 2/3 的耕地种植牧草, 发展草地畜牧业, 将牧草称为"生命之本"。尽管荷兰是仅有 3. 7 万 km² 的土地和 1400 万人口的国家, 其农产品的出口量却雄踞世界第二位, 仅次于美国。澳大利亚、新西兰草地畜牧业发达, 长期重视草地资源的保护、牧草种质资源创新利用, 其草地管理技术处于世界领先水平, 是低成本、高效率草地畜牧业的典范。

农业种植业结构的调整, 将拉动一些相关产业的发展。如美国近 1/3 的耕地种植紫花苜蓿, 形成苜蓿草产业, 其直接经济效益达十几亿美元, 同时还拉动了养殖、农机制造、专用肥料和农药以及加工、运输等相关产业的发展, 总收益达 100 亿美元以上, 实际上这也是系统内各组分耦合所产生的效应。

《全国节粮型畜牧业发展规划 (2011—2020)》中明确提出, 随着我国工业化和城镇化的快速推进, 人口数量增加和城乡居民生活水平提高, 粮食需求呈刚性增长, 受耕地减少、资源短缺等因素制约, 我国粮食供求将长期处于紧平衡状态, 保障粮食安全任务艰巨。发展节粮型畜牧业是保障畜产品有效供给、缓解粮食供求矛盾、丰富居民膳食结构的重要途径。节粮型畜牧业是指利用牧草、农副产品、轻工副产品等非粮饲料资源, 在减少粮食消耗的同时达到高效畜产品产出的畜牧产业, 主要包括奶牛、肉牛、肉羊、绒山羊、兔和鹅等。2016 年, 农业部《全国种植业结构调整规划 (2016—2020)》明确提出了"粮改饲"的必要性和具体要求, 目的在于使"单纯粮仓"向"粮仓 + 奶罐 + 肉库"转变。

第十二章　云南的草地质量与草牧业

第一节　草地畜牧业资源

一、草地资源

云南全省拥有草山草坡 1526.27 万 hm^2，约占全省总面积的 39%，草地类型多样，草地资源丰富，是云南省发展草地农业资源的重要组成部分，也是发展草地农业的重要物质基础。在云南省独特的气候、土壤、生物条件影响下以及长期管理利用方式的共同作用下，草地资源形成了以下几个方面的特点。

（一）分布零散，退化明显

天然草地在云南全省范围均有分布，且主要分布在山区，长期开荒种粮的结果使许多坡度较小的地块变为了耕地、轮歇地或弃耕地。宣威、昭通等地区开垦坡地的现象尤为突出，有许多耕地从山脚一直开垦到山顶。大面积的天然草地被逐渐蚕食，并分割为零星的小块。另外，全省地形复杂多变，植被类型在小范围内变化明显，林地、灌丛、灌草丛、草丛分布格局错综复杂，多种植被呈交错或镶嵌分布状态。除了滇西北高寒地区外，省内大面积的天然草地较为罕见。迪庆州天然草地面积最大，达 37.66 万 hm^2，占全省草地面积的 47.57%；昭通地区次之，达到 11.74 万 hm^2，占全省草地面积的 14.84%；其余地区分布面积较少。天然草地沿用传统的自由放牧方式，过牧现象普遍存在，草地呈整体退化趋势。

（二）草地类型多样，草群组成复杂

云南全省地形复杂，气候类型多样，大部分属亚热带南部和热带北缘，部分为温带地区。气候带包括北热带、南亚热带、中亚热带、北亚热带、暖温带、中温带、寒温带、高山苔原和雪山冰漠 9 个类型。土壤类型有 17 个，其大类有砖红壤、砖红壤性红壤、山地红壤、山地黄壤、山地棕色森林土、山地暗棕色森林土、棕色暗针叶林土、亚高山草甸土、石灰岩土、水稻土、火山岩土 11 类。气候和土壤类型的多样性为多种草地类型的发生发育提供了条件。我国有天然草地类型 18 类，云南有其中的 11 类，多种草地类型在省内各地均有分布，山地草甸类、河谷灌草丛类、山地灌草丛类是三种主要的草地类型。

各类型草地中分布有植物 199 科，1404 属，4958 种，占云南高等植物 1.5 万种的近 1/3。另据草山资源普查资料，云南有可食饲用植物约 3200 种，其中优良的饲用植物

500 ~ 800 种，常见饲用植物约 1500 种。其中禾本科 370 种，豆科 284 种，莎草科 152 种，其他为杂类草；草地中以禾本科、豆科、莎草科植物为主；禾本科占草地经济类群的 12.7%，粗蛋白含量平均为 6.65%；豆科占草地经济类群的 9.7%，粗蛋白含量平均为 11.48%；莎草科占草地经济类群的 5.2%，粗蛋白含量平均为 10.19%；三个科共计占草地经济类群的 27.6%，共计占草地混合草样的粗蛋白含量为 2.6%。所有 11 类草地的平均干物质产量为 1123.32 kg/hm²。三类主要草地（山地草甸类、河谷灌草丛类、山地灌草丛类）优势种的平均粗蛋白含量为 5.73%，草地平均干物质产量 1221.6 kg/hm²。2017年，在进行云南省草地资源调查时，将全省草地类型重新确定为 4 个类型，即高寒草甸、山地草甸、暖性灌草丛和热性灌草丛。

（三）产草量低，可饲比例较小，草质易老化，利用率低

云南省天然草地的产草量低，整个天然草地的平均干物质产量只有 1123.32 kg/hm²，三类主要草地的平均干物质产量也只有 1221.6 kg/hm²，单纯依靠天然草地不可能为家畜提供充足的饲草饲料。同时，天然草地的营养成分含量不高，饲用价值较低。整个天然草地主要优势种的粗蛋白含量平均只占 2.6%，三类主要草地优势种的平均粗蛋白含量只有 5.73%，不能为家畜提供优质的饲草饲料。

云南省天然草地组成成分复杂，主要优势种比例太低。禾本科、豆科和莎草科只占草地经济类群的 27.6%，在草地放牧管理中，很难根据优势种的生物学特性来确定草地放牧及管理利用的有效技术措施。

云南省豆科牧草在天然草地上的比例太低，很难使天然草地在放牧条件下保持相对稳定。在草地经济类群中，禾本科占草地经济类群的 12.7%，豆科占草地经济类群的 9.7%，莎草科占草地经济类群的 5.2%，杂类草占草地经济类群的 72.4%；在草地草群中，禾本科草群是豆科草群的 2.8 倍，莎草科草群是豆科草群的 1.4 倍，杂类草草群是豆科草群的 8.7 倍，乔、灌、半灌木草群是豆科草群的 2.8 倍。

（四）人工草地发展缓慢

云南全省人工草地原有面积稀少，因多种原因其应有的作用和地位也不被重视。据统计资料，2000 年云南省人工草地累计占永久性草地的比重只有 2.25%，而全国平均水平已达到 9.4%，发展差距明显。近年来，随着农业结构调整、坡耕地退耕还草、农田种草等相关政策的相继实施，人工草地面积逐年扩大。草地及其生产的多种草产品在农业结构调整、农村发展、农民致富过程中逐渐占据其前所未有的地位，并开始发挥重要作用。但是，人工草地的发展速度和管理利用技术还远远不能满足需求。优良草种筛选、高产栽培技术、草产品加工调制、草地高效持续利用等是今后亟待研究解决的关键技术领域。

美国的研究实践表明，天然草地中每增加 1% 的人工草地，其生产水平就提高 4%，当人工草地增加到 10% 时，天然草地生产水平就可提高 100%。因此，人工草地与天然草地结合起来，可以发挥更好的经济效益和生态效益。

建植人工草地是保证草地畜牧业稳定、优质、高速度发展的重要物质基础。牲畜的质量是与草料的数量和质量有着密切关系的，草足、质优才能有畜牧业的优质高产，才能培育成优良的畜种，而优质高产的牲畜，必然要求有量足、质优的草料。否则，牲畜良种的

培育是没有保证的，甚至已有的良种也会引起退化。因此，加速建植适宜不同气候带的人工草地，发展草地畜牧业，在云南尤为重要。

引进、筛选和培育优良牧草品种是建植人工草地和改良天然草地的前提。没有优良的牧草品种，就没有优良的人工草地，也就没有量足质优的饲草。实践证明，优良牧草品种可以增产20%~40%，有时更高。作为优良牧草种（品种）应该具备以下几个方面的条件。一是良好的生态适应性，即能够适应某一区域的水、热、光等气候条件和土壤条件，有很强抗逆性，可以在一般牧草品种所不能适应的地区种植。例如抗病虫害强的牧草良种，可以有效防止病虫危害，使生产相对稳定，达到稳产的目的。二是良好的生产性能，品质优良的牧草品种不仅具有较高的干物质产量，较好的营养组成，同时具有良好的适口性。优良草种能够使家畜采食和吸收更多的营养物质，生产出更多的畜产品，从而提高草地生产力。三是良好的种间相容性，有些牧草品种的适应性表现优良，建植单播草地时也具有很好的生产性能。但是，与其他牧草共同建植混播草地时，在草群中表现不稳定。在较短的期间内或者很快消失，或者成为单优种，使草地植物组成简单化。这样的草种可以在建植单播草地时使用，但作为混播组分时应慎重考虑。

在为某一区域选择优良草种时，应注意所谓优良草种是相对而言的，换言之，适宜于某一区域的优良草种，在另一区域不一定表现出优良性状，必须通过引种和栽培试验加以证实，这一点对于地形和气候都比较复杂的云南而言，更应给予重视，以免带来错误的引导和不必要的损失。优良牧草品种在生产上经过一定种植年限后，由于各方面的原因总是要发生变异与混杂的，特别是异花授粉牧草由于天然异交率较高，变异更加迅速，比该品种刚推广时各方面性状变劣，造成品种的退化现象。因此，生产的发展需要我们不断培育和选用新的优良牧草品种。

总之，优良牧草品种的筛选和应用，是人工草地保持高产稳产的重要保障。优良牧草品种是在丰富的牧草基因资源的基础上，利用自然突变、人工诱变和基因重组等，通过有目的的选择工作培育而成。以此丰富人工草地的品种组成，并提供天然草地的优良补播材料。牧草品种资源是指那些用于培育新品种的栽培植物和野生植物，是人类和自然界长期所创造的宝贵财富。云南省拥有十分丰富的野生牧草种质资源和栽培品种资源。如何在保护的基础上开发利用，将这一资源优势转化为经济优势，必将成为今后云南草地农业的重大研究课题。

二、云南主要栽培牧草

所谓优良草种是指能够适应某一地区生态环境条件，具有较好生产性能和较高饲用价值的草本植物或灌木。优良草种是相对的，是对特定地区而言的。适宜某一地区栽培利用的优良草种必须经过引种试验、区域试验、生产试验来确定，不能盲目引进利用。优良草种可来源于当地野生草种，经过驯化、筛选或培育后应用于生产；也可引进国外或国内其他地区的草种，经引种试验筛选出适宜当地栽培利用的优良种（品种）。据调查资料，云南省有可饲用的野生牧草资源3200余种，是十分宝贵的资源。今后应加强对这一资源的保护和开发利用，培育出具有独立知识产权的牧草、草坪草、生态建设用草种（品种），改变目前主要依赖从国外进口的被动局面。

优良草种是建植优质高产人工草地、改良天然草地的物质基础。从20世纪80年代开始引进国内外草种，对生态适应性、生产性能、营养组成、种间相容性等指标进行了观测和分析，在大量研究工作和多年生产实践基础上，筛选出了适宜云南省不同生态区域栽培利用的优良草种（品种），见表 12-1、表 12-2 和表 12-3。

表 12-1　优良牧草品种、适应区域及适宜混播的草种

优良牧草种	优良品种	适应区域	适宜混播的草种
鸭茅	波特、卡蕾、草地威纳、草地埃帕尼、欧纳米、安巴	H>1500 m T<15℃ R>500 mm	紫花苜蓿、白三叶、肯尼亚白三叶
苇状羊茅	德梅特、多维、洪柯罗、法恩	H>1200 m T<19℃ R>500 mm	紫花苜蓿、白三叶、肯尼亚白三叶、大百脉根
多年生黑麦草	维多利亚、草地妞、早袋鼠峡	H>1900 m T<14℃ R>800 mm	红三叶、白三叶、肯尼亚白三叶、大百脉根
猫尾草	提姆弗、赛波克	H>2500 m T<13℃ R>800 mm	紫花苜蓿、白三叶、杂三叶
东非狼尾草	威提特	H=800~2000 m T=11℃~20℃ R>600 mm	白三叶、肯尼亚白三叶
非洲狗尾草	纳罗克、卡桑古拉、南迪	H=800~2000 m T=13.5℃~21℃ R>600 mm	白三叶、肯尼亚白三叶、新罗顿豆、糙柱花草
伏生臂形草	贝斯莉斯克	H<1400 m T>15℃ R>500 mm	新罗顿豆、糙柱花草、大翼豆
棕籽雀稗	罗斯巴、布赖恩	H<1400 m T>15℃ R>600 mm	距瓣豆、糙柱花草、新罗顿豆
绿黍	帕春	H<1400 m T>15℃ R>500 mm	新罗顿豆、糙柱花草、大翼豆、银合欢、大结豆

续 表

优良牧草种	优良品种	适应区域	适宜混播的草种
大黍	麦克里、科罗尼奥、海密尔	H < 1400 m T > 15℃ R > 400 mm	新罗顿豆、糙柱花草、大翼豆、银合欢、大结豆、距瓣豆
皇竹草	热研4号	H < 2000 m T > 13℃ R > 800 mm	热带亚热带豆科牧草
白三叶	海法、南迪诺、泰坦、草地休衣、草地皮涛	H > 1400 m T < 15℃ R > 600 mm	鸭茅、苇状羊茅、黑麦草、猫尾草、狼尾草、狗尾草
紫花苜蓿	盛世、赛特、西玛罗、夏复田、猎人河、西雷威尔	H > 1900 m T < 14℃ R > 200 mm	鸭茅、苇状羊茅、猫尾草
肯尼亚白三叶	莎弗蕾	H > 1400 m T < 15℃ R > 600 mm	鸭茅、苇状羊茅、多年生黑麦草、东非狼尾草、非洲狗尾草
红三叶	雷得昆、草地伯威伦、雷得曼	H > 1800 m T < 14℃ R > 600 mm	多年生黑麦草、苇状羊茅、鸭茅
大百脉根	草地麦库	H > 1400 m T < 15℃ R > 600 mm	多年生黑麦草、苇状羊茅
杂三叶	道恩	H > 1900 m T < 13.5℃ R > 600 mm	猫尾草、鸭茅、苇状羊茅
大翼豆	斯伦春	H < 1200 m T > 19℃ R < 1500 mm	伏生臂形草、绿黍、大黍
新罗顿豆	提拿罗、库帕	H < 1400 m T > 15℃ R < 1500 mm	伏生臂形草、绿黍、大黍、棕籽雀稗、非洲狗尾草
银合欢	坎宁汉	H < 1500 m T > 15℃ R < 1500 mm	伏生臂形草、绿黍、大黍

续　表

优良牧草种	优良品种	适应区域	适宜混播的草种
大结豆	阿其尔	H < 1400 m T > 15℃ R < 1800 mm	伏生臂形草、绿黍、大黍
糙柱花草	赛卡	H < 1400 m T > 15℃ R < 2000 mm	伏生臂形草、绿黍、大黍、棕籽雀稗、非洲狗尾草
圭亚娜柱花草	格伦姆	H < 1400 m T > 15℃ R < 2000 mm	绿黍、大黍
距瓣豆	伯尔奥特	H < 1400 m T > 15℃ R = 800 ~ 2000 mm	大黍、棕籽雀稗
品托氏花生	阿马瑞罗	H < 1600 m T > 15℃ R > 800 mm	伏生臂形草、棕籽雀稗、非洲狗尾草、大黍、绿黍

注：表中"H"表示海拔，"T"表示年均温度，"R"表示年降雨量。（引自　匡崇义，2001）

表 12 - 2　优良牧草的相对干物质产量、茎叶比例及生物学特性

牧草种	相对干物质 （ t/hm² ）	茎叶 比例	适口性	耐牧 程度	侵占 能力	先锋 能力	持久性	繁殖 能力	抗逆性
鸭茅	4.20	1:1.5	中	良	良	优	良	良	优
苇状羊茅	3.82	1:3.8	良	中	中	良	良	中	优
多年生黑麦草	3.50	1:1.4	优	差	中	优	差	良	中
猫尾草	2.18	1:4.3	良	中	中	良	中	中	良
东非狼尾草	4.88	1:2.2	良	优	优	优	优	优	优
非洲狗尾草	5.34	1:0.5	良	良	良	中	良	良	良
伏生臂形草	16.22	1:0.5	良	优	优	优	优	优	优
棕籽雀稗	6.02	1:2	中	良	良	良	良	良	良
绿黍草	7.73	1:0.3	中	良	中	中	良	良	良
大黍	14.65	1:0.9	差	良	中	良	良	中	良
王草	20.00	—	中	优	优	优	优	优	优
白三叶	1.66	1:1.8	优	优	优	优	优	优	优

续　表

牧草种	相对干物质（t/hm²）	茎叶比例	适口性	耐牧程度	侵占能力	先锋能力	持久性	繁殖能力	抗逆性
紫花苜蓿	3.95	1:2.1	优	中	中	良	良	良	优
肯尼亚白三叶	2.87	1:1.3	优	优	优	优	良	中	优
红三叶	4.76	1:1.2	优	差	中	优	差	良	良
大百脉根	2.54	1:1.1	良	中	差	良	差	差	良
杂三叶	4.99	—	优	中	中	良	良	差	良
大翼豆	3.01	1:1.3	良	优	优	良	优	优	良
新罗顿豆	3.54	—	良	中	良	良	良	中	良
银合欢	—	—	中	优	优	中	优	良	良
大结豆	2.70	1:1.1	良	差	中	良	中	差	良
糙柱花草	4.22	1:0.5	中	良	中	中	良	差	良
圭亚娜柱花草	4.82	1:0.9	中	差	中	良	差	中	良
距瓣豆	2.96	1:1.7	良	差	中	良	中	差	良
品托氏花生	2.58	1:0.78	良	优	良	优	优	优	优

（引自　匡崇义，2001）

表 12-3　优良牧草主要营养成分

牧草	粗蛋白（%）	粗脂肪（%）	粗纤维（%）	采样时间
鸭茅	16.73	3.90	22.40	始花期
苇状羊茅	21.11	4.70	16.90	始花期
多年生黑麦草	8.98	2.40	28.70	抽穗期
猫尾草	11.70	3.80	38.98	始花期
东非狼尾草	13.64	3.47	20.50	营养生长期
非洲狗尾草	10.47	1.89	37.90	始花期
伏生臂形草	8.36	0.89	32.05	抽穗期
棕籽雀稗	9.68	1.17	33.70	营养生长期
绿黍	10.71	1.30	37.04	始花期
大黍	13.57	1.81	30.90	营养生长期
王草	7.80	1.28	33.36	营养生长期
白三叶	25.16	4.32	16.90	始花期
紫花苜蓿	18.91	2.40	20.90	始花期
肯尼亚白三叶	21.09	2.10	17.10	始花期
红三叶	16.59	4.10	16.40	盛花期

续　表

牧草	粗蛋白（%）	粗脂肪（%）	粗纤维（%）	采样时间
大百脉根	22.90	4.10	52.68	始花期
大翼豆	22.50	2.70	25.70	营养生长期
新罗顿豆	21.26	2.63	23.76	营养生长期
银合欢	19.67	9.60	12.95	始花期可食部分
大结豆	18.59	8.70	25.60	营养生长期
糙柱花草	8.89	1.60	37.19	始花期
圭亚那柱花草	12.50	3.46	40.58	结荚期
距瓣豆	15.70	1.59	40.81	盛花期
落花生	14.52	0.81	24.56	盛花期

（引自　匡崇义，2001）

1. 多花黑麦草（*Lolium multiflorum*）

多花黑麦草（又称意大利黑麦草、一年生黑麦草）为一年生或短期多年生禾本科草类，须根密集，主要分布于 15 cm 以上的土层中。茎秆直立，疏丛型，高 80～120 cm。喜温热和湿润气候，在昼夜温度为 27℃/12℃时，生长最快，在秋季和春季比其他牧草生长快，炎热的夏季生长不良，耐潮湿，喜壤土或黏壤土，最适宜土壤的 pH6～7，在 pH5～8 时仍可适应。不耐严寒，在长江流域以南，秋播可安全越冬，并可在早春提供大量优质青饲料。9 月播种，第二年 3～4 月即可刈割，盛夏前可刈割 2～3 次，4 月下旬到 5 月初抽穗开花，6 月上旬种子成熟，落粒的种子自繁能力强，分蘖能力强，生长速度快。在云南晋宁区，当水肥充足时，每隔 25 天即可刈割一次，株高可达到 35～40 cm。

多花黑麦草是十分重要的一年生或短期多年生牧草，适宜作为草田轮作使用的冬春牧草，可与水稻、玉米等作物轮作。"多花黑麦草—稻田"轮作体系经过多年的研究和实践，目前已在我国南方许多地区推广应用。利用晚稻和第二年早稻的冬闲季节，种植多花黑麦草可以充分利用光、热、水等环境资源，恢复和提高土壤肥力，增加单位土地面积植物性生产，为发展养殖业提供物质基础。目前，在云南省内推广利用的主要品种有特高、杰威等。

2. 青贮玉米（*Zea mays*）

玉米作为粮食作物、经济作物和饲用作物为一体的三元作物，素有"饲料之王"的美誉。世界上 70%～75% 的玉米用作饲料，我国玉米总需求量的 78% 用作畜禽饲料。预计到 2020 年饲料玉米将占到畜牧饲料的 89.5% 以上。提高奶牛日粮中粗饲料品质的一个重要途径就是青贮，青贮全株玉米不但生物学产量高，而且其含有较为丰富的营养成分，能有效地保存玉米的蛋白质和维生素、矿物质营养；全株玉米青贮饲料若按风干状态计算，其主要营养物质的含量丰富，与玉米籽实营养相差不多，且维生素含量丰富，微量元素多数高于籽实，有机物消化率较高，各种能量（消化能、代谢能、产奶净能等）相当于玉米籽实的 51%～57%，而青贮玉米产量相当于籽实的 4～5 倍。如用青贮料喂奶牛，产奶量可提高10%～20%，玉米是世界上用于生产奶、肉等畜产品最重要的饲料来源。青贮玉米是奶牛一年四季特别是冬春季节的优良饲料，而玉米的青贮是提高奶牛产奶量的重要措施之一，有利于促进乳牛饲养业的发展。

普通玉米品种的蛋白质含量低，品质差，氨基酸含量不平衡，缺乏赖氨酸、色氨酸和蛋氨酸，大多以收获籽实为目的，秸秆纤维含量高，饲用价值不高。传统的做法是玉米收获籽实后，用秸秆制作青贮用于奶牛的粗饲料，成熟后的玉米籽实和秸秆，所含的营养物质远远低于乳熟后期全株玉米所含的营养物质。据研究，将玉米收获籽实方式改为全株玉米青贮，有效营养物质至少可多收50%，即1 hm² 农田生产的饲用青贮玉米饲料单位可相当2 hm² 农田生产的普通玉米。陈自胜（2000）的研究表明，在土地和耕作条件一致的情况下，全株青贮玉米比籽实玉米每公顷收入多539元，多生产可消化53 kg蛋白，喂青贮饲料的奶牛比不喂的日产奶增加3.64 kg，一个泌乳期多盈利978元。据英国畜牧营养专家约翰普里查德先生介绍，1头500～700 kg体重的产奶母牛，每天供给35～45 kg全株青贮玉米，不添加任何精料，日产奶量可达13 kg。从营养和经济效益方面看，全株青贮玉米的利用方式优于收获籽实后再用秸秆制作青贮的利用方式，经济效益非常显著。

专用型青贮玉米一般不用作粮食，主要是作牲畜的饲料，将玉米果穗和茎叶进行青贮后，作为反刍动物的饲料，其消化率达60%～70%。兼用型青贮玉米在可获得较高籽粒产量的同时，可得到具有较高饲用价值的茎叶。青贮玉米与普通玉米相比具有以下特点：①生长速度快，茎叶繁茂，生物产量高，一般不低于60 t/hm²；②营养丰富，非结构性碳水化合物含量高，养分均衡，木质素和纤维素含量低，适口性好，易于消化和吸收；③茎秆粗壮、多汁，抗倒能力强，耐密性好。因此，选育和筛选产量及营养价值更高的青贮品种，是饲用玉米发展的一个大方向。

目前，云南省奶牛业发展迅速，奶牛数量和牛奶产量逐年增长。但是，在奶牛合理饲养，尤其是粗饲料供给方面，仍然存在许多十分突出的问题。主要表现在以下几个方面：①种植业结构不合理。云南虽然大面积种植玉米，但多数是收获籽实的传统农业，经济效益不高。将籽实玉米改为全株青贮玉米，大力发展奶牛养殖业，经济价值高，具有广阔的发展空间。研究表明，全株青贮玉米与籽实玉米相比，营养物质提高了50%。即1 hm² 农田生产的饲用青贮玉米可得到相当于2 hm² 农田生产的普通玉米的饲料单位。②缺乏高产优质的专用青贮品种。云南玉米青贮品种普遍存在产量低、营养成分含量不高和青贮品质差的特点。因此，高产优质专用青贮品种的选育和推广迫在眉睫。③栽培技术不合理。通过高产栽培技术应用，提高青贮玉米、冬性饲用作物的产量和品质，为奶牛全年供青提供可靠的物质基础，同时也可取得良好的经济效益和社会效益。

3. 黑麦和小黑麦（*Secale cereale，Triticosecale wittmack*）

黑麦是饲养奶牛常用的高产优质的饲用作物。"黑麦冬牧70"是黑麦属一年生或越年生草本植物，原产于美国，是美国目前最好的冬季牧草之一，该牧草自1979年引进我国，在北京、上海等地区已大面积种植利用。"黑麦冬牧70"耐寒、耐旱，也较耐湿，对土壤要求不严，每亩产鲜草4500～6500 kg，干物质中粗蛋白含量12%～15%，是极好的冬季牧草。其营养丰富，适口性好，直接饲喂畜禽，利用率较高。"黑麦冬牧70"是解决秋末、冬季、早春畜禽青饲料短缺的最好牧草品种，尤其是对于延长奶牛、奶山羊的产奶高峰及肉兔的快速增长是十分有效的。据测定,"黑麦冬牧70"喂奶牛,产奶量可提高13%~19%。"黑麦冬牧70"可以单播,也可与春性箭筈豌豆、冬性箭筈豌豆混播种植利用。混播种植能够在不影响干物质产量的同时,有效提高单位土地面积的粗蛋白质产量。

小黑麦是普通小麦与黑麦经过属间杂交后,对杂种F1代染色体加倍人工综合而成的异源多倍体新物种,它不但保持了小麦的丰产性和优良品质,而且还结合了黑麦的抗病性、抗逆性和营养体生长繁茂性,同时还有蛋白质和氨基酸含量高于其双亲的新特性。

小黑麦主要分为饲草型和谷物型两大类。饲草型品种茎叶繁茂,产量显著高于黑麦,可作青饲料,可供放牧或刈割利用,也可青贮,其秸秆营养价值高于小麦和燕麦,作青贮时,收割期以乳熟或灌浆期为宜;谷物型品种籽粒人畜均可食用,粗蛋白含量明显高于小麦,可达19.4%,可作为牛、羊、猪、鸡等多种畜禽的补饲精料。

世界上有30多个国家已选育出适应不同环境条件的小黑麦品种,数量多达200多个。小黑麦的主要应用方向集中在饲草生产、粮食、啤酒及保健产品和再生能源。随着20世纪90年代养殖业的兴起和农业结构调整,小黑麦在我国也得到了一定的发展,目前我国西南、西北、华北等地都有种植,特别是北京、河北、内蒙古、陕西等地种植较多,湖南、贵州等地均有一定的种植面积,到1999年为止,种植总面积已达617×104 hm^{2}以上,不但用于饲料、粮食,而且在世界上最先进行多次收割牧草的试验和应用。目前,经全国牧草品种审定委员会审定及部分省级审定的小黑麦品种共有"中饲1890、中新830、中饲237、中新1881和OH1621"等10余个品种。"WOH830和OH1621"等多个品种在肥力低、酸性强、铝毒严重的南方红壤区生长良好。秋播后出苗整齐,生长迅速,播后1个月即可放牧或刈割,翌年6月份之前可刈割4~5次。植株高度140~170 cm,鲜草产量15000~25000 kg/hm^2,籽实产量3900 kg/hm^2。

小黑麦、黑麦最显著的特征是早春返青早,早期生长快,用作饲用春季可多次刈割,是一种生物产量较高、质量较好的饲用农作物。充分利用冬闲地,既可填补冬闲地的空白,让露地变绿,又能为畜牧业提供大量的优质饲草。小黑麦不但适合冬闲田栽培,而且也适合农田和山地红土壤栽培,是冬末春初草食动物特别是乳牛的好饲料,对地方发展乳牛业、解决青饲料不足问题具有重要意义。

小黑麦在奶牛饲料中多以精料、青饲、青贮或干草(粉)等形式加以利用。经饲养试验证明,在奶牛精料日粮中添加了35%小黑麦替代玉米、豆饼等,结果试验组与对照组奶牛泌乳量及乳脂率无明显差异,但却大大降低了饲养成本,提高了经济效益。小黑麦青贮在黑龙江地区一般于7月上中旬进行,比玉米、高粱青贮提前2个月左右,因此种植小黑麦是解决黑龙江大部分地区牛羊等草食家畜冬季无青贮难题的最有效途径,使该地区牛羊一年四季不断青。饲用小黑麦茎秆营养价值高,易消化吸收,家畜喜食。利用小黑麦秸秆调制干草及干草粉,可以增加冬季粗饲料的储备。经饲养试验证明,小黑麦干草及干草粉适口性好,牛羊喜食。

小黑麦在花期、乳熟后期、乳熟至蜡熟期制成的青贮料,颜色淡绿,气味芳香。北京农科院作物所经喂养奶牛试验证明,小黑麦的适口性好,产奶量和传统青贮相近,但奶的质量有所提高。小黑麦类饲料作物自20世纪90年代以来,一直在北京国营奶牛场系统广泛种植,10多年来,各农场一直采取青贮小黑麦+青贮玉米+青贮小黑麦轮作方式进行饲草生产，2 次轮作后加一茬冬小麦，以便于小麦秸秆还田，恢复地力，再接茬青贮玉米＋青贮小黑麦。同时，在用青贮小黑麦饲喂奶牛方面也取得了良好的效果。2001 年北京地区小黑麦在各牛场种植面积总计约 667 hm² 左右，主要用于一次性刈割青贮，主要种植品种为"中饲 1890、中新 830 和中饲 237"三个品种。

国内许多地区已基本形成苜蓿、饲用玉米（青贮玉米）两大类饲草生产化体系格局，而小黑麦、黑麦应作为第三类倡导的产业化饲料作物。如果发展小黑麦＋玉米青贮轮作方式，可节约耕地，比单种玉米更能满足青贮需要。早春缺青，而小黑麦恰好在 4 月初至 5 月底这一青黄不接时期收割，正好填补这一空缺。

作为饲用生产的小黑麦、黑麦整个生长期仅需在冬前灌一次冻水，返青时灌 1 次返青水，而小麦生育期内至少需要灌 4 次水。种小黑麦＋春玉米效益明显，并且其播种机械、栽培技术与小麦一样，只是在收割青贮时需要一部粉碎机。其生产投入可远远低于苜蓿生产的投入，对农民和养殖区来讲，更容易接受，容易操作。

国外对小黑麦在奶牛饲料中的应用方面也做了很多研究，这些研究主要集中在：①小黑麦作为精料，如小黑麦细麸替代小麦细麸，小黑麦颗粒替代玉米颗粒，大麦和小黑麦作为奶牛精料的比较等；②小黑麦青贮饲喂奶牛效果的比较，如小黑麦青贮与苜蓿、黑麦草、玉米、高粱、大豆和豌豆等青贮的比较，小黑麦、燕麦、小麦饲喂比较等；③小黑麦饲喂效果的研究，如珍珠粟、野豌豆及小黑麦青贮作为奶牛饲料，小麦和小黑麦青贮饲喂奶牛的评价等；④种植时间和氮肥水平对小黑麦产量和饲用价值的影响；⑤瘤胃对不同生长期小黑麦、玉米、苜蓿及酥油草的中性洗涤纤维降解性的研究；⑥小黑麦在高产奶牛日粮中的应用（与玉米青贮的比较）。在昆明地区可以推广种植利用的黑麦和小黑麦品种见表 12 - 4。

表 12 - 4　昆明地区部分适宜种植的黑麦和小黑麦品种

品种名称	来源	利用方式
黑麦冬牧 70	中国农业科学院	饲草
小黑麦 WOH828	中国农业科学院	饲草、精料
小黑麦 WOH830	中国农业科学院	饲草、精料
小黑麦 WOH939	中国农业科学院	饲草、精料
小黑麦 OH1621	中国农业科学院	饲草、精料
小黑麦 NTH139	中国农业科学院	饲草、精料
小黑麦 NTH237	中国农业科学院	饲草、精料

西藏林周县、日喀则地区的种植试验表明，黑麦和小黑麦在当地具有良好的适应性，灌溉条件下每公顷鲜草产量 30000～45000 kg，旱作条件下鲜草产量 15000～22500 kg。

4. 大　麦（*Hordeum vulgare*）

大麦适应性广、抗逆性强，在世界各地都有栽培。我国大麦的主要产区相对集中，主要分布在长江流域、黄河流域和青藏高原。长江中下游的湖北、安徽、江苏、浙江、上海等省市的种植面积约占全国大麦种植面积的 1/2，占全国大麦总产量的 2/3。大麦饲用价值相当于玉米的 95%，淀粉含量略低于玉米，粗蛋白质比玉米高 10%，尤其是可消化蛋白明显高于玉米。从氨基酸组成看，大麦的赖氨酸几乎是玉米的 2 倍，蛋氨酸略高于玉米，与家畜生长发育密切相关的烟酸含量比玉米高 2 倍多。Kempster（1976）的自由择食试验证明，禽类最喜欢吃的是小麦和大麦，然后是玉米和高粱。麦类的黏合性好，用麦类做颗粒饲料，可以不用黏结剂。利用氨基酸平衡原理，用大麦替代部分玉米和豆饼饲喂畜禽，可减少蛋白质饲料的用量，降低饲料成本，还可增加禽肉的脂肪硬度，改善胴体品质。

大麦作为优良饲草，在云南楚雄彩云镇广泛种植，每公顷鲜草产量可达 90.9 t，用于饲养云岭牛，取得了良好效果。近年来，西藏日喀则地区推广种植大麦，为当地发展高产优质饲用作物起到了良好的示范作用。

5. 紫花苜蓿（*Medicago sativa*）

紫花苜蓿为多年生草本，株高 60～100 cm。主根发达，入土深度达 2～6 m，侧根不发达，着生根瘤较多，多分布在地面下 20～30 cm 的根间。根茎粗大，位于地面下 3～8 cm 处，随着年龄的增长而逐渐深入土中。茎直立或有时斜升，绿色或带紫色，粗 0.2～0.5 cm，多分枝，生长 2 年以上的植株可分枝 10 余个，每个主枝具 10～17 节。羽状三出复叶，小叶长圆状倒卵形、倒卵形或倒披针形，长 7～30 mm，宽 3～15 mm，先端钝，具小尖刺，基部楔形，叶缘上部三分之一处有锯齿，两面无毛或疏被柔毛；托叶狭披针形。短总状花序腋生，具花 5～20 余朵，紫色或紫蓝色；花萼筒状钟形；花冠碟形。荚果螺旋形，通常卷曲 1～3 周，黑褐色，密生伏毛，内含种子 2～8 粒；种子肾形，黄褐色。

紫花苜蓿是一种十分重要的世界性牧草，也是我国播种面积最大和最重要的多年生豆科牧草，在我国南方热带、亚热带地区冬春季节生长较好。紫花苜蓿的适应性广，性喜温暖、半干旱气候，适宜生长温度为 20℃～25℃。抗寒性强，可以忍耐 -20℃～-39℃的低温。抗旱性强，根系十分发达，可吸收土壤深层的水分，在年降雨量为 250～800 mm 的地区均可种植。但在地下水位高或排水不良的地段不宜种植。性喜中性土壤，pH 值在 6.5～7.5 为宜。生长速度快，再生性能强，黄土高原区在有灌溉和追肥条件下，每年刈割 3～4 次，亩产鲜草 10000 kg 以上。在云南晋宁的试验证明，大田有灌溉条件时，春季播种 5 个月后的株高达到 40 cm 以上，完全覆盖地面，播种当年即可刈割 1～2 次，冬季不枯黄，全年生长期约 9～10 个月。从生长第二年开始，每年刈割 4～5 次，亩产鲜草 15000 kg 左右。

紫花苜蓿为深根性长寿命牧草，根系发达，入土深，固土能力强，枝叶茂盛，覆盖地面速度快，是我国北方以及南方许多地区广泛种植利用的优良草种。品种繁多，来源复杂，有地方野生种和育成品种，也有引进的栽培品种。长期以来，紫花苜蓿的许多品种在黄土高原、内蒙古高原、云贵高原等水土流失严重的区域被大面积应用，主要用于水土流失治理、改土肥田、草田轮作、果草结合等领域。近年来，紫花苜蓿在天然草地植被恢复和退耕还林还草等工程中也日益受到重视，并在许多地区取得了良好的效果。

紫花苜蓿因产量高、利用年限长、再生性强、生物固氮能力强以及适口性优良和营养价值高等特点，在我国西部许多地区的草田轮作中占有十分重要的地位，是种植业结构调整的重要组成者。紫花苜蓿可单播，也可与其他牧草混播，建植优质高产的人工草地。可以青饲、青贮，也可调制优质青干草，或者用于开发植物性蛋白食品。鲜草为各种畜禽所喜食，开花期干草中粗蛋白质含量可达18%以上，是各种家畜育肥或冬春季节补饲的优质饲草。北方旱作条件下紫花苜蓿干草产量达 4500 ~ 7500 kg/hm²，川水地可达 10500 ~ 22500 kg/hm²。此外，紫花苜蓿也是一种资源丰富的蜜源植物，在种植利用的同时发展养蜂业，增加经济收入。

6. 光叶紫花苕（*Vicia villosa var.* glabrescens）

光叶紫花苕为越年生或一年生草本。主根粗壮，入土深达 1.0 ~ 1.5 m，侧根发达；主茎不明显，有 2 ~ 5 个分枝节。一次分枝 5 ~ 20 个，2 ~ 3 次分枝常超过 30 余个，匍匐蔓生，长为 1.5 ~ 3.0 m，茎四棱形中空，疏被短柔毛。双数羽状复叶，有卷须，具小叶 8 ~ 20 个，矩圆形或披针形，长为 1 ~ 3 cm，宽为 0.4 ~ 0.8 cm，两面毛均较少；托叶戟形。总状花序，花序梗长 8 ~ 16 cm，有花 15 ~ 40 朵，花冠蝶形，红紫色。荚果矩圆形，光滑，淡黄色，含种子 2 ~ 6 粒；种子球形，黑色。

光叶紫花苕适应性广，从平原至海拔 2000 m 的山区（冬春季节）均可种植，从红壤坡地到黄淮地区的碱沙土均可良好生长。耐寒性强，当气温低于 - 10℃ ~ - 20℃ 时地上部分出现冻伤现象。耐旱性强，现蕾期之前也能耐湿。耐贫瘠，抑制杂草能力较强，可以在pH 值为 4.5 ~ 5.5，质地为沙土至重黏土，含盐量低于 0.2% 的各种土壤上种植。种子发芽适宜温度为 20℃ ~ 25℃，气温低于 3℃ ~ 5℃ 时地上部分停止生长，适宜生长温度为20℃左右。

光叶紫花苕是良好的绿肥和覆盖植物，也可用作生荒地的先锋植物，有良好的抑制杂草和改土肥田的效果。作为绿肥，它通常是水稻、棉花、玉米等作物的前作，适时耕翻后，对后作的增产效果明显。光叶紫花苕的饲用价值相当于毛叶苕子，草质柔嫩，适口性好，为各种家禽、家畜所喜食。可青饲，也可调制干草或青贮料，在现蕾期收获，每公顷产鲜草 30000 ~ 75000 kg。营养价值高，现蕾期、初花期干物质中粗蛋白质含量分别可达23.1% 和 19.1%，粗纤维分别为 4.9% 和 3.9%。此外，光叶紫花苕也是良好的蜜源植物，花期长达 30 天，蜜质好，每公顷可提供蜜 275 kg 左右。

7. 毛苕子（*Vicia villosa*）

毛苕子是一年生或二年生草本，全株密被长柔毛。根系发达，主根深达 0.5 ~ 1.2 m。茎细长，攀缘，长可达 2 ~ 3 m，草丛高约 40 cm，多分枝，一株可有 20 ~ 30 个分枝。双数羽状复叶，具小叶 10 ~ 16 个，叶轴顶端有分枝的卷须；托叶戟形；小叶长圆形或披针形，长 10 ~ 30 mm，宽 3 ~ 6 mm，先端钝，有细尖，基部圆形。总状花序腋生，总花梗长，具花 10 ~ 30 朵而排列于序轴的一侧；花萼斜圆筒形，萼齿 5，条状披针形，下面 3 齿较长；花冠蝶形，蓝紫色。荚果长圆形，长约 3 cm，内含种子 2 ~ 8 粒；种子球形，黑色。

毛苕子又称苕子、毛野豌豆、冬箭筈豌豆、冬巢菜等，是野豌豆属一年生或越年生草本植物，在我国各地均有栽培种植，用途广泛。多以夏季作物收后复种为主，是种草养畜、轮作倒茬、翻压绿肥和改土肥田的重要作物。毛苕子耐寒力强，植株生长期能忍受- 30℃ 的低温，生长最适温度为 20℃ 左右。性喜湿润，但苗期过后也能抗旱，在年降水600 mm 的地区和土壤含水量 20% ~ 30% 的情况下生长最好。喜沙土或沙壤土，在黏重土及排水不良处不宜种植。耐酸耐盐碱，可在 pH 值 4.5～9.0 的土壤上种植，以 pH 值 6.0～8.0 最好。

毛苕子生长快，产量高，鲜草产量可达 15000～45000 kg/hm²。开花期干草中含粗蛋白 19.8%。草质柔嫩，叶量丰富，适口性极好，是各种畜禽优质的蛋白质饲料。既可青饲，又可调制干草、草粉，还可代替精料，种子产量 450～2250 kg/hm²。

8. 紫云英 (*Astragalus sinicus*)

黄耆属一、二年生草本植物，株高 50～100 cm。主根肥大，侧根发达，根系多分布于 15 cm 以内的表土层。茎直立或匍匐，无毛。奇数羽状复叶，小叶 7～13 枚，叶小，全缘，倒卵形或椭圆形，长 5～20 mm，宽 5～15 mm，顶部凹缺或圆形，基部宽楔形，两面疏生长毛。总状花序近伞形，有花 5～13 朵，总花梗长约 20 cm，花萼钟形；花冠蝶形，紫红色或白色。荚果条状长圆形，微弯，顶端有喙，成熟时黑色，内含种子 5～10 粒；种子肾形，黄绿色，有光泽。种子千粒重 3.2～3.7 g。

紫云英性喜温暖湿润气候，种子发芽最适温度为 20℃～30℃，在 5℃～12℃ 时发芽缓慢，幼苗在 -5℃～-7℃ 时受冻害或部分死亡。成株较耐寒，但越冬温度不能低于 -15℃，生长和结实的最适温度为 15℃～20℃，在海拔 500～2500 m 的地区均能生长。播种前应进行种子硬实处理，并用根瘤菌拌种。

紫云英为我国长江流域及南方各省常用的优质绿肥植物。在利用时不宜直接翻压，应先作饲料过腹还田以提高利用率。叶量丰富，茎秆柔软，适口性好，营养价值高，初花期干物质中粗蛋白质可达 25.8%。可青饲、青贮、调制干草、草粉或颗粒饲料，为各类家畜和鹅、鱼均喜食的优质饲草。此外，紫云英花期长，是重要的蜜源植物。

9. 东非狼尾草 (*Pennisetum clandestinum*)

东非狼尾草株高 40～50 cm，具粗壮发达的根状茎，可横走延伸数米，匍匐茎具若干节，节着地生根，每节长一侧枝，侧枝之间呈互生生长。须根粗硬，入土深。叶片常内卷。花穗顶生或腋生，成熟后黑紫色，具 2～4 小穗，小穗基部有刚毛，单个花序可结种子 1～2 粒。种子棕黑色，被包于叶鞘内，千粒重 2.0～2.5 g。

东非狼尾草适应性广，容易定植。我国于 20 世纪 80 年代从澳大利亚引进东北狼尾草，目前在云南昆明小哨、红河开远、文山、广南等亚热带地区都表现出良好的生态适应性。根系发达、强壮，固土能力好，种植 5 年的根系入土深达 3 m 以上，可以吸收土壤深层水分，抗旱能力强。地下有根状茎，地上有匍匐茎，茎节着地生根，同时在节上产生新的枝条。据有关研究表明，一个匍匐茎在地表一年内可生长 1.5 m，能够形成稠密的草层，覆盖地面速度快。由于存在匍匐茎和较快的再生习性，可以忍耐重牧和连续放牧而不易退化，对土壤的肥力要求不严，耐贫瘠，使用寿命长。产草量高，营养价值优良，适口性好。据云南省肉牛与牧草研究中心测定，在已利用了 20 年的草地上，放牧效果良好，各种家畜均喜食。东非狼尾草单播草地需肥多。通常多于白三叶等豆科牧草混播，利用豆科植物的生物固氮能力来降低管理成本，延长草地使用寿命，提高草地初级生产力。

根据上述生物学特性可以看出，东非狼尾草在热带、亚热带地区是一种十分优良的水土保持植物。其适应性广，生命力和再生性能强，生长速度快，覆盖地面效果好，可用于退化草地植被恢复、退耕还草建设及人工草地建植，是建植放牧地的优良草种。可直播，也可以扦插、单播，也可与白三叶、非洲狗尾草混播。东非狼尾草属优良牧草，适口性好，营养价值高，干物质中粗蛋白含量为 23.5%，干物质产量可达到 7~10 t /hm²。

10. 鸭 茅（*Dactylis glomerata*）

鸭茅根系强大发达，深入土层达 1 m，大部分分布于 10 cm 左右的土层中，地下部分可以达到地上部分的 6.9 倍。茎光滑，基部扁平，上部圆形，高 50~150 cm。叶色淡绿至深绿，无叶耳。圆锥花序，小穗近于无柄散开似鸭掌、鸡脚，故名鸭茅，也称鸡脚草。外稃背部具脊，有短芒，种子卵形，千粒重约 1.0 g。

野生鸭茅在我国分布于新疆天山山脉、四川、云南等地区，在湖北、湖南、四川、江苏等省有较大面积栽培。鸭茅原产于欧洲西部、北非及亚洲的温带地区，现遍及世界温带地区。鸭茅叶多茎少，丛生而开展，丛径 30~50 cm，常形成丰厚而致密的草层。性喜凉冷、湿润的气候，耐热性较差，气温高于 28℃ 生长不良，最适生长温度 10℃~25℃，30℃ 以上发芽率低，生长缓慢。昼夜温差不宜过大，昼温为 22℃，夜温为 12℃ 最好。耐热性和抗寒性都优于多年生黑麦草，但抗寒性低于猫尾草和无芒雀麦，抗旱力高于猫尾草，低于无芒雀麦。抗旱性强于猫尾草和黑麦草，但低于无芒雀麦，要求年降雨量 700~1000 mm，但只要气温适宜，虽年降雨量只有 300 mm 仍能生长。鸭茅对土壤的适应范围较广泛，但在肥沃的壤土和黏土上生长最好。不耐碱，而耐酸，能在 pH 值 4.7~5.5 的土壤中良好生长。耐贫瘠，除沙土、砾土以外的各种土壤中均能生长，以微酸性，湿润肥沃的黏壤土、壤土、沙壤土为最宜。苗期生长缓慢，到抽穗前，当生境适宜时，生长迅速，茎叶厚密，可成为优势种。

鸭茅耐阴性强，在直射光线仅为 33% 条件下，经过 3 年时间后，对其产量不会造成明显影响。因为常在果园中种植利用，又名果园草。鸭茅为长寿命植物，一般可利用 6~8 年，管理措施良好时，可利用 15 年左右。其第二年、第三年的产量为最高，鲜草产草 30~45 t/hm²，高的可达 67.5 t/hm²。鸭茅在生境适宜和水肥充足时，可持续高产并延长寿命。耐践踏能力较差，放牧不宜频繁，宜划区放牧。

鸭茅为我国温带及亚热带中、高海拔地区广泛使用的当家草种之一。可用于退化草地植被恢复，退耕还林还草生态建设，小流域治理等水土保持工程中，也是人工草地建植和果园种草的主要草种。其根系发达，固土能力强，地上部分茎叶茂密，覆盖地面效果好、速度快，属优良水土保持植物。鸭茅在土壤中能够积累大量根系残余物，具有较好的改良土质作用，适宜与豆科牧草混播进行草田轮作或作为绿肥作物而改良土壤。在中温带、寒温带地区适宜与多年生黑麦草、猫尾草、苇状羊茅、白三叶、苜蓿等建植人工草地和水土保持植被。在暖温带、亚热带地区适宜与东非狼尾草、非洲狗尾草、虎尾草、白三叶、柱花草等建植人工草地，还适宜与球茎草芦、东非狼尾草、白三叶等组成水土保持植被。

鸭茅在阳光不足的疏林地、果园或灌丛中可以良好生长，是各种果园中良好的地面覆盖植物。因此，鸭茅适宜与白三叶一起作果园、桑园的套种牧草，建立林草结合模式，在不影响果产品的同时，改良土壤结构，防止杂草滋生，提高土壤肥力，防治水土流失，增加单位面积土地的生产力和经济效益。鸭茅适于大田轮作，又适于饲料轮作，与高光效牧草或作物间作套种，可充分利用光照增加单位面积产量。由于耐阴，在果树或高秆作物下种植能获得较好的效果。

鸭茅叶量丰富，草质柔嫩，适口性好，营养价值高，抽穗期茎叶干物质含粗蛋白质12.7%、粗脂肪4.7%、粗纤维29.5%以及大量的钙、磷，饲用价值接近于苜蓿。可青饲、调制干草、青贮，也适宜放牧，是牛、马、羊、兔等草食家畜和草食性鱼类的优质饲草，幼嫩时，也可以喂猪。春季返青早，秋季绿期长，放牧利用季节较长，放牧可在草层高25～30 cm时进行。刈割留茬高5～10 cm，不能过低。生长在肥沃土壤条件下的鸭茅，每公顷产鲜草可达75000 kg左右。

鸭茅最适宜秋播，产量高，也可春播。播前翻耕整地，彻底锄草，每公顷施22500 kg左右的农家肥，300 kg磷肥用作底肥。单播以条播为好，行距为15～30 cm，播深为1～2 cm，播种量为每公顷15.0～22.5 kg，也可撒播，播种宜浅，稍加覆盖。与红三叶、白三叶、多年生黑麦草等混播时，鸭茅种子播量在7.5～15.0 kg。幼苗期加强管理，适当中耕除草，施肥浇灌。在生长季节和每次刈割后都要适当追施速效氮肥，但氮肥不宜施用过多。

11. 非洲狗尾草（*setaria sphacelata*）

非洲狗尾草为多年生草本植物。丛生，多分蘖，须根发达，茎直立。株高150 cm左右，有14～15个节。茎叶光滑，基部略呈扁圆形。叶长20～40 cm，宽0.8～1.5 cm。圆锥花序紧密，呈圆柱状，穗长10～25 cm，小穗长3.5 cm。种子小，千粒重0.53～0.75 g。

非洲狗尾草原产于非洲，从南非向北，东至肯尼亚，西至塞内加尔都有分布。澳大利亚从肯尼亚引入，现有三个栽培品种，即卡松古鲁（Dazungula）狗尾草、纳罗克（Narok）狗尾草和南迪（Nandi）狗尾草。我国从澳大利亚引入非洲狗尾草，在云南表现优良并登记的品种为纳罗克。

非洲狗尾草喜温暖，耐高温干旱。适宜生长温度为20℃～30℃，夏季高温季节仍能保持青绿。冬季-5℃～8℃根部可以越冬。对土壤适应性强，耐酸性强，在pH值为4.5的红壤中可以正常生长。也可经受短时间洪水淹没或浸泡，耐火烧和重牧。耐旱性比宽叶雀稗略差，以肥沃湿润土壤生长最好。与大翼豆、柱花草、紫花苜蓿等混播效果良好，可提高产草量和牧草品质。

（1）栽培技术。在云南一般6～7月，即雨季来临前即可播种非洲狗尾草。播前先用克无踪除去杂草，精细整地，每亩施农家肥1000 kg，磷肥15 kg作基肥。条播或撒播。条播行距30～35 cm，深度1～2 cm，每亩播种量0.5 kg。播后盖种、压种。苗期注意中耕除草。每次刈割后适当追施氮肥，每亩施尿素8～10 kg，以促进其再生。播后70～80天可形成草层，在60～70天就可第一次收割，割后分蘖加快，每株可达60～70个，也可采用分株栽培。分株栽培选用生长2年以上的植株连根挖起，分株种植，行株距40 cm×40 cm，植深8～10 cm，栽后浇定根水。植后10天即返青生长。也可与大翼豆、柱花草、紫花苜蓿等豆科牧草混播，建成优质人工放牧草地。青刈应在抽穗期进行，刈割留桩高度6～10 cm。年刈割4～6次，年亩产鲜草5000～6000 kg。如用作放牧，4～8周轮牧一次。

非洲狗尾草种子成熟容易脱粒，如人工采种，应在种子基本成熟时即行收种。专用种子田一年内可结籽两次，第一次在7月中旬割去老株收种。发出的新株到10月下旬又可进行第二次收种。割草或放牧利用的，如在9月初停止利用后，当年的11月下旬至12月上旬仍可收获一次种子。

（2）营养组成与利用。非洲狗尾草茎叶柔嫩多汁，适口性好。适宜利用期为孕穗之前到孕穗期，植株高度 50～60 cm。春季 25～35 天、秋季 35～45 天收割一次。主要饲喂牛、羊、兔，猪亦喜食，也是食草性鱼类的优良青饲料。营养丰富，干物质中含粗蛋白质10.16%、粗脂肪 1.5%、粗纤维 32.3%、无氮浸出物 52.5%、粗灰分 6.6%，干草率32.7%。适宜放牧采食、刈割青饲，也可青贮或晒制干草。

非洲狗尾草对土壤适应性广，从沙质土到黏重土，低湿地到较干旱的坡地都可栽培，也耐贫瘠酸性的红壤土，但产量较低，栽培在肥沃的壤土可获高产。土壤耕作分全耕翻和半耕翻两种。全耕翻在播前翻犁晒土，耙后再犁耙一次，清除杂草。播作刈割地的一般采用全耕翻。半耕翻在烧荒后重耙或旋耕机耙碎地表，适用于播作放牧地的土壤耕作。

非洲狗尾草的播种时间宜在 3～5 月。非洲狗尾草种子小，播种前宜细耕浅播，在较黏重的瘦瘠土坡播深 5 mm，一般不超过 3 cm。人工改良草地撒播，每公顷用量 7.5～11.25 kg，与豆科牧草混播每公顷 3～6 kg，播作打草地和高产的青刈割草地，一般采用条播，行距40～50 cm。除播种外，还可采用移栽的方法建植草地，移栽全年均可进行，其规格为株行距为 30 cm×40 cm，趁阴雨天移植成活率可达 90% 以上。

（3）施肥。基肥：用作青刈的高产栽培地，播前宜亩施 1500～2500 kg 腐熟厩肥作基肥。追肥：苗期施尿素 75 kg/hm^2，分蘖后期亩施 30～50 kg 磷肥，10～20 kg 钾肥。每次刈割、放牧利用后宜追施氮肥 75～120 kg/hm^2。

（4）管理。用作刈割草地、留种地，在生长早期要中耕除草 1～2 次，每次刈割后要追施氮素，干旱时要进行灌溉。与豆科牧草混播草地，播种的第一年非洲狗尾草生长缓慢，第二年开春后，非洲狗尾草生长旺盛，往往抑制豆科牧草生长，应及时放牧啃低。

12. 多年生黑麦草（*Lolium perenne*）

多年生黑麦草为多年生草本，具根状茎，须根稠密。枝条丛生，成疏丛形，质地柔软，基部常斜卧，高 50～100 cm，具 3～4 节；叶鞘疏松，通常短于节间，叶舌短小。叶长 10～25 cm，宽 3～6 mm，质地柔软，被微毛。穗状花序长 10～30 cm，宽 5～7 mm；小穗含 5～11 花；颖短于小穗，具 5 脉；外稃披针形，具 5 脉，顶端通常无芒，内稃与外稃等长。

多年生黑麦草喜温暖湿润气候，适于夏季凉爽、冬季不太寒冷、年降雨量 1000～1500 mm 的地区生长，但也具有一定的耐旱性。生长最适气温为 20℃，不耐炎热，气温在35℃ 以上时，生长不良，高于 39℃ 时，分蘖枯萎或全株死亡。在我国南方夏季炎热高温地区，越夏困难，常出现枯死现象，但在亚热带中、高海拔的广大区域生长良好。多年生黑麦草要求肥沃湿润、排水良好的壤土或黏土，也可在微酸性土壤上生长，适宜的土壤 pH值为 6.0～7.0。生长速度快，再生力强，在云南昆明地区从 3～11 月都能生长，冬季不枯黄，夏秋季节生长良好，播种当年即可刈割 2～3 次，次年也会抽穗开花，8～9 月种子成熟。

多年生黑麦草是世界范围内最重要的栽培多年生禾本科牧草之一，也是我国南方许多中、高海拔地区良好的水土保持、环境绿化植物，作为退化草地植被恢复、人工草地建植和草田轮作的优良草种。多年生黑麦草质地柔嫩，适口性良好，各种家畜均喜食。叶量丰富，营养价值高，营养期干草中粗蛋白质含量高达 18.6%。分蘖力强，再生速度快，鲜草产量可以达到 45000 ~ 60000 kg/hm²。单播或与白三叶、鸭茅等混播，建植的草地适宜于放牧利用，也可调制优质干草。

13. 无芒雀麦（*Bromus inermis*）

无芒雀麦具短根状茎，根系发达，茎直立，4 ~ 6 节，高 50 ~ 120 cm。叶鞘闭合，长度常超过上部节间，光滑或幼时密被茸毛。叶片淡绿色，长 15 ~ 20 cm，表面光滑，叶脉细，叶缘有短刺毛。无叶耳，叶舌膜质，短而钝。圆锥花序，长 10 ~ 30 cm。穗轴每节轮生 2 ~ 8 个枝梗，每枝梗着生 1 ~ 2 个小穗，开花时枝梗张开。小穗近于圆柱形，由 4 ~ 8 花组成。颖狭而尖锐，外稃具 5 ~ 7 脉，顶端微缺，具短尖头或 1 ~ 2 mm 的短芒。种子黑褐色、扁平，千粒重约 4 g。

无芒雀麦也称光雀麦、无芒草、禾萱草，在我国东北、西北、华北地区有野生分布。无芒雀麦在我国有很长的栽培历史，种植效果良好。在亚洲、欧洲和美洲的温带地区也有野生分布。无芒雀麦适宜冷凉、干燥的气候，不适于高温、高湿地区种植，抗寒，耐水淹，不耐强碱、强酸的土壤。喜土层较厚的壤土或黏壤土，对水肥敏感。对土壤和气候的适应性非常广泛，春季返青早，生长期长。在我国的西北、华北、东北、青藏高原、云贵高原等地区均可种植利用。

无芒雀麦适应性广，生命力强，已成为干旱、寒冷地区重要的栽培牧草。近年来，除在内蒙古、青海、新疆等地进行大面积人工栽培外，南方一些地区也有试种。由于其根系发达，所以抗旱能力优于其他禾本科牧草。在年降雨量 400 mm 的地区均可正常生长。耐严寒，但不喜高温。在北方零下 30℃ ~ 40℃ 的低温条件下可安全越冬。土壤温度为 20℃ ~ 28℃ 时最适宜其生长。对土壤要求不严，耐碱性较好，最喜肥沃的土壤或黏壤土，也能在贫瘠的沙壤土上生长。无芒雀麦属中旱生植物，寿命很长，管理适当利用期可达 25 年以上。再生性良好，一般每年可刈割 2 ~ 3 次，再生草产量为总产量的 30% ~ 50%。无芒雀麦是比较早熟的禾草，产量高峰在生长的第 2 ~ 3 年，每公顷干草产量达 4500 ~ 6000 kg。

无芒雀麦地下部分根系发达，入土深，生长速度快，生长 1 年根深达到 1 m，生长 2 年根深可达 1.5 m，固土能力强。根茎发达，地下茎向四周蔓延，分蘖数量多，每丛通常抽茎 100 ~ 200 株，地上枝叶茂盛，覆盖地面速度快，是一种适应性强、用途广泛和性状十分优良的水土保持植物。在我国北方和西南广大地区，可作为退化草地植被恢复和重建、人工草地建植、退耕还草等工程中首选草种之一。

无芒雀麦营养价值很高，适口性好，为各种家畜所喜食，属优良牧草。抽穗期茎叶干物质含粗蛋白 16.0%、粗纤维 30.0%，还有丰富的钙、磷成分。其短的地下茎，易结成草皮，放牧时耐践踏，再生性强，是很好的放牧型牧草。也可以割草，晒制干草，干草的营养价值较高。人工栽培的草地，一般连续利用 6 ~ 7 年。除用作放牧外，还可以调制干草或青贮。

温带地区春、夏、秋均可播种，干旱、寒冷的地区宜夏、秋播。无芒雀麦可单播，也可以与苜蓿、三叶草、红豆草、沙打旺等混播。单播时，播种量为 22.5 ~ 30.0 kg/hm²，播深 2 ~ 3 cm 左右，不宜过深。通常以条播为宜，行距 15 ~ 30 cm，播种后镇压。最好使用新鲜种子。无芒雀麦需氮较多，播前施足底肥，播种时施种肥（硫酸铵）75 kg/hm²，拔节、孕穗或刈割后追施氮肥，如结合灌水则显著提高产草量和种子产量。无芒雀麦对磷肥反应明显，适当施磷肥可增加产量，提高经济效益。无芒雀麦是长寿牧草，播种当年生长缓慢，应注意中耕除草。当第 3 或第 4 年开始根茎积累草皮紧实时，则需要耙地松土，切破草皮，改善土壤的通透状况，以提高青草产量，增加种子产量。

14. 苇状羊茅（*Festuca arundinacea*）

苇状羊茅属多年生丛生型草本植物，植株高大，可达 70 ~ 180 cm，又称高牛尾草。须根发达而致密，多数分布在 10 ~ 15 cm 的土层中。茎直立，疏丛状。叶条形，长 30 ~ 50 cm，宽 0.6 ~ 1 cm，叶色深，叶量大，质地较粗糙。圆锥花序，稍开展，长 20 ~ 30 cm，小穗卵形，常带紫色，着花 4 ~ 5 朵；颖窄披针形，有脊，具 1 ~ 3 脉；外稃披针形，具 5 脉，无芒或具小尖头；内稃与外稃等长或稍短，脊上具短纤毛。内外稃紧附颖果，种子千粒重约 2.5 g。

苇状羊茅适应性极广，能够在多种气候条件下和生态环境中生长，最适宜于年降雨量 450 mm 以上和海拔 1500 m 以下的温暖湿润地区生长。既耐寒又耐热，冬季 – 15℃ 条件下可安全越冬，夏季可耐 38℃ 的高温，在湖北、江西、江苏等省越夏良好，既耐湿又耐干旱，耐盐碱也耐酸。对土壤要求不严，可在多种类型的土壤上生长，耐酸碱性土壤（pH4.7 ~ 9.5 可正常生长），最适宜土壤的 pH 值为 5.7 ~ 6.0，喜肥沃潮湿而黏重的土壤。寿命较长，长势旺盛，每年生长期 270 天左右，生长高峰出现在栽培后 3 ~ 4 年。法恩（Fawn）是建植速度最快的苇状羊茅品种之一。适应性极广，能在强酸性（pH 值 4.7）至碱性（pH 值 9.5）的土壤条件下生存和生长，还可在瘠薄干旱的陡坡地和其他冷季型牧草难以生存、排水不良的土壤上形成密集的草地，并获得高产。长势旺盛，生长迅速，春季返青早，秋季可经受 2 ~ 3 次初霜冻害。在中等肥力的土壤条件下，全年干物质产量可达 15 ~ 30 t/hm²。富含多种营养物质，与其他同类品种相比，适口性和消化率显著提高，无论鲜草或干草均为各种家畜所喜爱。根系发达，种植 6 年后，0 ~ 20 cm 土层内的总根量可达 7844 kg/hm²。种植该品种可有效降低土壤密度，改善土壤结构，减少土壤侵蚀。

苇状羊茅抗逆性强，根系发达，枝叶茂密，保水固土能力好，属优良的水土保持草种。在岗坡地、风沙区、沟边冲刷地种植，其强大的根系能够护沙固土，是南方红壤丘陵岗地和北方盐碱土地区生态环境治理、天然草场改良及建植人工草地的理想草种。

苇状羊茅作为饲草质地较粗糙，品质中等，干物质中含粗蛋白质 15%、粗纤维 26.6%。适宜刈割青贮，调制干草，收种后可进行放牧。在北京地区中等肥力的土壤条件下一年可刈割 4 次，亩产鲜草 2500 ~ 4000 kg，刈割宜在抽穗期进行，可保持适口性和营养价值。单播或与白三叶、红三叶、紫花苜蓿、沙打旺混播，建立高产优质的人工草地。苇状羊茅易建植，春秋雨季播种，若秋播则不能过迟。苗期生长缓慢，应注意中耕除草。返青和刈割后适时浇水，追施速效氮肥，越冬前追施磷肥，可有效提高产量和改善品质。

我国亚热带低海拔地区夏季炎热而干旱，冬季寒冷潮湿，在该类地区温带牧草难越夏，热带牧草难越冬。苇状羊茅是能够适应这一区域的少数优良草种之一，另外，苇状羊茅也是冷季型草坪草中应用较广泛的草种之一。可与草地早熟禾、多年生黑麦草等混播建植运动场及绿化草坪。

15. 扁穗牛鞭草（*Hemarthria compressa*）

扁穗牛鞭草为暖性多年生草本植物，具根状茎，匍匐生长。叶片宽 3 ~ 4 mm。总状花序单生，长 5~8 cm，小穗背腹压扁。无柄小穗含 1~2 花，结实，长 4.0~4.5 mm，第一颖草质，具显著基盘，在其顶端以下只稍紧缩，第二外稃无芒；有柄小穗发育良好，其顶端尖至渐尖。

扁穗牛鞭草原产暖热的亚热带、热带低湿地，分布于印度、印度尼西亚以及东南亚等国。在我国南方的广东、广西、云南、四川等省区的热带、亚热带和温带地区，海拔 2100 m 的水田边、水沟及湿润的路边、草地都有野生。扁穗牛鞭草喜温暖湿润气候，抗逆性较强，耐热、耐水淹，亦较耐霜冻和耐酸。适应性强，扁穗牛鞭草在海拔 1500 m 以内能顺利越夏和越冬。耐高温干旱，在连续半个月最高气温 38℃ 以上，无降雨且不进行灌溉条件下，茎叶不出现枯死。较耐低温，在重庆地区日最低气温连续在 0℃ 以下，最低达 -5℃ 时仍可安全越冬，冬季草丛保持青绿缓慢生长。抵御杂草能力强，当植被郁闭后，任何杂草不能侵入。对土壤的要求不严，能在不同类型土壤上生长良好。据重庆市畜牧兽医科学研究所科研人员在巴南区樵坪基地测定，扁穗牛鞭草能在强酸性的茶园地上（pH 值 4.5）正常生长。也有试验指出，扁穗牛鞭草还可在含氯盐为 0.20%~0.25% 的、盐土中正常生长。此外，扁穗牛鞭草耐水淹、耐多次刈割以及具有很强的抗病虫害能力和抑制杂草的能力。固土能力强，扁穗牛鞭草须根粗壮，茎匍匐，节上生根，并长出新的枝条。株丛密集，茎叶繁茂，可避免暴雨直接打击地面，阻缓径流，拦截泥沙；扁穗牛鞭草根系发达，纵横交织，形成紧密的草根网，可有效地减少雨水侵蚀，蓄水保土。我国南方各省雨量多而集中，多暴雨，水土流失严重。利用扁穗牛鞭草改良天然草场、建立人工草地和用于退耕还草，在种草养畜的同时能有效地防治水土流失，在公路、铁路沿线坡坎上种植牛鞭草，起到绿化和护坡双重作用。生物产量高，扁穗牛鞭草在 3 月中下旬扦插繁殖后，大约一个半月就可以刈割利用。若水肥条件好，管理跟上，以后每个月就可刈割一次。在重庆地区生长最盛期为 3 月中旬至 7 月中旬，这段时间气温为 20℃~30℃，降雨量 800~1000 mm，产量占全年总产量的 75%。我国的广益牛鞭草，经实际测试年可刈割 5~6 次，在土壤较肥沃的农田地每公顷鲜草产量可达 150~225 t，坡荒地可达 120~150 t，而重庆高牛鞭草年均最高可达 180 t/hm²。

扁穗牛鞭草是一种优良牧草，营养价值高，草产量高，叶片多，草质柔嫩，既可放牧利用，又可调制干草、青贮。青绿期长，在重庆地区无枯黄期，全年可刈割 5~6 次，每公顷年产鲜草 150~225 t。在株丛高度 50~60 cm 时刈割，干物质中（拔节期）含粗蛋白质 16.8%、粗脂肪 4.5%、粗纤维 30.3%、无氮浸出物 36.2%、粗灰分 12.2%、钙 0.44%、磷 0.24%。从粗蛋白质含量看，每公顷扁穗牛鞭草可获得粗蛋白质 5100~7650 kg，是紫花苜蓿（每公顷粗蛋白质产量 3750 kg）、多年生黑麦草（每公顷粗蛋白质产量 2775 kg）的 1.7 倍和 2.3 倍。如果用扁穗牛鞭草与豆科牧草混播可改善其品质，进一步提高饲草的营养价值。扁穗牛鞭草适口性好，结实前粗纤维积累较慢，不易老化，含糖分较高，味甘甜，柔嫩而无异味，叶多茎少，茎细软青翠，饲草品质好。拔节前茎叶比为 1:1.65，拔节后茎叶比为 1:1.25，拔节期干物质中粗蛋白质含量可达 16.8%，适口性好。牛、羊、兔、鱼均喜食，特别是养牛、养羊，具有较高的消化利用率和营养代谢能。

扁穗牛鞭草也可应用于幼龄果园、经济林间作和与其他作物轮作，既可作覆盖作物，又可作青饲料或制作干草、草粉。如重庆市畜牧兽医科学研究所在云阳县栖霞乡项目点利用扁穗牛鞭草与琵琶间作，在荣昌区岚峰林场利用扁穗牛鞭草与松林间种均获得良好的经济效益和生态效益。这种果草结合、林草结合的生产模式，有利于克服长期作物和林木投资周期长、见效慢的缺点，达到以短养长、长短结合的目的，提高土地利用率和生产率，为扁穗牛鞭草的开发和推广开辟了新的途径。

扁穗牛鞭草结实少，种子细小，生产上多用无性繁殖。在选地时，应选择地势高、向阳、光照好、土层深厚、土壤通透性好的沙壤土或壤土，结合整地施足底肥。整地时每公顷施农家肥 60000 kg 以上、磷肥 750 kg。整好地后，将种茎切成 15 ~ 20 cm 长茎段，每段含 2 ~ 3 节，开沟扦插，行距 35 ~ 40 cm，株距 15 ~ 20 cm。在有灌溉条件的情况下，全年都可栽植。据重庆市畜科所试验，全年每个月扦插一次，除 2 月和 1 月成活率分别为 95% 和 90% 以外，其余各月的成活率均为 100%。扦插后及时浇水，若遇高温干旱天气，还应于第 3 ~ 4 日再浇水一次。扁穗牛鞭草在扦插后 1 个月内对杂草的抑制能力较弱，要特别注意除杂草和施肥。为了获得高产，前 1 个月要连续除杂 2 ~ 3 次，每次刈割后要进行充分灌溉，并每公顷施入 75 ~ 90 kg 尿素，每年开春前在株丛间撒施一次有机肥。最后一次刈割应在 9 月下旬或 10 月上旬，刈割后可进行一次轻牧。我国学者杜逸等人研究指出，对广益和重庆高牛鞭草进行多次刈割，有助于青饲料分期均衡供应，提高适口性。南方各省多雨、湿度大，天气变化无常，不利于晒制干草，多采用青贮方式进行贮藏和利用。如果青贮设施先进，技术操作合适，营养的损失一般不超过 15%，并保持青草中 90% 以上的胡萝卜素。

16. 伏生臂形草（*Brachiaria decumbens*）

伏生臂形草植株高度 1 ~ 1.5 m，须根致密而粗硬，入土深。茎直立或匍匐，基部节通常具气生根。叶片宽而肥大。圆锥花序，小穗背腹压扁，具短柄或近无柄，单生或孪生，交互排列于穗轴一侧。种子成熟后呈灰白色，千粒重约 4.0 g。新收获的种子发芽率低，仅为 2% ~ 3%，破除休眠后可达 40% ~ 59%。

伏生臂形草喜高温高湿气候，在高温干旱地区也能良好生长。适宜区域为海拔低于 1400 m、年均温大于 14℃、年降雨量 500 ~ 2500 mm 的热带和亚热带地区。对土壤要求不严，最适宜在含氮量高，排水良好的红壤上生长。耐高温，但不能忍耐严寒和霜冻。枝条分蘖能力极强，播后 2 个月平均每株分蘖数多达 77 个枝条。侵占地面能力极强，通常形成稠密的草皮层。对云南普洱地区的研究指出，用伏生臂形草可以有效地控制紫茎泽兰等恶性杂草，是当地进行天然草地改良的优良草种。

伏生臂形草耐高温干旱，竞争能力优越，为热带和亚热带地区优良的水土保持草种。可用于退化草地植被恢复、天然草地改良和控制有毒有害植物。伏生臂形草属于优质饲草，其适口性好，营养丰富，各种家畜均喜食。可放牧利用，可青贮、青饲或制作干草。叶量丰富，营养期粗蛋白含量达 8.36%，如果与豆科牧草混播，可明显提高饲草的营养成分。据云南元阳县试验资料，伏生臂形草与大翼豆混播后，营养期干物质粗蛋白含量达到 16.43%。每年可刈割 2 ~ 3 次，干物质产量可达 23.9 t/hm²。与伏生臂形草具有相似利用价值的还有湿生臂形草（*B. humidicola*）、俯仰臂形草（*B. decumbens*）和珊状臂形草（*B. brizantha*）等。

17. 盖氏虎尾草（*Chloris gayana*）

盖氏虎尾草为多年生疏丛形草本，高 1.0～1.5 m，有长而粗的匍匐茎，茎节着地生根，产生分蘖而形成新的植株。茎细而坚韧，节间扁，叶披针形。穗状花序 10～20 个，轮指状集生于茎顶，小穗密集，有两花，其中一朵为完全花。种子游离于颖内，有光泽，千粒重约 0.2 g。

盖氏虎尾草性喜暖热湿润的气候，最宜在热带、亚热带，年降雨量 600～1000 mm 的地区生长。雨季高温生长迅速，能快速抑制杂草的生长。适应性强、耐旱、耐贫瘠。不耐寒，在 -2.2℃时遭受冻害，-7.8℃出现冻死现象。对土壤的适应性强，在微碱性和酸性（pH 值 4.5～5.5）的土壤上均能生长，而以微酸性的肥沃湿润的沙质壤土为宜。匍匐茎粗而长，着地生根，形成新株和草皮，耐践踏，耐重牧，竞争性强。

盖氏虎尾草原产东非和南非，分布于热带和亚热带地区。我国从澳大利亚引进后，在南方地区表现良好。生长速度快，覆盖地面效果好，水土保持能力强，为水土保持和建植人工草地的优良草种。适宜在我国热带和亚热带地区退耕还草，退化草地植被恢复中使用。可单播，也可与大翼豆、柱花草、白三叶、大百脉根等豆科牧草混播。盖氏虎尾草属优良牧草，营养生长期粗蛋白质含量可达 11.6%，每年刈割 6～7 次，产草量达 15 t/hm²。

18. 草　芦（*Phragmites australis*）

草芦为多年生草本，具根状茎，茎秆通常单生或少数丛生，高 60～140 cm，有 6～8 节。叶鞘无毛，短于节间；叶舌薄膜质，长 2～3 mm；叶片扁平，幼嫩时微粗糙，长 6～30 cm，宽 1～2 cm。圆锥花序紧密狭长成穗状，长 5～10 cm，呈紫色至淡绿色，密生小穗；长 4～5 mm；颖具狭翼；外稃宽披针形，内稃舟形，背具 1 脊。种子淡灰至黑色。

草芦为长根茎性植物，根状茎发达且横向延伸，节上能长出新的植株。根茎上芽点多，刈割可促进其芽点萌发和出土，因此，其再生性很强，每年可刈割 3～4 次时不会影响其生长发育。在 -30.9℃的低温条件下，可安全越冬，在 40℃的高温环境中也能正常生长既耐寒又耐热，对土壤要求不严格，在土壤 pH 值为 4.9～8.4 的范围内都能良好生长，也适应富含有机质的淤泥肥土，在水淹后的潮湿土壤中生长茂盛。抗旱耐涝性强，根茎的每节上都能长出多条须根，分布于 3～30 cm 的土层中。根茎节部的不定根，部分埋于地下，部分露出地面，大量的根茎和不定根组成了一个吸收水分、养分和可以透气的根层，遇旱遇涝均可正常生长。草芦繁殖能力强，可用种子直播，也可育苗移植或切割其根茎进行繁殖。

草芦适应范围广，在我国温带及亚热带的许多地区均有分布。抗逆性强，根系强大，水土保持性能好。地上部分茎叶茂盛，生长速度快，种植第 2 年便能形成强大的株丛，第 3 年近可全部覆盖地面。因此，草芦是天然草地补播和退耕还草植被恢复工程中可供利用的优良草种。

草芦的草质鲜嫩，叶量丰富，适口性好，营养价值高，各种草食家畜都喜采食。草芦在营养生长期的营养成分含量最高，粗蛋白质含量达到 14% 以上，可青饲，也可调制干草或青贮，还可放牧利用，可单播，也可与苜蓿、三叶草等豆科植物混播。草芦生长速度快，产草量高，在我国北方当年生长较慢，从第 2 年生长速度加快，每年每公顷产鲜草 43000 kg，折合干草约为 9500 kg。在我国南方地区，播种当年生长较快，并可获得一定产量，以第3、4年产量最高，每年每公顷可收获干草6000~8000 kg，以后第年仍能保持这一产量水平。此外，草芦的茎秆也可用作草编或用来造纸。

19. 球茎草芦（*Phalaris tuberasa*）

为多年生草本植物。根茎成红色球茎，根系强壮发达。茎直立，圆形，高69~180 cm，枝条丛生稠密。叶宽而无毛，灰绿至青绿色，叶鞘红色无毛，无叶耳。圆锥花序紧密似穗状，淡紫或淡绿色，小穗甚为压扁，只含1小花，外稃紧包颖果，其下部不孕花的外稃空虚，退化成鳞片状，成熟时所有的外稃质硬、松散而多落粒，不易收种。种子球形，千粒重1.1~1.3 g。

喜温暖湿润的气候，但抗旱性强，可在年降雨量380~760 mm、夏季炎热而干旱的地区种植，最适宜的年降雨量为800~1000 mm。较为耐寒，能在冬季寒冷湿润、霜期5~6个月的温带地区种植，冬春季节不枯黄。耐水淹，耐重牧，对土壤的适宜性较强，以黏土、黏壤土为最好，既适宜酸性土壤，也具有较强的耐碱性。种子成熟后易脱落。

球茎草芦根系发达，株丛高大，具备耐旱耐寒又耐热、耐瘠薄和耐水淹的特性，寿命长达10年以上，是我国南方地区十分有价值的水土保持植物。球茎草芦产草量高达15 t/hm²，叶量丰富，在抽穗前刈割，草质柔嫩多汁，适口性好，营养价值高，粗蛋白质含量可达15.4%。不宜过迟利用，否则茎秆粗硬，粗纤维增加而粗蛋白质含量减少，营养价值降低。可青饲，也可调制青干草或青贮料，也适宜放牧利用。因含有生物碱，为防止家畜中毒，应早期利用，或与豆科牧草混合饲喂，或与适口性好的豆科牧草建成混播草地。

20. 象　草（*Pennisetum purpereum*）

为多年生丛生性草本，植株高大，株高2~5 m。根系发达，具有强大伸展的须根，多分布于40 cm左右的土层中，最深可达4 m，在温暖潮湿季节，中下部的茎节可长出许多气生根。茎秆直立，粗1~2 cm，圆形，节上芽沟明显，被白色蜡粉。分蘖能力强，单株分蘖可达50~100个。叶片长40~100 cm，宽1~4 cm，中脉粗壮，边缘粗糙，上面疏生细毛，下面无毛；叶舌短小，纤毛状，长2~3 mm。叶鞘光滑无毛或有粗密的硬毛。圆锥花序圆柱状，黄褐色或黄色，长20~30 cm；主轴密生柔毛，总梗不明显；小穗数量多而单生，每个小穗含3朵小花，成熟易脱离。种子千粒重约0.3 g。

喜温暖湿润气候和肥沃土壤。宜在热带、亚热带和温带地区种植。气温12℃~14℃开始生长，25℃~35℃生长迅速，8℃~12℃时生长受到抑制，5℃时停止生长，不耐霜冻。在年降雨量1000 mm以上的高温多雨季节生长茂盛。象草具有强大的根系，能深入土层，耐旱性较强。在特别干旱高温的季节，叶片稍有卷缩，叶尖端有枯死现象，生长缓慢，但水分充足时能很快恢复生长。象草对土壤要求不严，沙土、黏土和酸性土壤均能生长，但以土层深厚，肥沃疏松的土壤最为适宜。对氮肥反应敏感，只有在水肥条件较好的情况下才可获得高产。通常可维持3年高产，之后开始下降。如果加强管理能够增加高产年限，可利用10年以上。实生苗生长极缓慢，一般采用无性繁殖。

象草根系强大，固土能力好，地上部分生长茂盛，茎叶高大密集，覆盖地面迅速。建植容易，管理粗放、利用期长。是我国南方地区溏边、堤岸、田埂护坡重要的水土保持植物。

象草生长迅速，再生性强，产草量高，也是南方地区重要的青绿饲草。据有关研究表明，生长 60 天的草质粗老，品质较差，消化率下降。而生长 45 天的较嫩，品质好，消化率高。因此，在其生长 45 天内就应刈割利用，也有在其生长旺盛的每 30 ~ 35 天刈割，即株高达到 1 ~ 1.2 m 时刈割利用。留茬高度 20 cm，有利于分蘖和再生，每年刈割 4 ~ 7 次，年产量可达 120 ~ 225 t/hm^2。适时刈割的青草，柔软多汁，适口性好，利用率高，牛、马、羊、兔、鹅等畜禽均喜食，幼嫩时期也是养鱼、养猪的好饲料。可青饲，也可调制干草或青贮料。产草量可达 75 ~ 45 t/hm^2，营养价值较高，风干物质中粗蛋白质含量达 10%以上。综上，象草是热带和亚热带地区一种高产的多用途植物。

21. 皇竹草

皇竹草禾本科狼尾草属多年生草本植物。根系发达，植株高大，<u>直立丛生</u>，每丛有 15 ~ 30 个有效分蘖，在温度适宜地区为多年生植物。株高可达 4.0 ~ 5.0 m，节间长约 9 cm，每节着生 1 个腋芽，并由叶片包裹，叶片互生，长为 60 ~ 100 cm，叶片宽为 3 ~ 6 cm。密集圆锥花序，长为 20 ~ 30 cm。

皇竹草是一种适应性广、抗逆性强、产量高、粗蛋白和糖分含量高的植物，适宜在热带、亚热带和我国南方栽培。在温带地区栽培多不抽穗，因此只能利用腋芽进行无性繁殖。皇竹草系热带生长的植物。据四川省畜牧科学研究院的研究，皇竹草在 12℃ ~ 15℃条件下开始生长，25℃ ~ 35℃为适宜生长温度，低于 10℃ 时生长受到抑制，低于 5℃ 时停止生长。皇竹草在我国南方冬季 0℃ 以上地区可安全越冬，北方地区可以根蔸加盖干草或塑料薄膜越冬，8℃ 以上开始正常生长，低于 0℃ 时需采取保护措施。皇竹草属典型的四碳植物，具有较高的光合速率，在我国南方种植产量鲜草可达 300 t/hm^2 以上。

皇竹草适应性强，耐高温、干旱和酸性。在海拔为 200 ~ 2000 m，年降雨量为 800 mm，温度在 -2℃ ~ 45℃，无霜期在 300 天以上，水源有保障的荒坡、荒滩、山地、大田、堤坝、房前屋后、田边地角都可种植。皇竹草对土壤要求不严，各种土壤都可种植，在贫瘠的荒坡荒土，不能种农作物，但可以种皇竹草。在田边、地坎、草场，退耕地上种植，产量更高。即使在 pH 值 4.5 ~ 5.5 的强酸土壤中，也能良好生长。尤以土层厚、含沙和有机质多的土壤最为适宜。皇竹草的生长除需高温外，还需湿润的气候，要求年降雨量达 1000 mm 以上。能耐受短期的干旱，但不耐涝。

皇竹草寿命长、生长速度快、产量高、管理粗放。种下 2 个月即可收割，3 个月可长到 3 m 左右，4 个月就可达到 4 ~ 5 m。种植一次可连续收割 7 ~ 8 年，而且长势快，除少数地方因冬季霜重叶尖发白，但春季又可长出绿叶外，全年为绿色，既可作饲草，又是绿化、美化荒山和退耕还草的良种。昆明地区试验表明，皇竹草部分叶片在冬季枯黄，3 月开始产生新的分蘖枝，4 月中旬进入快速生长期，植株高度可以达到 4.0 ~ 4.5 m。

皇竹草根系发达，分蘖力强，每株可分蘖 20 ~ 50 多株，每株重量可达 1 kg。其再生能力强，一年四季都可刈割，鲜草产量可达 300 ~ 450 t/hm^2。皇竹草生长快、长势高、侵占能力强，能有效地抑制紫茎泽兰、飞机草等杂草的生长，凡是紫茎泽兰能长的地方，皇竹草都能生长。由于其株高叶茂，随风飘散的飞机草籽将被皇竹草挡住，在其草荫下，无法生长。

皇竹草地下部分根系发达，根长可达 3 m 以上，可在较短时间内形成须根网络，固土保水能力强，是防止水土流失、治理荒滩陡坡及河堤的理想植物。地上植株高大，茎叶茂密、覆盖地面速度快、抑制杂草能力强，是我国热带、亚热带地区表现优良的水土保持植物。因此，皇竹草可作为退耕还林还草区恢复植被的先锋植物。它的根系茂密，分蘖快而强，每兜分蘖 50～60 株。在退耕的土地上，沿水平线植种，4～5 个月可长高至 4 m 以上，形成挡土屏障，发挥保持水土的功能。因其生长速度快，种植当年即可刈割利用，在利用的同时不会影响其水土保持功效。一经种植，可连续利用多年，在退耕当年收获饲草，发展养殖业，解除农民退耕的后顾之忧。在石漠化地区，可以利用石间剩土种植，由于其根系发达，能迅速制止水土流失，并有相当的经济效益，不失为石漠化综合治理的有效措施之一。近年来，皇竹草已在我国南方以及河南、河北等地区逐步推广种植利用，四川的中上游地区几年来实施"皇竹草种养产业一体化"工程，使许多贫困县区的群众种草养牛，脱贫致富，取得了明显的经济效益、生态效益和社会效益。

皇竹草适口性好，营养丰富，利用时间长，栽培简易，可作为发展畜牧业和调整产业结构的推广草种。采用皇竹草—圈养畜禽的模式，可降低饲养成本，为规模化养牛、羊、猪、马、兔、鹿、鹅、鸵鸟及食草性鱼类，提供充足的饲料来源。恢复植被，防止水土流失，同时还可为造纸或提取氨基酸提供原料，成为农村致富的一条重要途径。云南省富民县、晋宁区等地近年大力发展"皇竹草—鸵鸟"种、养、销售模式，取得了显著的经济效益和社会效益。皇竹草除直接青饲利用外，还可利用闲置的烤烟烘房烘干，使用常规粉碎机粉碎即成草粉，5 t 鲜草可加工 1 t 草粉，每公顷产草粉约 45～75 t，经济效益显著。目前，我国草粉市场供不应求，仅云南省 1 年就需 10 万多吨，沿海各地、北方牧区对草粉的需求量更大。据有关资料表明，国内和国际市场草粉每年的缺口均在 1000 万 t 以上，因此皇竹草草粉加工业具有良好的发展前景。

皇竹草在不同生育阶段，其粗蛋白含量差别较大。生长 1 个月株高达到 50 cm 时，粗蛋白含量 10.8%，而生长 3 个月株高 150 cm 时，粗蛋白仅为 5.9%。据云南富民县的试验结果，皇竹草适宜利用株高为 100 cm，留茬 10 cm，每年可割 6～8 次，每公顷产鲜草225～375 t。幼嫩时期柔软多汁、口感好、营养丰富。据云南省饲料监察所测定，皇竹草干草粗蛋白含量高达 12.0%，粗纤维 27.3%。茎秆脆嫩，略带甜味，牛、羊、马、鹿、鸵鸟尤为爱吃，既可作青饲料，也可制成青贮饲料，还可加工成干粉制作配合饲料。

皇竹草还可以用于栽培食用菌、药用菌，如可栽培香菇、毛木耳、黑木耳、金针菇、平菇、灵芝、珍珠菇、灰树花、玉菇、鸡腿菇、巴西蘑菇、双孢蘑菇、猴头菇等，在我国南方有着广阔的应用前景。此外，皇竹草也是提取叶蛋白和制造高档纸及纤维板的优质原料。

皇竹草既可扦插，也可移栽。温带地区每年 2～7 月都可种植，南方各省（市）区适宜栽培的季节是 3 月初至 9 月底。栽种时，只需施足底肥，浇足定根水即可，每次割草后只需施肥一次，就可获得高产。种植皇竹草宜选择土层深厚，排水良好的土壤。在坡度25°以上山地种植，应沿等高线种植方法，畦宽 80 cm，沟宽 50 cm，深 20 cm；在平整的河滩或坡度小于 25°的坡地种植，而且只作为饲料栽培时，只需挖深 20～30 cm、宽 20～30 cm 的排水沟。扦插有两种方法：一是短杆扦插，将整株切成带有两个节的小段，每畦种两行，株行距 30 cm×45 cm，茎节腋芽朝上，斜插畦上，一节在畦中，一节在地表，扦杆周围用土压实，栽植后浇水至土壤湿透，每公顷种 27500～30000 株；二是全株条栽法，即把整株皇竹草水平埋入土中，覆土 3~4 cm，当苗高约 20 cm 时，施 1 次氮肥以促壮苗和分叶，采割后施有机肥和氮肥，以利再生。

22. 棕籽雀稗（*Paspalum plicatulum*）

棕籽雀稗株高 1.2 m 左右，丛生。叶片条形，长 40~80 cm，宽 10 mm，无毛。总状花序穗状，叶舌长 1.5 mm，总状花序 9~16 枚排列同一轴上；小穗成对排列；种子深褐色或棕黑色，有光泽，千粒重 1.0~1.3 g。

棕籽雀稗适于年降雨量在 600 mm 以上，海拔低于 1400 m，年均温大于 18℃ 的热带和亚热带地区种植。属夏季生长型植物，抗逆性强，适应多种土壤条件，与杂草的竞争力较强，能与多种豆科牧草混播形成稳定的草地，如银叶山蚂蝗、绿叶山蚂蝗、大翼豆、罗顿豆、柱花草和白三叶等。棕籽雀稗（品名：布赖恩）在云南亚热带不同地区种植，因环境和施肥水平不同，干物质产量差异较大，普洱曼中田播种当年、生长第 2 年和第 3 年的干物质产量分别为 0.97 t/hm²、13.8 t/hm² 和 2.69 t/hm²。营养生长期粗蛋白 12.17%，粗纤维 30.05%、无氮浸出物 49.48%，茎叶比为 1:2。结实性好，小区试验种子产量可达 800 kg/hm²，大田种子产量可达 120~150 kg/hm²。

棕籽雀稗一般在夏季播种，幼苗早期长势弱，后期生长强劲，能很快覆盖地面。一般采用条播，播种量 3~5 kg/hm²，播种深度 1~1.5 cm，镇压可提高出苗率。也可采用短根茎扦插繁殖，最好在雨季进行，条带扦插，行距 20~30 cm。棕籽雀稗草地最好采用轮牧，轮牧间隔 30 天左右，有利于草地恢复生长。应在生长早期加强利用，以控制牧草老化。生长后期可制作干草或青贮。

23. 白三叶（*Trifolium repen*）

白三叶为豆科多年生长寿命植物，植株光滑，根系集中分布在表土 15 cm 以内。主茎短，含许多节，节上长出匍匐茎后主茎停止生长；匍匐茎长 30~60 cm，实心，节上可产生不定根和叶片。掌状三出复叶，小叶倒卵形或心形，中央有 "V" 形白斑，边缘有细齿；托叶细小，膜质，包于茎上；花梗从叶腋抽出，比叶柄稍长。头形总状花序，小花数 20~40，多的可达 150 朵左右；花冠通常为白色，偶尔呈粉红色。花冠宿存。荚果细小，长约 4~5 mm，每荚含种子 3~4 粒。种子心形，千粒重 0.5~0.7 g。

白三叶在世界温带和亚热带地区均有分布，它是分布范围最广的一种豆科牧草。喜温暖湿润气候，生长最适温度 20℃~25℃，当温度低于 10℃ 时，生长缓慢。耐旱能力一般，适宜在年降雨量 1000 mm 左右，气温 19℃~24℃ 温暖湿润的气候条件下生长，适应性较广。可耐长时间水淹。耐阴，可在林地下种植用作地面覆盖，是林草结合的优良草种。白三叶对土壤要求不严，在排水良好，富含钙、磷及腐殖质的土壤和微酸性土壤上生长良好，但在亚热带低海拔地区以及热带地区炎热、干旱的夏季生长不良。白三叶成株匍匐茎发达，耐践踏，覆盖地面能力强，固土效果好，是草地植被恢复、人工草地建植、果园地面覆盖等水土保持工程中常用的草种之一。据云南农业大学草业科学系在云南彝良县退耕还草的试验结果，25° 退耕山坡地上采用白三叶 + 多年生黑麦草、白三叶 + 苇状羊茅、白三叶 + 鸭茅三种组合，撒播 4 个月后的草地覆盖度均可达到 90% 以上，显著减少地表径流和泥沙冲刷量。

白三叶一次播种，多年生长，引入果园后，表现良好，是一个很有前途的果园地面覆盖草种，春播的当年和秋播的次年就能形成密集草层。白三叶喜温凉湿润气候，较耐阴、耐湿。在南北方的果园中都可种植利用，对土壤要求不严，耐酸性强，在 pH 值为 4.5 的土壤上也可生长。

白三叶属优良的下繁草，草质柔嫩，叶量丰富，适口性极好，干物质中含粗蛋白质 28.7%。每年刈割鲜草 4~5 次，每公顷产量 60~75 t，虽然产量较低，但再生能力强，能耐重牧和频牧，并且具有很强的生物固氮能力。因此，适合与多年生禾本科牧草进行混播，建植优良的放牧型人工草地，这类草地在我国西南地区有大面积分布。白三叶是猪、兔、鹅等畜禽的优质饲料，可刈割后青饲，也可调制干草、草粉或草块。

24. 红三叶（*Trifolium pratense*）

红三叶为豆科多年生草本植物，高 30~80 cm。主根入土深达 1.0~1.5 m，侧根发达，根瘤卵球形，粉红至白色。茎直立或斜升，株丛基部分枝 10~15 个。叶互生，三出复叶，小叶椭圆状卵形至宽椭圆形，长 2.5~4.0 cm，宽 1~2 cm，先端钝圆，基部宽楔形，边缘具细齿，叶面具灰白色"V"字形斑纹，下面有长柔毛，托叶卵形，先端锐尖。花序腋生，头状，含花 100 余朵，具大型总苞，总苞卵圆形，花萼筒状，花冠蝶形，红色或淡紫红色。荚果倒卵形，长约 2 mm，含种子 1 粒，椭圆形或肾形，棕黄色。

红三叶为三叶草属短期多年生牧草，在我国西北和西南地区均有野生种分布，在云南、贵州等地有大面积栽培种植，是我国长江以南地区优良的绿肥牧草之一。红三叶喜温暖湿润气候，最适宜在夏季无酷暑、冬季无严寒的地区进行种植。最适宜生长温度 15℃~25℃，可耐 -8℃低温，其耐寒力不如苜蓿，也不耐热，夏季在高温地区生长不良或死亡。耐旱性较差，在年降雨量为 400 mm 以下的地区，必须灌水才能良好生长。以 pH 值为 6.0~7.0 的中性或微酸性土壤为宜，强酸强碱及地下水位过高的地区不宜红三叶生长。

红三叶草质柔嫩，营养丰富，可调制干草，也可青刈利用，是良好的刈割型牧草和绿肥植物，放牧利用也很适宜。红三叶与多年生黑麦草、鸭茅、牛尾草等混播，可提高牧草的饲用价值。

25. 百脉根（*Lotus corniculatus*）

百脉根为豆科多年生草本植物，高 60~90 cm。主根粗壮，圆锥形。茎丛生，细弱，斜生或直立，幼时常被长柔毛。单数羽状复叶，具小叶 5 片，其中 3 个小叶生于叶轴顶端，2 个小叶生于叶轴基部而类似托叶，小叶卵形或倒卵形，长 3~20 mm，宽 3~12 mm，先端锐尖，基部宽楔形，全缘，无毛。伞形花序，具 3 枚叶状苞片；花萼钟形，疏被长柔毛；花冠黄色，蝶形，旗瓣具明显的紫红色脉纹。荚果细长而圆，羊角状，故名羊角花，内含种子多数，种子深绿色，近肾形，千粒重 1.0~1.2 g。

百脉根原产于欧亚大陆温带地区，在我国华南、西南及东北、西北、华北地区都有分布。其生态适应性较广，喜温暖湿润的气候条件，耐热性强于苜蓿和红豆草，能在亚热带地区良好生长，生长适温 18℃~25℃。也能忍耐干旱和寒冷，耐旱能力强于红三叶草和白三叶草，耐寒性强于红豆草和小冠花。对土壤要求不严，在较为瘠薄和微酸微碱性土壤上均可生长。最适宜在肥力较好且 pH 值在 6.2~6.5 的土壤上生长。耐践踏、耐牧，生长发育迅速。

百脉根根系发达而固土能力强，枝叶繁茂而覆盖地面效果好，在多种生态条件下可以生长，是我国南北方许多地区优良的水土保持植物。可用于退化草地植被恢复与改良、人工草地建植等。在温暖地区，百脉根宜与鸭茅、牛尾草、黑麦草、草地早熟禾等混播，也宜与猫尾草、黑麦草、草地早熟禾等在稍寒冷、湿润地区混播。

百脉根产草量较高，干草产量可达 $6.0 \sim 7.5$ t/hm²；叶量丰富，叶片可占干草重的 50%；草质优良，适口性好，各种家畜均喜食；营养价值高，干物质中粗蛋白含量可达 20.8%。可刈割利用，同时因为耐践踏、青绿期长、家畜采食后不易引发臌胀病，也是十分优良的放牧型牧草。此外，百脉根花多且花期长，花期在 3 个月以上，是一种良好的蜜源植物；枝叶细匀，青绿期长，花色鲜艳，是一种极具开发价值的环境绿化和观赏植物。

26. 大翼豆（*Macroptilium atropurpureum*）

大翼豆豆科多年生缠绕性草本植物。主根粗壮，入土深。茎匍匐，柔软而多毛，茎节着地能生出不定根。分枝向四周伸展，长达 4 m 以上，形成稠密的草层。三出复叶，小叶卵圆形、菱形或披针形，全缘或具 $1 \sim 3$ 浅裂，上面被疏毛，下面被银灰色柔毛。总状花序，总花梗长 $10 \sim 30$ cm，有花 $6 \sim 12$ 朵，深紫色，翼瓣特大。荚果直，扁圆形，内含种子 $7 \sim 13$ 粒，种子扁卵圆形，浅褐色或黑色。

大翼豆为喜光、喜温的短日照植物，生长最快的温度为 $25\text{℃} \sim 30\text{℃}$，在日照较长的情况下适宜生长温度为 $22\text{℃} \sim 27\text{℃}$。在 $13\text{℃} \sim 21\text{℃}$ 时生长缓慢，受霜后地上部分枯黄，但在 -9℃ 情况下存活率可以达到 80%，属较能忍耐低温的热带豆科牧草。耐旱性很强，喜土层深厚而排水良好的土壤，受水淹会延缓其生长。适宜的土壤 pH 值为 $4.5 \sim 8.0$，可耐中度的盐碱性土壤，在年降雨量 $650 \sim 1800$ mm 的地区均适宜种植生长。耐践踏、耐牧，竞争性强。

大翼豆抗旱性强，生长速度快，枝叶繁茂，草层厚密，可作为我国热带、亚热带地区公路、铁路边坡覆盖和绿化植物，水土保持效果良好，也是退耕还草和退化天然草地植被恢复可选用的优良豆科牧草。单播或与臂形草、非洲狗尾草、柱花草等混播，适宜刈割青饲或调制干草。大翼豆适口性好，为各种家畜所喜食，营养价值高，开花期干草中粗蛋白质含量在 19% 以上。

27. 葛藤（*Pueraria hirsuta*）

葛藤为豆科多年生藤本植物。有肥大的块根和侧根、支根、须根等，在土壤中有庞大的根层，入土深 $2.2 \sim 3.5$ m。在主侧根上有不定芽，萌发后可形成密集的草丛，并向四周蔓延。茎粗壮，多木质化，长可达数米，缠绕或攀缘向上，多分枝，可悬挂在树枝上密集生长。茎枝圆柱形，表面灰褐色，密被棕色长柔毛。叶片大而互生，由 3 小叶组成，叶面绿色，被细柔毛，两面叶脉均突起，托叶卵形至披针形。花腋出，有长花梗，花密生呈长总状花序，通常偏向一侧，每节生 $2 \sim 3$ 花。花两性，紫红色，蝶形，萼钟状，花冠红色。荚果带状，扁平，有密而粗的黄色长毛，内有种子数粒。种子扁卵圆形，红褐色，平滑而有光泽。

葛藤地上部分植株茂密，生长迅速。在温暖湿润地区，$3 \sim 4$ 月开始萌发，随着温度的升高而迅速生长。适宜生长温度为 $22\text{℃} \sim 26\text{℃}$，以 $27\text{℃} \sim 28\text{℃}$ 生长最快；适宜生长区域年降水量为 $800 \sim 1000$ mm，夏季高温多雨，对葛藤的生长最为有利。在 $5 \sim 7$ 月高温多雨季节，主茎每日延伸长度可达 3 cm 以上，分枝形式伸长，覆盖地面速度快。葛藤为喜光植物，在充足的阳光下，茎叶粗壮，长势好且分枝多。抗逆性强，具有抗寒耐热、耐旱、耐贫瘠、抗病虫和耐粗放管理的优良特性。冬季能忍耐 – 12℃ ~ – 14℃的低温，夏季在 36℃以上持续高温条件下仍生长良好。固氮能力强，耐贫瘠土壤。在土层较薄的山坡、荒地、丘陵以及沙砾地、石砾地等处生长良好。葛藤根部发达，入土深，不仅从深层土壤中吸收水分，其肥大的块根又有较多的储存水分，所以抗旱能力很强。当其他植物在酷旱时期发生萎蔫和停止生长时，葛藤仍可继续匍匐蔓延，枝条纵横交织而爬满山坡，故有"山地抗旱先锋植物"之称。

葛藤根系发达且入土深，对土壤的固持能力强；地上枝叶茂密，生长迅速且竞争力强，覆盖地面速度快；是热带、亚热带地区优良的水土保持植物。在退化的山地草地、退耕还牧地、岸边荒草地种植葛藤可以建成高产草地。在疏林灌丛草地补播也可建成优良的杂类草草地，同时，在林木覆盖度50%以下，草本植物稀疏的森林草地上或森林采伐迹地上也可补种葛藤。此外，葛藤也是沟岸、渠堤、固定沙丘和冲刷沟壁等地进行水土保持常用的植物。防治水土流失的同时，也可生产大量优质饲草料，为进一步发展畜牧业提供物质基础。

葛藤饲用价值高，茎叶和根都是优良饲料。葛藤也是高能量、高蛋白多叶型饲料。现蕾开花期，叶片的比例可以占到60% ~ 70%。据相关资料分析，茎叶中总能为 17.53 MJ/kg，粗蛋白质达 22.5%；叶片中总能为 18.33 ~ 18.63 MJ/kg，粗蛋白质达 28.6% ~ 29.2%；同时，含有较多的矿物质和维生素。葛藤适口性好，各种家畜均喜食，返青早而枯黄晚，是山地放牧的优良牧草。葛藤可青饲，也可调制优质干草和青贮料，干草粉也是猪或鸡配合饲料的组成成分。根、茎、叶、花均可入药，是止血、强身、解热和止痛的良药。花色鲜艳，姿态优美，也是良好的立体绿化观赏植物。

28. 楚雄南苜蓿（*Medicago hispid* cv. Chuxiong）

楚雄南苜蓿一年生或越年生草本植物，株高 30 ~ 100 cm，种子肾形，黄褐色，千粒重 2.0 g。适口性较佳，是牛、马、羊、兔等草食动物的优质饲草。适宜在年均温 13℃ ~ 20℃，海拔 1500 ~ 2000 m，年降雨量≥800 mm 的地区种植。喜温暖湿润气候，最适肥沃的旱地或排水良好的水田种植。对土壤适应性较广，在土壤 pH 值 5.0 ~ 8.6 范围内均能生长正常。耐寒性强，在 – 5℃低温下叶片冻死，气温回升后仍能够正常萌芽生长；耐旱性强。营养生长期粗蛋白24.5%。分枝期即可刈割利用，一年刈割 2 ~ 3 次。用于调制干草或裹包青贮，宜在盛花期至乳熟期进行。适合采用水稻 + 楚雄南苜蓿轮作模式。

在云南亚热带地区，最适播种季节 9 ~ 10 月，我国南方宜于秋季 8 ~ 10 月播种。在云南高寒山区以春播为宜，夏季利用。播种量 15 ~ 22.5 kg/hm²；带荚播种量为 60 ~ 75 kg/hm²。新收种子硬实率较高，达 70% ~ 80%，放置 6 ~ 12 个月或经擦破种皮处理后，种子发芽率可高达96.7%。在未种植过苜蓿属植物的土壤上种植楚雄南苜蓿，接种根瘤菌效果更好。苗期注意除杂。出苗后每公顷追施 150 ~ 225 kg 尿素，刈割利用后每公顷追施 75 ~ 150 kg 尿素，落花期喷洒杀蚜虫药 1 次。单播种植易倒伏，导致靠近地面的叶片枯黄或死亡。与大麦、小黑麦、燕麦等混播，可有效防止倒伏，并提高混合饲草的蛋白质含量。

三、草食畜禽资源

云南省主要分布在低纬度、高海拔区域，由于山高坡陡，交通不便，民族众多，气候类型多样，从热带、亚热带直至永久性雪覆盖的寒带气候都有。由于历史的封闭性和气候的多样性，云南素有"动物王国""植物王国"的美誉，畜禽品种资源十分丰富。据80年代初的全省畜禽品种资源调查，云南省共有畜禽品种 172 个，其中猪 32 个、马驴 17 个、黄牛 21 个、奶牛 2 个、水牛 14 个、其他牛 2 个、山羊 22 个、绵羊 15 个、家禽 43 个、兔 4 个。经分类归并，列入《云南省畜禽品种志》的有 45 个品种。在云南省特殊的自然生态环境及边疆多民族的社会经济的长期影响下，这些地方畜禽品种具有肉质好、耐粗放饲养管理、适应性好、抗逆性强、地方类群多样化、系统选育程度低等特点，是云南畜禽良种繁育体系建设和发展特色畜牧业的种质基础。

云南省地方猪的品种多样，且长期以来畜牧业以养猪为主。据统计资料，在我国西南地区的肉类构成中，猪肉的比例高达 82%，而牛肉和羊肉的比例仅为 5.6%，比全国平均水平高出了近 17 个百分点。养猪需要消耗大量的粮食，人畜争粮的矛盾长期得不到有效解决，农业生产对耕地的依赖性极大。以云南省为例，据测算，每年饲料用粮约 1500 万 t，占云南粮食总需求量的 50% 左右。云南每年需从省外调进 80 万 t 左右的玉米补充饲料用粮，蛋白质饲料 90% 以上靠从省外或国外调进。群众宁愿用玉米或小麦、稻谷作饲料，也不愿意把这些耕地用来生产饲草。目前，种草养畜还没有被社会广泛认识和接受。

畜牧业发达国家非常重视草食畜禽的发展，草食家畜在养殖业中所占比例较高。由饲草转化而来的肉类所占比重极高，有的甚至全部来自饲草，如美国、澳大利亚和新西兰分别达到 73%、90% 和接近 100%，而我国不足 10%。云南省畜禽资源十分丰富，地方优良品种众多，这是发展养殖业的优势，但是对草食畜禽资源重视程度不足，草食畜禽应有的作用仍未充分发挥。

第二节　云南草牧业及其潜力

我国西南地区地形复杂、气候多变、生态环境多种多样，特别是许多丘陵、山地土质瘠薄、阴雨寡照，以生产籽粒为主的粮食作物产量低而不稳，生产潜力也不大，不具比较优势。据统计数据表明，西南农区种植业结构仍主要是"粮—经"二元结构，西藏除外的西南四省市养殖业结构均以耗粮型生猪为主体，当前西南农区发展草食家畜主要依靠作物秸秆和草山草坡。缺少优质饲草料的传统养殖模式，难以达到标准化、规模化的要求，优质饲草料市场需求潜力巨大。

农业部文件《关于促进草牧业发展指导意见》（农办版〔2016〕22 号）中指出，南方地区气候温暖，水热资源丰富，年降水量一般在 1000 mm 以上，牧草生长期长，产草量高，草食畜牧业发展潜力大；合理开发利用草地资源，减少水土流失，积极发展草地农业和草地畜牧业；加快草食畜牧业转型发展，重点实施南方现代草地畜牧业推进行动，大力发展人工种草，推行草田轮作，因地制宜推进粮改饲，强化草畜配套，依托青绿饲草资源优势，大力推广粮—经—饲三元结构种植和标准化规模养殖，因地制宜发展地方特色草食畜牧业。

2013 年，任继周院士联合多名院士向中央决策部门提交的"关于我国《耕地农业》向'粮草兼顾'结构转型"的建议提出：时代改变了我们的食物结构，农业"转方式、调结构"刻不容缓；饲料危机威胁我国食物安全，粮草并重应是我国今后农业发展的大方向；我国农业应走"粮草兼顾"，重视"草地农业"之路。

2015 年中央一号文件提出："加快发展草牧业，支持青贮玉米和苜蓿等饲草料种植，开展粮改饲和种养结合模式试点，促进粮食、经济作物、饲草料三元种植结构协调发展。"2016 年中央一号文件提出："优化农业生产结构和区域布局，树立大食物观，面向整个国土资源，全方位、多途径开发食物资源，满足日益多元化的食物消费需求。启动实施种植业结构调整规划，加快建设现代饲草料产业体系。"因此，为适应我国食物结构的改变，耕地农业应逐步改变为行之有效的草地农业。

草地农业系统以畜牧业为支柱产业，同时发展如草产业、畜产品加工业等相关产业，将草地资源的恢复保存和生态农业的系统建设同步发展，引导生态经济系统良性循环和可持续发展。实施草地农业，是最有效地同时发挥草地的生态功能和生产功能的根本途径。提倡草地农业在我国至今已有 30 余年，虽在我国许多地区已初具模式但进展缓慢（唐羽彤，2013）。

我国耕地农业长期以"种粮—养猪"为特征。近年来，粮食连续增产，而居民年人均口粮消耗量却呈逐年减少趋势，从 1986 年的 207.1 kg 下降到 2010 年的 148.0 kg，降幅为 28.5%（任继周，2013）。与此相反，动物性食品需求量逐年增加。从消费需求看，尽管猪肉依然是我国居民肉类消费的"主体"，但牛羊肉消费所占比重不断上升，逐步向国际趋势的"三三制"过渡（猪肉、牛羊肉、禽肉各占 1/3）。统计数据显示，2010 年，我国城镇居民、农村居民人均购买牛肉分别为 3.78 kg、1.43 kg，但与世界平均水平相比，我国人均牛肉消费量还比较低，消费增长的空间仍然较大（刘国信，2012）。发达国家经济发展规律表明，国民经济收入达到人均 1000 美元的时候，牛肉消费日渐兴旺（刘文君，2011）。这就意味着伴随着口粮消耗的下降，饲料需求相应增加，目前我国饲料需求量已经达到口粮的 2.5 倍，这是我国传统"耕地农业"无法承受的，近年来抢购国外奶粉及三聚氰胺事件也凸显了奶业问题的严重性。从发展趋势来看，饲料的缺口将越来越大，而这个缺口需要牧草和饲用植物来填补，而不是粮食（任继周，2013）。

比较分析草食动物饲料的组成，新西兰 100% 来自草产业，美国大约占到 70%，而中国只有 8%（其余依靠谷物来支撑）。新西兰、德国等草地农业集约化发展的国家，采用发达的人工种草等技术，草地产出率高，而我国草地经营管理处于低投入、低效益的粗放模式，草地产出仅为发达国家的几十分之一，甚至是几百分之一。我国草业发展如此缓慢的原因就是对草地情况不明、草地作用理解不足，草产业未列入国家主产业范畴。草地农业作为我国农业产业结构转型和生产方式转变的主要方向，通过种养结合，加工、物流、资本运营结合的农牧业一体化循环发展模式，解除我国单一农业模式下产业结构不合理、土地利用效率低下等根本性问题。因此，就发展草地农业，恢复草地健康，保障食物安全问题进行研究，既符合当前国家的迫切需求，也具有重大理论意义（唐羽彤，2013）。

任继周院士（2014）指出："我国食物结构改革带来的饲料压力，传统耕地农业势将难以应对。作为饲料，牧草的营养体无论以能量计还是以蛋白质计，其产量都数倍于作物籽实生产。西南岩溶地区日照不足，植物营养体生产的优势远大于籽实生产。我国食物安全的前途应该在保证粮食安全的基础上，大力发展牧草种植和草食家畜，这是时代赋予我们的重大任务。"因此，依据我国西南生态特点和生产条件，发挥资源禀赋优势，兼顾经济、社会、生态效益协调发展，因地制宜发展"种草养畜"产业，延伸和拓展产业链，提高附加值，是实现农业增效、农民增收、产业增值、企业增益，社会稳定与发展的最现实而有效的途径。

一、发挥生态和资源优势，提升云南高原特色农业和绿色畜牧业

云南省特有的农业气候条件决定了以收获籽实为主要目的的种植业，产量低、农业灾害频繁、经济效益差。发展饲用作物，实施营养体农业，能够较好地适应自然条件，更加充分地利用光照、热量、水分等环境资源。在广大的亚热带地区，气候温和、雨量充沛，植物生长时间长，十分有利于多种牧草生长。国内外许多优良的温性草种、热性草种都表现出良好的适宜性和生产性能。热带地区有许多国内外优质草种可以生长，而且适应性强、生产力高、营养价值高。荣廷昭院士（2003）指出，云南大部分农区属亚热带湿润季风气候，热量资源丰富，全年大于10℃积温达4500℃～6000℃，无霜期达300天以上；年降水量可达1000 mm左右，水热同季，冬暖春早，但大部分地区日照率在35%以下，为全国多云中心，对利用以营养体为主的饲用作物具有明显的自然气候优势。

（一）云南气候资源分析

云南农业环境的基本特征是资源丰富、类型多样、地区差异显著、季节分配不均匀、年际变幅较大以及气象灾害频繁等。云南农业气候资源的优势在于气候类型多样，雨量充沛，大部分地区全年温暖，作物和牧草生长期长。多数地区气温日差较大，十分有利于作物干物质的积累，为从事农业生产提供了良好的环境资源条件。云南绝大部分地区农业气候条件既有利于喜温作物和牧草生长，也适宜喜凉作物和牧草的栽培；既有利于粮食作物生长，也有利于经济作物和饲用作物生长；既有利于种植业的发展，也有利于草业、林业和养殖业的发展。

云南农业气候资源的劣势也是十分明显的。大部分地区降雨充沛，但干湿季节分明，冬春季节降水极少，冬春干旱，尤其是春夏连旱对作物生长发育影响很大，如果没有很好的灌溉条件作保障，很难有好的收成。冬春干旱不利于光照资源的充分利用，春温较高加剧了春旱的危害程度，使小春作物在产量形成后期会受到危害。春末秋初的干旱，则影响大春旱作的适时播种和水稻的适时栽播。夏季多云雨、日照少、温度强度低，水稻和玉米生长发育所需的高温强光条件不如江南地区，特别是云南秋温低阴雨多，更加剧了水稻和玉米的低温冷害，部分地区还会发生洪涝灾害。气温、降水、光照的这种不均衡的季节分配，使云南的光、热、水资源的有效性降低，是云南农业发展的最大制约因素。滇中一带的广大地区，夏季气温低，大春作物生育期普遍较长，秋季气温低，温度强度不足，水稻容易受到低温冷害的影响而造成减产，对大春作物的稳产高产极为不利。干旱对小春作物和大春作物栽培影响很大，春旱常常成为制约作物减产的主要因素，是最严重的农业自然灾害。

降水、气温和日照等农业气象要素，由于受季风气候的影响而具有年际间多变性的特点。各年度间降水、气温和日照等变化幅度较大，对农业生产造成一系列的影响。各年之间雨季开始时间相差可达一个月以上，对大春作物栽插、播种、出苗影响很大。年度之间

雨季结束期也相差较大，雨季结束期较早的年份虽然对大春作物成熟收获有利，但使得水库蓄水不足，对工农业生产带来严重的后果；雨季结束较迟的年份，又影响大春作物收获和小春作物播种。某些年份气温较低，使作物遭受低温危害，降水较少的年份，干旱危害突出。因此，这种年际间的多变性对农业生产的高产稳产有较大的影响（陈宗瑜，2001）。冬春季节光照资源未能得到充分利用，发展营养体农业潜力巨大。

（二）云南土地资源分析

全省土地面积以林地、耕地和荒草地为主，土地资源利用结构不尽合理。根据云南省的地域特征、自然条件和土地资源状况，《云南省综合农业区划》对土地利用结构的设想为"六林、两牧、一分田"，即60%的林地，20%的牧草地，10%为其他用地。在目前的土地利用结构中，耕地尤其是坡耕地比例过大，而牧草地比例太小，应结合国家西部生态环境建设、云南省绿色畜牧业等政策，将目前大量的陡坡耕地退耕还林还草，发展高原特色农业。

适宜耕地资源总量缺乏，坡耕地比例大，耕地复种指数低且退化现象严重，这与不合理的耕作制度有密切关系。地形复杂是云南省土地资源的一大特点，因山高坡陡、土层较薄，农业耕作容易形成地表径流，导致水土流失，加剧土壤退化。山区农田水土流失普遍存在，其原因主要是不合理的耕作方式和耕作制度，因此，推广草田轮作意义重大。

（三）云南农业环境资源综合分析

云南全省土地资源以山区为主，山区土壤瘠薄、坡度大、开荒种粮不仅产量低、效益差，而且容易引发严重的水土流失，导致干旱化、土壤退化和农业生态环境恶化。利用优越的水、热、光等条件，植树造林、退耕还林还草，林业、种植业、养殖业并举，组织实施复合型"大农业"体系。既能有效防治水土流失，改善生活和生产环境，又可不断恢复和提高土壤肥力，有利于农业结构调整，实现农业可持续发展。平坝区引草入田，大力发展草田轮作，既有利于改善土壤理化性状、恢复和提高土壤肥力，又可充分利用冬春季节的水、热、光等环境资源，增加土地单位面积的生产力，提高耕地的农田当量值，同时为发展养殖业提供大量优质饲草料。

发展草业，在农区引草入田、草粮轮作，在坡度大于25°以上的坡耕地退耕还草，可以迅速增加地面植被覆盖，有利于保持水土。由于土壤得到正在生长的或已经死亡的植被的保护，从而免受侵蚀。在水土流失严重的山坡、丘陵、沟壑地带种植牧草，不仅可以为畜牧业提供饲草，还可以起到保持水土的作用。据试验分析，草木樨与农耕地或同等坡度的撂荒地相比，径流量减少14.4%～80.7%，泥沙冲刷量减少63.7%～90.7%，在28°的陡坡地上，草木樨比一般农地减少径流量47%，减少冲刷量60%。在土层很薄的草山草坡上，造林成活率不高，可以先种适应性的牧草，以利保持水土和培肥地力，然后再造林，以提高造林成活率。云南草山饲料站在昭阳区和丘北县通过草地改良和建设，使植被覆盖度提高到90%以上，平均每公顷减少泥沙流失量958.94万 m^3，增加蓄水量520.52万 m^3。

云南省拥有丰富的天然草地资源，可饲用的优良草本植物、灌木植物种类众多。加之人工草地、农田饲草、农作物副产品和林业副产品等，饲草料来源十分丰富。省内草食动物资源也十分丰富，有许多优良的地方品种，如山羊、黄牛、水牛以及家禽等。发展草地农业具有优越的生物资源条件。

综合分析云南省各季节的气候条件和自然灾害，可以看出，云南水分、热量、光照资源的匹配性较差，冬季和春季光照条件好，但降水缺乏，干旱问题突出，夏季和秋季降水充沛，但光照不足，洪涝灾害频繁发生。对于以收获籽实为目的的种植业而言，作物的产量和质量均受到较大的影响，经济效益难以提高。通过水利工程可以在一定程度上缓解平坝区冬春灌溉问题，但在广大的山区，单纯依靠水利工程难以解决。光照和热量条件更是人为不可能控制的。

发展营养体农业，收获植物的茎、叶等，受气候条件的制约性较小，牧草可以在全年的大部分时间生长。牧草在一年四季均可收获利用，或直接作为饲草料饲养家畜、家禽，生产可用畜产品，或加工之后出售。因此，发展营养体农业，可以充分利用云南省独特的气候资源条件，提高水分、光照、热量的利用率；生产大量优质饲草料，为养殖业提供可靠的物质基础；恢复和提高植被覆盖度，防治水土流失，促进生态环境建设。

二、云南畜牧业发展现状及存在的问题

近年来，云南省草地畜牧业发展迅速，2014 年畜牧业综合产值占到农业总产值的35%，农民家庭经营现金收入的 25% 均来自畜牧业。2014 年，云南全省肉类总产量达699.2 万 t、禽蛋产量达 60.9 万 t、奶类产量达 78.3 万 t。其中，肉类人均占有量大幅超过全国平均水平，生猪、肉牛、肉羊存栏分别居全国第 5、第 3 和第 9 位，出栏分别居全国第 9、第 7 和第 10 位，年生猪调出量超过 1000 万头。畜牧业的持续健康发展，为保障畜禽产品市场供给，增加农民收入，建设现代农业和促进全省经济社会平稳较快发展做出了重要贡献。云南作为我国重要的畜牧业主产省份，猪、牛、羊、禽、蛋、奶目前已远销北京、上海、广东等省（市）区，以及俄罗斯等国家和地区。

云南草地资源丰富，水热资源优越，发展草地畜牧业潜力巨大。长期以来，依托国际合作项目、国家级和省级科研与推广项目，在牧草种质资源、草种培育筛选与评价、牧草良种生产配套技术、人工草地建植利用、冬闲田（地）种草、牧草饲用作物高产优质栽培、草产品加工储存等方面开展了广泛而深入的试验探索，取得了卓有成效的研究成果；集成土壤、牧草、草食动物方面的技术手段，分别对人工草地肉牛、人工草地山羊、人工草地绵羊、人工草地肉牛山羊混合系统，进行深入系统的试验研究，为优化草畜配套模式、提升草地畜牧业生产力奠定了良好的物质基础和科技支撑储备。但是，一系列因素严重制约着云南草地畜牧业的持续稳定发展，如草种供需、草产品加工存储、草地退化、草畜供求失衡、生产规模不足、科研与生产脱节等。

目前，制约云南草地畜牧业发展的主要因素有以下几点。

（一）草种问题

适宜豆科草种有光叶紫花苕、白三叶、红三叶、紫花苜蓿等，适宜禾本科草种有多花黑麦草、多年生黑麦草、东非狼尾草、鸭茅、非洲狗尾草等。其中，光叶紫花苕和多花黑麦草用途广泛、生产性能表现优良、栽培利用技术成熟、种子需求量巨大（果园生草、农闲田复种、人工草地栽培等）。但是，上述种子几乎全部来源于克劳沃、百绿等公司，当

地没有种子生产基地，也缺乏相应的技术支撑条件。据曲靖地区调查资料，仅在马龙县个别农户偶尔会自产少量的光叶紫花苕种子。草种供需矛盾十分突出，亟待开展相应试验研究，建立种子生产基地，并尽快形成一定的生产规模。

（二）草产品加工存储利用

夏秋牧草收获季节，也是多雨潮湿季节，难以调制青干草。青贮料主要是玉米，建议通过添加乳酸菌、调控饲草水分含量、拓展青贮原料来源等措施，提高青贮质量，增加优质饲料数量。据曲靖地区调查资料显示，当地规模较大的养殖公司和养殖户，制作和使用青贮料都不会有太大问题；但养殖小户和散户，制作程序随意性大，导致失败或质量较差，使用过程中经常出现草畜配套考虑不周全现象，对稳产高产十分不利。此外，缺乏适合山地坡地的收割压扁机械，牧草收割加工速度慢、周期长，草产品总体质量不高，远不能满足市场需求。牧草的收获、加工、运输机械不配套，大面积种植的牧草常常无法适时收获，造成牧草资源极大浪费，草产品运输成本高，在市场中没有竞争力。

（三）草地稳定性和质量调控

人工草地普遍存在退化现象，在土壤理化性状、植物学组成、牧草营养组成、动物增重方面均有具体表现。因利用不足或利用过度而导致草地质量低下、利用效益低下、草畜供求失衡等一系列问题。依据试验研究结果和调查分析，随意确定载畜量、放牧或刈割制度不合理，水肥供给不足是引起人工草地退化的主要原因。

（四）草畜配套和草畜供求平衡

草畜供求失衡突出表现在两个方面：一是数量配置，牧草生产的季节性动态比较强，迫切需要研究解决的课题又如何有效实现全年草畜均衡配置，采取什么方法来实现供求平衡，枯草期如何补饲，丰草期如何调整饲草和家畜；二是草地利用方式，迫切需要研究解决的课题是在放牧草地上，是混合配置家畜，还是单一配置家畜。因此，研究和推广适宜的草地利用制度（放牧、刈割、草地轮换等）、草畜供求优化模式，具有重要的科学研究和生产应用价值。

（五）科研与生产结合的问题

在人工草地建植、草地质量监测与调控、草畜供求平衡、动物生产及防疫等方面，云南省经过长期的科学研究和生产实践，取得了良好的成绩，形成了"人工草地—肉牛""人工草地—奶牛""人工草地—山羊""人工饲草—奶水牛""人工饲草—家禽"等草地农业模式；在林下种草、养禽结合方面也开展了研究和实践，形成了"经济林—牧草—家禽"生态农业模式，取得了良好的生态效益和经济效益。基层技术人员和从业人员对先进成果及技术的接受和认知程度，直接影响草地畜牧业的生产力和持续健康发展。应强化基层人员培训和先进技术的示范推广，尤其是牧草—畜禽—兽医配套的种养殖技术的研究与推广。

三、云南发展草牧业的战略意义

我国7个草业生态经济区分别是蒙宁干旱草原草业生态经济区、西北荒漠灌丛草业生态经济区、青藏高寒草业生态经济区、东北森林草业生态经济区、黄土高原—黄淮海灌丛草业生态经济区、西南岩溶山地灌丛草业生态经济区以及东南常绿阔叶林—丘陵灌丛草业生态经济区（任继周，1999）。

在西南岩溶山地灌丛草业生态经济区内，石灰岩及其他碳酸盐广泛分布，水热资源丰富但光照不足。由于滥伐、过牧、开垦不当等因素，石漠化发展迅速。草地分布分散且利用率低，开发利用困难较大。和其他经济区比较，天然牧草质量较差，家畜难以利用，但豆科等灌木饲料资源丰富。该区水热条件好，栽培草地和天然草地改良相对容易，潜在生产力巨大。

云贵高原地处低纬度、高海拔区域，具有独特的农业环境资源和土地资源，以收获籽实为主要目的种植业，产量低、农业灾害频繁、经济效益差，并且容易引发严重的水土流失和石漠化。开发利用草地资源，实施草地农业，能够较好地适应自然气候条件，更加充分地利用光照、热量、水分等环境资源。研究和实践结果表明，广大的亚热带地区，气候温和、雨量充沛，植物生长时间长，十分有利于多种牧草生长。国内外许多优良的温性草种、热性草种都表现出良好的适宜性和生产性能。在热带地区，有许多国内外优质草种可以生长、适应性强、生产力高、营养价值良好。草地资源的研究与开发利用，对云南省生态环境改善、经济建设和社会持续发展具有十分重要的现实意义和战略意义。

（一）注重草食畜牧业，有利于农业持续发展

西方国家以及亚洲的日本和韩国的实践经验都表明，随着社会的进步，动物性产品的人均消费将保持较快增长。云南平坦土地较少，坡度 <8° 的耕地仅占 8.9%，>15° 的耕地占 77.3%，且土地零散，土壤贫瘠，光照不足，不利于生产植物籽实。更令人担忧的是，在这样的土地上生产的粮食中有近 50% 用于饲养家畜，土地使用的不合理既造成了资源浪费，也带来严重的生态问题。草食家畜饲料中 70% 可以是饲草和粗饲料，提供量足、质优的饲草料是草食畜牧业健康发展的基础。利用部分耕地生产饲草料既可以提高土地资源的利用效率，又可以确保山地农业系统的稳定性。

云南是以山地为主的省份，与籽实农业比较，以收获植物营养体为产品的饲草料生产更具潜力。借鉴发达国家草食家畜养殖经验，调整云南农业种植业结构，发展饲用作物具有重大战略意义。

（二）有利于国土整治，促进生态环境建设，维护生物多样性

云贵高原以山区为主，山区占土地面积的 90% 以上，土壤瘠薄、地形坡度大，开荒种粮不仅产量低、效益差，而且容易引发严重的水土流失，导致干旱化、土壤退化和农业生态环境恶化。引草入田、草粮轮作、发展草业，在坡度大于 25° 以上的坡耕地退耕还草，可以迅速增加地面植被覆盖，有利于保持水土。土壤由于得到植被的保护，从而免受侵蚀。在水土流失严重的山坡、丘陵、沟壑地带种植牧草，不仅可以为畜牧业提供饲草，还可以起到保持水土的作用。在土层很薄的草山草坡上，造林成活率不高，可以先种适应性的牧草，以利保持水土和培肥地力，然后再造林，以提高造林成活率。

云南省拥有草山草坡 1526 万 hm²，约占土地面积的 39%，其中可利用草山草坡面积 1186 万 hm²，占土地面积的 30%。草地类型多样，草地资源丰富，生物多样性优越，是云南省发展草地农业资源的重要组成部分，也是发展草地农业的重要物质基础。各类草地中分布有植物 199 科，1404 属，4958 种，占云南高等植物 1/3。据草山资源普查，云南有可

食饲用植物约3200种，其中优良的饲用植物有500～800种，常见饲用植物约1500种。其中有禾本科370种，豆科284种，莎草科152种。草地资源的研究、创新和开发利用有利于维护草地生态系统、草地植物及其所拥有的遗传基因的多样性。

在云南现有耕地中，宜农耕地占79.3%，不宜农耕地占20.7%。为了提高农作物产量，大量使用农药和化肥已成普遍事实，既污染环境，又增加了生产成本，导致农民增产不增收。农耕作业对土壤扰动频繁易引起水土流失。将这些不宜农耕的土地种植多年生饲用作物，建立优质的人工草地，其生产力比天然草地牧草产量提高4～5倍。草田轮作一个周期（3～5年）可以提高土壤有机质20%左右，每公顷增加氮素100～150 kg，至少可减少现有化肥用量的1/3。几种牧草混播，可丰富田间的生物多样性，减少作物病虫害，节约农药用量。轮作中的草地，一旦市场急需增加粮食供应，可以立即改为粮田，以更高的土壤肥力投入粮食生产。牧草具有强大的根系，且生长迅速，能很好地覆盖地面，可减少雨水冲刷及地面径流。研究表明，目前我国的水土流失有70%来自耕地，草地水土流失一般比农田减少70%～80%（任继周，2013），建立人工草地是保持水土的重要手段。因此，发展牧草及饲用作物，调整种植业结构，推动现代草食畜牧业发展，是实施"沃土工程"、提高土壤肥力、减少水土流失的重要举措，对于改善草地和农田生态环境、促进农业可持续有深远意义。

（三）发展营养体农业，发挥资源潜力，提高生产效率

从经济产量看，籽实农业生产中只有籽实产量才是经济产量，而营养体农业的生物产量就是经济产量。有关资料显示，传统籽实农业的经济收获量不到50%，而营养体农业却可达到90%以上。云南气候温和，降水充沛，植物生长期长，但光照相对不足，具有发展营养体农业的优势。牧草和饲用作物生产以收获营养体为目的，属于营养体农业范畴，其产品由于收获时期较早，茎叶蛋白质、粗脂肪、糖分等营养物质含量高，木质化和纤维化程度低，具有较高的营养价值（负旭疆，2002），且每年都有一些季节不利于收获作物籽粒，但对饲用作物影响较小。用耕地种植苜蓿等优质牧草，能大幅度提高饲草的产量和蛋白质饲料总量，是解决目前畜牧业生产中优质粗饲料缺乏问题的有效措施。

云南省目前闲置的冬闲田面积近$6.7 \times 10^4 hm^2$，充分利用这部分资源每年不仅可以生产50万t左右的优质豆科牧草干草产品，而且将向土壤提供0.5万t左右的有机氮，对后作粮食的增产效果相当于增施尿素1万t以上。云南省轮歇地面积达$36 \times 10^4 hm^2$，占全省耕地总面积的13%左右，由于轮歇地以坡耕地为主，加之云南南部地区降雨量较大，因此轮歇地的水土流失问题相当严重，按坡度25°推算，云南省轮歇地每年的土壤流失量高达5000万t，占土壤流失总量的10%，土壤养分流失造成的间接经济损失每年都在4亿元以上，虽然轮歇的坡耕地退耕还林还草无疑是治理水土流失的最有效措施。因此，实行轮歇地粮草轮作，对于耕地的有效保护有重要意义。经初步推算，云南省轮歇地实现粮草轮作，不仅每年可生产优质干草150万t以上，而且每年因减少土壤养分流失挽回的间接经济损失至少将超过1亿元。

（四）为云南发展高原特色山地牧业提供保障

近年来，云南经济、社会取得了较快的发展，人们的生活水平普遍提高，食物消费结

构也发生了重大的变化，粮食消费量逐年减少，而动物性食品需求量逐年增加，这就加大了对饲草饲料的需求。世界发达国家饲用作物在农业资源配置结构中占有重要的地位，其成功经验就是大力发展饲用作物，较好地实行了草地农业。云南省列入国家畜禽遗传资源名录的品种已达 60 多个。其中，牛羊地方品种以肉质好、耐粗放饲养管理、适应性好、抗逆性强等优良特性成为云南草食畜产业独特的种质基础。云南省 129 个县（市、区）有近 110 个县（市、区）是发展牛羊等草食家畜的适宜区。这些独特的资源和地域条件为云南发展高原特色山地牧业提供了条件，但其基础仍然是充足、优质饲草料的生产和供给。因此，改变传统饲草料生产观念，根据草食家畜的需求构建苜蓿和青贮玉米为主的饲草料基地，大力生产优质饲草料，对将云南畜牧业发展成为大产业目标的实现具有重要的作用。

从云南省自然资源特点来看，草地畜牧业将是云南省畜牧业进一步发展的重点。但云南草地牧业发展也面临着诸多不利因素，除资金、技术、品种及观念等方面的原因外，饲草饲料供应量的不足、品质低劣加之季节矛盾尖锐等也是严重制约草地牧业持续发展的重要因素。

首先，从牧草供应数量方面来看，云南省草地牧业所依赖的饲草饲料主要来源于天然草地，尽管云南省天然草地资源十分丰富，其中可利用草地面积达 1140 万 hm^2，位居我国南方各省之首，加之优越的光、热、水资源条件，为草地牧业发展提供了得天独厚的自然资源条件。今后较长一段时间内，云南省草地牧业几乎没有可以完全依赖天然草地资源进一步发展的空间。尽管云南省农副秸秆十分丰富，秸秆舍饲养殖从作物废弃物利用的角度来讲不失为一种有效利用方式，但绝大多数草地畜牧业专家认为，秸秆畜牧业是低效、高耗的饲养方法，得不偿失，发达国家几乎没有人再用。因此，饲草短缺及营养价值低下必将成为制约云南草地牧业持续发展的瓶颈。

其次，云南草地牧业蛋白质饲料资源严重匮乏。在天然草地资源中，豆科牧草所占比例极低，主要草地优势种的平均粗蛋白含量仅为 5.7%。一般认为，饲料中粗蛋白 9% 以上才能基本满足各种反刍动物正常生长发育的需要，对于奶牛，即使维持低水平产奶量（7 kg/d），饲料中的粗蛋白含量也要达到 12%。据估计，云南省奶牛业现有饲料来源仅能满足奶牛蛋白需要的 70%。由此可见，在经济效益相对更低的肉牛业、肉羊业之中，蛋白质饲料不足情况更加严重。可以说，蛋白质饲料资源严重不足正是造成云南草地牧业生产力水平低下的重要原因。

云南省季节性闲置耕地资源丰富。充分利用这些季节性闲置土地资源栽培一年生牧草，每年至少可生产优质牧草 200 万 t（风干物），可消化能和可利用粗蛋白产量分别相当于云南省现有天然草地资源总产量的 25% 和 50%。而且所生产的牧草基本上集中在云南最缺草的 4~5 月。因此，通过推动一年生牧草产业化发展步伐，可以在很大程度上缓解制约云南省畜牧业持续发展的饲料资源，尤其是蛋白质饲料资源严重不足和草畜矛盾尖锐等问题，促进云南省草地畜牧业持续发展。

（五）有利于增加农民收入和维护社会稳定

由于云南特殊的地理环境和社会历史原因，造成经济和社会发展明显的区域性差异。边远山区为解决温饱问题而开垦坡耕地种植粮食的情况非常严重。坡耕地的开垦虽然暂时增加了一些粮食产量，但严重的水土流失造成土壤肥力及保水抗旱能力降低，耕作价值逐渐降低，使当地群众渐失生存条件。种植多年生饲用作物，一次播种可多年收获，劳力、种子、化肥、农药、机具、动力等都比种植粮食作物大为节约；优质的饲草用于饲养草食家畜，带动草食畜养殖产业的发展，可使耕地增值50%。近年来，因农村劳动力进城务工而全荒或半荒的耕地也在逐年增多，利用这一部分土地种植优质饲用作物，对耕地实施草田轮作，不但可降低劳动力成本，还可挽回全荒或半荒的耕地，有利于农村劳动力向城镇转移（任继周，2013）。在岩溶地区、旱农地区和灌溉地区的试验证明，种草养畜一般可提高农民收益2~3倍，其产业链的延伸还可以吸纳就业人员，提高群众的收益。坡耕地退耕还草，建立集中连片的热带和亚热带优质人工草地，发展草食畜牧业，有助于促进地区经济和社会的发展，增加群众收益和改善民生，进而维护社会的稳定。

第三节　研究应用实例——滇西北社区草地共管

一、草地共管及其在国外研究进展

草地共管指通过多个利益群体（社区牧民、当地政府部门、科研技术部门、相关企业等）共同约定，对草原资源实行以管理为核心的保护、建设和利用，其核心目标是：有效促成各相关利益群体参与草地资源管理，促进草地资源持续利用，推动草地畜牧业健康发展，以期实现生态治理、环境美化、经济发展及社会和谐。草地共管在国外研究应用较早，并形成了比较成熟的概念模型（图12-1）。

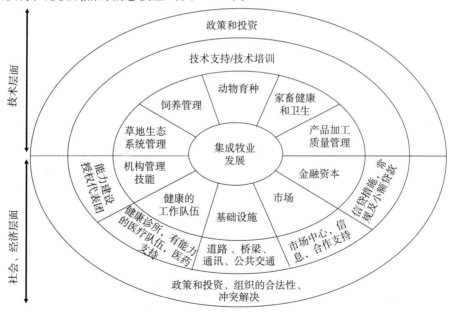

图12-1　草地共管体系的结构和组成①

---

① 参考文献：Camille Richard and Nyima Adack，Integrated Pastoral Development In Nakchu Prefecture：A Co - Management Approach，天然草原共管国际研讨会论文集，北京：中国农业出版社，2006.

最外层：国家的宏观政策和投资，在我国可理解为草地禁牧、生态补奖、草原法等。

次外层：地方政府提供的直接性的各方面支持和服务，包括在基础设施、信息、医疗、信贷、科技等方面的投入。

次次外层：试验区草地畜牧业发展迫切需要解决的具体的技能、技术、基础设施等。

中心部分：以草地共管为模式，以草地畜牧业发展为目标，结合当地实际问题、村规民约等，构建以社区自身为主体的领导、决策、协调机构。

上半部分：社区草牧业发展所需要的技术层面的因素。

下半部分：社区草牧业发展所需要的社会、经济层面的因素。

二、草地共管在国内的研究应用进展

从 21 世纪初开始，草地共管先后在内蒙古、四川、宁夏、云南等地有了一定探索和应用，取得了一些成功经验，但在很多方面还需要深入探索和研究。据有关人士介绍，在西藏那曲地区曾开展过草地共管的短暂探索（国外资助），但由于多种原因，未能长期坚持。

为了有效遏制和解决草地退化问题，国家制定了相应的政策、法律法规，并投入大量的资金和物资积极建设、利用和保护草地，如退牧还草等，另外一些新技术还应用到草地管理中。尽管如此，由于各利益相关者之间缺乏必要的沟通和交流，管理活动往往形成各自为政、各行其是的局面，草地管理现状不令人满意，如何吸引、调动各方面力量，共同进行草地资源管理显得十分迫切。面对草地管理中存在的问题，近年来人们在不断探索以社区为基础的草地管理的新模式，草地共管就是其中一种。

三、云南香格里拉草地共管经验介绍

从 2008 年开始，在加拿大国际发展研究中心的支持下，针对云南西北部亚高山退化草甸，云南省生物多样性和传统知识研究会、迪庆州畜牧兽医站和香格里拉当地社区共同开展了草地共管项目，云南农业大学全程参与了该项目的组织、实施和协调工作。

（一）草地共管的启动和开展

1. 与社区达成共识，成立草地共管小组

社区村民是草地资源的利用和管理者，没有他们的参与，草地管理是不可能取得成功的。以往实施的退化草地治理项目中，当地技术部门是实施的主体，而当地社区只是处于协助地位，村民等相关利益群体在项目的实施过程中难以发挥主动性，结果常常是随着项目的结束，项目活动随之结束，项目可持续性差。草地共管强调以村民的需求为主体，社区村民等相关利益群体在其中发挥着重要作用，从而利于草地的可持续管理。为了让村民了解什么是草地共管及其意义，首先召开村民大会，识别草地管理中存在的关键问题，然后成立草地共管小组，为下一步工作打下基础。

2. 明确社区畜牧业面临的主要问题，提出解决方案

由于草地退化一直是社区村民面临的问题，随着草地退化的加剧，村民的生计受到了很大的影响。所以，当听说相关机构来协助村里解决草地退化的问题后，几乎每个家庭都派人参加了村民大会。在会上交流的主要内容包括以下几点。

（1）草地的健康状况。

退化草地表现为优良牧草减少，有毒有害杂草增加，裸地比例增大，草层高度降低等方面。草地是牧区及半农半牧区生计的根本，其健康与否，决定了当地的生计发展状况。

（2）家畜的健康状况。

当地草地退化以后，草地生产力降低，不能满足家畜的需要，家畜生长延缓慢、繁殖率降低、易发生疾病。家畜是农牧区生产生活的核心、家畜健康状况的改善，有利于农牧民收入的增加。

（3）藏猪破坏草地。

在农区养猪采用的是圈养方式，而在小中甸养猪采用的多为放养方式。猪在放养过程中，对草地有破坏性。特别是 2～3 月，牧草处于休眠之中，地上部分还没有长出来，猪以采食地下草根为主，于是在草地中到处拱地，导致地表裸露、植株死亡，有效草场面积减少。这在肯公社冬季牧场随处可见。

（4）草地利用不平衡。

在肯公社家畜存栏数不断发展，草畜失衡、超载过牧，载畜量超载 30% 左右。在过度利用草地的同时，人们却很少施肥来返回养分。牧草生长离开养分的补充，长期过牧只会导致土壤贫瘠，植株生长不良，优良牧草的数量越来越少。据村里的老人讲，在 20 世纪 60 年代牧草的高度超过 1 米，以后逐渐降低，尤其在 1985 年到 2005 年期间变化最大，这段时间是家畜数目增长最快的时期。根据我们的测定，冬季牧场的草层高度平均在 5 cm 左右。最直接的影响，就是冬季家畜没有足够的草料，冬春家畜变瘦、死亡的现象时有发生。

（5）人为破坏草场。

在草场上挖沙、取草煤等活动均会对草地造成破坏。为了给作物施肥，当地长期以来有取草煤的习惯，在一定程度上破坏了草地。

（6）有毒有害植物滋生。

随着草地退化的加剧，优良牧草不断消失，一些饲用价值低的植物出现了，如狼毒、翻白眼、西南鸢尾、矮地榆等的大量滋生，这些植物可食性差，有的还有毒有害，导致整个牧场品质下降。

（7）传统放牧习惯的改变。

在小中甸草地主要分为夏季牧场和冬季牧场。在农历 3 月底，牧民开始将家畜从村庄附近迁往夏季牧场，游牧的时间约为 5 个月，到秋收时节逐步迁回坝子，即冬季牧场。然而，近年来，年轻人大多外出打工，家里没有多余的劳力去高山放牧，于是家畜多集中在以往的冬季牧场。据调查，肯公社 63 户人，只有 8 户沿袭了原有的放牧方式，于是大量的家畜常年在村庄附近冬季放牧，结果是使冬季牧场过牧严重。

3. 针对草地退化的问题，通过参与式评估，村民大会总结了提高草地生产力的措施

（1）建设人工草场来解决饲草不足。

冬季存在饲草饲料不足，尽管蔓菁等饲料作物提供了一定的饲料，但仍然不能解决家畜冬季缺乏牧草的问题。与天然草地相比，人工草地产草量较高，是天然草地的 3～5 倍，因此有必要建立人工草地。

（2）每年3~6月实施猪圈养。

尽管平常猪在放养过程中对草地会有一定的负面影响，不过与冬季放牧的影响相比，对草地的破坏要小得多。半农半牧区在饲料方面存在较大的局限性，要像农区一样完全圈养比较困难。适宜的解决办法是在草地最脆弱的时候，避免放猪。

（3）改良天然草地。

不捡牛粪，人工补播。在天然草地上，牛粪是重要的肥料来源，与北方牧区不同，在云南西北部半农半牧区是主要用作农作物的肥料。将牛粪留在草地上，分解后释放的养分能促进草地生产力的恢复。另外，在退化草地上引入优良牧草能抑制有毒有害杂草的生长，提高产草量，改善牧草品质。

（4）引进种畜进行品种改良。

包括种猪、种公牛（黄牛和牦牛）。

（5）家畜疾病防疫培训。

州县（市）畜牧兽医站、高校科研单位，不定期为社区防疫员、村民提供培训和技术咨询，发放相关技术资料，有效减少疫病带来的损失。

（二）草地共管协议的签署

通过社区共管会议，各相关利益群体达成共识，对将要开展的活动进行计划，清楚各自承担的任务。为了明确草地共管的目标及各相关利益群体在其中的角色，需要签署草地共管协议，由使用草地的社区、畜牧技术服务部门及资金提供单位共同签署，草地共管协议的内容包括：①村民自己制定的村规民约；②与村民合作进行技术干预措施，由政府或农村发展机构资助；③各个相关群体对共管措施的实施及引起的变化进行监测评估。

（三）草地共管活动的实施

1. 建立人工草地

2008年，在滇西北生计改良项目的支持下，在肯公社区建立了150亩人工草地，平均每家为1.5亩。人工草地的建设和管理由迪庆州畜牧兽医站、云南省生物多样性和传统研究会和社区居民共同完成。其中云南省生物多样性和能源研究会提供所需的经费，犁地、播种、施肥等则由迪庆州畜牧兽医站指导完成。在参考前人试验的基础上，小中甸的人工草地在建设中引进了高羊茅、多年生黑麦草、鸭茅、白三叶和红三叶，禾本科牧草和豆科牧草的比例为各占50%，播种量为6 g/m^2。人工草地建成之后，施肥、围栏的维护等管理则由村民负责。由于木围栏的使用时间不长，为了延长围栏的使用年限，每家还负责在自家围栏处种上绿篱。

2. 修建猪圈

猪圈的修建不仅有利于冬季猪圈养的开展，而且利于猪疾病的防治。作为草地共管配套建设的部分，为每家农户修建面积为16 m^{2}的卫生猪圈。猪圈的建设同样由社区、畜牧技术服务部门和资金提供单位三方共同完成，迪庆州畜牧兽医站进行猪圈的设计和修建过程中的监督，项目组提供经费，村民负责平地和提供修建所用石材。

3. 家畜的品种改良

饲草饲料的缺乏，使得牛犊在生长过程中没有足够的营养，导致肯公社牛种群个体变小、易生病、成活率低、繁殖率低，最终导致品种退化。黄牛和牦牛是当地饲养的主要家畜类型，针对肯公社的实际情况，项目为全社支持了3头黄牛种公牛和3头牦牛公牛，用于改善牛的种群。为了有效地管理这些种公牛，社里与负责管理的村民签署了饲养协议，其中规定种牛的利用年限为5年，5年后归饲养人所有。

4. 天然草地人工改良

天然草地是肯公社的重要资源，然而草地退化极大地影响了当地畜牧业的发展。为了改善肯公社草地退化的现状，当地引入了苇状羊茅、鸭茅、苜蓿、白三叶等优良草种。由于没有灌溉条件，补播的时间选择在了5月雨季开始之后。播种量为每公顷30 kg。在10月中旬，对补播效果进行了评估，测定数据显示盖度提高了20%。

5. 防疫员培训

肯公社家畜疾病的预防及防治薄弱，村民们希望能改善该社的家畜疾病的预防能力。为此，通过社区选举产生3名有责任心、能够胜任的村民由州畜牧兽医站进行兽医培训，培训的内容主要为草地共管实施后，如何使用兽医器械、如何打预防疫苗以防治动物疾病等。

（四）草地共管实施之后的效果

1. 社区村民

社区村民积极参与草地畜牧业管理的各个环节，主动咨询和接受先进技术的推广应用。对后续研究项目、推广项目或扶贫项目，表现出积极主动的欢迎态度。草地共管的理念得到村民认可。

2. 草地生产力

草地基况得到一定程度改善，初级生产力显著提高；草畜供求矛盾有所缓解，家畜生产性能得到一定程度提高。

3. 取得经验

云南滇西北藏区开展的草地共管工作，整体效果良好，得到了当地政府和群众的高度认可，社会经济效益显著，也为类似地区研究和实施草地资源利用、草地畜牧业健康发展提供可借鉴的模式与经验。

第十三章 西藏的草地质量与草牧业

第一节 草地畜牧业资源

一、草地资源

西藏地处青藏高原腹地，平均海拔 4000 m 以上，具有气候多变、空气稀薄、日照充足、气温较低、无霜期短、降水较少的气候特点。全区面积 120 多万平方千米，约占全国国土面积的 1/8，常住人口 300 多万，近 80% 属于农业人口。全区现有耕地 23 万 hm^2，粮食总产 92 万 t，主要种植青稞、小麦、油菜、豌豆和蔬菜等作物，作物秸秆是主要的粗饲料之一。西藏拥有各类天然草地 8300 万 hm^2，面积居全国之首，约占全国天然草地面积的 21%，占西藏土地总面积的 69%。

西藏全区可利用草原面积 7717.33 万 hm^2，年均鲜草产量 7790.69 万 t，全年载畜量 3213.72 万个绵羊单位（2011~2015 年第二次草地资源普查结果）。西藏草地类型多样，草地资源丰富，是我国的五大牧区之一。在人口迅速增长和耕地持续减少的双重压力下，通过草地资源开发，提供更多的食品和加工原料，是西藏未来经济发展和产业结构调整的必然选择。草地畜牧业在西藏的社会经济发展中具有不可替代的地位，它既是传统经济发展的支柱产业，也是今后经济发展的重要支柱产业。西藏在独特的高原气候、土壤、生物条件影响下，以及长期放牧等利用方式共同作用下，草地资源形成了以下几个方面的特点。

1. 草地面积辽阔、草地类型多样

复杂多样的生态环境，形成了丰富多彩的草地类型。1987 年，西藏自治区土地管理局、西藏自治区畜牧局将西藏草地划分为 17 个草地类。在全国划分的 18 个草地类中，只有干热稀树灌草丛类未出现。西藏草地是我国草地类型的缩影，是我国重要的绿色基因库和宝贵的景观资源。在众多的草地类型中，高寒草地类型是西藏草地的主体，面积占草地总面积的 94.9%，其中，高寒草原、高寒草甸、高寒荒漠草原、高寒草甸草原和高寒荒漠分别占 38.2%、32.4%、10.5%、7.2% 和 6.6%（苏大学，1995）。

2. 草地退化严重，植被低矮，牧草产量低，载畜能力低

西藏第二次草原普查数据显示，退化草地面积占 31.23%，其中轻度退化、中度退化、重度退化草地分别占到草地总面积的 16.43%、8.80% 和 6.00%，与 20 世纪 80 年代初期相比，现有草地生产能力已普遍降低 20%~40%，牧区干草产量平均为 384 kg/hm^2，为全

国最低水平。需要 2 hm² 草场才能承载 1 个绵羊单位，草地所提供的畜产品远低于内蒙古、新疆、青海和四川，仅居全国第 5 位。

西藏的草地群落高度 3.0~22.3 cm，群落高度与年均温具有显著的相关性。高寒草地地上生物量的变化范围为 16.6~177.7 g/m²，地上生物量自东向西呈幂指数递减趋势，从高寒草甸到高寒草原再到高寒荒漠，地上生物量显著降低。地上生物量与年均降水和土壤全氮极显著正相关，与 pH 值极显著负相关，与年均温显著正相关。气候和土壤因素可解释地上生物量空间变异的 92.15%（朱桂丽等，2017）。

热量不足是导致西藏草地生产力低下的主要原因。西藏地处青藏高原腹地，分布于高原亚寒带和高原寒带的高寒草地面积占全自治区草地总面积的 94.94%，是西藏草地的主体。全区草地年平均可饲干草产量 348 kg/hm²，为全国最低水平。每 100 mm 降水量能形成 250~300 kg/hm² 干草产量，较我国北方温带草原区 100 mm 降水量能形成的产草量低 150~200 kg/hm²。等量降水在西藏草地中可形成的产草量，低海拔区高于高海拔区，南部高于北部。各地区草地产草量差异显著，水热条件较好的东南部草地产草量最高，由东南向西北降水量逐渐减少，干旱程度逐渐加重，草地产草量也逐渐降低。西部最干旱的阿里地区产草量最低。以地区为单位统计，平均每公顷可饲干草产量，昌都地区最高达 887.5 kg；其次是拉萨市，为 734.0 kg；林芝地区 711.5 kg，居第 3 位；第 4 位是山南地区，为 638.0 kg；第 5 位是日喀则地区，为 497.0 kg；产草量最低的是那曲地区的 204.5 kg 和阿里地区的 195.0 kg。

热性草丛类可饲干草超过 2000 kg/hm²；沼泽类、山地草甸类、低地草甸类、暖性草丛类、热性灌草丛类和温性草甸草原，可饲干草大于 1000 kg/hm²；暖性灌草丛类和高寒草甸类，可饲干草大于 500 kg/hm²；其余草地类型均低于 500 kg/hm²。高寒荒漠类仅为 112.0 kg，是西藏草地产草量最低的草地类型（表 13-1）。

表 13-1　西藏不同草地类型的产草量

草地类型	干草产量（kg/hm²）	草地类型	干草产量（kg/hm²）
热性草丛类	2780	温性草原类	472
沼泽类	1169	温性草原化荒漠类	375
山地草甸类	1166	高寒草甸草原类	230
低地草甸类	1166	温性荒漠类	228
暖性草丛类	1055	高寒草原类	226
热性灌草丛类	1033	温性荒漠草原类	204
温性草甸草原类	1006	高寒荒漠草原类	185
暖性灌草丛类	769	高寒荒漠类	112
高寒草甸类	529	—	—

当水分条件基本相同时，温度是制约草地产草量的主要因素。随着海拔升高，温度降低，草地产草量随之降低。西藏全区山地草甸类平均干草产量 1293 kg/hm²，亚高山草甸

亚类、高寒草甸亚类分别下降到 1148 kg/hm^2 和 484 kg/hm^2，随草地海拔的升高产草量降低的规律非常明显。

当热量条件基本一致时，水分条件是制约草地产草量的主导因素。如热量条件基本相同的温性草地中，随水分条件的改善，温性荒漠草原类、温性草原类、草甸草原类分别为204 kg/hm^2、472 kg/hm^2 和 1006 kg/hm^2，草地产草量随水分的增加而明显升高。在高寒草甸类中，高寒草甸亚类水分条件相对较差，干草产量仅为 485 kg/hm^2，而低地高寒沼泽化草甸亚类水分条件较好，干草产量为 1160 kg/hm^2，前者是后者的 2.4 倍。高寒草甸类的产草量也表现出由南向北随温度降低而降低，由东向西随降水量减少而降低的趋势。

西藏全区各地（市）单位面积草地载畜能力大体可分为三类：拉萨市、林芝地区、昌都地区 0.75 ~ 0.80hm^2 草地可载 1 个绵羊单位；山南地区、日喀则地区 1.1 ~ 1.7hm^2 草地可载 1 个绵羊单位；那曲地区、阿里地区 3.7 ~ 4.0hm^2 草地才能承载 1 个绵羊单位。

3. 草地群落植物多样性丰富、粗蛋白含量高，营养成分高

青藏高原自然条件严酷，生态环境各异，植被类型众多，植物种类丰富，草地植物由适应高寒气候的种类所组成，通过长期的自然选择形成了该地独特的牧草遗传资源。这些牧草遗传资源是草原生物多样性的重要组成部分，也是开展牧草新品种选育的物质基础。据调查资料，西藏草地植物共有 3171 种，其中饲用植物有 2672 种。其中分布最广、最重要的野生牧草有禾本科的针茅属、羊茅属、早熟禾属，豆科的黄芪属、野豌豆属，莎草科的嵩草属、苔草属，菊科的蒿属；蓼科的蓼属等。

西藏草地植物超过 150 种以上的科，分别是菊科、禾本科、豆科、毛茛科、蔷薇科、石竹科、十字花科、莎草科、龙胆科、玄参科和唇形科，这 11 个科共有 1858 种植物，占草地植物种数的 58.6%。从草地的建群种、优势种、分布面积和草质、产草量来看，禾本科、莎草科和菊科在草地群落中的作用最大，以它们为优势种的草地类型分布广泛，面积辽阔。

以藏北羌塘高原为例，降水格局显著地影响藏北高原内部高寒草地群落物种丰富度、多样性和均匀度，生长季降水丰富的羌塘东部地区物种丰富度最高，平均物种数约 25 种，物种最丰富的样地可达 36 种。中部地区高寒草地物种丰富度降至 13 种，下降幅度约为47%。在生长季降水贫乏的羌塘西部阿里地区荒漠草地群落平均物种丰富度仅 7 种，不足羌塘东部地区物种丰富度的 30%。相似地，Shannon-Wiener 多样指数和 Pielou 均匀度指数随生长季降水量减少呈现羌塘东部（2.19，0.69）、羌塘中部（1.63，0.60）、羌塘西部（0.92，0.46）的变化格局。生长季旺期羌塘地区的物种丰富度、Shannon-Wiener 指数和Pielou 均匀度指数随降水减少而减少，在羌塘东部降水丰沛地区，高寒草地各物种多样性指标都达最高水平（武建双等，2012）。

苏大学（1995）总结了 20 世纪 80 年代西藏考察时的资料发现：西藏草地牧草营养物质含量丰富，总营养物质含量大都在 90% 以上，粗蛋白质含量 10% 以上的占分析样品数的 81.6%；粗脂肪含量在 2% 以上的占分析样品的 86.4%；无氮浸出物含量在 40% 以上的占分析样品数的 80%；粗纤维含量在 30% 以下的占分析样品数的 63.2%。具有蛋白质高、脂肪高、无氮浸出物高、粗纤维低的显著特点。粗蛋白质含量最高的草地是高寒草甸类（13.9%），其余依次为高寒草原类（12.49%）、温性草原类（12.41%）、低地草甸类

（12.21%）、高寒草甸草原类（11.58%）、暖性灌草丛类（7.51%）和热性灌草丛类（4.33%）。粗纤维含量最高的草地是热性草丛类（52.74%），其余依次为暖性草丛类（43.48%）、高寒荒漠类（38.05%）、温性荒漠类（37.86%）、高寒草甸类（27.81%）和高寒草原类（25.70%）。无氮浸出物含量以高寒草原类草地最高（47.75%），其次是高寒草甸草原类（46.28%），热性草丛类最低（32.37%）。

研究表明，在气温大体相同的条件下，随湿润度增加，牧草含氮量有减少趋势，而碳水化合物含量有增加趋势；在水分条件相似的条件下，随海拔升高，牧草粗纤维含量有逐渐降低趋势，而粗蛋白质、无氮浸出物含量有增加趋势。

按德国奈凌格（K. Nheirgn）公式计算，氮碳营养比大于 1:12 的宽比草地，无氮浸出物含量高，适宜养乳用牛、乳用羊和肉牛，中比（1:6.1~1:12）和窄比（1:4.4~1:6.0）草地，粗蛋白质含量较高，适于饲养毛用羊和役畜。在西藏的草地中，氮碳营养比 1:4.5~1:8，粗灰分含量 <10% 的氮碳型草地分布最广，共有 102 个草地型，占西藏草地型总数的 53.8%，草地净面积为 3709.3 万 hm²，占西藏草地净面积的 52.36%，适合饲养牦牛；氮碳营养比 1:4.5~1:8，粗灰分含量在 10%~20% 的氮碳—灰分型草地，共有 33 个草地型，草地净面积 2072.1 万 hm²，占全区草地净面积的 29.25%，适合饲养毛用羊。其他草地营养类型分布面积的比重都不大。

4. 草地质量中等，生产力低

西藏草地主要多年生牧草的品质，可划分为优、良、中、低和劣五个等级（表 13-2）。

表 13-2 西藏草地主要常见多年生牧草的品质

优等牧草	豆科	野苜蓿、天兰苜蓿、百脉根、野豌豆、西藏野豌豆等
	禾本科	羊茅、紫羊茅、中华羊茅、微约羊茅、穗状寒生羊茅、早熟禾、高原早熟禾、胎生早熟禾、卡西早熟禾、波伐早熟禾、西藏早熟禾、羊茅状早熟禾、画眉草、黑穗画眉草等
	莎草科	嵩草、高山嵩草、矮生嵩草、线叶嵩草、短轴嵩草、禾叶嵩草、尼泊尔嵩草、日喀则嵩草、大花嵩草等
	蓼科	圆穗蓼、珠牙蓼等
良等牧草	豆科	锡金岩黄芪、札达岩黄芪、米口袋、砂生槐、白刺花、细茎黄芪、浪卡子岩黄芪、亚东米口袋、小叶鹰嘴豆等
	禾本科	穗序野古草、知风草、帕米尔碱茅、喜马拉雅碱茅、裸花碱茅、垂穗披碱草、垂穗鹅观草、赖草、西藏三毛草、藏异燕麦、林芝野青茅、小花翦股颖、疏花翦股颖、丝颖针茅、异针茅等
	莎草科	褐鳞苔草、黑褐苔草、红棕苔草、窄果苔草、白尖苔草、毛囊苔草、黑穗苔草、芒尖苔草、西藏嵩草、藏北嵩草、粗壮嵩草、四川嵩草、甘肃嵩草、阿穆尔莎草、华扁穗草、扁穗草等

续　表

	禾本科	紫花针茅、羽柱针茅、昆仑针茅、短花针茅、沙生针茅、镰芒针茅、长芒草、固沙草、草沙蚕、多花草沙蚕、小草沙蚕、藏布三芒草、寡随茅、落芒草、小落芒草、猬草、三角草、羽茅、白草、狗尾草、须芒草、小菅草、桔草、孔颖草、荩草、矛叶荩草、白茅、芒、扭黄茅、黄背草、发草、芦苇等
中等牧草	莎草科	青藏苔草、木里苔草等
	菊科	藏沙蒿、藏白蒿、日喀则蒿、江孜蒿、冻原白蒿、川藏蒿、甘青蒿、藏龙蒿等
	其他科	多穗蓼、叉枝蓼、叉分蓼等
低等牧草	菊科	栉叶蒿、白莲蒿、细裂叶莲蒿、青藏狗娃花、拉萨狗娃花、星舌紫苑、灰枝紫苑、戟叶火绒草、矮火绒草、毛香火绒草、乳白香青、旋叶香青、垫状女蒿、灌木亚菊、羽叶垂头菊、针叶风毛菊、黑苞风毛菊、丽江风毛菊、西藏蒲公英、锡金蒲公英、合头菊等
	蔷薇科	蕨麻委陵菜、翻白委陵菜、钉柱委陵菜、康定委陵菜、二裂委陵菜、金露梅、小叶金露梅等
	十字花科	独行菜、藏荠、燥原荠、高山葶苈、锡金葶苈、高原芥、念珠芥、播娘蒿、遏蓝菜等
	伞形科	矮泽芹、西藏棱子芹、拉萨厚棱芹、川滇柴胡等
	紫草科	软紫草、滇紫草、翅假鹤虱、多花微孔草、西藏微孔草、毛果草、密花毛果等
	唇形科	齿叶荆芥、白花枝子花、西藏糙苏、西藏鼠尾草、头花香薷、密花香薷、线叶百里香等
	玄参科	毛果婆婆纳、藏玄参、肉果草等
	其他科	小果滨藜、藏虫实、猪毛菜、展苞灯芯草、细叶鸢尾、卷鞘鸢尾、海韭菜、水麦冬等
劣等牧草	石竹科	藓状雪灵芝、垫状雪灵芝、石生繁缕、禾叶繁缕、无瓣女娄菜、拉萨女娄菜、藏蝇子草等
	景天科	互生红景天、柴胡红景天、四裂红景天、小景天、高山景天等
	玄参科	草甸马先蒿、拟鼻花马先蒿、球花马先蒿、斑唇马先蒿、全缘兔耳草、大萼兔耳草等
	其他科	菟丝子、甘青青兰、直立点地梅、垫状点地梅、杉叶藻、多刺绿绒蒿、角果碱蓬、蕨类等

（引自　苏大学，2013）

为使等级综合评价简明扼要，采用 3 个等和 3 个级共 6 个等级标准，对西藏草地资源进行等级评价。评价标准如下：

优等草地：优等或良等牧草占 60% 以上；中等草地：中等以上牧草占 60% 以上；低等草地：低等牧草占 60% 以上或劣牧草占 40% 以上。

干草产量 > 2000 kg/hm² 的草地定为高产草地；干草产量在 500 ~ 2000 kg/hm² 的草地定为中产草地；干草产量 < 500 kg/hm² 的草地定为低产草地。

评价结果表明，西藏中等低产草地面积最大，占全区草地面积的 44.29%；其余依次是优等低产草地（21.38%）、优等中产草地（14.38%）、低等低产草地（12.51%）、中等中产草地（5.96%）、低等中产草地（0.98%）。每公顷干草产量达 2000 kg 以上的优等高产、中等高产和低等高产三类草地总面积仅为全区草地面积的 0.5%。

5. 饲草供给极度匮乏，需大力开展退化草地治理和人工草地建设

长期以来，西藏草地畜牧业存在草地生态环境退化、草畜供求矛盾尖锐、草地生产能力下降等突出问题。据 2016 年草地普查数据，西藏草原总面积达 0.88 亿 hm²，其中可利用草原面积为 0.76 亿 hm²；年均产鲜草为 7790.69 万 t，全年载畜量为 3213.72 万个绵羊单位。按此载畜量计算，西藏地区每年需求干草量大概为 3000 万 t 以上，而西藏全区实际供应能力不足 2000 万 t（包括天然草原可生产干草和作物秸秆等）。长期对草地的过度利用、掠夺式的经营，导致草地退化和沙化，单纯依赖天然草地的自然生产力已经不能满足家畜的需求（呼天明，2005）。另外，西藏地区冷季可利用的草地面积只占草地净总面积的 27.4%，长期以来，尽管出栏率逐年升高，但冷季草场的实际载畜量仍然比较稳定，超载 80% 以上，冬春季饲草供应不足、质量差，家畜处于半饥饿状态，从而更加重了草原的放牧压力。据报道，西藏草地退化面积 0.24 亿 hm²，约占西藏草地总面积的 26.7%。其中轻度退化 0.15 亿 hm²，约占西藏草地总面积的 16.8%；中度退化 0.07 亿 hm²，约占西藏草地总面积的 7.7%；重度退化 0.02 亿 hm²，约占西藏草地总面积的 2.2%（2016，西藏第二次普查结果）。因此，西藏应大力发展人工草地，治理和改良退化草地，拓展饲草供给渠道，满足家畜对饲草数量和质量的需求。

近年来，随着草原生态保护被纳入《西藏生态安全屏障保护与建设规划》，当地草原生态日趋改善、畜牧业发展质量效益逐年提升、牧民持续增收明显。西藏自治区草原资源与生态监测报告显示，全区 2014 年草原鲜草产量 8876.7 万 t，比 2010 年增长 13.6%，退牧还草工程区内植被覆盖度平均提高 10.1 个百分点，植被高度提高了 40.3%。近 5 年来，西藏草原植被改善趋势面积大于退化面积，草原退化得到有效遏制。数据显示，西藏 2014 年年末牲畜存栏总数为 1861 万头，比 2010 年减少 19.8%。退牧还草工程和人工草地建设对植被覆盖度的提高起到基础性作用。2011 年至今，国家累计下拨投资 11.31 亿元，建设休牧围栏 227.3 万 hm²，实施草地补播 61.9 万 hm²。目前，全区人工种草保留面积达 11.5 万 hm²，为缓解草畜矛盾提供了有力支撑。此外，西藏近 5 年来加强草原"三害"治理、湿地保护工程的实施和农牧民安居工程等也对草原生态保护起到推动作用。

二、适宜种植的优良牧草和饲用作物

1. 燕　麦

燕麦为禾本科一年生饲用作物，适宜调制青干草。耐寒性强、产草量高，在高寒牧区

广泛种植利用，可在藏北高原海拔 4500 m 以下的地方种植。多年来引进了许多品种，其中，青海省育成的燕麦饲草品种均适合在西藏种植，其他地方育成的品种表现不一。

（1）青海甜燕麦。

由青海省畜牧兽医科学院草原所选育而成。原产苏联，属中晚熟草籽兼用品种，生育期 120~135 天。株高 140~160 cm。籽粒白色无芒，粒大饱满，千粒重 35~37 g。圆锥花序。种子白色至乳白色，外稃无芒，粒大饱满，千粒重 30~45 g。生长整齐，抗倒伏，耐旱性中等，群体密度稍差。茎叶有甜味，适口性好。鲜草产量 38000~52000 kg/hm²，籽实产量 3000~4050 kg/hm²。在青海海拔 3000 m 或西藏海拔 4000 m 以上地区难成熟，宜作饲草种植。

（2）加燕 2 号。

由青海省畜牧兽医科学院草原所选育而成。原产加拿大，1972 年引入青海，该品种产量高、品质好、再生力强、种子成熟不落粒。种子浅黄色，千粒重 33~35.5 g，草籽兼用型。圆锥花序。生育期 126~130 天，株高 150~170 cm，叶占全株重的 14.0%。西宁地区种植平均鲜草产量 34500~43500 kg/hm²，籽实产量 3450~4200 kg/hm²。青海农区旱地种植鲜草产量 27000~40500 kg/hm²，籽实 2700~3900 kg/hm²。在西藏海拔 4000 m 以上地区种子难成熟，适宜作饲草种植。

（3）白燕 7 号。

2003 年吉林省农作物品种审定委员会审定通过（吉审麦 2003010）。以加拿大引入的休眠燕麦（Dormoat）为材料选育而成。植株直立型，叶色深绿色，株高 127 cm，穗侧散型。籽粒浅黄色，表面有绒毛，千粒重 31.3 g。籽实中蛋白质含量 13.07%，脂肪含量 4.64%。抗病性强，生育期 80 天左右，在高寒地区适宜作为饲草种植，鲜草产量 25000~40000 kg/hm²。

（4）青引 3 号。

由青海省畜牧兽医科学院草原所选育而成。植株直立，草籽兼用型，株高 120~150 cm，圆锥花序开展，千粒重 19~24.5 g，生育期 86~130 天，耐瘠薄、耐寒、适应性强、抗倒伏。干草产量 8600~12800 kg/hm²，种子产量 2050~3200 kg/hm²。在青海海拔 3000~3500 m 地区适宜作为青饲草种植利用。在西藏海拔 4000 m 以上适宜作为饲草种植，在西藏 3500 m 左右的地区可作为粮饲兼用品种，也可建立种子田为高海拔地区提供优良种子。

（5）青海 444。

由青海省畜牧兽医科学院草原所选育而成。原产丹麦，中早熟，草籽兼用品种，生育期 100~120 天，圆锥花序。株高 130~145 cm，籽粒黑色，具短芒，千粒重 33~35 g。西宁地区种植鲜草产量 33000~45000 kg/hm²，籽实产量 2700~3150 kg/hm²，在年均温度 -0.1℃~0.3℃ 的牧区种子仍能成熟，耐寒抗旱性好，抗逆性强，较抗倒伏。在海拔 3500 m 左右的农区可建立种子田，在 3500~4000 m 的地区既可作为青饲草利用，又可收获籽实，在海拔 4000~4500 m 地区适宜作为饲草利用。

2. 黑麦和小黑麦

近年来，在西藏的引种结果表明，黑麦和小黑麦具有明显的高产和抗寒特性，农区种植种子能够成熟，可以发展种子产业，在高寒地区种植可以收获优质牧草。目前在西藏推广较有前途的有中国农科院育成的系列饲用小黑麦品种（中饲 1048）和青海育成的黑饲麦 1 号等。黑麦类饲草业近年引进种植后表现良好，其中以冬牧 70 和绿麦草（商品名）等黑麦具有较大的推广空间。

（1）黑饲麦 1 号。

由西藏惠元农牧科技开发有限公司从青海引进，属春性品种，根系发达，对土壤肥力要求不严。抗白粉病和锈病，耐贫瘠、适应性广。籽粒黑色，千粒重约 37 g，粗蛋白含量 11.59%。青干草中蛋白质含量 15.25%，可溶性糖 19.17%。种子产量 4500 kg/hm²，干草产量 12000 kg/hm²。加工利用形式多样，可制作优质饲料和晒制干草，籽粒可为舍饲育肥牛羊提供草料和精料。种植黑饲麦 1 号成本低，附加值高，不仅能增加农牧民收入，还可保护草场植被和生态环境，目前在青海和西藏地区大面积推广种植。

（2）中饲 1048。

选用中国农业科学院作物研究所自创的 2 个六倍体优良选系杂交培育而成。冬性强，中晚熟，抗病性能较好（对白粉病免疫，高抗条锈病，中抗秆锈病，但感叶锈病）。抗旱、耐寒、抗倒伏。植株高大繁茂，株高 150～180 cm。分蘖多，茎秆粗壮，叶互生，叶量大，叶色浓绿有蜡质，叶茎比高，茎叶繁茂。籽实千粒重 40～43 g，干草产量 10500～16500 kg/hm²，籽实产量 3000～4500 kg/hm²。干草粗蛋白含量 15.74%，籽粒蛋白含量 18.28%。

（3）冬牧 70 黑麦。

越年生粮饲草兼用型饲用作物，具有抗寒、抗病、品质好、适应性好等特点，因其耐盐性强（0.87% 以下混合盐溶液内萌发正常，极限值为 3.88%），还可在滨海地区中度以下（40%）盐渍土壤上种植。引进西藏后，经过多年试验示范已成功种植。株高 150～180 cm，茎秆坚韧、不易倒伏，成熟后穗头稍垂，中上部茎叶青绿，可做饲草。冬牧 70 黑麦营养价值较高，氨基酸含量丰富，含多种微量元素，高蛋白、高脂肪、高赖氨酸。据测定，在青刈期含蛋白质 28.32%、脂肪 6.83%、赖氨酸 1.62%、分蘖多，生长快，鲜草产量高，适口性好，是牛、羊、兔、草鱼等草食性动物冬春季节理想的青饲和青贮饲料。

（4）绿麦草。

绿麦草（商品名）为大麦族黑麦属一年生或越年生草本植物。茎秆丛生，具有 5～6 节，叶片长 10～20 cm，宽 5～10 mm。耐寒性强，再生性好，较耐瘠薄，抗病虫害能力强，其秸秆高而坚韧，茎叶产量高，品质好。干物质中蛋白质含量达到 13%～19%，干草产量 4500～11250 kg/hm²，籽粒产量 1500～3000 kg/hm²。喜温、耐寒、粮饲兼用型作物，适应性强，在温带和寒温带都生长良好，兼具冬性和春型特性，抗寒性强，能忍耐冬季 −30℃ 的严寒。秋播越冬后，当土壤解冻层达 6～8 cm，温度稳定在 3℃～5℃ 时开始返青。营养生长期要求低温而湿润，生殖生长期要求高温、干燥条件。

2010 年开始引进绿麦草在西藏种植，2014 年草业中心联合西藏自治区相关科研单位在西藏的拉萨、那曲和山南地区的 3 个地点进行了试种。结果表明，绿麦草在 3 个地点的长势良好，植株高度可达 170 cm。2016 年扬花期采样分析结果表明，粗蛋白含量可以达到 7.23%。在农区建立高原绿麦草的优良种子繁育基地，作为藏北地区高原绿麦草的种子来源。在藏北地区建立绿麦草的种植基地，制作青饲料以保证牲畜过冬。

3. 箭筈豌豆

箭筈豌豆为一年生草本植物，具有抗逆性强，迟播早熟，种子产量高等特性。中国农业科学院兰州畜牧研究所选育的品种"333/A"，具有早熟、耐旱、籽实产量高、不炸荚和氰氢酸含量低等特点。在甘肃、青海、西藏试种时，表现出适应性强，产量高，是优良的饲草，春箭筈豌豆喜凉爽，抗寒性较强，适应性较广。箭筈豌豆对土壤要求不严，一般土壤均可种植，比普通豌豆（Pisum sativum）耐瘠薄，在生荒地上也能正常生长，是良好的先锋作物。春箭筈豌豆又是一种耗水较少的饲料作物。箭筈豌豆苗期生长缓慢，孕蕾开始即迅速生长。其生长速度花期以前与温度成正相关，花期以后则与品种特性有关。在生长期间遇干旱，植株生长暂停滞，遇水后又可继续生长。箭筈豌豆茎叶柔嫩，营养丰富，适口性强，牛、羊、猪、兔等家畜均喜食。其青草的粗蛋白质含量较高，粗纤维含量少，种子粗蛋白质含显占全干重的30%左右，是优良的精饲料。茎秆可作青饲料、调制干草，也可用作放牧。籽实产量1500～4500 kg/hm²，青草产量15000～37500 kg/hm²。据试验结果，箭筈豌豆与一年生禾草混播，青草产量比禾草单播提高49%以上，比箭筈豌豆单播提高22%～32%，粗蛋白质含量比单播禾草提高67%～82.7%。

4. 紫花苜蓿

西藏从20世纪70年代起就开始引进紫花苜蓿。从2010年至今，在拉萨达孜区中科院农业生态站引种了150多个国内外苜蓿品种，大部分生长良好，其中，"苜蓿王"和"阿尔冈金"等品种已在西藏广为种植。引进的"中兰1号"是我国唯一以抗霜霉病为主要育种目标育成的新品种。苜蓿霜霉病广泛分布于全球温带的苜蓿种植区。霜霉病是典型的生育前期病害，子囊萌发最适温度18℃～20℃，相对湿度97%，以冷湿条件或地区较为严重。此病传染植株的地上部分，尤其是枝条顶部的茎叶和初生的再生草更易受害。病茎和病叶严重失绿，卷曲畸形，影响光合作用，致使牧草和种子严重减产，品质也严重下降。西藏苜蓿生长季有较长时期雨季，符合霜霉病发病的冷凉气象条件。据调查，在自然流行条件下，拉萨城郊引种的"敖汉苜蓿"霜霉病发病枝率可达90%以上，达孜点引种苜蓿也有此病流行现象。在达孜点田间接种鉴定表明，"中兰1号"霜霉病发病枝率低于5%；"苜蓿王"抗病性较好，但高于5%；大部分苜蓿的发病枝率5.0%～26.0%。推广"中兰1号"的另一个重要原因是其良好的产量表现。"十一五"期间在曲水县和达孜区的引种试验证明，"中兰1号"每公顷鲜草可达75000 kg，高于引进的甘肃地方品种和西藏早期大面积推广的"雷达克心"30%以上，高于正在西藏广泛种植的"苜蓿王"和"阿尔冈金"15%以上。因此，抗病且高产苜蓿品种"中兰1号"具有较高的推广价值，通过种子基地建设和高产栽培试验，能够为西藏苜蓿草地建植和更新提供种源和生产技术示范。

5. 菊 苣

菊苣为菊科多年生草本植物，叶片宽大，主根深而粗壮。草质柔嫩，蛋白质含量高，适口性好，适应性强，能在多种气候条件和生态环境中生长。耐霜冻，耐瘠薄，抗旱，较耐热，病虫害少。早期在拉萨等地引进的品种"普纳"表现良好，近年来从西藏百绿公司引进的品种"利柯集"表现突出，适宜于作为牛、羊、兔、猪，特别是藏鸡、鹅等家禽的青绿饲草。粗蛋白含量可达20%以上，适口性好，消化率高，各类家畜均喜食，适宜在西藏农区推广种植。

6. 芜　根（*Brassica rapa*）

芜根为十字花科二年生草本植物，适合在海拔3700 m以下的河谷农区复种或单种，可作为饲草、蔬菜等。芜根常被种植在高寒农区用作冬季饲料和春夏季添补性饲料。肥大肉质根可供食用，鲜重含水分87%~95%、糖类3.8%~6.4%、粗蛋白0.4%~2.1%g、纤维素0.8%~2.0%以及其他矿物盐，对促进家畜的生长发育、饲料的营养平衡、提高母畜乳产量等具有非常重要的饲用价值。

"曲水芜根"是西藏自治区农牧科学院从原产曲水县达嘎乡的农家芜根种中，经多年系选及株选而选育出的优良品系。肉质根圆锥形，皮上部紫色下部白色，肉白色。具有生长快、生育期短（50~60天可收获）、产量高、对气候和土壤适应范围广等优点。

芜根单播可以获得较高的产量，结合早期的劈叶可增加总干重，对杂草的滋生有抑制作用。在拉萨、山南、昌都等地水肥较好的耕地种植，通常在7月初至8月中下旬播种，9月底至10月底收获，饲草产量22500~37500 kg/hm²。单播通常5月初播种，8月初收获块根，鲜重产量可达52500 kg/hm²。在日喀则等地4300 m左右的高海拔区域，可在雨季到来或有灌溉条件的耕地单播，每公顷鲜草产量为22500 kg左右。

7. 青饲玉米

青饲玉米产量高且营养丰富，适合作青贮饲料，是奶牛的优良饲料来源，近年来受到广大养殖户和奶牛场的欢迎。西藏主要在温度较高的林芝、昌都、拉萨和山南部分河谷地区种植，一般海拔高度不超过3700 m。

从2005年开始，中国科学院地理科学与资源研究所联合西藏农业技术推广中心等单位，共同引进了"科青1号""科多8号"等青饲玉米品种，其中"科青1号"表现突出，单产鲜草达到75000 kg/hm²以上。近年来，由西藏袁氏农业科技发展有限公司负责种植的"铁研458"和"农大95"表现良好。"铁研458"生育期121天，株型半紧凑，株高290 cm，成株叶片数20片，抗矮花叶病，抗倒伏性好。选择中等以上肥力地段种植，避开晚霜，播前种子杀菌剂包衣。2014~2016年，在西藏4个试验点上进行品比试验，生物产量鲜重为86445 kg/hm²。"农大95"生育期125天，幼苗根系发达，叶鞘紫红色，株高280 cm，籽粒黄色，抗倒伏性好。选择中等肥力地段种植，避开晚霜。2014~2016年，在西藏试验点上进行品比试验，生物产量鲜重102945 kg/hm²。上述两个品种已通过西藏自治区品种审定。

8. 苇状羊茅

苇状羊茅产量高，抗锈病，夏季长势旺盛，再生能力强，不含内生真菌，是高质量的放牧和刈割兼用型牧草。根系发达，对土壤的适应性广，从水淹地、盐碱地到酸性土壤和肥力良好的土壤均能种植，在黑麦草持久性差的地区也能良好生长。与其他深根型多年生禾本科牧草的混播效果非常好，也可与豆科牧草混播，如紫花苜蓿、白三叶、百脉根等。苇状羊茅在西藏作为人工牧草种植面积很小，目前还处于推广阶段。

9. 鸭　茅

鸭茅草质柔软，营养丰富、产草量高，适宜在西藏海拔3700 m以下地区种植。西藏引进的"宝兴鸭茅"和"楷模"品种表现较好。目前，还处于示范栽培阶段，仅在拉萨、林芝等地种植。"楷模"是晚熟、高产品种，粗蛋白含量高（18% 以上），草质柔软，营养生长期长。喜冷凉、温和气候，秋季生长最为活跃，早春即可开始生长。草地一旦建成后多年不衰，耐牧性、抗病性较强（尤其是锈病），但抗寒性较弱。叶量大，是建植放牧草地的理想品种，还可刈割后调制高品质干草。在水量充足的地区，鲜草产量可达 60 ~ 75 t/hm²。

10. 草地早熟禾

草地早熟禾喜光耐荫，喜温暖湿润气候，耐寒能力强但耐旱性较差，夏季炎热时生长停滞，春秋生长繁茂，是典型的冷季型草种。适于生长在冷湿的气候环境，在栽培灌溉条件下，在冷凉的半干旱和干旱环境，也可以生长良好。世界各地普遍栽植，作为牧草、草坪草和水土保持植物利用。

草地早熟禾作为天然草地退化恢复治理中的主要草种，在西藏退化草地治理中可与垂穗披碱草、羊茅等混合补播。特别是近年来青海早熟禾的育成，成为西藏高寒地区建植多年生人工草地的优良品种，几乎适用于西藏所有高海拔地区。

草地早熟禾营养丰富，耐牧性强，从春季到秋季可以放牧利用。适当的轻牧或轮牧，可以维持植物的正常生长。草质柔软，略带甜味，适口性好，为刈牧兼用型优良牧草，人工栽培条件下干草产量 4500 ~ 6000 kg/hm²。

11. 多年生黑麦草

多年生黑麦草在西藏作为草坪草种植较早，但作为牧草种植还较少，在海拔 4000 m 以下地区可选择耐寒性强的品种。四倍体多年生黑麦草，抗性出色，适应性广，喜温暖湿润气候，适宜夏季凉爽、冬季不太寒冷、生长的最适温度 20℃，在 10℃ 时也能较好生长，拉萨、山南和林芝等地河谷地区能满足其生长。此类牧草适宜在肥沃、湿润、pH 值 6 ~ 7、排水良好的壤土或沙壤土地种植，对氮肥敏感，再生力强，一般利用年限为 4 ~ 5 年。抗病能力强。草质柔嫩多汁，营养价值高，适口性好，适于青饲、调制干草或青贮，可与三叶草建植混播放牧草地。

12. 垂穗披碱草

垂穗披碱草株高 50 ~ 70 cm，基部稍呈膝曲状，穗状花序较紧密，通常曲折而先端下垂。适应性强，在青藏高原生长良好，适应海拔高度 450 ~ 4500 m。对土壤要求不严，各种类型的土壤均能生长。据研究，能适应 pH 值 7.0 ~ 8.1 的土壤，并且生长发育良好。抗旱力较强，根系入土深可达 88 ~ 100 cm，能利用深层土壤中水分。不耐长期水淹，过长则枯黄死亡。垂穗披碱草具有广泛的可塑性，喜生长在平原、高原平滩以及山地阳坡、沟谷、半阴坡等地方。质地较柔软，无刺毛或刚毛，易调制干草或与其他牧草切碎混合青贮。青干草和青贮料在冬春季节补饲马、牛、羊，可以保膘。由垂穗披碱草为优势种组成的天然草场，开花期株高 50 ~ 60 cm，9 月下旬测产，青干草产量 1500 ~ 1800 kg/hm²。在人工种植条件下，种子成熟 80% 时即可收种，种子产量 60 ~ 112.5 kg/hm²，每公斤种子 40.2 ~ 45.4 万粒。青藏高原种植的垂穗披碱草，当年只能进入抽穗期，不能开花结籽。西藏退化草地治理引进的垂穗披碱草大部分从青海调入，多为野生采集，有许多是同德老芒麦种子，因此，驯化西藏本地的垂穗披碱草就显得十分重要和迫切。

巴青野生垂穗披碱草再生性和分蘖能力都很强，具有极强的抗旱、抗寒性。其茎叶茂盛，产草量高，耐牧性强，适于晒制干草和放牧。抽穗期草质优良，营养价值高，适口性好，能调制成营养丰富的青干草，鲜草产量和风干草产量分别为 13860 kg/hm² 和 4158 kg/hm²，种子产量 498 kg/hm²。

西藏治理高寒退化草地的经验说明，能适应西藏高寒条件的优良牧草及其稀少。驯化野生巴青披碱草是最具利用前途的野生牧草，其再生性和分蘖能力、耐牧性强，尤其是有极强的抗旱、抗寒性，适应高海拔区域生长，可广泛用于西藏天然草地改良、生态环境治理和人工草地建植。

三、草食畜禽资源

西藏位于祖国西南边疆，境内高山、湖泊遍布，河流纵横，牧草丛生，具有广阔的高原牧场，养育着众多家畜，畜产品丰富，是我国畜禽遗传资源较多的省份之一，是世界最高的天然草场和畜牧业基地。独特的自然生态和气候环境，悠久灿烂的养畜文化，造就了丰富的畜禽遗传资源。这些宝贵的畜禽遗传资源是我国生物多样性的重要组成部分，同时，也是西藏草地畜牧业可持续发展的基础。

西藏主要畜禽资源有牦牛、黄牛、绵羊、山羊、马、驴、猪和鸡，其中藏猪、藏鸡、帕里牦牛、西藏绵羊（草地型）、西藏山羊 5 个畜禽品种已列入国家畜禽遗传资源保护名录；地方畜禽遗传资源类群近 30 个，培育品种 3 个。曾先后引进的区外资源有猪、绵羊、马、黄牛、驴、山羊、来杭鸡和芦花鸡等的 30 多个优良品种，对提高西藏家畜（禽）品质起到了一定作用。

据有关资料记载和目前西藏境内实际饲养情况，我国各地现有的各种家畜种类，除骆驼外（根据资料记载与调查研究，20 多年前西藏阿里地区还有骆驼，现在已无饲养），其他各种家畜如绵羊、山羊、牦牛、黄牛（包括犏牛）、马、驴（包括骡）、猪、瘤牛、水牛等，在西藏境内都有饲养，是我国家畜种类最多的省区之一。西藏主要的草食家畜如下。

1. 绵　羊

绵羊是西藏自治区内头数最多、分布最广的家畜之一，构成了西藏畜牧业重要的生产资料。1982 年西藏开展了畜禽资源调查，根据分布地域的不同，将西藏绵羊划分为草地型、三江型、河谷型 3 个类型。其中，草地型分布在那曲、阿里和日喀则地区纯牧业县（乡），主要用途为生产地毯毛和羊肉；三江型分布在昌都地区，主要用途为生产羊肉；河谷型（雅鲁藏布型）分布在拉萨市、山南和日喀则地区的大部分农区和半农半牧区，生产氆氇用毛原料和羊肉。经过这几年不断深入的调查研究，探明了多种西藏地方优良遗传资源，"阿旺绵羊"分布于昌都地区贡觉、江达、芒康、察雅等接壤区，"多玛绵羊"主要分布于那曲地区安多县，"霍巴绵羊"主要分布于日喀则地区仲巴县，"岗巴绵羊"分布于日喀则地区的岗巴、定结、亚东、萨迦、康玛等接壤区。1975 年，在细毛羊杂交改良基础上，引进了茨盖、罗姆尼等半细毛羊，进行了西藏半细毛羊育种工作，经过 33 年的努力，于 2008 年育成了西藏第一个国家级家畜新品种——彭波半细毛羊，主产区在拉萨市林周县，种群数量达到 8 万多只，已经在西藏 40 多个农区和半农半牧区推广，改良后代累计达到 50 多万只（央金，2014）。

2. 牦 牛

牦牛是青藏高原特有的家畜品种之一，目前全国约有 1300 万头，主要分布在青海、西藏、四川、云南、甘肃等地。西藏全区 7 个地市均有分布，约占全国牦牛总头数的三分之一。西藏牦牛业的发展对我国牦牛业具有重要的影响。2016 年年末，西藏牦牛存栏 450 万头，其中主产区那曲存栏数 194 万头，占存栏总数的 43%。牦牛能充分地利用很短的牧草生长期，把海拔 3500 m 以上其他畜种难以利用光、水、草地等各种资源转化成乳、肉、皮、粪等。而且牦牛完全依赖于高寒天然草场，未经过人工饲养，乳、肉等产品口味鲜美、风味独特，且营养丰富，是名副其实的绿色食品和天然食品。牦牛业及牦牛产品开始在世界肉、乳产品中逐渐形成影响力并具有良好的发展前景。

在特殊的地理条件和生态环境条件下，形成了娘亚牦牛、帕里牦牛、斯布牦牛、桑桑牦牛、桑日牦牛、巴青牦牛、丁青牦牛、康布牦牛、江达牦牛、类乌齐牦牛、工布江达牦牛等地方品种和类群（钟金城等，2011）。其中，帕里牦牛、嘉黎牦牛和斯布牦牛为 3 大优良类群（姬秋梅，2003）。

3. 山 羊

西藏山羊是广泛分布于西藏的又一个古老地方品种，耐粗放，抗逆性强，适应高原地区的气候条件，数量仅次于绵羊。西藏山羊是一个未经人工选育的地方品种，具有独特的生产性能，对草场和饲管条件要求粗放。随着国民经济建设的发展和人民生活水平的提高，应采取积极措施，加强本品种选育，建立山羊繁殖选育场，因地制宜地制定区域发展规划。在保留其遗传特性的基础上，有针对性地引入优良山羊品种进行杂交改良，逐步向优质、高产的专门化方向发展。在西藏西北部，应以发展绒山羊为主，在充分利用好季节畜牧业的基础上，也可考虑产肉性能的提高。在西藏东南河谷地区和察隅一带，宜发展乳肉兼用山羊。在阿里地区和新疆接壤的藏北边缘，以荒漠草原为主，发展毛用山羊比较适宜，但在引种问题上要慎重。

4. 黄 牛

黄牛是以产乳为主，属于乳、肉、役兼用小型地方原始品种，饲养在西藏自治区的农区、林区和半农牧地区，体型较小，生产性能较低，但抗逆性强，能适应高海拔的缺氧环境和粗放的饲养管理，是西藏人民不可缺少的生活和生产资料。在《中国畜禽遗传资源名录》中，西藏的黄牛主要有西藏牛、拉萨黄牛、阿沛甲咂牛、日喀则驼峰牛、樟木黄牛等品种。西藏的黄牛在整个家畜中的比重为 3.79%。主要分布在以种植业为主的地区，即农区、林区和半农半牧区。其海拔高度分布一般以 4500 m 为上限。集中分布在雅鲁藏布江中下游、喜马拉雅山东段和三江流域下游地区。近年来，西藏黄牛已不再作为使役牲畜。因体型小、生长发育缓慢、繁殖性能和产乳性能低，黄牛养殖经济效益差的缺陷日益显露。结合西藏农牧经济的发展形势，积极发展以奶牛养殖业为主的农区畜牧业，努力提高农牧业综合生产能力，是农村经济发展的重要途径，也是发展潜力最大的主导产业。通过黄牛改良，采用传统育种与现代技术相结合，迅速扩大优良遗传特性和高产基因的影响，加快培育适应西藏高海拔环境的优良奶牛、肉牛新品种（唐建华等，2014）。

第二节　西藏草牧业发展的必要性及其潜力

一、发展草牧业的必要性

1. 农牧业供给侧结构性改革的需求

2017 年，中央一号文件提出深入推进农业供给侧结构性改革。我国农业的主要矛盾由总量不足转变为结构性矛盾，突出表现为阶段性供过于求和供给不足并存，矛盾的主要方面在供给侧。必须顺应新形势、新要求，坚持问题导向，调整工作重心，深入推进农业供给侧结构性改革，加快培育农业农村发展新动能，开创农业现代化建设新局面。问题导向、需求导向是畜牧业供给侧结构性改革的出发点和落脚点，围绕"调结构、提品质、促融合、降成本、去库存、补短板"等关键环节，通过分析研判畜牧业当前瓶颈、未来需求，从而准确把握供给侧改革的重点领域。

草牧业发展可以起到产业联动效应，一方面可以实现上游种植业的转化增值，另一方面密切连接二、三产业，通过提供加工原料，延伸产业增值链，同时带动相关服务业发展，促进农牧业、加工业和服务业的良性循环，实现经济的快速增长。另外，发展畜牧业可以拓宽农牧民增收空间。近年来，西藏农区连续丰收，对农民解决温饱和增收、促进地区经济发展起到重要作用，但随着粮食的自给有余，这些作用就越来越弱，凸显出单一种植结构增收潜力空间有限的问题。要改变这一窘况，就必须调整农业结构，发展农区畜牧业。

西藏农牧业的发展限制在于脆弱的生态环境，农牧区生态是国家高原生态安全屏障的最主要部分。西藏现代农牧业的发展基础在于传统农牧业，二者不能分割。西藏农牧科技工作的核心是创新与转化。

加快草牧业发展，是农业供给侧结构性改革的重要内容，积极发展人工种草，转变草食畜牧业发展方式，以科技创新推进转型升级，实现草牧业持续健康发展，补齐草牧业短板，关键在科技。要加强草、畜良种的研究与开发，加快良种牧草繁育基地、种畜场建设，全面提高草产业和草食畜牧业生产效率和竞争力。着力探索适应不同地区的草牧业发展技术路线，保护和恢复草原生态系统，促进草畜配套、良性循环，提高草原生态产品生产能力，实现生产与生态协调发展。加强公共服务，完善草牧业服务体系，充分发挥规模化经营主体的示范带动作用，加快草牧业科技成果推广应用。

2. 农牧民增收的迫切需求

长期以来，因可利用耕地资源有限，农田基本用于生产粮食，农作物副产品用于饲喂牲畜，畜牧业以天然草地放牧为主，生产效率低下。随着农田基础设施建设不断完善和农业科技水平逐步提升，粮食综合生产能力大幅提高，而物流的快速发展与城镇化进程的加快使得食物消费结构与全国走向趋同，饲料粮比例稳定增加，粮食生产的比较优势不高，加之草原保护补助奖励机制的实施，天然草地的生产功能逐渐让位于生态功能，畜牧业因饲草短缺并未发挥良好效益，农牧民因灾致贫返贫比例居高不下。作为全国唯一的集中连片贫困省区，在国家经济新常态下，西藏在继续实现跨越式发展的同时，尽管主动调低了既定的 2020 年农牧民收入目标，但增加农牧民收入、改善农牧民生产生活条件仍然是全区社会经济发展的首要任务。

　　就全国的发展趋势来看，转移农区剩余劳动力、提高工资性收入是促进农民增收并最终实现农业可持续发展的关键。尽管如此，西藏农牧区劳动力转移中非农就业机会少，出行、等待成本高，缺乏竞争力，外出就业有风险，农牧区劳动力轻易不外出务工。2012年西藏乡村劳动力非农就业比重为28.0%，仅比10年前提高8.6个百分点，同期全国劳动力非农行业就业比重增加了12.9个百分点。据调查，西藏农牧区剩余劳动力高达1/3，部分地区甚至高达42.3%。在西藏农牧民收入格局中，缺乏增收渠道的局面仍未明显改善。2012年，西藏农牧民工资性收入仅为1202元，位居西部12省区市倒数第2位，在农牧民人均纯收入中所占比重仅为21.0%，近10年来年均增长率仅为9.6%；家庭经营收入达到3678元，位居西部12省区第3位，在农牧民人均纯收入中的比重高达64.3%，且近10年来以13.4%的年均增长率高速增长。鉴于西藏自治区农牧民增收的迫切需求，提高农牧业生产水平，增加家庭经营收入，比单纯地向城镇转移剩余劳动力更具现实和战略意义。这一趋势与内地农民增收极其不同，内地农民增收模式在西藏无法复制。

　　西藏很早就认识到自身的农业特点不同于其他地区，早在1961年就提出了农牧结合政策，1998年西藏全区农业工作会议要求实施农牧结合战略。作为西藏农牧业经济中优势产业和重要的组分，历史悠久、极富高原特色的畜牧业，为西藏经济的快速发展以及社会的和谐稳定起到了至关重要的作用。西藏农畜产品早已实现了从长期短缺到总量平衡再到结构性过剩的历史性转变，提高家庭经营收入需要转变农牧业生产目标。2003年以来，西藏粮食产量基本持平，肉类总产量和奶类总产量则分别以4.3%和2.3%的年均增长率增长。到2012年，西藏粮食总产量94.9万t，农业总产值53.4亿元，肉类总产量和奶类总产量分别为29.0万t和31.7万t，畜牧业总产值58.6亿元。同期，农牧民农业收入和牧业收入年均增长率分别为13.1%和17.4%。随着居民食物中粮食、肉类消费量"一减一增"演变趋势，且来自内地稻米、面粉的比重不断增加，农业增收的作用日趋弱化，畜牧业强劲增收势头和巨大增收潜力日益凸显。

　　在国家高原生态安全屏障建设引导下，藏北草地的生产功能将逐渐让位于生态功能，以"一江两河"地区为核心的农区因其优越的自然资源，承载着推动农业结构优化调整和促进农牧民增收的重要战略任务，是西藏畜牧业发展潜力最大的区域，也是农牧结合发展战略的重点实施区域。2003年以来，西藏农区畜牧业在农牧结合战略推动下，以9.4%的年均增长率快速增长，2012年农区畜牧业产值达到24.3亿元，占全区畜牧业产值比重由37.7%提升至41.5%，而同期半农半牧县和牧业县的畜牧业产值年均增长率分别只有7.8%和7.5%。

　　近10年来，西藏农牧民收入一直保持两位数增长，但与全国平均水平的绝对差距却在拉大（从1996年的不足1000元上升到2014年的2500元）。未来5年，如何拓展农牧民增收的渠道、途径和空间难度极大。众所周知，西藏城镇化和工业化发展水平低，难以为更多农牧区剩余劳动力提供预期收入更高的非农就业机会，内地农民增收模式在西藏不完全适用。从草牧业自身优势看，西藏农牧民增收还必须从挖掘农牧业潜力出发，而畜牧业的产业链较之种植业更长，更多的增值部分留在了农牧区、农牧业系统中，留在了农牧民手中。草牧业的发展，也使农牧民有了更长的、更有效的就业时间。根据2011年开展的农户调研数据分析，种草家庭的人均收入比没种草家庭的年收入高出9.5个百分点，而种草并加入专业合作社的家庭，其人均收入比其他家庭高出40%以上。

农牧业与广大农牧民生产生活最为直接关联，肩负着产业富民的重任。不可忽视的是西藏农区畜牧业以作物秸秆为主要饲料来源，低层次的农牧结合在农户家庭广泛存在，科技含量低，生产规模小，畜牧业生产效益优势难以发挥。饲草短缺和养殖效率低下，成为限制农区畜牧业发展的主要因素之一。引入科技要素提高饲草生产力水平和草畜转化效率，是西藏农区畜牧业实现可持续发展的关键和核心。诸多研究得出一致性的结论是：农业产业链的延长有助于带动就业和提高产品附加值。构建高原特色草牧业生产技术体系，示范推广"粮草兼顾、农牧结合"的经营模式，不仅可为特色畜牧业提供大量优质青饲料，提高畜牧业产出效率；同时通过改进种植制度充分挖掘河谷农区丰富的光、热、水、土资源，改变农户传统的粗放种养方式，对增加农牧民收入具有积极作用。

3. 国家生态安全屏障建设的需要

近几十年来，西藏草地生态系统功能退化、生产力下降。为主动适应气候变化，西藏实施了"天然草原生态保护补助奖励机制"。根据中国科学院地理科学与资源研究所高原生态系统中心所做的评估（2014年，自治区农牧厅、科技厅分别资助），2013年全区草原鲜草产量比2010年增长10.98%。从西藏主要草地类型来看，草原植被盖度、高度均有所提高，植被综合盖度提高了6.8个百分点，草原生态正在逐步恢复。2013年草畜平衡面积占全区草地总面积的比例提高近一倍。尽管如此，当前西藏农业生态环境呈现总体恶化的趋势。从农田生态系统来看，由于土壤发育历史相对较短，耕地面积有限且处于长年连耕状态，土壤风蚀、沙化、水土流失严重，大量使用化肥和农药，土壤物理结构与肥力不断退化导致农田生态系统生产力和稳定性的下降。占西藏主要优势地位的高寒草原土壤中有机质虽然积累较多，但分解慢，腐殖化作用弱，长期无序自由散牧、超载过牧、投入不足，加上不利的气候因素，加速了草地生态系统的退化。保障畜产品有效供给、促进畜牧业持续健康发展的重心转移至农区，关键在于饲草安全。大力发展草牧业，建立草牧业科技示范园区，开展规模连片人工饲草地建植技术（土地整治、品种选择、种植制度、田间管理、机械化操作等）集成与示范，充分利用一些牧草品种抗旱、抗寒、耐贫瘠的生物学特征，在固土保肥、涵养水源、防沙治沙、病虫害防治等方面能起到很有成效的作用，在减轻天然草地承牧压力的同时可改良农田生态环境，对高原生态安全屏障建设具有重要推广价值与意义。

4. 畜牧业生态文明建设的需要

生态文明观不仅强调生态的可持续，也强调经济的可持续发展，即要求实现经济社会又好又快发展。按照生态文明的要求，畜牧业绝不是以牺牲环境为代价获得畜牧业的增长，更不是只顾草场生态保护而放弃畜牧业，而是要在畜牧业与生态环境之间找到一个平衡点。

传统的畜牧业作为农业系统中与自然接触最亲密的部门经济，主要依赖草场生态系统的自然再生产和牲畜自然再生产，并通过人类的有效管理和四季轮牧方式，达到人、牲畜与草的动态平衡。其牢固的与自然和谐的大生态观，为今日生态文明的产生提供了思想基础和实践基础。但随着经济社会发展，牧区成为越来越开放的经济社会系统，越来越激发出人们的致富欲望，传统畜牧业在过去相对封闭的系统内形成的人、草、畜之间的协调机制被削弱，加上本身特有的缺陷，已经很难满足当前经济社会发展的需要和承担生态保护的重任。

深入分析国外发达国家畜牧业的特点可以发现，当前普遍认同的对于畜牧业现代化的理解存在片面性和局限性，当然也与我国的经济发展阶段有关。发达国家畜牧业是放牧与舍饲并存、粗放和集约并存的现代化畜牧业，是天然草原放牧和人工草地放牧互补的畜牧业，是严格执行草畜平衡、保持一定规模的经济效益和生态效益双赢的现代化草原畜牧业。发达国家的这种与草原生态相协调的草原畜牧业现代化的模式是经历了过度放牧，导致草原退化的沉痛教训之后才逐步形成的。我国草原畜牧业目前面临的草地严重退化问题，很大程度上是因为对草原畜牧业现代化认识的局限性而导致的制度设计不当造成的。

青藏高原几千年孕育下的传统畜牧业，在某些方面蕴含着符合建设生态文明要求的元素，但发展至今它已失去本身所拥有的优越性，不再适应时代发展的要求。生态文明理念要求在今后的发展中，草原畜牧业切实转变发展方式，走建设生态文明、实现科学发展的新路，即要走建设畜牧业生态文明建设之路。

5. 构建草牧业技术体系的需要

据 2011 年全国统计资料，西藏主要牲畜期末存栏量为 2300 多万头（只），在全国 31 个省市区中排名第 7，而畜牧业产值仅为 54.1 亿元，相当于全国畜牧业总产值的 0.2%，位居全国最后一位，显然以数量占领市场的发展方向并不适合西藏，简单的集约化、规模化技术措施只能适得其反。从实际情况出发，西藏建立把技术目标、经济目标、社会目标和环境目标整合在一起的农区畜牧业发展技术体系。

大力发展草业科技是全面贯彻中央第五次西藏工作座谈会、第八次党代会精神的重要举措。与西藏天然草地面积相当的内蒙古 2010 年畜牧业总产值 822 亿元，比西藏天然草地面积少 3000 万 hm^2 的新疆 2010 年畜牧业总产值为 376 亿元，而西藏 2010 年畜牧业总产值仅为 49 亿元；内蒙古、新疆的打贮草量分别是西藏的 30 倍和 55 倍。由此可见，西藏畜牧业发展滞后的一个重要的原因是草产业发展的滞后。西藏要大力发展草地畜牧业、提高农牧民收入，就必须以草业的大发展为基础。

西藏草地畜牧业发展的首要制约因素是缺草。在畜牧业发达国家和地区，草食动物饲料大约 70% 来自草产业，如新西兰近 100%，中国只有 8%，西藏每头牲畜的青饲料供给量却只有 11～12 kg。"一江两河"地区目前的饲草缺口总量达 41.47 万 t，据农户调查资料分析，因为缺草和饲草利用效率低，西藏奶牛的夏秋和冬春季产奶量分别只有 1.89 kg/天和 1.05 kg/天。牛、羊在冬春季平均掉膘 47.5 kg/头、12 kg/只。

草地农业是解决缺草问题的有效途径之一。在畜牧业发达国家，人工草地占草原面积的比例是衡量草地农业的重要指标，如美国近 30%、新西兰高达 70%，中国只有约 3%，西藏仅为 0.085%（2010 年全区累计种草保留面积为 7.07 万 hm^2）。作为五大牧区之一的西藏，在需要"以草定畜、以畜增收"的新时期里，草业不应落后于全国平均水平，草地农业发展更应该走在全国前列。

饲草短缺是农区畜牧业发展的主要限制性因素，发展草业、发挥农区畜牧业潜力将是实现西藏农牧业结构优化和农牧民增收的新渠道、新方法。2012 年，西藏人工饲草种植面积为 2.47 万 hm^2，是 2000 年的 4.16 倍。这一种植结构的重大转变，为农牧民增收提供了源源不断的动力。根据农户实地调查资料分析，种草家庭比没种草家庭人均收入高9.5%，尤其对中低收入家庭而言，这一增收作用更加明显；对那些参加了农业合作社的种草家庭而言，人均收入水平更是比没有参加农业合作社的家庭高出39.6%。专项着重解决饲草安全和农区特色草食性畜牧业高效发展的关键技术和模式，为西藏农区草业——畜牧业高效发展提供系统性的技术支撑体系。

三农问题是我国社会经济发展的永恒议题，从生产力结构的探讨到改革生产关系的思考，其目的在于制定相宜的调控策略以破解不同农业发展阶段的三农难题。研究证明，在特定的发展区间，亦即生产力与生产关系相对稳定时期，无论宏观层面的农业或微观尺度的农户，当可支配的农业资源优化到最高水平时，只有再输入有效的生产要素，才有可能刺激农业资源的重新组合，进而推动农业的升级转型，增加农户经营农业的利润。

农业作为西藏最为传统、最具特色的基础产业，事关广大农牧民的生活与生产，对于经济发展、社会稳定、国家安全起至关重要的作用。在耕地资源有限、种植模式单一以及天然草地资源过度利用、牲畜规模居高不下的现实背景下，如何实现农业产值的增长从依赖于外延性的规模扩张到内涵性的质量提升，打破传统农业的平衡态势，寻找新的经济萌发点和发展突破口，已成为关注西藏发展的诸多农业经济学家孜孜探求的关键所在。各家之言，不尽相同，甚至是大相径庭，但有一点可以肯定的是，农牧耦合作为未来西藏农业持续健康发展的模式，已成共识。

种植业和畜牧业是农牧耦合的两大主体系统，基本上以农区耗粮型和牧区草食型畜牧业的相互独立而存在，彼此间的物质、能量和信息流动缺少有机对接。草产业的提出，打破了传统生产界面间的隔离，通过三个界面将四个生产层连缀而成完整的草业系统，为农牧系统耦合奠定了坚实的理论基础。草业理论与技术的日臻完善，已孕育着一种新型的生产模式，有望在西藏经济增长中把草业培植为区域性支柱产业。

6. 西藏草牧业产业技术体系创新是农牧业科技的重要组成部分

西藏自和平解放以来，一批农业工作者就致力于天然草原保护与改良、人工草地建植的品种筛选与技术总结等工作，但一直以来，重心偏向于天然草原的研究，且各项研究成果的集成度不高、缺乏平台的引领，形成了草原面积大、草业人才严重匮乏、重大成果产出能力低下等与畜牧大区不相符的发展局面。"十一五"期间，在国家科技支撑项目"青藏高原优质牧草产业化关键技术研究与应用示范"的支持下，中科院拉萨站牵头组织了区内外草业领域的一大批专家，围绕农区草畜业开展了产业技术集成与推广工作，取得了良好的效果。因此，有必要进一步完善、培育、构建西藏的草业科学框架与草业系统理论，以期推动农业结构优化调整，实现科技兴草、草业助农、草畜富农的农业生产方式转型。

为了能对西藏草业发展的现状进行全面了解，西藏草业中心先后到拉萨、日喀则、山南、林芝等地进行实地考察并组织专家进行讨论；先后赴陕西、甘肃、四川、云南等地参观学习并进行草业科技交流合作活动；逐步调整、深化、明确了西藏草业发展的重点目标、方向和领域，为草业成为西藏战略性支撑产业提供技术支撑；为农牧民增收提供新技术、新途径和新模式；完善西藏农牧结合战略理论与技术体系；为政府农牧业战略决策提供科学依据。

西藏草中心在西藏科技厅和中科院的大力支持下，围绕产业链部署创新链，构建完善饲草产业技术体系，即涵盖西藏草业发展经济潜力和政策研究，优质牧草品种选育和繁育技术研究，优质牧草栽培技术、模式及生态效应研究，优质草产品生产、加工和贮藏技术研究，草畜高效转化研究，退化草地监测、恢复技术及生态效应研究。完善的饲草产业技术体系构建，不仅极大地促进了西藏草业和农区畜牧业跨越式发展，也是西藏特色农牧业产业的重要组成部分。

二、草牧业发展潜力分析

1. 人工草地建设符合国家生态安全屏障建设和草牧业发展的需求，具有政策保障的优势

从 2004 年西藏开始实施"退牧还草工程"到 2008 年实施的"西藏国生态安全屏障保护与建设工程"，西藏十分重视草业的建设和发展。特别是十八大以来，在西藏自治区党委、政府的坚强领导下，各级农牧部门认真贯彻落实"三农"思想和"加强民族团结、建设美丽西藏"的重要指示精神，牢固树立"创新、协调、绿色、开放、共享"发展理念，致力于"国家生态安全屏障""高原特色农产品基地"建设。立足资源禀赋，围绕供给侧结构性改革，以优化供给、提质增效、农牧民增收为目标，以绿色发展为导向，坚持"立草为业、草业先行"，以大力开展人工草地建设为切入点，着力培育农牧区新动能、打造新业态、扶持新主体、拓宽新渠道，加快推进畜牧业转型升级，破解西藏畜产品供需矛盾、提高畜牧业比较效益、缓解草地资源环境压力等难题，大力发展人工种草，走出了一条高原地区"种草养地、种草养畜、林草间作、沙固聚水"的草业发展之路。

为加快供给侧结构性改革，推动畜牧业转型升级，解决好畜牧业发展草业支撑不足的问题，西藏组织编制了《西藏草业发展规划（2015—2020 年）》，提出了"到 2020 年全区人工饲草料基地新增 100 万亩"的目标，确定了草业发展区域定位与发展方向，明确了重点任务。坚持把草牧业作为特色优势产业和脱贫攻坚的富民产业来培育，制定了《西藏自治区关于加快推进饲草料产业发展的指导意见》和《草产业补贴办法》，力争利用 3 ~ 5 年时间，通过政府引导，带动企业、专业经济组织、合作社及种养大户等新型经营主体参与饲草料生产、加工、贮备体系和抗灾保畜保障机制，把草业发展作为西藏畜牧业保生态、补短板、调结构、扩产能的重要抓手，促进饲草料产业和畜牧业持续稳定发展。

近年来，西藏按照"扩产能、调结构、降成本、补短板、保生态、促改革、增收入、奔小康"的农牧业工作总体要求和思路，不断优化草产业生产结构、产品结构和区域布局，优化土地、劳动力、资本、技术、环境等生产要素配置，根据不同区域的光、热、水、土等资源条件，合理开发荒滩、荒地、沙地、严重退化裸露地等，大力推广人工种草，保障饲草料供给，提高肉奶产量，深入实施"8 个百千万工程"，初步形成了藏西北防灾饲草生产区、藏中饲草料生产加工区和藏东南饲草生产加工区。各地根据畜牧业生产发展需求和自然条件等资源，科学定位、认真谋划，切实优化区域发展布局。如日喀则市形成了以南木林县为中心，康马和聂拉木县为两翼，覆盖 18 县区的草业发展格局；那曲地区提出"万亩千畜工程"，每个县人工种草面积都要达到 1 万亩以上；昌都市规划了包含牧草在内的"七大种植基地"，并对紫花苜蓿等优质种植区域给予奖励。

为改变"年年种草不见草"的现象，西藏自 2012 年开始，从草原生态保护补助绩效考评奖励资金中安排部分资金，将人工饲草地建设标准逐步提高至 1500 元/亩，着力推进

"草连片、路相连，旱能灌、涝能排、全程机械化作业"高标准人工饲草基地建设。截至 2015 年，共安排草奖资金 54570 万元，在全区 60 个县市区新建高标准人工饲草基地 39.41 万亩，并配套建设了 8 个饲草料加工基地和 5 个饲草料加工点。从 2014 年开始，自治区财政共配套资金 13230 万元，逐步提高退牧还草工程中人工饲草地建设标准至 1500 元/亩。同时，将"十三五"人工种草项目建设标准提高至 1000 ~ 1200 元/亩。随着项目建设标准的不断提高和资金使用范围的扩大，极大地提高了各地种草的积极性，"种好草、养好草"的认识不断深入人心。

西藏通过引导种养大户、致富能手，成立种草、农机等专业合作社，鼓励农牧民以不同形式加入合作社，积极参与客土改良、渠系建设、田间种植、管理、收获及草产品加工销售等各环节，逐步引导和带动了农牧民向产业工人的转变，促进了草产业的规模化、集约化、产业化经营，农牧民的组织化程度逐步提高，种草的积极性和主动性空前高涨。拉萨市林周县积极探索"企业＋基地＋农户"的经营模式，全县饲草种植企业发展到 5 家，其中 3 家为引进企业，种植饲草面积达 0.18 万 hm^2，带动农牧民群众达 1155 人次。昌都市类乌齐、贡觉和丁青等县 4 家农牧民专业合作社，种植饲草面积 1.4 万亩以上。日喀则市南木林县艾玛人工饲草种植农民合作社、康马县涅如岗巴羊草业合作社种草面积分别达到 2 万亩和 3.8 万亩，并探索建立了生产经营模式"三三制"（防抗灾饲草储备、用于合作社发展规模养殖、进入市场销售回笼作为滚动发展资金各占三分之一），推动了草业可持续发展。

总之，西藏的草业发展潜力巨大，就目前的规划和发展速度，还远远不能满足畜牧业对饲草的需要，仍需大力推广优质、高产的饲草种植技术，努力拓宽提高饲草的单产和种植面积。

2. 时空拓展种植牧草，可以从根本上解决西藏饲草短缺的问题

（1）时空拓展种植牧草。

牧草种植生长的时间也称生育期，牧草生长的环境也称为生境。

拓展多用于表述人类能力方面的延伸。牧草在时间上拓展，就是根据当地的气候、土壤、种植条件结合牧草的生物学特性等，开展不同时间的种植，即采用间作、复种、套种等技术在一年内种植 2 ~ 3 次。例如在农区开展粮—饲复种，就是利用粮食收获后复种牧草的种植方式，即可有效利用光、热、水、土等环境资源，提高农田当量，也能为冬春季节生产优质饲草，是解决当地饲草短缺重要措施之一。空间拓展种植主要是利用牧草本身的生物学特性，即选择抗逆性强的牧草和饲用作物，在不适合种植农作物的生境上种植饲草，从而实现牧草种植的空间拓展。在西藏主要是在低产田、沙石滩和盐碱地等组成的荒地、高海拔土地等地段种植牧草，最大限度地解决牧草短缺的问题。

（2）牧草种植的时空拓展技术已经成熟。

在我国广大的农区，有一年一熟、一年两熟，也有一年三熟的作物耕作制度。在一年一熟的广大西北地区，大部分春播作物收获后可供牧草生长的时间有限，很少开展复种牧草；但在秋播冬小麦地区，小麦来年成熟较早，可以复种一年生饲草。西藏河谷农区（如西藏的拉萨、林芝、昌都和山南等地农区），地处低纬度地区，光热资源要优于高纬度的北方地区，秋播或春播的青稞及小麦作物收获后仍有 2 ~ 3 个月时间，完全可以满足一年

生牧草和饲料作物的生产。

西藏经过多年的研究和实践,已经探索出较为成熟的粮饲复种技术,前茬作物主要是麦类作物,可复种的饲草种类有芜根、箭筈豌豆、饲料油菜、燕麦、小黑麦和黑麦等。早在 20 世纪 70 年代中期,就开展了麦收后复种饲料作物的研究,如冬小麦、冬青稞收获后复种油菜、豌豆、绿肥,青稞收获后复种芜根。20 世纪 80 年代,开展了冬青稞收获后复种黑豌豆的试验。20 世纪 90 年代,进行了冬青稞收获前套种箭筈豌豆、冬小麦收获前套种箭筈豌豆等试验。2000 年以后,开展了冬青稞、早熟春青稞和小黑麦后茬复种玉米、雪莎、豌豆、油菜等研究,结果证明能够获得较高的饲草产量。近年来,"一江两河"地区麦后复种新型饲料作物(如冬春小黑麦、双低饲料油菜),提出了麦后复种新型饲料作物双低饲料油菜的栽培技术规程。2016 年,提出了全年栽培的复种模式,即"冬性粮饲作物功能玉米—芜根—冬性粮饲作物"栽培模式。

西藏草业工程技术研究中心的科研人员在西藏贡嘎县吉纳等地的麦后复种试验表明,麦收后至冬前 2~3 个月的短暂生长季节内,饲料油菜、芜根、箭筈豌豆的平均亩产鲜草超过 1500 kg,能够显著增加饲草产量,满足家畜对冬春季饲草量的需求。该技术既不影响粮食生产,提高了光、热、水、土资源利用率,又解决了养殖业饲料冬春两季饲草供应不足的难题。

试验研究首次发现,在两种栽培模式下,饲料油菜产量最高:①饲料油菜播种量 7.5 kg/hm^2 结合尿素施用量 276 kg/hm^2(低播种量、高施肥量),②饲料油菜播种量 13.5~15 kg/hm^2 结合尿素施用量 24 kg/hm^2(高播种量、低施肥量)。饲料油菜与箭筈豌豆混播,两者的播种量分别为 9 kg/hm^2、90 kg/hm^2,效果最好。

饲草种植在空间上的拓展,就是利用不适宜农作物种植的区域,如高海拔地区、盐碱地、低产田、河/沙滩地等,要求饲草具备抗寒、抗旱、耐盐碱特性。西藏 4000 m 以上高海拔地区,农作物很难生长,但能进行牧草栽培。可以种植耐寒的一年生饲用作物,如绿麦草、燕麦;多年生牧草可种植近年来在西藏本土选育的"巴青披碱草",以及青海和川西育成的披碱草、老芒麦、早熟禾、羊茅等。在盐碱地和低产田,结合施用有机肥以及挖沟灌水冲碱治理措施,可种植紫花苜蓿、小黑麦等。河(沙)滩地种植牧草需要客土改良、增施有机肥或复合肥、建立灌溉系统,在"一江两河"地区适合种植绿麦、燕麦、箭筈豌豆以及紫花苜蓿。近年来,在南木林艾玛岗乡已有 3 万亩以上的沙滩地改良成优良的人工饲草种植基地,取得了良好的经济效益、社会效益和生态效益。

(3)西藏粮饲复种潜力大。

西藏耕地资源有限,利用现有耕地种植牧草的空间较小,利用麦后复种牧草和饲用作物,是解决西藏饲草短缺的有效措施之一。

以"一江两河"地区为例,地处雅鲁藏布江干流中游及其支流拉萨河、年楚河流域,海拔多在 4000 m 以下,气候温和,热量条件较好,年均温 6℃~8℃,最暖月均温 15℃左右,最冷月均温 -2℃~4℃,无霜期 120~150 天。光照充足,年均 3000 小时左右,太阳辐射强,年降水量为 400 mm 左右,雨热同季,光、热、水匹配较好,有利于作物生长。该区域地势平坦,土地肥沃,引水灌溉便利,拥有耕地总面积 14.9 万 hm^2,占西藏耕地总面积的 67.0%,劳动力较充足,农业技术装备较好,机械化程度较高。粮食产量占西藏粮食总产量的 72.0%，是西藏最主要的粮食生产基地，也是西藏农业的精华所在，被誉为西藏的"金三角"。

长期以来，为保障西藏粮食安全，当地实行大面积麦类作物连作，种植面积的不断扩大，轮歇面积逐年减少，加之田间管理粗放，土壤不同程度地出现地力下降，导致耕地用养失调，农田内部生态种群难以协调发展。与此同时，大多数农田在麦类作物收割后处于闲置状态，造成光、热、水资源浪费。为了提高粮食产量而大量使用化肥，种地成本增加而效益下降，并且增加了对资源和能源的压力，还易引起土壤肥力下降和养分失衡，农田病虫草危害加重，在一定程度上影响了农牧民种粮的积极性。此外，在"一江两河"地区存在许多靠天降水的旱地及荒地未能开发利用。因此，如何维持良好的土壤理化性质，提高土壤肥力，降低种粮成本，保证粮食持续增产，提高粮食及种植业效益，是摆在当前西藏农业科技工作者面前的首要问题。

"一江两河"地区基础较好，畜牧业产值占农业总产值的 50% 左右，是西藏农区畜牧业的核心地区。因此，抓好本区域畜牧业生产，对促进全区社会经济发展具有十分重要的现实和战略意义。但是长期以来，由于牲畜饲养数量不断增加，草地承载过牧，严重抑制了草地生产能力，加剧了草原退化和生态环境破坏。据统计，该区域天然草地退化面积高达 97.2 万 hm²，占到可利用草场面积的 24.47%。天然草地的退化导致草畜矛盾日益突出，加上季节和年度的分配不均，加剧了饲草供需不平衡。在"一江两河"地区 397.4 万 hm² 天然草地中，冬春（冷季）草场仅占 29.38%，但在利用时间上却长达 215 天，而暖季草场是冷季草场的 2.5 倍，利用时间仅为 150 天，加剧了饲草供求在空间和时间上的矛盾，导致冬春草场饲草严重不足。尽管该区域拥有一定的麦类作物秸秆可供喂养家畜，但营养较差只能勉强维持家畜存活，而且秸秆总量严重不足，以致超载 220.47 万个绵羊单位，造成家畜"夏饱、秋肥、冬瘦、春死"，在很大程度上限制了当地农区畜牧业健康、快速、持续的发展。如果在现有耕地总面积 14.9 万 hm² 中，麦后复种饲料作物 7.5 万 hm²（按耕地面积的 50% 进行复种饲料作物），按每亩生产鲜草 1200 kg 计算，可提供 13.41 亿kg的鲜草，将在很大程度上缓解家畜冬春季节缺草问题。因此，亟须高效利用现有农田资源，生产农区畜牧业发展所需要的饲草。

（4）西藏土地资源丰富，高海拔地区种草技术取得突破，牧草种植的空间拓展潜力巨大。

西藏境内地形复杂，存在明显的海拔梯度，海拔 4000 m 以上的土地占土地总面积的 88.52% 以上，种植牧草具有广阔空间。近年来经过不断的研究和实践，已经筛选和选育出适合在 4000 ~ 4700 m 之间种植的牧草品种，亩产鲜草可达 3000 kg 以上，是当地天然草地产草量的 20 倍以上。西藏耕种土地的海拔垂直分布区间为 610 ~ 4795 m，其中低于海拔 2500 m 的占 5.6%，海拔 2500 ~ 3500 m 之间的占 11.4%，海拔 3500 ~ 4100 m 的占 60.8%，海拔 4100 m 以上的占 22.2%。草地包括了尚未作为放牧草场利用的荒草地。那曲和阿里地区的面积最大，分别占全区草地的 40.25% 和 26.30%；其次是日喀则地区（15.44%）、昌都地区（8.39%）、山南地区（3.99%）、林芝地区（2.72%）和拉萨市（2.91%）。

近年来，利用遥感技术调研和资料比对分析，已经初步估算出"一江两河"18 县市区宜草荒地总面积是 36.3 万 hm^2，占"一江两河"总面积的 5.17%，与西藏总耕地面积相当。这些土地的开发将极大地推动草牧业经济的发展。目前，在日喀则南木林县、康马县已经率先在宜草荒地上开展了大面积人工种植牧草，种植面积已经接近 8 万亩，取得了良好的经济效益、社会效益和生态效益。西藏草业工程技术研究中心联合南木林县人民政府、日喀则地区草原站等单位，建立了艾玛岗草牧业科技示范园区，将极大地助推了西藏草牧业经济的健康快速发展。

3. 西藏草业科技，能够为草牧业健康发展提供强有力的支撑

西藏牧草育种工作还停留在引种、筛选和选育阶段，尚未有实质性突破，与全国牧草育种工作约有 50 年的差距。早在 20 世纪 50 年代西藏就开始进行牧草引种工作，从 20 世纪 80 年代开始，在达孜区、日喀则草原站、当雄草原站设置了 3 个牧草引种栽培试验基地，进行牧草品种引种试验研究。1985 年，日喀则草原站引进 28 个牧草品种，后续进行了 80 多个牧草品种引种研究，其中豆科和禾本科有 4 个品种适合海拔为 3860 m 的日喀则地区种植。1998~2001 年，共对国内外 157 份牧草品种和 15 份草坪草进行引种试验，分别在高寒牧区和高寒河谷农区进行，筛选出适宜在不同地区种植的优良牧草品种 29 份。2001~2003 年，在当雄县、尼木县、日喀则市和拉萨市曲尼巴综合试验基地进行了 14 种牧草的扩大试验，在巴宜区进行了 6 种豆科牧草的制种试验。除牧草外，2003 年以来，引进了高产、优质专用型青饲玉米新品种"科青一号""科多四号""科多八号"，并分别在拉萨、山南、林芝、日喀则四地（市）进行试验示范种植，3 个品种均适合种植，出苗率高、生长速度快、产量高、抗逆性强、适口性好、青绿期长。

从"十一五"以来，在西藏自治区科技厅的组织与指导下，西藏草业工程技术研究中心联合中国科学院地理科学与资源研究所、中国农业大学、南京农业大学、中国农科院兰州牧药所等区外单位，以及西藏草业研究所、西藏农业资源与环境研究所、西藏农牧学院和西藏大学等区内单位，共同承担了西藏科技厅的草业重大专项研究，截至目前已经连续实施了 7 年。项目组围绕产业链部署创新链，系统构建了西藏草业生产的技术体系，对产业链中的关键环节进行研究和攻关，主要包括野生牧草驯化、优良牧草引种和选育、优良牧草种子繁育、饲草高产种植栽培、时空拓展技术以及草产品（青干草、青贮料、干草捆、草颗粒等）加工技术，并着力打造草牧业发展的平台和基地，在林周、贡嘎、林芝、南木林等地建立了草牧业示范基地，取得了很好的经济效益、社会效益和生态效益。

项目组多次调查和采种野生牧草资源，共收集了西藏野生牧草种质资源 1000 余份，建立了野生牧草资源圃并保存了 200 余份种资材料，建立野生牧草种子资源采种保护地 113.3hm^2，初步驯化成功了"巴青披碱草"等品系 10 个。其中，建立了"巴青披碱草"繁种基地 33.3hm^2，有望在西藏草地退化治理和植被恢复治理方面发挥重要作用。引入近 200 个牧草品种，成功筛选出了"中兰 1 号"紫花苜蓿和绿麦等优良草种（品种）15 个，建立了"中兰 1 号"苜蓿和绿麦草种繁基地 66.7hm^2。制定了燕麦、箭筈豌豆、垂穗披碱草 3 种牧草的种子繁育技术，以及 2 个种子收获、清选与贮藏技术规范。已经示范生产绿麦等种子 100t，种子质量达到了国家一级种子标准，有力地推动了当地饲草种业的发展。构建了牧草规模化种植技术和规程，建立了牧草优质、高产栽培技术示范基地 2 万 hm^2。研发了西藏青干草、全价草颗粒和草块生产技术、全株青饲玉米青贮饲料制作技术、牧草

与作物秸秆混合青贮技术。筛选出了适合西藏的特异性乳酸菌制剂，提出了优质青贮饲料分装及抗有氧腐败技术措施、提出了青稞酒糟用作青贮添加剂的技术。这些技术的应用可显著地改善草产品的品质，为西藏草牧业发展奠定良好基础。

以西藏地区藏羊和奶牛的营养需要为基础，通过对当地主要牧草和可利用农副产品的营养成分进行分析，研制了颗粒饲料和干草块的组合配方，在西藏典型农业村和半农半牧村进行了半舍饲健康育肥养殖技术的示范，开发出了绿色生态鲜羊肉产品和酸奶产品，探索了"农户＋合作社"的生态草牧业发展模式，有效促进和提高了农牧民的经济收入。

草专项研究人员发表研究论文 168 篇，其中 SCI 论文 40 余篇，编制了主要牧草种子繁育、栽培、草产品加工、牛羊养殖等技术规范，其中有 8 个西藏地方技术规程已经审定为地方标准，出版了《饲草加工》《奶牛营养调控原理与技术应用》和《西藏牧草繁育研究进展》3 部专著，取得国家计算机软件著作权登记 1 项，已获得发明专利 4 项，累计培训农牧民 2500 人次。"十二五"期间，相关研究成果已获西藏自治区科学技术进步一等奖 3 次、二等奖 1 次。

三、草牧业发展面临的问题

近年来，西藏草地畜牧业发展迅速，全区牧业综合产值占到农林牧渔总产值的比例从 2007 年的 43.75% 增加到 2016 年的 65.81%（表 13-3）。发展草牧业成为广大农牧民增收的主要手段之一。2016 年，实现猪牛羊肉产量 28.63 万 t，奶类产量 36.17 万 t，人均奶类占有量达 109.4 kg，是全国平均水平的 4 倍，已达到世界平均水平。

表 13-3　西藏近 10 年农林牧渔总产值及牧业产值所占比例

指标	2016 年	2015 年	2014 年	2013 年	2012 年	2011 年	2010 年	2009 年	2008 年	2007 年
农林牧渔业总产值（亿元）	172.97	149.46	138.72	128.00	118.33	109.37	100.80	93.38	88.45	79.80
农业产值（亿元）	52.23	68.05	63.26	57.92	53.39	49.62	46.10	39.06	43.70	39.49
林业产值（亿元）	2.39	2.11	2.64	2.65	2.56	2.39	2.50	7.12	2.80	2.73
牧业产值（亿元）	113.84	75.30	69.34	64.16	59.02	54.11	48.90	44.29	38.96	34.91
渔业产值（亿元）	0.24	0.17	0.17	0.18	0.22	0.22	0.20	0.20	0.28	0.11
牧业产值所占比例（%）	65.81	50.38	49.99	50.13	49.88	49.47	48.51	47.43	44.05	43.75

西藏自治区近两年深入推进农牧业供给侧结构性改革，高原特色产业迅速发展，已初步形成青稞、草业、奶业、牦牛、绵羊、藏猪六大产业协同发展态势。2016 年实现第一产业生产总值 158.87 亿元，畜牧业产值 80.03 亿元，已连续 5 年占据第一产业半壁江山。目前，西藏天然草地综合植被覆盖度 44.78%，鲜草产量 9115.1 万 t，饲草料年加工能力 20 万 t，西藏牦牛存栏 450 万头，约占全国总量的 1/4，绵羊存栏数 722 万只，奶牛饲养量 104 万头，牛羊肉和奶类自给率达 95%。但是，仍有许多问题严重制约着当地草牧业的发展。目前，制约西藏草地畜牧业发展的主要因素有以下几个方面。

1. 草种问题

目前，西藏已初步制定了全区草业发展规划，但由于气候复杂多样，各地还需制定详细的规划以便实施。尽管牧草引种工作开展得较多，但各地的引种试验体系还不完善，牧草品种及种子来源渠道混乱，缺乏统一的管理和监督，从国内外引进的草种未经规范的区域试验和生产试验就推广种植，不仅难以获得较好的种植效果，还可能会引起外来物种入侵，破坏脆弱的青藏高原生态环境。近年来，初步筛选出适合西藏海拔 4000 m 以下大部分地区种植的牧草种类，如燕麦、箭筈豌豆、饲用小黑麦、饲用油菜（Brassica napus）、紫花苜蓿、披碱草、老芒麦、苇状羊茅、鸭茅和多年生黑麦草等，海拔高于 4000 m 地区适宜种植的种类主要有燕麦、黑麦、饲用小黑麦、垂穗披碱草、老芒麦和草地早熟禾等。

2. 种子产业化滞后

西藏牧草种子主要从区外调入，种子价格昂贵是影响西藏当地人工草地发展的主要限制因素之一。如燕麦种子在内地价格一般为 4～5 元/kg，而在西藏拉萨和日喀则地区，同样的燕麦种子价格为 10～16 元/kg，其他牧草种子价格更高，高价种子会大大增加牧草的种植成本，影响经济效益和牧民种草的积极性。西藏提出了"到 2020 年全区人工饲草料基地新增 100 万亩"的目标，但当地牧草种子生产量远不能满足草产业发展需求，缺口巨大。因此，为降低人工牧草种植成本，提高养殖效益，建设西藏地区牧草种子繁育基地是当务之急。

3. 草产品加工落后

西藏农区多年生人工栽培牧草主要是紫花苜蓿，一年生人工饲草主要是燕麦、箭筈豌豆和青饲玉米，刈割青饲是主要的利用方式。随着人工草地的不断发展，草产品加工就显得十分重要。目前，先进且适宜的青干草调制技术没有得到推广，农户小规模的晾晒，在夏秋多雨季节品质难以保证。青贮饲料加工技术推广比较成熟，青贮料通过添加乳酸菌和添加剂能较好地保存牧草的营养成分，特别是裹包青贮的引进对饲草青贮起到了关键的促进作用，但存在的问题也很突出。例如，对牧草种植规模和机械设备的要求，制作成本较高，农户水平小规模制作青贮饲料制作程序随意性大，导致失败或质量较差，在使用过程中经常出现草畜配套考虑不周全现象，对稳产高产十分不利。因此，需研发和引进中小规模的饲草收获、加工、运输机械，大面积种植要考虑存储设施。

4. 冷季天然草地超载压力依然很大，家畜掉膘严重，死亡率高

冷暖季草地载畜能力极不平衡，冷季草地牧草匮缺是限制当地草地畜牧业发展的因素，导致牲畜始终处于"夏饱、秋肥、冬瘦、春死"的恶性循环之中，畜牧业生产的经济效益得不到良好的发挥和提高（薛世明，2005）。西藏高原牧草生产的季节性动态比较强，暖季草地放牧压力较小，但冷季草地超载严重，导致草地退化，长期以来一直存在草畜供求失衡的突出问题。对家畜而言，冷季饲草严重不足，在极度缺乏食物的情况下只能消耗自身的能量而出现掉膘的情况，通常会损失其暖季体重的 1/3，并导致家畜生病，死亡率居高不下。为有效解决这一问题，应首先建植高产人工草地，建立饲草冬春储备制度、多渠道增加饲草供给，最大限度地缓解草畜供求矛盾；研究和实施适宜各地推广利用的季节畜牧业模式，提高家畜出栏率，通过农区与牧区的资源互补和系统耦合，实现出栏家畜就地或异地育肥，推动草牧业增产、农牧产品增值、农牧民增收。

5. 草牧业科技精准扶贫力度需进一步加强

草牧业是西藏农牧民脱贫的重要手段之一。现有已建立的农牧民专业合作社，有的发

挥了很好的作用,有的还存在发展缓慢、经济效益低和示范带动作用不突出等问题。为此,建议在培育合作社控股本土龙头企业的同时,推进"大众创业、万众创新",促进农牧民稳步增收。大力培育农牧民专业合作社、村办企业、专业大户、家庭农场等新型农牧民经营组织。建立牧草种植、草产品加工、牲畜健康养殖技术标准体系,加快完善质量监督体系,通过市场机制倒逼专业合作社进行规范化生产,支撑建立国际化高端有机绿色草牧业基地。加快农牧区物流体系建设,激活农村市场消费潜力,降低本地产品消费需求,提高农牧产品的商品化率。

第三节 研究应用实例——西藏草牧业科技精准扶贫模式

西藏是我国唯一的省级集中连片特困区,是贫困面积最大、贫困程度最深、返贫率最高的地区,只有确保贫困人口全部脱贫才能实现中央第五次西藏工作座谈会提出"与全国一道全面建设小康社会"的宏伟目标。2015 年,西藏全面落实精准扶贫、精准脱贫基本方略,新一轮建档立卡贫困户约为 59 万人,贫困发生率高达 18.2%,比全国同期高出12.5 个百分点,扶贫形势十分严峻。"十三五"期间,西藏扶贫开发的目标是实现贫困人口全部脱贫,贫困县全部摘帽,区域性整体贫困全面解决。

进入 2017 年,西藏各级党委政府更加重视合作社发展和产业精准扶贫,旨在通过扶持合作社壮大,促进特色产业发展,建立精准扶贫长效机制。农民专业合作社对推广示范现代农业技术、提升农业生产效率、提高农产品商品率的作用毋庸置疑,不仅具有经济组织的职能,同时承担一定的社会功能,成为精准扶贫中落实各项产业扶贫政策的重要平台。西藏农牧民专业合作社从 2011 年的不足 700 家,发展到 2016 年年底的 6000 多家,贫困村基本实现了合作社全覆盖,取得了"量"的突破。但是大多合作社监督管理机制不健全、缺乏实用技术支撑、产品销售渠道不畅,不仅没有推进产业扶贫工作,反而严重挫伤了农民合作的积极性。因此,基于西藏特色产业精准扶贫需求,在多年开展西藏高原草牧业产业技术体系研发与推广实践经验基础上,深入研究总结产业科技、农民专业合作社在精准扶贫中的运行机制、组织形式,能够为西藏科技精准扶贫工作提供必要的实证科学依据。

一、西藏农牧民贫困现状及特征

1. 西藏农牧民贫困现状

西藏自 1994 年开始系统实施扶贫开发以来,先后 4 次调整扶贫标准,每次调整扶贫标准,都使贫困人口大幅增加,意味着西藏贫困属于全局性贫困,覆盖面广,贫困程度深。2014 年,西藏对贫困家庭、贫困人口进行了建档立卡工作,根据有无劳动能力进行了贫困户分类:第一类为五保贫困户,多为孤寡老人,无劳动能力,无稳定收入,由社会和民政部门集中供养,这部分人口约为 8200 人;第二类为低保贫困户,多为老、弱、病、残家庭,缺乏劳动力,按低保政策对待,这部分人口约为 28.1 万人;第三类为一般贫困户,有劳动能力但人家纯收入低于扶贫标准的家庭,这部分人口约 38.5 万人,属于精准扶贫开发重点对象。

2. 西藏农牧民贫困特征

第一，生态环境脆弱、农牧业资源禀赋差、基础设施落后、自然灾害频繁等因素，严重制约了农畜产品的商品化生产。贫困家庭收入增长缓慢，缺乏自主脱贫和稳定增收的能力。特别是牧区和半农半牧区等偏远地区，商品经济发展滞后，传统观念、自给自足的经济体制、强烈的宗教意识更是制约着生产力的进步，使得西藏贫困面广、贫困度深、返贫率高等多种因素相互交织，脱贫任务十分艰巨。

第二，贫困人口收入渠道单一，稳定脱贫能力较差。经过 20 多年的扶贫开发，西藏农村公共服务和公共产品供给不断增加，社会保障体系不断完善，"吃不饱、穿不暖、住不上"类型的绝对贫困人口已基本消失，但大部分贫困人口仍然缺乏稳定的增收渠道。据西藏脱贫户调研数据分析，2016 年家庭总收入 34911 元，其中政策性转移收入为 12086元，占家庭总收入的 34.6%，低收入家庭中政策性转移收入所占比例高达 45.7%。大多数贫困户缺乏劳动力，外出务工就业机会少，工资性收入明显偏低，收入来源依旧是种植业和养殖业等传统家庭经营性收入，自我发展能力差，仍然长期受到生产难、就业难、收入低的困扰。

第三，贫困人口的资源占有量少，因灾返贫率较高。无论是在农牧业资源条件好、地理区位相对优越的农区，还是在气候寒冷、环境脆弱的牧区和半农半牧区，贫困户赖以生存的耕地、草场、牲畜等农牧业资源占有量明显少于一般户或富裕户，自来水入户率、生活用电通电率、广播电视通达率等社会公共服务覆盖度也远远落后于一般户。贫困户因财务积累少，一旦遇到变故（疾病、自然灾害等）极易返贫。据自治区扶贫办调查，全区脱贫后返贫率平均在 20% 以上，灾害频发区在 30% 以上。

第四，贫困代际传递现象严重。对于绝大多数贫困家庭而言，家庭成员受教育水平普遍偏低，综合素质偏低，外出就业竞争力不强；同时西藏尚未出台人口发展政策，"越穷越生，越生越穷"的现象时有发生，导致贫困代际传递现象尤为严重。杨阿维等（2016）通过对拉萨市、日喀则市等 6 个地市的 600 多户农户调研分析，发现农牧区贫困代际传递家庭面临着收入分配、城镇化、人口流动、就业、疾病等困境，贫困代际传递发生率达到 60.3%。

二、科技精准扶贫与产业扶贫

2011 年 12 月，中共中央、国务院印发了《中国农村扶贫开发纲要（2011—2020年）》，基于全面建成小康社会的大背景和我国新时期贫困问题的总体特征，提出了"精准扶贫、精准脱贫"的脱贫攻坚基本方略，改变过去粗放式大水漫灌的扶贫方式，运用科学有效地程序，对扶贫对象精准识别、精准帮扶、精准管理和精准考核。精准扶贫明确指向贫困户个体，谁贫困扶谁，讲究"事实就是、因地制宜、分类指导、精准帮扶"。精准扶贫的基本要求是"六个精准"：扶贫对象精准、项目安排精准、资金使用精准、措施到户精准、因村派人精准、脱贫成效精准；帮扶的主要途径是"五个一批"：发展生态脱贫一批、易地搬迁脱贫一批、生态补偿脱贫一批、发展教育脱贫一批、社会保障兜底一批。

西藏各地市在贯彻落实精准扶贫基本方略时，结合当地资源条件、援藏政策，又制定了"结对帮扶脱贫一批、金融惠农脱贫一批、培训转移脱贫一批、就业援助脱贫一批、城镇带动脱贫一批"举措，形成"十个一批"帮扶途径。在"十个一批"中，易地搬迁、生态补偿、发展教育、社会兜底、结对帮扶、金融惠农、培训转移等脱贫途径都有确定的标准和目标，致贫原因容易识别，脱贫手段比较明确，多以资金补贴的形式进行，属于传统的"救济式扶贫"（冯楚建等，2016）。发展生产脱贫实为以产业脱贫或产业扶贫，因各地特色产业的规模优势、比较优势不尽相同，且生产方式多种多样，因此发展生产脱贫没有明确指向，实施起来比较复杂。

发展产业是贫困地区建立精准扶贫长效机制的重要举措，建立特色产业精准扶贫模式，其本质是挖掘民族地区发展的内生机制，变"输血式扶贫"为"造血式扶贫"。改革开放以来，西藏各级党委政府高度重视特色产业发展，始终将其作为扶贫开发的重要抓手，立足区域特色产业优势，以市场为导向，借助政策组合拳，通过发展特色养殖业及延伸产业链等方式，形成了"七区七带"特色产业分布格局。产业精准扶贫不是"让一部分人先富裕起来"，而是根据市场需求确定特色产业，培育新型经营主体，完善利益链接机制，建立市场销售网络，依托本地特色资源建立集种、养、加、销为一体的产业链，吸纳贫困地区剩余劳动力，提升资源配置效率，带动贫困户持续增收。在精准扶贫的大背景下，科技扶贫针对特色产业生产效率低下、商品化率低等问题，通过对贫困群众宣传推广先进适用技术，现场培训技术要点，将科技成果转化为实际生产力，从根本上改变过去"靠天吃饭"的生产模式，真正做到"授人以渔""扶贫先扶智"。

科技扶贫是我国扶贫开发战略的重要组成部分。20 世纪 80 年代以来，中科院通过干部派遣、成果转化、驻村帮扶、战略咨询等方式，建立了"异地搬迁扶贫""异地股份制扶贫""技术引进扶贫"和"依托野外台站长期驻守扶贫"等帮扶模式（段子渊等，2016），随后以农业科技成果转化为核心的科技扶贫在全国各地迅速开展，通过技术指导、专业培训、技术咨询等方式满足农民对现代科学技术的需求。然而，科技扶贫不只是成果转化、技能培训，而是一项复杂的系统工程，涉及诸多因素。从理论上讲，外部因素作用于外生因素将引起数量型专业化，有助于提高生产效率，增加农畜产品产品，但未必能真正实现贫困群众脱贫致富。要让科技要素真正在特色产业精准扶贫中发挥作用，不仅要充分、客观地分析科技在特色产业发展转型中的作用，还要综合考虑贫困地区的市场需求、经营主体及现有的生产生活方式。

三、吉纳村草牧业科技扶贫模式创新

吉纳村位于西藏自治区山南市贡嘎县岗堆镇，地处雅鲁藏布江与拉萨河汇流处的宽广河谷地带，交通便利，平均海拔 3600 m，具备发展农牧业的优越气象条件和耕地资源，是西藏河谷农区典型的农业村。全村拥有耕地面积 340 hm²，主要种植的农作物有青稞、小麦、油菜等，存栏牲畜 2000 余头（只），主要养殖的家畜有黄牛、犏牛、牦牛、绵羊、山羊等。"十二五"以来，西藏草业中心利用中科院西藏区域创新集群建设、中科院 STS 计划、中科院扶贫计划及西藏重大科技专项支持，围绕吉纳村农牧业发展转型升级需求，通过顶层设计、农牧民专业合作社培育、基础设施建设、草牧业技术推广、品牌建设等系统工作，以农牧结合、合作经营为发展理念，建立了草地农业发展支撑系统（图 13 - 1）。

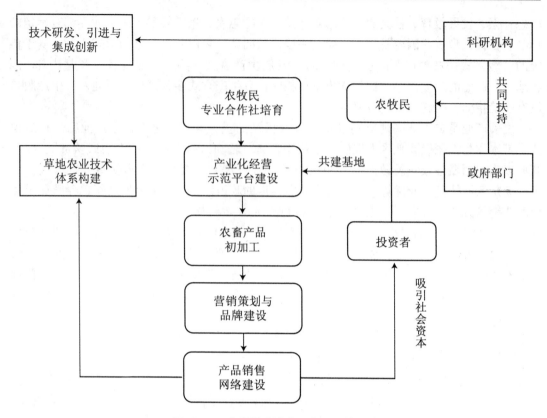

图 13 - 1　吉纳村草地农业发展支撑系统

1. 草地农业系统顶层设计

　　吉纳村作为典型农业村，种植业占据主导地位，畜牧业作为种植业的附属产业，共同发挥最基本的生产、生活保障功能。发展草地农业，以饲草料专业化生产为前提，不仅可以降低牧业对饲料粮的依赖，也将改变传统低层次的农牧结合方式。吉纳村草地农业系统包含合作社适度规模经营和农户分散经营两个子系统，两个子系统以合作社为纽带协调互动，形成农牧结合产业化发展的基本架构。

　　合作社经营子系统，在适度规模化、集约化前提下以满足市场需求为根本目标，家庭经营子系统在分散式、粗放式条件下以满足家庭需要为根本目标，同时兼顾市场需求。针对两个子系统的生产技术需求，吉纳村为每个子系统集成了相应的草牧业技术（图13 - 2）。其中，在合作社适度规模经营系统中，主要集成整合了青饲玉米种植技术、燕麦 + 箭筈豌豆混播种植技术、紫花苜蓿种植技术、青贮饲料加工储藏技术、青干草加工储藏技术、改良奶牛集中健康养殖技术、藏系绵羊集中健康养殖技术，以大型农业机械、新品种、新技术的整合运用，提高系统生产力水平。在家庭分散经营子系统中，根据传统农牧业生产经营方式，基于麦后充足的雨热资源，引进了粮饲复种技术、奶牛养殖技术，以增加农户家庭饲草料供应、提高牲畜养殖水平。

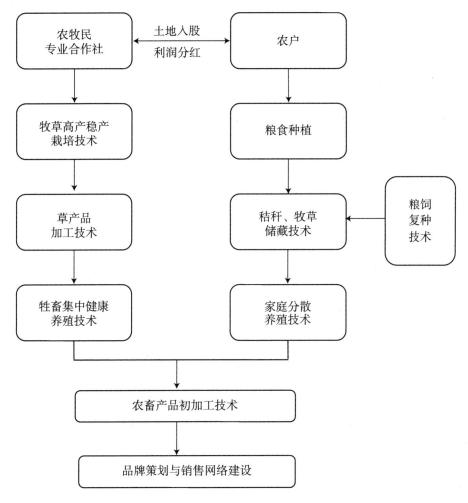

图 13 - 2　吉纳村草地农业技术体系示意图

2. 农牧民专业合作社培育

吉纳村农牧业经济基础薄弱，村民资本积累少、风险承担能力弱，在新技术、新品种采纳方面顾虑颇多。为了使草牧业技术得以落地生根，实现草地农业体系各项关键技术集成与规模化应用，在西藏草业中心推动下，经吉纳村村委会研究决定，以人工草地入股的形式成立农牧民专业合作社，实施"每亩人工草地保底收入＋盈利分红"的利润分配机制。合作社成立之初，采用入股方式积累第一批资产，吸纳全村 247 户农户入社，流转人工草地 23.3 hm²，奠定了合作社规模化经营之路。在合作社发展壮大过程中，针对合作社适度规模经营子系统和家庭分散经营子系统，探索尝试了股份合作、专业合作两种运行模式。股份合作是通过人工草地入股的形式，由合作社进行规模种植、集中养殖，社员占有合作社股份。专业合作是由社员自行种植、养殖，合作社统一收购、加工和出售，利润按照与合作社交易额进行分配。

合作社成立之初，村委会是合作社的实际管理运营机构，合作社的岗位设置、人员变动、财务状况均由村委会掌握。行政权力干预不免让社员心存疑虑，不少社员私下议论合作社暗箱操作、牟取私利。为消除社员疑虑，合作社开始了大刀阔斧的改革，一是完善合作社组织架构，由社员选举理事会、监事会；二是公开财务，让社员清楚知道各笔资金的来源和去处。目前，合作社每月1~5日择期召开一次理事会会议，由总经理报告当月合作社各项工作进展及下月工作计划，每年年底召开一次社员大会，通报年度工作进展及下年工作计划，并就合作社重大决策事件进行讨论。

3. 产业化经营平台建设

西藏草牧业发展起步较晚，不仅没有完善的产业链，各关键环节的公共配套设施也不完备，甚至有过政府修建的规模化养殖场分给农牧民当作仓库使用，吉纳村草牧业发展可谓举步维艰，根据全产业链布局的整体部署，吉纳村依托中科院、西藏科技厅项目支持，建立了人工饲草基地、集中养殖基地、产品初加工基地三大基础设施体系。

4. 草牧业产业技术推广与示范

自2011年以来，西藏草业中心依托吉纳村合作社开展了人工牧草高产高效种植、草产品加工、改良奶牛和藏系绵羊集中健康养殖技术示范。为起到示范作用，科技人员参考内地生产经验，制定了严格的技术规范和措施，但在实际推广过程中却出现了诸多问题。从科研人员角度而言，更加注重追求技术本身的先进性，旨在通过精细播种、田间管理控制生产成本，提高生产效率；从农牧民角度而言，更加注重技术的成熟度和可靠性，寄希望于通过现有机械设备进行播种。科研人员与农牧民之间最大的分歧在于对新技术、新品种潜在风险的认知以及对产品市场需求的预测。科研人员熟悉推广人工饲草的抗旱抗寒性、高产稳产栽培技术，对各种潜在生产风险及应对措施了如指掌，但忽略了新技术所要求的精细设备，这导致农牧民种植人工牧草的生产成本较种植粮食作物大幅提高；同时，科研人员一致认同理论上的饲草缺口，忽略了农牧民在畜牧业生产过程中的决策依据：只要牲畜能够安全越冬就不需要购买饲草，即便不能安全越冬也可以优先选择出售牲畜，而不是购买饲草。在认识到传统农牧业生产习惯后，西藏草业中心科技人员对各项技术措施进行了适当调整，让科技更为灵活的应用于实际生产过程中，发展计划也从一步到位变为循序渐进的探索，取得了很好的效果。

5. 发展路径探索

在合作社各项生产工作逐步进入正轨之后，西藏草业中心开始带领合作社探索市场、建立销售渠道，根据不同市场需求调整产品生产，让合作社收获了很多宝贵经验。从2014年开始，合作社参考内蒙古模式，将主营业务定为绵羊短期育肥。合作社作为初级产品供应商，因缺乏市场谈判议价能力，所售活羊价格还低于农户售价。原因在于农户家庭的羊大多不是为了出售，而是家庭消费，所以市场价格不理想可以选择不出售，但合作社以商品生产为目的，价格不理想暂缓出售，不仅增加成本，而且面临更多未知的价格波动风险。鉴于此，合作社针对区内市场、区外市场需求和产品特点，制订了"两条路走"的发展计划，针对区外市场，重点开发冷冻分割羊肉，针对区内市场，重点开发保质期短、地方需求量大的酸奶、酥油、奶渣等产品。实践证明，区外市场对西藏羊肉需求旺盛，冷冻精细分割羊肉市场零售价高达168元/kg，纯利润为40~50元/kg；同时，区内市场对酸奶、酥油的强劲需求，让合作社每天可以稳定出售酸奶200杯左右、酥油5 kg左右，毛利润超过 1000 元。

通过几年的发展和积累，合作社日益清楚地认识到只有通过打造特色绿色品牌，建立专属的销售渠道，才能实现初级农产品增值和农牧民增收。2016 年，合作社联合社会资本成立了股份有限公司，由合作社控股，社会资本管理运营，力图建立"产地直供"特色餐饮模式。虽然合作社在探索市场过程中迈出了关键一步，但由于缺乏关键人才和雄厚资金支持，离真正的成功还有很大差距。

四、西藏草牧业科技精准扶贫建议

吉纳村草牧业科技精准扶贫工作，远远超出了传统科研工作的范畴，为科研人员积累了丰富的生产实践经验。通过大量的"局外"工作，科研人员充分认识到草牧业科技精准扶贫不只是科技成果转移转化，在产业氛围不足、商品经济发育滞后的广大农牧区，草牧业科技精准扶贫在关注技术创新的同时，更应该通过体制机制创新，建立全产业链的科技服务工作体系，创新贫困人口参与产业科技精准扶贫途径。吉纳村为贫困人口参与草牧业发展设计了 3 条途径：一是人工草地入股合作社，在享有最低收益的同时，根据合作社盈亏状况适时分红；二是为贫困劳动力提供就业岗位，引导贫困人口参与合作社各项管理生产工作；三是与贫困家庭建立购销关系，优先采购鲜牛乳、小麦、青稞等农产品，支撑合作社发展。结合吉纳村草牧业科技精准扶贫经验，提出以下几点建议：

1. 推动农牧民专业合作社发展，培育合作社控股本土龙头企业，促进农牧民稳步增收

逐步转变以招商引资为突破口的产业发展思路，完善政策激励机制，建立基础设施建设基金、引导启动基金、品牌建设基金，大力培育农牧民专业合作社、村办企业、专业大户、家庭农场等新型农牧民经营组织；培育合作社控股企业，实施品牌战略计划，提升产品附加值，建立稳定的增收渠道；制定股权激励机制，鼓励推广技术人员、大学生村干部、科技特派员、企业管理人才、市场营销人才积极参与产业发展。

2. 建立草牧业技术标准体系，完善西藏特色草牧业产品质量监督体系，提升产品市场竞争力

建立牧草种植、草产品加工、牲畜健康养殖技术标准体系，通过市场机制倒逼专业合作社进行规范化生产，支撑建立国际化高端有机绿色草牧业基地。加快完善质量监督体系，建立西藏特色草牧业产品质量技术标准和统一检疫检验制度，发挥相互监督、社会监督和专业监督作用，建立信用评价体系，研发质量安全信息收集发布系统，提升产品市场竞争力。

3. 加快物流体系建设，激活市场消费潜力，降低本地产品消费需求，提高存量产品商品化率

加大地市区、县、乡（镇）物流枢纽建设力度，逐步建成农牧区物流配送网络，大力发展农村便民超市，加快推进零售业进军农牧区，加速推进居民衣食住行多样化，降低农民生计对畜牧业的过度依赖。加大汽车下乡等支农惠农政策执行力度，激活农牧区消费市场，引导草牧业生产从自给自足型向商品经济型转变。扶持发展农牧区集市贸易，建立"绿色通道"，加快流通速度，降低运输成本，提高存量产品的商品化率。

4. 吉纳村草牧业科技精准扶贫不只是草牧业科技成果转化，更不是简单的技术转让、技术咨询和技术培训，而是一项复杂的系统工程

现有的成功经验和模式，是科研人员主动联系相关产业和协调互动的结果，距离真正建立起具有自我发展能力和盈利能力的草地农业系统还有很长的路要走。通过分析吉纳村草牧业科技精准扶贫创新模式可以发现，真正发挥核心作用的不是新品种、先进技术或先进设备，而是现代技术与传统生产要素、生产方式的融会贯通。科技精准扶贫的核心要义是灵活应用成熟适用的技术，围绕技术服务提供市场信息，根据市场需求探索产品销售渠道，建立持续增收的产业发展模式。吉纳村草牧业科技扶贫所实施的这些举措远远超出了传统科研活动范畴，巧妙地理顺了科学技术与传统生产生活方式、民族文化特点之间的关系，因而获得了较好的成效，具有较高的推广借鉴价值。

参考文献

［1］任继周. 草业科学研究方法［M］. 北京：中国农业出版社，1998.

［2］发展饲用作物调整种植业结构促进西南农区草食畜牧业发展战略研究项目组. 发展饲用作物调整种植业结构促进西南农区草食畜牧业发展战略研究［M］. 北京：科学出版社，2015.

［3］森卡贝尔·普拉萨德·S，里昂·约翰·G，韦特·阿尔弗雷德. 高光谱植被遥感［M］. 刘海启，李召良，译. 北京：中国农业科学技术出版社，2015.

［4］张佳华，张国平. 植被与生态遥感［M］. 北京：科学出版社，2010.

［5］李民赞. 光谱分析技术及其应用［M］. 北京：科学出版社，2006.

［6］尚玉昌. 普通生态学［M］. 2版. 北京：北京大学出版社，2006.

［7］沈其荣. 土壤肥料学通论［M］. 北京：高等教育出版社，2001.

［8］国家牧草产业计算体系. 中国现代农业产业可持续发展战略研究——牧草分册［M］. 北京：中国农业出版社，2016.

［9］农业部畜牧兽医司，国家牧草产业技术体系. 现代草原畜牧业生产技术手册——西南亚热带山地丘陵草地区［M］. 北京：中国农业出版社，2015.

［10］牟新待. 草原系统工程［M］. 北京：中国农业出版社，1997.

［11］苏大学. 中国草地资源调查与地图编制［M］. 北京：中国农业大学出版社，2013.

［12］中国草地生态保障与食物安全战略研究项目组. 中国草地生态保障与食物安全战略研究［M］. 北京：科学出版社，2017.

［13］陈功，等. 云南草地农业实用技术［M］. 昆明：云南科技出版社，2006.

［14］黄必志. BMY 肉牛［M］. 昆明：云南科技出版社，2014.

［15］韩建国. 草地学［M］. 3版. 北京：中国农业出版社，2007.

［16］张荣，孙国钧，李凤民. 冗余概念的界定与冗余产生的生态学机制［J］. 西北植物学报，2003，23（5）：844－851.

［17］刘勇，等. 天然草地管理措施对植物病害的影响研究进展［J］. 生态学报，2016，36（14）：4211－4220.

［18］党承林，等. 植物群落的演替与稳定性［J］. 生态学杂志，2002，21（2）：30－35.

［19］陈兴涛，陈功，单贵莲. 草坪近地面光谱特征研究进展［J］. 草原与草坪，2011，31（5）：91－96.

［20］ 王胜，常智慧，韩烈保. 光谱反射在草坪草胁迫研究中的应用及前景［J］. 中国农学通报，2012，28（16）：138－144.

［21］ 罗媛，等. 基于红光和近红外反射光谱特征参数反演草地地上生物量［J］. 草原与草坪，2015，35（5）：65－69.

［22］ 张文，张建利，陈功. 以高光谱植被指数研究草坪色泽［J］. 草地学报，2008，16（5）：530－535.

［23］ 徐驰，等. 不同草坪草冠层反射光谱特征的比较研究［J］. 草原与草坪，2010，30（2）：62－65.

［24］ 徐驰，等. 草坪绿度光谱指数研究初报［J］. 云南农业大学学报，2010，25（6）：850－853.

［25］ 李书英，韩建国. 近红外光谱技术在高尔夫草坪管理中的应用［J］. 光谱学与光谱分析，1998，28（7）：1539－1543.

［26］ 龙光强，等. 干旱胁迫下草坪植物马蹄金反射光谱研究［J］. 云南农业大学学报，2008，23（4）：468－473.

［27］ 杨红丽，陈功，吴建付. 氮肥水平对多花黑麦草植株氮含量及光谱反射特征的影响［J］. 草业学报，2011，3（20）：239－244.

［28］ 杨晓慧，等. 植物功能群及其在生态学研究中应用［J］. 大连民族学院学报，2009，5（11）：397－400，409.

［29］ 李博. 中国北方草地退化及其防治对策［J］. 中国农业科学，1997，30（6）：1－9.

［30］ 郝敦元，等. 内蒙古草原退化群落恢复演替的研究——群落演替的数学模型［J］. 植物生态学报，1997，21（6）：503－511.

［31］ 刘钟龄，等. 内蒙古草原植被在持续牧压下退化演替的模式与诊断［J］. 草地学报，1998，6（4）：244－251.

［32］ 任继周，南志标，郝敦元. 草业系统中的界面论［J］. 草业学报，2000，9（1）：1－8.

［33］ 郝敦元，等. 内蒙古草原生态系统健康评价的植物群落组织力测定［J］. 生态学报，2004，24（8）：1672－1678.

［34］ 侯扶江，等. 阿拉善草地健康评价的COVR指数［J］. 草业学报，2004，13（4）：117－126.

［35］ 高安社. 羊草草原放牧地生态系统健康评价［D］. 呼和浩特：内蒙古农业大学生态环境学院，2005.

［36］ 单贵莲，徐柱，宁发. 草地生态系统健康评价的研究进展与发展趋势［J］. 中国草地学报，2008，30（2）：98－103，115.

［37］ 牛克昌，等. 群落构建的中性理论和生态位理论［J］. 生物多样性，2009，17（6）：579－593.

［38］ 罗媛. 封育对退化亚高山草甸生物量及土壤理化指标的影响［D］. 昆明：云南农业大学，2016.

[39] 谢勇. 放牧和封育对滇西北亚高山草甸碳固持和碳排放的影响 [D]. 昆明：云南农业大, 2017.

[40] 董世魁, 胡自治. 人工草地群落稳定性及其调控机制研究现状 [J]. 草原与草坪, 2000 (3)：3-8.

[41] 徐春波, 等. 我国牧草种质资源创新研究进展 [J]. 植物遗传资源学报, 2013, 14 (5)：809-815.

[42] 周文艺, 周安国, 王之盛. 动物补偿生长效应研究进展 [J]. 中国饲料, 2006 (13)：30-32.

[43] 莫林, 张红莲. 飞机草地理分布、危害、传播和防治技术的研究进展 [J]. 广西农学报, 2014, 29 (6)：44-46 (73).

[44] 贾桂康, 薛跃规. 外来入侵植物飞机草对生态系统的危害和防除 [J]. 杂草科学, 2010, (4)：27-29.

[45] 吴仁润, 徐学军. 我国云南南部种植臂形草对飞机草耕作防治的研究 [J]. 草业科学, 1992, 9 (5)：18-20.

[46] 奎嘉祥, 匡崇义. 中国云南南部建植臂形草混播草场防治飞机草的研究 [J]. 中国草地, 1997, (5)：55-58.

[47] 汪殿蓓, 暨淑仪, 陈飞鹏. 植物群落物种多样性研究综述 [J]. 生态学杂志, 2001, 20 (4)：55-60.

[48] 叶鑫, 等. 草地生态系统健康研究述评 [J]. 草业科学, 2011, 28 (4)：549-560.

[49] 曹淑宝, 王立群. 放牧对草原土壤微生物影响研究进展 [J]. 中国农学通报, 2011, 27 (29)：271-275.

[50] 郭明英, 等. 不同利用方式下草地土壤微生物及土壤呼吸特性 [J]. 草地学报, 2012, 01：42-48.

[51] 谷雪景, 赵吉, 王娟. 内蒙古典型草原土壤微生物生物量研究 [J]. 农业环境科学学报, 2007, 26 (4)：1444-1448.

[52] 李香真, 曲秋皓. 蒙古高原草原土壤微生物量碳氮特征 [J]. 土壤学报, 2002, 39 (1)：91-98.

[53] 郭继勋, 等. 东北羊草草原土壤微生物与生态环境的关系 [J]. 草地学报, 1996, 4 (4)：240-245.

[54] 郭继勋, 祝廷成. 羊草草原土壤微生物的数量和生物量 [J]. 生态学报, 1997, 17 (1)：80-84.

[55] 姚拓, 龙瑞军. 天祝高寒草地不同扰动生境土壤三大类微生物数量动态研究 [J]. 草业学报, 2006, 15 (2)：93-99.

[56] 卢虎, 等. 高寒地区不同退化草地植被和土壤微生物特性及其相关性研究 [J]. 草业学报, 2015, 24 (5)：34-43.

[57] 王慧春, 赵修堂, 王启兰. 青海高寒草甸不同植被土壤微生物生物量的测定 [J]. 青海草业, 2006, 15 (4)：2-5.

[58] 张云舒, 等. 封育对山地荒漠土壤微生物量碳及养分的影响 [J]. 草业科学, 2014,
     31 (5): 797 - 802.

[59] 单贵莲, 等. 季节性围封对内蒙古典型草原植被恢复的影响 [J]. 草地学报, 2012,
     20 (5): 812 - 818.

[60] 柴晓虹, 等. 围栏封育对高寒草地土壤微生物特性的影响 [J]. 草原与草坪, 2014,
     34 (5): 26 - 31.

[61] 赵帅, 等. 放牧与围栏内蒙古针茅草原土壤微生物生物量碳、氮变化及微生物群落
     结构 PLFA 分析 [J]. 农业环境科学学报, 2011, 30 (6): 1126 - 1134.

[62] 曹叶飞, 等. 长期围栏封育对巴音布鲁克山地草原土壤微生物的影响 [J]. 新疆农
     业科学, 2008, 45 (2): 342 - 346.

[63] 胡楠, 等. 陆地生态系统植物功能群研究进展 [J]. 生态学报, 2008, 28 (7):
     3302 - 3311.

[64] 孙国钧, 张荣, 周立. 植物功能多样性与功能群研究进展 [J]. 生态学报, 2003,
     23 (7): 1430 - 1435.

[65] 李国傲, 等. 土壤有机碳含量测定方法评述及最新研究进展 [J]. 江苏农业科学,
     2017, 45 (5): 22 - 26.

[66] 徐敏云, 高立杰, 李运起. 草地载畜量研究进展: 参数和计算方法 [J]. 草业学报,
     2014, 23 (4): 311 - 321.

[67] 杨博, 等. 中国北方草原草畜代谢能平衡分析与对策研究 [J]. 草业学报, 2012,
     21 (2): 187 - 195.

[68] 张英俊, 等. 草原碳汇管理对策 [J]. 草业学报, 2013, 22 (2): 290 - 299.

[69] J. M. Suttie, S. G. Reynolds, C. Batello. 世界草原 [M]. 张英俊, 李兵, 等, 译. 北
     京: 中国农业出版社, 2011.

[70] 张全国, 张大勇. 生产力、可靠度与物种多样性: 微宇宙试验研究 [J]. 生物多样
     性, 2002, 10 (2): 135 - 142.

[71] 王长庭, 等. 草地生态系统中物种多样性、群落稳定性和生态系统功能的关系 [J].
     草业科学, 2005, 22 (6): 1 - 7.

[72] 夏宁. 尿素及 EDTA - Fe 对高羊茅草坪草绿期的影响 [J]. 草业学报, 2001, 10
     (3): 47 - 51.

[73] 游明鸿, 等. 叶面施铁对假俭草草坪绿度和品质的影响 [J]. 四川草原, 2005
     (12): 32 - 34.

[74] 武小钢, 杨秀云, 赵姣. 叶面喷施铁制剂对高羊茅养分因子的影响（简报）[J].
     草地学报, 2007, 15 (1): 97 - 99.

[75] 苗福泓, 等. 青藏高原东北边缘地区高寒草甸群落特征对封育的响应 [J]. 草业学
     报, 2012, 21 (3): 11 - 16.

[76] 周姗姗, 等. 放牧对黑麦草 + 白三叶混播草地植被构成的作用 [J]. 草业科学,
     2012, 29 (5): 814 - 820.

[77] 侯扶江, 等. 放牧家畜的践踏作用研究评述 [J]. 生态学报, 2004, 24 (4): 784 - 789.

[78] 彭祺，王宁，张锦俊．放牧与草地植物之间的相互关系 [J]．宁夏农学院学报，2004，25 (4)：76-79.

[79] 吕朋，等．放牧强度对科尔沁沙地沙质草地植被的影响 [J]．中国沙漠，2016，36 (1)：34-39.

[80] 李镇清．中国东北样带 (NECT) 植物群落复杂性与多样性研究 [J]．植物学报，2000 (9)：971-978.

[81] 赵瑞雪，程钰宏，董宽虎．国外放牧方法研究概述 [J]．中国科技论文在线，http：//www. Paper. edu. cn.

[82] 马国玉，等．现阶段我国牧草机械的需求分析 [J]．农机化研究，2011 (2)：222-225.

[83] 梁静．牧草机械化生产现状及建议 [J]．农业开发与装备，2014 (1)：9.

[84] 周光宏．畜产品加工现状与趋势 [J]．中国食品学报，2011，11 (9)：231-240.

[85] 刘昱霞，赵成章．北方牧区草地资源可持续利用的制度创新研究 [J]．生态经济：中文版，2005 (11)：79-82.

[86] 方利民，冯爱明，林敏．可见/近红外光谱快速测定土壤中的有机碳含量和阳离子交换量 [J]．光谱学与光谱分析，2010，30 (2)：327-330.

[87] 王淼，等．基于可见光—近红外漫反射光谱的红壤有机质预测及其最优波段选择 [J]．土壤学报，2011，48 (5)：1083-1089.

[88] 王淼，等．土壤含水量对反射光谱法预测红壤土壤有机质的影响研究 [J]．土壤，2012，44 (4)：645-651.

[89] 汤娜，等．土壤有机质与水分反射光谱响应特征综合作用模拟 [J]．土壤通报，2013，44 (1)：72-76.

[90] 李曦．基于高光谱遥感的土壤有机质预测建模研究 [D]．杭州：浙江大学，2013.

[91] 李典友．冗余理论及其在生态学上的应用 [J]．南通大学学报：自然科学版，2006，5 (1)：50-54.

[92] 姬万忠，王庆华．补播对天祝高寒退化草地植被和土壤理化性质的影响 [J]．草业科学，2016，33 (5)：886-890.

[93] 祁德才，沈继宏，刘光俭．固原东部半干旱黄土丘陵区干草原草场改良方法初探 [J]．草业科学，1990，7 (5)：62-65.

[94] 阎子盟，等．天然草地补播豆科牧草的研究进展 [J]．中国农学通报，2014，30 (29)：1-7.

[95] 张云，等．封育后补播"高寒1号"生态草对玛曲退化高寒草甸生产力的影响 [J]．草业科学，2009，26 (07)：99-104.

[96] 郝宇．食用昆虫的开发与利用 [J]．科技情报开发与经济，2011，21 (33)：163-165 (176).

[97] 朱桂丽，等．青藏高寒草地植被生产力与生物多样性的经度格局 [J]．自然资源学报，2017，32 (2)：210-222.

[98] 武建双，等．藏北高寒草地样带物种多样性沿降水梯度的分布格局 [J]．草业学报，2012，21 (3)：17-25.

［99］央金. 西藏羊业现状、发展趋势与对策［J］. 中国草食动物科学, 2014, 34（1）:
　　　445 - 448.

［100］钟金城, 等. 西藏牦牛的遗传多样性及其系统进化研究［J］. 西南民族大学学报:
　　　自然科学版, 2011, 37（3）: 368 - 378.

［101］姬秋梅, 等. 西藏牦牛资源现状及生产性能退化分析［J］. 畜牧兽医学报, 2003,
　　　34（4）: 368 - 371.

［102］唐建华, 等. 西藏黄牛种质资源保护与利用研究［J］. 中国牛业科学, 2016, 42
　　　（3）: 48 - 51.

［103］杨阿维, 张建伟. 西藏农牧区贫困代际传递问题研究［J］. 西藏大学学报: 社会科
　　　学版, 2016（1）: 162 - 169.

［104］段子渊, 等. 坚持科技扶贫 实现精准脱贫 促进经济发展［J］. 中国科学院院刊,
　　　2016, 31（3）: 346 - 350.

［105］薛世明. 浅析草地资源的利用与建设［J］. 四川草原, 2005（8）: 43 - 45.

［106］苏大学. 西藏草地资源的结构与质量评价［J］. 草地学报, 1995, 3（2）: 144 - 151.

［107］呼天明. 施行草地农业推进西藏畜牧业的可持续发展［J］. 家畜生态学报, 2005,
　　　26（1）: 78 - 80.

［108］冯楚建, 熊春文, 冯星晨. 西藏地区科技精准扶贫模式创新: 对吉纳村的个案研究
　　　［J］. 科技进步与对策, 2016, 33（24）: 43 - 49.

［109］章祖同. 内蒙古草地资源［M］. 呼和浩特: 内蒙古人民出版社, 1990.

［110］王堃. 草地植被恢复与重建［M］. 北京: 化学工业出版社, 2004.

［111］胡自治, 等. 高山线叶蒿草草地的第一性生产和光能转化率［J］. 生态学报,
　　　1988, 8（2）: 183 - 189.

［112］李向林, 安迪, 晏兆莉. 天然草原共管国际研讨会论文集［M］. 北京: 中国农业
　　　科学技术出版社, 2007.

［113］徐凯扬, 等. 植物群落的生物多样性及其可入侵性关系的实验研究［J］. 植物生态
　　　学报, 2004, 28（3）: 385 - 391.

［114］白永飞, 陈佐忠. 锡林河流域羊草草原植物种群和功能群的长期变异性及其对群落
　　　稳定性的影响［J］. 植物生态学报, 2000, 24（6）: 641 - 647.

［115］焦树英, 等. 不同载畜率对荒漠草原群落结构和功能群生产力的影响［J］. 西北植
　　　物学报, 2006, 26（3）: 564 - 571.

［116］董全民, 等. 牦牛放牧对小蒿草高原草甸暖季草场植物群落组成和植物多样性的影
　　　响［J］. 西北植物学报, 2005, 25（1）: 95 - 102.

［117］王国杰, 等. 水分梯度上放牧对内蒙古主要草原群落功能群多样性与生产力关系的
　　　影响［J］. 生态学报, 2005, 25（7）: 1650 - 1656.

［118］宝音陶格涛, 刘美玲. 退化羊草草原在浅耕翻处理后植物群落生物量组成动态研究
　　　［J］. 自然资源学报, 2003, 18（5）: 545 - 551.

［119］Rinehart G J, Baird J H, Calhoun R N, et al.. Remote sensing of brown patch and
　　　dollar spot on creeping bentgrass and annual bluegrass using visible and near - infrared

spectroscopy [J]. Int Turfrgass Res J, 2001, 9: 705 – 709.

[120] Anderson Z, Fermanian T W, Frank T, et al.. Methods of direct sensing to measure turf diseases [Z]. Annual Meeting of Crop Science Society of America, Abstract, 2004.

[121] Hamilton R M, Gibb T J. Detection of white grub damage in turfgrass using remote sensing [R]. Annual report, Purdue University Turfgrass Science Program, 2000.

[122] Penuelas J, Filella I. Visible and near – infrared reflectance techniques for diagnosing plant physiological status [J]. Trends Plant Sci, 1998, 3: 151 – 156.

[123] Knipling E B. Physical and physiological basis for the reflectance of visible and near – infrared radiation from vegetation [J]. Remote Sen Environ, 1970, 1: 155 – 159.

[124] Gitelson A A, Merzlyak M N, Lichtenthaler H K. Detection of red – edge position and chlorophyll content by reflectance measurements near 700 nm [J]. J Plant Physiol, 1996, 148: 501 – 508.

[125] Blackburn G A. Quantifying chlorophylls and carotenoids at leaf and canopy scales: An evaluation of some hyperspectral approaches [J]. Remote Sens Environ, 1998, 66: 273 – 285.

[126] Bowman W D. The relationship between leaf water status, gas exchange, and spectral reflectance in cotton leaves [J]. Remote Sens Environ, 1989, 30: 249 – 255.

[127] Carter G A. Ratios of leaf reflectance in narrow wavelength as indicators of plant stress [J]. Int J Remote Sens, 1994, 15: 697 – 703.

[128] Gamon J A, Surfus J S. Assessing leaf pigment content and activity with a reflectometer [J]. New Phytol, 1999, 143: 105 – 117.

[129] Bell G E, Martin D L, Wiese S G, et al.. Vehicle – mounted optical sensing: an objective means for evaluating turf quality [J]. Crop Sci, 2002, 42: 197 – 201.

[130] Li H, Lascano R J, Barnes E M, et al.. Multispectral reflectance of cotton related to plant growth, soil water and texture, and site elevation [J]. Agron J, 2001, 93: 1327 – 1337.

[131] Danson F M, Steven M D, Malthus T J, et al.. High spectral resolution data for monitoring leaf water content [J]. Int J Remote Sens, 1992, 13 (3): 461 – 470.

[132] Malthus T J, Madeira A C. High resolution spectroradiometry: spectral reflectance of field beans leaves infected by Botrytis fabae [J]. Remote Sens Environ, 1993, 45: 107 – 116.

[133] Tsai F, Philpot W. Derivative analysis of hyperspectral data [J]. Remote Sens Environ, 1998, 66: 41 – 51.

[134] Nilsson Hans – E. Remote sensing and image analysis in plant pathology [J]. Annu Rev Phytopathol, 1995, 15: 489 – 527.

[135] Berardo N, Pisacane V, Battilani P, et al.. Rapid detection of kernel rots and mycotoxins in maize by near – infrared reflectance spectroscopy [J]. J Agr Food Chem, 2005, 53: 8128 – 8134.

[136] Guan J, Nutter F W Jr. Relationships between defoliation, leaf area index, canopy reflectance, and forage yield in the alfalfa – leaf spot pathosystem [J]. Comput Electro

Agr, 2002, 37: 97 - 112.

[137] Danielsen S, Munk L. Evaluation of disease assessment methods in quinoa for their ability to predict yield loss caused by downy mildew [J]. Crop Prot, 2004, 23: 219 - 228.

[138] Muhammed H H, Larsolle A. Feature vector based analysis of hyperspectral crop reflectance data for discrimination and quantification of fungal disease severity in wheat [J]. Biosyst Eng, 2003, 86: 125 - 134.

[139] Nutter F W Jr. , Littrell R H, Brenneman T B. Utilization of a multispectral radiometer to evaluate fungicide efficacy to control late leaf spot in peanut [J]. Phytopathology, 1990, 80: 102 - 108.

[140] Green D E, Burpee L L, Stevenson K L. Canopy reflectance as a measure of disease in tall fescue [J]. Crop Sci, 1998, 38: 1603 - 1611.

[141] Suplick - Ploense M R, Qian Y L. Spectral reflectance responses of three turfgrasses to leaf dehydration [Z]. Annual Meeting of Crop Science Society of America, Abstract, 2002.

[142] Carrow R N, Duncan R R, Worley J E, et al. . Turfgrass traffic (soil compaction plus wear) simulator: response of Paspalum vaginatum and cynodon spp. [J]. Int. Turfgrass Soc Res J, 2001, 9: 253 - 258.

[143] Rinehart G J. Remote sensing of leaf tissue nitrogen content and disease severity in creeping bentgrass and annual bluegrass using infrared spectroscopy [D]. MS Thesis, Michigan State University, 2000.

[144] Keskin M, Dodd R B, Han Y J, et al. . Assessing nitrogen content of golf course turfgrass clippings using spectral reflectance [Z]. Annual American Society of Agricultural Engineers, Abstract, 2001.

[145] Lee G J, Carrow R N, Duncan R R. Photosynthetic responses to salinity stress of halophytic seashore paspalum ecotypes [J]. Plant Sci, 2004, 166: 1417 - 1425.

[146] Penuelas J, Isla R, Fillela I, et al. . Visible and near - infrared reflectance assessment of salinity effects on barley [J]. Crop Sci, 1997, 37: 198 - 202.

[147] Couillard A, Turgeon A J, Shenk J S, et al. . Near infrared reflectance spectroscopy for analysis of turf soil profiles [J]. Crop Sci, 1997, 37: 1554 - 1559.

[148] Madeira A C, Gillespie T J, Duke C L. Effects of wetness on turfgrass canopy reflctance [J]. Agr Forest Meteorol, 2001, 107 (2): 117 - 130.

[149] Miller G L, Dickens R. Bermudagrass carbohydrate levels as influence by potassium fertilization and cultivar [J]. Crop Sci. , 1996, 36: 1283 - 1289.

[150] Mannetje L. , Haydock KP. The dry - weight - rank method for the botanical analysis of pasture [J]. Journal of the Britith Grassland society, 1963, 18: 268 - 275.

[151] Curran P J, Dungan J L, Peterson D L. Estimating the foliar biochemical concentration of leaves with reflectance spectrometry testing the Kokaly and Clark methodologies [J]. Remote Sens Environ, 2001, 76: 349 - 359.

[152] Holechek J L. An approach for setting the stocking rate [J]. Rangelands, 1988, 10 (1): 10 – 14.

[153] Gait D, Molinar F, Navarrro J, et al.. Grazing capacity and stocking rate [J]. Ranglands, 2000, 22 (6): 7 – 11.

[154] Narra S., Fermanian T W, Swiader J M. Analysis of mono – and polysaccharides in creeping bentgrass turf using near infrared reflectance spectroscopy [J]. Crop Sci, 2005, 45: 266 – 273.

[155] Launchaugh J L. The effect of stocking rate on cattle gains and on native shortgrass vegetation in west-central Kansas [J]. Kansas Agricultural Experimental Station Bulletin, 1957, 394.

[156] Schlapfer F, B. Schmid. Ecosystem effects of biodiversity: a classification of hypotheses and exploration of empirical results [J]. Ecological Applications, 1999, 9: 893 – 912.

[157] Hooper D U, Vitousek P M. The effects of plant composition and diversity on ecosystem Processes [J]. Science, 1997, 277: 1302 – 1305.

[158] Dyksterhuis E J. Condit ion and management of range based on quan ti tati ve ecol ogy [J]. Journal of Range Management, 1949, 2: 104 – 115.

[159] Wilsey, Potvin C. Biodiversity and ecosystem functioning: importance of species evenness in an old field [J]. Ecology, 2000, 81: 887 – 892

[160] National Research Council (NRC). Rangeland health: new methods to classify, inventory and monitor rangelands [M]. Washington: National Academy Press, 1994.

[161] National Research Council (NRC). Rangeland health: new methods to classify, inventory and monitor rangelands [M]. Washington: National Academy Press, 1994.

[162] Tongway D. Rangeland soil condition assessment manual [M]. Kanpeila: CSIRO Division of Wildlife and Ecology, 1994.

[163] Walker J, Reuter D I. Indicators of catchment health [J]. Kan peila: CSIRO, 1996.

[164] Kawamura K., Betteridge K., Sanches I. D., Tuohy M. P., Costall D. Field radiometer with canopy pasture probe as a potential tool to estimate and map pasture biomass mineral components: a case study in the Lake Taupo catchment, New Zealand [J]. New Zealand Journal of Agricultural Research, 2009, 52 (4): 417 – 434.

[165] Miehe Sabine, Kluge Jcorgen, Von Wehrden Henrik, et al.. Long – term degradation of Sahelian rangeland detected by 27 years of field study in Senegal [J]. Journal of applied ecology, 2010, 47 (3): 692 – 700.

[166] Yavneshet T., Eik L. O., Moe, S. R. The effects of exclosures in restoring degraded semi – arid vegetation in communal grazing lands in northern Ethiopia [J]. Journal of arid environments. 2009, 73: 542 – 549.

[167] Altesor A, Oesterheld M, Leoni E, et al.. Effect of grazing on community structure and productivity of a Uruguayan grassland [J]. Plant Ecology, 2005, 179 (1): 83 – 91.

[168] Yang X H, Zhang K B, Hou R P. Impacts of exclusion on vegetative features and-

abovegroundbiomass in semi – arid degraded rangeland ［J］. Ecology and Environment, 2005, 14 （5）: 730 –734.

［169］ Abella S R. A systematic review of wild burro grazing effects on Mojave Desert vegetation, USA ［J］. Environmental Management, 2008, 41 （6）: 809 –819.

［170］ Abebe M H, Oba G, Angassa A, et al.. The role of area enclosures and fallow age in the restoration of plant diversity in northern Ethiopia ［J］. African Journal of Ecology, 2006, 44 （4）: 507 –514.

［171］ Dingpeng Xiong, Peili Shi, Yinliang Sun, et al.. Effects of grazing exclusion on plant productivity and soil carbon, nitrogen storage in alpine meadows in northern Tibet China ［J］. Chinese Geographical Science, 2014, 24 （4）: 488 –498.

［172］ Rong Yuping, Yuan Fei, Ma Lei. Effectiveness of exclosures for restoring soils and vegetation degraded by overgrazing in the Junggar Basin, China ［J］. Grassland science, 2014, 60 （2）: 118 –124.

［173］ Matches, A. G. , and J. C. Burns. Systems of Grazing Management ［M］. Chapter 57 in Maruice, 1985.

［174］ Heady, H. F. Concepts and Principles Underlying Grazing Systems. In Natl. Res. Council/ Natl. Acad. Sci. "Developing Strategies for Rangeland Management. " ［M］. Boulder, CO. Westview Press, 1984, 885 –902.

［175］ Heady, H. F. , and R. D. Child. "Rangeland Ecology and Management" ［M］. Boulder, CO. Westview Press, 1994, 521.

［176］ Heady, H. F. Continuous Vs. Specialized Grazing Systems: A Review and Application to the California Annual Type ［J］ Range Mgt. , 1961, 14 （4）: 182 –193.

［177］ Ratliff, R. D. Cattle Responses to Continuous and Seasonal Grazing of California Annual Grassland ［J］. Range Mgt. 1986, 39 （6）: 482 –485.

［178］ Gray, J. R. , Steiger, C. Characteristics of grazing systems Range litestak Production, Pastures, New Merico ［M］. N. Mex. Agric. Expt. Sta. Res. Rep. , 1982, 16 –467.

［179］ Pieper, R D, and G. B. Donart Response of Fourwing Saltbush to Periods of Protection ［J］. Range Mgt, 1978, 31 （4）: 314 –315.

［180］ Heady, H. F. Rangeland Management. ［M］. New York McGrawHill Book Co. , 1975, 460.

［181］ Launchbaugh, J. L. , C. E. Owensby, F. L. Schwartz, et al. Grazing Management to Meet Nutritional and Functional Needs of Livestock. ［J］. Proc. Intern. Rangeland Cong, 1978, 1: 541 –546.

［182］ Pechanec, J. P. , and G. Stewart. Grazing Spring – Fall Sheep Ranges of Southern ［M］. Idaho. USDA Cir. , 1949, 34 –808.

［183］ Frischknecht, N. C. , and L . E . Harris. Grazing Intensities and Systems on Crested Wheatgrass in Central Utah: Response of Vegetation and Cattle ［M］. USDA Tech. Bul. , 1968, 47 –1388.

［184］ Vicini, J. L. , E. C. Prigge, W. B. Bryan, *et al.* Influence of Forage Species and Creep Grazing on a Cow – Calf System. I. Intake and Digestibility. II. Calf Production ［J］. Anim. Sci. , 1982, 55 (4): 752 – 764.

［185］ Blaser, R. E. , H. T. Bryant, R. C. Hammes, *et al.* . Managing Forages for Animal Production ［M］. Va. Polytech. Inst. , Res. Div. Bul. , 1969, 30 – 45.

［186］ Campbell, C. M. , D. Reimer, J. C. Nolan*et al.* , Grazing Management Systems for Fertilized Pastures ［J］. Amer. Soc. Anim. Sci. , West. Sect. Proc. , 1977, 28: 122 – 123.

［187］ Van Keuren, R. W. , A. D. Pratt, H. R. Conrad, and R. R. Davis. Utilization of Alfalfa Bromegrass as Silage, Strip Grazing, and Rotational Grazing for Dairy Cattle ［M］. Ohio Agric. Expt. Sta. Res. But. , 1966, 20 – 989.

［188］ Pratt, A. D. and R. R. Davis. Rotational Grazing and Green Chopping Compared ［J］. Ohio Farm and Home Res. , 1962, 47 (3): 38 – 39, 47.

［189］ Vitousek P M and Hooper D U. Biological diversity and terrestrial ecosystem biogeochemistry. In Schulze E D, Mooney H A, eds. Biodiversity and Ecosystem Function, Springer – Verlag ［J］. Berlin, 1993, 3 – 14.

［190］ Urbanska K M, Webb N R, Edwards P J. Restoration ecology and sustainable development ［M］. Cambridge: Cambridge University Press, 1997.

［191］ Costanza R, Arge R, Groot R. et al. . The value of the worlds ecosystem services and natural capital ［J］. Nature, 1997, 386 : 253 – 260.

［192］ Guo Y, Ni Y, Raman H, Wilson B, Ash G, Wang A, Li G rbuscular mycorrhizal fungal diversity in perennial pastures; responses to long – term lime application ［J］. Plant and Soil, 2012, 351, 389 – 403.

［193］ Li, G. D. , Rajinder P. Singh, John P. Brennan, Helyar, K. R. A financial analysis of lime application in a long – term agronomic experiment on the south – western slopes of New South Wales ［J］. Crop and Pasture Science, 2010, 61: 12 – 23.

［194］ Scott, B. J. , Ridley, A. M. and Conyers, M. K. . Management of soil acidity in ong – term pastures of south – eastern Australia: a review ［J］. Australian Journal of Experimental Agriculture, 2000, 40: 1173 – 1198.

［195］ Chen G, Li G D, Conyers M K, Cullis, B. R. , Long – term liming regime increases prime lamb production on acid soils ［J］. Experimental Agriculture, 2009, 45 (2): 221 – 234.

［196］ Li, G. D. , Helyar, K. R. , Conyers, M. K. , Cullis, B. R. , Cregan, P. D. , Fisher, R. P. , Castleman, L. J. , Poile, G. J. , Evans, C. M. and Braysher, B. . Crop responses to lime in long – term pasture – crop rotations in a high rainfall area in south – eastern Australia ［J］. Australian Journal of Agricultural Research, 2001, 52: 329 – 341.

［197］ Laycock, W. A. , D. Loper, F. W. Obermiller, L. Smith et al. Grazing on Public Lands ［M］. CAST Rep. , 1996, 70 – 129.

［198］ Li, G. D. , Helyar, K. R. , Evans, C. M. , Wilson, M. C. , Castleman, L. J. , Fisher,

R. P. , Cullis, B. R. and Conyers, M. K.. Effects of lime on the botanical composition of pasture over nine years in a field experiment on the south – western slopes of New South Wales [J]. Australian Journal of Experimental Agriculture, 2003, 43: 61 –69.

[199] Li, G. D. , Helyar, K. R. , Conyers, M. K. , Castleman, L . J. , Fisher, R. P. , Poile, G. J. , Lisle, C. J. , Cullis, B. R. and Cregan, P. D.. Pasture and sheep responses to lime application in a grazing experiment in a high – rainfall area, south – eastern Australia. II. Liveweight gain and wool production [J]. Australian Journal of Agricultural Research, 2006, 57: 1057 – 1066.

[200] Ridley AM. A study of factors governing the rate of soil acidification under subterranean clover based perennial and annual grass pastures [D]. The University of Melbourne, 1995.

[201] Starks, P. J.. Determination for forage chemical composition using remote sensing [J]. Rngelang ecology & Management, 2009, 57 (6): 635 –640.

[202] Starks, P. J. zhao, D. , &Brown, M. A.. Estimation of nitrogen concentration and in vitro dry matter digestibility of herbage of warm – season grass pasture from canopy hyperspectral reflectance measurements [J]. Grass &forage science, 2008, 63 (2): 168 –178.

[203] Sembiring, H. , R. Raun, W. , V. Johnson, G. , L. Stone, M. , et al.. Detection of nitrogen and phosphorus nutrient status in bermudagrass using spectral radiance [J]. Journal of Plant Nutrition, 2008, 21 (6): 1189 –1206.

[204] Zhao, D. , Starks, P. J. , Brown, M. A. , Phillips, W. A. , Coleman, S. W.. Assessment of forage biomass and quality parameters of bermudagrass using proximal sensing of pasture canopy reflectance [J]. Grassland Science, 2007, 53 (1): 39 –49.

[205] Biewer, S. , Fricke, T. , Wchendorf, M.. Development of canopy reflectance models to predict forage quality of legume – grass mixture [J]. Crop Science, 2009, 49 (5): 1917 –1926.

[206] Mirik, M. , Norland, J. E. , Crabtree, R. L. , Biondini, M, E.. Hyperspectral one-meter-resolution remote sensing in Yellowstone park, Wyoming: biomass [J]. Rngelang ecology & Management, 2005, 58 (5): 459 –465.

[207] Beeri, O. , Phillips, R. , Hendrickson, J. , Frank, A. B. , Kronberg, S.. Estimating forage quantity and quality using aerial hyperspectral imagery for northern mixed – grass prairie [J]. Remote Sensing of Environment, 2007, 110 (2): 216 –225.

[208] Boschetti, M. , Bocchi, S. , Brivio, P.. Assessment of pasture production in the Italian alps using spectrometric and remote sensing information [J]. Agriculture Ecosysment &Environment, 2007, 118: 267 –272.

[209] Gotze, C. , Jung, A. , Merbach, I. , Wennrich, R. , Glaber, C.. Spectrometric analyses in comparison to the physiological condition of heavy metal stressed floodplain vegetation in a standardised experiment [J]. Central European Journal of Geosciences,

2010, (2): 132 - 137.

[210] Herbel, C. H. A Review of Research Related to Development of Grazing Systems on Native Ranges of the Western United States [M]. USDA Misc. Pub. 1974, 138 - 149, 1271.

[211] Anon. Social and economic feasibility of ameliorating soil acidification - a national review [J]. The Land and Water Resources Research and Development, 1995.

[212] Baker GH, Carter PJ, Barrett VJ. Influence of earthworms, Aporrectodea spp. (Lumbricidae), on lime burial in pasture soils in south - eastern Australia [J]. Australian Journal of Soil Research, 1999, 37: 831 - 845.

[213] Hochman Z, Osborne GJ, Taylor PA, Cullis B. Factors contributing to reduced productivity of subterranean clover (Trifolium subterraneum L.) pastures on acidic soils [J]. Australian Journal of Agricultural Research, 1990, 41: 669 - 682.

[214] Ridley AM, Coventry DR. . Yield responses to lime of phalaris, cocksfoot, and annual pastures in north - eastern Victoria [J]. Australian Journal of Experimental Agriculture, 1992, 32: 1061 - 1068.

[215] Peoples MB, Lilley DM, Burnett VF, Ridley AM, Garden DL. Effects of surface application of lime and superphosphate to acid soils on growth and N2 fixation by subterranean clover in mixed pasture swards [J]. Soil Biology and Biochemistry, 1995, 27, 663 - 671.

[216] Garden D. L, Dann P. R. . Acid soils research on the southern tablelands of NSW [J]. Life, Eavth & Health Sciences. 1997, 45 - 52.

[217] Jenkinson D S. The determination ofmicrobial biomass carbon and nitrogen in soils. In Wilson J R. ed. Advances in Nitrogen Cycling in Agricultural Ecosystems [J]. C. A. B. International, Wallingford, 1988, 368 - 386.

[218] Carter G A, Spiering B A. Optical properties of intact leaves for estimating chlorophyll concentration [J]. J Environ Qual, 2002, 31: 1424 - 1432.

[219] Bell G E, Johnson G V, Raum W R, et al. . Optical sensing of turfgrass chlorophyll content and tissue nitrogen [J]. Hort Science, 2004, 39: 1130 - 1132.

[220] Stiegler J C, Bell G E, Maness N O, et al. . Spectral detection of pigment concentrations in creeping bentgrass golf greens [J]. Int Turfgrass Soc Res J, 2005, 10: 818 - 825.

[221] Gamon J A, Christopher B F, Michael L G, et al. . Relationship between NDVI, canopy structure and photosynthesis in three California vegetation types [J]. Ecol Appl, 1995, 5: 28 - 41.

[222] Mortenson M C, Schuman G E, Ingram L J. Carbon sequestration in rangelands interseeded with yellow - flowering alfalfa (Medicago sativassp. falcata) [J]. Environmental Management, 2004, 33 (1): 475 - 481.

[223] Penuelas J, Pinol J, Ogaya R, et al. . Estimation of plant water concentration by the reflectance water index WI (R900/R970) [J]. Int J Remote Sens, 1997, 18: 2869 - 2875.

[224] Rollin E M, Milton E J. Processing of high spectral resolution reflectance data for the re-

trieval of canopy water contentinformation) [J]. Remote Sens. Environ. , 1998, 65: 86 – 92.

[225] Fenstermaker – Shaulis L K, Leskys A, Devitt D A. Utilization of remotely sensed data to map and evaluate turfgrass stress associated with drought [J]. J Turfgrass Manage, 1997, 2 (1): 65 – 87.

[226] Huang B R, Fry J D, Wang B. Water relations and canopy characteristics of tall fescue cultivars during and after drought stress [J]. Hort Science, 1998, 33: 837 – 840.

[227] Jiang Y W, Carrow R N. Assessment of narrow – band canopy spectral reflectance and turfgrass performance under drought stress [J]. Hort Science, 2005, 40: 242 – 245.

[228] Jiang Y W, Carrow R N, Duncan, R R. Broad – band spectral reflectance models for monitoring drought stress in different turfgrass species [Z]. Annual Meeting of Crop Science Society of America, Abstract, 2004.

[229] Jiang Y W, Carrow R N, Duncan R R. Effects of morning and afternoon shade in combination with traffic stress on seashore paspalum [J]. Hort Science, 2003, 36: 1218 – 1222.

[230] Jiang Y W, Carrow R N, Duncan R R. Correlation analysis procedures for canopy spectral reflectance data of seashore paspalum under traffic stress [J]. J Amer Soc Hort Sci, 2003, 128 (3): 343 – 348.

[231] Trenholm L E, Carrow R N, Duncan R R. Relationship of multispectral radiometry data to qualitative data in turfgrass research [J]. Crop Sci, 1999, 39: 763 – 769.

[232] Guertal E A, Shaw J N. Multispectral radiometer signatures for stress evaluation in compacted bermudagrass turf [J]. Hort science, 2004, 39: 403 – 407.

[233] Sembiring H, Raun W R, Johnson G V, et al. Detection of nitrogen and phosphorus nutrient status in bermudagrass using spectral radiance [J]. J Plant Nutr, 1998, 21: 1189 – 1206.

[234] Kruse J K, Christians N E, Chaplin M H. Nitrogen stress level in creeping bentgrass can be detected via remote sensing [Z]. Annual Meeting of Crop Science Society of America, Abstract, 2004.

[235] Raikes C, Burpee L L. Use of multispectral radiometry for assessment of rhizoctonia blight in creeping bentgrass [J]. Phytopathology, 1998, 88: 446 – 449.

[236] Bao Yajing, Li Zhenghai, Zhong Yankai. Composition dynamic of plant functional groups and their effects on stability of community ANPP during 17 years of moving succession on leymus chinensis steppe of Inner Mongolia, China [J]. Acta Botanica Sinica, 2004, 10: 1155 – 1162.

[237] Hobbs RJ, Norton DA. Towards a conceptual framework for restoration ecology [J]. Restortion Ecology, 1996, 4 (2): 93 – 110.

[238] Odum EP. Basic Ecology [M]. Philadelphia: Saunders College Publishing, 1983.